U0259393

ENGINEERING PRODUCTIVITY DEFINITIVE GUIDE

软件研发效能
权威指南

主编　茹炳晟　张乐

副主编　陈磊　石雪峰　吴骏龙　余超　赵卫　张晔

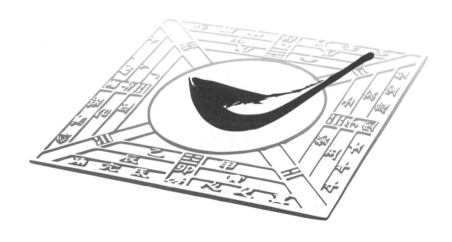

电子工业出版社.
Publishing House of Electronics Industry
北京·BEIJING

内 容 简 介

在数字化时代，公司的业务都高度依赖信息技术，研发效能已经成为信息技术企业发展的核心竞争力。

研发效能在国内还处于快速探索期，有一系列非常重要的概念需要澄清，有许多方法和实践需要整理，还有不少问题和困惑需要解答。

本书试图通过洞悉研发效能提升的底层逻辑，全方位、系统化介绍研发效能的全景。我们希望这本书是研发效能领域的"百科全书"，能够涵盖效能提升全生命周期的方方面面，在精心设计的逻辑结构组织下，能够对效能实践、效能工具及其平台、效能度量方法，以及各个行业典型案例等进行全面而有深度的解读。

我们希望通过本书帮助更多在研发效能领域持续探索的企业和同行，为软件工程在国内的持续发展做出一点点贡献。

图书在版编目（CIP）数据

软件研发效能权威指南 / 茹炳晟，张乐主编. —北京：电子工业出版社，2022.10
ISBN 978-7-121-43795-3

Ⅰ．①软⋯　Ⅱ．①茹⋯　②张⋯　Ⅲ．①软件开发—指南　Ⅳ．①TP311.52-62

中国版本图书馆 CIP 数据核字（2022）第 173023 号

责任编辑：李淑丽
印　　刷：中国电影出版社印刷厂
装　　订：中国电影出版社印刷厂
出版发行：电子工业出版社
　　　　　北京市海淀区万寿路 173 信箱　　　邮编：100036
开　　本：787×980　　1/16　　印张：48　　　字数：1044 千字　　彩插：1
版　　次：2022 年 10 月第 1 版
印　　次：2022 年 11 月第 3 次印刷
定　　价：239.00 元

凡所购买电子工业出版社图书有缺损问题，请向购买书店调换。若书店售缺，请与本社发行部联系，联系及邮购电话：（010）88254888，88258888。

质量投诉请发邮件至 zlts@phei.com.cn，盗版侵权举报请发邮件至 dbqq@phei.com.cn。

本书咨询联系方式：（010）51260888-819，faq@phei.com.cn。

作者简介

(排名不分先后)

茹炳晟｜腾讯 Tech Lead 资深技术专家, 腾讯研究院特约研究员

中国计算机学会(CCF)TF研发效能SIG主席, 业界知名实战派研发效能和软件质量双领域专家, 腾讯云、阿里云、华为云最具价值专家, 中国商业联合会互联网应用技术委员会智库专家, 团体标准《软件研发效能度量规范》核心编写专家, Certified DevOps Enterprise Coach课程开发者之一。年度IT图书最具影响力作者, 畅销书《测试工程师全栈技术进阶与实践》《软件研发效能提升之美》《软件研发效能提升实践》《高效自动化测试平台: 设计与开发实战》作者, 极客时间"软件测试52讲"作者。国内各大技术峰会的联席主席, 出品人和Keynote演讲嘉宾。

张乐｜腾讯 DevOps与研发效能资深技术专家, 腾讯研究院特约研究员

百度前工程效率专家, 京东前DevOps平台产品总监与首席架构师, 曾任埃森哲、惠普等世界500强企业咨询顾问、资深技术专家。长期在拥有数万人研发规模的一线互联网公司, 负责研发效能提升、研发效能度量体系建设、敏捷与DevOps实践落地及DevOps工具平台研发工作。作为DevOps运动国内早期布道者与推动者, 目前是DevOpsDays国际峰会中国区核心组织者, 国内多个DevOps、工程生产力、研发效能领域技术大会联席主席、DevOps/研发效能专题出品人。《研发效能宣言》发起人及主要内容起草者, EXIN DevOps全系列国际认证官方授权讲师、凤凰项目沙盘授权教练。著作有《软件研发效能提升实践》, 译著有《独角兽项目: 数字化转型时代的开发传奇》《价值流动: 数字化场景下软件研发效能与业务敏捷的关键》。

陈磊｜京东前测试架构师

阿里云MVP, 华为云MVP, 图书《接口测试方法论》《持续测试》作者, 《测试敏捷化白皮书》编委, 极客时间"接口测试入门课"作者, 拉勾教育"软件测试第一课"作者, 多年质量工程技术实践经验, 专注于研发效能提升、手工测试团队自动化测试转型实践、智能化测试等方向, 公开发表学术论文近30篇, 专利20余篇。

石雪峰｜京东零售技术效能通道常委

Jenkins社区和CDF持续交付基金会全球大使, 北京大学CIO班特聘讲师, DevOps国际标准持续交付部分组长和特聘专家, 极客时间专栏"DevOps实战笔记"主笔, 畅销书《Jenkins2 权威指南》和《高效能组织模式》译者。

吴骏龙｜Wish中国前测试总监

历任阿里巴巴本地生活高级测试经理, 极客时间"容量保障核心技术与实战"专栏作者, 畅销书《软件研发效能提升之美》作者, 腾讯云最具价值专家TVP; 在软件质量体系、服务容量保障、软件研发效能等领域深耕多年, 善于通过创新手段解决难题, 拥有多项国内外专利。

余超｜VMWARE 信息技术(中国)有限公司资深技术专家

第四范式质量部原团队测试专家, 负责实现AI平台产品的CI/CD流水线搭建, 微服务平台产品的快速交付和自动化测试。擅长服务端测试、大数据测试和CI/CD服务相关系统及工具的建设和研发, 对微服务架构产品的高可用性、稳定性测试有丰富的实战经验。

赵卫｜AWS 高级DevOps专家

京东前首席敏捷DevOps布道师、首席研发效能架构师、敏捷创新教练、IBM敏捷及DevOps卓越中心前主管、Ivar Jacobson前资深敏捷咨询师。著作有《京东敏捷实践指南》《DevOps三十六计》《软件研发效能提升实践》。规模化敏捷框架认证咨询顾问SPC, SAFe官方贡献者。

张晔｜腾讯PCG工程效能教练团队负责人

资深DevOps顾问、敏捷开发专家。具有丰富的跨领域(互联网、金融、通信)的研发模式变革和工程效能辅导经验, 曾主导多个平台及业务并通过中国信息通信研究院DevOps能力成熟度认证。聚焦于组织级DevOps提升、敏捷转型、领域建模、极限编程、质量内建等方向的实践探索和规模化提升。

陈皓 | 腾讯技术教练

在嵌入式系统、电信、互联网领域有十余年的软件研发经验。专注于编码、质量内建、软件架构、复杂软件系统建模等领域,担任过软件开发、系统工程师、架构师、教练等角色。目前,在腾讯从事研发效能教练的工作。

程相 | 工行软件开发中心 DevOps与研发效能专家

DevOps平台产品经理和信贷项目负责人,具有多年DevOps实践和研发管理经验,专注于DevOps对标落地、持续集成、流水线建设、质量管控体系、研发支撑体系等领域,曾主导工行智能投顾项目并高分通过中国信息通信研究院DevOps能力成熟度认证。

陈展文 | 招商银行总行信息技术部EPG组核心成员, DevOps推广负责人

在招行服务近十九年,见证了招行信息技术部从200多人发展到6000多人的规模,推动了配置管理工具firefly的起步,全程参与了CMMI三级体系的建立和认证。牵头研究和推动招行CC、CQ、BuildForge、RTC、Git等全平台配置管理工具的落地实施,牵头招行25个项目并参与编写《DevOps持续交付标准3级评估》。

陈泽荣 | Agilean技术咨询顾问

底层技术爱好者,企业应用实践者,专注于组织敏捷,为企业量身定制敏捷流程与管理体系,为企业打造DevOps流水线,促进业务和IT协同交付业务价值,培养了大批具备实战能力的内部教练,已为多家国内互联网公司和金融机构提供了DevOps服务。

董必胜 | 字节跳动产品研发与工程架构Dev Infra总监

具有十余年头部互联网公司(阿里巴巴、字节跳动)研发效能领域的研发和产品经验,先后主导或参与了阿里云、火山引擎等多款研发平台的设计、落地和推广,长期专注于研发效能、质量、监控、度量等开发者工具建设。

董海炜 | 百度商业质量效能部技术负责人

2007加入百度质量部,长期专注于自动化测试、持续集成、DevOps、云原生质量保障相关技术领域。目前,负责部门的质效中台,全面推动质效技术的云原生和产品化改造。

董越 | 阿里巴巴研发效能事业部前高级产品专家

曾任阿里巴巴研发效能事业部架构师、高级产品专家等,负责Aone&云效DevOps产品设计、阿里云专有云集成与交付解决方案设计等工作。一直从事软件配置管理、软件集成与交付、DevOps相关的工作。

冯斌 | ONES 联合创始人兼CTO

曾任职于金山软件、网易邮箱、正点科技,中国信息通信研究院《研发运营一体化(DevOps)能力成熟度模型》编写专家、《研发运营一体化(DevOps)通用效能模型系统平台和工具标准》编写组组长,参与众多大型复杂软件开发项目,企业敏捷管理和DevOps经验丰富。

高齐｜京东前技术架构部架构师

曾任某金融公司核心系统资深系统架构师，负责公司核心业务的架构设计和开发工作。熟悉互联网电商和新零售场景，在大规模分布式系统、微服务等领域，具有丰富的理论和实践经验。

郭铁心｜开源产品DevStream项目管理委员会主席，思码逸高级DevOps专家

华为前资深技术专家，亚马逊高级DevOps专家，曾任Oracle、安联保险集团等世界500强企业资深技术专家，Medium知名DevOps刊物创始人、主笔，devops.com特邀撰稿人，GitGuardian客座专家，里斯本Kubernetes Meetup联合创始人。

韩薇娜｜Thoughtworks数字化业务运营顾问

具有十二年数字化运营经验，其中九年服务于阿里巴巴、腾讯一线互联网企业，工作经历覆盖了B端、C端、产品、活动、内容、社群、品牌运营等全栈运营模块，拥有上亿级用户产品运营操盘经验，目前为金融业、制造业、互联网等企业提供咨询服务。

李威｜JFrog 解决方案架构师

DevOps咨询师、教练，曾就职于烽火、京东等企业，具有十余年一线开发及运维经验，带领团队从0到1实践DevOps转型。现就职于JFrog，善于在工程实践方面引导和帮助客户落地DevOps理念。

刘天斯｜腾讯游戏营销SRE负责人，腾讯T12级技术专家

国家工程实验室兹聘专家，华章最有价值作者、中国十大杰出IT博主、DAMA中国数据治理专家奖。个人著作有《Python自动化运维：技术与实践》《循序渐进学Docker》《破解数据治理之谜》等，发明专利12项。个人热衷于开源技术的研究，擅长海量服务运维与规划、SRE工具链、云原生技术、大数据治理、数据中台与业务中台的建设等工作。

孟凡杰｜腾讯云容器技术专家

腾讯云容器技术专家，基于在离线混部、弹性计算、动态调度等多种手段为腾讯云客户优化成本。同时，专注于网络、多集群、服务治理和服务网格等方向。Kubernetes社区贡献者，极客时间"云原生训练营"讲师和《Kubernetes生产化实践之路》作者。

秘川｜第四范式质量团队高级测试开发工程师

负责工程效能团队的平台搭建和流程优化，搭建AI平台产品的CI/CD流程，实现AI微服务平台产品的快速交付和自动化测试。擅长微服务产品部署、升级、监控等方向的测试开发、平台搭建及使用工作，擅长持续集成和持续交付流水线构建。

马鑫｜京东零售测试架构师

具有十年以上互联网及传统行业测试经验，2010年年底入职京东，专注于业务质量测试、自动化测试、性能测试及持续集成等多个领域；现负责京东零售"618""双11"及大型项目的压测推动与实施、前沿压测技术的探索与实践，带领团队构建京东分布式压测平台。

任晶磊｜思码逸创始人兼CEO

清华大学计算机系博士，微软亚洲研究院前研究员，斯坦福大学、卡内基梅隆大学访问学者，《软件研发效能度量规范》标准核心专家。在FSE、OSDI等顶尖国际学术会议上发表多篇论文，参与过微软下一代服务器系统架构的设计，创立了Apache DevLake、CNCF DevStream等开源项目。专注于深度代码分析技术，让研发效能度量更可靠、更可用。

王德超｜容联云研发质量效能部负责人

具有十余年的互联网软件从业经验，先后从事测试管理、自动化测试、测试开发和研发质量过程改进等领域的工作；专注于测试管理、平台工具开发、研发效能提升等技术领域，在团队建设和工具平台研发方面具有丰富的架构技术落地经验。

王炜｜深圳氢三科技技术负责人

曾任腾讯云CODING DevOps高级架构师，Linux基金会布道师、CNCF全球大使、CNCF Community深圳站负责人，著有《Spinnaker实战：云原生多云环境的持续部署方案》《Istio服务网格进阶实战》。

王一男｜腾讯DevOps产品专家

百度工程效率部前资深产品经理，开源中国产品总监。北京航空航天大学软件工程专业本科、硕士，具有十五年敏捷研发实践经验，专注于用方法和工具提升研发效能领域。

伍斌｜Thoughtworks中国区Lead Consultant

热衷于编程道场的敏捷教练。IT行业工作二十多年，专注于编程和测试。最近十年，作为敏捷教练辅导过国内几十家大中型企业的敏捷转型。曾在社区主持过几十次编程道场，人称"道长"。著《驯服烂代码》，译《发布！(第2版)》，合译《混沌工程》。

魏昭｜腾讯研发效能专家，代码智能化负责人

北京航空航天大学计算机专业博士。具有多年一线大厂智能化工具研发经验，带领团队围绕代码搜索、生成、提交、合并、开源治理等方向，孵化出多项智能化服务并进行规模化落地与应用。在国内外知名会议、期刊上发表学术论文15篇，申请发明专利16项，其中授权9项。

武丹｜腾讯PCG质量分析负责人

十余年专注于研发质量管理领域，擅长疑难组织/项目的过程改进，具有多种业务场景从无到有建立研发流程和质量管理体系可复制的经验，2016年开始带领团队孵化、建设并推动公司级的代码检查工具平台系统，2021年又成功孵化出代码评审数据分析系统，擅长数据驱动质量改进。

吴穹｜Agilean首席咨询顾问

敏捷创新管理专家，软件工程专家。北京大学软件工程专业博士，具有超过二十年的行业经验，长期为平安、招商银行、建信金科等公司提供敏捷咨询服务。善于从组织、部门、团队等不同层级着手，助力大型组织在实战中重塑敏捷，催化创新。

吴海黎｜腾讯云CODING产品总监

具有多年游戏和金融技术架构经验,经历过多家企业应用上云,对企业应用上云最佳实践有独特见解。2019年加入CODING,负责代码仓库、CI/CD、制品库的产品设计,帮助多个行业客户完成研发效能的方案设计和最终落地。

吴亚鑫｜美团Tech Lead

负责研发效能项目管理域、需求管理域、研发过程管理域、效能度量域相关工具平台的技术管理工作,推动落实"线上化&数据化驱动研发效能提升"。拥有五年华为、IBM等大型研发管理和一线开发工作经验,深受IPD、敏捷、精益思想的影响。

闻小龙｜汽车之家智能数据中心

从事相关质量管理及测试工具研发工作,具有丰富的项目质量管理经验及测试工具开发经验,致力于提高测试团队能效并改善产品交付可靠性。

熊小龙｜Agilean首席咨询顾问

规模化敏捷转型专家,Adapt规模化敏捷讲师,数据治理工程CDGA。专注于组织搭建、行会机制、研发流程基线与度量体系规划与落地、协同工具规划,组织数字化管理。

熊玉辉｜快手多媒体质效中心快影质量负责人

具有十余年互联网测试开发与质量管理经验。曾就职于腾讯,带领团队进行Devpos实践,致力于工程效能提升。2020年加入快手,负责团队质量与研发效能度量建设,旨在通过合理的效能度量驱动研发效能提升。

余伟｜微众银行测试专家,研发效能负责人

拥有十余年一线互联网大厂(腾讯、阿里巴巴)测试领域和研发效能领域工作经验,2015年加入微众银行,负责测试团队管理和研发效能提升,建设研发效能平台、研发效能度量和DevOps实践等,具有丰富的互联网和金融行业经验。

袁洪达｜EigenPhi QA负责人

负责EigenPhi软件全生命周期质量体系建设&数据质量指标建设。推动CI/CD持续集成、业务线上监控&巡检、稳定性测试、混沌工程等建设的落地。

张宏博｜字节跳动资深测试开发工程师

2019年加入字节跳动,负责字节跳动线下测试环境的整体研发流程建设,主要职责包括推动公司众多重要业务的研发流程改造、构建环境治理成熟度量体系、规范布道等。曾任职于百度凤巢部门,负责基础广告检索系统的质量保障。曾任国内多场知名技术峰会的演讲嘉宾。

张扬 ｜ 极狐(GitLab)解决方案架构师

具有十余年面向企业客户服务的经验,曾在IBM, DaoCloud, Thoughtworks等企业任职,服务于金融、汽车、能源等领域的多个行业客户。近几年,致力于企业数字化转型中DevOps和云原生相关技术咨询、解决方案和落地实践等。中国DevOps社区核心组织者,TGO鲲鹏会武汉分会成员,《DevOps最佳实践》《Kubernetes实战》图书的译者。

张振兴 ｜ 京东前首席测试架构师

具有二十年IT与互联网从业经验,曾供职于欧美公司、培训机构、互联网大厂等,先后从事技术研发、咨询培训师、敏捷教练、工程效率专家、质量总监等工作,擅于大型团队运营与质效改进。

邹欣 ｜ CSDN副总裁

曾在微软 Office、Visual Studio、Bing、Windows、Azure 有多年的研发经验。在微软亚洲研究院进行过许多技术创新,如FaceSDK、学术搜索等机器学习项目。出版《编程之美》《构建之法》等图书,组织高校软件工程课程教学改革。

詹文君 ｜ 吉利集团工程效能委员会主席

吉利控股集团DevOps团队负责人,主要负责DevOps相关体系和平台能力建设。围绕流程体系、工具平台和效能度量,帮助吉利各个业务集团和板块提升软件研发效率、质量,拥有丰富的DevOps、敏捷、监控运维落地经验。

祁伟 ｜ 东风集团云平台负责人

具有多年云计算平台架构设计经验,带领团队构建了完整的东风云运营体系,贯穿业务规划、平台设计、产品建设、商业模式构建、服务推广及应用、标准体系编制等全流程,实现了东风集团规模化的业务云化应用。

周桂明 ｜ 腾讯云与智慧产业事业群DevOps与研发效能架构师

腾讯会议高级架构师,曾就职于迅雷、唯品会等互联网公司,主要从事研发效能提升与中间件系统架构设计,对Golang技术栈、微服务、云原生架构、DevOps等有深入的理解。

董晓红 ｜ ONES研发效能改进咨询顾问

曾就职于微软中国、掌门教育、众安互联网保险,负责多个大中型企业效能改进咨询工作,在研发管理、研发工具链集成、敏捷/Devops实施、项目管理等领域具有丰富的咨询经验;获得了DevOps Professional、Advanced Certified Scrum Master等多项专业认证。

白萍萍 ｜ QECon全球软件质量效能大会项目经理, 该书项目经理

就职于智盟创课公司,长期服务于IT研发组织,提供IT技术方向人才培养、能力认定等全方位服务;担任QECon大会项目经理,负责会议前期筹备、会议落地执行推进、会议关键节点把控;担任《软件研发效能权威指南》图书的项目经理,负责图书编写、项目推动等事宜。

序

十多年前，我管理一个 300 多人的 QA 团队，那时几乎将全部的注意力都集中在质量上，提倡零缺陷质量管理思想，也相信它所带来的价值——高质量带来高效益，因为第一次就把事情做对，成本是最低的。之后，我们见证了国内大厂研发团队规模的迅速增加，有的公司研发人员已是几万人，甚至接近十万人，但业务已不能像之前那样高速增长，同时人力成本迅速增加，企业效益问题逐渐凸显，"降本增效"不得不提到议事日程上。

正是在这样的背景下，甚至可以说，我们先知先觉，在 2000 年决定发起"全球软件质量与效能大会（QECon）"，推动内建质量，以质量驱动效能，以效能提升企业效益。至今，QECon 已举办六届，促进了国内企业全面关注质量和效能，打破惯例，不断创新，进一步帮助企业修炼内功，以技术驱动效能，用数据说话，踏踏实实提升软件研发效能。同时，也间接地造就了今天国内"研发效能很火"的局面。

虽然研发效能很火，但大家对它的理解依旧千差万别，2021 年底，我写了一篇《软件研发效能的底层逻辑》的文章，阐述了"究竟什么是研发效能"。简而言之，研发效能是指单位时间内研发团队对业务有实际价值的人均产出。而如果我们能改变思维方式，坚持从软件研发的第一性原理出发，招对人、培养人，做正确的事、正确地做事，并持续反思、持续创新、持续改进，产生飞轮效应，达到十倍的效能也是指日可待。

回到"质量与效能"的主题，QECon 不局限于举办大会、技术沙龙等活动，而是致力于全方位、高质量的输出，2021 年初组织业界专家编写了三本技术白皮书《数字化时代质量工程白皮书》、《软件测试技术趋势白皮书》和《软件研发效能白皮书》。其中，由茹炳晟、张乐两位老师领衔主编的《软件研发效能白皮书》更是脱颖而出，内容系统、全面，几乎涵盖了软件研发全生命周期各个阶段的主流最佳实践，其中既有以软件研发效能"双流"模型为主线的体系化框架，又有各个环节深入细致的实践讲解，一经推出就获得了业界大量好评。因此，QECon 组委会决定在此基础上将其出版成书，将其打造成为一部软件研发效能领域的权威著作，让更多的软件同行从中受益，共促中国软件研发行业的蓬勃发展。

这本书堪称软件研发效能的"百科全书"，它会一直陪伴在我们身边，在我们需要的时候，随时查阅。我相信，有些读者拿到本书，即使看到这么厚，也会迫不及待、如饥似渴地阅读起来。而当作者看到这一情景时，我也相信，他们会心满意足，过去的辛苦会烟消云散，留下的只有欣慰和自豪。

朱少民

QECon 大会发起人，同济大学特聘教授

"软件质量报道"公众号博主

前　　言

每个时代都有与之相匹配的工作模式，它会随着时代的发展而不断演进。在数字化浪潮之下，我们需要快速掌握与之相匹配的产品创新和软件研发效能提升的范式、方法和技术，这也是行业中越来越多的企业正在追求的目标。

到底如何提升研发效能呢？大家应该都听过"鹅与金蛋"的寓言故事，如果过度关注金蛋的产出，而忽略了生蛋的鹅，那么不但无法做到持久的高效，还会破坏短期收益与长期目标之间的平衡。软件研发效能的提升不会让我们陷入更深的"内卷"，而是会把我们从中拯救出来。

"我们从成功中看到的必然，其实都是偶然；从失败中看到的偶然，其实都是必然。"目前，对于软件研发效能提升，国内很多企业已经进入深水区，现在比拼的不再是概念的有无，而是有效落地和符合企业上下文的最佳实践。针对这些实践，如果我们置身事外，则看到的都是"完美的选择"和"应该怎样做"；而如果我们置身其中，则看到的更多的是"现实的权衡"和"反复的试错"。

目前，我们缺少的不是理想情况下应该怎么做、所谓的"最佳实践"，而是如何应对业务高速发展背后留下的巨大技术债务，以及如何边还债、边创新、边满足业务边提升的方法和实践，同时我们也需要未雨绸缪，避免为后续业务的高速发展而继续"挖坑"。在多种高效的研发模式之间，也许会有竞争关系，但高效的研发模式和低效的研发模式之间，只会有"逐步取代"关系。区别只在于取代的速度和程度。

高效的研发模式在国内还处于快速探索期，还有一系列非常重要的问题需要解答：研发效能有没有明确定义？它的目标和内涵是什么？有没有系统性的指导框架？有哪些非常关键的方法和实践？如何在企业中得到有效落地实施？有哪些经常遇到的问题和困惑？典型的标杆企业是怎样进行转型和突破的？

我们认为，行业亟须一本在软件研发效能领域全面的、进阶的、权威的、高质量的图书。

于是，在 QECon 组委会的支持下，我们着手设计并牵头编写了本书，试图去洞悉研发效能提升的底层逻辑，全方位、系统化介绍研发效能的全景。我们希望这是一本研发效能领域的"百科全书"，能够涵盖效能提升全生命周期的方方面面。在精心设计的逻辑结构组织下，能够对效能实践、效能工具平台、效能度量方法及各个行业典型案例等进行既全面又有深度的解读。

但研发效能领域涵盖的内容非常广泛，个体的力量毕竟是有限的，为了让本书更有含金量，我们邀请并组织了 48 位效能领域的专家共同撰写，每个人都贡献自己最擅长、最有经验的内容，历经无数次的内部审校和反复修改，耗时近一年半，终于成书。同时，感谢龚舒聪、周麟、倪凡乐、胡沛、王磊、李方宝、单虓晗、陈蕾，田颖、方勇、汪珺、陈敏霞，提供丰富的一线最佳实践素材，为本书锦上添花。

全书分为 5 篇共 13 章，包括近 80 个小节，每个小节都详细讲解了研发效能领域的某种具体方法、具体实践点或技术点，每个小节都概括了核心观点，都有实现细节和落地指南，大部分小节都有配套的案例。

我们希望通过本书，帮助更多的在研发效能领域持续探索的企业和同行们，为先进软件工程方法在国内的持续发展做出一点点贡献。

茹炳晟　张乐

2022 年 9 月

目　　录

概 述 篇

第 1 章　研发效能概述

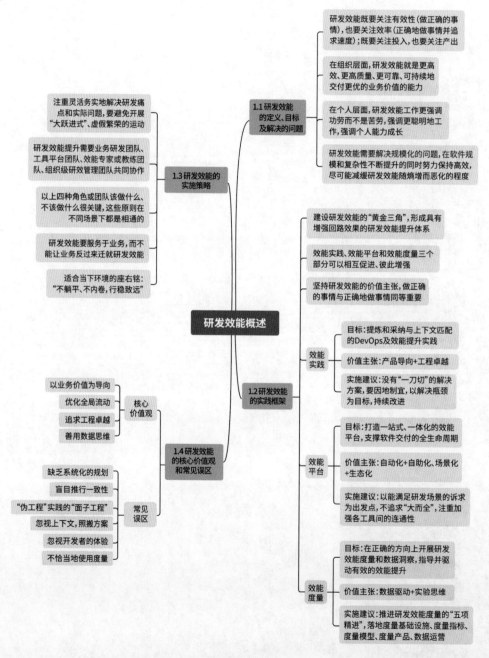

研发效能既要关注有效性（做正确的事情），也要关注效率（正确地做事情并追求速度）；既要关注投入，也要关注产出

在组织层面，研发效能就是更高效、更高质量、更可靠、可持续地交付更优的业务价值的能力

1.1 研发效能的定义、目标及解决的问题

在个人层面，研发效能工作更强调功劳而不是苦劳，强调更聪明地工作，强调个人能力成长

研发效能需要解决规模化的问题，在软件规模和复杂性不断提升的同时努力保持高效，尽可能减缓研发效能随熵增而恶化的程度

注重灵活务实地解决研发痛点和实际问题，要避免开展"大跃进式"、虚假繁荣的运动

研发效能提升需要业务研发团队、工具平台团队、效能专家或教练团队、组织级研发管理团队共同协作

1.3 研发效能的实施策略

以上四种角色或团队该做什么、不该做什么很关键，这些原则在不同场景下都是相通的

研发效能要服务于业务，而不能让业务反过来迁就研发效能

适合当下环境的座右铭："不躺平、不内卷，行稳致远"

建设研发效能的"黄金三角"，形成具有增强回路效果的研发效能提升体系

效能实践、效能平台和效能度量三个部分可以相互促进、彼此增强

坚持研发效能的价值主张，做正确的事情与正确地做事情同等重要

研发效能概述

1.2 研发效能的实践框架

效能实践

目标：提炼和采纳与上下文匹配的DevOps及效能提升实践

价值主张：产品导向+工程卓越

实施建议：没有"一刀切"的解决方案，要因地制宜，以解决瓶颈为目标，持续改进

效能平台

目标：打造一站式、一体化的效能平台，支撑软件交付的全生命周期

价值主张：自动化+自助化、场景化+生态化

实施建议：以能满足研发场景的诉求为出发点，不追求"大而全"，注重加强各工具间的连通性

效能度量

目标：在正确的方向上开展研发效能度量和数据洞察，指导并驱动有效的效能提升

价值主张：数据驱动+实验思维

实施建议：推进研发效能度量的"五项精进"，落地度量基础设施、度量指标、度量模型、度量产品、数据运营

以业务价值为导向

优化全局流动

追求工程卓越

善用数据思维

核心价值观

1.4 研发效能的核心价值观和常见误区

缺乏系统化的规划

盲目推行一致性

"伪工程"实践的"面子工程"

忽视上下文，照搬方案

忽视开发者的体验

不恰当地使用度量

常见误区

在数字化时代，每家企业的业务都高度依赖信息技术，而研发效能已经成为企业发展的核心竞争力。

当前，我们正处在数字化时代的关键节点上，新一轮的科技革命和产业变革正在蓬勃兴起。根据 2020 年的统计数据，全球市值最高的 10 家公司中，互联网软件公司已占据 7 家，无论是微软、谷歌、Meta、亚马逊，还是国内的腾讯和阿里巴巴，都对世界经济和人们的生活产生了深刻的影响。

2021 年更是见证了历史，作为一家科技公司（而不是传统汽车企业）的特斯拉，市值突破了万亿美元，一举进入市值前十的行列。特斯拉对于传统汽车，就好比 iPhone 对于诺基亚。作为汽车行业的后来者，特斯拉抓住了数字化时代对传统行业冲击所带来的新机遇，通过数字化产品和服务的一整套组合，牢牢占据了行业的优势高地。

我们经常说，这些互联网软件或科技公司享受了信息技术的红利，也推动了公司业务一轮接一轮的飞速增长，让我们见证了很多科技引领时代发展的历史性时刻，同时也创造了大量的"财富神话"。但我们也会经常看到，在数字经济发展的过程中竞争相当激烈，一些公司为了更早地占领市场、赢得更好的市场空间，采用了"蒙眼狂奔式"的发展策略，大量堆砌人力和资源，"快、糙、猛式"地开发和交付软件，存在大量注重业务先赢，发展健康后置的问题。大量从业者也被迫裹挟其中，靠加班、"996"模式的工作强度来勉强应对海量的业务需求，也有很多企业渐渐形成了"内卷"的企业文化，产生了过度的无效内部竞争，以此来应对行业激烈的竞争及由此产生的焦虑感。

然而，不健康的发展方式注定无法持久。从 2021 年开始，在行业监管收紧的大背景下，某公司遭遇反垄断调查了、某公司 App 被下架了、某公司上市折载了、某公司股票腰斩了、某公司开始大幅裁员等新闻屡屡登上热搜。

在这样的大环境下，正如"湖水岩石效应"所暗喻的，企业之前快速发展过程中隐藏的大量问题逐渐浮出水面。很多企业发现人员已经扩张了好多倍，但交付的业务需求量并没有同比例增加，并且需求的交付时间反而比之前更长了，这说明真实的研发效能一直在不断下降。这些问题也许会促使身处漩涡之中的企业停下来深入思考：如何才能从劳动密集型转换为技术密集型的工作模式，如何才能以更科学、更可持续的方式发展，如何才能从靠堆砌劳动时间获得工作产出转变为更有效、更高效地交付业务价值，如何才能从"内卷"走向"反内卷"。

以上这些问题正是软件研发效能要解决的。在国内，软件研发效能正处在快速发展阶段。从百度指数的统计数据来看，2021 年"研发效能"逐渐成为热搜词，并在越来越多的场合被提及，也得到了越来越多公司和实践者的重视。

但是，研发效能还有一系列非常重要的问题需要被解答：研发效能有没有明确的定义？它的内涵和目标是什么？有没有系统性的指导框架？如何在企业中有效落地实施？有哪些经常遇到的误区？

下面通过研发效能的目标、实践框架、实施策略、核心价值观和常见误区四方面的内容对研发效能进行整体概述。

1.1　研发效能的定义、目标及解决的问题

🌐 核心观点

- 研发效能既要关注有效性，也要关注效率；既要关注投入，也要关注产出。
- 研发效能就是更高效、更高质量、更可靠、可持续地交付更优的业务价值的能力。
- 研发效能需要解决规模化的问题，在软件规模和复杂性不断提升的同时努力保持高效。

1. 研发效能的定义

前面已经提到，在近十年间，国内外互联网软件及科技公司享受了信息技术的红利，也推动了公司的飞速成长和在技术和商业模式上的创新。但纵观整个行业，尤其是在国内，我们发现在行业繁荣发展的背景下，很多企业的研发理念和研发模式还停留在"刀耕火种"的原始状态。

当无穷无尽的业务需求如排山倒海般地压向研发，在较短的研发时间和需要快速上线的高压之下，研发人员疲于应对业务压力，技术债高垒、士气低迷、工作效率低下，没有精力精进技术，封闭开发、加班拼抢、手工操作、质量低、大量返工、进度延期、线上问题频发、四处救火的恶性循环似乎已经成为一些研发组织的常态。但无论是追求卓越的企业技术管理者，还是追求成长的一线工程师，显然都不满足于此，总是希望能找到一些新的思路、方法和技术，来帮助他们摆脱困境。于是，在敏捷运动已经发展了二十多年，DevOps 运动已经发展了十多年后的今天，研发效能逐渐成为大家关注的焦点。

研发效能在国内越来越火，在各种技术大会、技术分享或微信朋友圈中曝光的频率也越来越高，但是似乎大家对这个新的名词并没有建立统一认知，也并没有一家权威机构或专家给出一个比较清晰、明确的定义，甚至在国外也很难找到直接对标的英文词汇。

研发效能就是特指研发效率吗？是否有其他更丰富的内涵？研发效能的目标是什么？这些看似基本的问题在业界都引发了不少讨论。那么，在介绍研发效能怎么做、如何落地之前，我们先来看一下研发效能到底是什么。

我们做的所有研发工作都是从业务目标出发的，这是我们做一切事情的根本出发点。基于业务目标，我们会规划理想状态下要完成的功能和质量，并且会评估在理想状态下实现这些业务目标所消耗的工作量。理想的功能意味着实现业务目标的最优功能集（没有遗漏任何需求，也没有蔓延出本不需要的功能），理想的质量代表了各种质量属性的水平（包括功能和非功能），并期望以最优的方式满足业务目标的要求。

有理想就有现实，在具体的研发和实现过程中，我们会产出实际的功能和质量及实际工作量，因此，在理想和实际之间就会存在一定的差距。比如，理想是要开发 20 个功能，实际只实现了 15 个，而且其中 3 个还存在一些缺陷，导致功能受损，性能也没有达到预期的高并发要求。再如，预计 2 周时间就可以完成开发和测试并上线，但实际上技术复杂度超出了预估，最终多花了 1 周时间才勉强完成功能的实现。

理想的功能和质量与实际的功能和质量之间的差距，我们称之为有效性；理想的工作量和实际的工作量之间的差距，我们称之为效率。有效性关注的是产出的维度，效率关注的是投入的维度。因此，研发效能既要关注有效性（做正确的事情），也要关注效率（正确地做事情并追求速度）；既要关注投入，也要关注产出。

有效性关注的是方向正确，做的事情要有价值，要能够有利于达成业务目标。我们经常说这是一些 0 之前的那个"1"，没有这个"1"，无论后面有多少个 0，即哪怕做得再多、做得再快都没有用。比如，对于软件研发来讲，做什么需求、需求是否定义清晰准确、需求的验收条件是否明确都属于有效性的范畴，需求的价值越高，研发越能事半功倍。

效率也是大家最为关注的话题之一，我们可以通过选择适当的研发模式、制定适当的研发流程、利用高效的研发工具来提升效率，使用系统化、工程化的方法，采用先进的技术架构来研发系统，解决问题。比如，在研发过程中，我们经常提到敏捷精益的协作模式、高内聚低耦合的系统设计、以应用为中心的云原生研发范式、以 CI/CD 为基础的高效研发流水线等，这些都可以帮助我们高效、高质量地构建所需的软件系统。

综上所述，如果要给研发效能一个定义，我们认为可以这样来表述：研发效能就是更高效、更高质量、更可靠、可持续地交付更优的业务价值的能力。如图 1.1.1 所示，这里的"更高效"指的是效率，"更高质量、更可靠、更优的业务价值"指的是有效性，当然我们还要关注"可持续"，期望研发效能可以让我们保持持续的有效性和高效性。

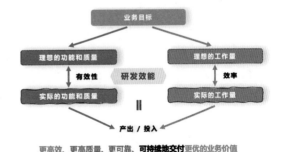

图 1.1.1　研发效能的定义

2. 研发效能的目标

根据上面对研发效能的定义，其目标主要包括以下几点。

- 更高效：更高的效率代表更快、更及时地交付，这样就能更早地进入市场，更早地学习和调整，更早地降低风险，更早地锁定进展和价值。这也是敏捷和精益思想的核心。
- 更高质量：我们研发的产品都有一定的质量要求，快速交付给客户有质量问题的产品除了引发投诉没有任何价值。质量是内建的，不是事后检验出来的。
- 更可靠：我们要的是敏捷，而不是脆弱，安全和合规方面要有保障。就像开车一样，只有车子可靠、刹车性能好，你才敢开得快。
- 可持续：短期的取巧、"快、糙、猛式"和小作坊式的开发，只会带来更多的技术债务和持久的效率低下，软件研发不是"一锤子"买卖，我们应该用"长线思维"来思考问题。
- 更优的业务价值：我们经常说"以终为始"，提供给客户或业务的内容应该是有价值的，这是你为什么要做所有这些事情的根本出发点。

上面的描述是从组织视角出发的，那么，研发效能的提升对我们每个人有什么好处呢？我们认为有以下几点。

- 强调功劳而不是苦劳：不再按加班时长进行排名，而是让大家的目标聚焦在对结果有帮助的事情上，即交付业务价值，着眼点从局部产出过渡到整体结果上。
- 强调更聪明地工作：就是我们常说的"好钢用在刀刃上"，通过一系列对工作流程、协作方式、角色职责、系统架构、技术平台的优化，对工具建设和自动化程度的提升，让大家摆脱冗长、无聊的各类会议和重复、机械的手工操作，把时间花在真正有创造性的事情上。
- 强调个人能力成长：组织要给大家留出一些空闲时间，用于个人的学习和提高，成长的机会也许比晋升和绩效更能吸引人。优秀的企业会注重培养个人的技术能力、软件工程能力和业务领域能力。

组织是由个人组成的，只有个人的效率提升了，能力增强了，整个企业的研发效能才会更好。

3. 研发效能需要解决规模化的问题

在很多小团队、小部门或小公司组建的初始阶段，由于系统从零开始建设，沟通路径简单明确，没有技术债务，研发效能普遍是比较高的。但随着时间的流逝、版本的持续更迭、功能的持续完善，小系统变成了大系统，小团队变成了大部门，很多企业在某一天突然发现，研发效能已经变得很差了。其具体表现在，研发人员的规模已经扩张了好多倍，但交付的业务需求量却并没有多出多少，而且内部复杂的沟通路径使得流程效率和最终交付的效率都降低了，客户也越来越不满意。

根据"熵增定律"，在一个孤立系统中，如果没有外力做功，其总混乱度（熵）会不断增加。那么，随着软件越做越大、越做越复杂，研发效能的绝对值一般会随着以下因素的变化变得越来越小，研发效能的鸿沟会越来越大，如图 1.1.2 所示。

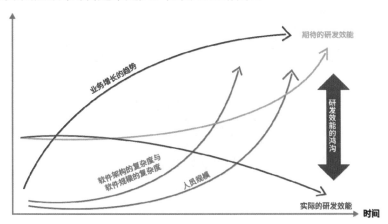

图 1.1.2　研发效能的鸿沟

（1）软件架构本身的复杂度提升（微服务、服务网格等）。

（2）软件规模的不断增加（集群规模、数据规模等）。

（3）研发团队人员规模不断扩大引发沟通协作难度增加。

因此，我们对研发效能工作最基本的要求就是尽可能减缓研发效能随熵增恶化的程度，在软件规模和复杂性不断提升的同时努力保持有效性和高效性，"努力奔跑或许只能让我们保持在原地"。

当然，效能的持续提升是我们追求的终极目标，需要不断地尝试和努力，我们一直在路上。

1.2　研发效能的实践框架

 核心观点

- 建设研发效能的"黄金三角"，形成具有增强回路效果的研发效能提升体系。
- 效能实践、效能平台和效能度量三部分相互促进，彼此增强。
- 提炼并坚持研发效能的价值主张，做正确的事情与正确地做事情同等重要。

笔者结合对业界各大互联网公司和头部软件研发企业的研究，将研发效能提升的思路和先进经验整理成一个具有"增强回路"效果的体系化实践框架，称之为研发效能的"黄金三角"，如图 1.2.1 所示。

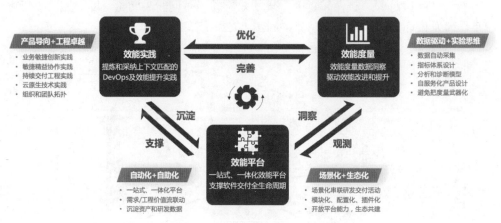

图 1.2.1　研发效能的"黄金三角"

研发效能的"黄金三角"由三个部分组成，分别是效能实践、效能平台和效能度量，它们彼此独立，但又相互关联。其关联关系如下：

- 效能实践中的优秀实践可以固化、沉淀到效能平台；反过来，效能平台支持了效能实践的落地。
- 效能平台产生的大量研发数据形成效能度量中的效能洞察；反过来，效能度量可以持续观测效能平台中产生的数据，并进行下钻和深入分析。
- 效能度量中的洞察和分析结果可用于针对性地优化效能实践；反过来，效能实践可以给效能度量更多的输入，帮助其完善度量指标集和分析方法。

由此，效能实践、效能平台、效能度量就形成了一个彼此增强、迭代优化的回路，有效利用好这个"增强回路"可以帮助企业持续提升研发效能。

下面我们分别从目标、价值主张、实践分类和实施建议几个维度对它们展开讨论。

1. 效能实践

研发效能实践地图，如图 1.2.2 所示。

目标：提炼和采纳与上下文匹配的 DevOps 及效能提升实践。

价值主张：产品导向+工程卓越。

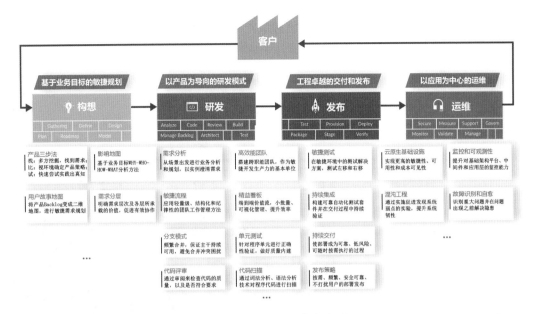

图 1.2.2　研发效能实践地图

- 产品导向：区别于项目导向的交付模式（在特定时间内，以相对确定的预算和人力交付预先计划的内容），我们更倾向于以产品导向的交付模式组织相关效能实践。产品导向让我们面向长期的业务价值，组织长期稳定的敏捷团队，持续迭代和优化与时俱进的产品。我们承认需求的不确定性，要持续改进产品，而不是简单地遵从既定计划；我们要考虑长期产品和团队能力的建设，而不是把短期项目做完了事；我们要考虑持续为客户创造价值，而不是看项目有没有超过预算；我们要面向工作结果进行响应，而不是盯着一些局部的工作产出。

- 工程卓越：我们必须持续关注工程和技术的卓越性，而不仅仅是交付了多少需求或特性。比起多完成几个小功能，也许工程和技术上的提升所带来的价值会更大。就像微软 CEO 萨蒂亚·纳德拉所说："每一天我都在开发新特性和提升我们的生产力之间进行权衡。"我们要追求用工程化的方法持续把确定性、重复性、机械性的任务自动化，从而在提升效率的同时让工程师将更多时间花在有创造性的事情上。用工程化的思路解决问题，追求工程卓越就是一种"反内卷"的表现。

实践分类：业务敏捷创新实践、敏捷精益协作实践、持续交付工程实践、云原生技术实践、组织和团队拓扑等。

实施建议：业界一致认为，DevOps 领域和研发效能领域都从来就没有"一刀切"的解决方案，不要迷信某个成熟度模型和某种规模化框架一定能对你有帮助。正确的实践选择一定要基于上下文，找出价值流中最大的障碍，选取工具箱中适当的实践，从小范围开始，纵向进行实验，应用敏捷思维来提升组织效能，逐个解决瓶颈问题，循环往复。

2. 效能平台

一个典型的大型研发组织效能平台框架图，如图 1.2.3 所示。

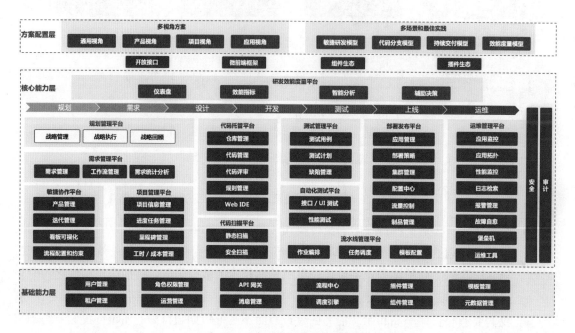

图 1.2.3　典型的效能平台框架图

目标：打造一站式、一体化的效能平台，支撑软件交付全生命周期。

价值主张：自动化+自助化、场景化+生态化。

- 自动化：自动化很好理解，DevOps 讲究"自动化一切"，这正是 DevOps 的精髓"CALMS"中的 A（Automation），研究表明高效能的企业在自动化构建、自动化测试、自动化环境创建和部署、自动化监控和可观测性等方面要远远高于中低效能的企业。
- 自助化：自助化代表上下游角色可以通过平台紧密衔接，工具平台被某种角色创建出来之后，上下游其他角色应该都可以按需、自助地使用，降低了对某种角色或者某个人的依赖，这样组织协作效率才能提升。
- 场景化：我们经常看到很多所谓的"一站式、一体化"，是按功能领域进行划分并展现相关能力的，或者说是一个"拼凑"起来的平台，而真正让管理者和工程师使用趁手的、易用的平台一定是按研发场景进行组织的。比如，以某一产品为主线贯穿

DevOps 流程，方便用户管理产品的相关需求，创建特性分支，迭代开发和交付。同样，以应用为主线对运维人员来讲会更加友好。

- 生态化：在互联网大厂搭建效能平台时，普遍遇到的难点就是业务复杂、规模庞大、业务独特、场景众多，很难通过一个团队的努力满足整个公司的需求。但是各个业务部门如果什么都自己做、重复造"轮子"，甚至相互恶性竞争就更不好了。因此，作为平台建设者应该更加开放，分离平台底座和原子能力的建设，即通过生态合作伙伴关系促进公司效能平台的良性发展。从公司角度来看，减少重复建设和避免内耗也都是"反内卷"的表现。

实施建议：效能平台的建设切忌开始就追求"大而全"，所谓的"一站式、一体化"只是手段而不是目的，最终以能满足研发场景的诉求为主。尤其是在平台建设初期，不妨以支持 To B 客户的思维来进行平台运营，深度绑定和跟进种子团队，深刻理解业务痛点和需求，这样做出来的平台首先马上就会有人用，然后收集反馈，像滚雪球一样越做越完善。另外，还要注重需求价值流和工程价值流之间的联动，而不要将其分裂成毫无关联的两个系统。

3. 效能度量

目标：在正确的方向上开展研发效能度量和数据洞察，指导和驱动效能改进和提升。

价值主张：数据驱动+实验思维。

- 数据驱动：我们经常遇到的现象是，一个组织或者团队在消耗了大量的"变革"时间成本和人力资源后，却无法回答一些看似本质的问题。比如，你们的研发效能到底怎么样？比别的公司或团队的好还是差？瓶颈和问题是什么？采纳了敏捷或 DevOps 实践之后有没有效果？下一步应该采取什么行动？我认为，效能度量的目标就是让效能可量化、可分析、可提升，通过数据驱动的方式更加理性地评估和改善效能，而不要总是凭直觉感性地说"我觉得……"。用真实和有效的数据说话，勇于挑战现有流程和规则，直指研发痛点和根本原因，也是一种"反内卷"的表现。

- 实验思维：研发效能提升没有"一招鲜，吃遍天"的万能招式，而是要基于上下文进行有针对性的实验和探索。比如，想提升线上质量，降低缺陷密度，经验告诉我们应该去加强单元测试的覆盖，完善代码评审（Code Review，CR）机制，做好自动化测试案例的补充。但是，这真的有效吗？我们通过数据来看，很可能没有任何效果！并不是说这些实践不该做，而是可能做得不到位。比如，只是为了指标好看，编写缺少断言的单元测试，找熟人走过场通过代码评审，覆盖一些非热点代码来硬凑测试覆盖率目标等。因此，我们需要实验思维，找到真正有用的改进活动及其与结果之间的因果关系，有的放矢才会更有效率和效果。

实施建议：效能度量本身也是一个比较复杂的体系，包含自动采集效能数据、度量指标体系、度量分析模型、度量产品建设、数据驱动和实验思维等方面，将它们整理后，称为研发效能度量的"五项精进"，如图 1.2.4 所示。

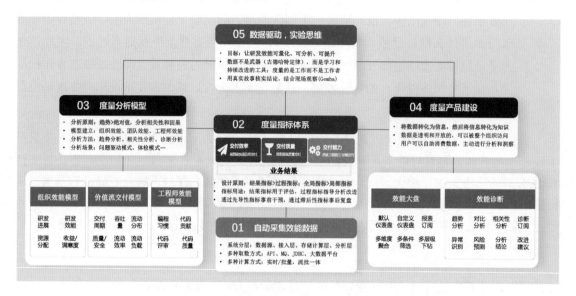

图 1.2.4　研发效能度量的"五项精进"

（1）构建自动采集效能数据的能力。通过系统分层处理好数据接入、存储计算和数据分析。比如，小型团队在通过 MQ、API 等方式把数据采集之后，使用 MySQL（存放明细数据和汇总数据）、Redis（存放缓存数据）和 ES（数据聚合和检索分析）三件套基本就够用了；而大规模企业由于数据量庞大，汇聚和分析逻辑复杂，建议使用整套大数据分析解决方案，如流行的流批一体的大数据分析架构。

（2）设计效能度量指标体系。选取结果指标用于评估能力，过程指标用于指导分析改进。比如，需求交付周期、需求吞吐量就是结果指标，可用于对交付效率进行整体评估；交付各阶段耗时、需求变更率、需求评审通过率、缺陷解决时长就是过程指标，可用于指导分析改进。通过先导性指标进行事前干预，通过滞后性指标进行事后复盘。比如，流动负载（在制品数量）是一个先导型指标，根据利特尔法则，在制品过高一定会导致后续的交付效率下降、交付周期变长，识别到这类问题就要进行及时干预；而线上缺陷密度就是一个滞后性指标，线上缺陷已经发生了，我们能做的只有复盘，对缺陷根因进行分析，争取在下一个统计周期内能让质量提升，指标好转。

（3）建立效能度量分析模型。这里的模型是指对研发效能问题和规律进行抽象后的一种形式化的表达方式。比如，将流动时间（需求交付周期）、流动速率（需求吞吐量）、流动负载、流动效率、流动分布五类指标结合在一起，就是一个典型的分析产品/团队交付效率的模型，通过这个模型可以讲述一个完整的故事，回答一个关于交付效率的本质问题。模型还有很多种，如组织效能模型（如战略资源投入分布和合理性）、产品/团队效能模型、工程师效能模型等，我们还要合理采用趋势分析、相关性分析、诊断分析等方法，分析效能问题，指导效能改进。

（4）设计和实现效能度量产品。先将数据转化为信息，然后将信息转化为知识，让用户可以自助消费数据，主动进行分析和洞察；简单的度量产品以展示度量指标为主，比如按照部门、产品线等维度进行指标卡片和指标图表的展现；做得好一点的度量产品可以加入各种分析能力，可以进行下钻或上卷，可以进行趋势分析、对比分析等；而做得比较完善的度量产品应该自带各种分析模型和逻辑，面向用户屏蔽理论和数据关系的复杂性，直接输出效能报告，并提供问题根因分析和改进建议，让对效能分析不是很熟悉的人也能自助使用。

（5）实现有效的效能数据运营体系。放在最后的其实才是最重要的，我们有了度量指标、度量模型和度量产品，但一定要避免不正当使用度量而产生的负面效果，避免将度量指标 KPI 化而导致"造数据"的短视行为。根据古德哈特定律，度量不是武器，而是学习和持续改进的工具。正所谓"上有政策，下有对策""度量什么就会得到什么"，为了避免度量带来的各种副作用，我们首要的度量对象应该是工作本身，而不是工作者。另外，效能改进的运作模式也很重要，如果只是把数据报表放在那里，效能不会自己变好，需要有团队或专人负责推动改进事宜。建议在组织中建立度量数据的应用场景，以场景应用带动数据的有效利用，通过建立阶段性的目标推动反馈闭环。例如，团队可以在 Scrum 回顾会议中建立团队阶段性度量改进目标并设定改进措施，部门可以以月度、季度为周期设置目标并推动反馈闭环。

1.3 研发效能的实施策略

⊕ 核心观点

- 研发效能的落地实施，注重灵活、务实地解决研发痛点和实际问题，要避免开展"大跃进式"、虚假繁荣的运动。
- 研发效能的提升需要业务研发团队、工具平台团队、效能专家或教练团队、组织级研效管理团队共同参与。
- 研发效能提升过程中不同角色该做什么和不能做什么很关键，这些原则在不同场景下都是相通的。
- 研发效能要服务于业务，而不能让业务反过来迁就研发效能。

近一两年来，从国内一线互联网大厂开始，越来越多的企业开始重视研发效能的提升，有的公司还为此成立了专门的研效部门，在借鉴硅谷一些实践的同时，也在探索适合自己的发展道路。但想要获得研发效能的提升并非易事，下面重点盘点一下研发效能落地过程中一些典型的成功或失败的案例，并从中提炼出一些常见的困境和问题、值得借鉴的做法和解决方案，希望对读者能有些启发。

1.3.1　研发效能实施过程中的常见困境

你是否也遇到过以下的问题：

- 意识到研发效能要提升，却不知如何下手？
- 业务实在太忙，根本没空做研发效能，怎么办？
- 要做出场面，就得自上而下强推一致性和标准规范？
- 折腾了好几个月，但发现效率指标反而下降了，怎么办？
- 领导要求快速见效，能不能动用绩效考核、行政手段来推进？
- 工具不完善，标准规范只能"人肉"来扛，效率更低了怎么办？
- 费了好大力气做出工具，却引来一片吐槽，用不起来怎么办？
- 研发效能到底能不能度量？度量之后开始有人刷分造数据，怎么办？

某中等规模企业要做研发效能提升，相关负责人希望能找到一个抓手并快速见效，于是想到硅谷标杆公司 Google、Meta 都非常推崇单元测试，业界还流行一种测试金字塔模型，据说单元测试应该占 70%以上的比例。而当前企业的现状是单测基础很薄弱，大家也没有写单元测试代码的习惯，于是决定从强推单元测试开始。

先找了一个部门开始试点，这个部门的业务范围很庞大，既有稳健增长的业务，也在布局一些探索中的新业务，还维护公司的一些核心框架和基础库。

那么，怎么推进呢？先定义研发标准，即新提交的代码都要被单元测试覆盖。

怎么衡量效果呢？就定义一个指标，即单元测试增量覆盖率。

如果研发团队不配合怎么办？就硬性要求，进行考核。如果单元测试指标不达标，考核就减分，绩效就会受影响。

由于企业领导很关注研发效率的事情，业务研发团队虽然觉得这个要求太高，但也没办法，只能先试试。于是这场"研效提升"运动裹挟着各种不同的认知，就轰轰烈烈地开展了。

过了一段时间，企业内出现了很多"不和谐"的声音。

首先是很多一线工程师吐槽研发效率大幅降低，再不改变就只能离职了。有人反馈说：

"原来 3 天就能完成的需求，现在至少需要 5～6 天才能完成。比如，针对单元测试增量覆盖率指标的硬性要求，如果想对一个遗留文件里的 3 行代码进行修改，而这个文件有一个 500 行的函数，就需要把这个函数拆解/重构并 Mock 后写单测，开发人员的工作量太大了，又没有为这些多出来的工作预留时间，只能靠高强度的加班来做，质量其实根本无法保证，这个压力不能只让一线工程师来扛！"

后来，有些一线研发管理者也反馈说："研发标准'一刀切'，根本没有考虑实际情况。比如，对于核心逻辑、核心框架、基础库等多方依赖引用且需求相对固定的情况，确实要尽可能覆盖高质量的单元测试，但一般的业务逻辑（尤其是处于探索状态的新产品和新业务）应该以业务的交付效率为重，因为快速上线验证产品的思路更重要。有些业务很可能上线后不符合产品预期，后续也不会迭代，对于这部分代码，没必要将时间浪费在追求高指标上。而且在考核的压力之下，发现好多人的单元测试都是用工具自动生成的，纯粹是为了凑数，根本就是无效的，反而牺牲了很多做有效工作的时间。建议给一线管理者一定的灵活性，能自主决定推进的方式和强度，而不是被某些指标牵着鼻子走。"

业务部门其实也并不买账："好多需求等着排期，而研发人员说要搞研发效能，没时间做，这无法接受。而且最关键的是之前做的研发效能提升并没有看到实际的收益。"

正所谓"冰火两重天"，最怕一边热火朝天地推进各种研发效能提升措施，另一边各种来自一线的吐槽声不绝于耳，最终看起来是做一些费力不讨好、价值也解释不清楚的事情。

我相信，大家对追求研发效能提升这一目标都是认同的，也都是带着一腔热情想把事情做好。既然大方向没错，那么遇到这些问题很可能就是执行策略和方法的问题了。

下面介绍如何避免"大跃进式"、虚假繁荣的研发效能提升运动，通过灵活、务实地解决问题让研发效能提升有效落地。

1.3.2　明确你在研发效能提升中所扮演的角色

研发效能的提升是一个复杂的系统性工程。在具备一定规模的企业中，参与到研发效能提升中的组织或团队大概有以下几类。

- 业务研发团队：负责业务端到端的研发过程，对交付的结果全权负责。这个团队的首要目标是实现业务需求，但过程可能会碰到效率、质量、安全等方面的问题和挑战，需要在研发效能专业方向上得到一些支持和帮助。
- 工具平台团队：由于研发的日常工作都是基于工具平台承载的，因此工具的效率就会对业务研发团队的交付效率产生正面或负面的影响。工具平台团队一方面要提供高质、高效的服务能力，另一方面也要想办法降低用户（业务研发团队）的认知负荷，提升工程师的使用体验。

- 效能专家或教练团队：由研发效能领域的专家组成，比如效能专家、敏捷教练、工程教练等，主要目标是赋能业务团队，补齐业务团队研发效能的能力短板，对其进行服务化的能力支撑。通过传播和推广新理念、新实践、新技术、新工具，帮助业务研发团队达成更优的交付效率和质量。
- 组织级研效管理团队：比如，技术委员会或制定研发效能标准的团队。职责通常包括确定研发效能提升的高阶目标，确定每个阶段的整体推进策略，组建研发效能的部门或团队（实体/虚拟），发布相关的标准、规范或制度等。

在规模较小的企业中，可能并不存在这样完整编制的团队，但一定会有负有相关责任的角色，哪怕是一个人承担了多种角色，因为想要获得效能提升，这些事情总要有人做。

1.3.3　清楚应该做什么和不能做什么

1. 业务研发团队

业务研发团队可以根据当前业务和产品所处阶段，确定研发效能提升的重点和目标，并通过正确、适当地使用度量，对效能提升的效果进行洞察。

（1）理解业务和产品所处的阶段，即明确业务和产品是在初创期、成长期、成熟期，还是衰退期；是要快速探索以最快的速度占领先机，还是要稳定增长，尽量规避质量上的瑕疵。明确阶段定位对找准效能提升的方向非常关键。

（2）根据阶段现状确定研发效能提升的重点。问题，要先于解决方案。效能的提升是从痛点出发的，如果现阶段就是要更快地交付，则在技术上可以选择先主动负债，架构解耦、自动化测试的全面覆盖都可以后面再补。如果现阶段就是要更加稳定，而高并发的在线支付业务、线上缺陷会带来巨额资金损失的风险，则需求交付效率其实"正常发挥"就好，并没有那么急迫。因此，针对不同的上下文，研发效能提升的重点也各不相同，我们可以根据重点设置不同的目标。

（3）明确研发效能提升的目标。业务研发团队当然应该优先实现业务目标，但是对于想长期可持续发展的组织来讲，既要关注当前业务目标的快速交付，也要兼顾中长期的研发效能提升。正所谓"磨刀不误砍柴工"，就像微软的 CEO 萨提亚·纳德拉所倡导的："提升研发生产力的工作与交付新的业务需求同等重要"。

以前做业务追求先赢和交付速度，负债运行都没问题，但这是有代价的。我们看到，一些企业文件级的代码重复率达到 80%以上，这是高技术债的明确信号，也是对资源的巨大浪费。一切都是为了快，很多代码没有注释和文档，实现逻辑混乱，根本没人做过代码评审，只关注线上是否能跑通，这样的"祖传"代码没人敢碰，一旦发生故障也没人能维护。

研发效能提升其实是业务研发团队自己的事情，所做的效能改进工作，最终也是为可持续地实现业务目标服务的。因此，要根据实际的研发痛点，针对性地设置研发效能改进或提升的目标。如果自己都看不到问题或提不出需求，工具平台或专家、教练团队也是爱莫能助。

（4）将度量指标作为参考，辅助决策。研发效能度量很重要，需要进行策划和推进，但方式和方法要得当。如果把度量作为考核的"武器"，风险会比较大，最好是回归到辅助参考和决策，以及洞察问题的本质上去。

很多企业都会度量需求前置时间（Lead Time），如果真实情况就是十多天，与部门期望的有些差距，那就需要先做复盘，然后定期分析引发超时的原因，再针对性地优化与提升。千万不要因为考核，单纯地去追求指标好看，用一些"短视"的手段去"粉饰"太平，从而掩盖真正的问题，丧失改进的机会。

2. 工具平台团队

工具平台团队应该提供简单、易用的效能平台，支撑业务研发团队的日常研发活动，向下屏蔽复杂的系统实现，向上提供简约、整合好的平台能力，在不增加工程师认知负荷的前提下，优化研发每一步的工作场景，提升其工作效率。

（1）拥抱开发者体验。我们经常看到，一些企业的研发效能平台都是优先面向管理者服务的。比如，提供一些项目和敏捷管理能力，用于管理项目立项和需求流转过程；提供一个管理驾驶舱，用于查看研发过程中项目、需求、代码、缺陷、工时的各种数据；提供各式各样的报表、报告等。当然，这些很有价值，但却忽略了为研发过程中最庞大的用户群体——工程师服务。

比如，最基本的从大库中拉取代码要够迅速；编译构建速度要够快；部署发布要够简单，最好能"一键式"操作；无论工具平台逻辑多复杂，提供给工程师的都是最简化、已聚合好的工作台。

图 1.3.1 展示了百度代码管理工具 iCode 的代码评审页面。可以看到，在代码提交时，工具会自动触发一系列代码扫描、检查和测试的校验，并有质量门禁的守护。比如，先是代码风格（编码规范）检查、代码静态扫描、代码可维护性检查、安全检查、持续集成（触发一条流水线进行动态测试验证）等，最后才是人工评审。

工程师每天用得最多的是写代码的 IDE（Integrated Development Environment，集成开发环境），然后就是这个页面。这里屏蔽了底层复杂的逻辑和系统调度实现，呈现给工程师的是非常清晰、简单、易用、整合之后的信息，能真正帮助工程师不再操心细节，摆脱烦琐的操作，从而提升效率。

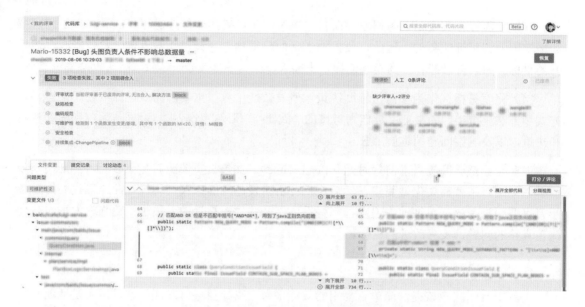

图 1.3.1　代码托管平台的代码评审页面

　　优秀的研发效能平台要拥抱开发者体验，并且对使用者基本是透明、无感的，从代码提交到上线过程要高度自动化。工程师提交代码后，工具平台就能触发一系列动作，工程师不必过于关心如何实现，只要稍作等候就能收到平台的处理结果和反馈通知。

　　（2）优化微反馈回路。微反馈回路是指研发人员每天要做几百次，甚至上千次的小事情。比如，在修复错误的同时运行单元测试、在本地或开发环境中进行的代码变更、刷新配置或数据并重新运行测试、在生产环境中发布变更并进行业务监控等。这些操作非常高频，但由于每个点看起来很小且过于普通，因此经常被研效平台设计者忽略，如图 1.3.2 所示。

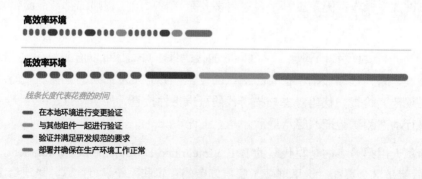

图 1.3.2　最大化开发生产力

　　如果每个人每次在这些操作上浪费几分钟，因为重复的次数非常多，每天被浪费的时间可能就要以小时来记了。更严重的是，这些小的停顿会让研发失去注意力并丢失上下文。有研究表明，如果工程师的工作被打断并脱离心流状态，则可能需要长达 23 分钟才能恢复到之前的高生产力水平。

如果反馈回路较短，则研发人员将倾向于更频繁地执行反馈回路，这样持续集成和持续交付才能做起来。更早、更频繁地进行验证可以减少后期的返工，简单、易于解释结果的反馈回路，减少了来回通信和认知开销。

笔者所在的部门一直负责一站式 DevOps 平台的建设，近期的重点就是优化研发过程中的微反馈回路，虽然这看起来没那么亮眼，但却是一项比较务实的研发效能提升工作。

如图 1.3.3 所示，我们会先统计使用最频繁的流水线插件（如代码拉取、编译构建、推送镜像、单元测试、代码扫描、安全扫描、自动化部署、自动化测试、灰度发布等），然后监控这些插件的执行时长和稳定性；先统计高频使用的服务接口（如创建需求、创建任务、创建分支、创建合并请求等），然后监控这些接口的时效性和有效性。

图 1.3.3　一站式 DevOps 平台的度量指标

我们还会关注稍微全局一些的指标，如研发前置时间（从代码最后一次提交或合并到远端仓库上的主分支，到对应制品首次部署到生产环境的时间），因为这个指标反映了从代码完成到被投产使用之间的时间，其一般是越短越好，越短代表工具平台优化得越好，团队工程能力越强，这也是 DevOps 最常统计和对比的指标之一。

总之，对于研发过程来讲，这些看起来也许都是很不起眼儿的小事，但从务实的角度来说却很重要。每个微反馈回路的优化都非常关键，都可以让工程师减少等待时间和被打断的次数，并且不必处理不必要的复杂和琐碎的手工操作或长时间的延迟，而将全身心聚焦在创造性、增值的研发活动上。

（3）完善一站式体验。在对每个微反馈回路进行关注和优化的基础上，也要完善研发效能平台的一站式体验。

我们经常看到，很多企业所谓的"一体化"平台都是按功能领域（如项目域、代码域、测试域、部署域等）划分并展现相关能力的，或者说是一个"拼凑"起来的平台。而研发真正需要的是内部工具相互打通、深入整合具有内在逻辑串联的研发一站式平台。

工程师易用的平台一定是按照"研发场景"进行组织的，比如以特性流动为核心的敏捷协作、以应用变更为主线的交付流、以应用为中心的监控和运维等，如图 1.3.4 所示。

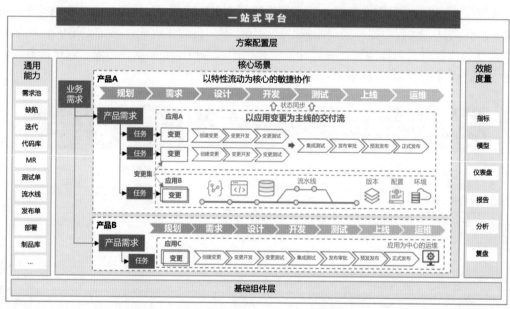

图 1.3.4 一站式 DevOps 平台的逻辑架构

另外，工具平台还要固化研发规范和实践。只要跟着工具平台操作就能满足研发规范，这样就不再需要人为刷分了。工具可以让用户的体验变得更简单，你可能只需要提交一行代码，后面的系统就会自动帮你解析、配置，把整个流水线都串联起来。

如图 1.3.5 所示，工具平台在创建项目（或产品）时会进行一系列初始化的工作，包括初始化需求空间、应用、代码库、环境、监控配置等，并根据所选模板确定代码分支规范、研发流程和测试环境管理方式。

研发流程：工具平台把研发流程抽象为五个阶段，每个阶段都包含特定的任务，如代码扫描、单元测试、自动化测试、手工集成测试、发布审批等。在选定所需的流程模板后，工具平台会自动创建流水线，用于任务的串联，在提升自动化水平的同时，提升项目的安全性和合规性。

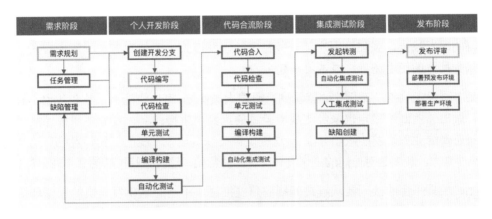

图 1.3.5　一站式 DevOps 平台的任务流转

测试环境：提供基线环境和特性环境组合的能力，帮助用户快速自动创建、部署测试环境，并实现测试环境之间路由调用的自动化配置，帮助开发人员灵活、互不干扰地进行测试，提高协作效率。

在这个例子中，研发过程中大部分高频、重复、确定的活动都已经根据所选择的研发模式或流程的模板定义好了，过程中相关的自动化能力由工具平台按需提供，这样工程师就可以不用操心遵循的流程、如何配置流水线、如何获取环境的事情，把精力更多集中在创造性或需要人工实现的活动上。

（4）实现产品化运作。很多设计和开发研发效能平台的团队都是从做某个领域的小工具开始，逐步演化而来的，从技术的角度设计和实现特定的功能还比较有优势。但有些人员其实并不是专业产品经理出身，他们从技术角度考虑的问题比较多，但"站在用户视角上"对产品进行思考方面做得不够。这样，做出来的工具平台可能会在体验和易用性上与商业或专业产品存在一定差距。

优秀的研发效能平台建设应该实现产品化运作，我们应该使用与用户产品研发相同的方法进行设计和构建，使用相同的用户研究方法、产品规划方法、优先级排序方法，并且建立基于结果的思维方式和用户运营、用户反馈机制。要定期走近用户，倾听用户的声音，结合满意度调查等手段，找到并解决用户遇到的研发效能"真问题"，这样的效能平台才能被更多的人认可和使用。

正如，某大厂研发人员所说："工具平台团队要以稳定而统一的研发基础服务去支持业务的奇思妙想和各种创新，有时甚至是不靠谱的创意，这也包括了要能对即使是最烂的代码提供最好的研发基础服务支持。"

上面说的是工具平台团队应该要做的事情，但也有一些事情要尽量避免。

（1）强推工具平台。在工具平台推广方面，要注意方式方法，如果不区分业务所处的阶段和不同的研发场景，强加给用户某一种特定的研发模式，即使对方迫于压力接入了，但可能由于缺少具体的使用场景，根本用不起来。

在某个研发工具推广案例中，就看到有研发人员吐槽："一些既不了解业务也不写业务代码的人，做出一些既不稳定也未经实战检验过的工具，生搬硬套，要业务研发团队接入，接入不顺利还要给业务研发团队扣分"。从这则反馈可以看出，一线的工程师对推广这样的研发工具意见非常大，认为这对他们的工作没有实质性的帮助，这种强行推广的真实效果可想而知。

因此，工具平台的接入要从解决问题的角度推进，不能忽略研发人员的工作环境。在推进的过程中，也要循序渐进，不要一次性引入太多的新名词、新工具或新流程，以免让研发人员日常工作的复杂性和摩擦急剧增加。

还有一点非常重要，就是要关注工具平台的迁移成本。如果用公式来表达，工具平台的价值 =（新版体验-旧版体验）-迁移成本。一个新产品想要落地，除了应该带来更好的体验，还需要有较低的迁移成本。

工具平台团队需要提供专业的服务能力。如果必须要做迁移，最好也是工具平台团队提供迁移工具实现自动迁移，或是派人到业务团队去服务，帮助他们完成迁移。

（2）不开放的封闭系统。研发效能工具平台也要避免各自为战，每个都聚焦做 SaaS，而对开放接口避而不谈。从行业的普遍情况来看，企业某个研效部门做出来的工具平台，很难100%承接住所有不同业务研发团队提出的个性化需求，因此最终还是要走向开放。

比如，通过开放模块、插件、API 等形式对外扩展，跟企业其他团队的工具能力形成友好的生态共建关系，大家一起合力把"蛋糕"做大。在流水线系统上，除官方插件外，各种由第三方提供的插件就是开放生态最典型的例子。

3. 效能专家或教练团队

效能专家或教练团队旨在帮助业务团队弥合研发效能方面的能力差距，使之能够持续保持效率和质量上的高水准。除了解决实际问题，也要注重提升业务研发团队自身的相关能力，最终的目标是在效能专家撤离后，业务研发团队能够持续高效地独立工作。

（1）为业务研发团队赋能。效能专家或教练团队要明确业务研发团队当前的痛点和问题，牵头制定解决方案并让各个参与的角色形成合力。比如，协同工具平台团队共同制定接入计划和推进策略；协同开发团队按照定制的研发流程进行交付过程的优化，逐步实现开发中的质量内建，并持续提升开发效能；协同测试团队进行自动化测试的分级分层设计，形成质量防护网，并增加探索性测试等对版本质量进行兜底的能力。

如图 1.3.6 所示，效能专家或教练团队要深入研发一线，通过方法的导入和实践的落地，引领研发模式的更新升级、研发效能的稳步提升、人员技能的持续进步；要通过教练引导业务研发团队对有问题的研发过程实施干预，从而使团队朝正确的方向演进。

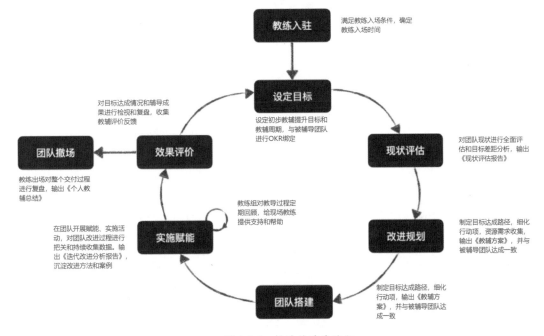

图 1.3.6　教练的赋能流程

效能专家或教练团队还需要对行业中涌现出的优秀实践保持敏感并持续学习内化。

对于代码评审，Google 公开的工程实践文档中对其进行了详细说明，很有参考价值。比如，对于一个 CL（Change List，即已经提交给版本控制或正在接受代码评审的一个独立的变更），为了让评审更有效，关注要点为查看 CL 内容是否有意义且是否拥有清晰的描述、评审 CL 最核心的部分是否经过良好的设计、按适当顺序查看 CL 的其余部分。

效能专家或教练团队要对这些优秀实践非常熟悉，并将其进行总结提炼和抽象加工，以易于理解的方式传授给业务研发团队。图 1.3.7 展示了基于业界优秀实践整理的 CL 评审要点，其从整体到细节分为三个步骤，每个步骤如果不满足条件就直接结束评审，这样的评审效率会更高。

（2）提炼效能提升知识库。效能专家或教练团队应该把成功案例和效能提升经验整理为效能提升知识库，并与工具平台团队、组织级研效管理团队频繁互动，让来自一线的实践经验被吸纳为组织资产，让研效提升的决策和工具平台的设计更为务实、落地。

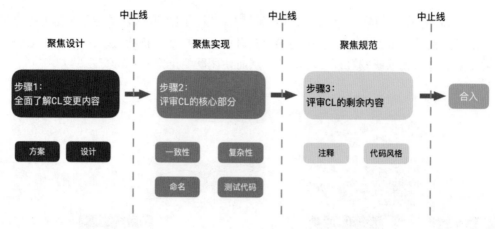

图 1.3.7　代码评审的实践

4. 组织级研效管理团队

组织级研效管理团队的主要工作是确定研效提升的高阶目标，确定每个阶段的整体推进策略，组建研发效能的部门或团队（实体/虚拟），发布相关的标准、规范或制度等。

（1）从整体上推进研效重大事项。比如，制定公司统一的代码规范，推广公司统一的编码风格，减少开发人员和团队之间的代码风格差异，并以此为出发点，普及代码质量意识，推广代码文化，推进跨业务间的代码评审，以此提升公司开发人员的整体代码质量。在公司内构建易于使用的统一软件源服务，满足研发人员在环境搭建、开发、构建、测试等环节的组件和工具依赖需求，提升组织的整体研发效能。另外，还有很多研发效能整体治理的工作，比如编译器版本的统一、组织内同领域不同研效工具底层元数据的对齐、跨领域不同研效工具的相互打通串联、组织级研发效能平台的整体设计等。

总体来说，组织级研发效能管理团队负责公司研发效能领域的顶层规划，加强底层研发基础设施协同共建，促进研发工具平台间串联打通，另外还要推进工程师文化的形成。

（2）适当推进研发效能度量。需要注重将度量指标与目标联系起来，确保所选的度量（指标）始终与其目的（目标）关联。组织级研效管理团队有责任确保组织的时间不会浪费在收集和维护不必要的指标上。

在软件研发场景中，可能会看到如下定义的指标。

方法必须少于 80 行，方法的参数不能超过 4 个，方法圈复杂度不得超过 20。

为了让研发理解设定这个度量指标的目的，应该将其转化为如下的描述方式：

我们希望代码不那么复杂，并且更容易修改，因此，我们的目标是编写具有较低圈复杂度（小于 20）的短方法（少于 80 行），参数也尽量少（最多 4 个），以便方法尽可能保持专注，也具备更好的可读性。

我们有时候也会碰到这样一种情况，就是单纯从数字来看，效能度量指标有了提升，比如交付效率和吞吐量都在提高，但业务部门却仍不满意。他们反馈："好像并没有什么变化！"那么，这个时候我们应该相信谁，是数据部门还是业务部门？正如，杰夫·贝佐斯（Jeff Bezos）所说："我注意到的是，当传闻和数据不一致时，传闻通常是正确的。"很可能是你度量的方法有问题，或是数据已经失真，这就需要进一步的检视和反思了。

丰田的大野耐一曾经说过："那些不懂数字的人是糟糕的，而最糟糕的是那些只盯着数字看的人。"每个数字背后都有一个故事，而这个故事往往包含比数字本身所能传达的更重要的信息。现场观察是一个可以与度量结合使用的强大工具，管理团队要到实际的研发交付过程中观察需求和价值的流转过程，看团队是如何进行研发交付的。正式的度量和非正式的观察是相辅相成的，可以对结果进行相互印证。

另外，度量还要从简单地对指标进行观测，进一步延伸到对研发活动进行更深度的洞察上，目前很多头部企业正在进行这方面的探索。

除了上述建议做的事情，还有一些不建议做的。

比如，不要过度控制，盲目推崇一致性。在一些相对稳定的场景下，一致性可以帮助业务研发团队提高效率。但如果脱离产品所处阶段和业务实际情况，盲目推崇一致性，为了统一而统一，反而会给业务研发团队带来很多额外的负担，某种程度上也会抑制创新，这样很难带来所期望的价值。

在《复杂》一书中介绍了一个有意思的案例。沙丁鱼群是一个很复杂的体系，分散的个体几乎没有抵御天敌的能力。但当鲨鱼游进鱼群时，沙丁鱼会迅速自然散开，形成一个可供鲨鱼通过的洞，鲨鱼什么也没吃到就穿过了洞口，当它回头再咬的时候，新的洞口又出现了，鲨鱼只能无功而返，如图 1.3.8 所示。

图 1.3.8　沙丁鱼群

这种集体智慧从何而来？科学家们做了大量的研究，发现秘密存在于沙丁鱼基因中的三行"代码"：跟紧前面的鱼；与旁边的鱼保持等距离；让后面的鱼跟上。

沙丁鱼群表现出来的行为是复杂的，虽然并没有一个更高层的"大脑"在做整体控制，但每条鱼只需要遵守这三条原则，鱼群就能表现得非常完美。

这个案例带给我们一些启示，研发场景下的复杂度非常高，基本上无法通过"上帝视角"

来规划和定义一切，但是我们可以明确一些大家都要遵守的基本规则。

因此，我们建议不要过度控制，要更多地给个体赋能，在一定程度上尊重和发挥个体的智慧，但是要设定一些大家都遵循的集体规则，这是底线。

1.3.4　不躺平、不内卷，行稳致远

本章主要介绍了如何通过灵活、务实地解决问题，让研发效能提升有效落地，避免"大跃进式"、虚假繁荣的效能提升运动，以及研发效能提升中四类团队应该做什么和不建议做什么。这些内容可以作为研发效能推进过程中的模式和反模式进行参考，也许你的具体场景和上下文有所不同，但这些原则和做法都是相通的。

1.4　研发效能的核心价值观和常见误区

🌐 核心观点

- 研发效能需要践行其核心价值观：以业务价值为导向、优化全局流动、追求工程卓越、善用数据思维。

- 研发效能提升过程中的常见误区包括缺乏系统化的规划、盲目推行一致性、"伪"工程实践的"面子工程"、忽视上下文而照搬方案、忽视开发者的体验、不恰当地使用度量。

研发效能的成功落地与实施离不开原则性的指导，下面重点探讨研发效能的几个核心价值观，以及落地实践过程中的常见误区。

1.4.1　研发效能的核心价值观

1. 以业务价值为导向

研发效能工作的开展必须以业务价值为导向。效能是为业务价值服务的，而效率更多的是为职能目标服务的。可以说效能是方向，效率是速度，如果方向错了，速度再快也没用，这就是我们经常听到的"高效交付无法确保业务成功"背后的原因。

效能是做能让你更接近目标的事，而效率是以尽量经济的方式完成特定任务。"思辨胜于执行"本质上也表达了类似的思想。思辨即思考辨析，其结果是指导思想。执行，即贯彻施行指导思想。可见，思辨决定了执行的方向。思辨对于研发团队生产力的提升，首要的就是寻找"正确"的需求。对于一个需求到底要不要做，多花点时间研究是值得的，因为一旦一个需求决策形成，其成本都是几十倍甚至上百倍的增加。产品经理一个决策的背后是研发、测试、运维团队的大量工作。

当业务处于快速上升期时，需要的是更快地进行业务交付，此时也许可以采用"堆人、堆时间"的方式来解决短期效率不足的问题，技术上可以选择先主动负债（不求完美只求能用），在这个阶段"快、糙、猛"的研发模式其实是有效的，这恰恰体现了"以业务价值为导向"的价值观。但在业务成熟、规模扩大之后，业务价值的导向就会发生变化。一方面用户群体规模已经变得非常庞大，高质量和业务稳定与业务连续性成为主要矛盾；另一方面随着团队内耗（随机复杂性）的不断增加，此时就要解决技术债和工程能力的问题。由此可见，在业务发展的不同阶段，对业务价值的追求方式是不一样的，提升研发效能的路径也不同。

2. 优化全局流动

流动是精益思想的五大原则之一，是精益思想的关键部分，其目标是让价值不间断地流动起来。在软件研发场景中，全局流动的含义是聚焦 IT 系统的整体价值流，进行全局优化，从而确保价值从上游到下游的快速流动。局部优化一般是指针对研发过程的某一部分或某个环节，通过一些管理或技术手段进行调优，这虽然也带来了局部效率的提升，但是从整个研发过程来看，其效果可能只是很小的一部分。

在研发效能提升的初期，局部优化是有用的，如静态代码扫描的耗时从 5 分钟缩短到 1 分钟以内、测试环境部署时长从几十分钟减少到 5 分钟以内等，但是局部优化的效果会随着时间的流逝递减。在进入深水区后，能够带来效率大幅度提升的往往是对全局流动的优化。

在软件研发中，经常使用的度量指标是流动效率，即在软件交付过程中，工作处于活跃状态的时间（无阻塞地工作）与总交付时间（活跃工作时间+等待时间）的比值。有资料统计，很多企业的流动效率只有不到 10%，也就意味着需求在交付过程中的大部分时间里处于停滞、阻塞、等待的状态，以至于看似热火朝天的研发工作，很可能只是虚假繁忙。大家只是因为交付流被迫中断才切换到其他工作，从而并行开展了很多不同的工作而已，但从业务和客户的视角来看，研发的交付效率其实很低。在很多情况下，优化全局流动带来的改进效果是非常巨大的，常常远远大于局部优化带来的效果。

有时候，过度的局部优化还会带来全局劣化。比如，过度优化某个职能部门的人力资源利用率，就是一种局部优化，其从传统的、以资源效率为中心的角度来看可能有一定价值，但这样高的资源利用率势必会造成研发交付过程中多个部门之间协作效率的降低，用户的需求总是要等待排期，无法被及时处理，这样全局的流动效率就会受到非常大的影响。因此，我们需要站得更高，从全局来分析问题。

3. 追求工程卓越

在研发效能领域中，我们经常关注的一个很关键的要素是工具平台。工具平台应该简单、易用，向下屏蔽复杂的实现，向上提供易于使用的能力，在不增加工程师学习成本的前提下，默默地优化研发过程的各个环节，提升整个工作的效率。在一定程度上，工具平台体现了"成全别人（用工具的人），死磕自己（工具开发者）"的设计哲学，但是工具平台并不是效能提升的全部，拥有工具和拥有能力是截然不同的两件事。很多公司采购了研效工具，就以为已经拥有了这样的能力，其实购买装备只能让你看起来显得专业而已。

我们不能仅仅关注工具，还要追求工程卓越。工程卓越倡导用工程化的方法解决问题，并追求持续优化，达到卓越。工程卓越是内在的能力，需要时间积累；工具平台是外在的表现，可以花钱购买。工具是工程卓越的载体，脱离了工程卓越，工具是没有灵魂的存在。同样的工具会因为用的人不同，发挥的作用存在较大的差异。用一块物理白板外加一些便利贴，同样可以实现真正意义上的敏捷开发，全套的敏捷工具也可以被用作"披着敏捷外衣的瀑布模型"。另外，在工具上"抄作业"是没用的，适合才是最重要的。比如，A公司用某个工具取得了巨大的成功，B公司很有可能会用不起来。

总结来看，两者的关系是工程卓越中的优秀实践可以固化、沉淀到工具中；反过来，工具也支撑了工程卓越的落地，但后者无法取代前者。

4. 善用数据思维

在数字化时代，很多销售、财务、新媒体运营等行业已经不依赖于个人经验来做决策了，而是更多地依赖数据。但是数字化程度原本就很高的软件研发行业，有时依然高度依赖人的经验，这点值得我们反思。

经验沉淀固然重要，但过去的成功有可能无法被复制。经验沉淀有些类似于静态思维，看的是过去；而数据思维则更偏向于动态思维，看的是未来。从这个层面上说，经验沉淀更像是"萃取过去"，而数据思维更像是"赋能未来"。数据思维可以先给过去沉淀的经验加上一个时间轴，然后观察事情在时间轴上的动态变化及背后深层次的逻辑，这样更有利于做出当下正确的决策。丘吉尔有一句名言："你能看到多远的过去，就能看到多远的未来"。

拥有数据思维的人，总能站在更高的位置动态地思考问题，看到更大的格局，从更高的视角解决问题。通过数据思维可以从"事后复盘"进化为"风险管控"。善用数据思维，可以通过数据驱动研发效能的有效改进，这种驱动的意义不是控制而是赋能。通过数据的反馈，指导我们如何调整研发过程中的流程和行为，让数据指引我们朝着设定的目标前进。

1.4.2 研发效能提升的误区

下面介绍研发效能提升过程中常见的六大误区，希望引发大家更多的思考。

1. 缺乏系统化的规划

在很多企业中，并不缺少研发效能的单点能力，各个研发领域也都有很多不错的垂直能力和工具。但是把各个单点能力横向集成与拉通，能够从全流程的角度进行设计和推进，并将其落地为一站式工具平台的还是凤毛麟角。目前，国内很多公司其实都还在建设（甚至是重复建设）单点能力的研效工具，这个思路在解决局部问题的初期尚可行，但是单点改进的效果会随着时间收益递减，后面还是需要从更高视角对研发效能进行整体规划和方案设计。

2. 盲目推行一致性

以研发效能工具为例，具有普适性的通用研发效能工具，其实有时候没有专属工具好用。既然打造了新的研发工具，那就需要到业务部门进行推广，让这些工具使用起来。在现实中，很多比较大的业务团队在 CI/CD、测试与运维领域都有自己的人力投入，也开发和维护了不少能够切实满足当下业务的研发工具体系。此时，要用新打造的研效工具替换业务部门原来的工具，肯定会遇到很强的阻力。除非新工具能够比旧工具强很多倍，用户才可能有意愿替换，但实际情况是新打造的工具因为要考虑普适性，很有可能还没有原来的工具好用，再加上工具迁移的学习成本，除非是管理层强压，否则推广成功的概率微乎其微。而即便是强压，实际的执行也会大打折扣，接入但实际不使用的情况不在少数。

3. "伪"工程实践的"面子工程"

从整体情况来看，国内公司与硅谷公司相比，在工程实践方面普遍存在很大差距。但是当你逐项比较双方开展的具体工程实践时，可能会惊讶地发现单从采用各种实践的数量上来说，国内公司一点不亚于硅谷公司。那么，为什么差距会如此明显呢？我们认为，其中最关键的因素在于，国内的很多工程实践都是为了做而做，而不是从本质上认可其实际价值。这里比较典型的例子就是代码评审和单元测试。虽然很多企业都在推进代码评审和单元测试的落地，但是在实际过程中往往都走偏了。代码评审变成了一个僵化的流程，而实际的评审质量和效果无人问津，评审人的评审也不算工作量，迫于时间压力往往草草通过了事。单元测试也沦为一种口号，都说要贯彻，但是在计划排期时，没有给单元测试留任何时间和人力资源，这样实施的效果可想而知。因此，真正的差距不是工程实践做了多少，而是实施的深度。不要用"伪"工程实践和"面子工程"来滥竽充数。

4. 忽视上下文而照搬方案

一些规模较小的企业或研发团队，看到国内各研发大厂在研效领域不约而同地重兵投入，纷纷也开始跟随建设，照搬方案。这些企业往往试图通过引进大厂工具和人才来作为研效的突破口，但实际的效果可能不能令人满意。研发大厂的研效工具体系固然有其先进性，但是是否能够适配其他公司的研发规模和流程是有待商榷的，同样的药给大象吃可以治病，而给小白鼠吃可能会丧命。很多时候，研效工具应该被视为起点，而不是终点。引入大厂专家其实也是类似的逻辑，笔者常常会被问及这样的问题："你之前主导的研发效能提升项目都获得了成功，如果请你过来，多久能搞定"？这其实是一个无解的问题。在一定程度上，投入大，周期就会短，但是实施周期不会因为投入无限大而无限变短。专家可以帮你避开很多曾经踩过的"坑"，尽量少走弯路，犯过的错误不再重犯，但是适合自己的路还是要靠自己走，"拔苗助长"只会损害长期利益。因此，研发效能工作最终能否有成果，还要根据企业环境和上下文量身定制解决方案。

5. 忽视开发者的体验

研发效能工作的开展应该以不影响开发者当前的效率为前提，不应该给开发者增加额外的负担，否则很容易遭到反弹甚至全盘失败。忽视开发者的体验，忽视作为知识工作者的工程师在研发过程中的主观能动性，是无法真正提升效能的。

6. 不恰当地使用效能度量

研发效能度量一直都是敏感的话题。在科学管理时代，我们奉行"没有度量就没有改进""没有度量就无法管理"，但在数字化时代其却要复杂很多。现实事物复杂而多面，度量正是为描述和对比这些具象事实而采取的抽象和量化措施。从某种意义上来说，度量的结果可能是片面的，只反映部分事实，没有银弹，也没有完美的效能度量。数据本身不会骗人，但数据的呈现和解读却有很大的空间。当把度量变成一个数字游戏时，永远不要低估人们在追求指标好看方面的"创造性"。我们不应该纯粹面向指标去开展工作，而应该看到指标背后更大的目标，或者是制定这些指标背后的真正动机。

研发效能实践篇

通常，我们会非常重视研发效能的各种实践，如需求及敏捷协作领域实践、开发领域实践、测试领域实践、CI/CD 领域实践、运维领域实践、运营领域实践、组织和文化领域实践，等等。

这些实践都是业界同行和资深实践者在解决问题、不断尝试和摸索的过程中总结的经验教训，它们能为你指明前进的方向，帮助你避免各种潜在的"陷阱"，这也是本书的重点和精华所在。

但我们也要注意的是，软件研发在很多情况下是一种高度复杂的工作，每个企业的环境都是独一无二的，面临的挑战和问题也各不相同，也许没有"放之四海而皆准"的标准方法，也没有普适化、所谓的"一招鲜吃遍天"的"最佳实践"。

但下面介绍的内容仍然非常有价值，我们汇集了研发效能领域被广泛采纳的、在很多场景下被证明有效的众多优秀实践。通过这些实践和经验，你可以快速了解相关领域的主要问题及解决方案，了解优秀实践背后的真正价值，以及如何细化、拆解和应用。

最重要的是，你可以把具体的实践应用到独特的组织环境中，并利用敏捷思维进行优化或变革，解决研发效能中的瓶颈点，不断追求卓越，持续推进研发效能的有效提升。

第 2 章 需求及敏捷协作领域实践

本章思维导图

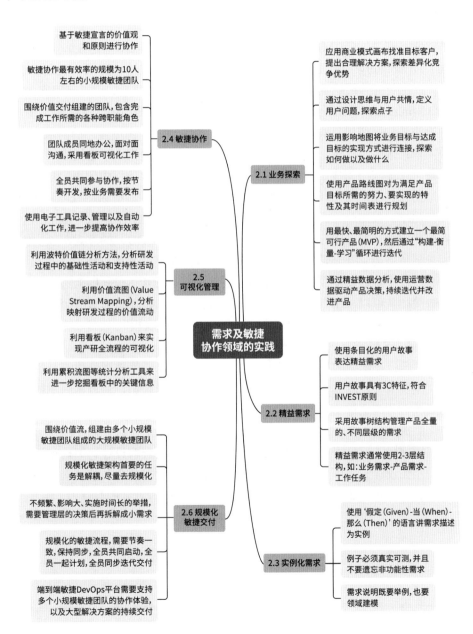

基于敏捷宣言的价值观和原则进行协作

敏捷协作最有效率的规模为10人左右的小规模敏捷团队

围绕价值交付组建的团队,包含完成工作所需的各种跨职能角色

团队成员同地办公,面对面沟通,采用看板可视化工作

全员共同参与协作,按节奏开发,按业务需要发布

使用电子工具记录、管理以及自动化工作,进一步提高协作效率

2.4 敏捷协作

利用波特价值链分析方法,分析研发过程中的基础性活动和支持性活动

利用价值流图(Value Stream Mapping),分析映射研发过程的价值流动

利用看板(Kanban)来实现产研全流程的可视化

利用累积流图等统计分析工具来进一步挖掘看板中的关键信息

2.5 可视化管理

需求及敏捷协作领域的实践

围绕价值流,组建由多个小规模敏捷团队组成的大规模敏捷团队

规模化敏捷架构首要的任务是解耦,尽量去规模化

不频繁、影响大、实施时间长的举措,需要管理层的决策后再拆解成小需求

规模化的敏捷流程,需要节奏一致,保持同步,全员共同启动,全员一起计划,全员同步迭代交付

端到端敏捷DevOps平台需要支持多个小规模敏捷团队的协作体验,以及大型解决方案的持续交付

2.6 规模化敏捷交付

应用商业模式画布找准目标客户,提出合理解决方案,探索差异化竞争优势

通过设计思维与用户共情,定义用户问题,探索点子

运用影响地图将业务目标与达成目标的实现方式进行连接,探索如何做以及做什么

使用产品路线图对为满足产品目标所需的努力、要实现的特性及其时间表进行规划

用最快、最简明的方式建立一个最简可行产品(MVP),然后通过"构建-衡量-学习"循环进行迭代

通过精益数据分析,使用运营数据驱动产品决策,持续迭代并改进产品

2.1 业务探索

使用条目化的用户故事表达精益需求

用户故事具有3C特征,符合INVEST原则

采用故事树结构管理产品全量的、不同层级的需求

精益需求通常使用2-3层结构,如:业务需求-产品需求-工作任务

2.2 精益需求

使用'假定(Given)-当(When)-那么(Then)'的语言讲需求描述为实例

例子必须真实可测,并且不要遗忘非功能性需求

需求说明既要举例,也要领域建模

2.3 实例化需求

研发效能除了与工程师的设计、编码、测试、上线、运维、运营能力相关，还与需求及协作的方法息息相关。有价值的需求是研发过程中一切活动的起点，只有输入的需求准确且有价值，才会使产品开发的结果真正有效果，实现"做正确的事"；个体之间的高效协作才能带来团队效率的提升，实现"正确地做事"。

具体来讲，需求及协作包含如下实践：

- 业务探索：在 VUCA[Volatility（易变性），Uncertainty（不确定性），Complexity（复杂性），Ambiguity（模糊性）的缩写]时代，我们要想快速、高效、低成本地进行业务探索，让企业持续跟踪竞争对手，保持领先，确保业务成功，可以运用商业模式画布、MVP（Minimum Viable Product，最小化可行产品）、影响地图、精益数据分析、KANO模型等方法与思维进行业务探索，帮助企业持续创新并满足客户的需求。
- 精益需求：采用小批量、小颗粒度、条目化的方式管理需求。通过多层级结构，将离散的条目化需求组织成产品的全量需求，并在每个需求条目中应用用户故事实践，围绕用户角色、面向用户场景及用户与系统的交互来描述、沟通、规划和实施。
- 实例化需求：采用验收测试驱动开发（Acceptance Test Driven Development，ATDD）。或者行为驱动开发（Behavior Driven Development，BDD）的方式，以实例的形式丰富需求测试用例、补充遗漏需求，让需求成为活文档，并可以用于验收和测试。
- 敏捷协作：小规模敏捷团队（即 Scrum 团队）可以应用 Scum 框架进行协作；多个小规模敏捷团队可以采用规模化敏捷的方法进行协作，如产品部落敏捷研发章程（Agile Development Agenda for Product Tribe，Adapt）、规模化敏捷框架（Scaled Agile Framework，SAFe）、大规模 Scrum（LeSS）等。
- 可视化管理：在团队的协作过程中，可以通过可视化价值链和价值流分析价值的流动过程及浪费情况，通过看板可视化流程、规则和工作状态，通过累积流图分析效率问题和瓶颈，共同促进价值在研发过程中的快速流动。
- 规模化敏捷交付：多个小规模敏捷团队在进行规模化交付时，需要围绕价值交付组建大规模敏捷团队，采用基于模型的系统工程、基于集合的设计、架构跑道等实践，平衡前期预先设计和涌现式的即时设计，在协作流程上需要全员按节奏对齐和同步，并采用端到端的研发效能平台来加速研发流程。

2.1 业务探索

核心观点

- 业务探索用于确定企业的机会和目标，确保团队做正确的事。
- 业务探索的正确姿势：持续探索、持续构建、持续衡量、持续学习。

- 业务探索的方法：商业模式画布、设计思维、影响地图、产品路线图、MVP、精益数据分析。
- 在业务发展的每个阶段，可以只聚焦 1~2 个核心业务指标，指引相关决策人员保持专注。

2.1.1　业务探索概述

业务探索是通过研究市场、用户需求等方式，帮助企业确定最受欢迎或对公司带来收益的产品或服务，确定企业的机会和目标。通过探索，可以了解把钱花在哪里可以增加销售、利润或市场份额，这样的探索对于企业做出明智的决策至关重要。

业务探索可能是一件高成本的事情，且大多数是基于假设的，探索过程可能很费时。由于存在偏见及焦点小组考虑不足等原因，因此可能也会带来不准确的信息。随着市场的快速变化，业务探索的结果可能很快就会过时，如何让业务探索可持续且快速地适应市场变化，是我们需要解决的问题。

2.1.2　业务探索的价值

业务探索的价值在于识别机会和威胁，更好地了解客户、市场和竞争对手；预先对业务进行研究也可以将风险和不确定性降至最低，有效规划所需的投资，让企业与市场趋势保持同步并进行适当的创新，以保持企业在竞争中的领先地位；结合业务探索的多种方法论，可以帮助业务方、产品经理探索新产品，并不断试验，打造出符合客户和企业预期的产品。

2.1.3　业务探索的实现

下面通过介绍商业模式画布（Business Model Canvas）、设计思维、影响地图、产品路线图、MVP、精益数据分析等方法及应用，帮助企业进行持续创新并满足客户的需求。

1. 商业模式画布

商业模式画布是指一种能够帮助创业者催生创意，降低猜测，确保他们找对目标用户，合理解决问题的工具。

商业模式画布不仅能够提供更多灵活多变的计划，而且更容易满足用户的需求。更重要的是，它可以将商业模式中的元素标准化，并强调元素间的相互作用。以下是常见的商业模式画布模板（图 2.1.1）。

商业模式画布模板由 9 个方格组成，每一个方格代表成千上万种可能性和替代方案，你要做的就是找到最佳的那一个。

图 2.1.1　商业模式画布模板

客户细分：找出你的目标用户，用来描述一个企业想要接触和服务的不同人群或组织。

- 我们正在为哪些客户细分群体提供服务？

价值主张：你所提供的产品或服务，用来描绘为特定客户细分创造价值的系列产品和服务。

- 我们该向客户传递怎样的价值？
- 我们正在帮助客户解决哪一类难题？
- 我们正在满足哪些客户的需求？
- 我们正在为谁创造价值？
- 我们最重要的客户诉求得到满足了吗？

渠道通路：分销路径及商铺，用来描绘公司如何接触其客户细分群体且传递其价值主张。

- 通过哪些渠道可以接触客户细分群体？
- 我们如何接触他们？
- 我们的渠道如何整合？
- 哪些渠道最有效？
- 哪些渠道成本效益最好？
- 如何把我们的渠道与客户的例行程序进行整合？

客户关系：你想同目标用户建立怎样的关系，用来描绘公司与特定客户细分群体建立的关系类型。

- 每个客户细分群体希望与我们建立和保持何种关系？
- 我们已经建立了哪些关系？
- 这些关系成本如何？
- 如何把它们与商业模式的其他部分进行整合？

收入来源：用来描绘公司从每个客户群体中获取的现金收入（需要从创收中扣除成本）。

- 什么样的价值能让客户愿意付费？
- 客户现在付费买什么？
- 客户如何支付费用？
- 客户更愿意以什么方式支付费用？
- 每种收入来源占总收入的比例？

核心资源：资金和人才，用来描绘让商业模式有效运转所必需的最重要的因素。

- 我们的价值主张所需要的核心资源？
- 我们的渠道通道所需要的核心资源？
- 我们的客户关系？
- 收入来源？

关键业务：市场推广、软件编程，用来描绘为了确保其商业模式可行，企业必须做的最重要的事情。

- 我们的价值主张需要哪些关键业务？
- 我们的渠道通道需要哪些关键业务？
- 我们的客户关系？
- 收入来源？

重要伙伴：让商业模式有效运作所需的供应商与合作伙伴的网络。

- 谁是我们的重要伙伴？
- 谁是我们的重要供应商？
- 我们正在从伙伴那里获取哪些核心资源？
- 合作伙伴都执行哪些关键业务？

成本结构：运营一个商业模式所引发的所有成本。

- 什么是我们的商业模式中最重要的固有成本？
- 成本占比最大的核心资源？
- 成本占比最大的关键业务？

下面以二手车销售服务商作为案例（图2.1.2）进行说明。

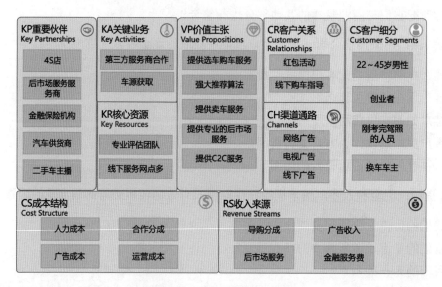

图 2.1.2　二手车交易商业画布

可以看出，此二手车商有明确的客户画像，针对22～45岁的年龄阶段，连接买车者与换车车主，有明确的推广渠道（网络、电视、线下），结合线下购车指导为市场服务提供周边服务，为二手车主打造一站式的销售体验。同时，为车主的后续维保提供资源，在售前、售中、售后持续为用户提供全方位的服务。

2. 设计思维

设计思维，是斯坦福大学设计学院创新的一种解决问题的思维模式。设计思维以人为本，通过社会化思考和可视化思考，帮助设计者深入观察用户行为，通过将思路可视化从而调动创意，通过快速迭代收集用户反馈，不断优化产品。

作为一种思维方式，设计思维从传统的设计方法论演变而来。最简单的产品设计思路一般有四步：寻找需求、头脑风暴、原型设计和测试反馈。

由于设计思维强调设身处地地去体验客户需求，因此其多了一步，并重新定义了传统步骤：共情、定义问题、探索点子、设计原型和测试反馈。

第一步：共情，即要有同理心。去做一次客户，体会他们存在的问题，社会化的思考方式在此最能体现价值。

第二步：定义问题。在了解客户之后，通过写出问题描述来阐述观点（Point of View，PoV）。

第三步：探索点子，进行头脑风暴。先尽可能地去想解决方案和项目可能涉及的人，然后再简化为一个具体的方法。

第四步：设计原型。用最短的时间和最少的费用做出解决方案。

第五步：测试反馈，理解你的产品和用户的机会。通过测试收集用户反馈，重新审视产品并不断进行优化，有可能需要重新界定需要解决的问题，完善观点。

对设计思维五个步骤的汇总，如图 2.1.3 所示。

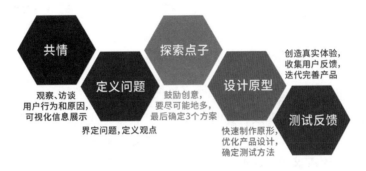

图 2.1.3　设计思维五步骤汇总

设计思维通过一整套的工具和方法论来完成"以人为本"的创新设计，最终站在用户的角度挖掘问题的本质，重新定义问题的研究方向，发现客户的潜在需求，从而实现创新。

"设计思维像是一本菜谱，每个人用它来烧出不同口味的菜。"虽然这在方法论上容易理解，但由于不同人或团队之间的能力有较大的差异，同时受限于组织上下文，因此在实际应用时需要充分发挥参与人员的动手能力与思维能力，冲破组织的束缚。

3. 影响地图

影响地图[1]是一门战略规划技术，通过清晰地沟通和假设，帮助团队根据总体业务目标调整活动，以及做出里程碑式的决策。影响地图可以避免组织在构建产品和交付项目的过程中迷失方向。

影响地图的结构，如图 2.1.4 所示。

影响地图的结构很简单，通过"Why-Who-How-What"四个简单的层级，可视化了交付物与周边世界的动态关系，既反映了交付范围，也反映了重要假设。它在帮助我们高效地调整计划和应对变化的同时，还给交付团队提供一个里程碑式的计划，并为业务方提供一个整体视图。影响地图可以帮助人们尝试解决组织面临的范围蔓延、目标不明确、缺乏全局视图、开发团队和业务团队理解不一致的问题。

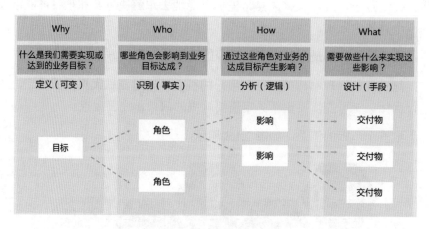

图 2.1.4　影响地图结构

Why：什么是我们需要实现或达到的业务目标，也就是我们试图达成的目标，这需要定义清楚。通过回答"为什么（Why）"，确保每个人都知道业务目标，这可以帮助团队更好地协调行动，识别真正的需求和设计更好的方案。要注意的是，目标是要解决的问题，而非解决方案。

Who：哪些角色会影响到业务目标达成。也就是会影响结果的角色，大部分需求模型都忽略了这一点，它们把重点放在软件应该做什么，而不是软件交付后谁会受益和受损。要注意的是，角色定义应该明确，避免泛化，如"用户"，不同类别的用户或许有不同的需求，另外，在一个专门的项目中并非所有的用户都同样重要。

How：如何通过这些角色对业务达成目标产生影响，这正是我们试图创建的影响。此处可列出关键的活动，但不是产品功能，而是业务活动。

What：需要做些什么来实现这些影响？作为一个组织或交付团队，我们做什么能实现影响，如交付内容、软件功能和组织的活动。不要想当然地认为所有列出的内容都是要实际交付的，而应该把列出的交付内容当成可选项，找到当前有限投入下最有价值的部分。

影响地图比较简单，操作性强，能够帮助我们创建更好的计划和里程碑式的规划，确保交付和业务目标一致。

下面通过信用卡的案例进行说明，如图 2.1.5 所示，目标为将新客户三个月的首刷率提升到 70%。首先我们从不同角色做了影响假设，然后在产品上通过实现相应的功能来验证。这个非常简单的案例说明我们需要有一个全局视图，也需要知道功能与目标之间的关系，而不仅仅是为了实现软件功能。

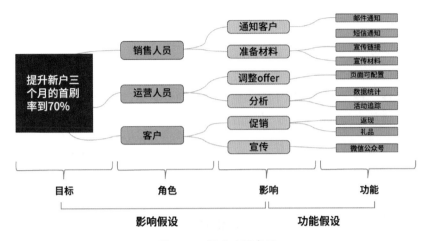

图 2.1.5　影响地图案例

4. 产品路线图

产品路线图是列出达到总体业务目标所需的努力，以及实现与战略一致的特性和需求的时间表。我们应该将产品路线图与其他计划材料区分开，如想法和特性列表、工作积压或 bug 报告等。

产品路线图会持续演变。在产品的整个生命周期中，我们需要根据客户需求和市场需求的变化不断调整产品。其实路线图更像是一个动态的指南针，而不是一个严格的指南。

产品路线图产生于对产品有了大胆的愿景之后，此时高层的战略规划已经完成，产品路线图会说明将要交付的内容和时间。

1）建立产品路线图的好处

（1）建立开发团队。首先产品路线图在团队内部提供了数据的透明性，其次团队成员还获得了战略信息分享的机会。

（2）目标设定。产品路线图可以使你专注于可实现的目标。成功的产品策略取决于性能最佳的特定区域，通过产品路线图你可以识别关键目标并发现薄弱环节。

（3）信息共享。好的产品路线图包含简洁但内容丰富的信息，通过它我们可以清晰地了解工作流的方向。此外，它可以为客户和利益相关者提供足够的数据源，还可以用作设置合作关系的框架，也可以成为谈判的筹码。

（4）提高资源利用率。产品路线图可以安排工作流优先级，通过顺序的调整，可以实现正确分配投资和提高资源利用效率。

（5）跨职能计划。创建产品路线图可以实现跨职能计划，因为其包含构建产品所需的所有领域，如工程、设计和其他领域的目标，这些都提供了对产品战略路径的长期展望。

2）产品路线图的结构

虽然产品路线图看起来像甘特图，其实它们大不相同。甘特图假定任务是线性交付且有较强的相互依赖性，在大多数情况下它不需要做任何计划修改。而产品路线图是一种敏捷工具，可以修改，任务之间有依赖性但是松散耦合的。

产品路线图常用的格式是两轴格式，即横轴与纵轴，可以带时间截止日期，也可以没有。图 2.1.6 展示了一张带截止日期的路线图。

图 2.1.6　具有截止日期的产品路线图

3）如何建立产品路线图

需要输入的内容包括战略目标、价值主张、改进思想和其他因素，这些输入将帮助你按照路线图上的优先级设置史诗故事和功能。路线图上的内容应确保能被利益相关者理解，不要在计划中填入过多细节，展现正在做的及下一步可以做的即可。

以下是几种路线图的格式：

（1）面向目标的路线图。这是一种常用的格式，即面向目标的路线图，如图 2.1.7 所示，包含围绕目标封装的数据，每个目标都说明了存在的理由和带来的好处。

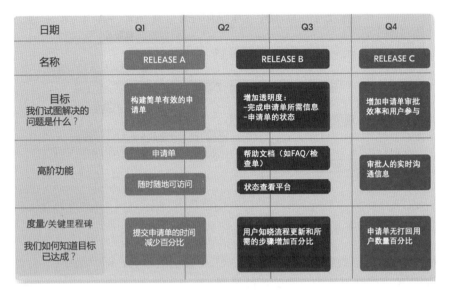

图 2.1.7　面向目标的路线图

（2）基于主题的路线图。这种格式是面向目标路线图的派生，主题是重点领域或要解决的问题，这些问题说明了你需要做的特定功能或任务。基于主题的路线图也被称为精益产品路线图，专注于多个目标，如图 2.1.8 所示。其主要部分包括时间范围（当前、近期、未来等）、目标（减少客户流失和收入等），以及要做事情的范围。此外，你可以明确产品的领域，如销售、市场营销、市场探索等。

图 2.1.8　基于主题的路线图

（3）基于特性的路线图。基于特性的路线图如图 2.1.9 所示，类似于 Backlog，两者都提供较低级别的详细信息，特性行为将成为规划的关键点。基于特性的路线图以用户为导向，提高了工程决策的灵活性。同时，该路线图以一小部分利益相关者为目标。

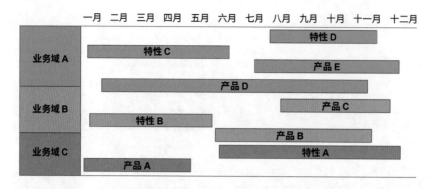

图 2.1.9　基于功能的路线图

5. MVP

MVP 是 Eric Ries 在《精益创业实战》[2]一书中提出的概念，即"最小化可行产品"——用最快、最简明的方式建立一个可用的产品原型，其要表达出产品新版本的效果，并通过不断地"构建—衡量—学习"来迭代产品。精益创业的核心就是 MVP 理论。

如图 2.1.10 所示，就是通过最小可用的产品，来了解和验证产品对用户问题的解决程度。

在用户需求高度不确定的情况下，我们可以通过最小可用产品快速进行验证，并在不断迭代中进行学习，及时调整。在图 2.1.10 中，如果用户想解决交通快的问题，可以先通过滑板快速验

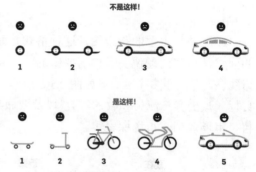

图 2.1.10　MVP 构建产品示例

证，再根据用户反馈做调整，而不是在进行大量的前置研究后，再开始一步一步地构建产品。

我们常常碰到的问题其实是，不知道用户需要什么。在产品没有上线经过用户验证之前，我们是在"闭门造车"，一切都只是猜想和假设，甚至猜想本身可能都不成立。只有通过不断的验证，收集数据并验证假设，才有可能提升成功的可能性。这就是精益创业中的"构建—衡量—学习"环，而 MVP 是构建环中的概念。

正确实施 MVP 的四个关键步骤：

（1）找出最需要验证的问题。

（2）针对问题设计 MVP，并推给核心用户体验。

（3）收集数据，亲自体验，再次访谈。

（4）验证假设。

通过对假设的不断验证，可实现客户价值，同时保障企业的投入成本最小。现在，MVP 的概念开始逐渐被业务接受，应用也越来越广，不仅在业务探索阶段被广泛应用，在产品的不断迭代中也同样被广泛应用。如果做一个最小可满足用户的上线版本，则通常会结合 MoSCow 方法（Dai Clegg 创建于 1994 年）和 Kano 模型（Noriaki Kano 创建于 1980s）帮助业务产品进行决策，使团队聚焦在价值交付上。

MoSCoW 方法把需求分为四个等级：必须有（M-Must have）、应该有（S-Should have）、可能有（C-Could have）和这次不会有（W-Won't have this time），促进业务人员、产品经理、研发人员关注价值和重点事项，把资源投入到最值得做的需求上。通常可以将投入成本、贡献价值等作为优选级的第二个参考维度，帮助团队选出最优的 MVP 版本。图 2.1.11 是 MoSCoW 方法应用的一个例子，并加上了建议的工作量占比。另外，我们也可以加上其他维度来辅助排优先级，如每个需求的投入成本，还可以将必须有的且低投入的功能作为最优功能纳入第一个 MVP 版本。

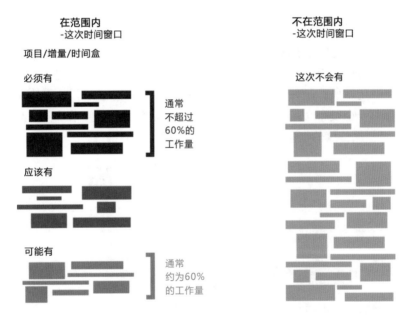

图 2.1.11　MoSCoW 方法应用

Kano 模型是一种对用户需求分类和排序的工具，通过分析用户对产品功能的满意程度，对产品功能进行分级，确定产品实现过程中的优先级。在 Kano 模型中，根据不同类型的需求与用户满意度之间的关系，可将影响用户满意度的因素分为五类（图 2.1.12）：基本型需求、期望型需求、兴奋型需求、无差异需求和反向型需求。通过建立产品需求分析优先级并运用到产品设计中，可以抓住用户的核心需求，解决用户痛点（基本型需求），抓住用户痒点（期望型需求）。在确保两者都解决的前提下，再给用户一些兴奋点（兴奋型需求）。

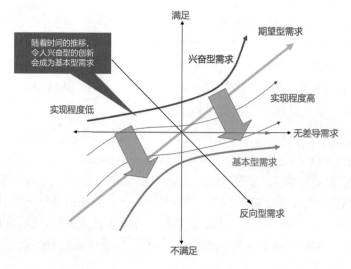

图 2.1.12　Kano 模型

　　例如，邮件系统通常有组织邮件（Organize Email）、管理邮件（Manage Email）、管理日历（Manage Calendar）、管理联系人（Manage Contacts）等功能，如图 2.1.13 所示，通过业务探索发现用户在这四个方面的大致要求，如在组织邮件中，根据关键字查找是最基本的需求，而查找某个特定字段、附件和子文件夹在现阶段没那么急迫，其他模块类似。通过制定最小可行版本和第一个发布（Release 1）进行投产，即可先把邮件系统使用起来，这就相当于一个 MVP，再根据持续的衡量与学习不断迭代、优化邮件系统。

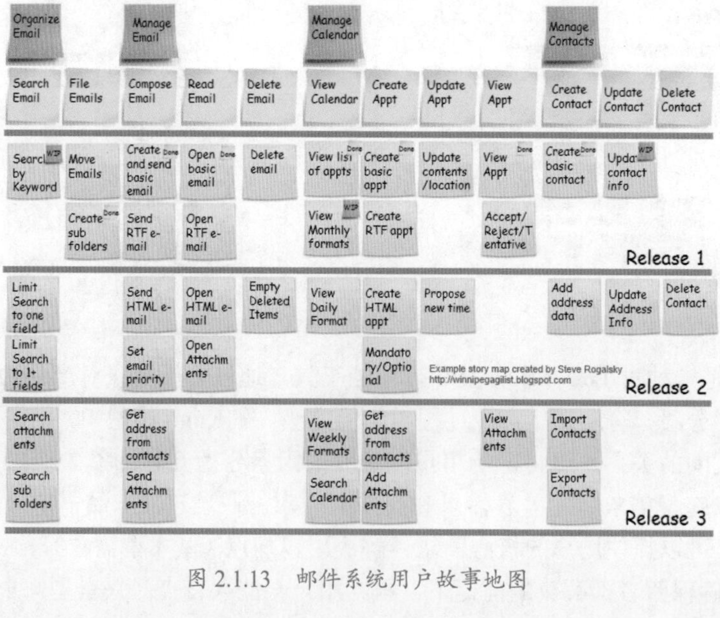

图 2.1.13　邮件系统用户故事地图

6. 精益数据分析

精益数据分析是对精益创业的扩展，构建 MVP 就是埃里克称为创新会计方法的一部分，它能让你客观地衡量进展。精益数据分析则是一种量化创新成果的方法，能让你一点一点地接近连续的现实检验，换句话说，其能让你接近现实。

在《精益数据分析》[3]一书中指出，好的数据指标能带给你所期望的变化。很多公司都声称是由数据驱动决策的企业。可惜，它们大多数都只重视其中的"数据"，却很少有公司真的把注意力集中在"驱动决策"上。如果数据不能指导行动，则这样的数据是毫无意义的，反而会让人自我膨胀。

每当看到一个指标，就应该下意识地问自己："依据这个指标，我将如何改变当前的商业行为？"如果回答不了这个问题，你大抵可以不用纠结于这个指标了。换言之，如果你并不明白哪个指标能够改变企业的行为，那么你根本就不是在用数据驱动决策，而只是在数据的流沙里挣扎。

精益数据分析的核心在于如何先找到一个有意义的指标，然后通过实验改善它，直到令你满意；之后，转而解决下一个问题，或步入创业的下一个阶段。在不断地迭代中，你将找到一个可持续、可复制、持续增长的商业模式，并且需要学会如何迭代它。

在精益数据分析中，如果你能比较某个数据指标在不同的时间段、用户群体、竞争产品之间的表现，就可以更好地洞察产品的实际走向。"本周的用户转化率比上周的高"显然比"转化率为 2%"更有意义。

如何找出正确的数据指标，建议从以下五点做起。

（1）定性指标与定量指标。定量数据回答的是"什么"和"多少"的问题，定性数据回答的是"为什么"。定量数据排斥主观因素；定性数据吸纳主观因素。

（2）虚荣指标与可付诸行动的指标。需要提防虚荣数据指标，创业者容易迷恋"看上去很美"的单调指标，像点击量、页面浏览量、访问量、独立访客数等。而你真正应该关注的是可付诸行动的指标，如留存率，即有多少用户还在持续使用产品。可付诸行动的指标不是魔法，不会直接告诉你该做什么，但你可以在尝试改变定价、广告语等之后再看用户留存情况。关键在于，你是根据收集到的数据在行动。

（3）探索性指标与报告性指标。探索性指标具有推测性，提供原本不为所知的洞见。报告性指标让你时刻对公司的日常运营、管理活动保持信息通畅，步调一致。

（4）先见性指标与后见性指标。先见性指标用于预言未来；后见性指标用于解释过去。

（5）相关性指标与因果性指标。如果两个指标总是一同变化，则说明它们是相关的；如果其中一个指标可以导致另一个指标的变化，则它们之间具有因果关系。

下面以 Aribnb 的例子来介绍精益数据分析的过程。

7. 案例研究：Airbnb 的创业分析

在《精益数据分析》一书中，给出了 Airbnb 的例子。2009 年，Airbnb 刚刚起步，团队有两个假设：

- 价值假设：有专业照片的住房会获得更多预定。
- 成长假设：房东会愿意使用专业摄影服务。

为此，团队快速利用"看门人"MVP 进行试验，获得数据反馈如图 2.1.14 所示。"看门人"MVP 是指先快速利用一个小团队来代替软硬件系统和专业服务团队，以小规模，甚至是高成本、不经济的方式先运作起来，以求快速获得反馈。等反馈数据验证了假设，再来建设完备的软硬件系统和专业服务团队，以获得规模优势。

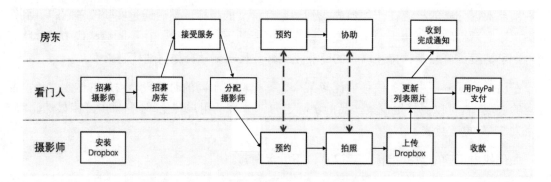

图 2.1.14　Airbnb "看门人" MVP

在此案例中，可以看到"看门人"起到了串接业务流程的目的，使得 20 名摄影师开始帮助房东拍摄房屋专业照片，以获取实验数据，如图 2.1.15 所示，大家可以看到非专业照片和专业照片的对比。

图 2.1.15　非专业照片与专业照片对比

由此可见，两个假设都被证实：由于有专业照片的住房相对于市场均值而言，可以得到 2～3 倍的订单，因此房东也非常愿意使用这种服务。以这个数据为基础，Airbnb 开始构建 IT 系统和客服团队，不断优化和扩展专业摄影服务，如图 2.1.16 所示。

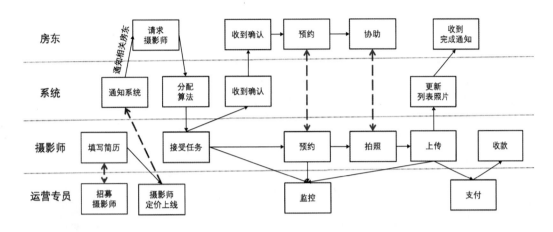

图 2.1.16　Airbnb 拍照流程

这时，他们关注到一个核心业务指标，即每月的专业照片数量，并不断优化这一指标，如图 2.1.17 所示。

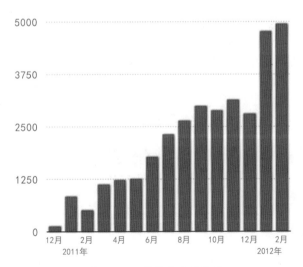

图 2.1.17　每月专业照片数

团队首先建立起监控体系，不断快速实验和进行数据分析。为了提高每月拍照数量（图 2.1.18），发现需要监控若干指标：每月摄影师数量、每月摄影师流失率、拍照完成时间，等等。

1532	1056	10%
总工单数	总完成数 (目标：10 000)	目标完成百分比

图 2.1.18   每月拍照数据情况

经过不断优化和实验，包括采取自动给摄影师付款（减少客服人工干预，提升客服用于招募摄影师的时间；提升摄影师满意度，降低流失率）、扩充客服团队、优先展示专业摄影房源等措施，不断发现问题并不断优化这个指标，最终取得了商业成功（图 2.1.19）。

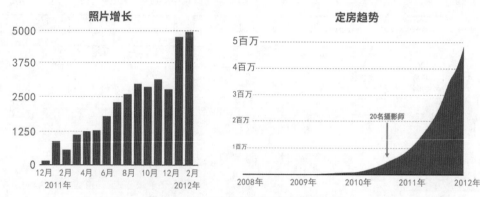

图 2.1.19   照片增长与定房趋势对比图

我们可以注意到，根据当前业务发展阶段，选择正确的业务指标对创新企业来说至关重要。然而，这件事难度非常大，就像是在茫茫大海中辨明方向一样，而《精益数据分析》这本书中，总结了诞生于美国硅谷的精益数据分析体系。这个体系以硅谷 100 多位创始人和内部创新者的亲身实践为基础，由投资人兼多次创业者 Alistair Croll 结合自身经历融会贯通而成。书中把创新分成共情、黏性、病毒性、收入、规模化五个阶段，如图 2.1.20 所示。

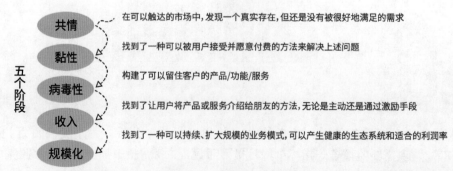

图 2.1.20   创新的五个阶段

将五个阶段和六种常见的商业模式（电子商务、SaaS、手机 App、媒体网站、用户生成内容、双边市场）结合，可以得出不同业务类型的组织和在不同阶段最应关心的业务指标体系，如图 2.1.21 所示。

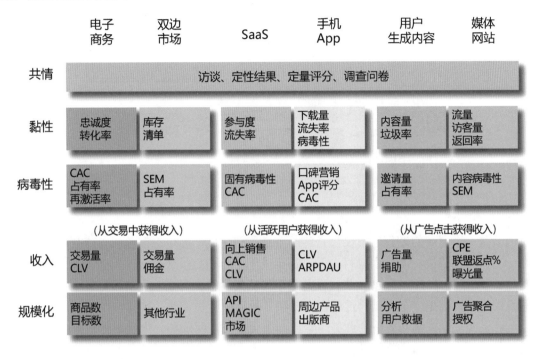

图 2.1.21　五个阶段与常见商业模式矩阵图

例如，Airbnb 就属于典型的双边市场，这种市场既需要房东，又需要租客。因为 Airbnb 已经进入了收入阶段，所以就应该聚焦于交易量和佣金指标。

这一框架的另一贡献在于，它引导团队在每个阶段只需要聚焦于 1～2 个核心业务指标，这些指标就像照亮黑暗迷宫的火炬，指引相关决策人员保持聚焦，汇聚优势资源于最有价值的事务上，确保企业战略快速落地。同时，它让团队养成以用户反馈为中心，数据优先的决策习惯，破除教条主义和"一切唯上"的组织文化，为企业形成健康的创新生态奠定了关键基础。

精益数据分析方法不仅包括指标体系，还针对指标给出了重要的基线数据。例如，在进入规模化阶段之前，月用户流失率应该降到 5% 以下；在进入规模化阶段之后，周用户增长速度应该达到 5%；等等，这些都是硅谷众多创意精英总结的宝贵经验。

在确定了本阶段业务指标之后，图 2.1.22 给出了应用精益数据分析的具体过程。

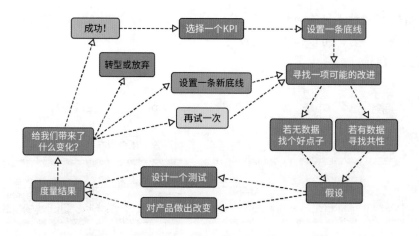

图 2.1.22   精益数据分析过程

8. 小结

创新是一个复杂的过程，不仅仅是将一个点子转化成产品这么简单。一个优秀的产品不是有一个点子构成的，而是由成百上千，甚至成千上万的点子（决定）构成的。它需要我们不断地去了解客户，尽早做出一些假设并定下你认为可称为"成功"的目标。而我们不断验证假设的过程，也是一个测试的过程，它是精益数据分析的灵魂。例如，在 Airbnd 案例中，可以先通过商业模式画布对整个业务探索出一个全景图，明确细分市场、用户等 9 类元素，再通过最小化可行产品进行快速探索，利用一个小团队代替软硬件系统和专业服务团队，进行快速验证反馈。在对产品的不断迭代中，可通过影响地图持续验证假设。最终通过选择一系列指标进行有效数据分析，形成业务探索的创新闭环。

除上面介绍的六类业务探索方法外，还有"双钻"设计流程。双钻设计流程由英国设计委员会在 2005 年创立，分为发现（前期调研）、定义（观察）、发展（构思）、实现（原型）四个步骤，如图 2.1.23 所示。

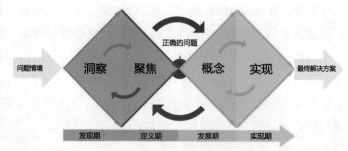

图 2.1.23   双钻模型设计过程

2.1.4   业务探索的误区

过于自满：过于相信过去成功的经验，而不是发挥团队的作用。在少数人的成功经验框架下进行探索，容易误入"照我说的去做"的误区。

业务探索无法管理：业务探索的过程本质上也是一个创新的过程，成功存在一定的偶然性，需要对其进行管理。

低估愿景的力量：如果业务探索缺少对愿景的明确描述和探索的方向，则会致使组织不能有效沟通传达业务探索的重要性，就会因为得不到相关部门的有力支持而失败。

未能创造短期收益：如果业务探索一直在实验室环境下进行，不能触达真实客户，就会因为缺少验证环，而建设一个想象中的产品，最终导致失败。

业务探索是业务部门的事情：业务团队与 IT 团队融合不足，整个探索过程在业务侧，缺少 IT 团队的支持，导致探索过程中的假设过多，加大了探索的风险。

业务探索强依赖于 IT 团队：所有的业务探索都依赖于 IT 团队的系统进行验证，在整个交付过程中，重复沟通，上线时间长，导致用户反馈慢，投入高且效果未达到预期是正常现象，最终导致业务团队与 IT 团队的相互指责，难于进行快速、高效的探索。

过早宣告失败：业务探索是一个持续构建、持续衡量、持续学习的过程，KPI 的压力、部门的审计等都可能会导致探索投入过早夭折，这与企业的文化分不开。

业务探索过重："做正确的事"本身就是一个假设。为了能做正确的事，不停地通过讨论去论证假设，而没有任何实际产品交付，总是确保逻辑上万无一失才往前推进。不犯错的文化容易导致错失市场。

2.2　精益需求

核心观点

- 精益需求倡导以小批量、条目化的方式管理需求，并且每个需求的规模和颗粒度都比较小。
- 通常使用用户故事的形式来表达需求，并不需要像 PRD（Product Requirement Document，产品需求文档）那样花费大量的时间进行详细描述。
- 精益需求倡导使用故事树，将需求按颗粒度或者目标抽象层次划分为 2～4 个层级进行管理。

2.2.1　精益需求概述

需求是产品开发的前提，是研发效能的起点。传统的需求管理方式，需要花费大量的时间，对产品或者整个项目进行大批量的需求分析。而精益倡导的做法是以小批量，甚至是单件流的方式来管理需求。Scrum 框架围绕产品待办列表（Product Backlog），以演进的方式在待办列表里为未来 1～2 个迭代准备一小批就绪的需求。因此，精益需求倡导以小批量、条目化的方式管理需求，并且每个需求的规模和颗粒度都比较小。

离散、较小颗粒度、条目化的需求，比较容易让敏捷团队"只见树木不见森林"，很快失去对整个产品全量需求的全局观和产品演进的方向感，因此精益需求也有自己的需求架构，通常会由不同层级的树形结构来管理整个产品的需求树。

2.2.2　精益需求的价值

首先，由于无法百分之百预测需求一定可以为用户带来价值，因此产品开发也可以说是假设驱动的开发。精益需求可以用较小的代价，优先实现重点关注的小批量假设，发布之后，再根据用户的反馈持续打磨产品，而无须花费巨大的代价，开发出大量没有用户使用的功能。如图 2.2.1 所示，斯坦迪什集团（Standish Group）主席吉姆·约翰逊（Jim Johnson）在 XP 2002 会议所做的主题演讲中提道："产品中 64% 的功能很少使用或从未使用过"，尽管他针对的是四个内部项目而不是商业产品，但也比较有代表性地说明产品开发中

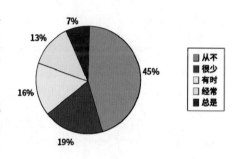

图 2.2.1　软件功能的使用情况

存在着巨大的浪费，因此精益需求可以为我们节约很多不必要的成本。

其次，精益需求可以帮助我们进行 MVP 的规划。大多数产品经理会错误地定义自己的 MVP，他们往往将想要实现的完整的功能分成几个批次，简单命名为一期需求、二期需求等，并且称之为 MVP 版本。实际上，如果使用了带有层级的条目化需求，每个条目化需求的范围都比较小且专注于某个场景，则多个需求条目组成的一小批需求才是真正的 MVP，其可以为用户带来最小、最核心、闭环、可以使用的业务场景。

最后，精益需求也可以帮助团队进行沟通，提高沟通效率，以及理解需求的效率。

2.2.3　精益需求的实现

1. 使用用户故事表达精益需求

精益需求通常由产品负责人编写和维护，在开始编写轻量级的产品需求文档 PRD（相较于传统需求规格说明书或者产品需求文档，敏捷环境下的 PRD 内容上聚焦在单个或者小批量的需求，格式上更加简洁）之前，使用用户故事的格式来编写，因为用户故事是条目化的需求，并不需要像传统 PRD 那样花费大量的时间进行详细的描述。通过用户故事从用户的角度讲述，并用他们的语言编写一小段对功能的简短描述，直接向最终用户提供功能。

每个用户故事都是一个小的、独立的行为，可以逐步实施，并为用户或解决方案提供一些价值。图 2.2.2 所示是用户与系统交互的一个垂直纵切的功能片段，即一个切片，而不是根据软件架构层次切分的功能。由于较大的用户故事被切成较小的故事，因此可以在一次迭代中完成几个小故事，确保每次迭代完成的多个小故事的集合能给用户带来新的价值。

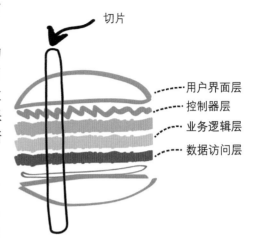

图 2.2.2　面向用户的纵向切片

用户故事为业务人员和技术人员提供了足够的信息来理解意图，对用户故事细节的了解可以推迟到故事准备好实施（迭代计划）之前。通过提供验收标准，故事会变得更加有价值、具体，有助于确保做有价值的事，并且能高质量、正确地交付。

用户故事专注用户价值，包括描述和验收标准，格式如下：

（1）用户故事标题：动宾词组。

（2）用户故事描述：作为[用户角色（Who）]，我希望/想要[系统提供的功能（What）]，以便/所以[这样我就能/实现什么业务价值或目标（Why）]。

（3）验收标准：假设/假定（Given）上下文、前置条件，当（When）执行某些事件、行动或操作，那么（Then）获得可观察到的结果。

2. 用户故事具有 3C 特征

（1）卡片（Card）——用索引卡、卡片、便签条记录用户故事，代表用户需求，而不是需求的详细记录，因为一张卡片容纳不下大量的文字。卡片上同时可记录工作量估算、优先级、验收标准等。

（2）对话（Conversation）——敏捷团队通过面对面交流获得用户故事的细节。好的创意来源于交流，文档代替不了交流，也不能完整、准确记录所有需求，团队全员参与的对话可以发挥集体智慧，对假设的需求进行澄清、查缺补漏。PRD 需要用户故事做索引，同时作为用户故事的补充文档，如界面原型设计等。

（3）确认（Confirmation）——用验收标准、验收测试用例来确认和记录用户故事开发的完整度和正确性，场景化的描述可以帮助团队进一步明确需求的范围。

3. 用户故事的 INVEST 原则

（1）独立的（Independent）——一个用户故事应该尽可能独立于另一个，因为独立的故事可以独立发布，而故事之间的依赖关系会使规划、优先级排序、估算和发布变得更加困难。每个用户故事都代表对用户有意义的一个回合交互。通常，可以通过将多个故事组合成一个或通过拆分故事来减少它们之间的依赖性。有时候，由多个用户故事组成的闭环的业务流程才真正对用户和企业有价值，如京东购物 App 的黄金流程（从搜索商品到查看商品详情、加入购物车、下单、查看物流等整个购物的主要流程），这就需要根据业务流程的先后排定顺序。

（2）可讨论的（Negotiable）——用户故事可以协商，因为耗费巨大精力详细描述的需求也避免不了阅读者对需求的误解，以及未来需求如果发生变更，则现在的详细描述实际上就是浪费。所有故事的"卡片"只是故事的简短描述，占位符，不包括细节，细节在"对话"阶段制定，带有太多细节的"卡片"实际上限制了与客户的对话。

（3）有价值的（Valuable）——每个故事都必须对客户（用户或购买者）有价值。这种价值有可能是有形的，如提现、支付等；也有可能是无形的，如搜索商品、查看商品详情页等。只要对用户产生积极作用，能触发、推动或者激励用户进行下一步的"旅程"，都是有价值的，值得投入人力实现。

（4）可估计的（Estimable）——开发人员需要估算用户故事的规模，以便对故事进行优先级排序和规划。使开发人员无法估计的原因可能有缺乏领域知识（在这种情况下，需要更多的对话）；或者故事太大（在这种情况下，故事需要分解成更小的故事）；或者需求模糊只有大概的概念（在这种情况下，需要进一步细化需求）；或者技术实现有很大的不确定性（在这种情况下，可以分解成一个技术故事探针来进行研究和实验）等。

（5）小的（Small）——好的故事应该很小，规模适合在一个迭代中完成，这里的规模代表开发和测试达到潜在可上线的程度。

（6）可测试的（Testable）——故事必须是可测试的，成功通过测试可以证明开发人员正确地实现了故事；如果不能被测试，就不知道何时被完成，同时也不能在迭代评审会议中演示完成效果。

4. 精益需求的层级表达

如图 2.2.3 所示，精益需求使用故事树来划分不同层级的需求。

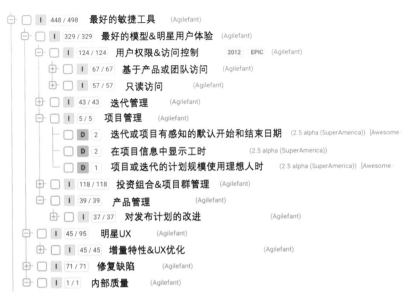

图 2.2.3　故事树示例

业界通常使用三个层级来管理条目化的需求。一种维度是按颗粒度来区分父子关系，如图 2.2.4 所示。

另一种维度是按需求条目的目标抽象程度来区分，如故事地图将目标抽象程度分为三个目标层级。

用户活动（User Activity）——最抽象、最粗粒度、最高层的用户目标，像空中的"风筝"一样，被称之为摘要级任务（Summary-level task），如管理邮件。

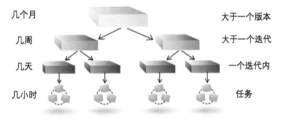

图 2.2.4　需求与任务层级结构[4]

用户任务（User Task）——比较具体、详细、中层的用户目标，像"海平面"一样，被称之为功能级任务（Functional-level task），如管理邮件按照增删改查维度拆分的读取邮件、删除邮件、查找邮件、撰写邮件等。

子任务（Sub-tasks）——最小颗粒度、最具体和最底层的细节、替代、变化、异常等用户目标，像"海平面"任务下的"小鱼"任务一样，被称之为子任务，如读取邮件拆分的打开基本文本邮件、打开富文本邮件、打开 HTML 邮件、打开附件等。

在进入敏捷时代之后，用例的发明人之一雅各布森博士又发布了《用例 2.0》[5]，将用例进一步切分成更小的用例切片，如图 2.2.5 所示。

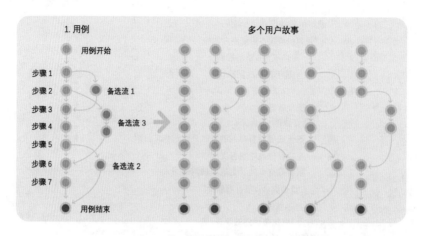

图 2.2.5　用例 2.0 按场景/流拆分成故事

实际上，这种用例切片等同于用户故事，因此需求可以使用两个层级来表达，父节点就是用例，子节点就是用户故事。用例拆分成用户故事实际的例子，如图 2.2.6 所示。需求层面：从用户的视角，有的用例被拆解成用户故事，有的用户故事又进一步从软件子系统视角拆解成子系统的用户故事；实现层面：从开发者们的视角，将故事拆分成如何实现的开发任务和测试任务等。

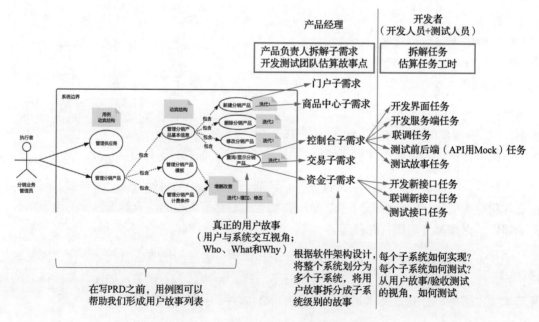

图 2.2.6　用例拆分为用户故事和任务示例

在规模化敏捷框架（SAFe）中，需求可以是三层结构或者是四层结构[6]：

（1）三层结构是 Epic（史诗）→ Feature（特性）→ Story（故事）。

（2）四层结构是 Epic（史诗）→ Capability（能力）→ Feature（特性）→ Story（故事）。

在产品部落敏捷研发章程中，需求是两层结构，如图 2.2.7 所示。

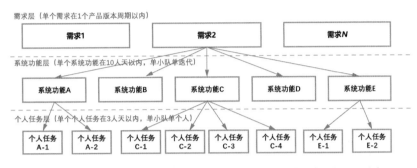

图 2.2.7　产品部落敏捷研发章程的两层需求结构（需求+系统功能）

（1）需求：提供完整的业务价值，能够细化到一次完整发布上线的程度。

（2）系统功能：需求被拆分到不同系统，每个系统功能必须对应到一个系统，建议每个系统功能不超过 10 人天开发工作量。

精益需求的层次结构无论分成几层，都具备如下特点：

（1）面向用户场景，体现用户与系统的交互。

（2）按颗粒度或者目标抽象层次划分。

（3）叶子节点的故事或需求条目，通常可以在一个两周迭代内开发测试完成。

（4）通常使用其中 2～3 层结构：Use case/Feature→Story；需求→系统功能；业务需求→产品需求；Epic→Feature→Story。

（5）口语话的简单表达，可以称呼为大故事、中故事和小故事。

2.2.4　案例研究：京东的精益需求

1. 原始的产品需求条目

1）需求描述

"离职流程"在人力资源管理系统（Oracle PeopleSoft）中抓取是否有福利房的信息，自动推送给行政和人力资源业务伙伴（BP），并提醒员工启动退房流程。行政节点增加一项"福利房"，若员工存在有效福利房，则为必填项。

2）细节详情

自动推送就是邮件发送；提示员工退房的文案随后提供；行政福利房必填字段是"已退房"或"未退房"。

2. 优化之后的需求条目

1）用户故事标题

员工离职时自动提醒退房流程。

2）用户故事描述

作为办理离职的员工，希望将福利房交还给公司，以便在很短的时间内（如 10 分钟之内）办完离职手续。

注释：

"离职流程"在人力资源管理系统中抓取是否有福利房的信息，自动推送给行政和 BP，并提醒员工启动退房流程。

行政节点增加一项"福利房"，若员工存在有效福利房，则为必填项。

自动推送就是邮件发送；提示员工退房的文案随后提供。

行政福利房必填字段是"已退房"或"未退房"。

3. 验收标准

（1）假定员工有福利房，在启动离职流程后，员工自动收到邮件。

（2）假定员工没有福利房，在启动离职流程后，员工不会收到邮件。

（3）假定员工有福利房，在员工收到邮件看到文案后，没有异议。

（4）假定行政节点"福利房"字段内容不选择，在启动离职流程后，期望的系统现象是……

（5）假定选择"已退房"，在启动离职流程后，期望的系统现象是……

（6）假定选择"未退房"，在启动离职流程后，期望的系统现象是……

这个用户故事和验收标准示例表达的重点：验收标准强调的是作为用户如何测试和验收，有哪些场景、路径、测试要点，通过这些"总结"性的要点，开发人员和测试人员就可以更好地理解需求，写代码时可以有针对性地去写 if...else...。

2.2.5　精益需求的误区及解决方法

（1）需求条目的颗粒度比较大。

- 可以使用用户故事拆分技巧。

（2）先写需求文档，再产出条目化的需求。

- 先产出需求条目，再按优先顺序逐个细化。
- 可以借助于用例图或者故事地图来产生需求条目。

（3）一次讲解一大批需求。

- 按照迭代小批量讲解需求。

（4）按照软件架构的模块，或者业务的模块编写需求，没有从用户视角编写需求条目。

- 可以使用用例技术。
- 可以使用设计思维的人物角色技术。

（5）用户故事缺少验收标准。

- 可以使用简单的场景描述。
- 可以使用 Given-When-Then 格式。

（6）需求条目没有优先级，或者优先级都很高。

- 按照业务价值的先后顺序排列，决定开发和测试的顺序。
- 通过用户故事地图梳理出来的用户场景和用户路程，可用于排列用户故事的优先顺序。

（7）缺乏需求的全局业务流程。

- 复杂需求仍然需要使用业务流程图表达。
- 业务流程或者用户场景需要串联多个需求条目。

（8）缺乏状态机。

- 复杂需求仍然需要使用状态机来表达状态。

（9）缺乏文档。

- 需要通过文档来轻量化描述需求，编写更有价值的信息。
- 核心的业务逻辑、业务规则、业务约束都需要被记录下来。
- 最好使用 Wiki 来代替 Word，以确保需求文档的唯一性和可追踪性。

2.3　实例化需求

核心观点

- 需求分析拆解的实践方法有多种，实例化需求是其中一种。
- 实例化需求是用举例子的方式把需求或者规格说明书描述得更清楚、明确的过程。
- 当实践实例化需求时，可以使用 Given-When-Then 的格式来描述例子。
- 不要迷信实例化需求实践能解决所有需求问题。

2.3.1　实例化需求概述

软件产品的开发过程，是将现实世界的商业目标和解决方案，通过一系列系统化的方法拆分为需求描述，进而用代码实现的过程。为了帮助业务人员更好地拆分需求，同时使开发人员更迅速、准确地理解需求，一些比较有效的需求工程实践被总结并推广开来。例如，图 2.3.1 所示的从业务目标到产品方案拆解的"影响地图"实践；从产品方案到用户故事拆解的"用户故事地图"实践等。

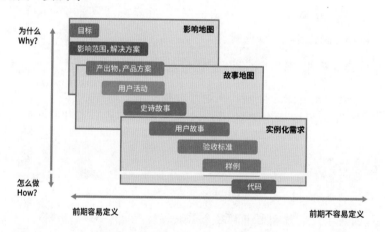

图 2.3.1　不同需求工程方法之间的关系

从用户故事到代码拆解的过程是需求拆解的最后一步，直接影响需求完成度、开发速度和产品质量。这个过程中也有一些有效的工程实践能帮助拆解用户故事/用户用例并最终形成可执行的代码，这些实践包括实例化需求（Specification by Example，SBE）、测试驱动开发（Test-Driven Development，TDD）、领域驱动设计（Domain Driven Design，DDD）、行为驱动开发（Behavior-Driven Development，BDD）、特性驱动开发（Feature Driven Development，FDD）等。

实例化需求，顾名思义就是用举例子的方式把需求或者规格说明书描述得更清楚、明确的过程。

2.3.2　实例化需求的价值

通过实例化需求实践，可以帮助团队构建正确的软件产品，其价值具体体现在以下几个方面。

（1）保证项目所有干系人和交付团队对软件交付物有一致的理解。

（2）更准确的需求说明可以减少无谓的返工。

（3）可以客观衡量软件开发工作的产出。

（4）以更少的成本维持文档的相关性和可靠性。

2.3.3　实例化需求的实现

在《实例化需求：团队如何交付正确的软件》一书中，描述了实施实例化需求实践的一些关键流程。

如图 2.3.2 所示，这些关键流程告诉我们，实例化需求不仅仅是把需求细化举例那么简单，而是一个完整的过程：从业务目标出发，获取项目/产品的范围；通过一系列合适的协作方式抽取关键实例，进而提炼需求说明，并进一步细化成为可执行的用例；最后在软件开发过程中通过自动化的方式不断验证，并持续沉淀成"活文档"。

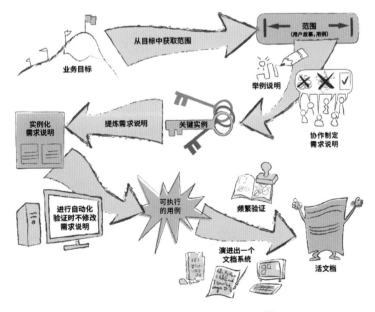

图 2.3.2　实例化需求实践流程[7]

图 2.3.2 中的"从目标中获取范围"和"从协作中制定需求说明"与本书 2.1 和 2.2 节的内容基本相同，且后者通过大量实践对前者进行了补充和完善，这里不再详细介绍，而是重点介绍实例化需求，即给需求举例子的一些具体实践。

1. 例子描述遵循的范式

我们可以使用 Given-When-Then 语言来描述例子，即假定（Given）一个前提，当（When）某个行为发生时，那么（Then）后置条件就会得到满足。例如，一个用户故事："作为一个用户，我能够取消上门清洁房间的预约定单"的例子。

假定（Given）：

- 订单状态：已预约。
- 订单数据：订单 ID= 1255，订单预定时间 = 2021-11-21。

当（When）：

- 用户操作：请求取消订单。
- 输入数据：取消订单 ID = 1255，请求取消时间= 2021-11-22。

那么（Then）：

- 系统输出：您的订单已经成功取消。
- 后续操作：
  订单状态：已取消。

2. 例子必须真实

需求实例着重讨论真实的案例而非抽象的规则。无论是产品经理还是开发人员，都要谨慎对待如"客户 A"这样模糊定义用户角色的用例，因为抽象的例子不会有足够多的细节，且可能和真实用户的需求背道而驰。对于一些有条件直接接触客户的项目或产品，可以直接从客户那里获得基本的例子，如找一个真实的客户/用户，让他或者用他的视角描述用例，并坚持使用这些例子来与客户/用户沟通。

3. 不要忘了非功能性需求

需求实例除了可以描述功能性需求，同样也可以描述非功能性需求，如系统性能、稳定性、易用性、反应时间、可获得性等特性。另外，在列举完关键实例之后，不要忘记补充非功能性需求相关的例子。

4. 使用低保真 UE 原型来辅助描述实例

使用高保真原型来讨论需求实例会产生一定的浪费，因为高保真原型的设计需要耗费设计人员大量的时间和精力，而需求实例在讨论过程中会不可避免地发生更改。为了减少浪费，业界普遍采用的实践是用低保真度的原型设计（如线框图）来描述用户在系统中的交互过程，并以此来描述需求实例。

5. 例子必须精确到位，不能模棱两可，要精确可测

每个例子都必须清晰地定义系统如何在给定的情况下工作，并且例子描述必须很容易进行校验。

6. 需求说明既要举例，也要领域建模

功能性的需求说明对于用户、业务分析人员、产品经理、开发人员、测试人员都十分重要。为了让需求说明便于被相关人员理解，其必须用每个人都能理解的语言来编写，这会最大限度地减少误解。有时候，一味地罗列需求实例并不能使项目干系人和开发人员更全面地理解需求，而通过领域建模、画用例图等方式可以更方便、迅速地让各方达成共识。

例如，Git 配置管理工具的领域建模，见图 2.3.3。

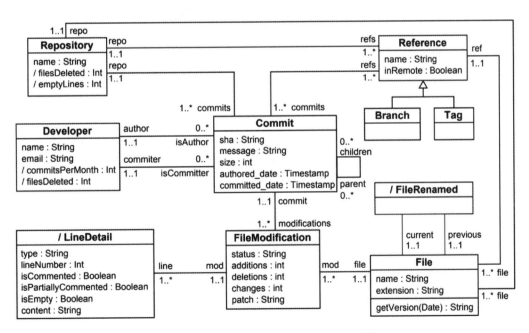

图 2.3.3　Git 配置管理工具的领域建模[8]

Git 元数据产品化的需求用例图，见图 2.3.4。

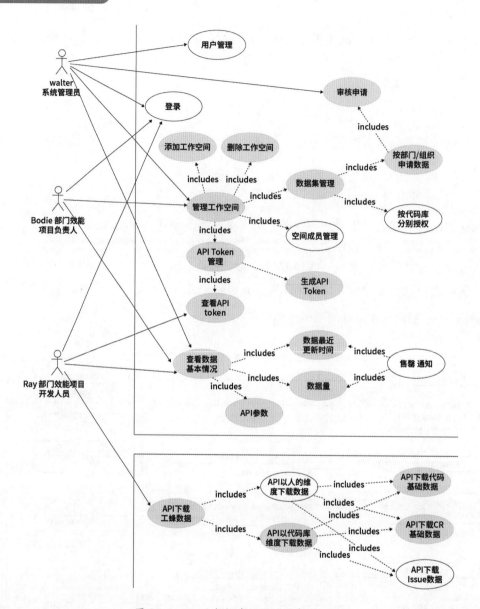

图 2.3.4　Git 元数据产品化的需求用例图

2.3.4　实例化需求实践误区

（1）需求描述了系统应该如何工作，而缺少对系统应该做什么的描述。

当技术产品人员（即懂技术的产品人员）描述需求时，有时会习惯性地带上自己的系统设计方案，把需求用例写成系统设计，甚至有时会把技术难点、解决方案、伪代码写在需求描述中。

这样描述需求是不合理的，需求说明不应该涉及软件设计，这样做有几个目的。

- 让开发人员在当下找出最佳的解决方案。
- 方便开发人员在未来完善他们的设计。
- 让非开发人员也能够理解需求。

（2）陷入用户界面的细节里。对于一些用户交互比较多的产品/项目，一般都会先做用户界面的设计，再通过用户界面设计来辅助需求实例说明。但许多团队会浪费很多时间在用户界面设计的细节讨论中，如导航菜单的颜色、按钮的大小等，而实际上这部分需求已经很明确了，不要过度关注用户界面的细节，要多考虑如何让用户在系统上的操作过程更加简化、合理。

（3）虚构一些数据。对于一些数据类型的产品功能，举例时不要通过虚构数据来展示漂亮的图表。我们经常看到在高保真原型页面中有大量漂亮的数据仪表盘设计，但在接上用户的实际数据后，才发现这些图表对真实数据的展示是多么平淡无奇，以至于无法传达数据背后的含义。因此，从举例的时候就要尽量使用真实的数据。

（4）探讨所有可能的用例组合。当举例说明需求时，重点列举能增进理解、推进讨论的例子，而不要把这个过程当成测试覆盖所有可能组合的讨论过程。对于需求说明而言，定义3 个良好的关键实例比定义 100 多个蹩脚的实例更加有用。

（5）迷信实例化需求实践能解决所有需求问题。

从用户需求（或用户故事）到代码实现的过程不仅仅只有实例化需求这一种实践，实例化需求也不能解决这一过程中的所有问题。理想中的需求描述应该覆盖所有场景，而实例化需求仅仅抽取了几个关键实例，其余的要靠开发人员自己推断、概括，这时我们就需要更多的工具或实践（如领域建模、契约式设计等）与实例化需求配合来解决问题。

2.4　敏捷协作

核心观点

- 敏捷协作最有效率的规模为 10 人左右的小规模敏捷团队，目标是交付价值。
- 围绕价值交付组建的团队包含完成工作所需的各种跨职能角色。
- 团队成员同地办公，面对面沟通，采用看板可视化工作。
- 全员共同参与协作，按节奏开发，按业务需要发布。
- 使用电子工具记录、管理及自动化工作，进一步提高协作效率。

2.4.1　敏捷协作概述

敏捷协作要解决的是团队内部、团队间的问题，这就涉及团队规模和内外部协作机制。

1）团队规模

- 高效能团队一般都是小规模敏捷团队，即围绕价值交付的端到端跨职能的小团队，人数在 10 人左右，这种规模团队的内部协作效率是最优的。
- 如果是大型产品，或者大型解决方案，需要多个小规模敏捷团队协作，通常是 10 个小规模敏捷团队。

2）团队内部协作机制

- 每日面对面及时沟通。
- 使用 Scrum 进行迭代运作，或者使用看板方法。

3）团队间协作机制

- SoS（Scrum of Scrums）方式：各个小规模敏捷团队代表每日同步或者每周同步两次。
- 使用规模化敏捷方法，如 SAFe，LeSS 等。

以上提到的团队规模和协作模式，是基于敏捷宣言的价值观和原则，考虑了敏捷协作的人数、人员、环境、目标、方式、工具等方面，提炼出来的核心要素。

2.4.2　敏捷协作的价值

敏捷协作打破了"信息孤岛"和"部门墙"，实现了价值流的流动运作，给团队成员和用户带来如下价值。

（1）使每个成员具备了成长思维，持续打造交付价值所需的各种技能，构建自己技能的深度和广度。

（2）成员之间的交互形成了 1+1>2 的效果，效能和成果是整个团队的目标。

（3）团队定期回顾，持续优化工作方式，提高团队的协作和交付能力。

（4）按节奏产出产品增量，降低进度的风险，尽早为用户交付价值增量，获得市场的先发优势。

（5）用户或业务代表的积极参与，可以使团队以同理心的方式真正践行客户为先和客户为中心，将用户或业务代表对产品增量的反馈及时优化和实现，持续打磨有价值的产品。

2.4.3　敏捷协作的实现

敏捷协作的起点来源于 2001 年发布的《敏捷软件开发宣言》，其从价值观和原则的角度分别阐述了如何更好地进行软件开发，敏捷协作的形式和结果将会支撑敏捷宣言的落地。

1. 敏捷宣言的四种价值观

（1）价值观第一条：个体和互动高于流程和工具。

敏捷宣言诞生之前，企业一般存在大量的职能部门（甚至现在也是如此），工作上的协作采用按职能交接的工作流程，对每个职能边界进行了定义，明确了角色的输入和输出；从工具的使用上来说，也是预先定义好工作流，设置好权限和流程卡点，工作流程下游的角色只有在上游就绪之后，才能在工具上进行操作，其主要目的是通过工具的手段约束和强化协作。虽然说流程和工具很重要，但是如果过于依赖流程和工具，将知识工作者当成生产线上可以替代的"螺丝钉"，就会形成职能筒仓或者部门墙。

尽管流程和工具很重要，但是要想在复杂场景下，高质量、高效地完成工作，敏捷地协作，就要依赖团队里每个人的聪明才智和主观能动性。为了共同的交付价值目标，我们需要打破职能边界进行互动和协作。任何工作都是团队的共同目标，每个人的技能都是实现这个目标的手段。尽管区分了每个人的专长，但是工作需要什么样的技能，团队个体就需要通过互动提供这种技能。

（2）价值观第二条：可工作的软件高于详尽的文档。

非敏捷工作的方式，通常是将项目范围按照一次性、大批量、预定义好的，有顺序、分阶段的方式进行安排，并且预先进行大量的分析和设计，严重依赖工作流程的阶段产出。特别是，需求分析阶段、软件设计阶段、测试阶段等，都需要详尽的需求描述文档、概要设计文档、测试用例文档等。史蒂夫·麦康奈尔（Steve McConnell）提出的"不确定之锥"提到，在对项目进行估算和规划时，前期的预测和实际的变化及进展之间，有着正负各 4 倍的误差。因此，项目前期投入大量的工作量来编写详尽的描述文档，并不能降低项目风险和提升项目进度的预测准确性。

如果很诚实地面对软件开发的复杂性、工作量和进度评估的不准确性，那么就不会将文档的详细程度和工作阶段的进度百分比当作软件交付的成果和进度，真正能客观体现软件开发进度的是完成的、可以运行和工作的软件功能个数及软件增量。因此，团队协作的结果就是要持续地集成代码和测试，功能以增量的方式累积在软件上，而软件的功能增量就是实际的结果和进展。

（3）价值观第三条：客户合作高于合同谈判。

历史总是惊人的相似，在团队内部进行软件开发，总会纠结工作交接和工作范围；而在团队外部，无论是内部客户还是外部客户，当作为乙方面对客户（甲方）时，通常签字或者合同谈判会变成纠结工作范围和计划的筹码，而为了降低风险，逃避责任，无论是甲方还是乙方，都会往"合同"里注入大量臆测的、预防风险的需求，从而使软件的交付变成面向按合同条款的交付，而不是面向用户价值的交付。

一致的敏捷价值观体现在和客户交互上，小规模敏捷团队和客户都采用双赢思维，聚焦在价值交付上。根据初始的合同基线，通过敏捷迭代的方式，不断探索和交付价值增量，并根据客户反馈来变更和优化需求，当然这种与客户的协作和合作，会在合同的框架和基线下进行。

（4）价值观第四条：响应变化高于遵循计划。

遵循计划是遵守承诺和具有担当的体现，但是如果拿到手上的地图是一个错误的，则无论多么努力，都不能到达计划的终点。

一旦出现变化，无论是需求变化，还是技术细节或者可行性的变化，团队都应该采用短周期的 PDCA（计划、执行、检查、调整）循环进行主动应对，不应该将计划当作名词，而应该把其当作动词，做持续的计划或者规划，持续应对不确定性，为实现价值交付不断调整。

2. 敏捷宣言的十二条原则

（1）我们最重要的目标是，通过持续不断地及早交付有价值的软件使客户满意。

- 协作节奏采用 1～2 周的短周期迭代，可以尽早交付价值。
- 协作目标是使客户满意。

（2）欣然面对需求变化，即使在开发后期也一样。为了客户的竞争优势，敏捷过程掌控变化。

- 敏捷协作就是为了适应和掌控变化。
- 面对不确定性和变化，优先完成当下迭代的工作，将新的变化纳入新的迭代。

（3）经常交付可工作的软件，相隔几星期或一两个月，倾向于采取较短的周期。

- 协作的结果是每个迭代（如 2 周）都有产品的增量。
- 实现按需发布：发布日期按照业务的需要可以在迭代内发布，可以迭代结束时发布，还可以将多个迭代累积的产品增量一起发布。

（4）业务人员和开发人员必须相互合作，项目中的每一天都不例外。

- 最有效的协作是不限于开发团队，需要业务人员每天参与。

- 缺少天使用户、业务方、关键利益相关者对产品增量的反馈，敏捷协作的效果仅仅是局部优化的结果。

（5）激发个体的斗志，以他们为核心搭建项目。提供所需的环境和支援，辅以信任，从而达成目标。

- 只有被信任，团队里的每个人才能简单、专注地聚焦在工作事项上，快乐地发挥智慧。
- 通过设定共同的愿景和目标来授权，通过提供帮助来赋能，这样才能既有能力又有动力地进行敏捷协作。

（6）不论团队内外，传递信息效果最好、效率最高的方式是面对面的交谈。

- 软件开发是复杂的，信息是多元繁杂的，面对面沟通是敏捷协作的基本模式，也是最重要的模式。
- 将团队进行协作的所有人的座位安排在同一个地方，使面对面沟通成为现实。

（7）可工作的软件是进度的首要度量标准。

- 衡量协作的标准不是度量每个角色的产出和交接，而是衡量协作的成果。
- 敏捷协作的成果是可工作的软件，1～2 周对产品增量进行演示，甚至按需发布，都是对协作进度的客观度量。

（8）敏捷过程倡导可持续开发。责任人、开发人员和用户要能够共同维持其步调稳定、延续。

- 短期冲刺固然体现拼搏精神和解决暂时的问题，但是团队状态不可持续和稳定。
- 用户、需求方、业务方、关键利益相关者和敏捷团队，只有共同维护 1～2 周的短迭代，既不超载加班工作，又不松弛少工作，迭代速度才有可能持续提高和保持在最优速度上。

（9）坚持不懈地追求技术卓越和良好设计，敏捷能力由此增强。

- 短期内，良好的沟通协调可以提升效率，变得敏捷；而从长远来看，卓越技术和良好设计的缺失，将会成为十倍速协作效率的最大障碍。
- 敏捷的需求（灵活的需求适应外界的变化）和敏捷的架构（改动代价较小的架构以适应多变的需求），可以提高协作的适应性，降低适应的成本。

（10）以简洁为本，它是极力减少不必要工作量的艺术。

- 需求和代码是团队协作的对象，需求的拆解、代码的解耦和微服务化，是加速敏捷协作，降低浪费和减少额外开销的必要方式。

- 10 人规模的小团队跨职能全员共同参与协作，是工作效率和团队能力提升的最佳平衡点。

（11）最好的架构、需求和设计出自自组织团队。

- 最高效的敏捷协作组织方式是自管理、自组织。
- 超过 10 人规模的小团队，需要多个小规模敏捷团队的协作和自组织。

（12）团队定期反思如何能提高成效，并依此调整自身的举止表现。

- 复盘固然重要，更重要的是定期复盘。
- 每 1～2 周回顾一次，对工作方式进行省思和改进，这样协作才是敏捷的。

3. 敏捷协作的人数

（1）小规模敏捷团队的最佳人数是 10 人左右。

根据《Scrum 指南》一书，协作效率最高的团队人数是 10 人，甚至更少。美国心理学家乔治·米勒（George A. Miller）1956 年发布的论文"神奇的数字 7 加减 2：我们加工信息能力的某些限制"阐述了人的短时记忆能力的广度为 7±2 个信息块；在与别人沟通交流信息时，传递的信息块不要超过 7±2 个，否则对方容易混乱，难以达到好的沟通效果。团队的人数要控制在 7±2 个，这样大家更容易团结一致，团队发展更高效。当团队人数太多时，一般会再次拆分，以便更好地进行管理。

哈克曼（Hackman）和维德玛（Vidmar）在 1970 年对最优团队规模做的研究发现，最佳规模为 4.6 个团队成员。

另外一项统计学上的研究表明，如果团队人数超过 5 人，则可能的社交互动数量将会爆炸式增长。团队成员之间的沟通链条数量=$n(n-1)/2$，如图 2.4.1 所示，10 人团队的沟通链条会达到 45 条，已经是一个相当复杂的沟通网络了。

（2）多个小规模敏捷团队协作的最佳人数是 100 人左右。

150，即"邓巴数字"，由英国牛津大学的人类学家罗宾·邓巴（Robin Dunbar）在 20 世纪 90 年代提出。根据猿猴的智力与社交网络推断：人类的智力将允许人类拥有稳定社交网络的人数是 148 人，四舍五入大约是 150 人。

Spotify 敏捷模型提到"部落"的人数不要超过 100 人。大规模 Scrum（LeSS）提到，一个 LeSS 团队最多包含 8 个小 Scrum 团队，即 80 人左右。规模化敏捷框架 SAFe 提到，一个敏捷发布火车包含 50～125 人。

如图 2.4.2 所示，如果每个 10 人小团队有一个代表参加团队之间的沟通，那么 10 个团队之间的沟通链条将达到 45 条，再加上每个小团队内部的 45 条沟通链条，这也说明超过 10 人级别的团队，一定要拆分成多个小规模敏捷团队，否则 100 人级别的大团队，其沟通链条数是（100×99）/2 =4950 条，数量级是小团队不可比拟的。

图 2.4.1　团队人数和沟通链条数示意图　　　图 2.4.2　小团队个数和沟通链条数示意图

4. 敏捷协作的人员

作为小规模敏捷团队，最重要的是协作要有效果。要想最大化协作效果，小规模敏捷团队的成员需要具备完成输入给团队工作项的所有技能，因此小规模敏捷团队需要具备如下特点。

（1）具备多元的背景、经验、知识、技能等，可以快速有效地决策。

（2）跨职能的不同角色，如产品经理、前端开发人员、服务端开发人员、测试人员等，都要具备创造价值所需的全部技能。

（3）每个成员都要具备敏捷思维和成长思维，致力于追求卓越。成为 T 型人才，既要有多个领域的专长，也要对更多领域具备广泛和通用的技能。

（4）由于团队是自管理、自组织的，因此团队需要决定谁做什么、何时做及如何做，而不是有人发号施令分配任务，采用命令控制型的方式。

图 2.4.3 所示为帕特里克·兰西奥尼提出的阻碍团队协作的五大障碍[9]。

敏捷协作创造了克服团队五大障碍的空间、场景和方式：

（1）克服团队障碍一：缺乏信任。

图 2.4.3　团队协作的五大障碍

- 体现自主驱动力，将个人的工作进展和风险每天展示在团队面前，这样比较容易获得别人的信任。
- 在从需求提出到发布的端到端价值流上，越是处在下游的角色和活动，越是需要透明展示计划、进度、风险和成果，这样可以将信任逐渐左移到上游。
- 在每日站会上，主动寻求帮助，同时倾听其他人的进展。如果发现问题并提醒，同时主动提供帮助。
- 在迭代评审会议中，向产品负责人、业务方代表、真实用户等利益相关者演示产品增量，获得产品优化的反馈，同时这也是获得信任的重要方式。
- 在迭代回顾会议中，珍惜团队协作的机会，赞赏别人做得好的地方，承认、承诺自己需要改进的地方。
- 讨论团队画像、团队精神和团队公约，促进在团队内建立信任。

（2）克服团队障碍二：惧怕冲突。

- 团队在形成每日站会的习惯之后，可以尝试轮流担当 Scrum Master，以及将工作同步之后，由一位成员做快闪演讲，其核心目的是使每日站会变得活跃有趣，促使成员之间不惧怕冲突。
- 估算用户故事规模大小，使用计划扑克促使每个人发出声音，参与讨论。
- 在迭代回顾会议中，每个人都使用便签条静默编写，并在整个团队面前展示。
- 对识别出来的改进点，每个人都使用正字或者彩色圆点贴纸进行优先级排序。

（3）克服团队障碍三：欠缺投入。

- 团队全员共同参与制订迭代计划，拆解任务，确定迭代目标，明确工作方向和重点。
- 针对每个迭代聚焦迭代目标，以及用户故事的发布日期，整个团队要迅速行动，构建可工作的软件/产品增量。
- 在迭代执行中，每个团队成员都要按照用户故事优先级主动认领任务。
- 通过迭代评审获得产品优化相关的反馈，不惧怕失败，培养团队学习的能力，把握新的商机，必要时调整产品方向。

（4）克服团队障碍四：逃避责任。

- 通过每日站会上来自同行的压力，促使每个人在团队面前承担责任。
- 执行和跟踪迭代回顾会议中识别出来的改进行动，建立个体和团队的主人翁意识，共同优化改进工作方式。

- 制定就绪定义（Definition of Ready，DoR）和完成定义（Definition of Done，DoD），公开强调工作的共同标准，催使成员彼此负责。

（5）克服团队障碍五：无视结果。

- 敏捷团队要重视集体成绩和团队共同的成果，因为敏捷团队的组建前提就是围绕价值流交付特性。
- 持续跟踪迭代速度，优化工作方式，追求更卓越的产出和成果。
- 针对团队共同的待办事项列表，构建完成待办事项所需的各种技能和能力，提升团队持续作战的能力。

5. 敏捷协作的环境

根据《敏捷软件开发宣言》阐述的价值观和原则，最高效的协作环境就是团队成员"面对面"办公，所有人员的工位都紧挨在一起，从而实现"面对面"沟通。很多企业都为敏捷团队的工作环境进行了特定的装修，如华为的敏捷岛、敏捷作战室，以及所谓的现代开放式办公室等。如图 2.4.4 所示，团队配备了物理的看板墙或者白板，以及各种颜色的便签条。有的团队还会通过配备触摸屏电视来使用电子看板，或者可视化持续集成仪表盘等。

库克伯恩《敏捷软件开发（原书第 2 版）》一书中提到，最有效的沟通就是两个人在白板前沟通，如图 2.4.5 所示。

图 2.4.4　敏捷协作的环境示意图

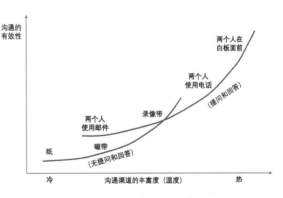

图 2.4.5　不同沟通模式的有效性

因此，敏捷协作的环境需要具备如下特点：

（1）左右两个成员的办公桌是无障碍的，可以让两个成员自由沟通。

（2）面对面坐的两个成员的办公桌之间，要么没有桌子隔断，要么是比较矮的隔断，不妨碍两个成员的自由沟通。

（3）团队附近通常有白板，可以进行讨论。

（4）团队附近的墙，无论是水泥墙还是玻璃隔断，通常都可以被用来作为看板墙，可视化团队的计划和工作。

（5）两个团队之间可以没有隔断，作为开放式的工作空间，或者隔断是可以移动的，而这个隔断可以是白板或者毛玻璃材质，可以用来作为看板墙，可视化团队的一些其他公共信息，如团队工作协议、迭代日历、团队名称、团队口号等。

6. 敏捷协作的目标

如图 2.4.6 所示，要想让协作高效起来，整个团队都需要心往一处想，劲往一处使，对齐方向。

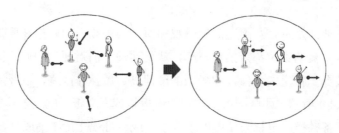

图 2.4.6　敏捷团队需要对齐目标

而敏捷协作不仅仅要对齐方向，还要频繁、强有力地将长期战略目标分解成更短周期的战术目标，并将短期、中期和长期目标进行透明化和显示化。如图 2.4.7 所示，无论何时，团队都要拥有确定的目标，从而使敏捷协作更加聚焦。

图 2.4.7　透明化和显示化目标

由抽象到具体的各层级协作目标如下所示：

（1）战略目标：战略规划所定义的目标。

（2）OKR：将战略目标进行拆解，形成目标关键成果。

（3）战略举措：将 OKR 进一步拆解形成举措。

（4）业务目标和产品目标：支撑举措落地的中期业务目标或者产品目标。

（5）MVP 目标：进一步拆解成最小可行产品目标。

（6）迭代目标：为了达成 MVP 目标，规划的迭代目标。

（7）每日目标：在迭代执行过程中，通过每日站会强化每日目标。

（8）个人目标：通过将工作项或用户故事拆解成个人任务，强化个人目标。

在假设的目标实现后，先对结果进行度量，验证目标达成情况，再根据实际客观数据的反馈，调整策略或者目标。

7. 敏捷协作的方式

通常，在敏捷团队进行敏捷协作时，采用如下方式。

（1）固定节拍保持节奏。

- 对发布进行规划，通常 1～2 月一次。
- 采用 1～2 周的短周期迭代，并且让迭代的周期保持一致，并根据迭代结果更新发布计划。
- 保持每个迭代周期不变，如 2 周的迭代。

（2）多个事件一起发生时保证信息和决策的同步：全员同时同地共同参与活动，包括计划、站会、回顾等。

（3）一个故事一个故事（Story by story）地开发和测试：测试左移，每开发完成一个故事，就对故事进行测试，无须等到多个故事完成一起测试，避免迭代内成为小瀑布。

（4）每天签入代码多次，并应用持续集成。

（5）限制在制品数量，开始"完成"，停止"开始"，聚焦在工作流的下游，将半成品尽早完成，降低变异性和持有成本。

（6）用户/业务右移：迭代一开始，用户/业务代表就参与进来，缩短对团队的计划、进展、风险、迭代结果的反馈周期，从而迭代打磨产品。

8. 敏捷协作的工具

在整个价值流交付过程中，良好的工具可以极大提高协作效率，如下是一些简单工具的介绍。

1）需求管理

- 使用在线文档描述需求，作为产品需求文档 PRD。
- 使用在线文档平台的目录结构，对 PRD 进行分层分级、归类，维护产品需求的全量文档。
- 迭代用户故事/任务管理。

- 每个用户故事都可以链接在线文档。
- 每个用户故事都可以和代码分支关联。

2）代码开发

- 使用分布式版本控制系统，如 Git。
- 代码提交自动触发编译、构建、单元测试、代码扫描等，可以及时得到反馈通知。

3）软件测试

- 有单独的测试环境、用户验收测试环境或者预发（或者类生产）环境。
- 有自动化测试工具对测试用例对应的脚本或者代码进行管理。
- 代码提交可以触发自动化测试。

4）部署

- 有自动部署，或者一键部署。
- 部署的结果可以自动更新对应的用户故事状态。

5）发布和监控

- 有日志和监控系统，可以自动实时告警。
- 出现问题之后，可以对全链路日志和函数调用进行调试。

9. 敏捷协作的实例

小规模敏捷团队主要使用 Scrum 框架[10]进行协作，它使用固定的事件来产生规律性，将不可预测、不确定的事件变成有规律性和预定义好的事件，从而提高透明性、减少开销和提高效率。所有事件都是有时间盒（Time-boxed）限定的，也就是说将每个事件限制在固定的时间范围内，时间到了，事件就结束。

小规模敏捷团队角色：

- 产品负责人（Product Owner）：负责产品价值最大化，包括设计产品方案、解答产品是什么及对软件系统有何需求、管理产品待办列表，以及设计线框图原型等。
- 开发者们（Developers）：负责产品实施，进行软件系统的设计和实现。成员包括前端开发人员、后台开发人员、视觉设计师、移动端交互设计师、功能/安全/压力测试人员等。
- Scrum Master：负责引导团队持续改进，敏捷前行。

如图 2.4.8 所示，Scrum 的经典事件包含迭代、迭代计划会议、每日站立会议、迭代评审会议、迭代回顾会议。除此之外，在实践落地过程中，还有一个产品待办列表梳理会议。

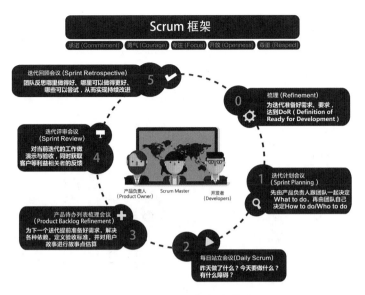

图 2.4.8　Scrum 框架全景图

Scrum 框架各个会议的时间以迭代日历的形式可视化，如图 2.4.9 所示。

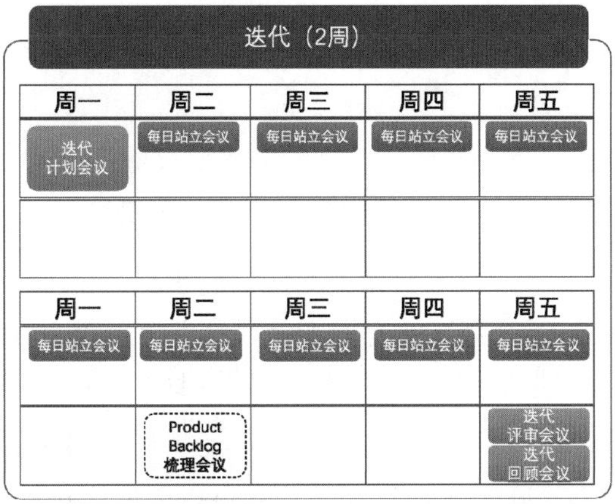

图 2.4.9　Scrum 迭代日历

迭代除了本身是一个事件，还是其他所有事件的容器。对于一个迭代时间盒，迭代执行前需要规划迭代要完成什么，即迭代计划会议；迭代执行过程中需要跟踪进度、处理风险，以便检视和调整，即每日站立会议；迭代执行结束后需要对产品增量进行检视和调整，即迭代评审会议；对团队工作方式进行检视和调整，即迭代回顾会议。

1）迭代计划会议

在迭代计划会议中，要计划迭代中要做的工作，这份工作计划是由整个 Scrum 团队共同协作完成的。如图 2.4.10 所示，迭代计划会议是限时的，1 周迭代最多 2 小时，2 周迭代最多 4 小时。Scrum Master 要确保会议顺利举行，并且每个参会者都理解会议的目的。Scrum Master 要引导 Scrum 团队遵守时间盒的规则。

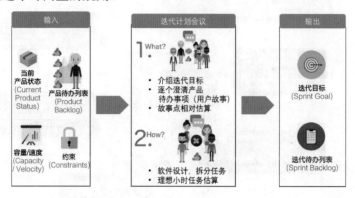

图 2.4.10　迭代计划会议过程

迭代计划会议需要回答以下问题：

（1）What——接下来迭代交付的产品增量中要包含的内容。

（2）How——要如何完成交付增量所需的工作。

2）每日站立会议

每日站立会议可以促进交流，发现开发过程中需要移除的障碍，并促进快速地做出决策，提高开发团队的认知程度。这是一个进行检视与适应的关键会议。

每日站立会议是团队的一个以 15 分钟为时间盒的事件。在每日站立会议上，团队为接下来 24 小时的工作制订计划。团队通过检视上次每日站立会议以来的工作，预测即将到来的迭代工作来优化团队协作和效能。每日站立会议在同一时间、同一地点面对面举行，以便降低复杂性。

团队通过每日站立会议来检视完成迭代目标的进度，并检视完成迭代待办列表的工作进度趋势。每日站立会议提高了团队完成迭代目标的可能性。团队应该知道每天如何以自组织的方式协同工作，以完成迭代目标，并在迭代结束时开发出预期中的产品增量。

会议的结构由团队设定。团队可以采用不同的方式进行，有些团队会以问题为导向来开会，有些团队会基于更多的讨论来开会。示例如下。

（1）昨天，我为团队完成迭代目标完成了什么？

（2）今天，我为团队完成迭代目标计划准备做什么？

（3）是否有障碍在阻碍我或团队完成迭代目标？

如果遇到问题需要讨论，相关团队成员通常会在每日站立会议后立即聚到一起进行更详细的讨论，或者为迭代中剩余的工作进行调整或重新制订计划。

3）迭代评审会议

迭代评审会议是一个不需要准备 PPT、不需要花很多时间准备的非正式会议，它发生在迭代结束时，团队需要将集成的和经过测试的产品增量在测试环境（甚至预生产/类生产环境）中演示给产品负责人和业务方，用来检视所交付的产品增量，产品负责人可以接受或拒绝完成的成果，同时根据业务方和产品负责人对产品增量的反馈，按需调整产品待办列表。

即使每个用户故事都已经在迭代期间被产品负责人验收过，或者部分用户故事在迭代期间已经上线，也仍然需要举行迭代评审会议，不过目的已经转变成团队对产品增量的整体和系统性的认知和反馈，以及团队对迭代交付成果的庆祝。当然，从时间上来说，花费的时间可能会大大缩短。

4）迭代回顾会议

迭代回顾会议是 Scrum 团队检视自身工作方式并创建下一个迭代改进行动计划的机会。迭代回顾会议发生在迭代评审会议结束之后，下一个迭代计划会议之前。

在迭代回顾会议中，Scrum 团队对当前迭代的工作方式，包括敏捷实践、Scrum 框架、团队的个体、人与人之间的关系、与其他团队的协作、过程、工具等进行回顾，保留做得好的方式，停止或避免不好的方式，以及对需要改进提升的方面，提出下一个迭代可落地的改进行动计划，并作为改进故事放入产品待办列表。

Scrum 团队能否真正实现敏捷，可以依赖的抓手就是迭代回顾会议。Scrum 团队要确保此会议的持续发生，无论是 Doing Agile 还是 Being Agile，Scrum 团队都有机会通过践行 Scrum 的心得体会，持续改进。通常遵循先僵化（严格遵守 Scrum 框架及其他敏捷实践）、后优化（在基本框架范围内进行各种微调、组合和尝试）、再突破（在融会贯通之后，形成适合团队自己的工作方式）的模式。

2.4.4　案例研究：京东 360 评估系统研发团队的敏捷之路

在京东内部，有许多内部支撑类的产品，如财务系统、人力资源管理系统等。以前的开发模式大多数是瀑布项目制，即先立项，然后制订项目计划，按产品研发的阶段进行推进，在项目的最后阶段再进行试运行和验收。这种方式带来的最大的一个问题是，当给业务方进行试点和验收时，业务方通常是第一次见到系统，经过试用会给出非常多的负面反馈，基本上不认可产研团队的产出，用户满意度也比较差。

为了改变产研团队的窘境，2018 年 4 月，借助启动京东 360 评估系统建设的机会，开始尝试利用业务敏捷方式进行研发，并按照 Scrum 框架协作，整个过程如下。

（1）组建围绕价值交付的敏捷团队，如图 2.4.11 所示。

业务方　　产品经理　　开发人员　　测试人员

用户

图 2.4.11　一体化业务敏捷团队

- 团队成员：天使用户、业务代表、产品负责人（由产品经理担当）、开发人员、测试人员、Scrum Master（由开发组长兼职）、项目经理（和开发组长结对，担当团队教练）。
- 团队文化：团队全员头脑风暴团队名称（日月星辰战神队）及团队精神（有责任心、可靠、友爱、团结、协作、互助、共同成长等）。
- 全员共创确定就绪定义和完成定义。

（2）使用用户故事地图进行版本计划，并规划多个 2 周迭代。

- 用户、业务代表和项目经理参与整个规划过程。
- 规划 3 个 MVP 版本，MVP 1.0 目标是基本业务流程跑通，MVP 2.0 目标是丰富业务场景，MVP 3.0 目标是完善和提高体验。
- 对每个 MVP 进行迭代规划，MVP 1.0 需要一个迭代完成，MVP 2.0 需要两个迭代完成，MVP 3.0 需要一个迭代完成。

（3）使用物理看板墙和京东行云 DevOps 平台对单个迭代进行管理。

- 在整体版本计划的牵引下，每个迭代都进行详细的迭代计划会议，进一步明确任务和目标。
- 使用京东行云 DevOps 平台进行状态更新和协同。
- 使用物理看板墙可视化迭代计划的内容。

（4）团队每天进行每日站立会议，同步进展和问题。

- 每天下班前，在京东行云 DevOps 平台更新卡片状态、剩余工时和花费工时。

- 每天早晨 9:30，在物理看板墙前进行站会，用户和业务代表至少保证一周参加两次。

（5）邀请用户、业务代表和项目经理，参加产品待办列表梳理会议。

- 在下一个迭代之前，进行一次产品待办列表梳理会议。
- 用户、业务代表和项目经理参与梳理过程，并协助产品负责人对开发人员和测试人员的问题进行澄清。

（6）邀请用户、业务代表和关键的人力资源部领导对产品增量给出反馈。

- 用户和业务代表在每个迭代结束后都要主动参加迭代评审会议，并给予反馈。
- 给人力资源部领导演示每个 MVP 版本，听取其对产品的意见。
- 选择部分用户对最终版本进行试运行，并及时修改发现的问题，优化使用体验。

（7）使用各种回顾实践进行迭代回顾会议，让回顾轻松有趣。

- 首次回顾会议使用四象限（做得好的、需要改进的、想尝试的、问题困惑）回顾。
- 第二次回顾会议使用热气球画布回顾。
- 第三次回顾会议使用帆船画布回顾。
- 第四次回顾会议使用 360 赞赏工具进行回顾。

2.4.5　敏捷协作的误区

在敏捷协作过程中，常见的误区及解决办法。

（1）小规模敏捷团队人数超过 10 人级别。

- 需要拆分成多个 10 人级别小团队。

（2）小规模敏捷团队不是端到端跨职能特性团队。

- 最优的团队就是特性团队，而不是组件团队。

（3）多个小规模敏捷团队之间的协作没有统一节奏和同步。

- 统一迭代节奏，如都是 2 周迭代。
- 同步事件，每个活动/会议的开始日期和结束日期都要分别保持一致。

（4）讨论、计划、同步、决策等都由团队代表参与。

- 应该分级别，在小规模敏捷团队内，全员参与敏捷活动。
- 小规模敏捷团队之间，频繁的协作可以由团队代表参与
- 小规模敏捷团队之间，非频繁的协作可以组织全员参与大型会议，如 SAFe 的 PI 计划会议。

2.5 可视化管理

核心观点

- 可视化管理的本质是将研发过程数据以易于理解可视化的方式呈现，并协助决策。
- 在软件领域，看板方法对最早的精益生产可视化方法价值流图进行了发展，以满足知识密集型活动的场景。
- 看板方法在价值流动、拥堵、任务资源匹配、决策规则、风险、投入组合情况等方面实现了可视化。
- 通过流动时间、流动速率、流动负载、流动效率、流动分布五大流动指标深入挖掘可视化背后的价值信息。

2.5.1 可视化管理概述

为了便于大家更容易理解可视化管理，我们先了解一下其基本概念。

可视化管理是一种信息传达方式，主张通过可视化的方式沟通，而不是口头、纸面或者其他方式[11]。

- 可视化呈现利用海报、图表、地图、信号来传达原始信息，而不是对应该采取的行动给予指引。
- 可视化控制不仅通过可视化传达信息，还会基于可视化的信号来提供行动指引。

基于上述解释，如果我们把可视化管理应用于研发效能领域，则其是将产品研发过程中的信息和数据，以易于理解、可视化的方式呈现出来，协助一线产研人员和产研管理者做出决策。

目前，可视化管理在研发效能领域的运用得益于精益思想。精益的发展大致可以分成四个阶段：流水线生产阶段、精益生产阶段、精益管理阶段和精益创新阶段。

精益生产阶段发展的可视化手段是价值流图（Value Stream Mapping，VSM）。在价值流中，流动的是价值单元。生产就是一个价值单元不断流动，不断增值的过程，而精益生产的目标是让价值单元流动得更快，实现快速增值。

对于研发这类知识密集型活动，由于在价值流动过程中的不确定性很高，精益的可视化方法 VSM 并没有得到快速发展。直到 2004 年，David Anderson 在微软工作时，开始尝试利用看板方法（Kanban Method）来解决价值流动过程的不确定性问题。他创新性地提出，应该关注价值单元的所处状态，而非价值单元的加工过程。例如，我只关心需求是否设计完成，是否开发完成。这样就将价值流的网状结构简化成一个价值单元状态跃迁的线性结构，一举解决了精益管理的可视化问题。下面通过看板方法重点介绍可视化管理在研发效能领域的应用。

2.5.2　可视化管理的价值

缺乏可视化管理会给企业研发活动带来如下不良影响。

（1）领导很焦虑，员工很忙碌：笔者在与企业的高级管理者接触过程中，发现高级管理者有一个共同的特点就是焦虑，管的人越多就越焦虑。究其根本，就是知识工作管理缺乏透明性。团队永远说人员不足，但是又总能看到一些员工无所事事。领导催促的工作就能很快完成，其他工作却又遥遥无期。于是，领导就选择了不断增加需求和项目，以提升资源利用率，同时，把关心的项目都变成紧急项目，以求快速交付。上述这些都是缺乏可视化、透明性的恶果。

（2）不可见的拥堵：笔者在与企业高级管理者接触过程中，经常听到的一个声音是："我们卡住了"。这句话背后的意思是，整个需求的流动效率下降，需求交付时长变长，需求交付延期率增加，但我们却不知道哪里卡住了。于是召集产品经理、开发人员、测试人员对齐资源情况，紧急解决被卡住的问题。

（3）多任务并行，优先级不透明，任务频繁切换：2013 年，Game Developer magazine 针对 86 名程序员，将近 1 万小时的统计表明，程序员一般需要 10~15 分钟才能从一个打扰中恢复过来，重新开始编码。另外，大多数程序员一天只有两个小时的时间不被打扰。

运用可视化管理能够为我们带来以下收益：可视化价值流动，有效管理研发全过程；可视化拥堵，分析发现的问题，加速流动；可视化任务资源匹配；可视化决策规则，培养自组织团队；可视化风险，降低风险；可视化投入组合情况，平衡长短期利益。

2.5.3　可视化管理的实现

看板方法作为可视化管理在研发效能领域的一个重要实践，下面将聚焦看板方法的应用。

（1）利用波特价值链分析模型分析研发过程中的基础性活动和支持性活动，如图 2.5.1 所示。我们很容易发现，研发过程的增值性活动主要包括需求设计、开发、测试、发布、运维和用户反馈。由于研发过程的实质是对需求完整生命周期的管理，因此我们认为研发过程流动的价值单元是需求。

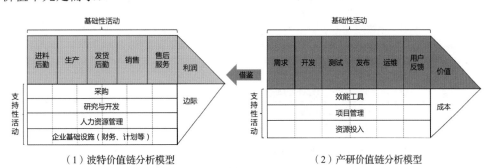

图 2.5.1　借助波特价值链分析模型来看产研过程的价值链

（2）利用价值流图反映研发过程的价值流动：虽然价值流图不能直接应用于日常的研发活动，但它能够帮助我们把价值流动的关键环节思考清楚。直接复用价值流图的基本概念和符号较为复杂，我们选择了几个关键符号，见表2.5.1。

表 2.5.1　价值流图的关键符号

符号	名称	描述
n *m* 天	库存	表示两个活动间的积压库存，其中 *n* 表示积压价值单元的个数，*m* 表示积压的时长
▢ *n* 天	活动	表示价值单元的增值活动，如开发和测试，其中 *n* 表示活动的时长
→	价值流动	表示价值单元的流动方向

接下来，我们使用上述符号梳理产研过程的价值流图，见图2.5.2。

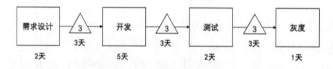

图 2.5.2　产研过程的价值流图

（3）利用看板来实现产研全流程的可视化：梳理清楚产研过程的价值流图后，我们来看一下如何将价值流映射到看板。在映射之前，我们先来了解一下看板方法中的几个关键组成部分，见表2.5.2。

表 2.5.2　看板方法的关键组成

术语	英文	解释
工作流	Workflow	Workflow 是业务领域的工作流程闭环，是看板的顶层概念，由状态组成。 一般来讲，我们可以把产研过程分为业务域工作流、产品域工作流和研发域工作流
状态列	Column（work stage）	Column 代表 Workflow 中的一个状态，通常来讲，状态可以分为活动状态（doing）和排队状态（todo）。 状态列是可以嵌套的，即父状态列包含子状态列。 在状态列上，我们可以明确定义卡片移出状态列的条件/准则
卡片	Card（work）	Card 代表工作流程中的工作单元，可以是战略、业务需求、产品需求、研发任务、缺陷等。 卡片上的信息主要包括卡片类型、优先级、预计结束时间、指派人等关键信息
泳道	Swimlane（work type）	Swimlane 通常表示在某个业务领域下的工作类型，如产品需求、缺陷等
团队成员	Member	当前工作流程中的执行人或者协同方

针对产研活动，我们可以将产品需求的研发过程对应到产研工作流，将价值流中的活动对应到状态列，将价值单元对应到卡片，将价值单元的类型对应到泳道。由此很容易得到如下看板，如图 2.5.3 所示。

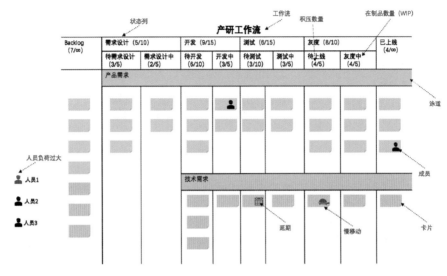

图 2.5.3　产研过程看板示意

在看板中，我们除了可以看到各个价值单元所处的状态列，还能可视化到表 2.5.3 所示的信息。

表 2.5.3　可视化信息

可视化信息	解释
在制品数量	处于活动状态的卡片数量
积压数量	处于排队状态的卡片数量
延期	超出预计结束时间的卡片
慢移动	超出某些天数未发生过移动的卡片
人员负载	投入到卡片上的精力超出上限

（4）利用多级看板来实现不同工作流间的协同联动。

在产研活动中，经常看到的一个场景是一个业务需求被拆解为多个产品需求，一个产品需求被拆解为多个研发任务。由于不同的拆解层次所采用的工作流是不同的，因此我们很难在一个看板中容纳所有的工作流，这时就需要考虑多级看板的方法，如图 2.5.4 所示。多级看板的联动如果通过人工维护非常烦琐，但可以借助卡片之间的父子关系及状态之间的联动来减少多级看板的使用代价。

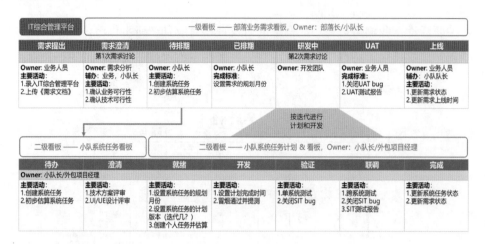

图 2.5.4 二级看板示例

（5）利用统计分析进一步挖掘看板中的关键信息。

累积流图（Cumulative Flow Diagram）[12]是价值流动效率度量中不可或缺的工具，如图 2.5.5 所示。基于累积流图，我们可以解读研发流程在制品、前置时间和交付速率，从而对价值流动效率进行度量；分析团队的协作和交付模式，从而发现改进机会；分析团队的主要瓶颈和问题，从而指导改进过程。

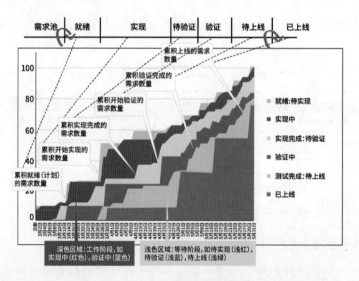

图 2.5.5 累积流图示意

除了累积流图，我们还可以使用以下几个关键指标来反映研发过程中的问题。在给出指标之前，我们还是要先对齐一下术语，如图 2.5.6 所示。

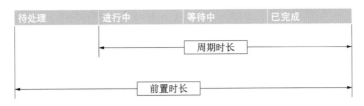

图 2.5.6　前置时长与周期时长术语

以下是可供参考的度量指标的详细信息，见表 2.5.4。

表 2.5.4　指标详细信息

指标分类	指标	指标业务口径
流动时间	需求交付前置时长	从需求提交到已上线的时长
	各阶段前置时长	从待××到××中结束的时长
	各阶段时长	从××中开始到××中结束的时长
流动速率	需求吞吐量	统计周期内上线的需求数量
	各阶段吞吐量	统计周期内离开父状态列的需求数量
流动负载	在制品数量	统计周期内处于活动状态的需求数量
	各阶段在制品数量	各阶段统计周期内处于活动状态的需求数量
流动效率	活动时长占比	处于活动状态的时长/总时长
	各阶段活动时长占比	各阶段活动时长/各阶段总时长
流动分布	不同类型的需求占比	不同类型需求数量/总需求数量

2.5.4　案例研究：某大型金融机构的可视化管理

1. 背景

在此金融组织中，有业务人员（需求提出方）、产品经理和 IT 团队，业务需求线下提交，讨论完成后录入 OA 系统，之后的上线时间和进展都不明确，全靠问。产品经理和项目经理澄清需求后，全部交给研发人员，等待上线，中间所关注的事情只能靠问或靠项目经理主动汇报。往往到风险不可控的情况下，才同步产品经理，最后要么加班加点，要么推迟上线，导致业务方、产品经理、研发团队都很疲惫。

2. 行动

（1）定义价值流、多层看板（需求看板、系统功能看板和缺陷看板）和协同模式（业务人员、产品经理和项目经理在需求层进行协同，研发团队在系统功能看板进行协同，缺陷在缺陷看板进行协同）。

（2）所有需求线上化，从"一句话"需求开始。

（3）导入看板站会、迭代计划，促使协同线上化（图 2.5.7）。

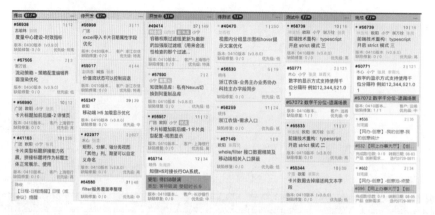

图 2.5.7　看板示图（模拟数据）

3. 结果

　　首先通过时效、产能、质量等方面的数据，团队能够达成一致的认知，然后再通过可视化数据进行分析与改善。如图 2.5.8 所示，如果要改善时效，有效的提升方式是加强业务验收效率。　如图 2.5.9 所示，可以利用产能帮助团队规划后续需求量，同时管理好上游预期。如图 2.5.10 所示，帮助团队观察质量趋势、每天的质量新增解决情况等。最终通过可视化使全流程透明，并快速、重点推进对改善点的改进。

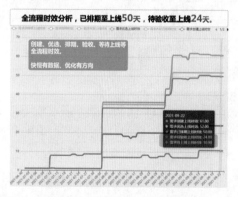

图 2.5.8　时效 P85 数据示意图

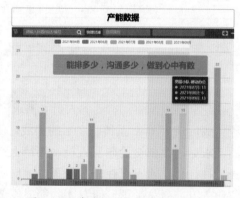

图 2.5.9　产能按小队分布数据示意图

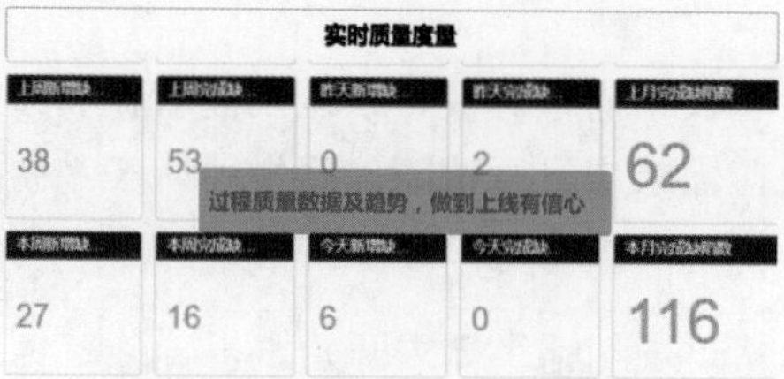

图 2.5.10　质量数据示意图

2.6　规模化敏捷交付

核心观点

- 围绕价值流，组建由多个小规模敏捷团队组成的大规模敏捷团队。
- 规模化敏捷架构的首要任务就是解耦，并尽量去规模化。
- 不频繁、影响大、实施时间长的举措需要管理层的决策，这种决策最终会被拆解成小需求；反之可以由小规模敏捷团队的产品负责人决策，直接作为待办事项处理。
- 规模化的敏捷流程需要全员节奏一致，保持同步，共同启动，一起计划。
- 端到端的敏捷 DevOps 平台需要支持多个小规模敏捷团队的协作。

2.6.1　规模化敏捷交付概述

无论是产品开发，还是项目交付，如果是大型软件系统，或者是大型解决方案（包含应用软件、固件、嵌入式软件、微服务、前端服务、硬件等），都离不开大规模、敏捷的交付方式。由于所需人数较多，因此需要多个小规模敏捷团队共同协作完成，这也是精益系统工程所要解决的问题。

2.6.2　规模化敏捷交付的价值

针对复杂的业务场景和业务上下文，需要复杂、大型的系统，而规模化敏捷交付可以加速复杂大型系统的开发和解决方案的选型，这也是时代发展的需要。

（1）ABCDI5：人工智能（Artificial Intelligence）、区块链（Block Chain）、云计算（Cloud）、大数据（Big Data）、万物互联（IoE）、5G 等技术革命，需要新的管理范式。

（2）数字化转型：重构产业业务逻辑，系统性地建设数智化。

（3）降低交付风险，尽早集成、验证，促进业务探索，加速反馈循环。

2.6.3　规模化敏捷交付的实现

1. 规模化敏捷组织

围绕价值流，组建大规模敏捷团队，形成端到端业务闭环，并由价值交付所需的各职能和技能的人员共同完成交付。大规模敏捷团队由多个小规模敏捷团队组成，每个小团队都是闭环的 Scrum 团队。《高效能团队模式》[13]一书中还进一步把小规模敏捷团队分为四种类型，如图 2.6.1 所示。

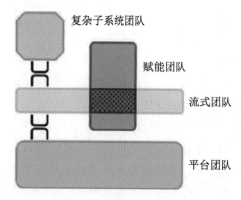

图 2.6.1　高效能团队模式的四种团队类型

（1）复杂子系统团队：负责构建和维护系统中严重依赖大量特定领域知识的子系统。

（2）赋能团队：将其他团队所需的方法、技能、技术、业务领域等赋予其他团队，加速其他团队的能力建设，之后再降低团队的依赖，使其成为可以独立交付价值的团队。

（3）流式团队：围绕价值流，或者叫做对齐价值流，团队可以闭环交付价值给用户/客户。

（4）平台团队：提供共性的基础设施共享平台，使流式团队能够以高度自治的方式交付工作。

2. 规模化敏捷架构

大型解决方案一般会有一个高度耦合的"大泥球"系统，为交付团队带来巨大的耦合，引入系统、沟通、协作和集成的复杂度。规模化敏捷架构需要如下运作方式：

（1）规模化敏捷架构首要的任务是解耦，尽量去规模化，这需要企业架构师、解决方案架构师、系统架构师等的架构设计和建模能力。

（2）基于模型的系统工程（Model Based System Engineering，MBSE）[6]是开发一组相关系统模型的实践，如图2.6.2 所示，这些模型有助于定义、设计和记录正在开发的系统，为探索、更新和向利益相关者传达系统概念提供了一种有效方法，同时可以显著降低团队的认知负载。

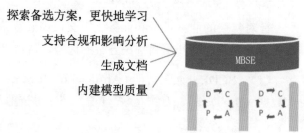

图 2.6.2　基于模型的系统工程

系统模型是系统工程过程中的产物，通常采用基于统一建模语言（UML）扩展后形成的系统建模语言（SysML）对系统进行建模。和 UML 类似，系统模型包括用例图、活动图、时序图、状态机图、块定义图、参数图、包图等。支持 SysML 的工具可以创建、执行、验证模型，并且可以自动生成文档，如 Sparx Systems 公司的 Enterprise Architect 软件、IBM 公司的 Engineering Systems Design Rhapsody 软件都支持系统建模语言。

（3）基于集合的设计（Set Based Design，SBD）是一种在开发过程中尽可能长时间地保持需求和设计选项灵活的做法。如图 2.6.3 所示，SBD 没有事先选择单点解决方案，而是识别并同时探索多个选项，从而随着时间的推移消除较差的选择。它通过承诺只有在验证假设后才使用技术解决方案来增强设计过程的灵活性，从而产生更好的经济效益。

（4）架构跑道（Architecture Runway）由实施短期功能所需的现有代码、组件和技术基础设施组成，无须过度重新设计和延迟设计。如图 2.6.4 所示，红色代表架构/技术故事它代表为未来迭代中故事/特性所需的基础设施和依赖进行刻意的设计和实现。

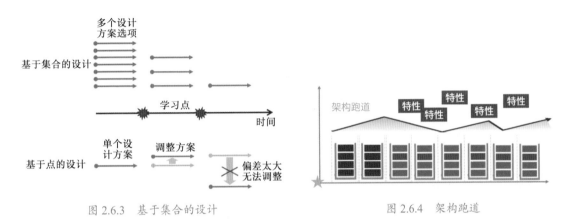

图 2.6.3　基于集合的设计　　　　　　　　图 2.6.4　架构跑道

3. 规模化敏捷需求

（1）由于大型系统和大型解决方案比较复杂，需要对齐和统一众多人员与小规模敏捷团队的解决方案愿景、路线图、里程碑等，因此需要对产品或者解决方案进行统一的需求管理，即所有参与交付的人员共享一个产品或者解决方案待办列表。

（2）因为规模化敏捷需求比小型系统、产品散落的多个小用户故事复杂，需要在纵观全局时既能看到"森林"，也能在实施时看到"树木"，所以规模化敏捷需求，就是在一个产品或者解决方案待办列表中具备多个层级的精益需求。

（3）不频繁、影响大、实施时间长的举措需要管理层的决策，这种决策最终会被拆解成小的需求，作为小规模敏捷团队的待办事项。

（4）很频繁、影响小、实施时间短的需求，由小规模敏捷团队的产品负责人决策，直接作为小规模敏捷团队的待办事项。

4. 规模化敏捷流程

（1）节奏一致：多个小规模敏捷团队的迭代周期保持一致（建议 1～2 周）。

（2）保持同步：多个小规模敏捷团队的迭代开始日期和结束日期要分别保持一致。

（3）共同启动：整个产品线/级大规模敏捷团队所有成员一起参加启动会。

（4）全员计划：规模化敏捷运作第一次发布计划会议，整个产品线/级大规模敏捷团队所有成员，要在同一个超大会议室面对面进行计划会议。

（5）躬身入局：邀请业务负责人/产品线负责人参与发布计划会议，介绍业务背景并给发布计划目标分配业务价值。

（6）业务参与计划：邀请业务代表参与发布计划会议，并在需要时支持产品经理及产品负责人澄清需求。

（7）固定发布计划会议节奏：每个发布计划包含 2～4 个迭代内容。

（8）中长期计划全员参与：每两个月的发布计划会议可选择全员参考的计划会议。

（9）短期计划代表参与：每个月的发布计划会议可选择非全员参与的计划会议。

（10）全员回顾：在每个发布计划节奏周期结束后，进行产品线/级全员回顾会议。

（11）按节奏开发，按需要发布：将发布和开发解耦，按迭代（2 周）节奏进行开发，按业务需要/决策确定发布里程碑。

（12）可视化依赖：使用项目群板（Program Board）可视化各个小规模敏捷团队的发布计划，团队间和团队外的依赖及里程碑。

（13）跨团队的协作会议 SoS（Scrum of Scrums）：所有团队代表及利益相关者，每周进行两次 SoS，在项目群看板前同步进度、依赖状态、与里程碑的差距、障碍和风险。

（14）产品管理同步：首席产品经理和各个团队产品负责人定期同步或评审需求，每周至少一次。

（15）系统演示：每个迭代之后，业务代表和产品线全员参加系统演示会议（演示经过集成的所有团队的代码）。

5. 规模化敏捷平台

规模化敏捷平台，也被称为 DevOps 工具链，或者端到端一站式 DevOps 平台，除了具备整个研发价值流所需的基本能力，还需要支持多个小规模敏捷团队的协作，如图 2.6.5 所示。

如图 2.6.6 所示，传统的 DevOps 在每个领域都有不同的工具，它们是分散的，不是统一串联、集成在一起的工具链。而理想的规模化 DevOps 平台应该具备如下能力：

（1）从产品的维度，以产品为根：在平台上创建产品对象，在这个产品对象下管理产品待办列表、团队、团队待办列表、团队迭代、团队代码仓库、团队流水线等。

需求分析	开发前	开发	开发完成	测试	发布前	已发布
用户故事评审	特性启动	单元测试	用户故事验收	用户故事测试	回归测试	监控
估算	测试用例设计	组件测试	底层测试评审	探索式测试	发布指南	支持
方案设计	用户故事启动		发布可测试版本	缺陷管理	用户验收测试	质量分析
迭代计划	测试计划			风险评估	发布版本确认	
				集成测试		
				端到端测试		

图 2.6.5　端到端一站式 DevOps 平台功能全景图

图 2.6.6　DevOps 平台工具链示例

（2）支持产品和团队的多对多映射，如多个小规模敏捷团队开发一个产品、一个解决方案包含多个产品。

（3）自定义工作项集合并展示在不同视图中，如列表视图、树形结构视图、看板视图、时间线（甘特）视图等。

（4）流水线具备晋级能力，以及产品下定义匹配一定条件的代码分支的全局流水线，使产品全局流水线具备自动匹配分支的能力。

（5）对大规模系统、应用、微服务的监控能力，以及运维能力。

2.6.4　规模化敏捷实例

1. 产品部落敏捷研发章程

Agilean 公司的 Adapt 是适合国内金融组织规模化敏捷的框架。它的特点如下：

- 支持百人级部落的 3 层级需求任务分解体系。
- 适合金融组织特点的"5+3"角色职责定义。
- 具有版本与迭代的双维管理手段。
- 包含 3 个行动层级，16 个具体活动。
- 具有需求与系统任务的双层看板体系。
- 具有内建的部落小队效能度量体系。

如图 2.6.7 所示，Adapt 按照部落制进行协作，核心是由多个研发小队（每个研发小队 3 个角色：产品经理、小队长、研发小队成员）组成一个部落（50～150 人），由部落相关角色（5 个角色：业务负责人、部落长、测试分会长、架构师、版本经理）参与来交付相对完整的业务功能。

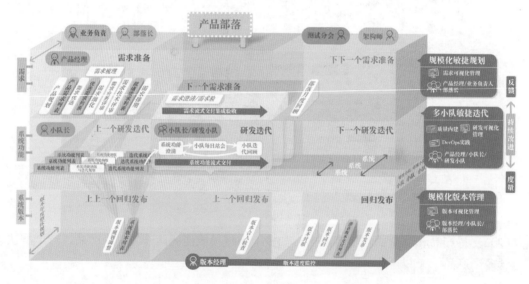

图 2.6.7　产品部落敏捷研发章程 Adapt 全景图

如图 2.6.8 所示，产品部落活动按照需求、系统功能、系统版本三个层次展开。

（1）需求层：包含需求优选、需求细化、需求排期、需求澄清、需求验收、部落月度回顾 6 个活动，涉及产品需求列表、优选需求列表、就绪需求列表 3 个工件。

（2）系统功能层：包含系统功能梳理、小队迭代计划、小队每日站会、小队迭代回顾 4 个活动，涉及系统功能列表和迭代系统功能列表两个工件。

（3）系统版本层：包含版本年度整体规划、版本规划调整、版本合入检查、版本封版、版本回归、版本发布 6 个活动，涉及系统版本列表和潜在版本交付列表两个工件。

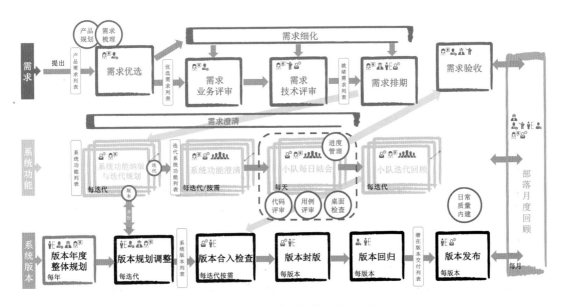

图 2.6.8　Adapt 产品部落活动与工件

1）需求层活动

（1）需求优选活动可以定期举行，也可以随时发生。定期的需求优选活动可以由产品经理、小队负责人预先准备，明确可能出现容量冲突的需求，请业务负责人和研发负责人在需求优选会议上共同决策。更理想的方式是，需求优选活动按需举行，发生冲突就实时升级给业务负责人进行决策。需求优选的意义在于保护产品经理的产能，提升需求质量。根据 Agilean 的实战经验，在整个需求生命周期中，需求在细化、排期阶段会耗费更多的时间。因此，让产品经理聚焦于优选之后的需求，可以大幅度提升交付时效，而需求质量的提升也会使整体交付质量得到提升。

（2）需求细化活动由产品经理、架构师、小队负责人共同完成，产品经理要将需求细化到小队负责人可以理解的程度，并拆分出系统任务。

（3）需求排期活动由产品经理和小队负责人完成，要将分解出来的系统任务落实到系统版本和研发迭代中。只有需求的所有系统任务都纳入了系统版本，这个需求才能算是排期完成。

（4）在研发迭代启动后，产品经理向开发人员按需澄清需求。

（5）产品经理对研发小队完成的需求及时进行需求验收。

2）系统功能层活动

在研发迭代正式开始之前，小队负责人要提前梳理系统功能，确定进入迭代的系统功能列表，之后通过每日站会推动任务快速流动至交付、集成、验收，避免迭代内形成小瀑布。需要强调的是，在这个过程中质量活动应该前移，通过代码评审、桌面检查、需求演示等活动，保证质量内建。

在每个小队的日常工作中，同时有三条线在进行，如图 2.6.9 所示：产品经理和小队负责人在准备下一迭代的需求和系统任务，研发小队在开发本迭代的系统任务，版本经理和测试人员在发布上一个迭代的系统版本。

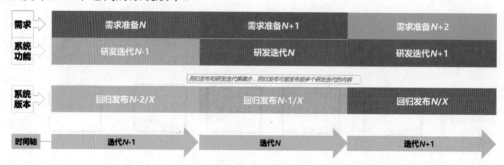

图 2.6.9　产品部落系统任务层活动

3）系统版本层活动

通常，金融组织会提前做好年度版本计划，在实施过程中根据情况按需调整版本规划。为了保证质量，可以安排系统负责人对系统合入的所有代码进行合入检查。在适当的时点，版本经理可以锁定系统版本，不再合入新的系统任务，避免质量风险，并在版本回归测试前，冻结代码分支，防止代码误合入。

以上这些行为活动，可以由每个部落，甚至每个小队自己决定流程的轻重。轻量流程适用于高成熟度组织和高质量系统，而低成熟度组织则适合采用相对较重的流程管理。

4）采用需求与系统功能的双层看板体系

Adapt 框架采用双层看板管理体系，如图 2.6.10 所示，在部落级别建立部落需求看板，在小队级别建立系统功能看板。

图 2.6.10　Adapt 框架的部落需求看板

一般的部落需求看板，应该包括以下状态列：

（1）产品需求：所有新提出的需求都进入这一列，对应上文工件中的产品需求列表。

（2）优选需求：存放优选出的需求，对应上文工件中的优选需求列表。

（3）需求细化：存放细化中的需求。产品经理将要开始工作的需求拉入此列，在完成需求细化并拆分出系统功能后，将需求移入下一列"就绪需求"。

（4）就绪需求：存放待排期需求，对应上文工件中的就绪需求列表。产品经理负责推动需求排期活动，当需求的所有系统功能都纳入系统版本后，就绪需求移入下一列「排期需求」。

（5）排期需求：存放已经进入排期的需求。如果相应的系统功能已经开始研发，产品经理应该把对应需求移入下一列"需求研发中"。

（6）需求研发中：存放处于研发过程中的需求，需求看板上应该实时汇集展示系统功能的研发进展。

（7）待验收：存放待验收的需求。每个需求都应该有其主办小队，主办小队负责人在完成集成测试后，将需求拖入此列，等待产品经理验收。

（8）需求验收：存放验收中的需求，当产品经理开始验收时，将需求拖入此列。

（9）上线需求：存放已经上线的需求。

系统功能看板主要包括待办、纳版、优先、编码自测、代码评审、桌面检查、功能测试、系统联调、研发完成等阶段，如图 2.6.11 所示，系统功能应该平顺流过各个状态，没有堆积和阻塞。通过观察这个系统功能看板，管理者可以发现小队是否陷入了小瀑布开发模式，并及时消除瓶颈。

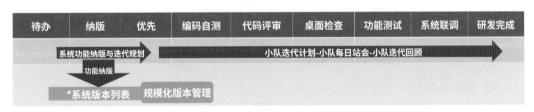

图 2.6.11　Adapt 框架的系统功能看板

待办：所有从需求拆分出的系统功能都先放入这一列。

纳版：小队根据需求优先级将系统任务同时纳入系统版本和对应的研发迭代，只有需求的所有系统功能都完成纳入版本的动作后，该需求才能进入需求研发中。

优先：表示小队后续将优先开发这个系统功能。迭代中的系统功能要按照优先级逐次开发，以保证随时应对迭代范围变化。

编码自测：开发人员对系统功能进行开发。开发完成后先进行自测，后端开发人员应使用带挡板的接口测试。

代码评审：自测后的系统功能，需要由同组成员或架构师进行代码评审。

桌面检查：开发人员在开发环境或测试环境向测试人员演示已经完成自测和评审的系统功能。桌面检查通过后，系统任务才能进行功能测试。

功能测试和系统联调：是指进行单系统功能测试和跨系统联调测试。

部落双层看板凝结了质量内建和流式开发的思想，金融组织在实施 Adapt 框架时，可以根据实际情况适度调整定制。

2. 规模化敏捷框架 SAFe

规模化敏捷框架 SAFe，针对大型企业的精益运作提出了一整套的方案，包括战略、投资预算、价值流组合、大型解决方案、实现大型解决方案的敏捷发布火车（Agile Release Train，ART）、以客户为中心的持续交付流水线，以及敏捷发布火车上的多个小规模敏捷团队统一节奏并且对齐时间进行迭代交付，如图 2.6.12 所示。

图 2.6.12　规模化敏捷框架 SAFe 全景图

围绕价值交付的价值流来组织多个小规模敏捷团队，这些小规模敏捷团队构成一个大的敏捷团队（50～125 人），即 SAFe 的敏捷发布火车，如图 2.6.13 所示。

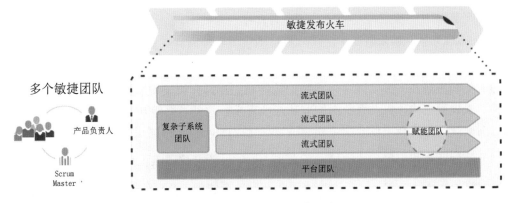

图 2.6.13　SAFe 敏捷发布火车

敏捷发布火车采用项目群增量（Program Increment，PI）时间盒，通常 SAFe 包含 5 个 2 周迭代。每个敏捷团队的 5 个迭代的开始日期和结束日期都是相同的。其中，前 4 个迭代都是对软件系统进行迭代；第 5 个迭代用于创新和对下一个 PI 时间盒的规划，称为创新与计划迭代（Innovation and Planning，IP）。敏捷发布火车上的所有人在一个大房间里一起进行为期两天的会议——PI 计划会议，来规划这 4 个迭代，如图 2.6.14 所示。

图 2.6.14　SAFe PI 计划会议议程

PI 计划会议将所有的利益相关者统一到一个共同的技术和业务愿景中，授权团队协作制订达成目标的最佳计划。PI 计划会议采取总分总的方式，首先所有人面对统一输入共同开会，然后每个小的敏捷团队并行规划自己团队的 4 个迭代。在这个过程中，团队与团队之间直接进行对话、协调、同步团队间的依赖和计划。在最后汇总时，每个团队面对所有其他团队展示自己的计划。

1）第一天议程

（1）业务背景——高级管理人员、业务线负责人描述业务的当前状态，并介绍现有解决方案在多大程度上满足当前客户需要。

（2）产品/解决方案愿景——产品管理者介绍当前的愿景、下一个 PI 的目标，以及特性（Feature）的优先级。如果有多个产品经理，则每个人都需要针对他们负责的领域，进行愿景和高优先级特性的陈述。

（3）架构愿景和开发实践——系统架构师和工程师介绍架构愿景，包括通用基础设施的新架构、大规模重构，以及系统级的非功能性需求。此外，高级开发经理可能会对下一个 PI 要推进的敏捷工程实践进行介绍，如测试自动化、DevOps、持续集成和持续部署等实践。

（4）计划背景和午餐——敏捷发布火车工程师介绍会议的流程和预期结果。

（5）第一次团队突破——每个敏捷团队针对 4 个迭代，分别估计迭代的容量（速度），并确定需要实现特性的故事。按照故事的优先级，将故事规划到 4 个迭代，并识别风险和依赖，起草团队的初始 PI 目标。

（6）计划草案评审——所有团队重新聚在一起评审各组计划，所有团队依次展示自己的 PI 计划，包括每个迭代的速度（容量）、负载、PI 目标、项目群风险和障碍。

（7）管理者评审和解决问题——管理者、产品经理、产品负责人、敏捷发布火车工程师、Scrum Mater 及团队代表等关键利益相关者留下来，一起评审范围、资源约束、瓶颈、过度依赖、过度承诺，以及团队负载不均衡等挑战，并为解决这些问题做出必要的决策。

2）第二天议程

（1）计划调整——第二天，在会议开始时管理者描述范围、优先级、计划和里程碑及人员的任何变化。

（2）第二次团队突破——团队继续根据前一天的议程进行规划和适当的调整，最终确定迭代计划和 PI 目标，整合项目群风险、障碍及依赖关系。将所有特性及跨团队依赖更新到图 2.6.15 所示的项目群看板上，业务负责人对 PI 目标的业务价值打分（1～10 分）。

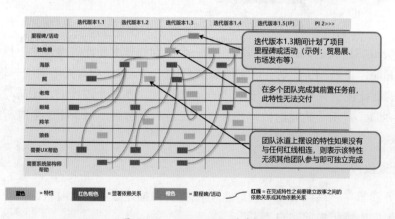

图 2.6.15　SAFe 项目群看板

（3）最终计划评审和午餐——每个团队向其他所有团队展示他们的计划，说明他们的迭代速度（容量）和负载、带有业务价值的 PI 目标、项目群风险和障碍。

（4）项目群风险——在计划期间，团队已识别可能影响目标达成的项目群级风险和障碍。这些问题是团队层不能解决的问题，需要在整个敏捷发布火车前解决。团队应该讨论每项风险或障碍，并将其划分为以下 ROAM 类别中的一类。

① 已解决（Resolved）——团队同意该问题不再是一个问题。

② 已承担（Owned）——该风险无法在会议上解决，但会有负责人会后跟踪处理。

③ 已接受（Accepted）——有些风险就是事实或者可能发生的问题，必须被理解和接受。

④ 已减轻（Mitigated）——团队可以制订一个计划来缓解影响。

（5）信心投票——每个团队用"五指拳"对他们实现项目群 PI 目标的信心进行投票。1～5 根手指代表不同的信心程度，如果信心投票平均少于 3 根手指，那么计划需要重新调整；任何人如果伸出一根或两根手指，就需要给其机会在所有人面前指出风险。

（6）必要时重做计划——如有必要，团队需要重做计划，直到达到较高的信心程度。在这种情况下，达成一致和承诺比遵守时间盒更有价值。

（7）计划回顾和向前推进——敏捷发布火车工程师 RTE 引导团队对 PI 计划会议进行简要回顾，讨论哪些做得好、哪些做得不好，以及下次哪些可以做得更好，以此持续改进 PI 计划会议。

3. 大规模 Scrum（LeSS）

如果 2～8 个 Scrum 团队开发一个产品，则可以按照小型 LeSS 模式进行运作，如图 2.6.16 所示。LeSS 是纯粹的 Scrum 扩展模式，是在最小化改动 Scrum 的情况下，增加必要的角色和协作机制。

1）迭代（Sprint）

迭代是指产品层面的迭代，而不是每个团队有不同的迭代。所有团队同时开始和结束一个迭代，每个迭代产出一个集成的完整产品。

2）迭代计划会议（Sprint Planning，SP）

小型 LeSS 迭代计划会议与 Scrum 的迭代计划会议的目的，以及要解决的问题是一样的，也分为两个部分，只不过具体的形式有所变化，以适应多团队的情况，如图 2.6.17 所示。

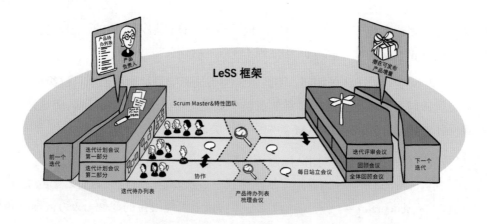

图 2.6.16　LeSS 全景图

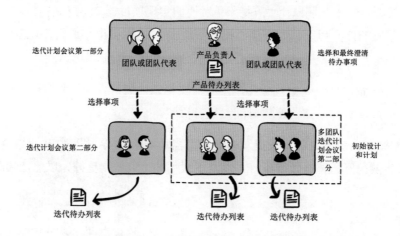

图 2.6.17　小型 LeSS 迭代计划会议

（1）迭代计划会议第一部分（SP1）——由所有团队成员或者团队代表、产品负责人、Scrum Master 参加，他们一起试探性地选择每个团队在下一个迭代工作中的待办事项，以及定义各团队的迭代目标。团队会识别一起合作的机会，并澄清最终的问题。

（2）迭代计划会议第二部分（SP2）——由各团队并行执行，来决定如何完成所选择的待办事项。对于相关性强的条目，也经常采用在同一房间内进行多团队迭代计划会议，即并行进行 SP2。

3）每日站立会议（Daily Scrum）

每个团队有自己的每日站立会议。跨团队协调由团队决定，每日站立会议倾向于分布式和非正式协调，而非集中式协调。

4）产品待办列表梳理（Product Backlog Refinement，PBR）会议

团队利用研讨会的机会与用户和利益相关者澄清后续要做的待办事项，包括拆分大的待办事项、澄清待办事项直到准备好可以迭代开发、采用相同的单位进行相对故事点估算等。如图 2.6.18 所示，产品待办列表梳理会议包含三个部分。

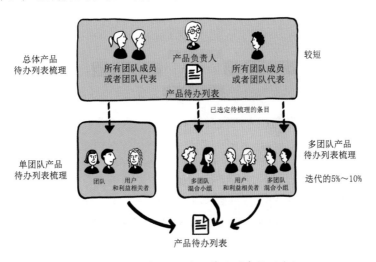

图 2.6.18　小型 LeSS 产品待办列表梳理会议

（1）总体产品待办列表梳理（Overall Product Backlog Refinement）——决定将由哪个团队来做哪些待办事项，并做进一步的深度梳理。参加人员包括团队代表或者所有团队成员、产品负责人、Scrum Master 或者领域专家等。

（2）单团队产品待办列表梳理（Team-level Product Backlog Refinement）——和 Scrum 一样，参加人员为单团队所有成员、Scrum Master，没有产品负责人，但是有用户、客户或者利益相关者等。

（3）多团队产品待办列表梳理（Multi-team Product Backlog Refinement）——两个或者多个团队的所有成员、Scrum Master、用户、客户或者利益相关者一起梳理一组相关的待办事项。从每个团队抽取人员组成临时混合小组，在同一个房间的不同区域并行进行梳理，"30 分钟"时间盒之后，每个区域留下一两个人，小组其他所有成员轮转到下一个区域进行梳理。留下来的人通常包括客户、用户或利益相关者，最后合起来分享见解和协调。

5）初始产品待办列表梳理（Initial Product Backlog Refinement，IPBR）

针对一个产品仅举行一次初始产品待办列表梳理会议。在第一次迭代之前，或者在第一次转型到 Scrum 时，举行初始产品待办列表梳理会议，以定义愿景、发现待办事项、拆分大的条目、澄清待办事项，直到准备好可以迭代开发及完成的定义（DoD）。参加人员包括产品

负责人、Scrum Master、所有团队成员、客户、用户、领域专家等。

6）迭代评审（Sprint Review）会议

小型 LeSS 的迭代评审会议和 Scrum 一样，在迭代结束时对潜在可交付的产品增量进行评审。参加人员包括产品负责人、Scrum Master、小 Scrum 团队所有成员、客户、用户、领域专家等。LeSS 迭代评审会议如图 2.6.19 所示，可以采用迭代评审集市（Sprint Review Bazaar）的方式。

（1）分散方式探索：各团队并行在同一个房间内的不同区域分别演示潜在可交付的产品增量，并和产品负责人、用户、客户及利益相关者讨论。

（2）聚合方式决定产品方向：全体人员针对下一个迭代的方向，讨论变更和新的创意等。

7）回顾（Retrospective）会议

在迭代结束时对工作方式进行迭代回顾。如图 2.6.20 所示，首先每个团队都召开自己的团队回顾（Team Retrospective）会议，与 Scrum 的迭代回顾会议一致。之后，进行全体回顾（Overall Retrospective）会议，这个会议由产品负责人、所有的 Scrum Master、各团队代表和管理者（如果有的话）参加。

图 2.6.19　小型 LeSS 迭代评审会议

图 2.6.20　小型 LeSS 迭代回顾会议

2.6.5　案例研究：京东购物 App 千人敏捷实例

京东购物 App 在从 2014 年到 2018 年主版本发布效率提升的过程中，经历了几次变革，从 3～4 个月发布一版到 2 个月发布一版，再到 1 个月发布一版，最终到 2018 年年初实现了 2 周发布一次的版本列车。其间，应用了多种方法与实践，引导团队变革，改善研发工程体系，最终实现了 1000 多人的团队配合，版本像火车一样，每 2 周发布一次，找到了开发节奏。另外，通过配套的自动化，在提高效率的同时有效降低了发版成本，完成了从车（版本）等人（需求）到人（需求）等车（版本）的蜕变。

京东购物 App 敏捷转型的旅程如图 2.6.21 所示，经历了现状、障碍、方案、收获和惊喜。

现状：上千人的团队协作，需求模块多，新需求多，单个需求从开发到上线的时间非常短，而发版间隔时间长。

障碍：需要多团队协作完成需求，关联性强，需要协调和配合；在工具支持方面，没有好用的线上管理工具；纯职能组织，需要调整组织架构；研发分支管理不支持快速回滚，团队间开发耦合性强；在敏捷转型之初，研发管理者带头批判是"假敏捷"的形式主义，不能提高效率，反而增加工作量。

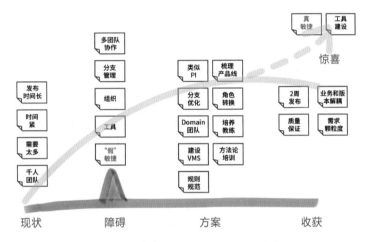

图 2.6.21　京东购物 App 敏捷转型的旅程

方案：在执行变革的过程中，首先是进行全员敏捷培训，然后进行多种落地实践，包括梳理产品线、转换团队角色、培养敏捷教练、需求拆解、组建虚拟领域 Domain 团队（类似 Scrum 团队），并对多个需求 Domain 团队开展类似规模化敏捷框架 SAFe 的 PI Planning（项目群增量计划）会议，形成敏捷版本列车、迭代日历，优化开发分支，建设 VMS（版本管理系统）发布系统，形成规则规范。

收获：最终达到的效果是，2 周发布一版、需求颗粒度更小、交付更快速、业务和版本完全解耦、质量得到保证，如图 2.6.22 所示。

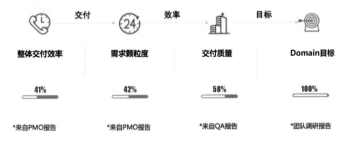

图 2.6.22　京东购物 App 敏捷转型成果

经过统计 2017 年 8 月—2018 年 2 月的数据，具体来看：

（1）在整体交付效率方面，从 1～1.5 个月发布一版提升到每 2 周发布一版，项目交付效率提升 41%。

（2）在需求颗粒度方面，原来大需求较多，很多无法在 2 周迭代内完成，有些甚至要跨多个迭代。经过转型后，大部分需求都被拆分，可在 2 周之内完成开发、测试、提交代码、集成、发布。与转型前相比，需求颗粒度拆解率（即已经拆分的大颗粒度需求个数与所有大颗粒度需求个数的占比）提升 42%。

（3）在交付质量方面，整个版本的 bug（缺陷）率降低了 58%。一方面因为发布周期短，单次需求数量少；另一方面内建质量明显好转。

（4）在团队目标感方面，团队一致认为快速交付和每一次迭代都进行持续改进使团队的凝聚力更强，同时，团队为版本质量和交付共同承担责任。

惊喜：不止达到既定目标，在工具建设方面也有了很好的沉淀，团队整体认同敏捷转型是成功的，达到了快速交付的目的，是"真敏捷"，而不是形式化的迭代流程。

2.6.6　规模化敏捷的误区

在规模化敏捷交付中，常见的误区及解决办法。

（1）对小规模敏捷运作的教条主义，不愿意正式面对大型软件系统规模化敏捷交付的场景。

- 持续敏捷迭代，演进自己的工作方式，对各种大规模方法进行引入、尝试和裁剪。

（2）认为小规模敏捷团队在没有良好运转 Scrum 的时候，不可能进行大规模敏捷交付。

- 大规模敏捷针对一个价值流，同时启动对齐统一的多个小规模敏捷团队，一起协作，共同学习，共同建立认知和习惯，共同经历所有小规模敏捷团队的转型。
- 没有完美的敏捷，没有完美的 Scrum 团队，故也没有完美的大规模敏捷团队运作。

（3）当将多个小规模敏捷团队组成大规模敏捷团队时，没有围绕价值流进行组织，导致团队之间没有关联协作关系，或者缺乏共同的目标，甚至大规模敏捷团队不能独立交付和部署软件系统。

- 正确识别运营价值流和开发价值流，围绕开发价值流组建大规模敏捷团队。

（4）所有小规模敏捷团队不是交付特性的特性团队，而是组件团队。

- 参考流式团队，所有小规模敏捷团队尽量减少对其他团队的依赖，独立交付特性。

第 3 章　开发领域实践

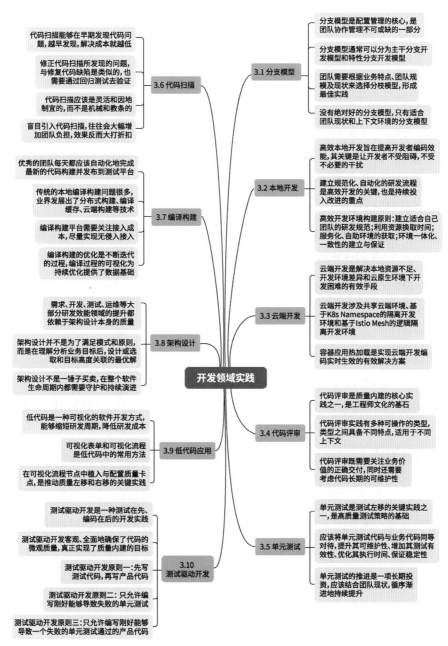

代码扫描能够在早期发现代码问题,越早发现,解决成本就越低

修正代码扫描所发现的问题,与修复代码缺陷是类似的,也需要通过回归测试去验证

代码扫描应该是灵活和因地制宜的,而不是机械和教条的

盲目引入代码扫描,往往会大幅增加团队负担,效果反而大打折扣

3.6 代码扫描

优秀的团队每天都应该自动化地完成最新的代码构建并发布到测试平台

传统的本地编译构建问题很多,业界发展出了分布式构建、编译缓存、云端构建等技术

编译构建平台需要关注接入成本,尽量实现无侵入接入

编译构建的优化是不断迭代的过程,编译过程的可视化为持续优化提供了数据基础

3.7 编译构建

需求、开发、测试、运维等大部分研发效能领域的提升都依赖于架构设计本身的质量

架构设计并不是为了满足模式和原则,而是在理解分析业务目标后,设计或选取和目标高度关联的最优解

架构设计不是一锤子买卖,在整个软件生命周期内都需要守护和持续演进

3.8 架构设计

低代码是一种可视化的软件开发方式,能够缩短研发周期,降低研发成本

可视化表单和可视化流程是低代码中的常用方法

在可视化流程节点中植入与配置质量卡点,是推动质量左移和右移的关键实践

3.9 低代码应用

测试驱动开发是一种测试在先、编码在后的开发实践

测试驱动开发客观、全面地确保了代码的微观质量,真正实现了质量内建的目标

测试驱动开发原则一:先写测试代码,再写产品代码

测试驱动开发原则二:只允许编写刚好能够导致失败的单元测试

测试驱动开发原则三:只允许编写刚好能够导致一个失败的单元测试通过的产品代码

3.10 测试驱动开发

开发领域实践

3.1 分支模型

分支模型是配置管理的核心,是团队协作管理不可或缺的一部分

分支模型通常可以分为主干分支开发模型和特性分支开发模型

团队需要根据业务特点、团队规模及现状来选择分枝模型,形成最佳实践

没有绝对好的分支模型,只有适合团队现状和上下文环境的分支模型

3.2 本地开发

高效本地开发旨在提高开发者编码效能,其关键是让开发者不受阻碍,不受不必要的干扰

建立规范化、自动化的研发流程是高效开发的关键,也是持续投入改进的重点

高效开发环境建立原则:建立适合自己团队的研发规范;利用资源换取时间;服务化、自助环境的获取;环境一体化、一致性的建立与保证

3.3 云端开发

云端开发是解决本地资源不足、开发环境差异和云原生环境下开发困难的有效手段

云端开发涉及共享云端环境、基于K8s Namespace的隔离开发环境和基于Istio Mesh的逻辑隔离开发环境

容器应用热加载是实现云端开发编码实时生效的有效解决方案

3.4 代码评审

代码评审是质量内建的核心实践之一,是工程师文化的基石

代码评审实践有多种可操作的类型,类型之间具备不同特点,适用于不同上下文

代码评审既需要关注业务价值的正确交付,同时还需要考虑代码长期的可维护性

3.5 单元测试

单元测试是测试左移的关键实践之一,是高质量测试策略的基础

应该将单元测试代码与业务代码同等对待,提升其可维护性,增加其测试有效性、优化其执行时间、保证稳定性

单元测试的推进是一项长期投资,应该结合团队现状,循序渐进地持续提升

随着研发效能越来越被行业所重视，开发领域的各种实践已经从理论体系逐步走向了研发一线。本章聚焦开发领域的各种实践，既包括各种传统实践的新发展与新趋势（如代码评审、代码扫描等），也包括一些新兴实践（如低代码应用、云端开发等）。整体而言，这些实践加速了开发过程，提升了开发体验，并且使得测试左移成为各组织的目标。

- **分支模型**：介绍了当前主流的分支模型及特点，如主干开发模式和特性分支开发模式，以及其他各种经典模型，并对如何在不同组织上下文中进行分支模型的选择进行了归纳总结。

- **本地开发**：介绍了目前本地开发遵循的一般流程，以及不同场景下可能遇到的问题和挑战，为读者在不同本地开发上下文中的应用提供了可借鉴的实操方案。

- **云端开发**：对云端开发这一新兴实践进行了介绍，包括研发上云环境管理的不同演进阶段，并给出一个具体的案例，该案例具备缩短开发循环反馈、一键进入开发模式并进行调试等特点。

- **代码评审**：对代码评审的近期发展进行了详细介绍，其中既包括来自 Google 和 Microsoft 的代码评审最佳实践，也包括国内一线企业在代码评审领域的实践案例。

- **单元测试**：对单元测试的各种细节进行了阐述，包括如何编写优秀单元测试的相关原则和示例，以及如何在不同场景下选择单元测试。此外，还提供了来自硅谷及国内一线企业的实践案例和总结。

- **代码扫描**：对代码扫描的基本原理和应用场景，以及前沿研究和最新趋势进行了详细描述，并详尽阐述了代码扫描的最新实践案例。

- **编译构建**：对编译构建的基本流程实践进行了介绍，也从实用的角度描述了如何使编译构建达到应有价值的方法，另外对验证测试（Build Verification Test，BVT）的应用也进行了介绍。

- **架构设计**：对现代架构设计的典型过程（包括策略制定、需求挖掘、架构研讨、架构度量及守护等内容）、常见的架构模式类型进行了详细描述。

- **低代码应用**：介绍了低代码应用的各种关键内容，包括低代码的 7 大核心价值、低代码平台的功能架构、低代码平台的工作模式，以及低代码在研发效能实践中落地的整体历程。

- **测试驱动开发**：对测试驱动开发具体实施中所涉及的内容进行了完整介绍，并从项目管理和度量评价两方面介绍了其在某大型国有银行的规模化实践案例。

需要注意的是，在借鉴和实践上述各种开发实践时，需要因地制宜，结合组织上下文进行选择和应用，盲目地照搬照套不可取。

另外，限于作者的经验及研发效能的持续发展，本章所涉及的实践及其具体方案也需要不断迭代和完善，让我们携手为行业不断贡献和发展更多的实践和案例，让整个行业开发领域的过程和环境更为友好，产出更大的价值。

3.1　分支模型

核心观点

- 分支模型是配置管理的核心，有效使用可以提升开发协作效率。
- 团队需要根据业务特点、团队规模及现状来选择分支模型，形成最佳实践。
- 没有绝对好的分支模型，只有适合团队现状和上下文环境的分支模型。

3.1.1　分支模型概述

把一切纳入版本控制是配置管理的核心，而版本控制依赖 Git 等系统，Git 不仅仅可以记录版本和变更历史，还可以进行分支管理。

软件开发团队为了更好地协同，需要制定一个工作流程，其在配置管理中就是分支模型。分支模型是团队在进行代码变更时的一种约定，约定了在版本控制系统（如 Git）中不同分支上的行为，这样有利于进行多人协同开发，从而达到提升开发协作效率的目的。分支模型贯穿开发、集成和发布的整个过程，是软件开发过程中不可或缺的重要组成部分。

3.1.2　分支模型的价值

当项目依赖多个团队协作时，分支管理就成为必不可少的功能，一个好的分支模型可以大大提高软件的开发、集成和发布效率。一方面，分支模型可以隔离不同开发人员之间的代码，让他们能够独自完成自己的开发任务；另一方面，可以通过不同的分支合并规则实现不同的发布方式，达到集成上线的目的。

选择契合的分支模型可以起到事半功倍的效果，一个不适合的分支模型会严重制约团队的进度。各个团队需要根据自身的业务特点和团队规模来实践并落地对应的分支模型，形成自己的最佳实践。没有绝对好的分支模型，只有适合的分支模型。

3.1.3　版本控制系统中的基本概念

为了便于理解，需要统一版本控制系统中的基本概念。

代码库（codebase）：指用来保存某一个产品或组件所有历史修改记录的逻辑单元。

分支（branch）：指针对特定代码基线的一个副本，可以独立于原有的代码基线，互不影响。

提交哈希（commit hash）：对应在某个分支上的一次提交操作，是系统产生的一个编号。通过这个编号，可以获取该次提交操作时点的所有文件镜像。

标签（tag）：指某个分支上某个具体提交哈希的一个别名标志，便于区分和管理。

合入（merge）：指将一个分支上的所有内容与某个目标分支上的所有内容进行合并。

冲突（conflict）：指在合入操作，两个分支的同一个文件同一个位置出现不一致的内容时，通常需要人工确认修改后，再合入目标分支。

3.1.4　常见的分支模型

按照开发分支的不同，分支模型可以分为主干分支开发模型和特性分支开发模型。

1. 主干分支开发（Trunk-based Development）模型

主干分支开发模型，即所有开发者都在一个主干分支上进行协作开发的模型，所有的修改都在主干分支上进行，因为没有其他分支，所以主干分支开发模型不需要归并代码，是最简单的分支模型。另外，还有使用短周期分支在主干分支上开发的模型，短周期分支一般不超过 1 天。

主干分支开发模型的特点：有且仅有一个主干分支；所有改动都发生在主干分支或短周期分支上。

主干分支开发模型有两种发布模式：一种是主干发布，直接基于主干上的代码进行测试，通过测试后发布，这种发布策略通常适用于发布周期很短的产品。另一种是分支发布，在交付时拉出发布分支，针对发布分支进行测试和发布上线。如果遇到缺陷，则在主干上修复再同步到发布分支；如果在上线后遇到问题，则在发布分支上修复再合并回主干。如图 3.1.1 所示。

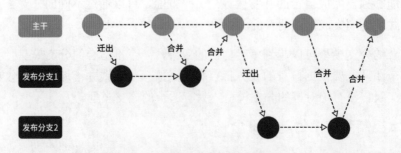

图 3.1.1　主干分支开发模型示例

根据交付频率不同，可以将交付分为低频交付和高频交付两类。低频交付模式主要是指代码长时间处于不可用的状态，需要等待所有的代码开发完成后才能进行集成工作，代码变动和持续集成频率都非常低，常见于一些周期比较长的大型项目中，是一种比较古老的软件开发模式。高频交付模式是指代码仓库中的代码变动频率非常高，每天会发布一次或者多次，常见于持续集成水平较高的互联网产品团队。

1）主干分支开发模型的优势

（1）确保所有的代码被持续集成。

（2）确保开发人员及时获取他人的修改。

（3）避免项目后期的"合并地狱"和"集成地狱"。

2）主干分支开发模型的劣势

（1）对产品契合度、需求颗粒度、团队组织形式，以及开发人员技能都有较高的要求，容错度较低。

（2）主干要随时保持可发布的状态，在多功能并行时，可能会有半成品带入生产，通常需要引入特性开关，其会增加代码复杂度，提高代码设计要求。

2. 特性分支开发模型

当同时有多个特性并行开发，每个特性的发布时间不同时，为了不相互影响，可以使用特性分支开发模型，每个开发人员根据不同的特性拉出独立的特性分支，直到特性被开发完成才合入主干。在主干充分测试后，拉出新的发布分支，进行发布。

常见的 Git-Flow、GitHub-Flow、GitLab-Flow、AOne-Flow 等分支模型都是特性分支开发模型的变种。由于分支模型较多，下面进行简单介绍。

1）Git-Flow

Git-Flow 是为了解决多个不同特性之间并行开发而产生的一种工作方式。它在实际运用过程中过于复杂，需要在使用时进行裁剪和优化，有以下几种分支。

特性（Feature）分支：开发者进行功能开发的分支。

开发（Develop）分支：对开发功能进行集成的分支。

发布（Release）分支：负责版本发布的分支。

补丁（Hotfix）分支：对线上缺陷进行修改的分支。

主干（Master）分支：保存最新已发布版本基线的分支。

Git-Flow 的基本开发流程如图 3.1.2 所示。

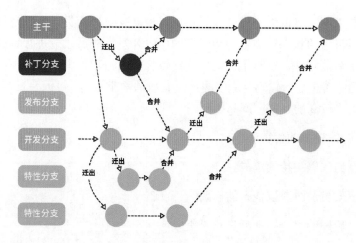

图 3.1.2   Git-Flow 的基本开发流程

（1）开发人员接到开发需求，从开发分支拉出特性分支。

（2）开发人员完成本地开发工作，提交代码到特性分支，并基于特性分支进行验证，持续合并新的开发代码。

（3）开发人员完成特性的开发且特性分支验证通过后，将特性分支的代码合并到开发分支，并删除特性分支。

（4）测试人员在开发分支进行集成验证，当开发分支测试通过具备发布条件时，拉出发布分支进行发布。

（5）在发布分支完成发布之后，将发布分支合入开发分支和主干分支，确保主干分支永远都是已发布的最新代码，并删除发布分支。

（6）如果发布之后发现缺陷需要补丁修复，则基于主干分支拉出补丁分支，在补丁分支上对问题进行修改及验证，并发布到生产。

（7）将补丁分支合入开发分支和主干分支，删除补丁分支。

Git-Flow 分支模型能覆盖软件开发过程中的大部分场景，适用面较广，但分支多且复杂，持续集成程度低，需要按照特定规则使用，容易出现问题。对于团队而言，难以实现如此复杂的分支模型，实施成本较高，需要额外的学习成本。

2）GitHub-Flow

GitHub-Flow 分支模型没有 Git-Flow 中的发布分支。对于 GitHub-Flow 来说，发布应该是持续的，当一个版本准备好时，它就可以被部署。同样，针对补丁分支，GitHub-Flow 认为补丁分支与小的特性修改没有任何区别，处理方式也应该与之相似。

GitHub-Flow 的基本使用流程如图 3.1.3 所示。

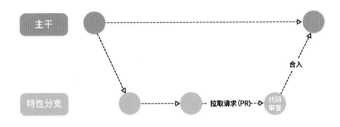

图 3.1.3　GitHub-Flow 的基本使用流程

（1）主干分支是生产对等分支，是最新可部署、可工作的代码版本。

（2）开发人员接到开发需求，从主干分支拉出特性分支，并在特性分支上进行开发和验证。

（3）当特性分支开发完成时，通过发起 Pull Request（PR），提请代码审查。

（4）在通过代码审查后，将该分支部署到测试环境，进行验证。

（5）如果审查通过及验证通过，代码则被合入主干分支，立即部署到生产环境。

GitHub-Flow 相比 Git-Flow 来说，分支管理较为简单，所有的内容都会持续合入主干分支并经常部署，能满足持续部署和持续交付的需要，能尽可能快速地发现并解决主干分支的问题，这也是精益开发和持续交付所倡导的最佳实践。

3）GitLab-Flow

GitLab-Flow 是 Git-Flow 与 GitHub-Flow 的综合。它吸取了两者的优点，既有适应不同环境的弹性，又有单一主分支的简单和便利，是 GitLab.com 推荐的做法。

GitLab-Flow 与 GitHub-Flow 相比，在开发侧的区别不大，只是将 Pull Request 改成了 Merge Request（合并请求）而 Merge Request 的用法与 Pull Request 类似，都可以作为代码评审、获取反馈意见的一种沟通方式。最大的区别体现在发布侧，即引入了对应生产环境的 Production 分支和对应预发环境的 Pre-Production 分支（如果有预发环境）。这样，主干分支反映的是部署在集成环境中的代码，Pre-Production 分支反映的是部署在预发环境中的代码，Production 分支反映的最新部署在生产环境中的代码。

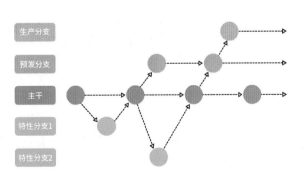

图 3.1.4　GitLab-Flow 基本使用流程

GitLab-Flow 的基本使用流程如下，如图 3.1.4 所示。

（1）开发人员接到开发需求，从主干分支拉出特性分支，并在特性分支上进行开发和验证。

（2）在特性分支开发完成后，通过发起 Merge Request，将特性开发的代码合入主干分支，并部署到集成环境进行验证。

（3）在验证通过后，提交 Merge Request，合并主干分支到 Pre-Production 分支，并部署到预发环境，在预发环境中验证。

（4）在预发环境验证成功后，再提交 Merge Request，将 Pre-Production 分支上的代码合并到 Production 分支上。

除了以上这种按照环境将主干发布向下游合并，并依次部署发布的过程，GitLab-Flow 同样支持不同版本的发布分支，即不同的版本会从主干分支上拉出发布分支，不同的发布分支再通过 Pre-Production 分支和 Production 分支进行发布。

从上面的流程中我们可以看到，GitLab-Flow 在发布侧做了更多的工作。同时，因为 GitLab-Flow 和 GitLab 工具的强集成，所以 GitLab-Flow 与 GitLab 中的 Issue 系统也有很好的集成，每次新建一个特性分支，都会从 Issue 上发起，建立了 Issue 与特性分支之间的映射关系。

4）Aone-Flow

Aone-Flow 使用三种分支类型：主干分支、特性分支和发布分支。

Aone-Flow 的三条基本处理流程如下：

（1）开始工作前，从主干分支创建特性分支，如图 3.1.5 所示。

先从生产对等的主干分支上创建一个通常以特性_×××命名的特性分支，然后在这个特性分支上提交代码，所有的代码都不允许直接提交到主干分支。

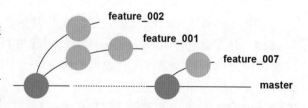

图 3.1.5　Aone-Flow 分支示例——特性分支创建

（2）通过合并特性分支形成发布分支，如图 3.1.6 所示。

从主干分支上拉出一条发布分支，将所有本次要集成或发布的特性分支依次合并过去，从而得到发布分支。发布分支通常以发布_×××命名。

（3）发布到线上正式环境后，合并相应的发布分支到主干分支，在主干分支上添加标签，同时删除该发布分支关联的特性分支，如图 3.1.7 所示。

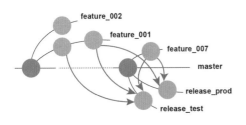

图 3.1.6 Aone-Flow 分支示例——发布分支合并

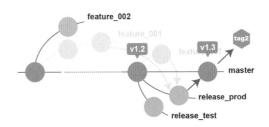

图 3.1.7 Aone-Flow 分支示例——发布分支投产

为了避免在代码仓库里堆积大量历史的特性分支，应该清理掉已经上线部分的特性分支。如果要回溯历史版本，只需在主干分支上找到相应版本的标签即可。

Aone-Flow 兼顾了主干分支开发模型的"易于持续集成"和 Git-Flow 的"易于管理需求"特点，同时避免了 Git-Flow 的复杂操作，能够比较灵活地适应企业的实施情况，但是对团队的纪律和持续集成成熟度要求比较高。

3.1.5 分支模型的选择

企业需要根据自身产品的特点，结合产品发布的频率、团队的管理水平、持续集成、自动化测试等情况选择相应的分支模型。另外，也需要考虑版本发布的模式及周期。

1. 版本发布模式

1）项目制发布模式

项目制发布模式（Project Release Mode）是指在预先规划好的项目中的需求特性，只有当它们都被开发完成并且达到发布条件后，才会发布。项目制发布模式是一种传统的发布模式，项目发布的内容和周期都随项目不同而变化，虽然明确知道每个发布版本包含哪些功能，而且功能都是符合质量标准的，但是项目制发布模式的整个交付周期通常比较长，参与人员比较多，如果发生需求变更，则会影响项目原本功能的按时上线。

2）发布火车模式

发布火车模式（Release Train Mode）是指为每个产品线制定每个版本的发布周期和发布时间，协调多个产品线协同发布版本，每个版本都像一辆火车，安排相应的需求内容。在通常情况下，会提前几个月甚至一年制定发布火车的计划表，以便让各个部门有足够的时间提前计划每个版本发布的内容，方便做出依赖和影响评估。采用发布火车模式的好处在于，可以通过并行多列火车的方式将需求插到某一列发布的火车中，通过多辆火车并行，隔绝新需求对项目整体带来的影响，但是如果火车较多，沟通协调成本就会比较高。

3）城际快线模式

城际快线模式（Intercity Express Mode）和发布火车模式有些相似，但是有其自己的特点：首先，发布周期比较短，通常在两周以内；其次，特性开发团队可以自己选择在哪辆城际快线发布，而不需要很早就确定下来。这种模式常见于互联网服务或者 SaaS 产品中，可以有效降低团队和角色之间的沟通成本，每个人都非常清楚各个时间点，更加聚焦生产质量，各个团队之间的耦合度降低，可以各自发布上线。

2. 分支模型和版本发布模式的关系

分支模型和版本发布模式之间有一定的关联性，如项目制发布模式和城际快线模式一般情况下都会选择主干分支开发模型，而中间的团队则会选择特性分支开发模型，这需要根据团队人数、产品形态、质量保障措施等情况来选择合适的分支模型。

项目制发布模式适合新产品发布正式版本前的启动过程，现在还会有很多传统的 IT 企业采用这种模式，而越来越多的企业使用城际快线模式，即便是在发布周期比较长的企业中，也会采用项目制发布模式套用城际快线模式的方式，通过迭代发布可交付的产品来逐步完成项目。

一般来说，当项目发布周期短到一定程度时，主干分支开发模型更有优势，因为分支合并成本更低，影响更小。当周期小于 2 周时，应该使用主干分支开发模型。

3. 选择合适的分支模型

从各个分支模型的特点来看，主干分支开发模型的特点是主干开发，可以是主干发布，也可以是分支发布；Git-Flow 的特点是分支开发，分支发布；GitHub-Flow 的特点是分支开发，主干发布。基于主干分支开发模型和特性分支开发模型衍生出很多分支模型，其基本原理相似。

不同的项目产品有不同的特点，我们需要根据项目的情况因地制宜，选择合适的分支模型。如果发布周期较长，则 Git-Flow 较为合适，其可以很好地解决多版本功能并行开发的问题。如果发布周期较短，则主干分支开发模型、GitHub-Flow、GitLab-Flow 和 Aone-Flow 都是不错的选择，但它们对持续集成和自动化测试等基础设施都有比较高的要求，需要具有相对完善的实践基础。表 3.1.1 所示为各个分支模型的情况。

表 3.1.1　分支模型优劣比较

分支模型	适用产品类型	优点	缺点
Trunkbased	单个简单产品，单个发布版本	1.分支少，管理简单，冲突少，避免项目后期的"合并地狱"和"集成地狱"（伴随着大量的合并冲突）；2.确保所有的代码被持续集成；3.确保开发人员及时获取他人的修改	1.对产品契合度、需求颗粒度、团队组织形式以及开发人员技能都有较高的要求，容错度较低；2.主干要随时保持可发布的状态。为防止带入半成品，引入的特性开关增加了代码复杂性，提高了代码设计要求

续表

分支模型	适用产品类型	优点	缺点
Git-Flow	单个复杂产品，多个发布版本	1.规则完善，分支职责明确； 2.支持特性分支开发	1.分支过多，规则复杂； 2.分支周期长，合并冲突多； 3.发布版本维护需要较多成本
GitHub-Flow	单个简单产品，单个发布版本	1.规则简单，定义明确； 2.利于持续集成和持续部署； 3.和 GitHub 天然集成； 4.支持特性分支开发	1.对团队持续集成纪律要求较高； 2.没有区分集成和发布分支； 3.集成中断影响较大，需要有明确的验证和回滚机制
GitLab-Flow	单个复杂产品，单个/多个发布版本	1.有明确的开发分支和发布分支； 2.master、pre-production、production 分支支持对发布产品的滚动验证，有利于持续集成和持续部署； 3.和 GitLab 天然集成； 4.支持特性分支开发	1.开发分支周期长，合并冲突多； 2.发布分支与各个环境之间耦合
Aone-Flow	单个复杂产品，多个发布版本	1.有利于持续集成和持续部署； 2.支持特性分支开发； 3.发布分支可根据特性分支自由组合，灵活上线	1.对于团队持续集成纪律要求较高； 2.分支规则相对复杂，需要有工具支撑

3.1.6　案例研究：某大型国有银行分支实践

某大型国有银行针对不同类型的研发团队制定了（表 3.1.2），并根据不同团队的成熟度来选择相应的分支模型。

表 3.1.2　月度分支模型和特性分支模型

分支模型	适合团队	特点
月度分支模型	瀑布研发模式	基于版本研发，开发、测试、投产都基于一条分支开展
特性分支模型	敏捷研发模式	基于用户故事在特性分支上开发，合并到发布分支上测试和投产

1. 月度分支模型

月度分支模型的基本流程如图 3.1.8 所示。

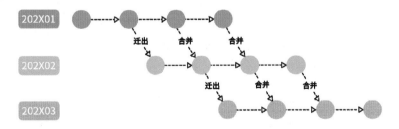

图 3.1.8　月度分支模型的基本流程

分支说明：

（1）每个版本基于投产时间建立对应月度的分支，每个分支基于上个分支创建。

（2）每个月度分支相对独立，各自完成开发、测试和投产。

（3）每个月度分支向后同步版本。

2. 特性分支模型

特性分支模型的基本流程如图 3.1.9 所示。

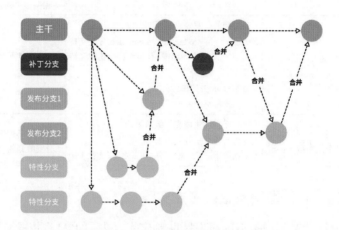

图 3.1.9　特性分支模型的基本流程

分支说明：

（1）根据用户故事从主干分支拉出对应的特性分支。

（2）在用户故事确定投产时间后，从主干分支拉出最新的发布分支，将特性分支合并到对应的发布分支，在发布分支上做相应的测试。

（3）在发布分支投产前，如果主干分支有变动，则向未投产的发布分支和特性分支自动同步。

（4）如果有补丁，则基于主干分支拉出补丁分支，投产后合并至主干分支，并向未投产的发布分支和特性分支同步。

（5）如果某个用户故事改变投产计划，则删除原发布分支，将需要投产的用户故事对应的特性分支重新组合成一个新的发布分支进行投产上线。

3.1.7　分支模型使用的误区

（1）过分关注标准化而忽略了适用性。一般企业都有自己的一套分支模型，并要求所有项目都参照统一的分支模型开展所有的工作，便于管控，但是不同的项目具有不同的特性，需要根据适用情况制定多套分支模型，以满足不同项目的需要。

（2）没有选择合适的分支模型和制定演进路线。我们需要根据项目的情况和团队的成熟度选择合适的分支模型，并根据团队的发展预期制定演进路线，甚至可以根据演进路线演变出新的分支模型来满足团队的需要，生搬硬套某种分支模型会严重制约团队的研发效能。

3.2　本地开发

核心观点

- 高效的本地开发可以带来流畅的开发体验，可以应对业务、技术和行业发展带来的新挑战。
- 高效的本地开发旨在提高开发者编码效能，其关键是让开发者不受阻碍，不受不必要的干扰。
- 建立规范化、自动化的研发流程是高效开发的关键，也是目前持续投入改进的重点。
- 高效开发环境构建原则：建立适合自己团队的研发规范；利用资源换取时间；服务化、自助环境的获取；环境一体化、一致性的建立与保证。

3.2.1　本地开发概述

软件开发环境是指在基本硬件和宿主软件的基础上，为支持系统软件和应用软件的工程化开发和维护而使用的一组软件。它由软件工具和环境集成机制构成，前者用以支持软件开发的相关过程、活动和任务，后者为工具集成和软件的开发、维护及管理提供统一的支持。

通常意义上的应用程序和软件服务开发，是软件开发人员通过在本地（自己）的机器（或特定服务器）上构建所需的开发环境进行编码及测试验证来完成的，再通过软件工程的管理流程发布、部署到生产环境。

任何一个线上运行的应用，由于最开始都是在工程师的电脑中进行开发调试，因此都会有一个本地的开发环境用于 IDE 开发及本地测试。随着业务实现越来越复杂、新技术的引入与集成、研发团队规模的不断扩大，高效的本地开发越来越重要。

（1）高效的本地开发可以带来流畅的开发体验：使用的开发语言在本地平台的生态系统中能得到更好的支持；通过本地的 API 组件可以享受真正流畅的使用体验，验证产品可用性；本地开发应用程序配置起来通常更快，更便捷；可以快速进行功能迭代，不需要其他外部依赖，几乎可以立即实现系统的更改。

（2）高效的本地开发可以应对新的挑战：业务、技术和行业的发展对原有的开发方式提出新的需求；新的技术工具和服务环境（特别是云的环境），也给开发及管理模式带来新挑战，而高效的本地开发方案可以帮助工程师快速应对新需求和新挑战。

3.2.2　本地开发的过程

1. 准备本地开发环境

（1）根据确定的技术选型，安装相应的服务或 SDK（Software Development Kit，软件开发工具包），配置相应的环境变量，用于服务或 SDK 的启动。

（2）安装相应的 IDE 用于代码的编写，便于形成统一的编码格式。

（3）安装其他辅助开发工具，如代码比较工具、数据库查询工具、数据格式转换工具、访问服务的客户端等，便于开发及后续编码调试。

由于开发环境的部署具备一定的复杂性，为了方便快速构建，诸多工具厂商提供了可一键部署的各种能力，以简化上述准备过程。例如，微软为了使 Java 开发者更便利，发布了一款特殊的 Visual Studio Code 安装程序"Visual Studio Code Java Pack Installer"，如图 3.2.1 所示。

该软件包可直接安装或作为现有环境的更新，以便将 Java 或 Visual Studio Code 添加到开发环境中。将其下载并打开后，会自动检测系统中是否拥有本地开发环境中的基本组件，包括 JDK、Visual Studio Code 和基本 Java 扩展。安装完成后，直接打开 Visual Studio Code 就可以编写和运行 Java 代码。

图 3.2.1　Visual Studio Code Java Pack Installer

2. 开发及调试

研发人员需要通过上述开发环境进行相应的业务编码，自测并模拟特定的场景进行场景验证，确保功能可用。

3. 集成和发布

将各个功能模块集成，完成统一的验证测试，并编译发布形成标准的版本且实施部署。

综上，业务编码过程在本地生态系统中得到了更好的运行支持，既可以得到有效的功能验证，也可以针对各种特殊场景进行模拟并得到更快速、更流畅的场景检验过程。在业务后续迭代、多版本集成验证和多环境的构建上，对本地环境参数的控制也更为直观、便捷。

3.2.3　本地开发面临的问题及挑战

本地开发为研发过程带来了诸多便利，但业务持续叠加、大量新技术引入、研发团队规模扩张，以及最终交付系统的复杂化，都为本地开发带来了新的问题和挑战。

1. 单体应用

以 Java 类单体应用开发为例，在开发工程师的电脑中会装有以下内容。

- 语言的运行环境，如 JDK 等。
- 数据库，比如 MySQL、PostgreSQL 等。
- 辅助开发工具，如远程管理工具、文本编辑工具等。

在实际开发中可能会面临如下的问题。

- 工程师之间的运行环境不一致，可能是 patch 版本的差异，也可能是 monitor 版本的差异。
- 工程师可能会因为需要切换工作设备，再次手动安装运行环境。
- 非必要的重复工作（如软件安装、初始化环境变量配置）会被不同的人多次重复执行。
- 新人上手的成本高，需要手把手指导。
- 即使有一份完备的环境配置文档，也会出现手动配置错误。

在项目上线之后，如果将其转移给另外一个运维团队去维护，可能会遇到如下问题。

- 项目如何在本地启动，虽然有文档存在，但是在开发工程中仍然会有很多隐性的上下文。
- 对于线上问题，如何进行本地复现与修复后测试。
- 运维团队的工程师需要在本地安装多个运行环境。

2. 微服务应用

随着业务、技术和行业的发展，微服务的应用模式已经成为趋势，并给本地开发带来了新的挑战。

如果微服务应用只由一个团队开发，那么可能会遇到如下问题。

- 工程师之间本地环境的差异导致运行环境的不一致，与单体开发中面临的问题相同。
- 微服务之间的运行环境不一样，导致本地环境需要配置多个不同版本的环境。

如果微服务应用由多个团队开发，那么基于上面遇到的问题，可能还会出现如下问题。

- 技术栈不一样，比如 A 团队使用 Golang，B 团队使用 Java，C 团队使用 Node.js。
- 代码风格不一致，一种是由技术栈不同导致的不一致，另一种是由团队间技术规范管理差异导致的不一致。

如果之后再转移给一个独立的运维团队维护，则可能又会遇到如下问题。

- 技术栈的多样性导致运维团队的学习成本居高不下。
- 技术栈的多样性增加了保持本地环境与线上环境一致性的难度。
- 代码风格的不一致导致运维团队修复 bug 时，可能会不停地切换技术栈和代码风格，甚至是同一个技术栈的不同版本，使运维团队的体验度会不断下降。

以上这些都是在进行本地开发时我们需要预先关注及考虑规避的问题，它们可能是影响项目成败的关键，可以进行如下几方面的强化。

（1）建立适合当前项目的研发管理机制。

（2）选择合适的技术来构建适合本地开发的开发环境，如 Docker 环境、对应的服务器操作系统等。

（3）复用已有的资源，如 Git、SVN 等。

本地开发的方式有很多种，有的公司可能已经提供了一套完善的机制，如丰富的 Docker 环境或开发服务器等一系列技术手段融入的方式，可以快速构建或打包部署一套开发所必需的环境，以此来加快、简化开发环境的准备。但是因为很多中小型公司可能并不具备这样的条件，所以就需要利用开源框架提供的功能来构建和实现高效本地开发。

3.2.4　高效本地开发

为了应对上述问题及挑战，保证全流程的高效开发，我们一方面需要全新的验证机制，另一方面也需要必要的工具支持，同时还需要建立规范化、自动化的研发流程规范（如开发规范、DevOps 规范等）来保证整个团队的工程效能。

任何公司的技术基建都是随时间的推移不断改进和建设的，任何纯技术输出都有它的边界。而业务拓展、组织架构变迁、新兴技术迭代等都在不断发生，也意味着技术基建必然在不断改进。通过快速的检验方式，可以及早发现问题；通过持续集成和更加真实的测试，可以得到更加符合业务的应用。正如前面描述的开发过程一样，代码入库前的开发活动主要包括编码、验证调试、静态检查、自动化测试、代码审查等，图 3.2.2 所示为本地开发流程。

图 3.2.2　本地开发流程

在此流程下，可以极大地保证产品的交付质量。

（1）编码+验证调试（单元测试），在小的逻辑单元层面可以保证开发的正确性。

（2）代码的检查及审查，可以修正代码中较为显性的逻辑关系及编码规范化问题。

（3）在自动化测试中，可先对依赖的其他应用进行网络级别的 Mock 验证，再结合公共测试环境进行完整的集成测试。

高效本地开发旨在提高开发者的编码效能，其关键就是让开发者不受阻碍，不受不必要的干扰，因此建立一套规范化、自动化的研发流程规范是提高开发效能的关键，也是当前很多互联网大厂持续投入改进的重点。我们要尽可能将上述研发流程自动化，对于关键路径上的活动及耗时较长的活动进行简化操作。一个典型的研发流程规范如下：

（1）获取开发环境，包括配置环境、代码仓库、远程开发服务的开发环境、相关的中间件服务环境变量。其中，一些大厂针对性地提供了内建相应的资源平台、PaaS 平台、Docker 云平台等。对于某些中小企业，由于当前开发偏向微服务，采用多人员、多团队的开发方式，因此开发环境也应尽可能将更多的资源规范化，避免多环境差异后续带来更大的问题。

（2）研发人员在本地机器上进行开发，应保证上述流程的完整性，应使用主流的工具，快速验证及尽早发现问题。通常使用以下方式来解决前面提到的几个问题：

● 使用语言对应的测试工具（如 JUnit）来进行单元测试。

● 使用 moco 等 HTTP Mock 工具解决本地隔离验证的问题，完成单个应用的集成测试。

● 使用 kt-connect 和 virtual-environment 等工具解决云原生基础设施下，本地和测试环境互相连通及 HTTP 请求链路的染色和路由问题。

● 使用 ngrok 等工具解决外部依赖调用本地应用的问题。

● 使用"主干稳定环境"作为公共测试环境，提高其稳定性。

● 使用中间件的隔离能力保证 HTTP 请求之外的其他链路（如消息）的标记和路由。

（3）代码入库前，通过代码检查中心（比如 Gerrit）再进行一轮系统检查，主要包括代码检查、单元测试，尽可能组织团队进行代码评审，确保提交代码的可靠性。

最后，我们结合多方的实践经验，认为提供高效研发环境可以遵循以下几条原则：

（1）建立适合自己团队的规范，如代码开发规范、版本管理规范、代码检查规范、服务发布规范等，一方面可以方便进行整体管理，另一方面可以指导各个团队间的有效协同和配合。

（2）确保物理资源投入，用资源换取开发人员的时间。当前，所有大型互联网公司之所以从不吝啬在开发机器硬件上的投入，是因为人力成本更高。

（3）提升环境资源的服务化和自助化能力。这一点可以在开发机器、联调环境的获取上得到很好的体现。

（4）注重环境的一体化和一致性，也就是要把团队的最佳实践固化下来。一些常见操作，如配置文件的统一处理等，可以放在共享的网盘上或通过统一配置中心进行保存，方便提取。

3.2.5　一线互联网公司本地开发示例

原则上，本地开发调试环境和线上生产环境的差异越小越好。有些互联网大厂，基于对这方面的重视进行持续的投入，已经形成一整套的研发流程及相对成熟的技术工具。

1. 某企业研发脚手架示例

1）研发套件集成式脚手架

在项目组中，业务开发对于环境本身的配置其实大多是无感知的，它是通过对本地研发过程进行总结收敛，抽象出初始化、编译预览、构建、测试、发布等五个本地工具的通用功能节点，如图 3.2.3 所示。结合插件能力，根据项目研发类型进行分类后，总结出每一种研发类型的标准本地工具，即研发套件。借助对套件概念的封装，当研发人员在不同项目之间进行研发时，直接通过统一命令就能完成项目研发对应工具服务的使用，套件中的各个节点间已做了自动化绑定。

图 3.2.3　研发套件集成工具的通用功能节点

（1）GIT 钩子。将提交代码前后进行勾连，类似于 Git-hooks 的功能，用来负责团队开发规范约束插件任务的执行，如 Lint 工具等其他插件任务。

（2）云 IDE。近些年，云 IDE 开始崭露头角，整个开发环境迁移至云端，更是直接从根本上解决了开发环境存在差异的问题，如图 3.2.4 所示。

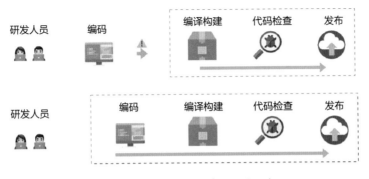

图 3.2.4 传统开发迁移至云端开发

通过这样的云 IDE，研发人员不必花费大量的时间去学习云计算、大数据，容器、Kubernetes（本书中也称为 K8s）、微服务等云原生时代的产物，只需要关注待开发的应用服务即可，只需要掌握一些简单命令即可完成 IDE 的部署和日常使用，不必依赖于其他人，也不必进行装软件、装工具、配置网络等这些复杂且重复的环境准备工作。使用一台配置极低的笔记本电脑，即可协同一个开发环境运行在 64 核 256GB 内存 1TB SSD 配备 GPU 这样的云端主机上，而访问这些资源就如同访问本地资源一样方便。通过访问远程主机上的 WebIDE 即可进行编码、编译构件、代码检查等后续一些自动化的操作，开发人员只需要通过网络即可完成开发过程，与传统的方式相比，这极大降低了本地环境的准备难度。

2. 微服务开发示例

模拟本地进行消费者/提供者应用的开发调试。由于服务的提供者和消费者均需要连接到远程的服务中心，因此为了进行本地微服务的开发和调试，这里通过构建本地服务中心来进行开发和调试。服务中心是微服务框架的重要组件，主要用于服务于元数据，以及服务于实例元数据的管理、处理注册和服务发现。图 3.2.5 为服务中心与微服务提供者/消费者的逻辑关系。

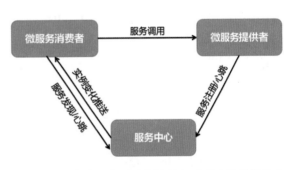

图 3.2.5 服务中心与微服务提供者/消费者的逻辑关系

1）前提条件

（1）已经安装 1.8 版本的 JDK，并且正确配置了 JAVA_HOME 环境变量。

（2）确认启动本地服务中心所对应的端口是否被占用，其分别表示服务中心的后台和前台服务端口。请确认以上端口未被使用（或自行进行相应的端口设置）。

2）运行步骤

（1）启动本地服务中心。

①本地开发工具（Eclipse、Nodepad++等）。②安装服务中心。

（2）软件包安装，解压缩安装包到安装目录。

①下载对应的镜像。②在 Docker 环境中运行（Nacos、ZooKeeper、Eureka）。

（3）启动服务中心。

（4）在浏览器中输入对应的控制台地址，访问服务中心控制台界面。

（5）开发服务提供者/消费者基于服务中心地址进行相应的配置，并指向服务中心。

（6）开发服务提供者/消费者启动微服务进行本地测试。

以上就是微服务提供者/消费者本地开发环境构建的基本过程，ZooKeeper（缩写为 ZK）作为中间服务需要单独进行部署，在部署前也需要安装 Java 运行环境。对于集群模式下的 ZooKeeper 部署，3 个 ZooKeeper 服务进程是建议的最小进程数量，而且建议不同的服务进程要部署在不同的物理机器上，减少机器宕机带来的风险，以实现 ZooKeeper 集群的高可用。

通过上面的服务开发场景示例，我们可以看出，对本地开发环境的准备需要很大的工作量，需要对所依赖的服务及中间件服务有一定的了解，只有这样才能正确地进行相关环境变量的配置。在安装及调试的过程中，也可能有新的问题（如服务间、网络、操作系统等）需要解决，这对于普通服务开发人员的要求较高，但如果是面向中间件及底层服务开发及验证，上述的环境准备则是必然的。在以上环境准备完毕后，即可进入服务编码阶段，通常流程如下。

（1）接口定义。业务服务接口的定义主要面向接口的路径、名称、传入参数及返回值的类型。

（2）服务端：服务实现。对上述定义接口的业务功能编码。

（3）服务端：组装。通过相应的配置实现对定义的服务进行组装，这样服务在启动后即可加载运行新定义的服务。

（4）服务端：启动服务。在 main 方法中，通过启动一个 Context 来加载服务资源，并完成初始化运行服务。

（5）客户端：引用服务。将服务定义的接口引入客户端工程中，并使用@Reference 在客户端的实现中声明服务的引用，运行时将会通过该引用发起全程调用，而服务的目标地址将会从 ZooKeeper 的 Provider 节点下查询。

（6）客户端：组装服务。通过相应的配置实现加载指向服务端的配置信息，如 ZooKeeper 的地址、客户端的名称、建立连接后的超时时间等。同服务端组装相同，客户端的组装也需要根据当前的运行环境来修改。

（7）客户端：发起远程调用。运行客户端 main 方法向服务端发起请求，此时客户端会先向 ZooKeeper 订阅服务地址，然后从返回的地址列表中选取一个，向服务端发起调用，即完成预期的微服务调用。

在做完上述业务编码后，需要进行本地及总体的集成 Mock 测试。Mock 是指使用各种技术手段模拟出各种需要的资源以供测试使用，对于大型的项目或企业也可能通过构建自己的 Mock Server 来对合并关联的服务或服务集群进行模拟测试。在通过全部上述测试验证后，即可发布上线。以上就是进行本地开发的通用流程，开发人员要依照 DevOps 的流程进行功能的开发与代码的管理维护，完成与各个业务团队的协作，以此来保证整个项目合理、有序地推进。

3.2.6　小结

本小节主要是面向本地开发，按照开发流程对开发机器、IDE、本地环境和联调环境，以及开发过程中使用的常用工具及配置进行阐述。文中讲述了高效开发环境的构建原则：一是利用资源环境换取时间；二是服务化和自助环境的获取；三是环境一体化和一致性的建立与保证。本地开发应做到，让研发人员不会对研发环境有更多的担忧，需要使用的时候可以快速申请，且配置简便，同时环境中的各种工具、流程都很顺畅，这样研发人员才能安心投入到研发工作中，发挥更大的价值。

3.3　云端开发

核心观点

- 云端开发是解决本地资源不足、开发环境存在差异和云原生环境下开发困难的有效手段。
- 云端开发涉及共享云端环境、基于 Kubernetes Namespace 的隔离开发环境和基于 Istio Mesh 的逻辑隔离开发环境。
- 容器应用热加载是实现云端开发编码实时生效的有效解决方案。

3.3.1 云端开发概述

随着应用的微服务数量越来越多，本地开发环境和生产环境之间的差异变得越来越大，即便使用 Docker 和 Kubernetes 来屏蔽环境差异，但开发却变得越来越困难。

本地开发 Kubernetes 应用最典型的痛点：①本地资源有限，不足以支撑完整的开发环境。②编码-调试循环反馈慢，查看代码效果需要重新构建镜像和调度，如图 3.3.1 所示。③生产镜像缺少开发和调试工具，几乎无法进行调试。

图 3.3.1 传统容器应用开发过程

行业一般通过开发环境上云来解决本地资源有限的问题，但对于云原生开发低效的问题，仍然缺少标准。

下面介绍开发环境在云上的管理方案，以及在 Kubernetes 环境下的一种全新的开发理念，并结合实际案例阐述如何借助云端开发的方法破解云原生应用开发难的问题。

3.3.2 云端开发的价值

下面分别从开发人员和管理人员的视角来看云端开发的优势。

1）开发人员

- 借助云端开发可以摆脱每次修改都需要重新构建新镜像，以及长时间的反馈循环，达到修改代码能立即生效的目的。
- 一键部署开发环境，摆脱本地环境搭建和资源不足的限制。
- 具有与生产环境接近的开发体验。
- 本地 IDE 编辑器和开发环境联动，一键调试。
- 图形化的 IDE 插件，无须熟悉 kubectl 命令即可完成云原生环境下的开发。

2）管理人员

- 统一管理微服务应用包，降低应用的维护成本。
- 统一管理开发环境和集群，提高集群资源的利用率，同时具备多租户隔离特性。
- 为新员工快速分配开发环境，使其立刻进行应用开发。
- 弹性的开发环境资源，用完即可销毁，降低开发成本。

3.3.3　云端开发的实现

1. 云端开发环境管理

在开发和测试环境上云的过程中，主流环境方案的演进过程可分成以下三个阶段：

（1）共享开发环境和数据。
（2）基于 Namespace 隔离的开发环境，且隔离数据。
（3）基于 Istio 的 Mesh 开发环境，且数据隔离。

1）多人共享开发环境

共享开发环境指的是开发者共用有限数量的开发环境，团队固定维护几套开发环境且共享数据的开发方式，如图 3.3.2 所示。

这种方案在传统的开发过程中，存在以下几个缺陷：

（1）无法满足多人同时开发同一个服务。
（2）只能通过等待来避免开发冲突问题。
（3）环境不稳定，极容易遭到破坏。

2）基于 Namespace 隔离的开发环境

基于 Namespace 隔离的开发环境是共享开发环境的一种演进，即利用 Kubernetes Namespace 机制来隔离每一个开发者的开发空间（Namespace），如图 3.3.3 所示。

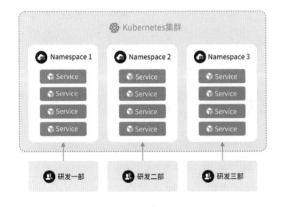

图 3.3.2　共享开发环境

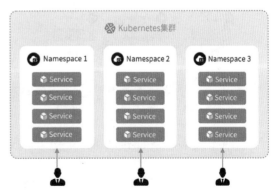

图 3.3.3　基于 Namespace 的隔离开发环境

该方案的前提是业务已封装成标准的 Kubernetes 应用，如 Manifest、Helm、Kustomize 等，且应用具备快速重构的能力。其优点如下：

（1）开发者之间的数据、服务完全隔离，开发互不影响。

（2）具备随时拉起和销毁开发环境的能力，实现了按需和弹性操作。

（3）具备共享 Namespace 的能力，方便联调协作。

（4）非常适合大规模的应用和研发团队的协作开发。

虽然这种开发环境带来了完美的隔离性，但开发者需要在隔离的 Namespace 内拉起完整的应用，对资源用量要求较高。一种较好的实践是合理利用 Namespace 的资源来实现集群资源的高效利用，以节约开发成本。

使用"TKE+Nocalhost Server"组合能够很好地支持这种开发方案。

3）基于 Istio 的 Mesh 开发环境

基于 Istio 的 Mesh 开发环境是上述基于 Namespace 隔离开发环境的进一步演进，该方案同时兼顾隔离性和资源用量增加的问题。

Mesh 开发环境主要由一套基准空间+N 套开发空间组成，开发环境之间仍然采用 Namespace 的隔离方式。不同的是，开发者开发空间所属的 Namespace 只部署需要开发的服务，而不是全量的应用，从而极大地降低了开发环境成本，如图 3.3.4 所示。

借助 Istio 的流量管理，只要开发者在访问入口处携带特定的 Header，便能使请求链路先经过基准空间，再转发到个人开发空间正在开发的服务中，如图 3.3.5 所示。

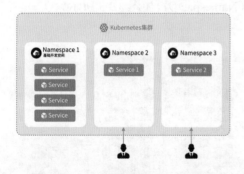

图 3.3.4　基于 Istio Mesh 开发环境

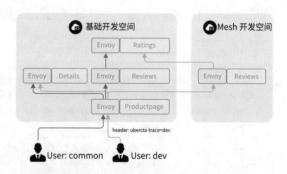

图 3.3.5　Istio 流量管理

这种开发环境方案集成难度最大，要求业务应用具备以下前提之一：

（1）集成 Tracing 方案，如 OpenTracing。

（2）支持全链路的 Header 透传。

无论是采用何种云端环境管理方案，都会面临每次编码都需要重新构建镜像才能看到编码效果的问题。那么，有没有一种方式可以实现本地编码在云端环境内实时生效呢？

答案是肯定的，容器应用热加载可以帮助我们解决这个问题。

2. 容器应用热加载

1）从 Dockerfile 说起

当镜像被打包时，Dockerfile 中会定义镜像启动时运行的命令，如对于 Java 的一个业务镜像，Dockerfile 的定义如下。

```
FROM openjdk:8-slim
COPY --from=builder /opt/src/build/libs/reviews-0.0.1-SNAPSHOT.jar /opt/
CMD ["java", "-jar", "/opt/reviews-0.0.1-SNAPSHOT.jar"]
```

在镜像启动后，业务 jar 包就会被启动，这对于大部分编译型的语言来说，是一种常见的做法。但当应用运行在 Kubernetes 平台上时，就会在开发阶段引入一个非常棘手的问题：修改代码后，查看编码效果需要先经过重新构建镜像，然后推送到镜像仓库，再修改工作负载镜像版本，最后等待调度生效的过程，该过程需要 5~10 分钟，大大降低了开发效率。

从 Docker 诞生开始，社区就意识到了该问题。目前，常规的做法是将该过程自动化，如借助 CI/CD 工具提供的自动化能力，减少手动操作的时间；或者借助网络工具打通本地和集群的网络等，但这些仍然无法解决根本问题。业界针对 Kubernetes 开发的几种做法如下：

（1）全手工流程：编码后，手动构建镜像并推送到镜像仓库，修改工作负载镜像版本，等待调度。

（2）自动化 CI/CD 流程：编码后，推送到代码仓库，自动触发 CI/CD 流程，等待生效。

（3）Telepresence：以 Telepresence 为代表的打通集群网络，实现本地编码。

（4）使用 Nocalhost 直接在容器内进行开发。

2）云端开发

既然最长的等待时间是在重新构建镜像及等待新 Pod 的调度过程，那么如果能实现容器内的业务进程热加载，也就无须再重新构建镜像了。那么，如何实现容器内的进程热加载呢？

回到本地的开发模式中，我们如何在代码修改后查看效果？显然是重新编译。如果我们能在容器内重新编译业务代码，也就实现了容器的应用热加载。而要在容器内重新编译业务代码，只需要解决容器源码来源和编译环境两个问题。

对于编译环境问题，由于生产镜像一般不包含编译工具，因此我们可以在 Pod 运行时，通过修改其镜像为包含编译工具的开发镜像来解决；而对于容器源码来源问题，可以采用本地同步源码到容器来解决。

基于以上理念，一种在云端容器内直接开发的方式便出现了，下面通过一个案例进行说明。

3.3.4 案例研究：基于微服务的云端开发

在本案例中，该团队使用 Nocalhost 插件缩短开发循环反馈，一键进入开发模式及调试，无须重新构建镜像，本地编码在云端容器内实时生效，大大提升了开发效率。

下面从开发人员的视角，借助 Nocalhost 官方 Demo 介绍如何使用 Nocalhost 提高 Kubernetes 环境下的开发效率。Nocalhost 最直观的产品形态是 IDE 插件，支持 VSCode 和 Jetbrains 全系列编辑器插件，如常见的 Goland、IDEA、PyCharm 等。

以下实践以 Goland IDE 举例说明。

1）前提条件

（1）安装 Nocalhost IDE 插件。

（2）准备一个 Kubernetes 集群，如 TKE。

（3）VSCode 编辑器。

2）第一步：安装 Nocalhost 插件

打开 VSCode IDE，进入插件市场，搜索"nocalhost"并安装，如图 3.3.6 所示。

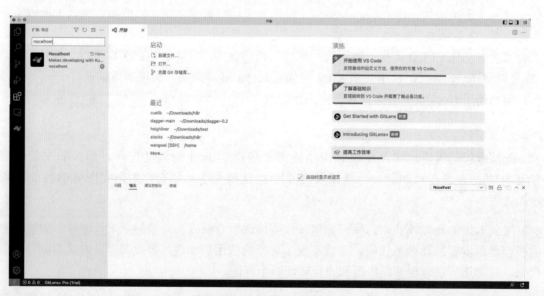

图 3.3.6 安装 Nocalhost

3）第二步：添加 Kubernetes 集群

安装完成后，在 IDE 左侧插件栏打开 Nocalhost 插件，在弹出的输入框中选择 KubeConfig Context 或粘贴 KubeConfig，如图 3.3.7 所示。

图 3.3.7　添加 Kubernetes 集群

4）第三步：部署 Demo 应用

添加集群后，展开集群将会展示 Namespace，选择一个 Namespace 并点击右侧的 按钮部署，在弹出的选择框中选择"Deploy Demo"，部署 Demo 应用，如图 3.3.8 所示。

Demo 应用是 Istio 官方示例 Bookinfo，是一套图书管理系统，由不同语言编写的 5 个微服务组成。

- authors：输出图书作者信息（Go）。
- details：输出图书详细信息（Ruby）。
- productpage：图书系统首页（Python）。
- ratings：输出图书评星信息（Node）。
- reviews：输出图书评价信息（Java）。

服务之间的调用关系如图 3.3.9 所示。

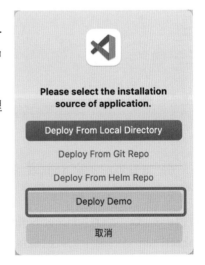

图 3.3.8　部署 Demo 应用

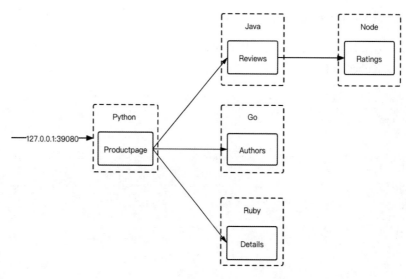

图 3.3.9   Productpage 服务间调用关系

5）第四步：访问 Productpage

在 Demo 应用安装完成后，Nocalhost 会自动将 Productpage 服务转发到本地 39080 端口，打开浏览器跳转至 127.0.0.1:39080，即 Bookinfo Productpage 首页，如图 3.3.10 所示。

图 3.3.10   Productpage 首页

6）第五步：开发 Authors 服务，体验容器热加载

以修改 Authors 服务输出的作者信息"William Shakespeare"为例，传统开发方式需要进行代码修改，运行"docker build && docker tag && docker push"构建并推送镜像，且使用 kubectl edit 修改工作负载的镜像版本，等待生效。

使用 Nocalhost 开发，事情就会变得非常简单。展开 Namespace 菜单，找到"Authors Deployment"，点击 ✎ 按钮进入开发模式，并在弹出的选择框中选择"Clone from Git Repo"

克隆源码，确认后进入开发模式，如图 3.3.11 所示。

这时，容器源码和编译环境两个问题在 Nocalhost 中均得到了解决，其中，编译环境来源于替换的开发镜像，容器源码来源于本地并同步到容器，细节如下。

以 Authors 服务为例，未进入 DevMode 前，Pod 的状态如下：①1 个容器。②镜像为 nocalhost-docker.pkg.coding.net/nocalhost/bookinfo/authors:latest。

使用 Nocalhost 进入 DevMode 后，Pod 的状态如下：①两个容器。②镜像分别为 nocalhost-docker.pkg.coding.net/ nocalhost/dev-

图 3.3.11　进入开发模式

images/golang:latest 和 nocalhost-docker.pkg.coding. net/nocalhost/ public nocalhost-sidecar:sshversion。

我们发现，原来的业务镜像被替换为 golang:latest 开发镜像，该镜像内置了 Go 语言的编译工具，解决了编译环境来源的问题。另外，新增 Sidecar 容器，镜像为 nocalhost-sidecar，该容器提供将本地源码同步到容器的能力，解决了容器源码来源的问题。

回到 Nocalhost 插件中，在进入开发模式后，Nocalhsot 会自动打开开发容器的终端，方便开发者直接在容器内随时启停业务进程，如图 3.3.12 所示。执行 1s 命令，发现已经同步本地源码到容器内。

图 3.3.12　进入开发模式

接下来，只需要像本地开发一样，找到 app.go 的源码 53 行，将该行修改为"Nocalhost, William Shakespeare"并保存。此时，本地的修改会实时同步到开发容器中，我们只需要在容器内重新启动业务进程 sh run.sh，即可运行修改后的代码。

```
root@authors-789c454c6c-s454k:/home/nocalhost-dev# sh run.sh
2021/10/12 11:57:25 Start listening http port 9080 ...
```

看到以上输出信息后，说明 Authors 服务已启动，然后回到浏览器刷新 127.0.0.1:39080 页面，便能立即看到修改后的效果，如图 3.3.13 所示。

图 3.3.13　修改实时生效

3.3.5　云端开发的误区

有些人会把云端开发和开发环境上云混为一谈，这是常见的一个误区。

开发环境上云指的是借助云的弹性，将有较大开销的环境迁移到云端，并进行开发和测试。而云端开发是直接在云环境中进行开发和调试，并借助工具来缩短由开发环境上云导致的低效问题，开发环境上云是云端开发的前提条件。

3.3.6　小结

本节重点介绍了如何使用 Nocalhost 套件进行云端开发，Nocalhost 由 Server 和插件端组成，Server 端主要提供环境管理的能力，如为开发人员创建基于 Namespace 的隔离开发环境或基于 Istio 的 Mesh 开发环境，而 IDE 插件则提供编码实时生效的能力，也就是容器应用热加载。

云端开发除了使用 Nocalhost 类的工具，还可以使用 WebIDE 等进行开发，但由于 WebIDE 无法提供整套的开发环境支撑，因此有较大的使用限制。

3.4　代码评审

 核心观点

- 代码评审是质量内建的核心实践之一，是工程师文化的基石。
- 代码评审实践有多种可操作的类型，类型之间具备不同特点，适用于不同上下文。

- 目前，代码评审以异步式代码评审为主，其他方式为辅。
- 代码评审既需要关注业务价值的正确交付，同时还需要考虑代码长期的可维护性。

3.4.1　代码评审概述

代码评审也称为代码复查，是指通过阅读代码来检查源代码与编码标准的符合性及代码质量的活动。

持续开展代码评审的团队不仅能够持续提升代码质量，更早地发现问题，实现更快的交付；还能通过代码评审共享知识和相互学习，在团队内形成更好的技术氛围。

3.4.2　代码评审的价值

代码评审在项目的所有阶段几乎都具有价值，越早应用代码评审，开发成本越低，越易于控制技术债，从而达到质量内建的效果。

（1）工程师文化的形成基础。通过代码评审可以增强团队技术氛围，加强人员之间的沟通，形成以技术为导向的工程师文化。

（2）让 bug 和设计问题尽早清除。对于问题的分析和解决来说，越接近源头，其修复成本越低。

（3）获得高质量代码。贯穿开发过程始终的代码评审会让代码风格更为一致，代码具备高度的可维护性，将技术债控制在较低的水平，因为同侪压力（Peer Pressure）更容易激励开发人员一开始就写出高质量的代码。

（4）人员能力提升。通过持续的代码评审，很容易使团队所有成员都达到相对一致的代码水准，对新人的融入提升效果最为明显。

（5）团队知识共享。某段代码入库之后，就从个人的代码变成了团队的。代码审查可以帮助其他开发者了解这些代码的设计思想、背景知识等。另外，代码审查中的讨论记录还可以作为参考文档，帮助他人理解代码和查找问题。

3.4.3　代码评审的类型

代码评审按照时效性分为以下四种类型：

（1）瞬时式代码评审，也称为结对编程（pair programming）：结对编程是敏捷软件开发的一种方法，即两个程序员在一个计算机上共同工作，一个人输入代码，另一个人对代码进行反馈，整个过程中进行结对的两个人会频繁交流和互换角色，如图 3.4.1 所示。输入代码的人被称为驾驶员，审查代码的人被称为导航员。

（2）同步式代码评审，也称为即时代码评审：指在开发者完成编写代码后，立即向代码评审者发起代码评审。评审者在开发者面前直接评审变更的代码。

（3）异步式代码评审，也称为有工具支持的（Tool-Assisted）代码评审：目前，其是主流的评审方式，一般不在同一时间、同一个屏幕上同时完成，而是异步开展。其典型的过程：开发者在写完代码后，先提出让评审者可见的合并请求，并开始下一个任务，然后评审者会自己进行代码评审。评审者一般不需要和开发者当面沟通，而是通过评审工具写一些评论。在完成评审后，评审工具会把评论和评审结论通知到开发者，开发者就会根据评论改进代码，同样是以自己的节奏进行响应。变更的代码会被再次提交到评审者，并重复前面的评审过程，直至评审者同意合入，如图 3.4.2 所示。

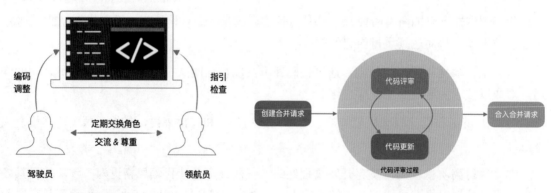

图 3.4.1　结对编程示意图　　　　　　　图 3.4.2　异步式代码评审示意图

（4）会议式代码评审，也称为基于会议的（Meeting-Based）的代码评审：这类评审一般按照固定的时间周期或者基于事件触发，会议形式可以是线下，也可以线上，团队所有成员都会参与评审会，成本相对较高，一般在项目初期或者有重要内容需要同步共享时使用。

因此，不同时期可以对上述评审类型进行灵活应用，以便达到相应的评审目标。

3.4.4　代码评审的内容

（1）设计：评审中最重要的内容是 CL（Change List，变更清单）的整体设计，如 CL 中各个代码段之间的交互是否有意义、此变更修改了什么内容、它是否与系统的其余部分集成良好等。

（2）功能性：尝试像用户一样思考，考虑各种异常场景，并确保通过阅读代码不会发现任何错误。另一个特别重要的评审点是，CL 中是否存在某种并发编程，理论上其可能会导致死锁或竞态条件。

（3）复杂性：确保代码实现（行、函数及类）不会过于复杂，尽可能保持简单，复杂性通常意味着："开发人员在尝试使用或修改此代码时可能会引入错误"。

（4）测试：根据变更要求进行的相关测试用例。通常，除非 CL 正在处理紧急情况，否则应在提交代码的同时添加相关测试代码，以确保 CL 测试的正确、合理且有用。另外，测试代码也必须是可维护的代码，不要因为它们不是在制品的一部分，就容忍测试的复杂性。

（5）命名：确保所有的内容都有一个好名字。好名字要能充分传达其代表的内容，且不会太长、难以阅读。

（6）注释：注释同样也需要具备可读性，确保没有不必要的注释。注释应该描述代码实现的"why"，而非描述"what"（正则表达式及复杂算法等内容例外）。对于 TODO 类的注释，需要定期清理并清晰说明谁将在何时完成。

（7）风格：确保 CL 遵循组织的风格指南，不要仅根据个人风格偏好来阻止提交 CL。

（8）一致性：实现上的一致性是代码可读性的最高原则。如果编码规范与实际代码的一致性出现冲突，则应该优先保证实现层面的一致性，这样更便于后续统一进行改进。

3.4.5　代码评审的最佳实践

1）对代码作者来说

- 在提交代码评审前要仔细检查变更内容。
- 聚焦小的、单一目的的及增量的变更。
- 聚合关联变更。
- 描述变更的目的和动机。
- 在提交代码评审之前运行测试。
- 自动化可以自动化的内容。
- 跳过不必要的评审。
- 不要选择过多评审者。
- 如有必要，添加有经验的评审者。
- 让初级开发人员参与代码评审，以便让他们学习。
- 通知能从评审中受益的人。
- 不要通知太多人。
- 在评审前提醒评审者。
- 对建议的变更持开放态度。
- 对评审人表达尊重和感谢。

2）对评审者来说

- 提供尊重和建设性的反馈。
- 如有必要，直接当面沟通。
- 确保决策的可追溯性。
- 始终解释拒绝变更的原因。
- 将代码评审纳入日常工作。
- 减少任务切换（会降低生产力）。
- 及时提供反馈。
- 频繁评审，不要长间隔的大规模评审。
- 关注关键问题，不要过于吹毛求疵。
- 使用评审清单。

3.4.6 案例研究：某一线互联网公司的代码评审案例

下面以某一线互联网公司代码评审活动为例，对代码评审的有效落地进行介绍。

1. 代码评审过程

某一线互联网公司代码评审流程图，如图 3.4.3 所示。

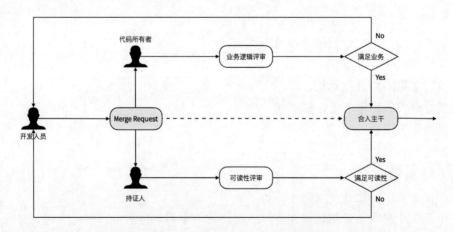

图 3.4.3　某一线互联网公司代码评审流程图

该公司内部一般采用基于工具式的异步代码评审，其流程与基于 GitLab 平台的代码评审类似，主要差异点在于代码评审由业务逻辑和可读性两类评审构成，如图 3.4.4 所示。

（1）业务逻辑评审基于代码所有者机制，即每个文件/模块都有对应的代码所有者，负责开发提交的代码要符合产品的业务要求，该评审更聚焦于业务领域。

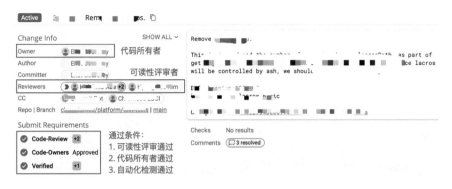

图 3.4.4　代码评审单示意图

（2）可读性评审主要聚焦于代码的可维护性及代码层面的设计实现问题，由组织内可读性认证证书持有者负责。

整个评审过程是开放式的，团队其他成员也可以对该合并请求进行代码评审，只是最终需要代码所有者和可读性持证人的批准才能合入主干。代码所有者和持证人可以是同一个人，只是需要通过"两顶帽子"的方式来完成代码评审，保证代码业务逻辑和可读性均满足合入要求。整个评审过程是交互式及动态的，可反复持续数轮的代码提交及合入，如图 3.4.5 所示。

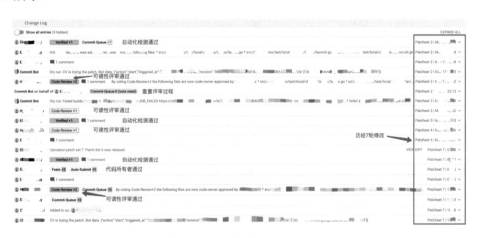

图 3.4.5　代码评审过程示意图

2. 代码评审度量

代码评审度量一般使用下面 6 类指标。

评审数：人均发起评审数、组织有效评审总数等。

评论数：千行代码评论数、评论数 Top 排行榜。

变更数：单次评审不同代码变更行数的区间分布、平均 CR 行数等。

活跃度：参与 CR 的人数占比、个人单位时间参与度等。

渗透率：评审通过的 MR 中无评论占比、紧急合入占比等。

评审时长：总评审时长、人均日评审时长等。

可以看出，代码评审的指标数非常多，读者可根据组织代码评审所处阶段进行灵活组合，以发挥度量的最大价值。

3.4.7   代码评审的误区

（1）纯粹基于个人经验：不同人的经验有差异，对代码问题的敏感度也不一样，没有统一的标准可能会导致评审者和被评者之间产生不必要的冲突。

（2）单次评审代码行数过多：单次评审代码过多是代码评审中大部分问题的根源，首先是评审的质量难以得到保证，其次容易导致整个评审时间过长，从而形成代码评审价值低、阻塞流程的错误认知。

（3）"乒乓球式"循环评论：对于评审者来说，需要基于从整体到细节的评论顺序，而不是一开始就陷入代码细节中。对于被评审者来说，需要对问题做到举一反三，不仅需要修改评审者提到的问题，还需要修改类似的问题。

（4）最后一刻的设计变更：评审者不同意代码提交中的整体方案，并提出对方案进行重新设计。代码评审不是评审方案的正确时机，返工成本非常高。应该将方案评审和代码评审解耦，并将方案评审活动置于编码阶段前。

（5）只提问题不提解决办法：这也是代码评审的常见问题，如果没有可操作性的建议，代码评审的价值会大大降低。需要评审者换位思考，指出问题是否有多种解决方案，并直接指出建议使用哪一种。

（6）容易造成工作干扰打断：在实际开展时不能一味强调评审响应速度，应该区别对待。对于低频率紧急合入的高响应要求是合理的，但是对于常规代码合入的评审则应该放宽限制（如 24 小时响应即可），评审者可以在不打断自身工作的情况下合理安排（如午休后或下班前 1 小时集中处理）。

3.5   单元测试

🌐 核心观点

- 单元测试是测试左移的关键实践之一。
- 单元测试具备执行速度快、条件构造成本低、对开发友好等优点，是高质量测试策略的基础。

- 应该将单元测试代码与业务代码同等对待，提升其可维护性和测试有效性，优化其执行时间，保证稳定性。
- 单元测试的推进是一项长期投资，需要结合团队现状，循序渐进地持续提升。

3.5.1　单元测试概述

在计算机编程中，单元测试（Unit Testing）又被称为模块测试，是针对程序模块（软件设计的最小单位）进行正确性检验的测试工作。程序单元是应用的最小可测试部件。在过程化编程中，一个单元就是单个程序、函数、过程等；对于面向对象编程，最小单元就是方法，包括基类（超类）、抽象类、派生类（子类）中的方法。

从上述维基百科的定义来看，一个测试满足以下几个条件，我们就认为它是单元测试。

（1）验证正确性：该条件是所有测试必须遵循的，也是测试的目的和价值。

（2）代码级：该条件也是单元测试的一个显著特点，单元测试更接近实现层面，也是开发人员更为擅长的测试类型。

（3）基于工作单元（模块）：包含两点内容，一个是小，另一个是因为小所以快，故要满足测试颗粒度和执行时间的条件约束。由于在不同上下文中的工作单元所指的内容可能不同，因此往往会产生"一个测试用例是否为单元测试"的争论。Google 看到测试领域中这种"百家争鸣"的现象后，创立了自己的命名方式，将测试分为小型测试、中型测试和大型测试，而单元测试则是小型测试或者中型测试的具体实现形式，如表 3.5.1 所示。

表 3.5.1　Google 测试分类

	小型测试	中型测试	大型测试
对应测试类型	单元测试	单元测试+逻辑层测试（泛单元或分层测试）	UI 测试或接口测试

因此，单元测试类型可分为小型测试与中型测试两类，其比较见表 3.5.2 所示。

表 3.5.2　小型测试与中型测试对比

资源	访问网络	访问数据库	访问文件	访问用户界面	使用外部服务	使用多线程	使用 Sleep 语句	使用系统属性设置	限制运行时间（秒）
小型测试	否	否	否	否	否	否	否	否	60
中型测试	仅访问 localhost	是	是	否	不鼓励，可模拟	是	是	是	300

小型测试类：针对单个函数的测试，关注其内部逻辑，模拟所有需要的服务。小型测试可以带来优秀的代码质量、良好的异常处理和优雅的错误报告。

中型测试类：验证两个或多个指定模块应用之间的交互。

3.5.2　单元测试的价值

我们可以通过经典的测试金字塔说明单元测试的价值，如图 3.5.3 所示。

测试金字塔是高质量软件系统必备的测试策略，其中单元测试具有更贴合代码实现、成本低、效率高等特点，是该测试策略的基石。它是测试的第一个环节，也是最重要的一个环节，是唯一一类能保证代码高覆盖率的测试类型，好的单元测试的性价比是最高的。

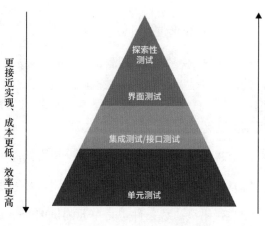

图 3.5.3　单元测试的价值图

单元测试的具体作用：

（1）通过测试帮助开发人员理解系统：对工作单元的预期进行研究的一个过程。

（2）为重构提供安全网：在修改代码后，确保不会破坏现有功能。

（3）提供一份真实可信的规格说明文档：将测试作为文档，可以帮助阅读者理解代码完成的功能，以及如何演示、使用你的代码。

（4）减少开发、调试代码的时间：将开发从费时烦琐的调试中解放出来。

（5）使开发过程更具可预测性：通过对需求的分析和设计形成验收标准。并将其转换为测试用例，基于测试用例的通过情况，可以更加准确地评估和预测开发过程的状态。

（6）驱动更好的设计：单元测试是测试驱动开发的基础，通过单元测试用例的编写成本可以识别代码设计是否具备强内聚性。

3.5.3　单元测试的示例

1. 单元测试的命名

一个好的单元测试名称应该具备以下几个特点：

- 测试前缀：用来与其他方法区分，且能够快速搜索过滤。
- 被测方法。

- 被测场景。
- 期望的结果。

基于上述几点，单元测试的命名格式如下：

```
test_[MethodUnderTest]_[Scenario]_[ExpectedResult]
```

不同语言的具体形式可能会有差异，但涵盖的内容应该是一致的。

命名示例（Objective-C）如 3.5.4 所示。

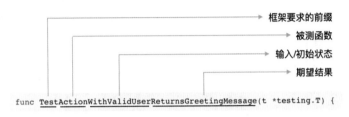

图 3.5.4　单元测试的命名

2. 单元测试的结构

单元测试的结构有两种模式：

（1）Arrange-Act-Assert（3A）模式：当测试自己开发的代码时，3A 模式非常有用。它可以设置执行测试所需的任何内容，快速验证代码是否按预期工作，更加贴近开发任务，如图 3.5.5 所示。

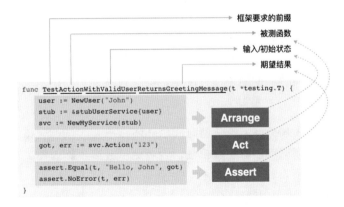

图 3.5.5　3A 模式

（2）Given-When-Then（GWT）模式：GWT 模式是将完成的工作映射到具备业务价值的环境中，体现的是业务价值，更符合价值驱动的理念，更加贴近业务需求，如图 3.5.6 所示。

```
Scenario: Act with valid user should return greeting message
  Given there is a valid user "John"
  When new service act "123"
  Then the greeting message should be return "Hello, John"
```

图 3.5.6　GWT 模式示例（基于 cucumber）

3.5.4　单元测试的原则

单元测试的 FIRST 原则，如图 3.5.7 所示。

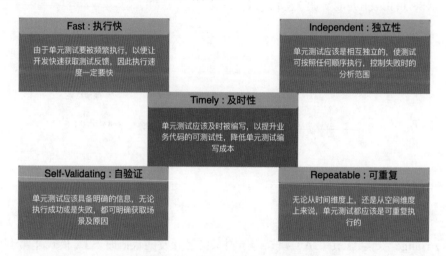

图 3.5.7　单元测试 FIRST 原则

（1）执行快（Fast）：测试应该能快速运行，如果测试执行缓慢，则开发人员就不会频繁地运行它，就无法尽早发现问题，也就不能迅速对问题进行修复。

（2）独立性（Independent）：测试应该相互独立，任何测试不应成为其他测试的前提条件。开发人员应能够单独运行任意测试及按照任何顺序执行测试，独立性是测试并行执行的前提条件。当用例间互相依赖时，前面未通过的用例会导致被依赖的用例失败，从而使问题诊断变得困难。

（3）可重复（Repeatable）：无论任何时间和环境，单元测试都应该是可重复执行的。从时间维度上来说，单元测试应该避免随机性，否则测试会产生脆弱性。从空间维度上来说，单元测试应该可以在任何目标环境中执行，回到研发过程，即单元测试可在开发环境、SIT 环境和生产环境等多类环境中重复执行。

（4）自验证（Self-Validating）：测试用例应该有明确的名称及布尔值输出。无论是通过还是失败，都不应该通过查看日志来确认执行情况。如果测试不能独立进行自验证，则对失败的判断就会变得主观，测试分析的效率就会大幅下降。

（5）及时性（Timely）：测试应及时编写。单元测试最好在业务代码编写前就完成编写，否则业务代码的可测试性就可能无法得到有效保障，从而带来"偶发式"用例的编写现象及返工成本。

在单元测试实施过程中，及时性最容易被忽视，从而导致非必要的编写成本。

3.5.5　测试替身

当在现实中实践单元测试时，往往很难独立于软件其他部分便捷地测试 SUT（System Under Test，被测系统），这时一般有两种选择：一种是将 SUT 与所依赖的部分一起测试，采用该方式的测试往往不聚焦，环境、场景构造困难，耗时可能也更长，因此其是一种相对重型的测试；另一种是先将 SUT 与其所依赖的对象进行分离，然后对其进行独立测试，这种测试相对更为轻量，该分离技术的关键就是测试替身。

在使用测试替身时，往往难以区分一些概念，下面对它们进行说明，图 3.5.8 为它们之间的关系。

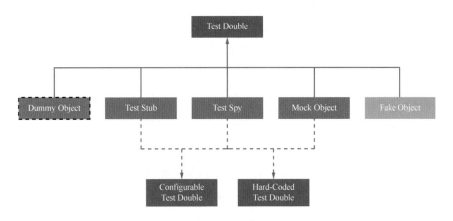

图 3.5.8　测试替身的关系

（1）Dummy Object（哑元对象）：泛指在测试中必须传入的对象，而它们实际上并不会产出任何作用，仅仅是为了调用被测对象所必须传入的对象。

（2）Test Stub（测试桩）：Test Stub 是用来接受 SUT 内部的间接输入，并返回特定值给 SUT。可以理解为 Test Stub 是在 SUT 内部打的一个桩，可以按照我们的要求返回特定的内容给 SUT，由于其交互完全在 SUT 内部进行，因此它不会返回内容给测试用例，也不会对 SUT 内部的输入进行验证。

（3）Test Spy（测试间谍）：Test Spy 像一个间谍，安插在 SUT 内部，专门负责将 SUT 内部的间接输出传到外部。它的特点是将内部的间接输出返给测试案例，由测试案例进行验证，即只负责获取内部"情报"，并把"情报"发出去，不负责验证"情报"的正确性。

（4）Mock Object（仿制对象）：Mock Object 和 Test Spy 有类似的地方，也是安插在 SUT 内部，获取 SUT 内部的间接输出。不同的是，Mock Object 还负责对间接输出进行验证，外部的测试用例信任 Mock Object 的验证结果。

（5）Fake Object（伪造对象）：Fake Object 并不关注 SUT 内部的间接输入或间接输出，仅仅是用来替代一个实际的对象，并且拥有几乎和实际对象一样的功能，保证 SUT 能够正常工作。当实际对象过分依赖外部环境时，Fake Object 可以减少这样的依赖。

其中，Test Stub、Test Spy 和 Mock Object 可以通过硬编码的方式或者可配置的方式实现。

3.5.6　案例研究：某一线互联网企业的单元测试应用案例

该公司对单元测试非常重视，认为单元测试是开发人员负责质量的关键实践。下面从人员、流程、度量及工具四个方面进行介绍。

（1）在人员方面，该公司在内部技术论坛上开展了大量有关单元测试的技术讨论，为相关人员认知上的统一奠定了基础。后续还开展了关于单元测试的培训和认证，帮助相关人员快速提升单元测试的编写能力。需要注意的是，提升单元测试能力的同时，需要对业务代码的可测试性进行提升，以达到事半功倍的效果。

（2）在流程方面，单元测试是开发人员在进行代码提交、合入和部署前，质量红线最重要的组成部分，同时也是代码评审必须检查的内容。

（3）在度量方面，最为关键的是对单元测试有效性和稳定性的度量，该度量能够保证单元测试发挥应有的作用，如果未达到要求则需要立即进行修复，以免造成开发阻塞。在保证有效性度量后，其余常规指标才会发挥价值，如分支覆盖率、单元测试稳定率等。

（4）在工具方面，该公司开发了大量工具平台来支撑单元测试的执行效率和相关度量。例如，通过精准测试工具来提升单次变更的测试执行效率。而变异测试平台就是单元测试有效性度量的支撑工具之一。

通过上述四个方面形成的体系化方法可以保障单元测试实践的高价值落地。

相信大家对采用单元测试所带来的额外实施成本也比较感兴趣，有研究表明：对于一些成熟企业（如微软、IBM 等）来说，单元测试所带来的额外时间成本相对于传统开发增加了15%～35%。而在上述互联网应用案例中，刚开始采用单元测试实践时，团队的整体开发时间增加了一倍，整体研发节奏明显放缓。在人员的意识、流程、工具及有效度量基本达成后，该时间成本降至大约 40%，并且逐渐被后续修复成本所抵消，远低于后续修复和维护成本之和。

3.5.7　单元测试的常见误区

（1）关于测试覆盖率的考核：片面追求测试覆盖率是不科学的，测试覆盖率对于软件质量来说只是充分非必要条件，也就是说高覆盖率并不能证明软件的高质量。相对于测试覆盖率，单元测试本身的质量更具分析和评估的价值。

（2）单元测试应该由测试人员负责：NO！让写业务代码的开发者来写单元测试，是最高效的。测试人员应该专注于测试金字塔的高层测试，以及性能测试等专项测试。

（3）单元测试代码质量不重要：低质量的单元测试代码往往会带来稳定性和效率问题，这一点在编写单元测试时需要重点关注。而对于可维护性来说，单元测试代码应该以生产代码相同的标准来对待，以便在功能需求发生变化时，快速调整。

（4）基于实现逻辑编写单元测试：单元测试的设计和编写不应基于代码实现逻辑来推演和实现，而应该基于业务逻辑来展开。因此，单元测试的设计最好能前置于具体业务代码的实现，以达到不被代码实现细节所局限的目的。

（5）自动生成单元测试：当前，已出现许多单元测试用例自动生成工具，如 Squaretest等，使用这些工具能提升编写单元测试用例的效率。但在面对可测试较差的代码时，自动生成的用例需要花费较多的时间，以使其执行通过。另外，从用例设计的角度来说，可能也无法达到有效覆盖的要求，并不能保证用例编写效率和有效性的提升。

3.6　代码扫描

核心观点

- 代码扫描能够在早期发现代码问题，越早发现，解决问题的成本就越低。
- 修正代码扫描所发现的问题，与修复代码缺陷是类似的，也需要通过回归测试去验证。
- 代码扫描策略应该根据团队的代码规约要求进行定制，协助开发人员更精确地发现问题。
- 代码扫描应该是灵活和因地制宜的，而不是机械和教条的。
- 盲目引入代码扫描，往往会大幅增加团队负担，效果反而大打折扣。

3.6.1　代码扫描概述

代码扫描通常指静态代码扫描，即不需要运行代码，通过词法分析、语法分析、控制流、数据流分析等技术对程序代码进行扫描，验证代码是否满足规范性、安全性、可靠性、可维护性等指标的一种代码分析技术。静态代码扫描是一种成本较低的质量保障手段，最大的好处是不需要运行代码就能发现潜在的风险和违反规约的地方，也能非常便捷地集成到 CI/CD

流水线，只要做好前期的配置工作，扫描过程一般不需要人工介入，效率远远高于人工代码检查。

3.6.2　代码扫描的价值

代码扫描能够在早期发现代码存在的问题，从而降低解决问题的成本。在 *The Shift-Left Approach to Software Testing* 一文中提到，假如在编码阶段发现的缺陷只需要 1 分钟就能被解决，那么单元测试阶段发现的则需要 4 分钟，功能测试阶段发现的则需要 10 分钟，系统测试阶段发现的则需要 40 分钟，发布之后发现的可能就需要 640 分钟，如图 3.6.1 所示。

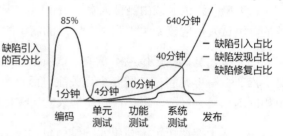

图 3.6.1　不同阶段的缺陷修复成本

因此，我们建议最早在代码编写过程中（通过 IDE 集成的代码扫描插件），最迟在代码编写完成提交合并请求时（通过流水线中集成的代码扫描工具），完成代码扫描工作，尽可能在早期发现问题。

3.6.3　代码扫描的原理

静态代码扫描有分析源文件和分析源代码编译后的中间文件两种形式。这两种形式背后涉及的主要分析技术如下。

（1）缺陷模式匹配。事先从代码分析经验中收集足够多的共性缺陷模式，将待分析的代码与已有的共性缺陷模式进行匹配，从而得到分析结果。这项技术的优点是简单方便，缺点是需要内置足够多的缺陷模式，且容易产生误报。

（2）类型推断。类型推断技术是指通过对代码中的运算对象类型进行推理，保证代码中每条语句都匹配正确的类型执行。

（3）控制流和模型检查。模型检查建立于有限状态自动机概念的基础上，先将每条语句产生的影响抽象为有限状态自动机的一个状态，再通过分析有限状态机达到分析代码的目的。

（4）控制流和数据流分析。从程序代码中收集程序语义信息并抽象成控制流图，通过控制流图不必运行程序，就能分析程序运行时的行为。

3.6.4　代码扫描的应用场景

代码扫描可以应用于多种场景，下面列举一些业界已广泛实践并有明确价值呈现的场景。

1）代码规约扫描

软件研发不是一个人的工作，需要团队中的每位成员通力合作。在编程工作中，代码规约是团队协作的保证，适当的规范和标准能够限制过度个性化，让团队以一种普遍认可的方式一起做事，提升协作效率。

传统的代码规约实施方式是编写规约文档，并要求所有开发人员学习，且按照文档规范编写代码。在实际工作中，开发人员往往很难时刻按照规范编码，文档内容也很容易遗忘，对于管理者也很难去检查规约落实的情况，人力成本很高。而代码扫描能够自动发现代码中违反规约的地方，并以代码高亮和划线等方式提示开发人员，这就确保了每个人都能高效地遵守代码规约，提升研发效能。

2）代码缺陷扫描

所有人都希望代码缺陷能够被及早发现，而不是等到代码发布上线后，影响了用户使用才被感知到。其实，很多代码缺陷都可以通过代码扫描的方式在早期被发现，如空指针、数组越界、线程安全、类型转换、异常处理不当、资源泄露，等等。

3）代码安全扫描

代码的安全性也是代码扫描的重要任务之一，其能够预防 CSRF、XSS、XXE、反序列化等多种攻击手段，由于我们很难保证每位程序员都时刻小心避让这些潜在的攻击手段，因此管控成本直线上升，而通过代码扫描快速查找与定位风险，能以最低成本为安全保驾护航。

4）代码合规扫描

代码合规扫描也被称为代码知识产权扫描、代码同源性扫描等，是指通过扫描源代码，发现并确认代码（也包括依赖的代码）的版本、许可证（License）、文档等信息有无知识产权、舆情等风险，以免给企业带来不必要的纠纷和损失。

5）代码扫描应用的注意点

在代码扫描的应用过程中，我们可能会遇到一些实际的问题，以下是总结的常见实践痛点和解决思路。

（1）扫描效率低：如果目标项目的代码量较大，可能造成扫描时间较长，则我们可以将扫描范围缩小至某个模块级别，或者减少扫描的规则。当针对变更代码进行扫描时，应当采取增量扫描的策略（将全量扫描的结果作为基线，通过分析代码差异得到变更代码范围，再针对范围内的代码进行扫描），而全局扫描的工作可以在每天的低峰期定时进行。

（2）扫描发现的问题不是"问题"：代码扫描是基于规则进行的，但有些情况下我们的代码可能存在特殊的考虑，比如某个空的逻辑分支内会将预留"//KEEP ME"字样作为保留提示，而代码扫描则认为这是一个无效的逻辑。此时，我们应当忽略该规则，或定制更有针对性的规则，避免产生误解。

（3）谨防引入新的问题：本质上，修正代码扫描所发现的问题，与修复一个代码缺陷是类似的，即便修复完成后重新扫描没有问题，也需要通过回归测试去验证修复过程没有影响已有功能。

3.6.5　案例研究：某一线互联网公司的代码扫描实践

随着代码扫描的日益盛行，各个互联网大厂对代码扫描都有一定的实践成果，下面我们以阿里云云效平台在阿里云社区公开的代码扫描解决方案为例，详述代码扫描的落地过程。

这个案例所面向的目标公司存在以下痛点。

（1）编码不规范：开发者专业度有限，特别是依赖于外包团队，业务代码通常没有经过良好的设计，也很难保证兼容性和扩展性，存在潜在的缺陷和故障风险。

（2）敏感数据泄露：开发者缺乏安全意识，企业的敏感信息直接被编写到代码中，可能会造成敏感信息的外流，进而使不法分子有机可乘，对企业造成损失。

（3）依赖项存在安全漏洞：代码中不可避免地引入二方或三方的依赖包，如果这些依赖包中的代码存在安全漏洞，不法分子就可以通过这些漏洞发起攻击。

（4）代码优化：开发者编写了代码，期望能够得到专业的代码优化建议。

云效代码管理内置了多种扫描服务，在开启自动化扫描服务后，能够保证每次提交都能及时地获取扫描结果。云效平台共提供了如下四种代码扫描服务。

1）代码质量：Java 开发规约

这项扫描服务基于阿里巴巴内部 Java 工程师所遵循的开发规范，涵盖编程规约、单元测试规约、异常日志规约、MySQL 规约、工程规约、安全规约等，这是近万名阿里巴巴 Java 技术精英的经验总结，并经历了多次大规模一线实战检验及完善。根据约束力的强弱，规约依次分为强制、推荐、参考三大类。

- 强制：必须遵守，违反约定或将引起严重的后果。
- 推荐：尽量遵守，长期遵守这样的规则有助于系统的稳定性和合作效率的提示。
- 参考：充分理解，是指对技术意识的引导，是个人学习、团队沟通、项目合作的方向。

2）代码安全：敏感信息检测

敏感信息检测功能，可以检测代码库中的敏感凭证和密钥，如 API keys 等信息。这项服务集成在合并请求代码评审阶段，可以有效防止敏感信息被意外提交。

敏感信息问题的等级分为 BLOCKER、CRITICAL、MAJOR 三种。

- BLOCKER：通过规则扫描出来的可能性很高的明文问题。
- CRITICAL：通过信息熵模型得出的可能性较高的潜在问题。
- MAJOR：用于测试的敏感信息字段。

3）代码安全：依赖包漏洞检测

对于项目中的各种依赖，为了杜绝安全隐患，企业需要做到以下三点。

- 了解项目工程使用的依赖包。
- 删除不需要的依赖包。
- 检测并修复当前依赖的已知漏洞。

依赖包漏洞检测服务能够帮助企业方便地检查其工程依赖包的安全性。依赖包漏洞等级分为 BLOCKER、CRITICAL 和 MAJOR，等级划分是根据国家漏洞数据库 CVSS 分数评估制定的。

- BLOCKER：高危漏洞，建议立即修复。
- CRITICAL：中危漏洞，建议尽快修复。
- MAJOR：低危漏洞。

4）代码质量：代码补丁智能推荐

几十年来，缺陷检测和补丁推荐一直是软件工程领域的难题，也是研究者和一线开发者最为关心的问题之一，这里所讲的缺陷不是网络漏洞、系统缺陷，而是隐藏在代码中的缺陷。如果能够帮助开发者识别这些缺陷并进行修复，对于提升软件质量大有裨益。

基于业界和学术界较为流行的缺陷检测手段，通过分析和规避其局限性，云效代码管理的算法工程师提出了一种新的算法，其能够更精准和高效地分析代码缺陷并推荐优化方案，该算法已被国际软件工程大会（ICSE）收录，流程如图 3.6.2 所示。

（1）基于代码提交信息（Commit Message）中的关键词，找出与代码修复相关的代码提交，这一步比较依赖开发人员良好的代码提交习惯。

（2）从这些代码提交中提取变更的内容，即 Defect-Patch Pairs（DP Pair），这是较为粗略的原始信息。

（3）利用改进的 DBSCAN 方法进行聚类，将相似的缺陷和补丁代码聚合在一起，得到较为精确的信息。

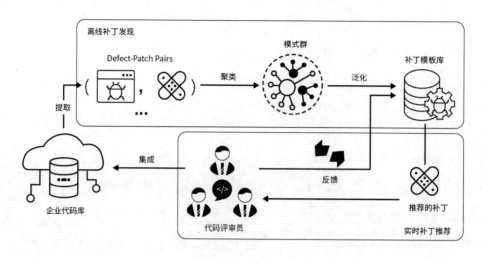

图 3.6.2　云效代码管理的新算法

（4）利用自研的模板提取方法总结缺陷代码和补丁代码，并根据不同的变量来适配上下文。

（5）使用者持续提供反馈，促进整个流程的不断优化。

目前，代码补丁智能推荐服务可应用于合并请求的代码自动扫描场景，扫描输出优化推荐方案。

为了保证代码问题不被引入生产环境，越早进行检查，引入的风险就越小。因此，我们可以设置在每次提交代码时都进行代码检测，从起点发现并扼杀问题，以保障后续应用研发流程的稳定性，如图 3.6.3 所示。

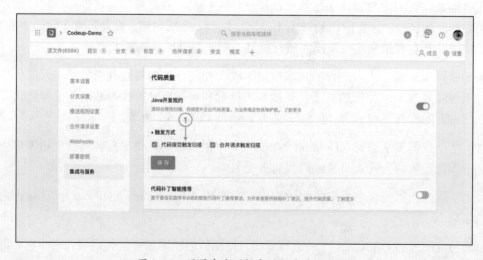

图 3.6.3　设置在代码提交时触发代码扫描

此后，库内的每次提交都会自动执行对应的自动化检测，以检测当前新提交的所有文件，可在源文件或提交页面查看检测结果和细节内容，如图 3.6.4 和图 3.6.5 所示。

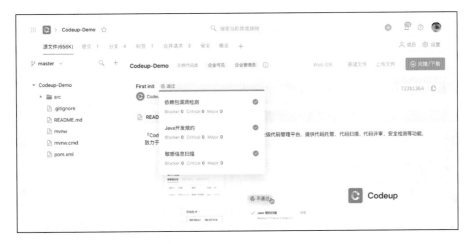

图 3.6.4　代码扫描的检测结果

图 3.6.5　代码扫描的结果细节

3.6.6　代码扫描的误区

虽然代码扫描非常强大，但在实践过程中，也存在不少反面教材，通过对这些误区的学习和举一反三，能够帮助我们尽可能少走弯路，真正将代码扫描的价值发挥出来。

1）仅仅接入代码扫描，不做改进

代码扫描能够帮助我们快速找到代码的问题，但它本身并不解决问题，此时需要工程师介入修复问题和优化代码。如果我们仅仅是将代码扫描的结果展现出来"阅读"一下，而后续的改进工作没有跟上的话，代码扫描的价值就极其有限了。

团队在接入代码扫描伊始，可能会面对大量待解决的问题，显得无从下手。此时，我们建议将代码扫描所发现的问题项分为不同的优先级去驱动改进，如下。

- 高优先级：代码缺陷和风险（空指针、资源未释放、类型错误、线程安全问题等）。
- 中优先级：冗余代码，以及一些暂时可容忍的代码问题（精度、字段长度等）。
- 低优先级：日志记录问题、代码风格问题等。

当然，如果团队能够根据自身的代码规约要求或某一个（些）特定的技术改造点去定制相应的代码扫描策略，协助开发人员更精确地发现问题，那么基于这些策略的改进工作将更容易落地。

2）机械的、教条的应用代码扫描

有些团队对于代码扫描的使用非常死板，如搭建一个 SonarQube 平台，简单、粗暴地使用其中默认的规则和优先级进行代码缺陷扫描，不考虑这些规则是否符合目前团队的代码开发现状，也不考虑这些规则是否能够覆盖已知的高频代码问题。

代码扫描应该是灵活、因地制宜的，而不是机械和教条的。基于团队目前的痛点和需求选择（或自定义）相应的代码扫描规则，是更有效的实践方法。盲目引入代码扫描，往往会大幅增加团队负担，效果反而大打折扣。

3）代码扫描是"银弹"

虽然代码扫描有明显的优势，但它也不是万能的。由于代码扫描工具本身也是由代码构成的，因此也可能会产生一些问题，形成误报。此外，绝大多数的代码扫描形式都是静态扫描，一些运行时才能被发现的问题，代码扫描就无能为力了。可见，并不是将代码扫描发现的问题全部修复掉，我们的代码就没有任何问题了，其他质量保障和安全保障手段依然非常重要。

3.6.7　代码扫描的展望

代码扫描具有成本低、效率高的优势，行业对代码扫描的研究和探索从未停止过。

2019 年 9 月，GitHub 收购代码分析平台企业 Semmle，宣布将在 GitHub 的开发者工作流程中引入代码安全性流程。在 2020 年 5 月的 GitHub Satellite 2020 大会上，GitHub 率先推出了代码扫描功能的 beta 版，免费提供开源代码扫描功能。启用后，将对每个"git push"进行扫描，以查找新的潜在安全漏洞，并将结果直接显示出来。

据 GitHub 介绍，在内测阶段有 12 000 个代码仓库接受了代码扫描，扫描次数达到 140 万次，共发现 20 000 多个安全问题，包括远程代码执行（RCE）、SQL 注入和跨站脚本（XSS）的漏洞。开发者和维护人员在一个月内修复了 72% 的已报告安全问题，比例远高于业内统计的 32% 的 30 天内修复率。

与 GitHub 的实践相比，Meta（Facebook）也有代码扫描的"黑科技"。2019 年，Meta 研发了 Zoncolan 工具，Zoncolan 用静态分析的方法自动检查 Meta 内部的代码，并映射代码库的表现和功能，检测潜在的安全威胁，让安全工程师的工作规模化。

Zoncolan 大大提高了代码检查的速度，手动检查可能需要非常长的时间，但利用 Zoncolan，从冷启动开始，只要不到 30 分钟就能检查完 Meta 长达一亿行的整个代码库。自从开始应用以来，Zoncolan 已经找出了数千个潜在的安全问题。

虽然 Zoncolan 是 Meta 的内部工具，但 Meta 也推出了一款基于 Python 的，名为 Pyre 的开源代码扫描工具，虽然其功能不像 Zoncolan 一样强大，但基本上能够满足大众需求。

在人工智能发展火热的当下，业内也有不少将代码扫描与人工智能相结合的案例，先通过自动扫描代码寻找漏洞，然后测试不同的补丁，并向工程师推荐最佳修补方案。我们有理由相信，随着时代的发展，代码扫描将会创造更大的价值。

3.7　编译构建

核心观点

- 优秀的团队每天都应该自动化地完成最新的代码构建并发布到测试平台。
- 传统的本地编译构建问题很多，业界发展出了分布式构建、编译缓存、云端构建等技术。
- 分布式构建是提升构建速度的主要手段之一，可根据自身情况对协议进行优化改造。
- 编译构建平台需要关注接入成本，尽量实现无侵入接入。
- 编译构建的优化是不断迭代的过程，编译过程的可视化为持续优化提供了数据基础。

3.7.1　编译构建概述

编译构建，是指把源代码和相关资源编译、链接，并且打包为一个可以安装和运行的服务的过程。在软件企业中，一般有专用的服务器来进行代码构建。编译构建的大致流程如下。

（1）清理（Clean）：将本次编译构建流程以前的旧文件清除。

（2）同步（Synchronization）：将最新的源代码文件、测试工具源代码文件、数据文件，以及依赖的模块都同步到工作服务器上。注意：最新的测试代码和数据文件也需要同步。

① 同步最新版本的文件，通过源代码管理的命令就很容易实现。

② 同步项目所需要的依赖模块，每个技术栈都有对应的包管理工具，如 Java 是 Maven、Python 是 pip、Node.js 是 npm 等。另外要指出的是，编译工具也有版本更新的问题，在一个产品交付周期中（如一个迭代），所有编译工具的版本都应该保持一致，不要出现某程序员看到某工具有新版本就自行升级的情况，这样会导致源程序因为不同的编译器版本不兼容而出现细微而怪异的问题。编译工具的更新，应该在全团队取得共识的基础上，在并不繁忙的时刻更新，并且可以安排部分工程师先测试新版本，而不要贸然更新主线上的版本。

③ 也可以采用在一个迭代中保持团队的源代码不变，只更新所有外部依赖软件包，并在新的外部依赖中测试整个系统，这样能把测试工作聚焦到验证所有的外部依赖模块中。

（3）编译（Compile）：在具体的编译工作中，如将 Java 源程序编译成 Class 字节码文件，如果出现错误会直接中断流程，编译工具会根据出错模块所属的团队，通知团队的联系人和相关成员，以便第一时间诊断问题。

（4）单元测试（Unit Test）：自动进行模块的单元测试，如自动调用 Junit 程序测试 Java 模块。

（5）报告（Report）：测试程序执行的结果。

① 程序能成功编译，但是单元测试未必能成功，因为新代码可能无意中改变了原来的代码逻辑。另外，单元测试的一个重要指标是代码覆盖率，我们要保证有足够的代码被测试用例覆盖到，精英团队的规则是要保证 80%。当团队提交大量新代码时，如果没有在测试代码中增加足够的测试用例，则代码覆盖率就会降低，低于团队商定的阈值时会触发告警。

② 相关团队的联系人应该分析报告，如果报告中有错误，则需要根据错误的性质，依据本次构建的优先级和重要性来决定下一步的策略。例如：

如果是代码的逻辑错误，就要提高事故记录单的优先级到最高级，让开发团队负责处理。

如果是代码覆盖率不足，但是主要的功能测试可以通过，就可以让本次构建通过，把事故记录单按照中等优先级处理。

③ 如果有其他产品线需要此模块的构建，则会通知相应的依赖方，让其决定是否使用新版本。

④ 如果此构建并不重要，比如只是临时的测试版本，则团队可以让流程继续。

（6）打包（Package）和部署（Deploy）：将编译和通过测试的模块打包，并部署到测试服务器，准备进行集成测试。

（7）集成测试：运行构建验证测试。

3.7.2　编译构建的价值

从项目管理的角度来看，每天保证有一个最新版本的成功构建，能确保团队有最新的正确版本，有利于团队拥有高质量的代码。另外，这对于团队的心理也有很大的正面作用。

在对全球公司的调查中，研究人员发现成功的公司中有 94%每天或至少每周完成构建，而绝大多数不成功的公司基本都是每月完成构建，甚至时间更长。当有一个能运行的系统时，即使只是一个简单的系统，团队的积极性也会上升[14]。

在成熟的精英团队中，每一次主分支的代码合并都会自动触发编译构建，并记录中间结果。如果出现错误，则会自动取消合并，让源代码保持"一直可以编译成功"的状态，提交合并的成员必须修复问题后才能提交新的合并。这样能让错误在第一时间得到重视和解决，而不是等错误累积后再花很长时间来解决。精英团队要投入足够的人力、物力保证编译构建工具和流程的质量，正所谓"磨刀不误砍柴工"，把刀磨快了，后续就能避免很多麻烦。

3.7.3　编译构建的实现

1. 主流编译工具

现代的软件编译工具除了支持单机的编译构建，也支持分布式的编译构建。目前，主流的工具如下：

1）Apache Maven　（使用率非常高的项目构建管理工具）

Apache Maven 是一款优秀的软件项目构建管理工具。基于项目对象模型（POM）的概念，开发人员只需做一些简单的配置，就可以批量完成项目的构建、报告和文档的生成工作。

另外，Maven 还提供与项目相关的第三方依赖包的管理功能。

2）Gradle

Gradle 是一款基于 Apache Ant 和 Apache Maven 概念的通用项目构建工具。由于它使用一种基于 Groovy 的领域特定语言（DSL）来声明项目设置，构建脚本使用 Groovy 编写，具有很强的灵活性，支持 Maven 和 Ivy 仓库，支持传递性依赖管理，而不需要远程仓库或者 pom.xml 和 ivy.xml 配置文件，因此许多开源项目和互联网企业的构建系统都开始使用 Gradle。

3）Google Bazel

Bazel 是从谷歌公司内部演化出来的开源构建工具，类似于 Make、Maven 和 Gradle。它使用高级构建语言，支持多种开发语言项目，能够基于多个平台来构建。Bazel 的优势是，支持本地和分布式缓存、优化的依赖项分析及并行执行功能，软件团队可以快速进行增量构建。另外，Bazel 支持跨多个制品库和大规模用户的大型代码仓库模式（大仓模式），在使用大于

100kB 源文件处理构建时仍然保持良好的性能表现，能够支持万人的用户规模。谷歌是 Bazel 的最大使用者。

4）Facebook Buck

Buck 是 Meta 内部使用并对外开源的一款非常流行的构建系统，它的设计以 Google 的内部构建系统 Blaze（前文提到的 Bazel 是 Blaze 的对外开源版本）为原型，在行业得到广泛的认可，并在很多大公司以及庞大的开发环境中使用。其构建的目标代码相当广泛，且对 Android 工程有所优化，核心思想是多任务并发的构建策略，充分发挥多核优势。当模块的颗粒度比较小时，Buck 更能发挥其并发构建的最大优势。

5）Microsoft Azure Pipeline

微软公司开发的跨平台，支持多语言，多种源代码控制系统的 CI/CD 平台。它是更大的 Azure DevOps 生态系统的一部分。

2. 传统编译的问题

在个人电脑和开发环境的主力配置、网络带宽和延迟都有很多限制的年代，大部分项目的编译构建都在本地完成，传统的本地编译构建出现了许多问题。

（1）环境搭建耗时费力，环境差异容易引入问题。研发人员耗费大量精力搭建环境和调试环境，不能聚焦业务开发。这不仅造成开发人员精力的浪费，也会由于时间消耗带来等待成本，而且不同本地构建环境的不一致会导致各种问题。

（2）本地硬件配置不高，单机编译构建速度慢。众所周知，编译构建硬件资源消耗大，但中小型企业和创业者受资金投入限制，单机硬件配置普遍不高，造成编译构建速度慢，影响开发效率。

（3）未变更的部分重复编译，浪费时间。对于没有变更的代码部分不需要每次都进行重复编译，如果代码规模较大，这样的重复编译会造成很大的浪费。

（4）多语言不能并行构建。随着互联网的迅猛发展，多语言混合编程成为常态，而本地构建环境受硬件限制，难以在同一环境中支持多种构建语言和应用类型并行构建。

3. 编译能力优化

为了解决以上这些问题，业界发展了分布式构建、编译缓存、云端构建等技术。

1）分布式构建

首先来看分布式构建，这里以 C/C++ 语言为例来讲解。C/C++ 的编译过程主要分为预编译、编译和链接三个步骤，传统的编译环节是在单机单节点上运行的，为了加快编译环节的速度，可以采用将编译任务拆解后，分配给多个构建服务器同时执行的方式，这些用于执行编译任务的构建服务器就构成了分布式的编译集群。在每个机器的编译任务完成后再启动链接步骤，编译任务的拆解颗粒度越小，编译提速的效果就会越明显。在 Linux 环境下，业界能够实现上述分布式编译的工具是 distcc。早期的 distcc 在分布式编译任务调度环节只能基于指定的顺序来分配，现在出现了 dmucs，其可以实现基于负载均衡的任务调配，进一步提升了分布式编译集群的资源使用效率。

另外，在预编译环节也有提速的空间。在传统方式下，预编译工作只能在单机执行，也就是说编译任务分发之前只能在主构建机器上完成预处理，但是在新版本的 distcc 中引入了 pump mode，其是对 distcc 在预编译环节的增强，通过 pump 可以将编译单元的预处理也分发给分布式构建服务器并行执行，进一步提高了编译的整体速度。

2）编译缓存

对于没有变更的代码部分，我们不希望每次都重新编译，为此可以使用编译缓存的方式来减少重复编译。在 C/C++领域，ccache 就是一个经典的解决方案，它的作用是将编译过程中产生的中间文件根据预编译结果，通过哈希表（hash）缓存下来。这样，当下次编译的时候，没有变化的部分就会命中缓存而不需要重新编译，从而实现类似增量编译的提速效果。在 Java 领域中，也可以通过缓存 Maven 项目对象模型（POM）依赖树实现类似的效果。

3）云端构建

目前，在互联网企业中云端编译构建逐渐成为主流方式，即在云上集中编译构建资源，通过统一平台和调度，为软件企业或者个人按需分配资源，提供软件编译构建服务。云端构建具有以下优点：

（1）把开发人员从烦琐的环境搭建工作中解脱出来，完全聚焦于业务实现，降低开发成本。

（2）构建成本低，企业按照实际占用的构建资源及时支付相应费用即可。云端构建支持各种动态的需求，任务完成后即刻释放资源。云端构建环境有专业人员统一维护和升级，从长期来看，总的成本较低。

（3）和其他服务更好地配合。云端构建服务可以接入代码安全扫描、自动部署、单元测试、集成测试等服务，能加快软件开发各个任务的衔接，提高整体效率。

4. 构建验证测试

如果编译构建的每个过程都能正确执行，则我们在获得构建好的软件包并发布到测试服务器之后，还要做最后一步——构建验证测试。顾名思义，它是指在一个构建完成之后，构建系统会自动运行一套测试用例集，验证系统的基本功能。在大多数情况下，这些验证步骤都是在自动构建成功后自动运行的，某些情况下也会手工运行，但是由于构建是自动生成的，因此我们也要努力让 BVT 自动运行。

BVT 的目标是必须能安装，且必须能够实现一组核心场景，这也是软件最基本的功能。例如，对于文字处理软件来说，其基本功能是必须能打开/编辑/保存一个文档文件，但是它的一些高级功能，如文本自动纠错，则不在其中；又如，对于网站系统，其基本功能是用户可以注册/上传/下载信息，但是一些高级功能，如删除用户、列出用户参与的所有讨论，则不在其中。

通过 BVT 的构建版本可以进行进一步的测试，因为它的基本功能都是可用的。反之，通不过 BVT 的构建版本被称为"失败的构建"。

如果 BVT 不能通过，则自动测试框架会针对每一个失败的测试自动生成一个 bug。一般来说，这些 bug 都有最高优先级，开发人员要优先处理。我们都知道，维持每日构建并产生一个健康的版本是软件开发过程中质量控制的基础。那么，对于导致问题的 bug，该怎么办？我们有以下几种选择：

（1）找到导致失败的原因，如果原因很简单，程序员可以立即修改并直接提交。

（2）找到导致失败的修改集（Changeset），把此修改集剔出此版本（程序员必须修正 bug 后，再重新把代码提交到源代码库中）。

（3）程序员必须在下一次构建开始前修正该 bug。

选择（1）和（2）的快速修改，都可以让今天正在进行的构建成为"健康的"，但是有时各方面的修改互相依赖，不能在短时间内解决所有问题，那就只能先宣布当前版本是失败的，然后期待程序员通过选择（3）让下一个构建成功。

在现代软件开发场景中，很多构建的交付是 SaaS 的服务，在新版本构建成功并通过验证测试后，一般人会想到马上把新版本发布到网上的生产环境中，其实这是非常不好的实践。我们应该先构造一个测试环境，构建好的版本会进入测试环境进行各种测试，然后由团队选择时机发布到生产环境中。

在一些相对比较成熟的团队中，为了适应开发/测试/生产环境的不同要求，软件团队会把环境分为 Dev、Test、Product 三个不同的小环境，源代码也有 Dev、Test、Product 三条主要分支；每个环境只运行其对应分支的源代码，并且还需要使用对应环境的集中式配置（Dev/Test/Product），这些配置指定了不同环境的各种资源依赖，如数据库、存储、支撑业务逻辑的各种配置等。

3.7.4 案例研究：基于 distcc 协议的分布式编译平台改造

1. 背景

编译加速平台通过分布式编译技术、缓存技术和容器技术，旨在为公司各个项目提供高效、稳定、便捷的编译加速服务。目前，该加速平台已经接入了 350 多个项目，累计加速 300 多万（次），累计提供编译资源 1200 多万 core hours（核心*小时），为接入项目带来了十分可观的速度提升，逐渐成为各个项目 CI 流程中不可或缺的支持服务。其中，分布式编译协议采用的是上面提到的 distcc 协议，其源于著名的开源项目 samba，是一款有着较长历史的跨平台开源分布式编译解决方案。distcc 协议的作用就是采用网格计算的模式，将编译任务分配至其他主机，并在编译结束后回传，以供第三步链接使用，并由此降低发起编译的机器负载，提升编译效率。但其原生协议在实际落地过程中表现出一些局限性：

1）不支持预编译头

预编译头（Pre-Compiled Header，PCH）本质上是为了避免头文件的重复编译，将头文件"一次编译、多次使用"。但是，distcc 协议默认无法支持直接使用预编译头的方式，原本使用预编译头的项目只能在 PCH 和 distcc 协议之间二选一。

2）侵入式接入

使用 distcc 协议需要替换原本的编译器（如 gcc/g++）指令，从而达到分发文件到远端处理的目的。因此，需要将编译器配置注入 Makefile、build.ninja、bazel-toolchain 等构建描述中，对用户工程文件进行侵入性修改。对于数百个不同的业务来说，由于有些项目修改的成本很高，导致接入受阻。

3）资源利用率问题

distcc 协议中服务端的处理进程采用固定数量子进程的形式，老的子进程退出后，新的子进程才会被拉起接收文件并处理，进程的切换过程势必会产生性能损耗。

4）编译过程中缺少数据支撑

distcc 协议中默认提供的过程数据仅包含编译文件总数、最长编译时长等笼统的数据。这导致无法精确监测编译过程，难以发现隐藏的问题。

2. 改造过程

1）预编译头分发

利用/Yu 编译器参数可以指定要使用的 PCH 文件，在 PCH 文件生效的情况下，预处理文件中不会有源头文件的展开内容，而是只记录一个标记，在编译阶段编译器会直接找到这个文件。因此，解决思路是在依赖 PCH 文件开始编译前，确保这个文件被分发到指定位置。

在本地使用 PCH 只需要编译一次头文件，所有依赖该头文件的文件编译均可直接使用，但在远程构建机上使用会面临两个问题：多台构建机都需要分发一次，如何避免在构建机就绪前接收文件？多个文件都依赖预编译头，如何避免重复分发？

为解决以上两个问题，新增了协调器组件。如图 3.7.1 所示，当该次构建有 PCH 文件需要被分发时，执行器会询问本地协调器：它的目标工作者是否已经有该文件。如果有，则不需要分发；如果没有，则发起分发，并防止其他执行器对同一个工作者做相同文件的分发。另外，被分发到远程构建机上的 PCH 文件，需要保证路径与本地一致，以便远程构建机上的编译器能根据标记正确找到该文件。

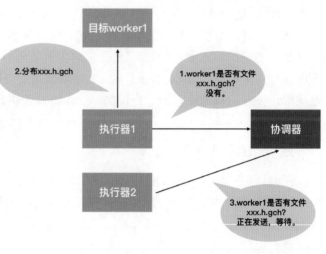

图 3.7.1　PCH 分发机制

2）通过 LD_PRELOAD 实现无侵入式接入

在 Linux 环境下，LD_PRELOAD 环境变量可以改变程序运行时链接器（Runtime Linker）的行为。被 LD_PRELOAD 指定的动态库将会在任何库之前被加载，这常用来在运行时调试程序，通过加载额外的.so 文件来调整程序的行为。因此，可以通过劫持子进程中的所有 exec 类调用（如 execve、execvp 等）来接管任务。若调用的对象文件是需要被劫持的目标（如 gcc/g++/clang 等），则重组调用目标，在原对象前方插入执行器。

通过上述方式，实现了项目无侵入式接入。

- 接入方法与构建工具无关，只与使用的编译器有关；用户一般无须特别调整。
- 用户无须理解编译加速的实现原理，即插即用。

3）资源利用率优化

分布式编译最主要的损耗在于分发。另外，相对本地编译，其多了压缩、传输、解压等环节。为了提升资源 CPU 的利用率，减少在 I/O 阶段的等待时间，在流程上使用阶梯式的压力传递，在不同的阶段维护多条队列依次处理。由后端的处理能力决定前一个阶段的工作数量，层层递增，最终体现在构建工具的并发数上，用户可以使用"@JOBS"变量来获取这个数值。

4）过程数据可视化

如果没有过程数据的收集和展示，则编译过程对用户来说始终是一个黑盒：用户只能知道编译整体用了多少时间，但对其中发生了什么、有哪些步骤、每个步骤耗时如何，都没有很好的手段去了解和分析。通过在执行器内部抓取编译过程中的全流程数据，实现了对编译全过程的行为感知，并以此实现编译过程数据可视化，为进一步优化提供了数据基础。

案例总结：

（1）编译构建平台可以同时为多个项目提供编译能力，一次优化多项目受益。

（2）分布式构建是提升编译构建速度的主要手段之一，可根据自身情况对协议进行优化改造。

（3）编译构建平台需要关注接入成本，尽量实现无侵入接入。

（4）编译优化是不断迭代的过程，编译过程的可视化为持续优化提供了数据基础。

3.7.5　编译构建的误区

编译构建要每天进行，这个过程是把所有人的代码转变为一个"我们的产品"的过程，这就会出现个人角度和团队角度，个人利益和团队利益的冲突。例如，一些程序员认为，目前代码仓库上的主分支有问题，但是"我的分支是好的"，就不去解决主分支上的问题，这会导致主分支上的问题越来越多。各个成员都提交自己的"在我这里是编译成功了的"代码，这就导致主分支上的错误越来越多，情况越来越复杂，致使"我们的产品"不能发布，但是每一个人都说"我的本地代码是好的"。

另一种冲突是，一个程序员每天下班前都会自动把今天修改的代码合并到主分支，并触发一个自动构建和测试吗？如果主分支的代码构建不成功怎么办？这个程序员还要晚上加班修复吗？好的实践是，在个人的开发任务完成前，不要推送自己的代码到主分支；在自己的工作完成后，先把主分支的代码同步到自己的分支（这里假设主分支有最新的、成功的构建），编译成功并作简单验证后，再把自己的代码合并到主分支。

另一个问题是，谁来负责处理编译构建过程中的各种问题？在有些团队中，有一个人专门负责此事，时间一长，此人就非常疲惫，因为大部分的问题都不是由自己导致的，找到问题根源并解决需要花很多时间和进行大量交流。那么，如何比较合理地安排人手呢？在一些团队中，流行"Build Master"（构建大师）的做法，就是让导致上次项目编译错误的人来负责编译构建流程，直到下次有人犯错误为止，下次犯错误的人，就是新的"构建大师"。 这个实践让大家都有机会为集体贡献，同时奖励了不犯错误的团队成员。

3.8　架构设计

核心观点

- 需求、开发、测试、运维等大部分研发领域效能的提升都依赖于架构设计本身的质量。
- 架构设计并不是为了满足模式和原则，而是在理解分析业务目标后，设计或选取和目标高度关联的最优解。
- 架构设计不是一锤子买卖，在整个软件生命周期内都需要守护和持续演进。

3.8.1　架构设计概述

架构并没有一个标准的、被普遍接受的权威定义，你也许看见过不少关于软件架构的定义。

- 架构是一组有关软件系统组织方式的重要决策；是对系统构成元素、元素接口，以及这些元素间协作行为方式的选择；是一种把这些结构和行为元素逐步组合为更大子系统的合成方式；也是一种构建风格，在其指导下把这些元素、元素接口、元素间的协作和合成组织起来。
- 从最高的抽象层次上看，架构就是"一种思考世界的方式"，一种哲学观，如一切都是对象，一切都是进程。
- 架构是系统中最重要的一些东西。
- 架构是系统中难以改变的东西。

············

至少可以肯定的一点是，架构设计伴随着大量的决策过程。在这些决策过程中，其应该满足以下原则：

（1）与目标高度关联。架构设计并不是为了满足某些模式和原则，而是充分理解、分析业务目标后，设计或选取一定的构造，重要的是这些设计构造要和你的目标高度关联。

（2）可理解的。由于一个值得实现的软件系统通常都是复杂的，因此架构设计的结果一定要是可理解的。例如，在正确性、状态、控制、结构、性能等维度，都需要对其了如指掌，并能通过可理解的方式来表达。

（3）合适的。很多优秀的技术人员都有技术情结，典型表现就是任何设计都想达到业界领先水平，这是一个危险的信号。这种不切实际地追求"领先"技术的表现，往往会导致系统复杂性或技术细节难以把握，最终走向失败。

（4）简单的。KISS（Keep It Simple, Stupid）原则同样适用于架构设计。

（5）可演进的。软件系统往往是变化的并趋于复杂的，更重要的是变化方向难以预测。在面对变化时，我们要时刻保持架构设计是可演进的。这并不是说要提前预测并设计出解决方案，而恰恰需要延迟决策，使架构设计在真正的变化来临时，能够"轻松应对"。

3.8.2　架构设计的价值

良好的架构设计可以让系统更快地响应未来的功能变化，持续地提供业务价值，同时也是研发效能领域各个活动的基础。

（1）可持续地提供业务价值。软件本身是为了解决客户的问题并带来价值，其中为客户提供的业务功能是最为直观的价值。但有些企业为了快速占领市场，尽快让系统"跑"起来，过度关注当前为客户提供的功能价值，却忽视了架构带来的价值。这实际是在用未来换取当下，是很难持续的。架构的目标是用更小的成本实现同样的功能，若前期忽略了架构的设计，后期会花成倍的成本进行补救，这必然会对后期系统业务的发展形成巨大的阻碍。

（2）提高生产力。良好的架构设计通常是易于业务开发、测试、定位问题、部署和维护的。软件开发各个环节的生产力都和架构设计相关。

（3）应对软件系统复杂性。可以说，整个软件技术发展的历史其实就是一部与"复杂度"斗争的历史，这也是架构设计的核心价值之一。再成功的软件系统也难免走向复杂，用户数量的增加会给系统的可用性、可伸缩性、性能表现施加前所未有的压力。新功能不断插入，补丁越来越多，让软件越来越笨重，扩展系统的任务可能压得开发团队喘不过气。如果不保持警惕，软件系统最终会成为其自身成功的"受害者"。

（4）满足非质量属性。虽然说架构设计是为了更好地解决业务领域问题，但单纯解决领域问题的方式有很多，一个系统的架构设计往往是由非质量属性决定的，如高性能、可用性、可靠性、扩展性、安全性等。

（5）更好地理解系统。一篇清晰的架构设计文档/原型代码常常是工程师了解整个系统的第一步。

（6）研发效能的提升。本书中提到的需求、开发、测试、运维等大部分研发领域效能的提升都依赖于架构设计本身的质量。

3.8.3　架构设计的实现

影响架构设计实现步骤的因素有很多，业务特点、人员技能、组织协作方式、遗留系统等，很难用统一的步骤模板去强制要求。以下环节可以作为参考。

1. 制定设计策略

没有架构设计策略的开发工作，很容易陷入混乱中。最优的设计策略不是追求让架构设计达到完美的状态，而是找到一个"恰好够用"的设计，这个架构设计能适应当前企业环境（满足利益相关方的需求等），以及应对未来业务变化。

寻找"恰好够用"的架构设计，可以参考如下方法。

（1）降低风险：架构设计的失败会影响后续所有环节，必须时刻考虑可能出现的风险，并根据风险来进行设计。

（2）简化问题：运用分治、抽象、缩小关注范围等方法，去理解和简化复杂性不断增加的问题。

（3）迭代学习：相比于更长的设计周期，更倾向于能产生具体成果的频繁迭代

（4）解证结合：同时考虑问题的解法和证法，以便高效地找到够用的设计。

2. 挖掘关键架构需求

关键架构需求（Architecturally Significant Requirement，ASR）是显著影响架构结构选择的需求，包括如下内容。

（1）约束：不可更改的设计决策。

（2）影响较大的功能需求：如果无法很好地满足，则系统提供的价值将会受到严重影响。

（3）非质量属性。

- 可测试性：为测试而设计。例如，如何更容易地对系统进行测试？
- 可扩展性：为扩展而设计。例如，如何更容易地扩展功能，以应对未来的变化？
- 可观测性：为监控而设计。例如，如何感知系统的关键状态？
- 稳定性：为稳定或失效而设计。例如，在局部失效的情况下，系统需要具备哪些机制？
- 可用性：为可用而设计。例如，如何在各种情况下仍然对外提供服务？
- 部署：为部署而设计。例如，如何快速部署，以最快的速度、最小的风险进行版本替换或更新等？

（4）其他影响因素：时间、资源、知识、经验、团队技术特长，甚至办公室政治等。

3. 多种方案选择

做决策意味着需要多个备选方案，如果没有多个选项，就不需要决策了。另外，备选方案的差异性要比较明显，同时其技术不要只局限于已经熟悉的。要获得备选方案通常需要经历先发散，后聚合的过程：确定问题→发散→找到若干备选方案（不超过 5 个）→聚合决策。

决策时，需要在多个维度上对比备选方案，并将对比结果和决策过程沉淀到架构文档中。

4. 架构设计研讨会

架构设计应该充分运用集体的智慧和经验，而架构设计研讨会就是一个在短时间内尽可能提出多种想法，高效完成"先发散，再聚合"的实践。

（1）准备会议。研讨会可能会召开多次，每次会前都要确定研讨目标和不同角色的参与人员，并与利益相关方沟通，确立业务目标，提炼质量属性和关键架构需求（ASR）。

（2）CSC（Create、Share、Critique）迭代。研讨会的大部分时间可以依照 CSC 迭代的方式进行。

- 创建（Create）：参与者对研讨目标提出设计想法，在白板上画出来即可，不必追求精准，因为这个阶段更重视想法，而不是形式上的完美。
- 分享（Share）：解释自己的设计如何满足目标，分享应该做到简明扼要，尽量不被打断。
- 评判（Critique）：分享结束后，其他人开始评判，评判应该围绕设计与目标的关系展开。为什么达不到目标？不满足哪些需求？需不需进行实验验证？

CSC 迭代方法可以应用在架构选择上，也可以应用在其他关键问题决策上。

（3）做好记录。会议可能随时输出有意义的想法，过程中最好有专人记录，甚至可以将记录作为附件放到设计文档中。

（4）确定后续行动。研讨会结束前一定要留出时间让大家回顾主要议题，确定下一步的行动要点。

5. 架构文档

我们几乎都不喜欢写架构文档，它占据了写代码的时间，而且看起来总是过时的。另外，文档格式常常很怪，编辑起来很麻烦。最重要的是，没有人愿意读。难怪有人说，软件架构描述是一个悲剧。糟糕的架构描述着实让人难受，但出色的架构描述却能向团队展示清晰的愿景。优秀的架构描述是有用的资产，它能促进沟通与协作，将设计决策和思想有效传递给每一个人，提高软件开发的质量。

软件架构可以通过如下一些方面来刻画：

- 问题领域。软件架构一定不是通用的，而是为了解决某一类特定问题而设计的，缺少关于用来解决哪类问题描述的架构是不完整的。
- 哲学/原则。软件构造方法背后的原理是什么？架构的核心思想是什么？比如，数据一致性的优先级最高。
- 软件构造指南。要想规划一个系统，就需要一个明确的软件构造指南集。系统将由一个程序员团队来编写和维护。从实用性的角度来讲，这些知识以软件构造指南的方式表现出来更便于维持。一个完整的软件构造指南集包括编程规则集、例子程序和培训资料等。
- 预先定义好的部件。以"从一组预先定义好的部件中选择"的方式进行设计，远比"从头设计"的方式要来得容易。
- 描述方式。如何描述某一部件的接口？如何描述系统中两个部件之间的通信协议？如何描述系统中的静态结构和动态结构？要想回答这些问题，需要引入一些专门的符号。其中，一些用来描述程序的 API，其他的则用来描述协议和系统结构。
- 系统形态。动态、静态、部署形态、配置方式等。

在描述形式上，除了必要的文档，具有一份架构原型代码和构造典型业务的代码示例通常也很有必要。

6. 评估架构

评估架构可以尽早识别风险，从而按计划交付系统。评估结果可用于指导团队，为设计决策提供支持，降低交付风险，提高架构设计水平。评估内容可以包括以下方面。

- 风险风暴：可使用"头脑风暴"的方式列出风险及应对手段。
- 不确定的问题数量：提出开放性的问题，记录当前无法回答的问题。
- 设计完成时间：预估工作量和完成时间。
- 设计适用性：排查是否适用于高优先级场景。
- 技术债务：列出当前架构下无法实现的部分，预估改造成本。

7. 架构演进和适应度函数

随着时间的推移，架构往往会腐化。架构腐化常常会降低系统响应度和可维护性，让技术债缠身。而盲目优化或单纯地进行技术驱动的架构优化又常常偏离初衷，容易造成过度优化，不但不会解决之前的问题，还会引入新的问题。那么，如何度量技术架构的好与坏？如何衡量技术架构演进的成果？如何进行架构守护呢？

通过识别架构演进度量指标，编写适应度函数（Architectural Fitness Function），以此量化及可视化系统架构演进效果，并通过持续反馈不断调整技术架构演进方向，可以避免架构演进脱离初始目标。适应度函数有助于自动确定系统在多大程度上符合特定的架构目标和限制条件。

一个针对代码质量的适应度函数的示例如下：

```
describe "Code Quality" do
  it "has test coverage above 90%" do
      expect (quality.get_test_coverage ()) .to > .9
  end
  it "has maintainability rating of .1 or higher  (B) " do
      expect (quality.get_maintainability_rating ()) .to < .1
  end
end
```

一个针对性能适应度函数的示例如下：

```
describe "Performance" do
  it "completes a transaction under 10 seconds" do
      expect (transaction.check_transaction_round_trip_time ()) .to < 10
  end
  it "has less than 10% error rate for 10000 transactions" do
      expect (transaction.check_error_rate_for_transactions (10000)) .to < .1
  end
end
```

3.8.4　常见的架构模式

1）架构模式一：分层架构

（1）特征：分层架构是应用最为广泛的架构模式之一，几乎每个软件系统都需要通过层（layer）来隔离不同的关注点，以此应对不同需求的变化，使得这种变化可以独立进行；此外，分层架构模式还是隔离业务复杂度与技术复杂度的利器。分层架构模式有助于构建这样的应用：它能被分解成子任务组，其中每个子任务组都处于一个特定的抽象层次上。

图 3.8.1 所示是信息系统中最常见的 4 层：表示层（也称为 UI 层）、应用层（也称为服务层）、业务逻辑层（也称为领域层）和数据访问层（也称为持久化层）。

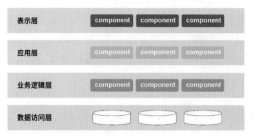

图 3.8.1　分层架构

（2）使用场景：信息管理系统、桌面应用程序。

2）架构模式二：管道-过滤器架构

管道-过滤器架构的结构，如图 3.8.2 所示。

图 3.8.2　管道-过滤器架构

（1）特征：在管道-过滤器架构模式中，每个构件都有一组输入和输出，构件读取输入的数据流，经过内部处理后产生输出数据流，该过程主要完成输入流的变换及增量计算。通常，将这里的构件称为过滤器，其中连接器就像是数据流传输的管道，将一个过滤器的输出作为另一过滤器的输入。管道-过滤器输出的正确性并不依赖于过滤器进行增量计算的顺序。

（2）使用场景：编译器。一个普通的编译系统包括词法分析器、语法分析器、语义分析与中间代码生成器、优化器、目标代码生成器等一系列对源程序进行处理的过程组件。

3）架构模式三：模型-视图-控制器架构

模型-视图-控制器架构（Model-View-Controller，MVC），如图 3.8.3 所示。

（1）特征：将整个应用分成 Model、View 和 Controller 三部分。

模型：管理应用的行为和数据，响应数据请求（经常来自视图）

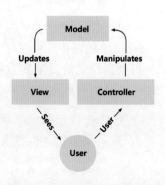

图 3.8.3　MVC 架构

和更新状态的指令（经常来自控制器）。

视图：管理作为位图展示到屏幕上的图形和文字输出。

控制器：翻译用户的输入并依照用户的输入操作模型和视图。

其中，视图可被用户看到；用户使用控制器操作模型；模型更新视图。

（2）使用场景：Android 开发、iOS 开发及各种小程序开发。

4）架构模式四：事件驱动架构

事件驱动架构的结构，如图 3.8.4 所示。

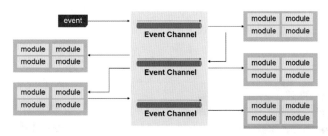

图 3.8.4　事件驱动架构

（1）特征：这种模式也叫做事件总线（Event Bus）模式，主要是处理事件，包括事件源、事件监听器、通道和事件总线 4 个主要组件。消息源将消息发布到事件总线的特定通道上，侦听器订阅特定的通道并被通知消息，这些消息被发布到它们之前订阅的一个通道上。与非事件驱动的架构（如过程驱动）相比，事件驱动架构通过引入事件总线将事件触发与事件处理解耦。

（2）使用场景：通知服务。

5）架构模式五：微服务架构

微服务架构的结构，如图 3.8.5 所示。

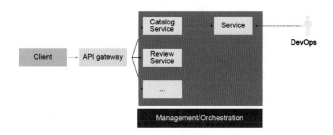

图 3.8.5　微服务架构

（1）特征：微服务架构（通常简称为微服务）是指开发和应用所用的一种架构形式。通过微服务，可将大型应用分解成多个独立的组件，其中每个组件都有各自的责任领域。在处理用户请求时，基于微服务的应用可能会调用许多内部微服务来共同生成其响应。

（2）使用场景：大规模 Web 应用开发，具体案例可参考下面的案例研究。

6）架构模式六：六边形架构

六边形架构如图 3.8.6 所示。

（1）特征：这种模式又称为"端口和适配器模式"，是 Alistair Cockburn 提出的一种具有对称性特征的架构风格，解决了传统分层架构所带来的问题，实际上它也是一种分层架构，只不过不是上下或左右结构，而是内部和外部结构。在这种架构中，系统通过适配器与外部交互，将应用服务与领域服务封装在系统内部。

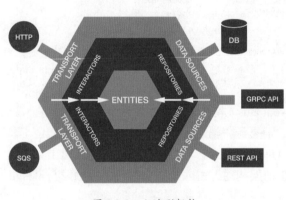

图 3.8.6　六边形架构

六边形架构将系统分为内部（内部六边形）和外部，内部代表应用的业务逻辑，外部代表应用的驱动逻辑、基础设施或其他应用。内部通过端口和外部系统通信，端口代表一定的协议，以 API 呈现。一个端口可能对应多个外部系统，不同的外部系统需要使用不同的适配器，适配器负责对协议进行转换。这样就使得应用程序能够以一致的方式被用户、程序、自动化测试、批处理脚本所驱动，并且可以在与实际运行设备和数据库相隔离的情况下进行开发和测试。

（2）使用场景：使用这种模式最典型的案例之一就是 Netflix。当时，面临的挑战是系统需要的一些数据（影片信息、制作日期、员工和拍摄地点）分布于许多服务中，并且它们使用的协议也各有不同，包括 gRPC、JSON API、GraphQL 等。因此，系统需要具有在不影响业务逻辑的前提下切换数据源的能力。

六边形架构将输入和输出都放在边缘部分。不管协议是 gRPC、JSON API，还是 GraphQL；也不管从何处获取数据，如数据库、gRPC，还是 REST 公开的微服务 API，或者仅仅是一个简单的 CSV 文件，都不应该影响业务逻辑，这就意味着可以轻松更改数据源的细节，而不会造成重大影响。

7）架构模式七：Functional Core, Imperative Shell，如图 3.8.7 所示

图 3.8.7　Functional Core, Imperative Shell

（1）众所周知，函数式编程具有天生的优点：没有副作用、易于测试（任何时候固定的输入都有固定的输出结果）和组合、具有可伸缩性等。

三种主流的编程范式对比，如表 3.8.1 所示。

表 3.8.1　三种主流的编程范式对比

编程范式	可变性/副作用	数据与处理分离
面向过程	yes	yes
面向对象	yes	no
函数式编程	no	yes

这种模式结合函数式编程和命令式编程，在系统的不同部分分别发挥两种编程范式各自的优势，在两种编程风格之间提供了明确的分离，Shell 可以调用 Core，但 Core 不能调用 Shell，Core 甚至不知道 Shell 的存在。

（2）使用场景：有一个具有业务逻辑的核心，以及一个处理与外部世界交互的 shell，如在数据库中持久化数据或提供与最终用户交互的 UI。

3.8.5　架构模式对研发效能的影响

架构模式的决策对研发活动的各个领域都有较大影响，且一旦决策后，后续改变的成本巨大。举例如下。

（1）影响协作效率：架构模式影响组织方式和协作方式。

（2）影响研发效率：架构模式影响开发、测试、部署、发布等各个环节。

（3）影响可持续性：选择合适的架构模式有利于功能扩展，以及更高效地应对未来变化。

另外，在实际应用时，并不是简单地对上文所列的架构模式做选择题，而是需要充分评估后，寻找一个最适合的模式，并且很可能会对经典的模式进行修改和组合。

3.8.6　案例研究：S 公司的微服务"失败"之旅

1. 背景介绍

S 公司是一家数据服务公司，有 20 000 多名客户使用公司的软件，公司使用 API 收集和清理客户的数据。S 公司提供的产品如图 3.8.8 所示。

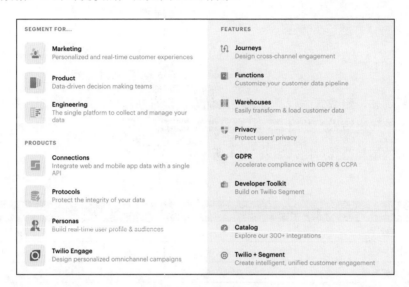

图 3.8.8　S 公司业务介绍

微服务是当今主流的架构模式之一。S 公司的系统进行了一次微服务改造，并取得了不错的效果。

（1）重构后的规模：400 private repos；70 different services（workers）。

（2）取得的收益：

- visibility（可见性）。在微服务架构中，非常方便对每个服务进行监控（sysdig、htop、iftop 等）。
- 微服务大大降低了配置和构建部署成本。
- 消除了在现有服务中附加不同功能的诱惑。
- 产生了很多对外依赖很少的服务：仅仅需要从队列里读取和处理数据，然后发送结果即可。
- 非常适合小团队协同工作。

（3）定位问题变得容易。可以对每一个 microworker 进行 Datadog 式的监控，如图 3.8.9 所示。

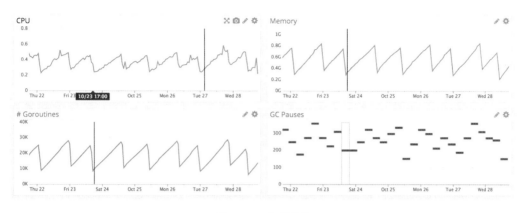

图 3.8.9 服务监控

比如，类似于内存泄漏的问题，可以很容易将问题范围缩小到 50～100 行代码内。

简单地讲，微服务是一种面向服务的软件体系结构，其中服务端的应用程序是通过组合许多单一用途、低占用空间的网络服务而成的。其优点是改进的模块化减少了测试负担，可以更好地进行功能组合，环境隔离和开发团队具备自主权。经常与之拿来对比的是单体架构，在单体架构中，大量的功能存在于单个服务中，作为单个单元进行测试、部署和扩展。

另外，操作复杂度和负载都很高的产品一般都会选择微服务架构，它使基础结构更加灵活、可扩展性强，并且更易于监控。

但不幸的事情发生了，当重构完成两年以后，团队没有更快地交付，而是陷入了"爆炸性"的复杂性中，架构的优点变成了负担。随着速度的下降，失败率激增，团队也变得不堪重负。

2. 系统处理流程概述

S 公司的客户数据基础设施每秒可接收数十万个事件，并将它们转发给合作伙伴的 API，即服务端 destination。目前，有超过一百种类型的 destination，如 Google Analytics, Optimizely, 或自定义 Webhook。

几年前，架构相对简单，一个 API 即可接收事件并将其转发到分布式消息队列。事件是由 Web 或移动应用程序生成的 JSON 对象，其中包含有关用户及其操作的信息。

一旦请求失败，有时会尝试在稍后的时间再次发送该事件。有些失败可以安全重试，有些则不行。可重试错误是指那些 destination 不做任何更改就可以接受的错误，如 HTTP 500、速率限制和超时。不可重试错误是指可以确信 destination 永远不会接受的请求，如具有无效凭证或缺少必需字段的请求。

此时，单个队列既包含最新的事件，也包含跨越所有 destination 的可能有多次重试的事件，这会导致"队头阻塞"。也就是说，在这种特殊情况下，如果一个 destination 变慢或下降，则重试将会导致队列拥挤，从而导致所有 destination 的延迟。

假设 destinationX 遇到了一个临时问题，每个请求都由于超时而出错。现在，这不仅会创建大量尚未到达 destinationX 的积压请求，而且还会将每个失败事件放回队列中进行重试，如图 3.8.10 所示。虽然系统将自动伸缩以响应增加的负载，但队列深度的突然增加将超过系统的伸缩能力，从而导致最新事件的延迟。

为了解决"队头阻塞"问题，该团队为每个 destination 都创建了单独的服务和队列。这个新的体系结构包括一个额外的路由器进程，该进程接收入站事件并将事件的副本分发到每个选定的 destination 中，如图 3.8.11 所示。现在，如果一个 destination 出现问题，则只有它的队列会阻塞，其他 destination 不会受到影响。这种微服务风格的体系结构将 destination 彼此隔离，这在 destination 经常发生问题时，至关重要。

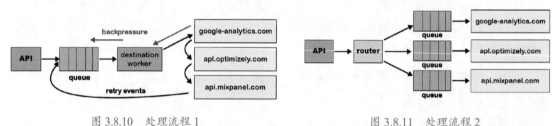

图 3.8.10　处理流程 1　　　　　　　　　图 3.8.11　处理流程 2

3. 产生的问题

（1）共享库多版本问题。随后，系统又增加了 50 多个新的 destination，这就意味着有 50 个新的 repo。为了减轻开发和维护这些代码库的负担，团队创建了共享库，来处理公共转换和功能（如 HTTP 请求处理）。然而，一个新的问题出现了。对这些共享库的测试和部署更改会影响所有的 destination，此时必须测试和部署几十个服务。在时间紧迫的情况下，工程师只会在单个目标的代码库中包含这些库的更新版本。这样一来，随着时间的推移，这些共享库的版本开始在不同的目标代码库中出现不同的分支版本，原本拥有的在每个目标代码库之间减少自定义的优势开始不复存在。最终，它们都使用了这些共享库的不同版本。本可以构建一些工具来自动进行更改，但此时，不仅开发人员的工作效率受到了影响，还遇到微服务架构的其他问题。

（2）负载模式问题。每个服务都有不同的负载模式，其中一些服务每天处理少量事件，而另一些服务每秒处理数千个事件。对于处理少量事件的 destination，当出现意外的负载峰值时，操作员将不得不手动扩展服务，以满足需求。

（3）伸缩调优问题。虽然确实实现了自动伸缩，但每个服务都有不同的 CPU 和内存资源组合，使得自动伸缩配置的调优更像是艺术而不是科学。destination 的数量继续快速增加，团队平均每个月增加三个 destination，这意味着有了更多的 repo、队列和服务。

（4）管理开销。当服务个数超过 140 个时，对团队来说管理所有服务是一笔巨大的开销。团队每天睡不好觉，最常见的场景就是线上工程师处理负载峰值。

4. 退回到单体

最终，团队决定抛弃这些微服务和 repo，并重新将服务并到一起。然而，退回到单体服务非常困难。如果所有 destination 都有一个单独的队列，那么所有工程师都必须检查每个队列的工作，这会给 destination 服务增加一层复杂性。为了解决这个问题，系统新增了一种"离心机（Centrifuge）"组件，并将所有 destination 进行了合并，如图 3.8.12 所示。

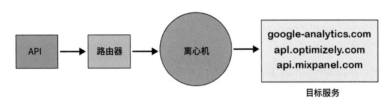

图 3.8.12　离心机组件

同时，还需要将所有 repo 进行合并。一旦所有 destination 的代码存在于一个 repo 中，它们就可以合并为一个服务。这样，开发人员的生产率大大提高了，不再需要部署 140 多个服务来改变一个共享库，一个工程师在几分钟内就可以部署这项服务，这一变化也有利于运维。由于所有 destination 都位于一个服务中，因此很好地混合了 CPU 和内存密集型 destination，这使得利用扩展服务来满足需求变得非常容易。由于大型工作池可以吸收负载峰值，因此团队不必再为处理少量负载的 destination 进行分页。

5. 一些牺牲

虽然已取得了巨大的改进，然而其中也有些"牺牲"。

（1）故障隔离困难。由于所有东西都在一个单体中运行，如果一个 destination 中引入了导致服务崩溃的 bug，那么所有 destination 的服务都会崩溃。虽然已经有全面的自动化测试，但是测试无法完全保障。后续演进的方向是设计一种更健壮的方法，以防止单个 destination 导致整个服务瘫痪，同时仍将所有 destination 保持在一个单体中。

（2）缓存（内存中）效率变低。以前，由于每个 destination 都有一个服务，低流量 destination 只有少数进程，这意味着它们控制平面数据的内存缓存将保持热度。现在，由于缓存分散在

3000 多个进程中，因此命中率大大降低。最后，考虑到实际的运营收益，接受了效率的损失。

（3）更新一个依赖项的版本可能会破坏多个 destination。虽然解决了之前多版本依赖的问题，但如果想使用库的最新版本，则必须更新其他 destination。目前，通过全面的自动化测试套件，可以快速看到新老依赖版本的不同。

6. 总结

引入微服务架构，并通过将 destination 彼此隔离解决了管道中的性能问题。然而，当需要批量更新时，由于缺乏适当的工具来测试和部署微服务，因此结果反而使开发人员的生产力迅速下降。

在进行架构选择时，并不存在绝对的好坏，是一个权衡的过程，需要从多个维度考虑。

（1）新的架构是否能带来新的复杂性，带来的复杂性是否能被充分评估，以及如何应对，如上文提到的"共享多版本的问题"。

（2）新架构下系统的运维成本是否增加，如果增加能否接受，如上文提到的"负载模式问题"。

（3）在"享受"新架构带来的好处的同时，能否真正掌控新架构，如上文提到的"伸缩调优问题"。

（4）新的架构是否带来管理开销，成本能否接受，如上文提到的"管理开销"问题。

3.8.7　架构设计的误区

（1）盲目追求模式和原则的满足。并不是说模式和原则不重要，但它们不应该成为架构设计追求的唯一目标。盲目追求不必要的模式和原则的满足，往往会给系统带来不必要的复杂性，使其难以理解。

（2）追赶潮流。新的架构形态层出不穷，令人眼花缭乱，学习到一种新的、"炫酷"的架构设计很容易有直接拿来应用的冲动。这样做的后果往往是会与实际解决的问题脱节，为系统带来不必要的负担，甚至根本没有解决任何问题。

（3）面面俱到，没有重点。决定不要什么比要什么更难。你会看到当某些架构设计文档的模板时，高可用性、扩展性、可测试性……什么都想要，不做取舍。不同系统的侧重点不同，这样做的后果往往是顾此失彼，关键问题没有得到解决。

（4）忽视架构腐化。架构设计在整个软件生命周期内，都需要守护及持续演进，否则架构及整个系统都难以摆脱逐步恶化，直至消亡或重写的命运。

3.9　低代码应用

 核心观点

- 低代码是一种可视化的软件开发方式，能够缩短研发周期，降低研发成本。
- 可视化表单和可视化流程是低代码中的常用方法。
- 可视化流程节点中植入与配置质量卡点，是推动质量左移和右移的关键实践。

3.9.1　低代码概述

1）生产背景

当前，大多数软件企业都在寻找一种技术方法，以尽量减少产研部门对新应用程序构建和设计的投资。自定义应用程序开发意味着，从头开始构建应用程序，过于耗费资源且成本高昂，尤其是对于初创公司和个人开发者而言。对于他们来说，尽早验证想法并比竞争对手更快地进入市场至关重要。他们没有多余的时间来开发冗长的应用程序，但需要一个解决方案，在快速发展中获得并保持竞争优势。因此，如何快速、简单、高效地设计和实现应用程序，在减少资源开销的情况下将产品投放市场，以此满足客户需要成为公司迫切需要解决的问题。

2）什么是低代码

低代码是一种可视化的软件开发方式，能够以最少的手动编码更快地交付应用程序，通过抽象和自动化业务应用程序开发周期的每一步，降低应用程序交付的周期和风险。用户可以在低代码开发平台中使用具备逻辑的业务组件、可视化表单与流程编排业务应用。与传统的手工编码不同，低代码开发框架提供了用于通过图形用户界面和配置创建软件应用程序的编程环境。低代码框架应用能力使业务开发人员能够将构建块合并到工作流和应用程序中。这些基本元素抽象出操作和命令背后的代码，允许创建接口和业务应用程序，而无须手动编写代码或是少写代码。

由于易于使用和能够快速构建应用程序，低代码在流程审批和流程驱动等业务开发应用场景下，是首选替代方案。越来越多的专业技术人员、非专业开发人员和业务人员都使用低代码框架来构建各种应用程序，以满足市场对增长的需求，并简化流程促进数字化转型。

3.9.2　低代码平台 7 个核心价值

低代码平台采用可视化与集成化的开发模式，这一方面基于平台自身的架构优势，降低了对人员编码与开发环境配置的能力要求；另一方面基于行业化与业务化组件模板，降低了对开发人员理解业务的能力要求。因此，它在兼顾技术和业务需求的同时，也为企业内部系统轻应用的构建和流程驱动建设带来 7 大核心价值。

（1）应用开发。在少量编码和业务流程组件丰富的情况下，能够完成的功能交付，该指标是标识低代码开发平台生产力的关键指标。

（2）用户体验。终端用户使用低代码开发平台构建的应用程序所带来的使用体验效果，能决定最终用户对开发者的好评程度。因此，低代码平台不论是在企业产研内部还是销售给企业客户，在平台功能覆盖的应用场景上需要符合企业对定制化需求适配和客户对产品所产生的预期价值。

（3）模型驱动。模型驱动是软件开发的成熟方法论，已成为企业级软件开发的常规做法。它分为数据模型、业务模型和交互界面三种类型，相比于表单驱动，流程模型驱动能够提供满足数据库模型的设计和管理能力，开发的应用复杂度越高，对系统集成的要求越高，这个能力就越关键。

（4）流程和逻辑。低代码平台提供了流程编排和业务逻辑开发两种能力，第一种能力指使用低代码开发平台是否可以开发出复杂的工作流和业务处理逻辑；第二种能力是开发这些功能时的便利性和易用性程度。一般而言，第一种能力决定了项目是否可以成功交付，第二种能力决定了项目的开发成本。客户最终关注第一种能力，即项目是否可以成功交付。在此基础上，如果项目以工作流为主，则第二种能力也应该作为重要的评估指标。

（5）平台生态。平台生态是指开发平台的生态系统。低代码开发平台的本质是一种开发工具，早期低代码平台内置的开箱即用功能及其已有的组件模块无法覆盖更多应用场景的需求。在业务场景和定制化需求不断增加的状态下，对于特性行业业务组件与更高阶的场景应用，需要建立完整的生态系统，以提供更深程度和更全面的组件编排赋能。

（6）API 服务与系统集成。为了避免出现"信息和数据壁垒"现象，企业内部多个系统与平台之间需要打通和集成，消除信息和数据壁垒与孤岛现象。在提升企业内部协同增效的前提下，低代码平台自身系统的集成能力和轻量级的 API 服务应用就变得至关重要。API 服务注册中心包含流程、表单和业务组件数据 API，用来对接外部其他系统的产品，打通和链接内部系统之间的信息数据和流程业务，从而提高业务效率，促进部门之间和系统之间的协作。

（7）跨平台与设备。一个功能完善且应用能力强的低代码平台应该具备多设备与跨平台能力，在不同的操作系统和应用设备上支持低代码平台部署。

3.9.3　低代码平台用户评价指数

根据《2020 中国低代码平台指数测评报告》对用户评价指数的描述，流程设计、业务逻辑设计、报表设计是低代码平台的核心能力，这些能力在一定程度上能够帮助用户简化开发，降低开发门槛，快速搭建所需的业务流程与业务应用程序，让业务需求更快地转化为应用，从而提升开发效率，具体表现为如下三点。

1）可视化建模工具

与使用代码开发应用程序相比，使用可视化方法和模板创建应用程序所需的时间更少。低代码平台集成了可视化建模功能，对基础通用组件和高级业务组件的了解与使用在一定程度上可以帮助业务人员逐渐提升专业技术。

2）业务逻辑设计

使用者可以根据低代码平台提供的前端界面组件、数据源绑定方式和业务组件等能力进行自由定义与组合编排，平台会自动生成代码。开发者也可以添加自己的代码，如对事件和条件的判断与控制，可以通过自定义 JS 和 SQL 脚本来达到自己预设的能力。因此，该方案具备更高的灵活性，可以设计出定制化程度高、逻辑复杂的软件。

3）数据分析

企业业务在低代码平台上落地和沉淀，业务数据会不断积累增加，通过低代码平台、业务中台和数据中台的整合能力来构建各类分析数据模型，建立基于流程业务落盘的数据分析平台，为业务层和管理层提供决策分析依据。

3.9.4　低代码平台三个核心目的

1）降本增效

（1）产研提效：相比于传统开发模式，低代码平台提供了表单业务模板和业务流程组件，其抽象程度更高，通过业务组件和通用业务模板与流程组件编排可以提升开发效率。

（2）客户提效：低代码平台可以根据不同用户的需求定制化应用方案，主要分为流程产品和业务产品，其定制化的本质是通过降低通用性换取更低的上手成本，或者针对某个领域降低上手成本，比如业务数据模型搭建、产研管理流程、生产管理流程、销售管理应用、OA 协同办公系统搭建等。

2）质量保障

目前，项目延期交付已成为行业常态，延期的原因包含业务复杂度、人员能力、业务沟通与拉齐、技术手段跟不上等，最终导致产品质量问题收敛慢、质量卡点结果不被信任和线上故障频发。传统质量门禁的实施是建立在各个独立系统与控制节点上的，通过半自动化方式去实现质量门禁与质量保障的相关任务，在数据共享、全链路自动化触发执行和数据分析上都处于信息断层和隔离的状态。而有了低代码开发平台，就可以通过可视化工作台搭建应用程序，同时配置产研质量卡点流程，在一定程度上保障了产品交付和交付质量的提升。

3）降低应用开发门槛

根据不同用户的需求和场景，让大部分开发工作可以通过简单的拖曳与配置完成，低代码开发平台在某种程度上降低了使用者的门槛。在部分纯零代码需求的场景下，低代码流程组件高度封装且贴和业务化的状态下，它还能让业务人员实现自助式部业务应用交付，既解决了一部分传统 IT 交付模式下的任务堆积问题，避免稀缺的专业开发资源被大量简单、重复性的应用开发需求所侵占，同时又能让业务人员真正按自己的想法去实现应用，摆脱了交由他人开发时不可避免的风险。

3.9.5 低代码的实现

1）低代码平台功能架构

低代码平台基于"Gin+Vue+Element UI"技术，采用微服务、前后端分离架构，基于可视化数据建模、流程建模、表单建模、报表建模等工具，快速构建基于流程驱动的业务应用，也可以基于已封装的高阶组件代码生成工具开发复杂的企业应用系统，代代码平台功能结构图如图 3.9.1 所示。

图 3.9.1 低代码平台功能结构图

2）低代码平台工作模式

在开发过程中，低代码平台结合产研实际用户需求与场景痛点，探索和实践出了"审批流+任务流+工作流"的工作模式，如图 3.9.2 所示。此工作模式更加方便和快速地推动了内部系统集成与流水线作业，消除了信息壁垒，减少了内部沟通消耗，丰富的组件能力为用户的流程建设与应用定制提供了便利。

图 3.9.2　低代码平台工作模式

3）低代码平台产品特点

基于可视化流程与表单编排，快速构建产研业务应用。低代码平台在第一阶段主要围绕公司产研部门在协作流程与流水线建设方面为提效着力点进行工作推进。在公司内部通过系统化培训与学习，结合可视化工作台和业务组建能力，让所有产研人员都可以根据自己的业务场景去配置和构建流程与应用。在使用过程中，业务人员可以按不同流程节点配置规则与协作方式，选择其业务所需的工作流程配置与处理方式。这其中包含消息推送提醒、催办、转交、事件信息获取、数据回填、状态显示等，极大地满足了用户在流程与应用定制上的一些常规需求，如图 3.9.3 所示。

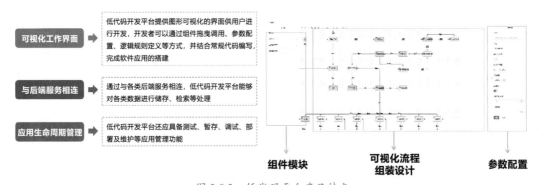

图 3.9.3　低代码平台产品特点

3.9.6　案例研究：某公司低代码研发效能实践

1. 产研效能提升面临的困惑

（1）协同沟通：跨部门协同场景复杂；协同沟通成本高；推诿甩锅现象发生频繁。

（2）流程管理：流程断层现象严重；流程管理方式多样化。

（3）数据分析：业务数据沉淀积累少；各个系统的数据不联动。

（4）定制化开发：业务流程开发成本高；基础配置和扩展性差。

（5）质量门禁：人工卡点可信度低；自动化流程程度低。

2. 低代码平台在研发效率上的破局之道

低代码平台在产研管理中扮演着重要角色，基于每个企业业务属性和任务目标的不一致性，低代码平台在推进产研工作时所发挥的作用和意义大相径庭。下面介绍低代码平台在研发效率上的破局之道，主要围绕低代码平台中流程驱动能力在研发流程、测试流程和数据共享与数据分析等维度的提效展开，打破传统流程执行断层和数据割裂的局面，如图3.9.4所示。

	需求分析	制定目标	流程梳理	流程构建	质量门禁	流程执行	流程分析
效能治理策略	需求痛点	共同OKR目标	业务流程痛点	任务集成	卡点规则梳理	电子工单	数据自动获取
	需求识别	跨部门负责人	流程配置规则	流程建模	研发质量卡点	待办催办驳回	数据分析模型
	需求分析	工作流程衔接	流程输入输出	可视化表单	测试质量卡点	流程结果回填	多维分析报表
	需求模型	标杆典范客户	流程模型讨论	可视化流程	协同流程卡点	消息推送模板	流程数据持久化

	数据源中心	服务中心	API中心	质量中心	自动化中心	部署中心	数据中台
效能矩阵	需求/版本定义	服务注册中心	API统一平台	研发质量分析	API/UI/App	制品库管理	数据治理
	缺陷数据	服务分支管理	API分支版本	测试质量分析	安全测试	环境管理	数据清洗
	项目管理	服务链路监控	API服务治理	部署质量分析	工具箱	环境部署	策略中心

低代码平台

图 3.9.4　低代码研发效率破局

1）流程驱动建设实施的六个步骤

企业业务流程的变革，主要体现在流程众多、流程烦琐、流程对接断层、沟通拉齐困难、联动和消息通知效果差等方面，这对研发体系原有的管理模式和工作交互方式都会带来很大的冲击与挑战。而解决这一问题的方法之一就是先确定一个试点部门，选取部分最迫切需要改变的流程，待时机成熟时再推动产研部门的应用与推广。

流程驱动建设的六个步骤：①标杆试点部门。②确认流程牵头负责人。③试点流程筛选。④流程规则讨论。⑤可视化流程配置。⑥流程试运行落地效果评估。如图3.9.5所示。

图 3.9.5　流程驱动建设的六个步骤

2）低代码在产研质量门禁中的探索与落地实施

企业产研部门经过多年的项目迭代建设，从产品体量、设计功能和业务复杂度等维度积累了不同程度的历史技术债与质量问题。随着公司业务的迅速增长和业务场景的多样化，需要在研发体系建立事前质量预防、事中质量控制和事后质量复盘，来满足产品高效和高质量交付的要求与标准。因为质量门禁的建设贯穿于整个产研过程，单方面的质量卡点只能解决部分问题，所以如何建设全链路的质量卡点与质量监控，对于研发质量提升和产品稳定上线至关重要，也成为大家比较关注的热点问题，如图 3.9.6 所示。

图 3.9.6　质量门禁建设模型

（1）质量门禁模型建设背景。首先，低代码平台切入产研流程管理前期，产研侧负责人协助流程梳理，包含当前产品、研发和测试工作流程与流程痛点，先梳理产研全流程，然后再对流程进行拆分，细化到每个不同的业务部门，并针对独立流程进行流程节点任务整理，对在多流程对接和跨部门协作时出现的拉齐沟通、配置规则和工作推诿现象进行重点分析。

其次，在低代码平台中，并行网关能力支持流程任务并行执行，配置定制器、消息模板、关联表单模板、任务节点审批人、工单处理人等。流程上线后，安排各流程节点负责人进行流程流转查看和流程设计验收，判断流程编排是否达到预期效果。

最后，通过可视化表单与流程编排配置产研管理流程，按照统一的约束条件对每个节点任务对应的规则属性进行规则设计与配置。整体流程执行完成后，接入智能 BI 系统，提供可视化的质量数据分析与展示能力。高效的研发流程管理应该具备并行执行的能力与特性，上游是各产研侧的业务模型，中游是研发体系的各个用户系统与产品，下游是支撑研发管理的技术。流量取决于业务，流速取决于产品和技术。

（2）质量门禁的建设过程。质量门禁的建设和实施过程贯穿整个产研生命周期，通过低代码平台中的流程引擎和可视化表单技术赋能产研流程，配置各个环节的质量卡点、数据流转和消息通知，及时发现问题并暴露出来，助力质量前移，夯实产品质量基建，为产品高效、保质交付提供支撑，如图 3.9.7 所示。

需求版本管理：包括需求版本定义、分支关联。

研发过程管理：包括单元测试、静态代码扫描、分支合并、功能提测、API 服务治理。

部署构建管理：包括编译构建、环境部署、POC 验证。

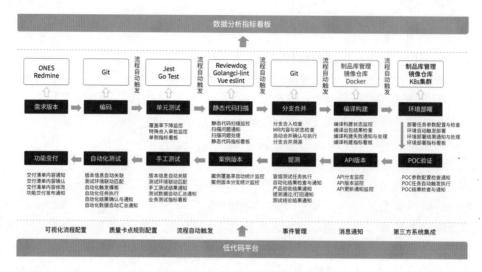

图 3.9.7　质量门禁建设流程

质量保障管理：包括案例版本管理、手工测试、自动化测试。

版本交付确认：包括交付清单确认。

（3）质量门禁建设收益。

提升研发质量内建品质，包括提前暴露代码质量问题，代码质量健康状态监控，减少分支漏合与错合，多源与多目标分支合并监控与信息溯源，API 服务健康实时检查。

助力私有化质量前移建设，包括降低多环境部署和检查成本、提升封库（封库是指预发布测试前不再往代码仓库合并代码，除修改缺陷外）后版本功能的稳定性、降低 API 接口未及时周知的风险、提升 Bugfix 版本的自动化效率、降低私有化离线部署环境风险，通过 POC 离线验证工具预防主线业务流程问题的发生。

3. 低代码平台应用举例

1）协同办公流程应用

（1）设置执行定时器和流程节点处理人信息。

（2）通过拖曳方式编排多个业务线测试流程。

（3）每个节点可通过半自动（人工执行）和自动方式触发执行，执行完成后存储结果信息。

（4）设置节点判断条件，通过判断每个节点执行结果关键字信息来识别节点完成情况。若完成，则执行下一步操作；若未完成，则记录未完成的详细信息（节点任务执行耗时、节点负责人），不影响同步执行步骤。

（5）所有动作全部执行完成后，将结果信息汇总，自动写入定制的业务数据表中，方便信息采集和数据汇总。

（6）在整体执行过程中，每个人只需要关注自己的事情和结果信息，无须再花费大量的时间去做沟通和拉齐工作。

低代码多业务线协同工作流程，如图 3.9.8 所示。

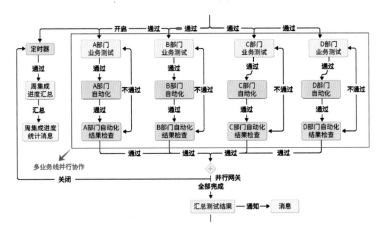

图 3.9.8　低代码多业务线协同工作流程

2）环境治理流程应用

（1）环境部署表单配置，低代码平台部署管理可视化模板，如图 3.9.9 所示。

图 3.9.9　低代码平台部署管理可视化表单模板

（2）环境编译/构建/部署/POC 可视化流程配置，其流程图如图 3.9.10 所示。

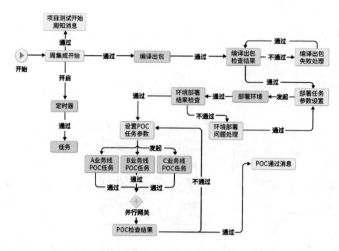

图 3.9.10　低代码平台编译/构建/部署/POC 流程图

3）质量数据分析

在效能产品建设与运营过程中，由于平台会沉淀大量重要的数据信息，因此对数据的度量与分析具有极其重要的战略意义，是产品优化和产品决策的核心，故做好数据分析是效能产品运营中最重要的环节之一，如图 3.9.11 所示。

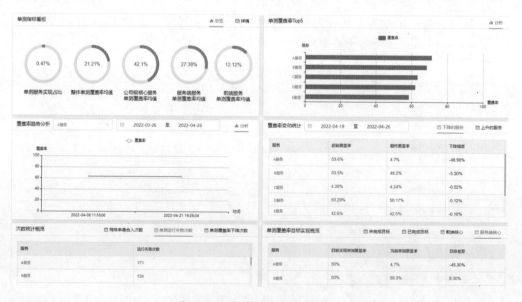

图 3.9.11　低代码平台质量分析

（1）数据分析目标：弄清楚数据分析背后的真正原因和目的。

（2）划分数据类型：从不同维度度量数据，清楚分析因子与类型。

（3）设定分析效果：通过分析各个维度的用户需求、使用场景、预期目标来明确问题根源。

（4）数据采集方式：在不同网络环境和权限策略下，明确数据获取方式（接口/数据库直连）。

（5）数据分析维度：度量数据的体系很全面，并非所有业务都需要通过精细化度量数据来衡量与体现。

（6）数据输出展示：引入智能 BI 平台或工具，BI 引擎或组件提供多维度数据报表展示方式。

3.9.7 低代码平台应用的误区

1）不需要专业的开发人员

低代码平台打造的口号是轻松、高效、简单地构建应用程序，因此造成大部分用户对低代码的理解是，应用程序开发可以完全由非技术人员完成，无须任何专业开发人员进行协助与参与。由于产品架构体系决定了企业应用程序开发需要跨部门协作，因此低代码平台的多功能性和可视化操作流程需要经过低代码产品功能培训和具有一定计算机基础的业务人员参与应用程序配置与开发过程。对于简单的应用程序，对业务有更广泛了解的业务分析师能够快速构建应用程序。开发人员应该是业务和 IT 之间问题的解决者。他们对业务和低代码平台功能都有全面的了解，能够为复杂的工作流程提供解决方案，处理平台限制，向平台团队提供反馈，以减少自定义编码。因此，使用低代码平台的应用程序进行开发使非专业和非高级技术人员也能成为过程的一部分，但无论如何都不能削弱专业开发技术人员的作用。

2）只能构建简单的应用程序

在低代码引入企业的那一刻起，已经决定了低代码作为产物输出方与企业利益挂钩。在应用过程中，随着企业业务的不断增加，产品形态也随之发生改变，覆盖的业务场景和个性化需求也呈现多样化。企业研发人员需要先根据已知的业务属性和行业产品规律，在低代码平台上进行通用组件和个性化业务组件的研发，再通过可视化流程编排来满足复杂逻辑业务的实现和产品交付。

3.10   测试驱动开发

核心观点

- 测试驱动开发是一种测试在先、编码在后的开发实践。
- 测试驱动开发从根本上改变了开发人员的编程态度，将编码和自测相结合，实现高质量的快速交付。
- 测试驱动开发保证了代码的可测试性和测试的独立性。
- 测试驱动开发客观、全面地确保了代码的微观质量，真正实现了质量内建的目标。

3.10.1   测试驱动开发概述

测试驱动开发（Test Driven Development，TDD）是一种测试在先、编码在后的开发实践，是指在编程之前，先编写测试代码，再以测试代码驱动代码开发、重构的一种编码方式。测试驱动开发强调"测试先行"，实现最优的程序设计，使开发人员对所做的设计与所写的代码有足够的信心，同时也有勇气进行设计与代码的快速重构，有利于快速迭代和持续交付。代码整洁可用是 TDD 追求的目标。

根据测试驱动开发的实施阶段，TDD 可以分为单元测试驱动开发（Unit Test Driven Development，UTDD）和验收测试驱动开发。UTDD 是指在编码阶段，通过先编写单元测试脚本，再开展编码工作；ATDD 是指在需求阶段，先编写用户故事验收用例，再开展相应的设计和编码工作。两者相互补充，共同作用于软件开发过程，以提高编码质量和持续集成效果。

说明：下面提及的 TDD 以 UTDD 为主。

3.10.2   测试驱动开发的价值

微软和 IBM 对软件开发过程的研究表明，采用 TDD 方式的团队缺陷密度可以降低 40%到 90%，问题得发现越早，修复成本越低；发现得越晚，修复成本将成几何数增加，更重要的是生产问题会影响客户对产品的信心，从而损害公司的品牌价值。

TDD 的价值和意义主要体现在如下四个方面：

（1）强化需求澄清质量：TDD 促使我们在项目开始前思考需求，并提前思考和澄清需求细节。产品经理纳入项目范围中的需求都是明确且可独立交付的，而不是到了项目过程中才发现需求不明确，这样做提高了需求澄清质量。

（2）提升程序设计：TDD 让开发者更专注于程序设计，提早发现问题，减少后期沟通成本。同时，单元测试促使开发人员优化代码结构，利于测试代码的编写。

（3）建立质量保护网：随着版本的推进，TDD 逐步积累了更多的单元测试，给产品代码提供了一个保护网，实现了轻松迎接需求的变化和对代码设计的改善。

（4）实现高质量快速交付：将测试提前到设计开发阶段，通过使用单元测试替代手工测试，减少重复准备数据及手工操作步骤的时间，提升了代码质量，实现了版本的快速交付。

TDD 从根本上改变了开发人员的编程态度，在编码完成时也完成了相应的自测，促进开发人员提前澄清需求，提升了程序设计质量，形成了质量保护网，实现了高质量的快速交付。同时，TDD 保证了代码的可测试性和测试的独立性，客观、全面地确保了代码的微观质量，真正实现了质量内建的目标。

3.10.3　测试驱动开发的实现

1）TDD 的基本流程

如图 3.10.1 所示，以红灯、绿灯、重构分别表示 TDD 的重点步骤。

红灯：写一个不能通过编译的测试代码。

绿灯：写一个业务代码，用最快的方式让测试得以通过。

重构：消除在测试代码过程中产生的重复设计，优化设计结构。

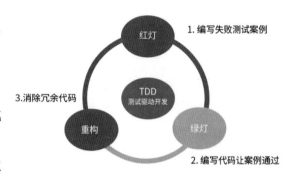

图 3.10.1　测试驱动开发流程

2）TDD 实施的三大原则

（1）先写测试代码，再写产品代码。

（2）只允许编写刚好能够导致失败的单元测试（编译错误也算失败）。

（3）只允许编写刚好能够导致一个失败的单元测试通过的产品代码（小步快进）。

先在编码阶段达到代码"可用"的目标，再在重构阶段追求代码"简洁与优雅"的目标，从而实现关注点分离，达到 TDD 实施的目标。

3）TDD 实施的步骤

（1）通过架构设计和功能设计，确定系统的组成模块（这不是 TDD 的范围）。

（2）通过路径图，厘清每个功能的业务逻辑（这是 TDD 的前提）。

（3）通过单元测试用例设计拆分任务，明确该功能的类和类方法，定义输入输出字段和数据组。

（4）编写单元测试脚本。

（5）编写产品代码，实现单元测试调用接口与方法。

（6）可测试性设计优化，强调被测类在"调度简单、依赖少"可测试性方面的设计。

在 TDD 能力培养过程中，可以用类图等工具辅助做类拆分。用例设计结果的沉淀方式有两种：一种是标准化的模板（初期使用）；另一种是在单元测试脚本中直接嵌入"Arrange-Act-Assert"的标准化注释（成熟期使用），使用标准化的模板可以让其他人员（如测试人员）同步进行高效回顾，有利于整体管理的落地。

在实施 TDD 的过程中，也可以使用"TCR"（Test && Commit || Revert）的测试驱动开发实践。在实践过程中，开发者始终保持着测试成功则提交，失败则回滚到上次代码的循环，并使用插件进行自动化回滚，确保每个方法的开发时间被控制在非常小的时间粒度上。这样保证了开发者能够以非常小的步子，非常快的频率，实现代码的开发过程。

3.10.4　案例研究

1. 某大型国有银行落地案例

在某大型国有银行落地 TDD 的过程中，除了采用以上实践，在项目管理和度量方面的落地情况如下。

1）项目管理方面

各个环节采用 DoD（Definition of Done）原则，项目组共同定义完成的标准并实施 TDD。

（1）详细设计：完成 TDD 设计材料输出+组内评审。

（2）编码：完成代码完成+自测完成+功能环境完成验证，TDD 脚本与代码同步提交，通过质量门禁控制提交的同步性和案例的有效性。

（3）单元测试：完成变动代码文件覆盖率为 100%，分支覆盖率达到团队制定的目标。

（4）测试：第一轮需完成功能测试；第二轮需完成场景验证和联测。

（5）TDD 质量复盘：从项目、人员等多重维度统计缺陷密度，针对测试问题较多的情况，分析 TDD 落地成果不佳的原因，在设计不到位、编码技能缺失、未实施 TDD 等方面挖掘原因并提出改进意见。

（6）后手评价：根据测试质量评估 TDD 质量，并纳入 TDD 评估。

2）度量评价方面

这方面主要采用表 3.10.1 所示的指标来衡量 TDD 落地效果。

表 3.10.1　TDD 度量评价指标

评价分类	评价小类	评价指标	计算公式
落地广度衡量	TDD 推广程序	代码文件 TDD 覆盖程度（%）	TDD 脚本覆盖文件数/变更文件数
落地标准程度	测试先行度	单元测试用例设计先行（%）	早于代码提交的单元脚本所对应的代码数/变更代码数
落地深度衡量	研发质量	交付功能测试首日的分支覆盖率（%）	功能首日 TDD 脚本覆盖分支数/变更代码总分支数
落地效果衡量	TDD 回顾	TDD 回顾静态问题数	测试发现 TDD 的问题数或代码扫描发现 TDD 的问题数
	研发质量	应用质量提升比例	当期缺陷密度纵向变化情况

2. 某研发团队落地案例

某研发团队在 UTDD 的试点过程中，在研发周期不变的情况下，开发时间增加 20%～50%，测试周期相应缩短，整体研发质量提升 30%～50%，开发自测效果得到明显提升，并且代码的复杂度、重复度等代码度量指标也有所好转。该团队在实施落地中，主要遵照如下方式推进：

1）转变团队观念

团队管理者在内部加强宣传和引导，就 TDD 实施达成共识。团队的开发人员不仅仅要关注功能的实现，更要从用户和需求的视角进行设计和案例编写，达到具有更完善的设计和案例、更高的代码质量的目标，正确理解测试驱动开发的研发模式，同时认识到自身的薄弱之处，自觉进行学习和提升技能。

2）明确适用范围

适用于与业务处理相关的功能和服务接口功能，不适用于场景交互类、算法类、底层框架、数据库访问层等功能。针对核心功能相关程序的实施要求高于普通的功能。

3）建立基于 UTDD 的研发流程

（1）功能设计阶段：根据需求进行功能设计，开展功能设计评审，及时发现设计上的错误，并及时调整。

（2）程序设计阶段：确定程序修改的模块、接口和输入输出，考虑是否使用共通模块或者提炼共通模块，确定涉及类的新增和改动，画好基本流程图和类图，设计编写 UTDD 案例（不一定是代码的形式，注重任务拆分的合理性及案例设计的完备性），开展程序设计评审和 UTDD 案例评审。

（3）编码阶段：

编码前的检查：

① 执行待改动的模块单元测试案例，检查是否存在未通过的案例，如果存在，则先修复存量案例。

② 执行案例覆盖率及使用 Sonar Lint 进行代码质量检查，如果待改动的存量代码未满足覆盖率或 Sonar 质量阈值，则先对相关代码进行重构。

这两步的目的是解决历史遗留问题，在编码开始前扫除障碍。

编码开始：

① 根据程序设计新建当前版本新增的接口（interface）（确定接口方法、入参及返回值，同时编写接口方法的注释），以及主要涉及的类（class）（无须写实现方法，写好类的注释即可）。

② 根据设计好的 UTDD 案例清单，编写一个断言失败的案例，包含 GWT、断言，且有且仅有一个案例的断言失败。

③ 根据失败的案例，新增或者修改代码，使当前案例通过。

④ 重构代码，在保持功能不变的前提下，优化代码。

⑤ 重复②至④，完成功能开发。

（4）代码评审：代码评审是开发过程中的重要环节，贯穿于整个开发流程。由他人评审往往更易发现自测未考虑到的问题，有经验的评审人员还可以提出优化建议，有利于提高代码质量。代码评审关注单元测试案例的有效性，即是否能有效覆盖功能逻辑和异常分支，手段上可以采用提交构建流水线的质量门禁来替代部分人工代码评审，甚至可以采用变异测试工具（如 Pittest）来保证有效性。

① 明确 TDD 案例编写原则：TDD 测试案例遵循 FIRST 原则，即快速（Fast）、独立性（Independent）、可重复（Repeatable）、自验证（Self-Validating）和及时性（Timely）。

快速：避免 IO、数据库、网络依赖，提高执行效率。

独立性：单元案例之间不要有依赖，不要因为一个案例的失败而导致另一个案例也失败。

可重复：不管运行多少次结果都要一样，适当使用 Mock 工具。

自验证：案例包含 Arrange-Act-Assert 三要素，自动验证结果的正确性。

及时性：及时为改动代码配上相应的案例。

② 加强代码重构：重构可以提升代码的可测性、可读性和可维护性，在实施策略上，

a. 新增功能：独立开发，保证可复用、可扩展。

b. 修改已有功能：有限度重构。

c. 存量代码（无须修改）：避免重构。

实施方法上，遵照如下原则：a. 梳理处理逻辑，用简单的方法可以实现的就不要用复杂的，可以使用语言的新特性，避免公共组件重复"造轮子"。b. 合理提炼方法和变量，使代码结构清晰可读。c. 善于使用 IDE 的重构工具，提高代码重构效率。

4）促进个人成长

测试驱动开发对开发人员提出了更高的技能要求，单纯为了提高覆盖率而编写案例会变得非常困难。开发人员需要对自己的研发能力提出更高的要求，主动学习测试思想和方法，提高重构技能，掌握并熟练运用 IDE 和 Mock 工具，并且要不断练习，这是 UTDD 的必由之路。

3.10.5　测试驱动开发的困境

（1）开发参与积极性低，时间成本高，历史包袱重。

在落地 TDD 的过程中，由于实施 TDD 会造成编码阶段的开发投入增加（一般实施 TDD 后开发工作量会增加 30%～50%），开发人员需要同步完成开发和自测工作，并完成对应的 TDD 脚本，导致其对 TDD 的抵触较大。但是在测试阶段，开发人员交付给测试人员的质量有明显提升，缺陷密度下降，通过持续集成可以尽早地发现和解决问题。因此，落地 TDD 的核心思路是要做好理念传导，以点带面，先进带动后进，建立目标导向，激发内生动力，通过度量找差距并持续改进 TDD 落地效果。在实践过程中，通过僵化（3～6 个月）、固化（6～12 个月）、优化（持续优化）三个阶段，逐步推进 TDD 的落地，初期先聚焦增量、新功能、变更功能，再逐步通过增量带动存量功能覆盖率的提升，提高整体单元测试覆盖率。

（2）过分关注结果指标而忽略过程。

在落地测试驱动开发的过程中，企业往往会采用质量门禁对 UTDD 的成果进行验收，包括但不限于使用测试覆盖率、测试先行率（测试代码先于或同时和开发代码提交）、代码静态扫描等手段对其进行管控，以便夯实 TDD 的成果。这种做法有利于 TDD 的标准化落地，但在落地过程中，因为质量门禁的强控作用可能会导致开发人员过分关心门禁指标，从而出现先编写代码再编写案例达到门禁标准的情况，这违背了 TDD 的初衷。

因此，企业在落地 UTDD 的过程中，应加强正面宣导，并辅助开发人员进行案例设计，提高开发人员的开发技能，帮助开发人员正确开展 TDD 实践。

第 4 章　测试领域实践

本章思维导图

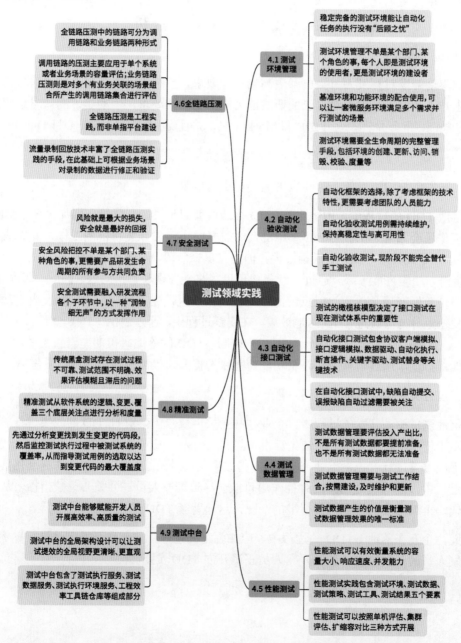

- 全链路压测中的链路可分为调用链路和业务链路两种形式
- 调用链路的压测主要应用于单个系统或者业务场景的容量评估；业务链路压测则是对多个有业务关联的场景组合所产生的调用链路集合进行评估
- **4.6 全链路压测**
- 全链路压测是工程实践，而非单指平台建设
- 流量录制回放技术丰富了全链路压测实践的手段，在此基础上可根据业务场景对录制的数据进行修正和验证

- 风险就是最大的损失，安全就是最好的回报
- **4.7 安全测试**
- 安全风险把控不单是某个部门、某种角色的事，更需要产品研发生命周期的所有参与方共同负责
- 安全测试需要融入研发流程各个子环节中，以一种"润物细无声"的方式发挥作用

- 传统黑盒测试存在测试过程不可靠、测试范围不明确、效果评估模糊且滞后的问题
- **4.8 精准测试**
- 精准测试从软件系统的逻辑、变更、覆盖三个底层关注点进行分析和度量
- 先通过分析变更找到发生变更的代码段，然后监控测试执行过程中被测试系统的覆盖率，从而指导测试用例的选取以达到变更代码的最大覆盖度

- 测试中台能够赋能开发人员开展高效率、高质量的测试
- **4.9 测试中台**
- 测试中台的全局架构设计可以让测试提效的全局视野更清晰、更直观
- 测试中台包含了测试执行服务、测试数据服务、测试执行环境服务、工程效率工具链仓库等组成部分

测试领域实践

- **4.1 测试环境管理**
- 稳定完备的测试环境能让自动化任务的执行没有"后顾之忧"
- 测试环境管理不单是某个部门、某个角色的事，每个人即是测试环境的使用者，更是测试环境的建设者
- 基准环境和功能环境的配合使用，可以让一套微服务环境满足多个需求并行测试的场景
- 测试环境需要全生命周期的完整管理手段，包括环境的创建、更新、访问、销毁、校验、度量等

- **4.2 自动化验收测试**
- 自动化框架的选择，除了考虑框架的技术特性，更需要考虑团队的人员能力
- 自动化验收测试用例需持续维护，保持高稳定性与高可用性
- 自动化验收测试，现阶段不能完全替代手工测试

- **4.3 自动化接口测试**
- 测试的橄榄核模型决定了接口测试在现在测试体系中的重要性
- 自动化接口测试包含协议客户端模拟、接口逻辑模拟、数据驱动、自动化执行、断言操作、关键字驱动、测试替身等关键技术
- 在自动化接口测试中，缺陷自动提交、误报缺陷自动过滤需要被关注

- **4.4 测试数据管理**
- 测试数据管理要评估投入产出比，不是所有测试数据都要提前准备，也不是所有测试数据都无法准备
- 测试数据管理需要与测试工作结合，按需建设，及时维护和更新
- 测试数据产生的价值是衡量测试数据管理效果的唯一标准

- **4.5 性能测试**
- 性能测试可以有效衡量系统的容量大小、响应速度、并发能力
- 性能测试实践包含测试环境、测试数据、测试策略、测试工具、测试结果五个要素
- 性能测试可以按照单机评估、集群评估、扩缩容对比三种方式开展

在研发效能的测试领域，提倡利用规范化、自动化和体系化的方法推动质量效能提升。这些方法具体可以从测试环境管理、自动化验收测试、自动化接口测试、测试数据管理、性能测试、全链路测试、安全测试、精准测试及测试中台等众多方面分别进行实践探索。

- 测试环境管理：这里的测试环境指的被测环境，也就是我们俗称的 System Under Test（SUT）。测试环境是开展测试活动的土壤，我们要通过一系列方法来规划、管理测试环境，提高测试环境的稳定性，减少因环境自身问题对测试活动带来的影响，提升测试工作的效率和质量。
- 自动化验收测试：针对用户验收测试的工作，利用自动化替代手工执行的测试活动提高测试的准确性，加快反馈质量问题的效率，从而释放手工测试人力，提高验收测试阶段的投入产出比。
- 自动化接口测试：提供能够自动化完成接口测试执行的能力，从而实现接口冒烟测试、接口集成测试等自动化测试的验证，提高质量效能。
- 测试数据管理：是指在产品研发阶段，为了方便、快速地进行测试验证，结合产品功能，维护相关测试数据的工作。
- 性能测试：通过工具模拟正常、峰值、异常负载条件下的各类压测流量来对系统的各项性能指标进行测试，以保证系统性能的稳定性。
- 全链路测试：通过对调用链路、业务链路的测试，实现对真实链路、真实流量的负载压力测试。
- 安全测试：在整个产品研发生命周期中，在各阶段介入多种能力进行安全检测，确定软件系统的所有可能漏洞和风险点，以确保产品符合安全需求定义和产品质量标准。
- 精准测试：利用技术手段对测试过程产生的数据进行采集存储、计算、汇总和可视化，最终帮助团队提升软件测试的效率，实现基于变更的测试范围选取，并最终实现项目整体质量改进和测试成本优化。通俗来讲，就是只做"对的"测试，不做"多的"测试。这正是"Less is more"的最佳体现。
- 测试中台：随着 IT 交付团队规模的不断扩充，测试中台通过测试能力的沉淀来赋能团队成员更好地服务于质量保障工作，去除大量重复工作，降低测试过程的成本。

罗列如上测试领域的实践并不是为了说明研发效能测试领域只有这些内容，也不是为了说明必须包含这些内容。上述仅仅给出了当前比较常用的提高测试领域研发效能的方法，这些实践肯定也会随着技术的发展和实践的积累不断地发生变化。"尽信书，不如无书"，我们仅仅是想在该领域总结一些当前状况下行之有效的方法，未来研发效能在测试领域的优秀实践肯定会不断迭代与进步，让我们拭目以待！

4.1 测试环境管理

 核心观点

- 稳定、完备的测试环境能让自动化任务的执行没有"后顾之忧"。
- 测试环境管理不单是某个部门、某个角色的事，每个人都是测试环境的使用者，更是测试环境的建设者。
- 基准环境和功能环境的配合使用，可以让一套微服务环境满足多个需求并行测试的场景。
- 测试环境需要全生命周期的完整管理手段，包括环境的创建/更新、访问、销毁、校验、度量等。

4.1.1 测试环境管理概述

在介绍测试环境管理之前，先确定测试环境和测试环境管理两个概念。

1. 什么是测试环境

测试环境是指为了完成软件测试工作，所必需的计算机硬件、软件、网络设备、历史数据的总称。这里的测试环境等同于被测环境，也就是我们常说的 SUT。稳定和可控的测试环境可以使测试人员花费较少的时间就能完成测试用例的执行，并且可以保证每一个被提交的缺陷都可以在任何时候被准确地重现。

2. 什么是测试环境管理

测试环境管理是指通过一系列方法规划和管理测试环境，减少因环境自身问题对测试活动带来的影响，以提升测试工作效率和质量。

下面主要围绕测试环境管理的各种手段展开介绍。

4.1.2 测试环境管理的价值

测试环境是众多测试活动的"土壤"，后续无论如何完备和有效的 CI/CD 原子能力都需要扎根到这片土地上，只有具有完备的测试环境才能更好地进行各项测试活动，减少因环境自身问题带来的误报，也会使自动化度量更加准确，因此，测试环境的有效管理对于后续的测试活动意义重大。比如：

（1）在当前日益严峻的监管环境下，线上环境与线下环境在存储、网络、流量等方面的隔离，在很大程度上能够减少因安全合规问题所带来的风险，而线上环境、线下环境完全隔离后，如何有效地开展测试活动，其中测试环境管理就是一种极为重要的解决方案。

（2）在业务需求快速迭代，特别是微服务架构体系下，一个微服务可能同时涉及多个需求，而如果只有一套测试环境，则代码在测试环境中的相互覆盖会对测试活动产生影响，这里也需要对测试环境进行有效管理。

因此，测试环境管理无论是对外保证安全合规以降低风险，还是对内保证并行需求迭代以提升交付效率，都有着重要的价值。

4.1.3　测试环境管理的实现

在介绍测试环境管理落地的步骤前，首先介绍在实际产品研发生命周期的不同阶段推荐使用的各种环境。

1. 环境使用推荐

各个阶段的适用环境，如图 4.1.1 所示。

环境		开发阶段			测试阶段	验收阶段	上线阶段		
		编码	自测	联调	测试活动	验收活动	上线	线上回归	基准环境部署
线下环境	本地开发机								
	功能环境								
	基准环境								
线上环境	预览环境								
	生产环境								

图 4.1.1　各个阶段适用环境推荐

说明：绿色为规范推荐；黄色为规范允许；红色为禁止。

- 线下环境：除基准环境外，都可用于需求联调测试。
- 线上环境：不允许用于联调测试，预览环境可用于使用真实数据进行验收活动。

不同阶段的环境使用建议：

- 开发阶段：基于本地开发机和功能环境进行编码、自测、联调。
- 测试阶段：基于功能环境进行自动化测试和手工测试。
- 验收阶段：这是发版审查正式上线前，为了保证用户使用体验而进行的集体确认设计&开发质量的过程，可基于预览环境进行小流量的预览体验。
- 上线阶段：线上环境部署和更新基准环境。

2. 测试环境特性和定位

测试环境管理的第一步就是要确定不同种类测试环境的适用场景及明确定位，因为测试环境之间有很大差异，不正确地使用会影响测试环境的稳定性与测试数据的准确性，对研发测试活动的效率带来严重影响。一般来说，测试环境分为本地开发环境、基准环境和功能环境，本文将着重介绍后两种环境。

（1）基准环境：基准环境中部署的代码分支为上线分支，同时基准环境中的代码和配置都需要与线上保持同步更新。基准环境的主要作用是用于其他服务进行联调测试，而非自身服务进行需求测试，也可以理解为基准环境是一个"底座环境"，是为别的服务联调提供帮助的，因此要保证基准环境的高稳定性。

（2）功能环境：功能环境中部署的代码分支为开发分支，主要用于开发工程师的自测联调和测试工程师的测试。如果一个服务有多个并行需求，则可以针对不同需求创建多套不同的功能环境。同一个微服务可以进行多套功能环境部署，不同的功能环境可以通过环境标志进行区分。一个微服务一般包括一套稳定的基准环境（基准环境长期稳定存在）和多套功能环境（短期存在并且定期销毁）。

接下来，通过例子说明基准环境和功能环境之间的关系，如图 4.1.2 所示，A、B、C、D、E 共 5 个微服务构建了一条通路，代表一个功能，这时出现了需求一和需求二。

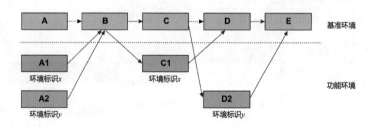

图 4.1.2　请求流转环境示例

需求一：修改了服务 A 和 C，需要针对服务 A 和 C 拉出 A1 和 C1 两个功能环境，它们使用相同的环境标识 x，其他服务仍然使用原来的基准环境，整个链路的路径为 A1→B→C1→D→E（即图中蓝色线条）。

需求二：修改了服务 A 和 D，需要针对服务 A 和 D 拉出 A2 和 D2 两个功能环境，它们使用相同的环境标识 y，其他服务仍然使用原来的基准环境，整个链路的路径为 A2→B→C→D2→E（即图中红色线条）。

由此可以看出，基准环境和功能环境的配合使用，可以让一套微服务环境满足多个需求并行测试的场景。

3. 测试环境使用规范

为了更加准确地使用不同类型的测试环境，我们需要根据测试环境的不同特性去确立相应的使用规范。

（1）基准环境：由于基准环境是对外提供联调服务的环境，需要保证与线上环境代码的一致性及高稳定性，因此其必须部署和发布上线分支而非开发分支代码（和线上保持一致），并加入发布上线流水线中（以保证及时同步）。

（2）功能环境：研发人员自测或联调测试必须创建功能环境，基于此环境联调通过后，方可提测。提测后，产品经理和测试工程师需要直接使用功能环境进行验收测试，不能使用基准环境。

4. 业务团队宣讲和培训

在确定测试环境的使用规范后，需要找到试点业务进行宣讲培训。试点业务选取的标准如下：

（1）新业务：原因是新业务没有过多的历史包袱和技术债，相对于已经特别成型的业务，在修改代码配置和更改研发人员的研发习惯上会相对容易。

（2）迭代较频繁的业务：测试环境使用规范是否符合业务实际情况，需要反复尝试摸索，而核心业务的频繁迭代和上线也增加了这种验证的频率，使得问题能更快地被暴露和解决（当然也要更为谨慎）。

（3）熟悉的业务：笔者认为这比前两点更重要，在测试环境使用规范实施中一定会遇到许多问题，不断调整、"小步快跑"是一个不错的选择，同时我们也要认识到很多问题并不是单个角色就能搞定的，因此建议选择一个你比较熟悉的业务（或者跟业务的开发工程师和测试工程师都比较熟），这样推进中的配合度会更高，也会让效果的达成更有把握。

5. 测试环境创建和更新

在业务团队进行测试环境管理时，我们需要提供一些方案来降低测试环境创建和更新的成本，主要有以下几种。

（1）流水线模式：这种模式的人工操作成本很低，通过配置流程，在开发工程师提交代码到开发分支后，即可自动进行功能环境的创建，同时随着不断的提交，功能环境也会随之进行更新，以保证功能环境代码的及时更新。在测试完成，代码合入发布分支后，会自动触发上线流水线，以执行上线流水线中基准环境的更新，这样能保证合入基准环境的代码都是在功能环境进行过充分测试的，以此来保证基准环境的稳定性，同时也能保证基准环境与线上环境的代码一致，如图 4.1.3 所示。

（2）平台创建模式：流水线模式需要事先配置，并且一般流水线上都会配置多个原子能力，整体部署时间较长，而一些简单的自测也可以选择平台创建模式。开发工程师在平台输入服务名称、代码分支、环境标识后，一键创建功能环境，即可在功能环境进行自测和联调。代码合入发布分支后，也可在平台进行基准环境的更新和部署。

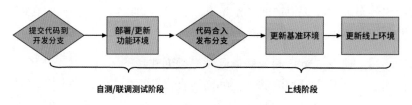

图 4.1.3　流水线更新环境

（3）本地创建模式：开发工程师通过本地开发机或者在 IDE 上安装对应插件，即可将本地代码编译部署到功能环境中。

6. 测试环境访问

在测试环境部署和更新完成后，进入测试环境访问阶段，而对功能环境不同端的访问方式也不相同。

服务端：可采用直接访问后端接口的方式，因为测试环境与线上环境域名不同，通过域名替换、更改环境标识的方式对功能环境进行访问。

客户端：通过对 App 泳道的配置，输入对应的环境标识，将客户端请求发送到功能环境。

Web 端：可在浏览器中进行环境标识的配置和变更，并发送对应请求到功能环境。

7. 测试环境销毁

随着需求迭代的不断增加，功能环境的数量也会随之增加，有的环境不再使用，这就造成极大的资源浪费。为了解决这个问题，我们需要对测试环境进行销毁，主要方式如下：

（1）流水线回收：在流水线进行环境回收原子的配置，当功能环境被创建后会进入"人工卡点"阶段，测试工程师/开发工程师在此功能环境进行对应的测试活动，测试任务完成后，由测试工程师或开发工程师点击"人工卡点"通过，此时如果流水线继续执行即可回收功能环境。

（2）长期未使用销毁：在功能环境被创建后，对功能环境进行计时，若超过设定天数（如15 天）一直没有被再次更新，则会给环境创建者发送通知，以确认是否进行功能环境使用延期。若不延期或过时未处理，则在第二天进行环境的回收销毁。

（3）定时销毁：在流水线配置时，设定超过天数后，将流水线及流水线所创建的环境同时销毁，这样既可以销毁大量的功能环境，又可以避免出现流水线空间越发臃肿的情况。

（4）存量销毁：从业务维度进行归类统计，对过去 3 个月内未有新请求访问的功能环境进行统一销毁。

8. 测试环境自动化校验

在测试环境治理过程中，除了培训和制定环境使用规范，自动化的校验手段也是很有必要的，为保证测试环境规范能够得到使用，可以采取以下方式。

1）基准环境规范手段

（1）基准环境禁止部署非上线分支，以防存在使用开发分支在基准环境部署测试的情况，影响其稳定性。

（2）发布流水线改造，上线流水线中需包含基准环境的部署节点，同时回收业务方绕过流水线使用手工部署基准环境的权限。

2）功能环境规范手段

（1）上线前校验本次代码是否在功能环境进行过部署，若未满足要求则无法进行后续的合码上线。

（2）通过增量代码测试覆盖率卡点来判断功能环境的真实使用情况，以逐步提高功能环境的使用规范度。

9. 测试环境成熟度度量

在测试环境管理不断推进的过程中，需要对业务所处测试环境的成熟度进行度量，给出测试环境成熟度等级及升级建议，以帮助业务更好地进行测试环境管理。如图 4.1.4 所示，成熟度度量可以从功能可用性、服务稳定性、研发流程规范性、安全合规性和研发效率影响五个维度进行，每个维度都会有若干子指标，子指标所处的阶段能够反映该维度在各业务中所处的等级，同时环境成熟度报告也会参考各个业务的最佳实践，以便给出升级建议。

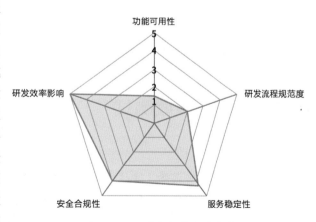

图 4.1.4　环境成熟度度量维度

4.1.4 测试环境管理的误区

1. 测试环境管理重要但不紧急

在测试环境管理过程中，每个阶段的推进都会遇到问题，甚至在早期试点落地时也会影响研发效率，这时有些人会认为测试环境管理确实重要，但跟业务的需求迭代相比没那么紧急。其实测试环境管理并非是重要不紧急的事情，跟业务所处的阶段及外界环境有紧密关系。在业务早期发展过程中，层出不穷的新功能可能是大部分人所关心的，而随着业务不断扩大，影响范围越来越广，业务在求快的同时更要求稳，以保证安全合规，而测试环境管理就是避免安全合规问题的重要解决方案，因此它是一个重要且紧急的事情。

2. 测试环境管理应该由谁来负责

测试环境管理所涉及的服务、组件、中台、架构等方面极为繁杂，并没有任何一个角色能够完全推进和负责，就像使用测试环境的过程一样，每个人不仅是测试环境的使用者，更是测试环境的建设者，都需要有意识地提升所负责的服务测试环境的稳定性，这样整体业务测试环境的稳定性才能有保障。每个人都要为自己的测试环境负责，包括测试环境稳定性、数据丰富度、测试环境功能补齐等。

3. 指标越多代表对成熟度的考虑越全面

在测试环境成熟度度量过程中，难的并不是指标太少，而是指标太多，容易让人觉得这个事很好做，陷入"自嗨"的过程中，可能会出现有意识地去找比较容易获取的指标，输出一份特别长、特别好看的图表报告。但如果这份报告对业务方没有多大的价值，那就是在逐步消磨对方的信任感，后续的推进工作也会受到影响。因而，在成熟度度量过程中，最耗心力的不是出模型和找数据，而是业务深度访谈。我们需要访谈尽可能多的业务和角色，长时间和业务方深入沟通方案，了解业务的现状、诉求和痛点，这样才能得到有价值的报告，因为它在某种程度上代表了业务方的意志，同时也是后续度量项目规划的"指路灯"。

4.2 自动化验收测试

核心观点

- 自动化框架的选择，除了考虑框架的技术特性，更需要考虑团队的人员能力。
- 自动化验收测试用例需要持续维护，以保持高稳定性与可用性。
- 现阶段，自动化验收测试不能完全替代手工测试。

4.2.1 自动化验收测试概述

自动化验收测试，是指利用自动化执行替代手工执行的用户验收测试活动。而用户验收测试，则是从用户的角度来验证软件功能是否满足用户的期望，即我们通常所说的"端到端"测试。单元测试/接口测试通常都无法验证功能是否满足用户的期望，它们往往是软件研发团队（这里的研发团队包括开发团队与测试团队）对自我软件技术实现的验证。因此，对软件产品/系统进行验收测试是必不可少的。

以前，软件研发团队大多数都依靠人工测试和代码检查来验证系统的正确性，但手动测试执行起来太耗时，成为整个快速持续交付流程的瓶颈。因此，通过创建自动化验收测试套件进行自动化验收测试，成为我们的首选。它可以帮助我们完成以下工作：

（1）用户功能验收测试。

（2）非功能验收测试（性能测试、容量测试、可靠性测试）。

（3）系统集成测试。

4.2.2　自动化验收测试的价值

与手工验收测试相比，自动化验收测试有以下优势。

（1）节省测试的执行时间和成本，能快速向开发人员反馈质量问题。

（2）提高测试的准确性，减少"人为"因素带来的测试结果误判或漏测。

（3）完成手工测试无法完成的测试，尤其是大规模用户并发测试，以及肉眼无法察觉的问题。比如，在视频应用中，由视频编解码处理带来的轻微偏色、错帧等问题。

（4）释放手工测试人力，将人力投入到用户体验测试和探索性测试中，为用户提供更高质量的产品体验。

4.2.3　自动化验收测试的实现

为了达到"快速反馈"与"结果可信"的目的，分层自动化模型被业界广泛认可。无论是 Google 公司的"金字塔"模型，还是国内实践中逐步形成的"橄榄核"模型，自动化验收测试都在最上层，仅占自动化测试很小的一部分，主要原因是相比单元测试/接口测试，自动化验收测试有以下几个特点。

● 单个测试用例成本较高。

● 自动化用例执行稳定性较差。

● 自动化执行频率低且比较耗时。

● 一般由专职的测试开发人员维护。

因此，在开发更多的自动化用例之前，需要做到如下几点：

1）明确自动化验收测试的对象

自动化验收测试最适用于软件功能的批量回归测试，或者固定场景的性能测试和稳定性测试。而那些业务逻辑经常被改动的功能，则不适合开展自动化验收测试，因为脚本编写与维护的成本会让团队早早放弃。

2）选择适合团队的自动化框架

在选择自动化框架时，除了自动化框架本身的一些特性，更需要考虑团队中负责自动化代码编写人员的能力。如果负责编写自动化用例的人：

（1）无编码能力：建议使用开源或者免费录制且回放的工具，如阿里的 SoloPi、网易的 Airtest。

（2）有一定的编码能力，但不熟悉被测软件程序代码编写：建议使用业界通用的自动化工具或框架，如移动端应用常用的 Appium、Uiautomator2、WDA、UIAutomation 等，国内一些大厂也在陆续开源自研的自动化测试框架。

（3）代码能力很强，可以使用被测软件程序代码编写自动化用例：建议使用官方 IDE 集成的测试框架，如 Android 的 Espresso、IOS 的 XCTest。

如果有独立的测试工具平台，开发团队针对业务特性专门开发定制的自动化框架也是非常推荐的，前提是自动化框架能够解决通用框架的不足和痛点。

3）提前准备好测试数据

准备测试数据常用的方法有以下几种：

（1）通过一些规则自动生成测试数据。

（2）基于生产环境的数据进行自动化录制，保存备份，如搜索场景中常见的疑问词、登录场景中的账号数据等。后台自动化的流量回放就是这个思路。

（3）手工准备一些测试数据，以配置文件的形式存储，自动化执行时读取对应的配置。

4）对自动化用例划分优先级，并将其加入对应级别的研发流水线中，充分提升测试执行频率

验收测试用例数量不应该太多。如果自动化验收用例单次执行的时间超过 1 小时，则应该进行分级。

（1）最核心的 P0 用例，用于冒烟测试，每次构建都应该触发执行，需要保证单次执行时间不超过 20 分钟。

（2）次级 P1 用例，用于定期触发执行，如 Dailybuild Test。

（3）全量验收测试用例，版本每次发布前至少执行 1 次，同时也要保证执行时间不能过

长。以每周发版为例，执行时间建议不超过半天，可通过多台设备并行执行来降低全量执行时间。

5）保持自动化测试用例与需求一样的变更速度，以保持高稳定性与可用性

当对应的产品代码发生变更时，测试用例也必须及时得到更新，否则它一定会运行失败，从而产生误报。当这种情况频繁出现时，很容易让大家失去对自动化验收测试准确性的信心。如果自动化验收测试加入了流水线，则会引起整个流水线的中断。自动化用例的不稳定，大部分是因为测试用例本身引起的。关于如何优化测试用例，可以参考如下建议。

（1）在设计测试用例时，尽量减少用例间的依赖，使单个用例都可以独立执行且不受之前运行结果的影响。

（2）在编写测试用例时，应正确设置测试环境、前置条件和测试数据，并对测试代码进行规范化的分支管理。比如，将唯一的主干分支作为正式运行的版本，测试代码更新时个人分支的稳定性必须达标并经过 CR 后，才能合入主干分支。

（3）从测试用例维度进行上下线管理。如果发现某个用例不稳定，则需要将其从主干分支回退，即所谓的用例下线；测试用例需要经过多次验证，运行正常才能将代码合入主干，即所谓的用例上线。

除了测试用例本身，造成测试用例不稳定的其他原因如下。

（1）测试框架：一般来说，相比 Junit/XCTest 单元测试框架，Appium、WDA 等 UI 自动化框架的稳定性要差一些，其优化难度较高，在选择测试框架时建议考虑得更全面一些。

（2）测试环境：自动化运行所在的网络、机器环境等。环境的优化可以选择搭建独立专用的测试网络，在不同机器上通过多运行测试来进行。比如，一些移动端 App 的验收测试还可以定制测试机柜，以解决网络堵塞、加快手机散热等问题

4.2.4　案例研究：某头部互联网视频 App 的自动化验收测试

如图 4.2.1 所示，在某头部互联网视频 App 自动化测试实践过程中，将验收测试分为两部分。

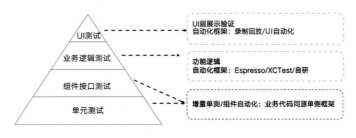

图 4.2.1　自动化验收测试分层模型

（1）UI 测试：验证 UI 展示是否符合预期，通常采用录制回放的自动化框架，特点是简单易用，录制成本很低，短时间内可以生成很多用例，但执行稳定性不高。

（2）业务逻辑测试：采用安卓与苹果官方推荐的自动化框架，以业务代码与测试代码同源管理的方式进行，特点是代码复用性高，执行稳定性高，但投入成本也高。

同时，在自动化落地实施中，基本遵循了上面"自动化验收测试实现"部分所述的分级原则，如图 4.2.2 所示。

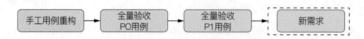

图 4.2.2　自动化验收用例分级示意图

（1）对手工测试用例进行重构，以方便与自动化用例进行映射（重构原则：用例之间相互独立且执行时间短）。

（2）按照优先级依次对全量验收 P0 用例和全量验收 P1 用例进行自动化用例的补充。在充分保证自动化验收用例稳定性且累积了一定用例之后，再考虑对新需求进行自动化用例的补充。

说明：新需求的用例补充时机，建议滞后新需求上线时间，原因是在新需求开发期间，被测代码本身的改动会对测试代码的维护带来较大的工作量。

更重要的是，对测试代码的要求要与对业务开发代码的要求同样高，为此需要进行如下规范化管理。

（1）测试代码分支规范管理，保证测试代码主干分支的稳定性。

（2）测试代码编写管理，保证有注释且具备可读性。

（3）对测试代码结构进行优化，分为三层：描述层、逻辑层和底层 API，充分保证代码的可复用性，降低编写成本。

最后，针对自动化验收测试进行稳定性分析、有效性分析及时效性分析，将遇到的问题或解决方案沉淀下来，反过来指导自动化测试，以提升收益。

4.2.5　自动化验收测试的误区

（1）自动化短期看不到收益，就放弃了。

在自动化验收测试中，一开始编写的都是非常核心的功能路径，在用例数量没有积累到一定程度之前，发现问题的能力非常有限，也并不能节省多少人力。反而会因为一开始大家在编写自动化测试用例上没有经验，以及自动化测试用例的稳定性较差，需要投入人力进行维护，并需要对用例本身造成的失败进行过滤，大部分团队在此阶段就放弃继续投入了。据笔者的经验，自动化验收测试至少需要持续投入 6 个月，核心功能自动化验收覆盖率达到 50%以上才会看到明显受益，且随着用例数量的积累，执行越稳定，收益越明显。

说明：核心功能一般是指业务中相对重要的功能点，如果自动化用例可完全替代手工测试去校验功能是否正常，则表示该功能点已做到自动化覆盖。

（2）认为自动化验收测试能够完全取代手工测试。

现阶段，自动化验收测试无法替代手工测试。自动化测试是测试人员按照预先设定的逻辑写的，包括输入步骤和结果校验点。如果软件在实际运行过程中出现了非程序设定之外的新问题，则自动化运行必然会失败或者发现不了新问题。自动化测试效用最大的地方是软件功能的批量回归测试，能节省重复的验证工作量。而"人"的核心价值在于可以主动观察，进行更智能和对创造性要求更高的事情，如探索性测试、用户体验建议测试等。

（3）自动化用例执行时间过长，用例代码中存在大量的 Sleep 操作。

在自动化验收测试中，为了让每一步有充分的执行时间，常常在一些步骤中进行 Sleep 操作等让程序等待足够的时间，这会让整个用例的时间变得更长。建议使用轮询或者用例拆分的方法，尽可能减少用例执行时长。

（4）自动化测试用例的运行对特定环境有强依赖，无法轻易被多人复用。

这在对测试数据强依赖的验收测试中经常出现。编写的自动化测试用例只能在某个测试环境中执行，否则会因为不同环境输入的数据不同造成结果验证失败。这样，已经编好的自动化测试用例就无法被复用，大大影响自动化的收益。建议通过提前准备测试数据来规避这类问题。

（5）自动化用例长期不维护，失败也没有及时处理，从而导致"破窗"效应，自动化"名存实亡"。

自动化验收用例一旦出现失败，就需要进行及时处理：功能出现缺陷就提 bug 单让开发人员修复，自动化用例自身问题就修改自动化用例。如果不及时处理问题，就无法区分哪些失败是功能 bug，哪些失败是产品出现了缺陷，自动化测试的准确性也就无从谈起。久而久之，开发团队会认为自动化测试经常误报，从而不信任自动化测试的结果；测试团队也会因为开发团队的质疑，以及累积的自动化用例修改工作量太大，认为自动化验收测试起不到提升测试效率的作用。

4.3 自动化接口测试

- 测试的橄榄核模型决定了接口测试在现在测试体系中的重要性。
- 自动化接口测试主要包含协议客户端模拟、接口逻辑模拟、数据驱动、自动化执行、断言操作、关键字驱动、测试替身等关键技术。
- 在自动化接口测试中，缺陷自动提交和误报缺陷自动过滤是需要被关注的方向。

4.3.1 自动化接口测试概述

自动化接口测试是指能够自动化完成接口测试执行的测试活动，其中包含接口测试和自动化测试两个要素。

（1）接口测试：在测试技术协议客户端模拟行为（该客户端是协议层访问客户端，具体可以是客户端系统，也可以是微服务的调用发起方等任何包含协议发起方代码或者实现的系统或软件）的基础上，按照测试用例设计方法完成接口入参的设计，并与被测服务端发生交互，验证结果是否满足预期的测试行为。

（2）自动化测试：能够按照迭代定时、按需地完成没有人工或者较少人工直接参与的测试活动。

你可以将自动化接口测试应用于任何依托某一种网络传输协议进行交互（客户端/服务端类）的系统中，包含 C/S 和 B/S 架构的系统。因此，一个自动化接口测试的必备功能包含协议客户端模拟、接口的逻辑模拟、测试数据及断言类操作。

随着自动化测试技术的发展，自动化接口测试中的测试缺陷自动提交、误报缺陷自动过滤、接口的逻辑模拟生成等无人参与或者很少人参与的功能越来越多，这些在质量效能方面都起着至关重要的作用，但是它们不是自动化接口测试必备的功能模块。

4.3.2 自动化接口测试的价值

将自动化测试和测试工作投入完全对应清楚是从分层自动化测试金字塔模型开始的，如图 4.3.1 所示。在金字塔模型中，界面测试、接口测试和单元测试，每一个阶段所占面积的大小，代表了它们在测试过程中的投入和工作量占比。由此，我们可以看出，金字塔模型中单元测试占据了绝大部分的比重，也就

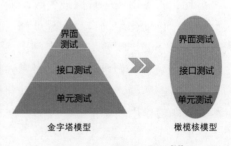

图 4.3.1　分层测试模型[15]

说明我们应该在单元测试中投入更多的精力和时间，已达到更大的收益[16]。但是在实践过程中，不少企业的单元测试覆盖度还不高。为了弥补单元测试的不足，测试工程师不断地加大在自动化接口测试中的投入，将自动化接口测试逐渐划分成单接口测试和业务场景接口测试，也逐渐将分层自动化测试模型演变成橄榄核模型。

其中：

（1）单接口测试不断扩大检测范围，既保证了某一个单一接口功能的正确性，也覆盖了单接口的可靠性，从而不断增加接口测试的测试深度和测试广度，往下逐渐覆盖一些公共接口的单元测试内容。

（2）业务场景测试通过对多接口的串联及上下文参数的处理来完成对业务逻辑的模拟，往上则逐渐覆盖应该由 UI 层保障的业务逻辑测试。

由此，通过不断地在实践中扩大自动化接口测试的投入，分层测试模型也就逐渐演变成橄榄核模型，这种变化是工程实践选择的结果。

它的主要优越性如下：

（1）自动化接口测试更容易和其他自动化系统结合。

（2）相对于界面测试，自动化接口测试可以更早开始，也可以测试一些界面测试无法测试的范围，因此它使"测试更早地投入"这句话变成现实。

（3）自动化接口测试还可以保障系统的鲁棒性，使被测系统更健壮。

4.3.3　自动化接口测试的实现

自动化接口测试主要包含协议客户端模拟、接口逻辑模拟、数据驱动、断言操作、自动化执行、关键字驱动、测试替身、测试报告等，另外测试缺陷自动提交、误报缺陷自动过滤和接口的逻辑模拟生成也是要必须关注的技术方向。

（1）协议客户端模拟：是指协议客户端模拟行为的测试技术，既可以是测试脚本也可以是测试平台，主要提供模拟与被测服务交互的一种技术手段，提供与被测系统发生交互的基础，从而为接口测试的实现建立基础手段。例如，HTTP 协议比较常用的方式是，通过代码调取对应的协议访问客户端类，如 Java 的 HttpClient、Python 的 Requests 等，或者利用常规的工具 Postman 等。

（2）接口逻辑模拟：通过录制修改或者脚本开发的方式，在协议客户端模拟技术的基础上实现与被测服务的交互，该交互主要实现被测接口的访问和参数传递，以及返回值的获取。例如，HTTP 协议的接口通过写代码完成访问 uri、参数、方法等的设置，发起访问并获取返回值，或者通过 Postman 新建请求完成对应的设置。

（3）数据驱动：是指为自动化接口测试的接口逻辑模拟部分提供被测接口参数的入参，入参可以按照某一种形式存储在外部文件或者外部服务中，通过自有的参数策略进行选取，从而实现对一个接口逻辑模拟方式入参的多次访问，从而最大程度提高接口模拟逻辑的复用，提高自动化接口测试的开发效率。例如，在编写脚本时，常常会将参数放入.csv、.json、数据库等文件或者服务中。

（4）断言操作：提供针对自动化接口测试返回值部分或者全部预期值的自动比对，其中支持一些布尔值的运算，如等于、包含、不包含等。

（5）自动化执行：自动化接口测试能够按需或者定时调取部分或者全部自动化接口测试脚本完成测试，这里按需就是按照固定的需要，既可能是迭代的需要也可能是质量保障环节的需要；自动化接口测试还要提供定时执行的能力，既可以由自动化接口测试框架或者平台自己提供，也可以借助持续集成平台完成。

（6）关键字驱动：提供关键字封装功能，利用关键字将一些接口封装成某一个流程的关键字，通过该关键字就可以完成对应业务流的测试、调用等。这样就可以把一些自动接口测试隐藏到业务识别关键字中，提高编码的可读性和复用性。

（7）测试替身：为了达到测试目的并且减少被测试对象的依赖，可以在依赖接口编程的程序中使用测试替身代替一个真实的依赖对象，从而保证测试的速度和稳定性。

（8）测试缺陷自动提交：当自动化接口测试在执行测试过程中发生执行失败并确定是被测系统的缺陷时，可以自动将该现象、脚本和脚本执行后的结果实际返回并上报到缺陷管理系统，完成新缺陷的上报。

（9）误报缺陷自动过滤：自动化接口测试在执行测试出现失败后，会判断失败是由非被测系统的缺陷导致的，还是由环境问题、数据问题、依赖问题导致的服务不可用，这部分并不是缺陷，可以自动将其反馈给测试工程师，而不上报新缺陷。

（10）接口的逻辑模拟生成：通过某种接口输入内容，自动完成访问接口逻辑的生成，常规是自动生成自动化测试脚本代码。

（11）测试报告：对测试结果统一的展示方式，通过提供表格、统计图等给出形象的总体分析，甚至可以将缺陷报告、误报缺陷自动过滤模块的内容同时输出到报告中。

整体来说，一个自动化接口测试最基本要包含协议客户端模拟、接口逻辑模拟、数据驱动、断言操作、关键字驱动、测试报告，对于微服务化的系统，测试替身是必须满足的内容，而测试缺陷自动提交、误报缺陷自动过滤和接口的逻辑模拟生成则是随着技术的发展，测试工程师在不断地发挥技术能力的同时出现的领域，但是该部分发展迅速，有成为自动化接口测试必备能力的趋势。

4.3.4　案例研究：某能源公司的自动化接口测试

图 4.3.2 所示是公司接口管理平台的功能结构图，通过接口管理平台可以监控被测试系统的代码变更，发生代码变更后先生成对应的 OpenAPI 文件，然后再与历史 OpenAPI 文件进行对比，发生变更通知的接口将会重新生成测试代码，这其实是为接口的逻辑模拟生成提供了输入依据，为后续提高测试脚本开发效率和降低接口测试门槛打下了坚实的基础。

图 4.3.2　接口管理平台功能结构图

如图 4.3.3 所示，接口测试平台提供将 OpenAPI 文件、Jmeter 文件、Postman 导出文件等自动生成自动化测试脚本代码的能力，这里其实是一个有 UI 层的脚本编辑功能，通过它将一些外部输入生成测试脚本（但并不是一个 Web 版本的 Postman），这样在测试脚本中存入代码仓库后，所有项目的自动化接口测试资产和平台都是松耦合关系，并不依赖平台才能提供自动化测试能力。同时，接口测试平台还提供自动化执行、数据驱动等功能，以完成自动化测试。由于自动化接口测试的测试资产是以测试脚本的形势存储在对的 Git 仓库中的，因此不用任何技术投入就可以完成和 Jenkins 的对接，实现按需、定时地调取自动化测试脚本，完成接口的自动化执行，从而实现自动化接口测试。

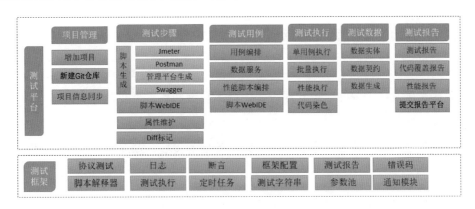

图 4.3.3　接口测试平台功能结构图

4.3.5 自动化接口测试的误区

一些组织利用 Postman 类的 HTTP 协议工具进行了一些接口验证，就认定开始了自动化接口测试，这其实是错误的。仅通过工具完成与被测服务的交互只能是完成了接口的功能测试，并没有实现自动化的执行，还不是自动化接口测试。

另外，在接口测试还没有成熟的情况下，就开始大力推进缺陷自动提交、测试脚本自动生成等自动化接口测试的新特性，会很容易让团队产生对自动化接口测试的厌恶感，拒绝技术的落地，从而影响质量效能。

随着自动化接口测试在内部的落地，测试脚本的不断增加，必将会出现大量测试用例与快速交付之间的矛盾。任何一个团队都不能接受代码构建五分钟，接口测试一小时的情况出现，因此伴随着接口测试的规模化，缩短接口测试执行时间必将是一个回避不了的问题，这就需要精准测试及基于精准测试用例的推荐算法，具体可以参见本书精准测试的内容。

4.4 测试数据管理

核心观点

- 测试数据管理要评估投入产出比，不是所有测试数据都要提前准备，也不是所有测试数据都无法准备。
- 测试数据管理需要与测试工作结合，按需建设，及时维护和更新。
- 测试数据产生的价值是衡量测试数据管理效果的唯一标准。

4.4.1 测试数据管理概述

测试数据管理是指在产品研发过程中，为了能够方便、快速地进行测试验证，结合产品功能，维护相关测试数据的工作。测试数据管理在研发生命周期中非常重要，如何高效地管理测试数据是研发团队普遍面临的问题。

4.4.2 测试数据管理的价值

测试数据在研发过程中的应用实践表明，产品功能和场景越复杂，实现测试数据的统一管理对维护数据的及时性、准确性、可用性所发挥的价值就越大，具体如下。

（1）规模化管理测试数据可以满足不同阶段使用的需要，避免每次使用测试数据时都需要重复造数。

（2）提高数据复用性：通过使用、过滤、筛选等操作将使用率高的测试数据管理起来，并应用在不同的场合，提高了数据的重用性。

（3）提高复杂场景造数的效率：复杂场景造数一般先从准备测试环境开始，然后部署测试版本，执行测试场景，最后利用测试数据验证测试系统的功能。测试系统场景越复杂，耗时越长，而测试数据的有效管理可以提高造数效率。

（4）建立测试数据的一致性：针对同一产品的功能或者场景在不同场合的测试需要，可以用同一套测试数据进行验证，做到统一标准，确保每次验证达到的产品质量要求都一样。

（5）快速积累测试数据：通过记录和筛选测试数据的关键信息，以及通过自动化挑选和人工筛选相结合的方式积累相关测试数据，为后续测试的应用提供基础。

（6）提高测试数据在多个测试环境复用的通用性：当多套测试环境需要使用相同场景的测试数据时，可以实现快速复制和修改测试数据，满足测试的需要。

4.4.3　影响测试数据管理的因素

在测试数据管理过程中，会受到诸多因素的影响。我们以测试数据管理的流程为例来分析影响测试数据管理的因素，如图 4.4.1 所示。

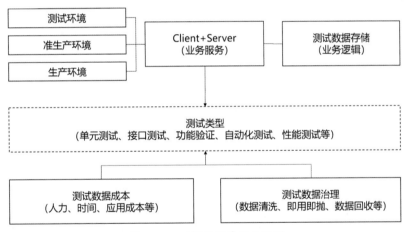

图 4.4.1　测试数据管理的流程

从图 4.4.1 中可以看出，首先，测试数据基于某个特定环境（比如测试环境）和特定的业务产品产生，因此选择的环境和产品对测试数据能否发挥作用非常重要。其次，测试数据为各种测试类型服务，而每种测试类型对测试数据有不同的要求，这对测试数据的管理起到了指导性的作用。最后，由于测试数据管理需要成本，因此低成本也是测试数据管理工作的要求。

4.4.4　测试数据管理的框架

在产品的相关系统被部署到被测环境后，对测试数据的管理直接影响测试数据的使用效率、使用范围和应用价值。如图 4.4.2 所示，管理测试数据包括被测产品部署、测试数据产生、测试数据入库、测试数据处理、测试数据输出和展示、测试数据应用、测试数据清洗等内容。

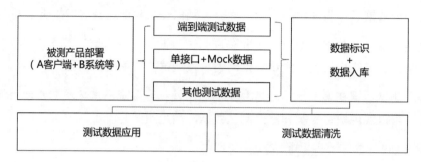

图 4.4.2　测试数据管理框架

1）测试数据产生

研发过程的任何阶段都可以产生测试数据，主要的三个来源如下。

（1）从生产环境脱敏的数据：根据测试的需要，按照流程从生产环境的数据库经过流程审批、数据脱敏获得测试数据。一般应用在流量回放阶段，利用生产数据的多样性对测试系统和数据库进行验证。

（2）测试过程中长期积累的数据：是指通过测试数据的管理办法和工具等长期积累的数据，伴随着产品的迭代周期，会不定期对它们进行更新和维护。一般应用在整个研发过程，辅助系统测试和自动化测试的开展。

（3）测试过程中产生的数据：该类数据具备一定的临时性，少量可沉淀到数据仓库中，为后续测试继续服务。

2）测试数据入库

根据测试数据的来源，测试数据分为三类：人工建设的测试数据、自动化建设的测试数据和被自动标记的测试数据。建议不同的测试数据采用不同的入库和管理方式。

（1）人工建设的测试数据。在系统测试阶段，根据测试系统的场景构建测试数据，通过判断测试数据的生命周期、使用场景、使用频率等，决定是否记入数据仓库，以方便后续测试使用。通常，根据业务流水号、客户号、MD5 等唯一标识的方式记录测试数据，通过平台工具入库管理。

（2）自动化建设的测试数据。通过自动化测试工具、测试脚本等方式自动构建测试数据，以满足当前测试验证的需要。同样，也可以记录有效测试数据，供后续测试使用。

（3）被自动标记的测试数据。一般通过对接口的关键信息进行标记，调用某个关键接口的请求和响应数据，自动存入数据仓库，常用于开发自测阶段，将保存的测试数据作为接口联调、接口测试、单元测试、自动化测试等基础数据使用。

3）测试数据存储

测试数据通常按照产品、测试类型、测试阶段、测试场景等维度进行存储，以满足不同产品、不同阶段测试的需要。

（1）开发自测阶段：对后台业务来说，从接口层验证功能可以保证主流程和主要功能的正确性，这个阶段存储的数据以接口测试数据为主。

（2）测试阶段：系统测试阶段以满足端到端的测试数据为主；回归测试阶段以覆盖主功能、主流程的用例为主；性能测试阶段以测试系统的批量功能测试数据为主。

（3）生产运维阶段：准生产环境的数据通常也会选择一部分存储下来，当某个产品有重要迭代版本和大批量操作版本时，可作为发布之前的验证数据使用。

4）测试数据处理

测试数据入库存储后，为了方便后续场景使用，需要对测试数据进行进一步处理，可参考如下步骤进行。

（1）初始化基线：对已入库的测试数据生成初始版本的基线标签。

（2）创建版本：基于"基线标签"创建新版本。

（3）版本同步：将新创建的版本部署到测试环境。

（4）测试数据校验：根据每个产品关联的自动化脚本执行自动化验证，校验部署在测试环境中来测试数据的正确性。

（5）测试数据的使用和维护：测试数据在使用过程中如有变更和修改，可以维护到数据仓库。在测试数据使用完成后生成标签，后面可基于该标签更新和同步，重复上述步骤。

基于版本管理思路的测试数据标记，可以在测试数据记录和恢复过程中清晰区分有价值的测试数据，避免产生冗余数据，影响测试数据的使用效果。

5）测试数据的输出和展示

测试数据依托测试平台等页面，分三层输出和展示。底层是数据源层，仅导入业务数据，不做任何处理，相当于业务数据的快照存入测试平台；中间层是数据明细处理层，对数据进行产品划分、功能划分、颗粒度划分、应用场景划分等，并对数据进行规范化处理；最上层是数据应用层，面向不同的业务需求和应用场景，对测试数据进行定制化的支持，提供对应的测试数据，辅助保障被测产品的质量，提高被测产品验证的效率。

6）测试数据的应用

根据不同场景对测试数据的要求，测试数据的应用分为以下三个方面。

（1）敏感数据处理：测试数据中的敏感信息需要脱敏才能被使用，如个人财产信息、个人健康生理信息、个人生物识别信息、个人身份信息、网络身份标识信息等。

从生产环境、测试环境等导入数据仓库的测试数据，脱敏后以公共数据的方式存储，当被还原到测试环境时，匹配对应测试环境的数据，以支持测试验证。

（2）与测试环境相关的数据：具有测试环境特殊属性标识的数据，如某个测试环境的客户号、账户号、特殊产品、特殊交易卡号等，也需要先做数据处理，然后再保存到数据仓库。当进行还原测试数据操作时，先替换对应字段，再还原到测试环境中使用。

（3）测试数据一致性验证：还原后的测试数据需要及时进行验证。在验证过程中，需要注意对应的应用程序版本、数据库、配置项等。建议在产品研发的重要节点（比如系统测试结束）整理测试数据，并维护生成测试数据的代码且进行备份和校验，以便支持继续使用对应的测试数据。

7）测试数据的回收

伴随着产品的迭代，其功能越来越丰富，需要对测试数据不断变更、替换、维护等，也要对不再使用的测试数据进行回收，即在管理工具中通过统计测试数据被使用的次数的方式，进行批量处理回收。

8）测试数据的成本

在进行测试数据管理的同时，也需要关注其成本。一般会在以下四个方面产生成本：

第一，测试数据的选择。一般选择产品主流程有代表性的数据、重复利用率高的数据、可剥离个性参数的测试数据等。

第二，测试数据管理依赖的工具和平台。一般选择相对成熟的技术实现方案，降低开发和维护成本。

第三，测试环境的管理。测试环境的复杂度，决定了测试数据管理的成本。

第四，测试数据管理规范。建立统一的测试数据管理规范，可以避免多人或多团队乱用测试数据，减少互相影响。

4.4.5　测试数据使用效率

由于对测试数据的使用和维护有效率要求，因此切分多个测试数据片段并根据支持测试功能的优先级进行划分是非常有必要的。

切分多个测试数据片段，可以有针对性地快速还原测试数据，支持对应场景的测试验证，避免长时间还原数据、校验数据等影响测试效率；根据测试类型和测试功能划分优先级，更精准地支持测试。比如，在系统测试阶段，可以全量还原测试数据，支持系统测试阶段各种正常和异常场景的验证；在回归测试阶段，可以还原主流程对应功能需要使用的数据，做到高效、精准支持回归测试；在接口测试、单元测试、自动化测试等场景，同样可以做到精准支持。

4.4.6　测试数据管理的挑战

测试数据管理在建设过程中，因为团队、产品、需求、硬件、软件等之间存在区别，面临诸多挑战。

（1）复杂的产品架构和多个上下游系统，使测试数据的生成、维护等变得困难。

（2）团队对数据安全的要求越高，测试数据的管理成本就越高。

（3）产品和团队自建的数据存在差异，造成测试数据的作用达不到预期效果。

（4）在日常研发工作中，由于测试数据的准备一般不会成为阻碍性问题，因此不易引起研发团队的重视。

（5）随着业务复杂性和多样性的增加，测试数据的管理难度呈指数级增加。

面对这些挑战，可以依据以下三个方向来思考解决。

第一，测试数据管理的目的。测试数据是为了提高研发过程中的测试效率。梳理清楚测试数据的使用人、使用场景、使用频率等，并明确测试数据的使用、维护、更新规则，且同步到相关责任人，有利于负责人对测试数据进行有效管理。

第二，测试数据管理的要求。低成本是测试数据管理的要求。相对于重复构建和使用测试数据的成本来说，低成本管理已有测试数据是需要经常思考的问题。只有做到低成本才能体现测试数据管理的价值，高质量地为测试过程做好数据服务。

第三，测试数据管理的价值。测试数据应用的效果是衡量测试数据建设的标准。证明测试数据管理的价值，就是证明测试数据应用的价值。测试数据覆盖测试场景、测试类型、应用的频率、测试数据的有效性、产生测试数据的时效等，它们都可以反馈测试数据的价值。测试数据的投入并不是越多越好，而是需要摸索和寻找适合研发团队和研发产品的方法，提高投入产出比，体现测试数据应用的价值。

测试数据管理作为研发过程服务中的一个单元，是一件非常值得深入思考的事。

4.4.7 案例研究：基于多产品、多环境和多测试场景的测试数据管理

A 产品是一款企业贷款产品，从产品和整个研发过程上看，具体以下特点。

（1）业务功能节点多、分支多。前端包括 App、H5 页面，后端包括企业注册、税银认证、申请核额、放款、还款等服务。

（2）测试环境多。研发过程存在多个迭代并行开发测试，为了避免互相影响，存在需要多环境支持的情况。

（3）测试数据需求量大。从开发自测、单元测试到接口测试、端到端测试、性能测试等，对测试数据的要求多，需求量大。

（4）测试数据的重复利用率不高。基于贷款产品的特性，使用过的相关贷款数据大多数都有不支持重复使用或者重复使用成本高的特点。

基于以上特点，以在测试环境中进行接口测试为例，说明测试数据管理的过程，如图 4.4.3 所示。

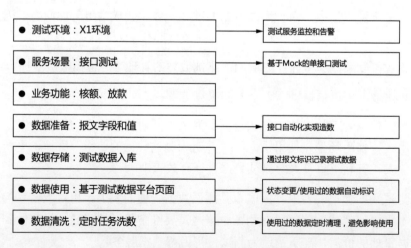

图 4.4.3　测试环境接口测试的数据管理过程

在测试数据的使用过程中，大多数都不是用来应对单一场景或者单一需求。比如，有的场景需要测试数据适配多套环境，需要进行端到端测试、批量任务、性能测试等。但对测试

数据的建设和管理应该尽量拆分到单一功能和单一场景，避免因多个因素综合到一起，影响测试数据的使用效率，降低测试数据的价值。

测试数据的使用目标是提高测试效率，避免因需要某个场景的测试数据而耗费人力和时间进行造数。因此，在考虑建设测试数据之前，需要评估投入产出比，不是所有测试数据都要提前准备，也不是所有测试数据都无法准备，需要根据实际情况并参考以上测试数据的管理思路进行管理。

4.5　性能测试

核心观点

- 性能测试可以有效衡量系统的容量大小、响应速度和并发能力。
- 性能测试实践包含测试环境、测试数据、测试策略、测试工具、测试结果五个要素。
- 性能测试可以按照单机评估、集群评估、扩缩容对比三种方式开展。

（本文仅包含与服务端性能相关的内容）

4.5.1　性能测试概述

性能测试是通过工具模拟正常、峰值、异常负载条件下的各类压测流量，来对系统的各项性能指标进行测试，以保证系统的稳定性和可用性。

1. 性能测试的主要类型

性能测试主要可分为压力测试（Stress Testing）、负载测试（Load Testing）、容量测试（Volume Testing）和基准测试（Benchmark Testing）四种测试类型，其中压力测试与负载测试是最常用的两种，它们可以相互结合进行应用实践。

（1）压力测试：主要是测试软件系统是否达到需求所要求的性能目标，这里更侧重于系统方面的性能表现，如在一定时期内，系统的 CPU 利用率、内存使用率、磁盘 I/O 吞吐率、网络吞吐量等，从而使性能指标满足业务需要。通俗的讲，压力测试是为了发现在什么条件下系统的性能会变得不可接受。

（2）负载测试：主要是测试软件系统是否达到需求文档的设计目标，这里更侧重于文档设计时所能承受的性能表现的验证，更偏向于业务感受的指标项，如在一定时间内，被测系统支持的最大并发用户数、软件请求失败率、响应时间等。负载测试的目的是测试系统所能承受的最大负载量。

（3）容量测试：确定系统最大承受量，如系统最大用户数、最大存储量、最多处理的数据流量等。

（4）基准测试：用于新增版本或未经测试版本的代码与已知标准压测结果（如现有软件或评测标准）的性能对比。另一个目的是，在做常态化压测时，新增的每轮压测结果要与基准压测结果进行对比，以检测代码变更是否存在性能差异，基准压测多以固定压测环境下的最优压测结果为参照。

2. 性能测试实践的五要素

（1）测试环境：被测试目标应用的压测环境，可以为测试环境、预发布环境或生产环境，主要是由压测目标决定在哪个环境中进行压测验证，以得到有效的结果。

（2）测试数据：性能测试过程中根据场景需要所使用的业务数据，此部分数据可以以文件、流量、消息等多种形式存在。

（3）测试策略：根据性能测试的需要，可以从压力测试、负载测试、容量测试、基准测试等类型中选取最适合的，以达到压测的目的。

（4）测试工具：性能测试工具大体可分为商业化工具（如 LoadRunner）、开源工具（如 JMeter、nGrinder），以及自研压测平台等三类。

（5）测试结果：重点关注的性能测试指标为响应时间及相应的 TP（TP90、TP99、TP999），辅以观察资源的消耗数据（CPU、内存、磁盘 IO、网络 IO、负载等）。最终分析性能测试结果是否达标，并确认性能瓶颈点及性能调优建议。

3. 性能测试主要指标项

（1）QPS：每秒查询数，将压测目标应用或服务在规定时间内所处理的流量作为衡量标准，即 QPS=请求查询数/秒。

（2）TPS：每秒处理事务数，事务是指客户端向服务端发送请求后，服务端做出响应的过程。从客户端发送请求时开始计时，到收到服务端响应后结束计时，以此来计算使用的时间和完成的事务个数。

（3）响应时间：是指从客户端向服务端发起一个请求开始，到客户端收到服务端返回的最后字节为止响应所耗费的时间，此指标多以毫秒（ms）为单位。

（4）TP99：即 Top percentile 99，第 99 百分位数。计算方式如下：把压测时间内所有请求的响应时间先按从小到大排序，然后用总请求数量乘以 99%，得到 99%对应的请求个数的位置，此位置对应排序中的响应时间即为 TP99，表达的意思为压测时段内 99%的请求都能在此响应时间内完成。其他类似的指标还有 TP95、TP99、TP9999 等。

4.5.2　性能测试的价值

性能测试的核心价值主要表现在以下三个方面。

（1）性能瓶颈早发现：在应用上线或项目投入使用前进行全面的性能测试，能尽早发现、定位、分析、优化性能问题，避免问题流入线上，给服务带来不可用或资金损失的风险。

（2）容量评估更准确：通过对系统整体的性能测试有效评估线上集群真实的性能表现，通过对整站的容量评估，一方面可以评估整站的集群容量上限，另一方面通过调整系统间的服务器资源比例关系的合理性，保证在机器资源成本不变的情况下，使整站容量的吞吐量最大化。

（3）容量规划更合理：容量规划的两个核心要素为容量评估的结果和根据业务预期进行合理的容量规划。资源准备多了浪费成本，少了会具有造成线上问题的风险，通过将两个核心要素数据结合使容量的规划保持在合理范围内。

4.5.3　性能测试的实践方式

我们知道，执行一次性能测试的成本比较高，从效率提升的角度来看，业界常采用容量分级性能评估的方式进行性能测试，其主要分为单机评估、集群评估、扩缩容对比三种（图 4.5.1），具体实践如下。

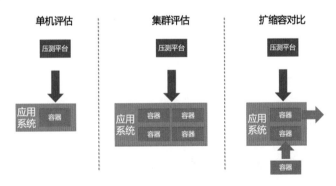

图 4.5.1　性能测试实践的三种方式

1）单机评估

单机评估的核心目的是评估应用在单机极限值下的性能表现，以保证单机情况下的性能表现最大化。目前，资源方面使用较多的是物理机与容器。

（1）物理机：当应用通过物理机配置时，由于物理机配置较高，可能会因为连接池、应用的本身架构或其他原因导致应用很难完全使用物理机的资源，因此当遇到此情况时，会通过部署多个实例来完成对物理机资源使用的最大化。

（2）容器化：随着容器化技术的成熟，可以通过定义与应用规格更为匹配的容器来使应用更充分地利用资源。这里需要注意应用的类型，如 CPU 运算密集型、文件存储型等，不同类型的应用对资源消耗的指标不同，具体以应用类型为准。

2）集群评估

（1）单机极限值压测的目的是在单机情况下，诊断应用代码级是否存在性能问题，如 CPU 不能充分利用、内存泄漏（Out Of Memory，OOM）、线程锁或线程池满等。

（2）集群评估则是评估应用在集群规模下与上下游、缓存、消息中间件、数据库等层的资源是否对等，建议缓存、数据库等中间件的资源比应用层的多一些，以便未来当应用层因突发流量扩容时提供较好的可扩展性。集群的容量评估已经从代码级的性能问题定位升级为对服务能力的评估，此工作是链路化压测评估的重要准备工作。

3）扩缩容对比

（1）扩缩容对比可以解决应用扩容前后的性能差异，以及在当前上下游、缓存、消息中间件、数据库等层资源不变的情况下，支持应用层的最大规模。

（2）当压测流量保持不变时，在对集群进行扩容/缩容操作后，验证应用接收流量是否正常，此验证主要是观察应用对水平扩展的支持是否存在问题。

4.5.4　性能测试的实践误区

（1）盲目追赶先进的压测技术。

近几年，业界都在讨论全链路压测、流量录制回放等技术，各个公司也在对这些技术进行相关的技术实践，但并不是所有的场景都适用全链路压测或流量录制回放。以流量录制回放为例，对于无状态的系统来说，流量录制回放无疑是最佳的选择，这样只要技术上支持完成一次压测将会非常高效且压测结果也更为客观。但往往压测系统都会有业务上的模型、状态、链路等，其导致压测时无法通过录制的流量高度模拟被测系统或应用所需要的流量比例，流量成分的失真会导致压测结果的失真。因此，为了保证压测结果的有效性，在选择压测技术时要选择合适的，不要一味追求先进的技术。

（2）认为全链路压测就是平台建设。

目前，我们所说的全链路压测是指以某种性能测试工具或平台为基础，针对整站或某一业务的完整链路进行容量评估的工程实践。性能测试平台建设只是全链路压测实践中的一部分，并不是只要有了性能测试平台就能成功地进行全链路压测，它还包含压测的链路分析、压测场景的流量构造、链路监控等诸多工作。

4.6　全链路压测

核心观点

- 全链路压测是链路化压测的一种最佳实践，链路化压测分为调用链路与业务链路两种形式。
- 全链路压测是一种工程实践，而非单指平台建设。
- 流量录制回放技术丰富了全链路压测实践的手段，在此基础上可根据业务场景对录制的数据进行修正和验证。

4.6.1　全链路压测概念

链路化压测主要分为调用链路与业务链路两种形式，调用链路主要是指从请求发出到结果返回所途径的各层应用/服务所产生的路径（图 4.6.1），这种形式的压测主要应用于单个系统或业务场景的容量评估，如登录服务、购物车查询等，主要验证的是某一业务场景的应用、缓存、数据库等各层性能的表现。业务链路是指多个有业务关联的场景组合所产生的调用链路的集合（图4.6.2），如商品详情、购物车、提交订单的业务链路组合。

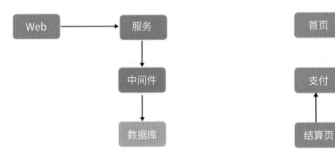

图 4.6.1　调用链路　　　　　　　　　　图 4.6.2　业务链路

1. 全链路压测定义

全链路压测则是指通过一次压力测试将所有业务链路进行评估。

全链路压测中有一个需要重点考虑的因素，即压测流量如何尽可能地模拟或还原真实流量，以保证压测结果的有效性。这里我们引入高保真压测的概念。

高保真压测是指通过仿真或真实流量回放方式完成对业务系统生产集群进行压测评估的一种实践方案，能够从环境、流量、调用链路等方面得出接近真实的压测评估结果。

2. 全链路压测的判定条件

1）压测环境

（1）全链路压测：从资源层面来看，被测环境一定要在生产环境中进行以保证压测结果的客观性，唯一的区别在于流量路由的开关配置指向不同。这里的开关配置主要是指应用层可以根据流量类型（压测流量或者生产流量）来判定流量路由的路径，以达到在生产环境中完成压测的目的。

（2）单系统压测：是指以机房或分组为最小被测单元，压测结束后不做任何资源上的调整，直接接收线上流量。

2）压测数据

（1）流量录制：录制真实用户行为的流量，并将其备份至离线流量文件中，以便回放时使用。

（2）业务配比模型：当压测业务链路过长时，录制的流量很难满足链路上各个系统的业务配比模型，作为流量录制的补充可以通过还原真实业务配比模型来模拟仿真的压测流量，以满足链路上所有系统对流量成分的需要。

3）压测方式

（1）流量回放：支持离线流量文件回放与实时流量引流两种压测方式，并能根据对流量的需求动态调整流量脉冲的大小。

（2）流量模拟：根据业务配比模型对业务链路的入口系统进行流量模拟，保证业务链路上的每个系统都能满足配比需求。

（3）线上流量憋泄洪压测：通过生产流量在线上环境的异步（消息）节点特性形成蓄洪能力，当流量大小符合要求时开启泄洪对下游系统形成冲突，以达到压测的效果。

4.6.2 全链路压测的基建

那么，需要做哪些基础建设帮助我们更好地完成全链路压测实践呢？在全链路压测实践过程中可能会遇到哪些"坑"呢？下面通过压测平台、流量录制回放两个方面的实践来介绍如何避免"踩坑"。

1. 压测平台

压测平台核心要解决的是如何构造目标压测场景所需量级的压测流量。目前，业界使用较广的压测工具有 Jmeter、Gatling、nGrinder 等，它们在单机发压能力、分布式、异步发压场景等方面各有优势，得到了广大研发人员和测试人员的认可。但当所需压测流量的量级达到十万或百万以上时，就需要通过自研方式来打造能提供百万或更高量级流量的压测平台，这时我们打造的平台需要具备以下能力。

（1）分布式架构设计，支持压测平台各个服务水平的扩展能力，以支持百万或更高量级的压测需求。

（2）以容器化方式运维压测平台，资源动态调整的条件由任务并行度决定。

（3）实时计算模块支持压测结果的秒级反馈，以提升压测判断的准确性与及时性。

（4）压测平台可支持万台压力机资源调度，提供至少千万量级的压测流量。

2. 流量录制回放

高保真压测的核心在于如何构造真实的压测场景，由于线上真实用户行为的流量是最为真实的流量数据，因此提升压测场景中的数据质量尤其重要，而流量录制回放技术成为专项研究的内容。下面从公网流量录制回放和内网流量录制回放的解决方案详细说明技术方案。

1）公网流量录制回放全景

（1）录制：流量由 IDC 机房核心交换机的分光口复制到流量文件并存储到网盘中，由于流量是从光层进行录制的，因此对应用无任何性能损耗。

（2）回放：当压测平台回放流量时，将流量文件所存储的网盘直接挂载至压力机上，以提升流量文件分发给各台压力机的效率。

（3）数据成分：存储前会对敏感数据（Cookie、用户信息、银行卡信息等）进行脱敏处理，并将流量加密存储到流量文件中，以保证数据的安全。

2）公网流量录制与内网流量录制的差别

公网流量录制和内网流量录制的工作流程，如图 4.6.3 所示。

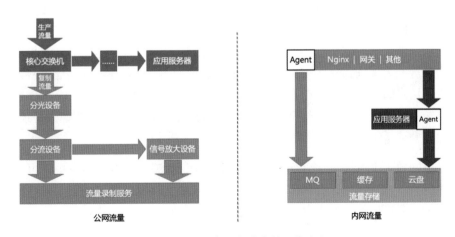

图 4.6.3　公网/内网流量录制工作流程

公网流量录制原理：

（1）公网流量录制由核心交换机的分光口复制得到，流量会从交换机节点分为两路：一路正常到目标应用（蓝色部分），另一路经分光设备到流量录制服务（橙色部分）。

（2）由于分光得到的流量量级太大，单台服务器无法完整接收，因此需要通过分光、分流设备将流量引流到流量录制服务的集群中进行解析、过滤、脱敏等处理，得到可用于回放的流量数据。

（3）数据安全：在经过解析、脱敏处理后，为保证数据存储的安全性，流量数据在真正落盘存储前会进行加密处理。

内网流量录制原理：

（1）内网流量的录制以 Agent 植入应用的方式为主，通过对目标应用的服务器植入 Agent，将流量录制到 MQ、缓存或云盘等介质，作为回放时的离线流量。这里，Agent 主要用于监听网口的通信请求、上报监听数据并辅以请求的采样和过滤，以保证通过此方式能完成流量录制的目标。

（2）此流量录制方式虽对目标应用有性能方面的损耗，但因为可灵活控制流量录制的采样率或采集的服务器数量，所以这方面的风险可根据需要进行有效的控制。

（3）此技术可支持 HTTP、RPC 等多种协议的录制，满足内网复杂的多协议相互调用的流量录制解决方案。

3）压测流量在压测中的应用实践

压测数据是压测的重要内容之一，为了使压测的流量成分更真实，现在更多的压测场景会通过流量录制回放的方式来进行，如图 4.6.4 所示，可以通过核心交换机、网关、应用等多种方式复制所需的流量，这里得到的流量是线上完整的流量内容，里面会涉及用户的敏感信息、设备信息等，为保证信息的安全性，在将流量数据落盘前会对数据进行脱敏处理；录制的流量因应用场景的不同会存储在不同的介质中，实时引流的压测回放多以 MQ 或 Redis 的方式进行存储，以便使压流回放过程顺畅。这里需要注意的是，当回放速率大于录制速率时，该如何处理？

离线流量回放大多数先以文件切割的形式存储在云盘或文件存储服务中，再由压力机读取流量文件后执行发压操作，此种方式的优点在于流量文件可以重复使用，且能根据压测场景的需要对流量进行处理，以满足压测评估的需求。这里着重说明以下两点。

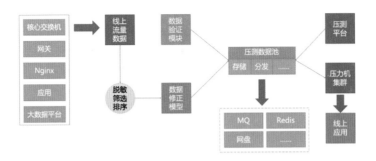

图 4.6.4　流量录制回放数据流转流程

（1）数据修正：在进行流量数据存储时，为保证数据落盘后的安全，一般都会对用户信息、订单信息等敏感数据进行脱敏操作。但脱敏后的流量数据在使用时又会因为数据不完整导致存储的流量数据无法直接使用，所以在存储时，需要根据业务逻辑将脱敏删除掉的数据修正或补充完整，以保证流量在压测时能正常使用。

（2）数据验证：在压测使用前，需要对周期性或流量数据进行流量数据有效性的验证，并对无效流量进行剔除操作。比如，当录制的流量为促销业务时，由于促销业务的最大特点是时效性，录制的流量都包含促销的流量数据，但使用的时候可能部分流量的促销已经结束，这样就会导致压测结果与实际结果存在一定的偏差，因此在压测开始前，要对使用的流量文件进行流量数据的有效性验证操作，以保证用于压测的流量都是有效的。

3. 写流量压测技术

在全链路压测工作中，最难解决的技术点是如何写流量的链路压测，这对流量类型的标识识别、透传、路由等底层技术提出了新的挑战。我们以数据库为例（图 4.6.5），首先我们的应用层在进行相互调用时要具有流量透传的能力，这样当流量请求到目标应用时，目标应用可以根据流量类型（真实流量或者压测流量）进行对相应数据源的路由，以保证压测流量产生的数据被写到影子库中，真实流量产生的数据被写到生产主库中。而能够完成流量路由的前提是流量识别，即能够识别哪些是压测工具的流量，哪些是真实流量。常规的流量识别方案是，在请求中增加压测流量的打标改造，而要想让应用具有这样的能力，需要注意以下两点。

（1）影子库的建设分为几种形式：完全隔离的影子库、同实例影子库（这里就是真实库与影子库在一个实例下，以保证压测环境的一致性，使压测结果更接近真实的结果）、同库影子表。从压测结果的真实性及资源成本的角度，建议以实例影子库的方式进行实践。

（2）主库与影子库的数据同步可以通过主从的方式进行，也可以通过 canal 等同步工具进行，无论选用哪种方式，在压测时都要断开主库与影子库间的数据同步，避免数据同步带来的干扰，这里我们只要考虑哪种方式能更快速地准备好影子数据库的数据环境就行了。

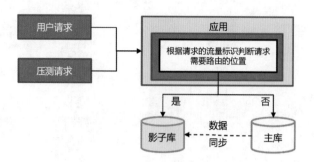

图 4.6.5　写压测数据库层改造示意

4.6.3　京东全链路压侧实践案例

京东全链路压测的实施主要分为两个部分。

1. 第一部分：全链路压测参与系统判定标准（图 4.6.6）

全链路压测参与的系统众多且整体压测时间往往要在 3～6 小时内必须完成，那么，如何在这么短的时间内高效完成压测工作？一方面，前期对单系统或短链路的性能评估极为重要，这里考虑用单机容量、集群容量来初步完成对单个系统的容量评估，以保证代码不会在全链路实施过程中引起性能瓶颈。另一方面，这个阶段还会进行集群扩缩容的对比验证，以便当某些系统出现性能瓶颈时，避免无法通过扩容的方式快速解决性能瓶颈，保障压测进度的顺利执行，此阶段的严格执行是下一个阶段全链路实施的关键。

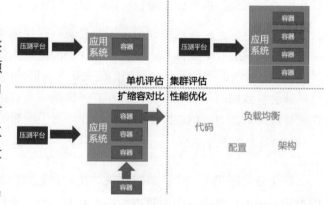

图 4.6.6　全链路压测参与的判定标准

2. 第二部分：全链路压测实施阶段

全链路压测实施阶段从准备、校验和实施三个阶段（图 4.6.7）进行实践的推动。

1）准备阶段

确认全链路参与系统的范围，主要确定有哪些系统参与、系统间的调用关系如何，并根据圈定的压测系统范围对压测场景和压测流量的构造方式、比例关系等进行压测方案的设计和评审工作，以及对压测数据、脚本进行准备与调试。

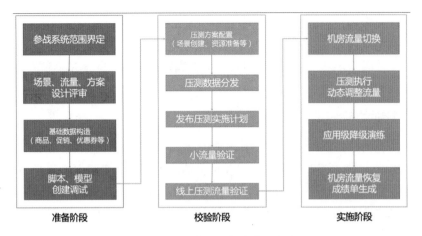

图 4.6.7　全链路压测实施的三个阶段

2）校验阶段

对已完成评审的压测方案进行预置与验证工作，如流量模型是否准确、流量的请求是否有效、压测执行实施的计划安排，以及环境的准备和小流量的试跑等工作，此阶段是全链路压测前最后一次整体的验证工作。

3）实施阶段

整个全链路压测的实际执行时长为 3～6 小时，在这个过程中会进行全链路压测的评估、降级演练、故障模拟等，以保证全链路压测评估的完整性；压测评估完成后，将由系统统一输出压测结果的成绩单，以便对压测中发现的问题进行跟进并展开优化后的验证工作。

4.7　安全测试

核心观点

- 风险就是最大的损失，安全就是最好的回报。
- 安全风险把控不单是某个部门、某种角色的事，更需要产品研发全生命周期的所有参与方共同负责。
- 安全测试需要融入研发流程的各个子环节中，以一种"润物细无声"的方式发挥作用。

4.7.1　安全测试概述

安全测试是在整个产品研发生命周期中的各个阶段接入多种能力进行检查，以确保产品符合安全需求定义和产品质量标准的过程。

安全测试涉及多种角色，不同角色参与安全测试落地的形式也各不相同。以测试工程师为例：安全测试是从内容安全、数据合规、功能合规、隐私保护等安全角度考虑，在需求迭代流程中评估安全风险，通过引入安全测试工具，编写安全角度的测试用例及测试用例执行，以挖掘安全漏洞和风险点的一系列动作。

4.7.2　安全测试的价值

安全测试的目的是确定软件系统所有可能的漏洞和风险点，它们会带来信息、资金、声誉等多方面的影响。随着互联网融入人们生活的方方面面，用户的衣食住行都有各种应用提供便利的服务，而与此同时也存在诸多风险，如隐私泄露、资产受损、身份盗用、文件加密勒索等，这些风险严重威胁着企业与用户的利益。随着网络技术的不断发展，网络攻击的种类越来越多，攻击方式也越来越复杂，在这种情况下我们应该采取什么措施来应对及降低安全风险呢？这就涉及下面所提到的安全测试的落地。

4.7.3　安全测试的落地

1. 安全测试理论

根据开源安全测试方法手册 OSSTMM（Open Source Security Testing Methodology Manual）的表述，安全测试包括但不限于漏洞扫描、安全扫描、渗透测试、风险评估、安全审核、"道德"黑客这几种做法。

（1）漏洞扫描：是指基于漏洞数据库，通过扫描等手段对指定的远程或者本地计算机系统的安全脆弱性进行检测，发现可利用漏洞的一种安全检测行为。

（2）安全扫描：是指手工或使用特定的自动软件工具——安全扫描器，对系统风险进行评估，寻找可能对系统造成损害的安全问题。扫描主要涉及系统和网络两个方面：系统扫描侧重于单个用户系统的平台安全性，以及基于此平台的应用系统的安全；而网络扫描侧重于系统提供的网络应用和服务及相关的协议分析。

（3）渗透测试：通过人工或自动渗透测试方式对应用进行全面检测，并挖掘应用源码中可能存在的安全风险、漏洞等问题。渗透测试能够帮助业务方直观地了解应用所面临的问题，以帮助业务方了解并提高其应用开发程序的安全性，有效预防可能存在的安全风险。

（4）风险评估：从信息安全的角度来讲，风险评估是对信息资产（即某事件或事物所具有的信息集）所面临的威胁、存在的弱点、造成的影响，以及三者综合作用所带来风险的可能性评估。

（5）安全审核：内容安全审核已成为短视频、新闻资讯、直播等平台优先级最高的运营需求，不管是通过人工审核还是以系统性的机器审核，都是以最安全与最适合产品的审核结果维度为主。

（6）"道德"黑客：这里主要指的是通过"人工+工具"的方式模拟黑客行为，对业务系统进行漏洞挖掘，根据业务的不同环境采取包括但不限于反编译、逆向、中间人攻击等技术。

在实际业务中，常见的安全漏洞有扫号漏洞、撞库漏洞、短信轰炸漏洞、接口越权、文件下载漏洞、接口敏感信息泄露漏洞等。

2. SDLC 流程

安全测试所涉及的知识领域十分庞大，除了各种安全测试方法、类型（黑盒、白盒、模糊测试）等，还涉及不同的端，如服务端、客户端、前端等。那么，有没有一套通用的规范将安全测试以较小的成本自然融入研发活动中，让 RD（后端工程师）尽可能少做对各种工具的配置呢？这里要介绍的 SDLC（Software Development Lifecycle，软件开发生命周期）流程可以将安全测试纳入，作为其中的一环，使安全测试和研发动作结合，同时进行。

随着互联网的不断发展，人们使用各种应用的时长越来越长和频次越来越高，与之而来的是不断加深的安全风险，而社会对于用户的数据安全也越发关注（比如交易数据、浏览数据、搜索数据等）。在这个大背景下，公司在寻求业务高速发展的同时把安全合规放到了特别重要的地位，SDLC 也就逐步被引入。

SDLC 是微软提出的，从安全角度指导软件开发过程的管理模式，它将安全纳入信息系统开发生命周期的所有阶段，以发挥安全测试的最大能力，图 4.7.1 所示为 SDLC 的概览。

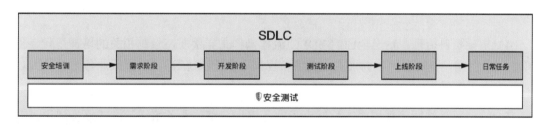

图 4.7.1 SDLC 介绍概览

SDLC 遇到的瓶颈：

安全本身并不是安全团队能够独立解决的问题。由于 SDLC 无法实现责任共担，与现有的研发生命周期流程有割裂，因此更多的是安全部门主动向业务灌输需要解决哪些问题，业务方并不了解对应的收益。对安全人员的投入与对业务人员的投入不成正比，目前（且长期也会）流程上是一对多的关系。公司内部对安全问题缺乏奖惩制度和规范；缺乏有效的度量框架，如 SDLC 做得好还是不好，由谁评估及评估指标。如何激发业务人员对安全的积极性和投入度，尤其是在业务高速发展需要快速迭代的阶段。

如何突破以上瓶颈，下面介绍 SDLC 的进阶模式——DevSecOps。

DevSecOps 是一种全新的安全理念与模式，从 DevOps 的概念延伸和演变而来，其核心理念为安全是整个 IT 团队（包括开发团队、运维团队及安全团队）中每个人的责任，需要贯穿从开发到运营整个业务生命周期的所有环节。

3. 安全测试阶段

1）安全培训

安全培训是 SDLC 流程中最早开展的一环，"流程未立意识先行"。SDLC 流程的落地在一定程度上会改变大家早已习以为常的研发流程，这需要提前沟通；SDLC 流程的落地也需要各种角色互相配合，只有这样流程才能顺利流转并发现安全漏洞。基于上面两点，我们先进行安全培训的落地，其受众主要是业务 RD、QA（质量保证工程师）等直接参与流程建设的角色。培训内容主要有以下四个方面。

（1）目标对齐：说明 SDLC 流程专项的背景及价值，目的是让大家在大方向上达成共识，使业务方理解并配合此流程落地。

（2）流程介绍和答疑：介绍 SDLC 流程所涉及的平台方和业务方，以及各个阶段配置的安全测试能力、相关角色需要配合的工作内容，同时在培训会上详尽解答大家提出的问题。

（3）制度宣贯：建立完善的 SDLC 线上制度，以此来及时感知业务方使用的问题和后续相关需求，建设完备的信息同步渠道，定期了解最新进展及规划，减少平台方和业务方的信息差。

（4）指导资料梳理：输出全面的 SDLC 流程操作指导手册，录制相关的培训视频，提供 SDLC 试点空间，开展多种培训形式（文字、视频、实操演练等），以降低业务方对 SDLC 流程理解和上手的成本。

安全培训可以按照管理层对齐、试点子业务培训、整体业务培训等方式逐步递进，在顺利落地后，也可以考虑增加安全考核环节。如果 RD 未参加安全培训，没有通过安全考核，则限制其合码、编译、提工单上线等权限，以保证安全培训在业务方的有效覆盖度。

2）需求评审阶段

安全测试在需求评审阶段就需要介入，其实 SDLC 流程跟敏捷测试流程一样，越早发现问题，修复的成本就越低，因此在需求评审阶段开展安全测试是十分必要且有效的。其中，安全测试指的是在需求评审阶段增加"安全评审环节"，安全评审的执行方主要是安全部门、法务部门、PR（公共关系）部门等，目的是在需求评审阶段就能够对本次提出的需求，从合规、反作弊、PR 风险、数据敏感度、隐私保护等多方面进行评审。若发现存在安全风险，则直接停止此项需求，防止风险流入后续环节，同时也避免了因为安全风险导致后续开发、测试、上线阶段的工作返工，造成资源浪费。

3）开发评审阶段

在需求评审阶段完成对需求的安全评审后，说明此项需求本身无安全风险，可以进入技术评审阶段。技术评审更多关注的是代码实现维度上有无安全漏洞。在进行技术评审过程中，需要 RD 提供详细的技术方案，同时也需要详尽回复评审团队的疑问。安全技术评审团队主要由公司的安全团队代表构成，此阶段主要从技术设计维度识别权限申请、日志记录、数据传输、编码等是否存在安全风险。

4）开发与测试阶段

在开发评审阶段完成后，RD 将进行针对本次需求的代码开发和自测/联调，这时我们也可以提供一些自测安全风险的工具，如白盒安全扫描工具，即将白盒安全扫描工具作为一个插件融入研发流水线，每次 RD 提交代码到开发分支后，自动触发流水线进行白盒安全扫描，查看有无安全漏洞。若发现安全漏洞则将工单发送给安全工程师（Sec）进行回顾以确认是否需要立即修复，同时安全漏洞也会阻碍测试环境部署及后续合码操作，以此保证自测阶段的安全测试效果。RD 自测联调阶段的安全流程，如图 4.7.2 所示。

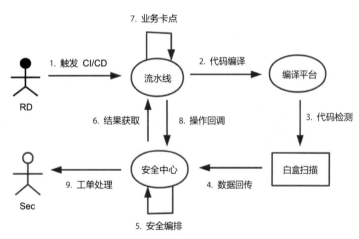

图 4.7.2　RD 自测联调阶段安全流程

RD 提测后进入 QA 测试阶段，这时 QA 可以对安全测试用例进行构造补充，通过对应的安全测试方法和工具（不同端的方法也不太一致）进行安全测试，提交记录 bug 单，并反馈给 RD 进行修复。安全漏洞 bug 单的修复情况也是判断后续能否进行合码上线的标准之一。

5）上线阶段

当测试完毕进入上线阶段时，可以进行安全测试的最后一轮验收，如需求的黑盒扫描，即通过一些 SQL 注入、服务端请求伪造等操作进行安全验证；也可以进行安全漏洞 bug 单状态检查；App 端也可以在打包时进行自动化安全扫描。上线完毕后，针对必要场景也可以申请外部"道德"黑客资源对系统安全性进行再次验收。

6）日常任务

上面的几点内容都是在研发过程中进行的安全测试任务，与此同时，我们也需要配置一些常态化的安全测试任务进行相关验证，比如进行流量采集并将其去重和格式化、将请求分发到扫描节点后修改请求的参数进行流量回放，以此进行对应的安全漏洞扫描，若发现问题则通过消息机器人通知对应的 RD。其中，流量采集后也可以通过模糊测试的方式构建异常流量，生产出较为丰富的异常用例再次进行流量回放，以验证系统鲁棒性和安全性。

4.7.4　安全测试的误区

1）安全测试应该由专门的团队负责

由于安全测试涉及的技术领域比较广泛，同时随着 SDLC 流程在业务中的逐步落地，所涉及的角色也在不断增加，因此无法由一种角色来完成安全测试的能力提供、推进落地、效果数据收集、流程优化等整个闭环。一般而言，需要有以下三种角色参与，其安全测试合作模式如图 4.7.3 所示。

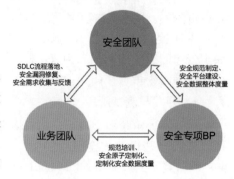

图 4.7.3　安全测试合作模式

（1）安全团队：负责安全规范制定、安全平台建设、安全数据整体度量、看板建设等。

（2）安全专项 BP：主要负责团队的安全规范培训、安全原子能力引入与本地化、安全测试数据定制化。

（3）业务团队：主要负责使用 SDLC 流程在不同阶段配合安全测试及时进行安全漏洞修复，并反馈安全需求。

2）安全测试没有投资回报

当前，在隐私安全愈发重要的前提下，公司在追求业务高速发展的同时都更加求稳，而安全测试就是能最大限度降低数据、权限、隐私、PR 等多方面带来极端风险的有效解决方案。安全测试是必须开展的一项能力建设，毫不夸张地讲，在某种定程度上产品安全性的价值比功能丰富度的价值更高，甚至影响整个公司的发展，因此风险就是最大的损失，安全就是最好的回报。

4.8　精准测试

核心观点

- 传统黑盒测试存在测试过程不可靠、测试范围不明确、测试效果评估模糊且滞后的问题。
- 精准测试从软件系统的逻辑、变更、覆盖三个底层关注点进行分析和度量。

- 先通过分析变更找到发生变更的代码段，然后监控测试执行过程中被测试系统的覆盖率，从而指导测试用例的选取，以达到变更代码的最大覆盖度。

4.8.1　精准测试概述

近年来，随着互联网和物联网井喷式的发展，支撑其发展的软件开发技术也在不断进化。与软件开发伴生的软件测试行业经过十几年的发展，虽然在行业规模上得到了快速发展，但是测试技术的发展速度却远远落后于软件开发技术，软件行业诞生就存在的黑盒测试现在依然是主流测试模式。

1）黑盒测试的弊端

虽然黑盒测试具有便于理解、易于实施等优点，在测试行业中被广泛推广，并形成了一套成熟的理论体系。但是随着系统内部复杂度的增加，黑盒测试在复杂系统测试中的弊端逐渐显现。

（1）测试过程不可靠。黑盒测试的依据往往是测试人员对被测对象的个人理解，这特别依赖于测试工程师的个人经验及临场发挥，个人理解就会带有一定的猜测成分，临场发挥又会给最后的结果带来很大的不确定性，整个系统的质量基石如此不稳定，系统出问题也只是时间问题。

（2）目标不明确。黑盒测试不关注代码本身，也就意味着对测试范围的估计是不准确的，这会带来两方面的问题：预估范围小于测试范围，造成少测漏测；预估范围大于测试范围，造成测试资源的浪费。

（3）效果评估模糊且滞后。黑盒测试的测试结果缺少度量，虽然有些团队通过各种实践希望对测试结果进行度量，但是度量对象关注的往往是线上缺陷、逃逸率等结果指标，这种度量脱离了测试本身，掺杂了很多干扰项，无法对测试过程提供直接指导，而且线上 bug 的检出时机严重滞后，往往完成度量时已经造成了一定的损失。

2）精准测试设计思路

针对黑盒测试的以上弊端，精准测试应运而生，其希望能够提供一套可靠、范围明确、可量化的测试模式。

（1）以代码事实为依据。精准测试希望能提供一种基于事实逻辑推理的、可靠的测试依据，并将测试对系统的理解扩展到代码层面，这种基于白盒测试层面的理解会产出更加全面和可靠的用例。

（2）关注变更的影响。精准测试希望能够给出明确的测试范围。由于代码变更是软件测试的动因，因此精准测试通过对代码变更进行分析，并结合方法及服务等调用关系，分析出代码变更对系统的精确影响范围。

（3）测试效果的精确度量。精准测试希望能够对测试结果进行代码级别的量化分析，这对测试过程至关重要，因为测试人员需要实时关注用例执行覆盖的代码逻辑和没有覆盖的逻辑，并以此为依据及时补充测试用例。

4.8.2　精准测试的价值

由此可见，精准测试相对于传统的黑盒测试，测试目标更明确、测试过程更可信、测试结果更可量化

精准测试的提升逻辑，如图 4.8.1 所示。

另外，在实践中精准测试对整个软件项目的流程也会产生一些深层次的影响，如降低测试人员的业务培训成本、将测试人员与开发人员的交流载体从功能维度转化为代码维度。

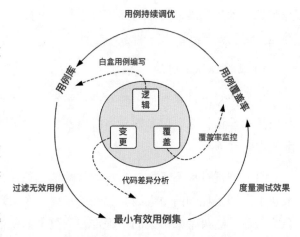

图 4.8.1　精准测试的提升逻辑

4.8.3　精准测试的实践

精准测试方案包含的主要功能模块及之间的衔接，如图 4.8.2 所示。

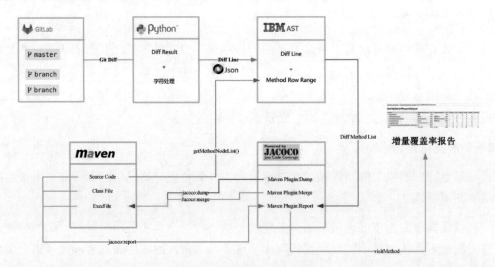

图 4.8.2　精准测试方案原理图

1. 分析变更

在一定规模的团队协作开发模式中，像 Git 这种专业的版本控制系统已经基本普及，它提供了完整的代码变更分析功能，我们可以通过命令行和 OpenAPI 的方式轻松获取两个版本之间的变更信息，下面是通过 git diff 命令获取一段代码的变更记录。

```
diff --git a/src/main/java/com/DemoController.java
b/src/main/java/com/DemoController.java
index cf5021d..f38b14e 100644
--- a/src/main/java/com/DemoController.java
+++ b/src/main/java/com/DemoController.java
@@ -19,10 +19,12 @@ public class DemoController {
        }
        if (param.getMethod().equals("add")){
            result = param.getP1()+ param.getP2();
+           System.out.println(01);
        } else if (param.getMethod().equals("sub")){
            result = param.getP1()- param.getP2();
        } else if (param.getMethod().equals("mul")){
            result = param.getP1()* param.getP2();
+           System.out.println(02);
        } else if (param.getMethod().equals("div")){
            result = param.getP1()/ param.getP2();
        } else {
```

可以看到，这是一个代码级别的变更记录，有文件级别和代码行级别的信息，其中行变动信息是以差异小结的形式展示的。差异小结顶部有 a、b 版本的开始行号和行范围，a 版本到 b 版本删除的行前面会用减号标注，b 版本新增的行前面会用加号标注，所有发生变动的行为改动行。

通过对这些变更信息进行处理和加工，我们可以提取到如下变更行信息。还可以通过 AST 等语法分析工具，将变更行信息转化为其他维度的变更信息，变更方法的分析过程如下。

```
{
  "diff_java_files": [
    {
      "diff_line_nums": [
        22,
        27
      ],
```

```
    "diff_lines": [
      {
        "index": 22,
        "line": "System.out.println (01) ;"
      },
      {
        "index": 27,
        "line": "System.out.println (02) ;"
      }
    ],
    "java_file": "com/DemoController.java"
  }
 ]
}
```

首先，定义变更方法：如果方法内有一行代码发生了变动，那么我们认为这个方法就是变更方法，具体的方法是用每一种方法的行范围去对比该文件的每一条行变动信息。当一个差异行命中了这种方法的行范围时，就把这种方法的差异标识置为 true，我们就获得了一个项目的差异方法列表，如图 4.8.3 所示。

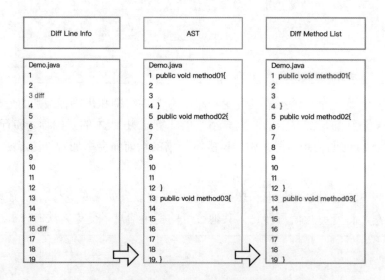

图 4.8.3　差异方法列表推导逻辑

2. 覆盖率监控

覆盖率监控作为精准测试理论的重要技术基础，为精准测试理论的实施提供数据支撑，下面以 Java 语言的覆盖率监控开源工具 JaCoCo 为例对覆盖率监控原理做简要介绍。

1）全量覆盖率

JaCoCo 提供了全量覆盖率监控能力，即通过 ASM 在字节码中插入探测指针（Probe 指针），每个探测指针都是一个 BOOL 变量（true 表示执行、false 表示没有执行），程序运行时通过改变指针的结果来检测代码的执行情况（不会改变原代码的行为）。

在工作时，JaCoCo 重要的三个 maven 命令。

dump：通过 tcpdump 方式从远程的被测服务拉取覆盖率的原始数据。

merge：在分布式集群下，为了将多个实例拉取的覆盖率数据进行合并，通常使用此命令。

report：将原始覆盖率数据进行计算并生成可视化报告。

2）代码增量覆盖率监控

JaCoCo 提供的全量覆盖率监控功能已经提供了基本的逻辑覆盖量化能力，但在实际操作中却会遇到一些弊端。

从项目管理者的角度来看：每个迭代实际测试覆盖的逻辑仅占整个项目很小的一部分，无法通过这个占比对整体的测试质量进行评估。

从测试人员的角度来看：因为这是一份全量报告，并不能从中知道实际需要覆盖的变更影响范围，故无法指导如何缩小测试范围。

解决这些问题的思路：

我们需要根据代码的差异信息，只取变更逻辑进行统计，这样测试人员能够得到一个更小、更精确的测试范围指示，而项目管理人员也能得到一份结论性的覆盖率统计结果，进而对项目的测试情况进行客观的判断。

代码增量覆盖率监控其实是覆盖率监控功能与代码变更的结合，即在 report 命令计算并生成可视化报告之前，将覆盖率数据进行过滤，抛弃没有变更方法的操作记录数据，就可以得到一份更具结论性和指导意义的覆盖率监控报告。

3. 白盒测试用例编写及优化实战

下面利用一个简单的计算器案例来说明精准化工具对用例编写带来的帮助。

通过需求文档得知计算器实现了基本的加减乘除的运算逻辑，我们采用黑盒测试的方法编写如下用例。

（1）使用计算器进行加法计算，参数组合 method=add;p1=4;p2=2,期望结果为 6.

（2）使用计算器进行减法计算，参数组合 method=sub;p1=4;p2=2,期望结果为 2.

（3）使用计算器进行乘法计算，参数组合 method=mul;p1=4;p2=2,期望结果为 8.

（4）使用计算器进行除法计算，参数组合 method=div;p1=4;p2=2,期望结果为 2.

按照用例完成测试并拉取覆盖率监控报告，发现有逻辑未被覆盖，如图 4.8.4 所示。

根据未被覆盖的入口逻辑，补充如下用例：

（5）使用计算器进行计算但方法名为空，参数组合 method=;p1=4;p2=2,期望结果为返回合适的提示.

（6）使用计算器进行未知计算方法，参数组合 method=test;p1=4;p2=2,,期望结果为返回合适的提示.

执行补充的用例集后，发现覆盖率报告达到了 100%，如图 4.8.5 所示。

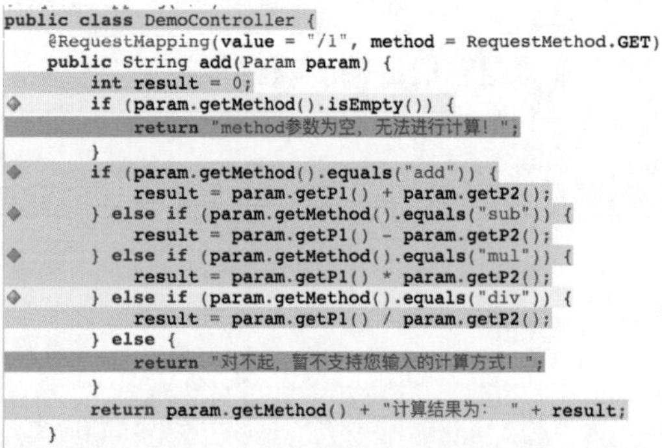

```java
public class DemoController {
    @RequestMapping(value = "/1", method = RequestMethod.GET)
    public String add(Param param) {
        int result = 0;
        if (param.getMethod().isEmpty()) {
            return "method参数为空, 无法进行计算! ";
        }
        if (param.getMethod().equals("add")) {
            result = param.getP1() + param.getP2();
        } else if (param.getMethod().equals("sub")) {
            result = param.getP1() - param.getP2();
        } else if (param.getMethod().equals("mul")) {
            result = param.getP1() * param.getP2();
        } else if (param.getMethod().equals("div")) {
            result = param.getP1() / param.getP2();
        } else {
            return "对不起, 暂不支持您输入的计算方式! ";
        }
        return param.getMethod() + "计算结果为: " + result;
    }
}
```

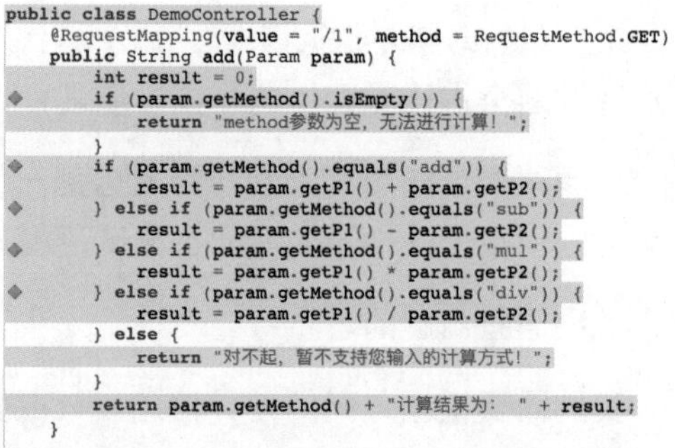

```java
public class DemoController {
    @RequestMapping(value = "/1", method = RequestMethod.GET)
    public String add(Param param) {
        int result = 0;
        if (param.getMethod().isEmpty()) {
            return "method参数为空, 无法进行计算! ";
        }
        if (param.getMethod().equals("add")) {
            result = param.getP1() + param.getP2();
        } else if (param.getMethod().equals("sub")) {
            result = param.getP1() - param.getP2();
        } else if (param.getMethod().equals("mul")) {
            result = param.getP1() * param.getP2();
        } else if (param.getMethod().equals("div")) {
            result = param.getP1() / param.getP2();
        } else {
            return "对不起, 暂不支持您输入的计算方式! ";
        }
        return param.getMethod() + "计算结果为: " + result;
    }
}
```

图 4.8.4　黑盒测试用例执行后的覆盖率报告　　图 4.8.5　补充测试用例执行后的覆盖率报告

对整个过程进行复盘发现，工具提供了如下方面的提升。

（1）减少低效沟通：整个过程不需要跟开发人员产生任何的沟通。

（2）无须通读代码：只需要根据未覆盖逻辑入口的条件构建场景即可，大大降低了白盒测试的难度。

（3）持续优化：覆盖率报告会持续对测试用例进行可视化的覆盖率反馈，帮助测试人员持续对用例进行优化。

4.8.4　精准测试的趋势

1. 影响链分析

目前，差异分析工具提供的差异分析仅限于直接被改写的代码位置，但是程序是一个具有调用关系的逻辑集合。例如，某一个程序的逻辑是 A 调用了 B，B 又调用了 C，当改动方法 C 的时候，其实方法 A 和 B 的逻辑也发生了间接变化。由此可见，任何一行代码的改动影响的其实是多条调用链，因此找出经过变更的所有调用链能够帮助我们更全面地评估影响范围。

1）服务内调用链

服务内调用可以通过一些字节码分析工具来实现，原理是通过字节码操作工具为每个方法添加一个打印方法的前缀信息，这样当某个逻辑被执行时，我们就可以打印出整个调用链的调用信息了。目前，比较流行的字节码分析工具有 ASM 和 Javassist。

- **ASM**：直接操作字节码指令，执行效率高，但涉及 JVM 的操作和指令，要求使用者掌握 Java 类字节码文件格式及指令，对使用者的要求比较高。
- **Javassist**：提供了更高级的 API，执行效率相对较差，但无须掌握字节码指令的知识，简单、快速，对使用者要求较低。

2）服务间调用链

服务间的调用关系可以通过 APM 工具进行链路采集。

APM（Application Performance Management，应用性能管理）通过各种探针采集并上报数据，收集关键指标，同时搭配数据展示，以实现对应用程序性能管理和故障管理的系统化解决方案。

目前，主要的 APM 工具有 Cat、Zipkin、Pinpoint、SkyWalking。

2. 用例智能推荐

我们采用精准测试思想就是为了寻求一种更加客观和准确的方式进行测试，但目前的精准测试只能为测试提供参考数据，最终的测试策略还是需要人为定制，如果可以进一步将这部分策略工作转交给程序来完成的话，整个流程将会更加便捷和标准化。智能推荐系统主要分为以下三个模块，如图 4.8.6 所示。

1）代码与用例关系采集

既然我们能够通过覆盖率工具得到每个动作覆盖的代码行，而用例又是一些动作的集合，理论上我们也可以采集出用例和代码的关联关系。

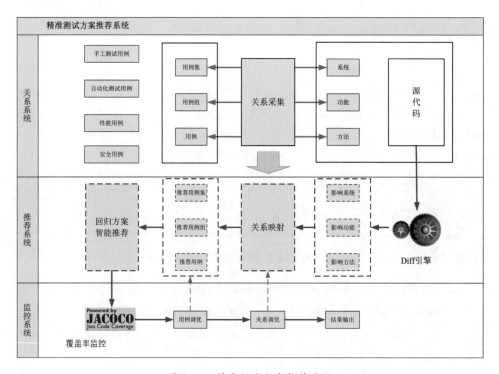

图 4.8.6   精准测试方案推荐系统

2）根据代码 Diff 推荐必要用例集

我们将拿到的代码 Diff 数据结合第一步采集的映射关系进行反推，即可得到对应需要执行的相关用例。

3）执行并监督用例的覆盖情况

这套关系或者用例如果更新不及时或者出现了错误，我们可以在执行用例过后，将实际覆盖部分跟差异影响链进行监督比对。如果出现差异，则需要对差异进行分析，并通知系统进行映射关系的自动校准或通知用例负责人补全用例。

4.8.5   精准测试的误区

在推广精准测试和外部交流的过程中发现，大家对精准测试还是存在或多或少的误区。其中，具有代表性的一个是很多人认为覆盖率为 100%就一定没有 bug。

产生这种误区的原因是没有对覆盖率监控的底层原理彻底理解，覆盖率监控为 100%只是说明被监控代码已经被全部执行过。如果开发者对需求理解有误，或者对功能点有遗漏，则这部分问题无法体现在覆盖率监控结果中，还是需要测试人员通过对需求的理解和科学的用例编写方法进行覆盖，所以说精准测试实际上是一种灰盒测试。

4.9　测试中台

核心观点

- 测试中台能够赋能开发人员开展高效率、高质量的测试。
- 测试中台的全局架构设计可以让测试提效的全局视野更清晰、更直观。
- 测试中台包含测试执行服务、测试数据服务、测试执行环境服务、工程效率工具链仓库等组成部分。

4.9.1　测试中台的背景

现在，包括 Google、Meta 和 eBay 等一线互联网巨头公司在内的很多公司都在逐渐推行"没有专职测试，测试工作由开发人员完成"的全新模式，原本专职的业务功能测试团队的规模逐渐缩小，有的甚至取消了，而原本的测试开发团队逐渐向工程效能（Engineering Productivity）团队转型。这些互联网巨头之所以能够很好地落地这种全新的模式，是因为它们都较好地解决了模式中最大的两个难题。

（1）开发人员如何能够胜任测试工作。

（2）工程效能团队如何赋能开发人员，通过测试中台帮助开发人员高效、地完成高质量测试。

下面围绕这两个问题展开讨论。首先看一下开发人员自己做测试都会遇到哪些问题和阻碍。

4.9.2　开发人员做测试遇到的问题

1）人性角度引发的问题

从人性的角度来看，开发人员通常具有"创造性思维"，总觉得自己开发的代码很棒；而测试人员具有"破坏性思维"，他们的职责就是要尽可能多地找到潜在的缺陷，而且因为专职的测试人员通常已经在以往的测试实践中积累了大量典型的容易出错的模式，所以测试人员往往更能客观且全面地做好充分的测试。

2）思维惯性的问题

从技术层面来看，开发人员自己测试会存在严重的"思维惯性"，他们在设计和开发过程中没有考虑到的分支和处理逻辑，在做测试时同样也不会考虑到。比如，对于一个函数，其中有一个 String 类型的输入参数，如果开发人员在做功能实现的时候没有考虑到 String 存在 Null 值的可能性，那么在代码的实现中也不会对 Null 值做处理，结果就是测试时不会设计

Null 值的测试数据，这样的"一条龙"缺失就会给代码的质量留下隐患。更糟糕的是，对于这种情况，即便启用了代码覆盖率指标去衡量测试的完整程度，也不能有效暴露这类问题，因为处理 Null 值的代码没有写，又何来代码覆盖率一说呢！

3）被测试环境和测试执行环境的复杂性问题

之前，测试工作都是由专职测试人员完成的，他们通常会负责搭建被测试环境和管理测试执行环境。其中，测试执行环境是指用于执行测试用例的机器，如对于 Web 的 GUI 测试，最简单的测试执行环境就是本地机器上的浏览器。但是对于大型互联网企业，测试执行环境远远要比你想象得更复杂，通常都是一些大型的测试执行集群，甚至是内部的测试执行私有云。比如，用 Selenium Grid 搭建的 GUI 测试执行环境，这样的集群往往都有成百上千台机器；再比如，用 Appium+Selenium Grid 搭建的移动设备测试集群，也有上千台设备。现在，没有了专职的测试人员，由开发人员去管理、维护和搭建这些测试基础架构，这样做其实得不偿失，工作量本身并没有减少，只是换了一批人来做同样的事情，而且开发人员的精力更应该花在构建新的业务功能上，而不是用在维护测试基础设施上。

4）测试数据准备的问题

测试数据准备是测试过程中必不可少的关键步骤，当有专职测试时，由测试人员来准备，一方面测试人员比开发人员在全局上更了解被测系统，对测试数据的设计与生成也会更高效；另一方面测试人员在以往的测试过程中已经积累了很多测试数据生成的方法和小工具，而现在这些都需要开发人员来完成，无疑加大了开发人员的工作量，而且他们对跨模块、跨系统的测试数据准备缺乏系统性的理解，为了生成一条非自己业务领域的数据往往花费大量的学习成本。例如，假设现在"买家模块"的开发人员需要测试"商品买入"的操作，那么就需要事先准备好"可以被卖的商品"，这就意味着"买家模块"的开发人员需要知道"卖家模块"和"商品模块"的细节，才能生成"可以被卖的商品"。这类问题在目前主流的微服务架构面前会更严重，原因是为了产生一条测试数据，可能需要依次调用多个服务。

5）测试执行与 CI/CD 集成问题

不同的业务开发团队在各个阶段采用的自动化测试框架可能不同，比如有些会使用基于 Java 的 Selenium，有些会使用基于 JavaScript 的 Nightwatch 等。当有专职测试的时候，各种不同的测试框架与 CI/CD 的集成，都由各个业务团队的测试人员和 CI/CD 的人员一起完成；当没有专职测试时，就需要开发人员和 CI/CD 人员一起完成，这就要求开发人员不仅需要非常熟悉自动化测试框架的细节（很多时候为了更好地和 CI/CD 集成，会对开源测试框架或自研测试框架做二次开发，如改进 retry 机制、增加覆盖率统计等），还必须先了解 CI/CD 的流水线设计及脚本设计，然后再将需要支持的自动化测试框架的运行命令行和需要暴露的参数（测试用例 Git 路径、测试执行环境、测试报告路径等）写进 CI/CD 的脚本。这些工作在很大程度上分散了开发人员的精力，对提高开发人员的效率是非常不利的。

6）失败测试用例归属问题

当有专职测试时，开发人员往往只关注与自己修改部分相关的测试用例，如果模块或服务的全回归测试中有失败的测试用例，则通常由测试人员跟进分析具体原因并协调解决，然后发布上线。现在开发人员负责所有测试，也必须关注全局测试。比如，"用户登录"服务的开发人员修复了一个缺陷，本地自测通过后递交了代码。很不幸，在 CI/CD 的流水线上做全回归测试时却发现有部分用例失败了，虽然这些失败的用例和这次的代码修改没有任何关系，但是为了保证自己的修改能够顺利上线（CI/CD 的流水线要求只有全回归测试 100% 通过才可以上线），开发人员必须先逐个分析失败的测试用例，然后找到对应的人去协调解决，这显然是非常不合理和不敏捷的做法。

归根结底，这些问题的本质都会直接影响开发人员工作的进度和效率，那么我们应该如何解决或者在一定程度上缓解这些问题呢？这就是接下来要讨论的问题，工程效能团队如何赋能开发人员，帮助他们高效地完成高质量的测试。

4.9.3　测试中台赋能测试

赋能的基本思路是能够让开发人员更专注于测试本身，从辅助测试的工作（如搭建测试执行环境、CI/CD 集成等）中解放出来，辅助测试的工作由"工程效能"服务或者相关支持工具链统一解决。这个思想和目前非常流行的 Service Mesh 的设计思想不谋而合，Service Mesh 也是让服务的开发人员把所有的精力集中在业务功能的实现上，而不需要关心服务间通信的基础设施，如服务的注册与发现、熔断机制等都会统一由 Service Mesh 以对业务应用透明的方式来实现。这些"工程效能"服务或者相关支持工具链通常由从测试、开发转型过来的工程效能团队进行设计和开发。接下来，我们看一下可以提供哪些"工程效能"服务或者相关的支持工具链，并且以什么样的方式来解决或缓解上面的问题。

1）测试执行服务

CI/CD 各个阶段所有的测试执行发起都需要通过测试执行服务（Test Execution Service，TES），TES 通过统一的 Web Service 接口与 CI/CD 以解耦的方式进行集成。无论是 CI/CD 流水线，还是开发人员执行测试，都需要通过 TES 发起，唯一的区别是开发人员一般使用 TES 的 UI 界面发起测试，CI/CD 直接在流水线脚本中调用 TES 的 Restful API 发起测试。测试执行服务的输入参数也很简单直观，通常只包括测试框架名字、测试用例集版本号、测试用例路径、测试报告获取方式、同步/异步执行开关等。一旦调用 TES 发起测试，后续如何调用 Jenkins job、打包下载 test jar、找到适合的测试执行环境、发起测试及收集测试报告等都对使用者完全透明。可以想象，当开发人员和 CI/CD 集成及执行测试时，完全不需要去关心执行测试的命令行、发起测试的 Jenkins job 及配置、测试的具体执行环境、测试报告获取等信息。这将大大提高开发人员执行测试的效率和便利程度。

2）测试数据服务

测试数据服务（Test Data Service，TDS）以 Web Service 接口的形式为所有类型的测试提供一致的测试数据准备入口。无论开发人员是做 API 测试，还是做 GUI 测试，或者是做性能测试，都可以通过调用 TDS 的 Web Service 或者 UI 来准备各种组合类型和量级的测试数据。TDS 本身还是开发平台，任何开发人员都可以通过脚手架代码贡献新的数据类型支持，并且 TDS 平台借助自己的 Core Service 和内建数据库具有元数据管理能力，提供诸如测试数据数量及质量的管理。图 4.9.1 展示了典型的 TDS 架构设计简图，供参考。

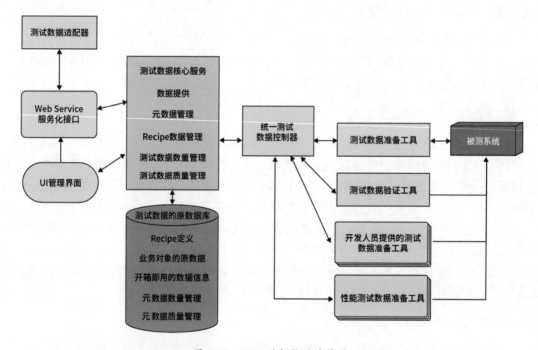

图 4.9.1　TDS 的架构设计简图

3）测试执行环境服务

对于大型企业来说，测试执行环境很庞大、复杂，为了方便开发人员使用测试执行环境，或者说为了使测试执行环境对开发人员透明，就需要引入测试执行环境服务（Test Bed Service，TBS）。TBS 的主要职责是负责管理、创建、扩容/缩容测试执行集群。一个常见的测试执行环境架构如图 4.9.2 所示，TBS 会根据等待执行测试用例的排队情况，动态决策测试执行集群的节点数量和类型，通常会使用 Docker 和 Kubernetes 来实现 TBS 的 Gird 管理。

4）构建工程效率工具链仓库

类似于 App Store 的概念，我们可以把各种测试小工具及提高效率的工具集统一在工程效率工具链仓库中，进行集中版本化管理。比如，前面我们提到过开发人员自己做测试存在思维盲区，对于 String 这样的参数可能会遗漏 Null 值的用例，这时我们就可以开发一个小工具，基于边界值针对被测函数的输入参数类型自动生成边界测试用例。比如，String 类型的参数一定会生成 Null、SQL 注入攻击字符串、非英文字符、超长的字符串等，这样就可以系统性地避免开发的盲区，诸如此类的工具还有很多。

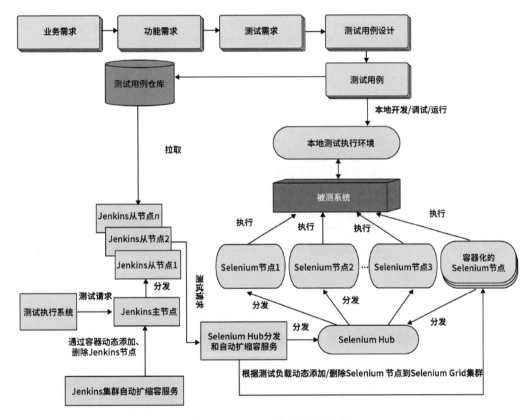

图 4.9.2　TBS 的架构设计简图

4.9.4　测试中台的全局架构

除此以外，还有测试报告服务（Test Report Service，TRS）、全局测试配置服务（Global Registry Service，GRS）和用于 API 测试解耦的 Mock 服务（Unified Mock Service），不再详细介绍。

通过以上测试服务的使用，可以解决开发人员自测过程中的大部分问题。比如，被测试环境和测试执行环境的复杂性问题，可以通过被测环境搭建服务和测试执行环境服务来解决；测试数据准备的难题，可以通过测试数据服务来解决；测试执行与 CI/CD 的集成问题，可以通过测试执行服务的执行接口集成来解决；失败测试用例的归属问题，可以通过 CI 流水线与测试执行服务来解决，因为在每次代码提交后，CI 流水线都会要求由测试执行服务发起检查，如果发现问题无法执行通过就必须由代码提交者立即处理，从而避免产生失败用例无法归属的问题。

　　最后，需要强调的是，上面介绍的很多服务已经在某些企业内落地实践，并取得了很好的效果。图 4.9.3 所示是测试中台的全局架构图。

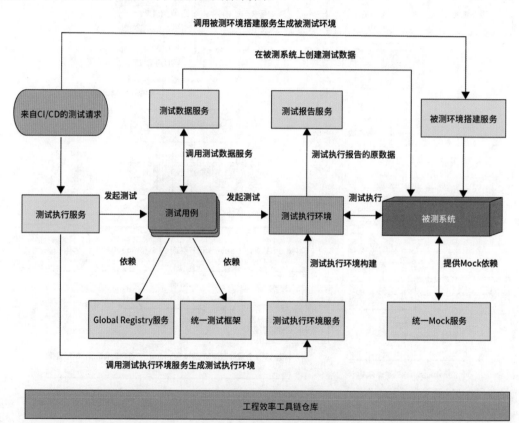

图 4.9.3　测试中台的全局架构

第5章 CI/CD 领域实践

本章思维导图

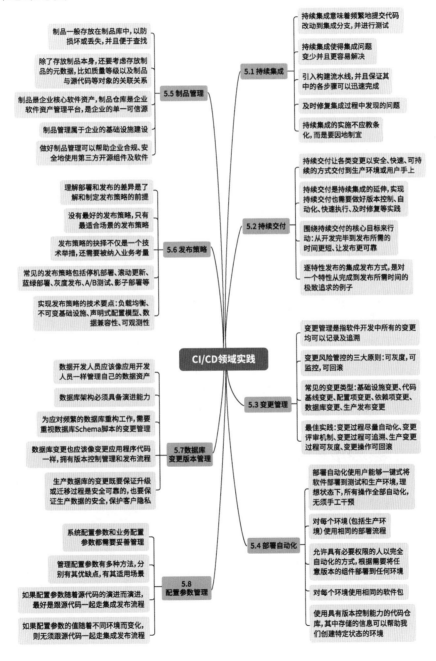

5.5 制品管理
- 制品一般存放在制品库中,以防损坏或丢失,并且便于查找
- 除了存放制品本身,还要考虑存放制品的元数据,比如质量等级以及制品与源代码等对象的关联关系
- 制品是企业核心软件资产,制品仓库是企业软件资产管理平台,是企业的单一可信源
- 制品管理属于企业的基础设施建设
- 做好制品管理可以帮助企业合规、安全地使用第三方开源组件及软件

5.6 发布策略
- 理解部署和发布的差异是了解和制定发布策略的前提
- 没有最好的发布策略,只有最适合场景的发布策略
- 发布策略的抉择不仅是一个技术举措,还需要被纳入业务考量
- 常见的发布策略包括停机部署、滚动更新、蓝绿部署、灰度发布、A/B测试、影子部署等
- 实现发布策略的技术要点:负载均衡、不可变基础设施、声明式配置模型、数据兼容性、可观测性

5.7 数据库变更版本管理
- 数据开发人员应该像应用开发人员一样管理自己的数据资产
- 数据库架构必须具备演进能力
- 为应对频繁的数据库重构工作,需要重视数据库Schema脚本的变更管理
- 数据库变更也应该像变更应用程序代码一样,拥有版本控制管理和发布流程
- 生产数据库的变更既要保证升级或迁移过程是安全可靠的,也要保证生产数据的安全,保护客户隐私

5.8 配置参数管理
- 系统配置参数和业务配置参数都需要妥善管理
- 管理配置参数有多种方法,分别有其优缺点,有其适用场景
- 如果配置参数随着源代码的演进而演进,最好是跟源代码一起走集成发布流程
- 如果配置参数的值随着不同环境而变化,则无须跟源代码一起走集成发布流程

CI/CD领域实践

5.1 持续集成
- 持续集成意味着频繁地提交代码改动到集成分支,并进行测试
- 持续集成使得集成问题变少并且更容易解决
- 引入构建流水线,并且保证其中的各步骤可以迅速完成
- 及时修复集成过程中发现的问题
- 持续集成的实施不应教条化,而是要因地制宜

5.2 持续交付
- 持续交付让各类变更以安全、快速、可持续的方式交付到生产环境或用户手上
- 持续交付是持续集成的延伸,实现持续交付也需要做好版本控制、自动化、快速执行、及时修复等实践
- 围绕持续交付的核心目标来行动:从开发完毕到发布所需的时间更短、让发布更可靠
- 逐特性发布的集成发布方式,是对一个特性从完成到发布所需时间的极致追求的例子

5.3 变更管理
- 变更管理是指软件开发中所有的变更均可以记录及追溯
- 变更风险管控的三大原则:可灰度,可监控,可回滚
- 常见的变更类型:基础设施变更、代码基线变更、配置项变更、依赖项变更、数据库变更、生产发布变更
- 最佳实践:变更过程尽量自动化、变更评审机制、变更过程可追溯、生产变更过程可灰度、变更操作可回滚

5.4 部署自动化
- 部署自动化使得用户能够一键式将软件部署到测试和生产环境,理想状态下,所有操作全部自动化,无须手工干预
- 对每个环境(包括生产环境)使用相同的部署流程
- 允许具有必要权限的人以完全自动化的方式,根据需要将任意版本的组件部署到任何环境
- 对每个环境使用相同的软件包
- 使用具有版本控制能力的代码仓库,其中存储的信息可以帮助我们创建特定状态的环境

持续集成（CI）和持续交付（CD）的概念盛行多年，已经被应用于业内众多公司的日常工作中。CI/CD 旨在缩短开发周期、提高软件交付效率，以及实现全流程的自动化，让软件开发更少地依赖手动执行的任务，并在此基础上使软件的发布更加频繁，更加安全可靠。

CI/CD 是研发效能提升的枢纽，通过与流水线结合能够将开发工作和测试工作有机地串联在一起，快速、及时地暴露风险，最终达到提效的目的。

CI/CD 是一个很大的实践体系，涵盖了众多工作和方法，我们将重点探讨如下实践。

- 持续集成：持续集成倡导团队成员尽可能频繁地集成工作，每次集成都通过自动化的构建（包括编译、发布、自动化测试）来验证，从而尽早地发现错误。
- 持续交付：持续交付是指让软件产品的产出过程在短周期内完成，以保证软件可以稳定、持续地保持在随时可以发布的状况。它的目标在于让软件的构建、测试与发布变得更快、更频繁。这种方式可以减少软件开发的成本与时间，降低风险。
- 变更管理：我们主要讨论狭义的"线上变更管理"中的实践和要点，包括变更管理中极为经典的"三板斧"（可监控、可灰度、可回滚）、变更类型、变更实践，以及变更中的误区等内容。
- 部署自动化：部署自动化通过流程、工具和环境建设等工作，使用户"一键式"将软件产品部署到测试环境或生产环境，提升部署工作的效率。
- 制品管理：狭义的制品指的是软件开发的生成物，它是对源代码、配置等"原生"内容进行加工处理的输出，包括可执行文件、中间产物，也包括测试报告和构建日志。我们将会讨论制品的存放（制品库）、分发、管理、权限、安全性等内容。
- 发布策略：发布是将生产环境已经部署好的软件功能开放给最终用户的操作，在发布完成之后，最终用户能使用软件的相应功能。下面会通过对业界主流发布策略的解读和对比，辅以案例，帮助读者找到一种兼顾效率、成本、风险、体验等关注点的，适合公司业务场景的发布策略。
- 数据库变更管理：其意味着在实际开发过程中，我们应该将数据库的 schema 变更、数据库的迁移等操作与代码变更等同视之。下面会介绍数据库变更管理的一些特有的管理思路和工具体系。
- 配置参数管理：配置参数分为系统配置参数和业务配置参数，下面会介绍配置参数管理的实现方法，以及对配置参数进行自动化管理、版本追溯、权限控制等内容。

5.1 持续集成

核心观点

- 持续集成意味着频繁地提交代码改动到集成分支，并进行测试。
- 持续集成会使集成问题变少并且更容易解决。
- 引入构建流水线，并且保证其中的各个步骤可以迅速完成。
- 及时修复集成过程中发现的问题。
- 在推进持续集成时，不要教条，适合实际情况的就是最好的。

5.1.1 持续集成概述

Martin Fowler 这样描述持续集成："（它是）一种软件开发实践，即团队的成员经常集成他们的工作，通常每个成员每天至少集成一次，这就导致每天发生多次集成。每次集成都通过自动化的构建（包括测试）来验证，从而尽快地检测出集成错误。"

1. 什么是"持续"

"持续集成"中的"持续"，意味着不能快发布时再做集成。如果把集成工作都压到最后，就变成所谓的"大爆炸式"的集成，问题一堆，风险不可控。集成工作应该尽量均匀地分布在整个研发周期中。

"持续"还意味着频繁地集成。经典的说法是，干一天半天的活儿，就应该提交到集成分支，参与集成。当然，根据实际情况也可以适当放宽，只要不出现大量的代码改动冲突、大量的合并问题就可以，这是从开发人员个人的角度看"频繁"。如果从集成分支或者集成的角度看，那就是每当集成分支收到代码改动的提交，就要进行集成工作，这比每日构建（每天定时搞一次）要好，更比好几天或好久才做一次要好。

2. 什么是"集成"

"持续集成"中的"集成"有两层含义：第一层含义是代码改动的汇聚。不同开发人员的不同特性的代码改动，通过代码提交操作或者特性分支向集成分支合并，汇聚到一起。"集成"本来的含义是把不同的组件或模块拼搭组装到一起，但对于持续的软件开发来讲，更意味着是代码改动的汇聚而不是代码模块的组装，因为代码模块往往已经存在，这次只是改动。

第二层含义是测试。仅仅把代码改动汇聚到一起是不够的，还要看汇聚的结果能不能正确地工作，即便不是完美到一点儿问题没有，至少能正常地工作。不包含测试的持续集成是没有灵魂的，不能称为持续集成。

另外，"集成"既发生在集成侧，也发生在开发侧，它既包括代码改动从开发侧流动到集成侧（如把特性分支合并到集成分支）并进行测试，也包括从集成侧流动到开发侧（如把集成分支合并到特性分支）并进行测试。开发侧的集成工作，能够让开发侧跟上"时代的脉搏"，减少向集成侧集成时遇到的合并冲突等问题。

5.1.2　持续集成的价值

首先，在不同改动的合并汇聚中，每个改动的改动量越大，改动之间潜在的冲突就越多，这既包括代码改动合并时暴露出来的冲突，也包括编译和运行时暴露出来的冲突。这种冲突的增加，不是线性的，而是增加得更快：把两条分别有 20 人天代码改动的分支合并到一起，理论上冲突的数量是 10 人天时的 4 倍。而冲突越多，解决冲突需要花费的时间和精力就越多。因此，早合并、早暴露并及时处理冲突，不仅会减少每次的处理量，而且会减少一段时间内要处理的冲突总量。

其次，越早发现问题，越容易修复。问题发现得越早，越便于缩小查找范围，越容易定位到出现问题的代码。问题发现得越早，开发人员还在当时的开发上下文里，记忆越清晰，修复得越快。问题发现得越早，趁着它还没有和其他问题混在一起，因果关系越清晰，越容易解决。

再次，集成后可以工作的代码有利于感知和跟踪进度。因为与开发人员本地代码相比，或者与设计文档中的描述相比，集成后可以工作的代码更接近目标：发布给用户使用。

最后，从一个需求提出到发布上线的整个过程来看，越是频繁地集成，越是有利于早点发布上线。虽然集成频繁了，发布上线不一定明显变快，但是如果拖延集成，整体过程一定不会快。

持续集成让集成不再是"一个漫长而且难以预测的过程"，而是随时进行、随时完成，并且负担很轻。

5.1.3　持续集成的实现

1）把"一切"纳入版本控制

显然，源代码需要被纳入版本控制，放入代码库中管理起来，而需要纳入版本控制的不仅只有源代码。

构建的配置也需要被纳入版本控制。构建需要是可重复的，同样的源代码版本，每次构建得到的可执行程序应该具有相同的功能。这就需要编译构建的工具具有相同的品牌和版本、构建的命令行和参数相同、构建所依赖的静态库和构建方法相同，于是就需要相同的 makefile 或者 pom 文件。

单元测试需要是可重复的，同样的可执行程序每次执行的结果都要相同，这就需要每个单元测试用例及其执行方法相同。

代码扫描需要是可重复的，同样的源代码每次扫描出来的问题需要相同，这就要求扫描的规则必须相同。

总的来说，要想保证可重复，每次执行的结果都相同，就需要有相同的输入和工作方法。这就需要先有统一的参照、要求和定义，然后每次都照此进行，这被称为单一可信源（Single Source of Truth）。

单一可信源比较好的实现方式是代码化，即用类似于源代码的文本来描述它，可以是某种配置，也可以是可执行的脚本，这样就可以据此自动化执行。根据代码化进行自动化执行比用文字记录下来再执行要可靠得多，也快得多。

在把单一可信源代码化之后，通常将其纳入版本控制，记录修改的时间、人员和内容，以便出现问题时进行追查。

2）自动化

在集成过程中，有很多重复性的工作，尤其是在集成的频率提高后，这些工作会变得更多。如果它们由人工完成，则会显著增加人力资源成本，甚至延长项目时间，这是我们不愿意看到的。因此，当我们向持续集成迈进时，自动化就变得特别重要。

我们要做到，一行命令就能获取所有源代码，一行命令就能实现自动化编译、链接、生成安装包等。此外，要重视并引入自动化测试，且在本地开发环境和流水线上执行。例如，通过单元测试保证函数和方法是按照设计图"制造"出来的；通过代码扫描找到各种不合规范的写法、各种错误和可能的错误；通过自动化的冒烟测试看看能否大致跑起来。然而，这些仍然是不够的。由于这些活动之间不是自动化的，因此需要有人专门盯着。如果集成的各个步骤之间也能够自动化，那就完全不同了：只需要做好设置，后面的事情就都不用管了。构建流水线就是以这样的思路来工作的：它一直盯着服务端的代码库，一旦检测到代码库里有新的提交，就先自动调用源代码版本控制系统的相关命令，自动创建或更新工作区；再自动调用编译命令、链接命令和打包命令，并自动进行测试；最后把构建得到的制品上传制品库。在这一过程中，遇到任何问题都会自动发消息进行报告。当然，遇到了问题还是需要人工干预的。但至少机器能做的是，记录发生的错误并报告给你。

3）快速执行

如果能够快速完成提交前的质量保证工作，包括构建、测试及执行各种流程等，开发人员就会更乐于频繁地提交。相反，如果这个时间拖得比较长，开发人员就会倾向于攒上一堆工作，一起完成这些质量保证工作，一起提交。

而从集成分支上进行集成的角度来看，如果想频繁地集成，先决条件也是构建流水线要能比较快地执行完成，否则根本就频繁不起来。

这就需要考查要完成的质量保证工作的内容，确定它们确实是必要的，并且必须在这个阶段完成。比如，在开发人员提交前，并不需要做全面详尽的测试，只需要测试与自己改动相关的部分。而在构建流水线上，同样不需要做全面、详尽的测试，在单元测试、代码扫描等快速测试之后，只要进行系统级的冒烟测试即可。全面详尽的测试，是下一个阶段的事。比如，如果跑一遍所有的自动化接口测试用例需要几个小时，那就考虑每天晚上跑一次，而不是每次提交跑一次。

另外，为了让集成更快还可以考虑采用一系列的技术手段。以构建为例，可以考虑增量构建、提高机器及网络的性能、防止用于构建的机器同时完成其他工作、使用多台机器并行构建，等等。自动测试和代码扫描也可以采用类似的手段。

从长期来看，还可以从软件架构入手。软件的架构应该是细粒度、低耦合的。比如，一个大型单体应用如果被拆成微服务，那么从代码检出、构建、单元测试等活动的角度来看，大项目变成一个个互相独立的小项目，而小项目跑起来就会比较快。

4）及时修复

集成时发现的问题要及时解决，趁着程序员还在编程上下文里，定位和解决问题都比较快。此外，有些严重的问题，比如构建不通过或者系统无法启动，会阻碍集成发布过程的流转，甚至影响继续开发，一定要及时解决。

我们常用"红灯修复时长"来衡量修复是否及时。红灯修复时长的计算方法是，从构建流水线报错时间点开始算起，到构建流水线此后第一次成功运行完毕时间点结束。

如何做到及时修复呢？首先是适当的通知。发现问题要及时通知处理人，最好直接通知实际处理人，而不是通知团队所有人。最好是通过即时通信工具通知，而不是仅通过邮件通知。

接下来是要及时处理。收到通知要尽快解决，不要拖延。

最后，必要时要能便捷回退。当意识到集成分支上发现的问题可能不能及时解决时，要能便捷地摘除已经进入集成分支的代码改动，可能是代码提交，也可能是一条特性分支的合入。

5.1.4　案例研究："这不能称为持续集成"

这是一家研发手机的头部企业，有上千名软件开发工程师对手机操作系统进行二次开发。软件的源代码分布在几百个代码库里，并被一起编译打包。

传统的开发方式：先把每个需求拆分成在多个代码库中的开发任务；然后在每个代码库中，不断集成多个开发任务，它们属于不同的需求；最后，代码库之间再进行总的集成，放到一起看看各个需求是否能被正确实现。显然这种方式有不少改进空间，因为一个需求完成得怎么样，要过很久才能知道。

当时，有两个改进的方案在比选：一是，每当开发完一个任务就提交到它所在的代码库，并随即触发进行整个系统的一次集成，这是经典的持续集成方案。笔者就是这个方案的拥趸。

二是，先进行每个需求内部的集成，完成一个需求后，就把它集成到整个系统中。具体来说，先在这个需求涉及的各个代码库中，拉出相同名称的特性分支，把与该需求对应的开发任务的代码改动提交到这些特性分支进行集成，直到完成需求。然后再把这些特性分支合并到各个代码库的集成分支，与其他需求汇合进行总的集成。

"你这不叫持续集成"，我对第二个方案的提出者说。

"我不太在意这个方案是不是符合你所认为的持续集成的定义，关键是它好不好，对我们而言实用不实用。由于每个需求都是在完成初步验证后才合入集成分支的，因此不会因为功能做了一半或者质量很差而干扰到集成分支。如果将来有问题，则很容易用 Git 命令从集成分支上把整个需求摘除。"提出者说。

"我同意你说的，但是你的方案有一个明显的弱点，需要等整个需求完成才能提交，这就不持续了。这样会遇到很多合并冲突，产生很多质量问题"，我说。

"那我们就试试，看看是否会出现你担心的情况。"

结果，方案二运转得很顺畅。

5.1.5　持续集成的误区

对持续集成的一个常见误区是，坚持做"原汁原味"的持续集成。比如，每人每天都必须把代码改动提交到集成分支。

假定你是一名程序员，忙了一天，快下班了，但是手头的代码改动、编译还没通过。此时，你是否应该提交？不应该提交。如果你现在把代码改动提交到集成分支，则集成分支就编译不通过，会给别人带来很大的困扰。

如果编译能通过，但是代码改动还没有完成，这时是否应该提交？最好也不提交。因为每一个代码改动都应该具有完整的逻辑意义，所以需要你完成一个具有逻辑意义的完整改动后再提交。

还有的时候，我们把每日提交解释成：它是统计意义上的，应该做到差不多每天都有一个改动提交。这个说法就好多了，不那么教条了，但其实还是不一定。

假定为了实现一个用户故事，为它拉出了一条特性分支，开发了三五天把这个用户故事特性实现后，再把这个特性分支合并到集成分支上，这样做挺好的。这就意味着，在开发这个特性期间，不会因为一时质量低或改动尚未完成而打扰到别人。还有一个好处是，在特性分支合并到集成分支后，如果因为业务的原因，本次不想发布这个用户故事了，只要用一行命令就可以把它从集成分支上摘除。因此，将用户故事作为整体，用三五天开发完才把它提交上去，也挺好。

持续集成的本质是要做持续地集成，并不是说必须每天都要提交。只要能够保证当改动提交上去时，不会造成很大的合并冲突，不会引起很多的问题，就已经做到了持续地提交、持续地集成。这就是我们追求的比较好的状态。

5.2　持续交付

核心观点

- 持续交付让各类变更以安全、快速、可持续的方式交付到生产环境或用户手上。
- 类似于持续集成，实现持续交付同样需要版本控制、自动化、快速执行、及时修复等实践。
- 逐特性发布的集成发布方式，是对一个特性从完成到发布所需时间的极致追求的例子。

5.2.1　持续交付概述

敏捷开发有 12 条原则，其中第一条是，"我们的首要任务是尽早持续交付有价值的软件，并让客户满意"，持续交付这个称呼由此而来。

《持续交付：发布可靠软件的系统方法》的作者 Jez Humble 是这么描述的："持续交付是一种能力，能够让各类变更（如新特性、配置变更、缺陷修复、尝试性内容等）以安全、快速、可持续的方式交付到生产环境或用户手上。"

Martin Fowler 对持续交付的描述是："持续交付是一种软件开发实践，令软件可随时发布上线……为此需要持续地集成软件开发成果，构建可执行程序，并运行自动测试以发现问题，进而把可执行程序逐步推送到越来越像生产环境的各个测试环境中（并测试），以保证它最终可以在生产环境中运行。"

1）持续交付是持续集成的延伸

持续交付是持续集成的延伸。持续集成关注的是能否频繁地集成，核心体现为每次代码提交都触发一次自动化的集成工作。然而，完成了这样的集成工作，还没有走完"最后一公里"，还没有发布上线。持续交付就是关于这"最后一公里"的事情。那么，具体延伸了哪些事情呢？

一方面延伸到包含所有质量验证工作。持续集成主要关注的是频繁地把各个改动汇聚在一起，发现并解决它质量上的问题。其中，发现和解决问题主要使用了无须测试环境的手段，如构建、代码扫描、单元测试，它们大多数在构建环境中就可以进行。然而，发现问题的方法不止这些，还需要部署到各个测试环境甚至类生产环境，进行其他各类测试，包括安全测试等非功能测试。持续交付希望这些需要测试环境的测试工作也能适度频繁地发生。

此外，持续集成中的测试都是自动化的。然而集成发布的全过程还是有必要经常进行人工测试的，比如探索性测试就很难被自动化。一些人工审批流程也不是那么容易就被取消的，这些人工的质量验证工作，也在持续交付的关注范围内。

另一方面延伸到包含部署和环境的管理。要想进行需要在测试环境甚至类生产环境中执行的测试活动，首先要有合适的环境，并且把待测试的版本部署到这个环境。在通过所有测试之后，正式发布，这也常常意味着要把生产环境准备好，并且把待发布的版本部署到生产环境。因此，部署和环境的管理也是持续交付的重头戏。

2）适度频繁地测试和发布

在持续集成中，每当主干收到代码提交时，就会触发构建流水线进行集成，其中包含一些快速的自动化测试。由于测试是快速的，因此这样的集成可以很频繁。

随着流程的流转，接下来的测试不一定都能做到像持续集成中那样快速。全量的系统级自动化测试可能要几个小时，人工测试通常也不是几分钟就能完成的。因此，要根据实际情况进行适度频繁的测试，比如每天进行一次全量系统级的自动化测试，而不是一味地追求每当有代码提交就要进行测试。

发布亦是如此。特别是在移动应用等需要用户进行安装升级工作的场景下，过于频繁的发布反而是一种打扰。适度频繁是相对于过低的频率而言的，频率并不一定是越高越好。在 Martin Flower 给出的持续交付的定义中，甚至是用"随时可发布"进行表述，而没有用持续或者频繁这样的词。

3）持续部署是持续交付的更进一步

与持续交付相关的，还有持续部署，这里的部署指的是生产环境部署。Martin Fowler 这样描述："持续部署意味着每个通过部署流水线的变更都被自动部署到生产环境，于是每天都有若干次生产环境部署。"

下面我们把持续交付和持续部署进行对比：

（1）持续交付是想适度频繁地发布上线，而持续部署是持续交付的更进一步，它希望频繁到每当一个变更（如一个用户故事或一个缺陷修复）通过所有的测试，就立刻自动把它部署到生产环境。

（2）持续交付并不排斥人工测试，只要它不要过于庞大和笨重，不要让测试的频率变得太低就好。而持续部署对此有很高的要求，要求测试做到完全自动化。

显然，完全自动化的测试及更频繁的生产环境部署，能进一步缩短从需求提出到发布上线，再到用户反馈的整体时间，这是持续部署的主要收益。不过，实现持续部署显然比实现持续交付的难度要大很多。

另外，持续部署经常和灰度发布联用。如果只是通过了自动化测试，就被推送给所有用户，风险比较大，建议先推送给少量用户作为试点。

5.2.2　持续交付的价值

持续交付的核心目标和价值是缩短从需求开发完成或某个线上缺陷被修复，到改动发布上线所需要的时间。缩短了这段时间，也就缩短了从决定做改动到改动发布上线的时间。这是因为：

- 更频繁的测试和发布，减少了等待时间。
- 更频繁的测试和发布，能够更早发现问题，更容易定位问题，更容易解决问题。
- 更频繁的测试和发布，提高了可见性，能够更早暴露项目进度上的问题，并加以调整。
- 更频繁的测试和发布，降低了每次测试或发布遇到问题的可能性。

持续交付另一个重要价值是让发布更可靠。测试环境和生产环境被妥善地管理，两者尽可能地相似；安装包等制品被妥善地管理，测试和发布的内容相同。持续交付中的这些实践，使得程序的某个版本一旦在测试环境中通过测试，在生产环境中部署运行时一般也不会有问题。

5.2.3　持续交付的实现

1）持续集成实现方法的延伸

持续交付是持续集成的延伸，持续交付的实现方法也是持续集成实现方法的延伸。

持续交付也要把"一切"纳入版本控制，如测试环境和生产环境的创建和配置方法要管理起来，部署的方法也要管理起来。持续交付中更多的活动也需要自动化，构建流水线也要升级到部署流水线。持续交付也需要快速执行，部署要快，各类测试也要快。在持续交付中，集成测试过程中发现的问题要及时解决，生产环境部署运行时遇到的问题更要及时解决。当遇到升级引起的故障时，通常首先考虑回滚。

下面对自动化做更详细的介绍，随后对持续交付特有的内容进行介绍。

2）更多的自动化

首先，更多的活动需要完全自动化地完成。比如，在持续集成中，构建是自动化的；在持续交付中，部署也是自动化的，不论部署到哪个环境，都应该用相同的方法自动化部署。当一个活动可以自动化完成时，就不需要专门的角色来操作了。比如，在部署完全自动化后，不论是测试环境部署还是生产环境部署，都不需要运维团队的运维工程师来完成了，开发团队自己就能完成。

其次，更高的自动化测试比率。只是引入更多的自动化测试种类，如接口自动化测试、UI 自动化测试等，是不够的。关键是看自动化测试在所有测试中的占比是否提高，这样才能降低每次测试执行的成本，提高测试的频率，尽早测试。

最后，将构建流水线升级为部署流水线。在持续集成中，我们用构建流水线串接每次代码提交后需要进行的构建和一系列自动化测试。在持续交付中，用部署流水线串接从代码提交到发布上线的所有活动。

部署流水线是构建流水线的延伸，主要体现在如下方面。

（1）构建流水线上的大多数活动在一个构建环境中执行，而部署流水线所包含的部署、自动化测试等步骤，不需要构建环境，而需要测试运行环境。部署流水线把构建得到的安装包等制品，依次部署到各个测试环境，最终部署到生产环境。

（2）构建流水线自动触发，一个活动自动执行成功后就立刻自动执行下一个活动，一直到所有活动都执行完成。而部署流水线及其上的活动，可能是人工触发启动的。典型的生产环境的部署常常是在前一个活动执行成功后，适时由人工触发执行。

（3）构建流水线上的所有活动本身都是自动的，而部署流水线大多包括了人工活动，如人工测试、人工审批等。

（4）由于从集成到发布的不同活动的频繁程度不一样，因此需要多条流水线以某种方式关联和串接到一起；或者一条流水线，其本身支持不同阶段以不同的频率开展。

3）运行环境的管理

一个程序要想正确运行，不仅需要其本身是正确的，而且需要所处的运行环境也是正确的。运行环境包含如下不同层次的很多内容。

（1）它所在节点的本地环境，包括从操作系统到其他需要预先安装配置的基础软件，甚至包括硬件配置。本地环境可以是物理机、虚拟机，也可以是容器。

（2）它运行所依赖的中间件和服务，如消息中间件、数据库服务等。这些中间件和服务必须被正确安装并运行。

（3）它所依赖的其他微服务。它与其他微服务一起构成整个系统，各个微服务都需要部署正确的版本，正常地运行。

（4）它运行所需要的配置参数，如上面提到的中间件和服务就需要妥善配置才能正确连接。

（5）数据库表结构和内容。数据的存储通常体现为数据库，如果数据的结构不对或者内容不对，也会让程序无法正确运行。

运行环境需要被妥善管理。其核心是，需要让测试环境和生产环境尽可能地相像，这样才能尽可能保证，在测试环境中测试通过的程序在生产环境中就可以正确运行。为此，不论是测试环境还是生产环境，都需要有一个统一的参照，即单一可信源，各个环境会根据它的定义进行构建。单一可信源比较好的实现方式是代码化，并把这样的"代码"纳入版本控制，这被称为 GitOps。这也体现了前面讲的，把"一切"都纳入版本控制的思路。

在把这些内容纳入版本控制之后，当它们有变化时，变化就会随着集成发布流程和部署流水线，从测试环境流转到生产环境，发布上线。

以上只是运行环境管理的核心思路，针对运行环境中的不同内容、在管理过程中要解决的问题，以及可以采用的实现方法各有不同之处。

5.2.4　案例研究：逐特性发布

这是一个旅游领域的头部互联网企业，由于它所处的经营环境，特别的 VUCA（Volatility、Uncertainty、Complexity、Ambiguity，也就是易变性、不确定性、复杂性、模糊性），因此该企业的软件研发特别关注需求从决定做到实现并发布所用的总时间。将其反映到集成发布阶段，就是希望一个特性（比如一个用户故事或者一个线上缺陷）从开发完成到发布所需要的时间尽可能短。

在这样的背景下，为了尽快发布，该企业采用了逐特性发布的方式，即当一个特性开发完成后，无须与其他特性集成，无须等待与其他特性一起测试，也无须等待与其他特性一起发布。其按照自己的节奏进行测试，测试完毕就单独进行发布。

下面结合分支策略来描述这一方式：主干分支用来代表已发布的版本，其末端就是线上最新版本。从主干分支拉出特性分支，其对应一个特性的改动，如一个用户故事或者一个线上缺陷的修复。如果这个特性涉及不止一个代码库，则在这些代码库中拉出同名的特性分支。然后在特性分支上完成特性的开发，进而完成特性的测试。这里没有典型的集成过程，也没有专门的集成分支或发布分支。在完成该特性的开发和测试，且检查并确保它基于主干分支最新后，在特性分支上直接发布该特性，随后合并到主干分支。

当然，有些特性实在太小，不值得为此单独发布，如一些不紧急的线上缺陷修复。此时，该特性 A 就可以选择"搭车发布"，把特性 A 合并到预计即将发布的其他某个特性分支 B 上，随着特性 B 一起发布。

这种逐特性的集成发布方式，基于软件的业务背景，基于软件对一个特性从完成到发布所需时间的极致追求。而要想实现这样的方式，就需要把构建、部署、测试等活动尽可能地自动化。当然，人工测试并没有消失，在特性分支上仍然会做关于该特性的人工测试，只是不会做很多回归性质的人工测试——在这样的集成发布方式下，重复的工作量太大，真的做不起。另外，发布审批流程也要尽量精简，最好是去掉，因为这些事情越少，频繁发布就越容易实现。

这种集成发布方式的核心逻辑跟经典的持续交付一样，但它走得更远，对于具有类似业务特点的软件开发很有借鉴意义。

5.2.5　持续交付的误区

持续交付的一个常见误区是，以为只要把各种事情搬到流水线上，就实现了持续交付。

此时，部署流水线常常是支离破碎的。在极端情况下，部署到某个测试环境的是一条流水线，而在该测试环境进行自动化测试的则是另一条流水线。不同的流水线之间也缺少某种自动化机制，来保证只有通过前面的质量保证活动，流程才能继续流转。一些人工的质量保证活动不在流水线上，也没有和流水线打通，如探索性测试或者人工审批。即便是没有通过测试或审批，在工具层面仍然可以进行接下来的流程，如发布上线。

而从一个特性开发完毕到上线的全过程所需时间的角度看，往往还有很大的改进空间。

比如，每个月发布一版，也就意味着一个特性完成后，要等很长时间才能和其他特性一起测试和发布。比如，发布有时间窗口限制，不是随时都能发布，如必须在每周四的晚上发布。再如，发布必须由运维部门的人员来进行，而不是开发团队自己发布，这也会带来工作的交接成本和一定的等待。

实现持续交付应该围绕核心目标进行：如何让从开发完毕到发布所需的时间更短？如何让发布更可靠？据此运用持续交付中的一系列方法，而不仅仅是部署流水线。

5.3 变更管理

核心观点

- 变更管理是指软件开发中所有的变更均可以被记录及追溯。
- 变更管理有助于快速定位生产故障、快速精确回滚，以便在故障场景下恢复生产环境。
- 常见的变更类型：基础设施变更、代码基线变更、配置项变更、依赖项变更、数据库变更、生产发布变更。
- 变更管理的最佳实践：变更过程尽量自动化、变更评审机制、变更过程可追溯、生产变更过程可灰度、变更操作可回滚。

5.3.1 变更管理概述

软件产品的变更具有非常高的风险，特别在发版或临近上线前的阶段，相当多的故障是由变更引起的，因此在测试过程中需要制定详细、严格的变更管控，通过渐进式发布快速、准确地检测到问题。此外，快速回滚也是非常必要的。总结来说，无论是系统发布还是配置项的改动，都需要遵从变更"三板斧"：可灰度、可监控和可回滚。

5.3.2 变更管理的价值

变更管理的价值主要体现在如下方面。

（1）广义的变更管理确保软件的所有变更都可以被追溯到详细信息，包括原始需求、开发过程、源码、构建、测试等软件生命周期信息，便于建立良好的版本控制体系，对任何一个版本的基础设施和应用内容都可以快速部署和回滚。

（2）尽早预防故障，降低故障发生的概率。

（3）对故障进行定义，及时预知和发现故障。

（4）故障将要发生时可以快速应急。

（5）故障发生后能快速定位，及时止损，快速恢复。

（6）故障修复后能够从中吸取教训，避免重复犯错。

5.3.3　变更管理的实现

1. 变更禁区定义

禁止在代码的非变更窗口期进行除紧急变更外的变更。禁止未经测试验证、预发和灰度的线上变更。禁止一切未通过变更管理平台申请或报备的变更操作，紧急故障处理可事后补填申请。禁止无影响面说明、操作步骤、验证方案、应急预案的变更，应急预案（如回滚方案）必须具备可操作性。禁止一切与变更方案计划内容、线上问题排查无关的生产环境变更操作。

2. 变更风险防控三大原则

变更风险防控的三大原则：可灰度、可监控和可回滚。

如果你想知道 SRE 运维能否实施一个生产变更，则对方很可能会使用上述"三大原则"来评估你的变更方案，这些都是经过实践总结出来的。不过，要遵守原则并不是一件容易的事情，甚至很多时候大家过于依赖简单化的概念，进而有些自我催眠，没有真正从技术上做到全面的评估、演练、优化和试错。

下面针对三大原则的具体细节展开说明。

1）可监控

监控的深度和广度的差别完全可以是天翻地覆的。从表面上来看，很多系统有监控，但其实只是简单而基础的主机负载、网络流量、磁盘 IO 等粗放型的监控，这远未达到通过监控自动发现问题和依赖监控快速定位故障的程度。

现代化的监控平台确实能够做到将各项监控指标灵活组合，通过简单定制就能够用通用组件搭建一个非常美观并且形象生动的"监控大盘"。但是，其展示的数据真的能够帮助我们找出故障源头而不需要苦苦翻阅日志来判断吗？

此外，越是底层的基础平台就越难以分析和定性。结合这些情况，我们需要精细的监控方法和手段，采集到 HTTP 请求错误率、HTTP 请求量、HTTP 请求耗时、内部接口熔断情况、大接口、慢接口等尽可能丰富的指标，生产业务监控更是不能缺少。

2）可灰度

当软件产品的新版本上线时，无论是从产品稳定性上考虑，还是从用户对新版本的接受程度上考虑，直接将应用升级到新版本都存在很大风险会造成生产故障。我们一般的做法是，发布并启动新应用但并不切换流量，保证新老版本同时在线，同时测试工程师进行新应用的灰度测试，如测试通过，就将 1% 的流量切换到新版本应用上，在此期间对新版本的应用请求进行观察。在确认新版本没有问题后，再逐步按 5%、10%、30%、100% 的比例将更多流量切换到新版本上。这个过程的核心是，需要具备对流量的流入转发规则进行配置的能力，如企业级分布式应用服务 EDAS（Enterprise Distributed Application Service）的金丝雀发布功能，就提供了多个版本同时在线的能力，并且提供了灵活的配置规则来为不同的版本进行流量分配。

3）可回滚

在软件产品新版本上线之后，虽然我们有监控能力、金丝雀发布能力、灰度验证能力，但是这些措施只能降低或者避免出现功能变更导致的生产故障，却不能完全杜绝。功能变更或配置变更导致的生产故障，不管是配置中心还是发布系统都要能做到快速回滚版本，这就要求配置中心具备热启动配置。同时，应用的快速可回滚性需要确保应用从启动到提供服务的耗时在 1 分钟之内。此外，应用镜像也需要具备版本管理能力，缺少即无法做到快速回滚和快速恢复生产故障。

3. 变更风险防控执行

表 5.3.1 展示了变更风险防控各项工作的执行内容和目的，以及相关的主导方。

表 5.3.1　变更风险防控各项工作、目的及主导方

测试活动	目的	主导方
灰度验证	无灰度、无变更，灰度验证是发布的必需过程	开发、测试
发布执行配合	关注发布方案的整体过程，如日志、监控、业务反馈。在发布失败的情况下执行回滚操作	开发
监控&线上回归	发布后进行一段时间的监控观察、日志观察和线上业务回归	测试
问题跟踪	问题跟踪是一种测试人员对线上项目运行实际效果很好的评估途径，包括通过对线上问题的跟踪了解问题遗漏的原因、针对改进形成稳定性建设的流程闭环等	测试

4. 常见的变更类型

1）基础设施变更

在变更管理中，基础设施变更最容易被工程师忽视。基础设施变更包括但不限于服务器变更、存储变更、网络变更、其他硬件变更、机房温度、湿度变更等。这里更关注软件变更，故涉及硬件变更的内容不做详细讨论。对于基础设施的变更，要遵循下面几个原则。

- 每个变更需要走相同的变更管理流程。
- 变更前需要在类生产环境中进行测试。

- 对所有环境的变更均需要进行变更管理登记。
- 需要变更管理系统记录每次变更流程及变更具体的指标数据，以便事后审计。
- 变更需要进行版本控制，一定要把一切纳入版本控制。
- 变更结束后，需要通过测试验证变更是否成功。

2）代码基线变更

对于工程师来说，代码基线变更最为常见，基本上每个软件研发企业都具备版本控制系统，如 GitLab、GitHub、SVN、Bitbucket 等，为了能在每一次代码提交中识别到具体的变更信息，一般我们会通过标签、Commit Message（提交信息）等方式标识变更。

标签：如 Git，可以给历史的某一次提交打上标签，以示本次提交的重要性，同时也表示开发过程中的一个里程碑，比较有代表性的做法是用标签标记发布节点（如使用 V1.0、V2.0 等）。

Commit Message：对应每一次提交的变更信息，让开发者可以识别到每一次提交的目的。Commit Message 应该简明清晰地说明提交的目的，主要作用是为了版本回滚、合并冲突的追溯、事后搜索等操作。最简单的做法是在每次代码提交时，通过在 Commit Message 中增加需求、缺陷 id 与简单描述来说明变更的具体内容。

Commit Message 最佳实践包括 header、body 和 footer 三个部分。

```
<type> (<scope>) : <subject>
// 空行分割
<body>
// 空行分割
<footer>
```

header 为必备内容，建议包含三个字断：type、scope 和 subject。其中，type 用来说明提交类型，一般包括下面几种标识。

feat：新功能特性。

fix：修复 bug。

docs：文档。

style：格式。

refactor：代码重构。

perf：优化性能。

test：增加测试。

chore：构建过程或工具变更。

scope 一般用于说明提交的影响范围，可以省略。subject 描述提交的目的，为必选项。

body 部分是对本次提交的详细描述内容，用于补充 subject，非必需内容。

footer 可用于关联 Issue 链接，非必需内容。

工具可以帮助我们优化 Commit Message，如 commitizen。我们可以安装 commitizen 工具，并按照如下格式完善 Commit Message。

```
(base) [root@VM-24-2-centos liwei]# git add .
(base) [root@VM-24-2-centos liwei]# git cz
cz-cli@4.2.4, cz-conventional-changelog@3.3.0

? Select the type of change that you're committing: (Use arrow keys)
❯ feat:      A new feature
  fix:       A bug fix
  docs:      Documentation only changes
  style:     Changes that do not affect the meaning of the code  (white-space,
formatting, missing semi-colons, etc)
  refactor: A code change that neither fixes a bug nor adds a feature
  perf:      A code change that improves performance
  test:      Adding missing tests or correcting existing tests
```

为了避免填写错误，提升代码提交效率和质量，还可以使用一些 IDE 中与需求管理平台集成的插件完成 Commit Message 的自动填写，如参考 IntelliJ 中的 Jira 插件，开发时直接选择处理的任务，并在提交过程中自动完成 Commit Message 的填写，如图 5.3.1。

3）配置项变更

配置项和代码都是软件组成的一部分，配置项变更一样会影响软件运行的正确性。配置文件的变更是变更管理环节中重要的一项，小到一个缩进或一个空格都会导致 P0 级别的生产故障。而当我们的软件工程能力没有达到一定的高度时，配置文件往往需要通过人工介入的方式进行修改，如 IP 信息、账号密码、数据库连接串等。只要有人工参与，一般必然会出现配置错误，进而导致程序异常。在生产环境中，除了自己的应用，操作系统、网络设备、软件中间件、采购的商业软件等均存在配置项，都需要我们去增删或修改。

图 5.3.1　Jira 插件实现关联 Commit Message

为了保障配置文件变更信息可识别、可记录，我们应尽力将配置文件的变更自动化执行，如将配置项与 CMDB（Configuration Management Database，配置管理数据库）集成，通过程序自动获取 CMDB 的信息并提交到配置文件中。另外，如微服务的注册中心机制，微服务在启动时自动将自己的网络信息注册到注册中心，消费服务从注册中心查询服务提供者的信息，并调用服务的接口，从而实现配置自动化。

当然，很大一部分软件无法实现配置自动化，对于半手动或全手动的配置文件变更场景，我们可以通过将结构化的变更信息（如张三--15:40--修改配置--aaa.xml）记录到变更系统中，此动作可以在半自动化修改后由一条 API 触发，也可以由操作者手动添加或由变更审批系统添加。收集此数据的目的是，将信息共享给整个团队，一旦出现生产故障，变更信息就是排查故障的必备信息。

对于软件交付过程中的配置项变更，需要遵循下述原则。

（1）标准化和格式化：

● 配置文件内容有统一的标准，避免出现明文密码、apikey 等信息。
● 配置文件尽量采用统一的格式，避免出现.xml、.yaml、.ini、.json 等文件混用的形式。
● 配置项备注清晰，文档明确。
● 配置变更需要有标准的评审机制，手动变更尽量做到结对修改，避免误操作。

（2）集中化：

● 配置文件集中管理，避免分散存储在不同位置，如配置文件存在于交付物的不同目录、数据库及代码中。

- 线上配置文件由团队统一管理，对变更行为做好明细记录。

（3）自动化和智能化：

- 配置文件变更建议自动化完成，尽量避免手动进行配置文件修改。
- 程序可自动识别配置文件变更，监控配置内容及格式的正确性，如有问题就对团队发出警报。
- 配置文件变更后，需要进行配置文件的备份及配置文件版本控制，如版本号字段+1。
- 自动识别到风险配置变更后，如变更配置时出现明文密码或关键的基础设施信息，自动告警。

4）依赖项变更

依赖项变更最常见的就是工程师在编译过程中使用的第三方依赖的改变。在软件交付过程中，兼容性问题、新的功能特性需求、第三方供应链的风险信息、开源许可变动等多种因素，往往会导致工程师改变项目的第三方依赖版本。例如，2021年12月log4j的核弹级漏洞事件，为了解决安全风险，工程师在一天内两次升级log4j组件，这对于应用交付来说，至少是两次依赖项的变更。

目前，为了实现依赖项变更管理，其中一种技术实践方式是在版本编译的过程中，通过特定的工具或自定义脚本（Dependency Tree），收集编译过程中的所有依赖项，包括引用的二方库版本、三方库版本等，并将收集的数据存储到数据库中。当需要进行变更比对时，可以通过在数据库中直接比对历史数据，来识别不同版本之间依赖项的差异。图5.3.2为JFrog Artifactory工具实现制品依赖变更的比对视图。

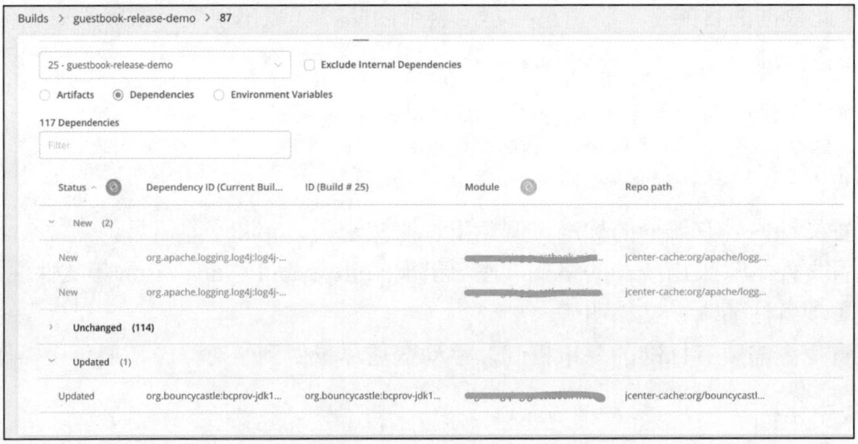

图 5.3.2   JFrog Artifactory 依赖变更项记录

实现依赖项变更管理的基础是建设企业单一可信源，通过统一的私服仓库管理企业的三方及二方依赖，通常可以通过 Artifactory 或 Nexus 进行依赖项的统一管理。结合工具的能力，收集构建过程中的依赖信息（BuildInfo），实现依赖台账记录，以便对比不同版本中依赖项的差异。必要时，需要使用 SCA 分析工具，如 Dependency Check 或 JFrog Xray，对交付物进行依赖分析。依赖项变更管理对于企业的开源治理和防御软件供应链的风险都有着重要的意义。

5）数据库变更

数据库变更包括的内容很多，如新增表、删除表、重命名表、表新增字段、表新增索引、表字段类型修改，等等。在进行数据库变更时，我们一般都是写好一段 SQL 脚本提交给 DBA，DBA 在审核之后分别向测试环境、准生产环境及生产环境执行。但这无疑会导致测试环境、准生产环境及生产环境的变更记录出现不一致的情况，如执行顺序、SQL 回滚等操作。对于数据库的变更，我们可以通过以下两种方式提高对变更的管控能力。

（1）将所有数据库的更改均保存在版本控制系统中。

（2）使用工具记录数据库的变更信息。

为了完善数据库变更，目前比较优雅的做法是通过记录数据库 schema 的变化，来实现数据库变更管理，经常使用的工具包括 Flyway、Liquibase 等。

Flyway 的 schema 变更记录的实现原理是，通过一张存放在数据库中的 SCHEMA_VERSION 表来记录数据库的每次结构变更。在每次数据库变更时，均会比对目前 SCHEMA_VERSION 表中已经执行的动作记录，并按照需要完成后续脚本的执行。

图 5.3.3 和图 5.3.4 为 Flyway 实现数据库 schema 变更记录的原理。

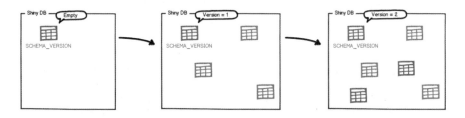

图 5.3.3　Flyway 的 schema 记录方式

flyway_schema_history

installed_rank	version	description	type	script	checksum	installed_by	installed_on	execution_time	success
1	1	Initial Setup	SQL	V1__Initial_Setup.sql	1996767037	axel	2016-02-04 22:23:00.0	546	true
2	2	First Changes	SQL	V2__First_Changes.sql	1279644856	axel	2016-02-06 09:18:00.0	127	true

图 5.3.4　Flyway 的 schema 记录内容

6）生产发布变更

"线上稳定大于一切"，而《SRE Google 运维解密》一书中描述了 70%的生产事故都是由变更产生的。对于运维来说，识别到风险变更并能快速处理失败的变更是线上稳定最重要的工作。

生产部署变更包括基础设施变更、配置文件变更、数据库变更、应用程序等，前三项我们已经在上文中讨论过，下面介绍一些应用程序变更的实践。

对于生产发布变更来说，CMDB 和自动化部署工具都是必要的。CMDB 记录了所有部署的元数据（如主机信息、网络信息、基础设施信息、权限信息等），自动化部署脚本需要通过 CMDB 获取必要的信息后实现自动化发布。同时，通过 Salt、Ansible、Puppet 等远程管理工具，自动化完成生产环境的部署，这样不但可以提高部署的可靠性，还可以对部署的过程和信息进行完整的记录。不要忘记，就算我们是自动化完成的发布变更，也要把所有的变更信息写入变更管理系统。

对于容器化项目，生产变更往往在 Kubernetes 上完成，而单次发布变更不只有一个 Docker 镜像，可能涉及几十或者上百个，这种情况下对 Docker 版本的管理就显得尤为复杂。使用 Docker-Compose 和 Helm Chart 进行容器化部署是一种比较好的实践，可以将不同应用的镜像进行编排，实现一键发布。如图 5.3.5 所示，Helm 可以实现一键部署，将 guestbook 应用由 1.1.2 版本直接升级到 1.1.3，命令下达后，guestbook-service、discovery-service、gateway-service 3 个 Docker 镜像均会进行升级。由于 Helm Chart 文件是一组 Kubernetes 资源的集合，包含 deployment、service 等，因此我们可以在构建发布版本时直接定义发布所需 Docker 镜像的版本，组成一个用于发布的 chart，按需调整发布的副本数量，并替换到 chart 文件中。同时，基于 Kubernetes 的特性可以实现滚动更新或蓝绿部署，利用 Helm Rollback 可以实现快速回滚。

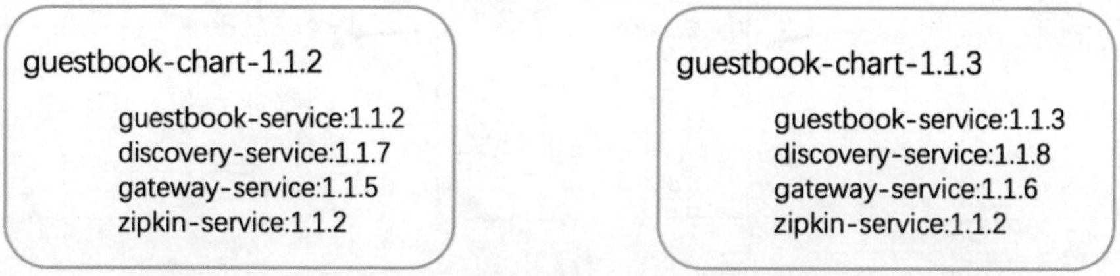

```
guestbook-chart-1.1.2

    guestbook-service:1.1.2
    discovery-service:1.1.7
    gateway-service:1.1.5
    zipkin-service:1.1.2
```

```
guestbook-chart-1.1.3

    guestbook-service:1.1.3
    discovery-service:1.1.8
    gateway-service:1.1.6
    zipkin-service:1.1.2
```

图 5.3.5　Helm Rollback 版本控制

5. 变更管理最佳实践

1）变更过程尽量自动化

"将一切自动化"，一直是我们努力的目标，自动化是变更管理最重要的手段之一。设想一下，如果没有自动化，所有的编译、测试、部署、发布、回滚都由手动操作完成，则至少有 50% 的变更动作被记录在工程师的头脑中，这种行为是非常可怕的，毕竟软件开发是团队工作。我们需要在团队内共享开发细节和信息，但是由于没有将变更记录共享给整个团队，往往导致 A 进行了变更，其他人并不清楚，甚至在出现生产故障后，其他人没办法快速定位问题。

因此，通过统一的平台记录所有的变更动作就显得十分重要，而自动化是确保所有数据准确记录的前提和保障。在变更记录这个行为上，我们不能相信手动的操作，但可以永远相信你的自动化脚本，因为脚本的执行模式是设置好的，并可以将所有执行信息及变更信息准确地推送到需要的位置。

2）变更评审机制

变更评审两个重要的目标是降低变更风险和满足监管要求。变更评审类似于代码评审，是用来评判某次变更是否可执行的一个过程。在变更审批过程中，审批者往往会根据版本的需求信息、测试报告、安全扫描报告、合规性审查、变更的影响范围等因素进行评定，确认审批是否可以被执行。无论是版本发布，还是配置项修改、基础设施变动，均需要触发变更评审，甚至有些企业还设置变更窗口期，只有在变更窗口前完成审批，才允许在变更窗口对生产环境进行变更，以降低变更的风险。

传统上，变更评审是通过一个重量级的流程来实现的，其中 CCB（变更控制委员会）起到了重要作用。CCB 负责审查、评价、批准、推迟或否决项目变更，以及记录和传达变更处理决定。变更评审流程一般由项目团队提出申请，需要获得团队外部人员（CCB）的批准。CCB 通常分为三个级别（总经办、部门经理、项目成员），需三级评审才可以触发生产变更。这种重量级的评审机制往往会减慢交付速度，导致交付频率降低。在软件高速发展的时代，由于所有变更都经过 CCB 的评审并不一定带来正面的价值，所以变更分级评审显得尤为重要。

在快速迭代的过程中，频繁变更意味着每次变更的内容不会十分庞大，对于 Hotfix 类的变更来说，我们可以采用持续测试、持续集成、全面监控、可观测性、快速检测等方式来预防和修复风险变更。在这种前提下，我们可以靠自动化的方式，通过质量门禁实现自动变更审批。对于 Epic 上线或产品的重大改变流程，我们可以发起评审流程，由 CCB 分级评审。CCB 在此环节仍然发挥着重大作用，包括协调各团队合作、改进评审流程、提高交付效率、权衡业务优先级等。

由于金融企业的特殊性，其对变更评审的管理尤为严格，运维部门一般会设置严格的变更窗口期，并且窗口期不会设置在周五或者节日前夕，避免变更失败导致无法联系到变更团队。在变更前夕，开发或测试团队会将变更信息定版并通过审批，将变更内容、变更文档、变更脚本、回退方案等同步到生产环境，待运维团队完成变更后，变更动作会由运维团队通过变更系统发起；变更结束后，会进行测试右移执行生产验证，以完成整个变更。在整个变更流程中，需要对需求、缺陷、版本、测试结果、安全扫描等信息进行有效的评审，通过后才可以触发变更。

对于互联网行业，一般变更评审不会如此严格。为了加速迭代，变更窗口期就变得没有那么重要，往往企业可以随时发起线上变更，此时复杂的审批流程会变得格格不入。为了解决快速变更导致生产不稳定的现象，自动化变更评审就变得尤为重要，企业会通过一些工具门禁来完成自动化的变更评审。下面是部分自动化变更评审的实践：

（1）代码提交时对 Commit Message 的校验，开发人员是否按需填写了 Commit Message，如未填写则拒绝代码提交。

（2）代码合并时提前触发 SonarQube 的代码静态扫描，若未通过质量门禁，则拒绝代码合并。

（3）代码合并时自动触发持续集成流水线，若构建失败，则拒绝代码合并。

（4）编译构建时触发单元测试，若单元测试通过率未达到 100%，则中断构建。

（5）编译构建时触发 SCA 扫描，若使用第三方组件存在超高危漏洞，则中断构建。

（6）部署时备份及回滚方案验证，若无备份或无回滚方案，则中断部署。

（7）部署时制品签名验证，若制品丢失或损坏，则中断部署。

（8）部署时基础设施验证，如 JDK、tomcat、操作系统版本等是否与测试环境相同。

（9）部署时元数据验证，包括部署制品的生命周期信息、所属人、测试结果、安全扫描结果等信息验证。

（10）企业黑名单验证，确保部署制品及其 SBOM 清单中的第三方依赖不在企业黑名单中。

3）变更过程可追溯

对于所有的变更信息，均要录入变更管理系统，如需求的产生、代码的提交、依赖的变动、制品的改变、配置文件的改变、数据库的改变、环境的改变、发布脚本的改变、基础设施的变动等，就像把一切纳入版本控制一样，对它们也要进行变更管理，实现全流程变更可追溯。但仅仅做到可追溯还不够，我们还需要将变更信息共享到整个团队，让所有人知道版本发生的变化、与自己息息相关的内容变化，以及变化产生的原因。

广义的变更管理不止涉及生产部署环节，还包括整个软件生命周期信息的变更。无论是代码还是制品，软件生命周期变更管理的前提是有成熟的版本控制体系。业界有一种对持续集成阶段变更追溯的最佳实践，先以最终交付物制品作为变更的核心，关联软件生命周期的变更信息，如需求特性、代码分支、提交者、测试结果等，并将此信息定义为软件的生命周期元数据，再通过对元数据的收集和记录及对比版本之间的变更内容，实现变更回溯。如图 5.3.6 所示，通过 Artifactory 制品库，将生命周期信息关联到交付制品，通过此信息可以识别软件的代码、编译环境、需求属性等变更。

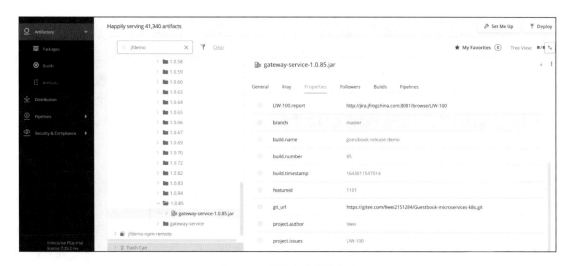

图 5.3.6　软件生命周期信息

4）生产变更过程可灰度

（1）蓝绿部署

蓝绿部署是一种强大的部署技术，其做法是在生产环境中具备两套完全一致的服务资源：蓝环境和绿环境。假设当前蓝环境和绿环境的版本均为 V1，当我们在使用蓝环境的过程中，如果需要进行发布变更，则在绿环境完成 V2 版本的变更，同时在绿环境完成生产验证，在没有问题的情况下再将所有业务流量切换至绿环境。此时，如果业务出现异常，则也可以快速将用户切换回蓝环境的 V1 版本，实现快速回滚。如果业务正常，则再将蓝环境更新到 V2 版本。

由于蓝绿部署对生产资源要求较高，同时对于数据库的管理要求更为严格，因此更适用于同城灾备或异地灾备。另外，切换蓝绿环境的风险较大，需要做好预先演练。

但是我们也可以使用轻量级的蓝绿部署，如在 CMDB 中将每个应用的服务资源分为蓝绿两组，应用更新时通过 CMDB 实现蓝绿环境的区分，滚动更新蓝环境和绿环境，实现业务零宕机，这种方式类似于后面我们要介绍的滚动更新，业界一些公司（如 Netflix）也将之称为红黑部署。

（2）金丝雀发布

曾经，为了验证矿井中是否有瓦斯，矿工们会放一只金丝雀到矿井内部，通过验证金丝雀是否可以在里面存活下来，来判断矿井中是否有毒气，金丝雀部署的名称由此而来。在生产环境及其庞大的场景下，只在生产环境取极小的一部分流量来完成新版本的验证，也是可以被接受的。

"金丝雀"的选择极为重要，一般来说，我们可以先随机选择部分用户或流量来体验新版本，然后通过日志的方式查看用户的反馈；当我们同时拥有 SaaS 和私有化部署服务两种形态时，可以选择 SaaS 的部分流量来验证新的版本；在有些场景下，部分特性需求是由某些租户提出的，这时候我们可以优先向此租户下的所有用户推送更新版本；同样，我们也可以发布一些新功能体验的特权，让用户自己选择成为我们所需要的"金丝雀"。

（3）滚动更新

顾名思义，滚动更新是指按照预先定义的顺序，逐个更新服务器的应用版本，把一次完整的发布过程分成多个批次完成。其优势就是零停机，对用户零感知。

滚动更新常规的做法是在发布过程中增加服务下线与上线的动作，如在使用 Nginx 或 F5 作为负载均衡的情况下，优先在负载均衡中将部分应用服务置于下线状态，同时完成对此部分服务的更新，更新完成上线后，若未发生任何故障，则对其他应用服务继续滚动完成部署，整个发布过程对用户不可见，完全通过发布工具完成。Kubernetes 提供了滚动更新的机制（Rolling Update），并且使用 Deployment 自动创建副本集 ReplicaSet，其可以精确地控制每次更新 Pod 的数量，通过这种机制实现滚动更新。

（4）功能开关

部署不等于发布，在组织中将部署与发布分开管理是有意义的。新版本的软件、文档和基础设施配置一旦准备完善，便可以先部署到生产环境中，然后根据用户或租户的需求，使用功能开关为部分用户打开新功能。功能开关减小了部署的压力，没有割接的紧迫感，提升了用户的体验，同时也是一种灰度的最佳实践，通过功能开关可以将新特性开放给部分用户或租户，实现小范围快速试错。

5）变更操作可回滚

如果变更失败，则回滚操作是目前最重要的事。在生产环境和故障中，修复错误所承受的压力是极大的，这时候我们第一个想到的事就是回滚。回滚需要两个前提条件：

（1）变更之前要进行变更内容的备份，包括配置文件、应用程序、数据库等。

配置文件及应用程序的回滚比较容易，可以将配置或应用程序直接替换为原有的版本，而对于 Windows 发布的应用，程序可能无法直接替换，需要在回滚过程中停止服务才可以替换应用程序及文件。因此，在回滚脚本中配置好服务启停逻辑，中间增加替换文件逻辑即可。另外，为了保障服务的零停机，建议回滚程序配合负载均衡系统进行滚动回滚。对于应用的回滚，也建议滚动替换，避免出现所有服务宕机导致的业务中断。在容器化发布环境下，回滚动作就容易很多，基于 Helm 的版本控制和 Kubernetes 的滚动机制会让回滚异常简单。

对于数据库回滚就显得十分复杂，由于在发布流程中会出现修改数据的情况，因此就需要 DBA 使用备份进行数据库回滚，故在做数据更新变更之前，一定要对数据进行备份。对于表结构的变更，我们可以采用 Flyway 等数据库版本控制工具进行变更，记录 schema 并使用工具的回滚功能实现表结构回滚。

（2）变更之前有成熟的回滚方案，最好进行回滚演练。

在重大变更前，一定要有回滚方案，最好可以进行回滚演练，如在 Capital One（一家数字银行）的发布流程中，回滚的方案是一个门禁，若没有回滚方案或回滚脚本，此次发布则无法通过变更评审。

当变更遇到问题时，如果具备了上述条件，我们就可以进行回滚了。回滚一般有两种方式：第一种，可以使用备份的内容进行回滚。在发布编排文件中明确变更文件的备份路径，并基于此信息生成回滚编排文件。这样，在需要回滚时，可快速根据回滚编排文件自动实现回滚。第二种，如果我们没有自动回滚系统，但是拥有自动发布系统，可以重新发布前一个的稳定版本，从而实现回滚。但是这要求我们对版本的制品要有成熟的管理方案，以确保部署到生产环境的制品在一段时间内是有保存的。

需要注意的是，回滚其实也是一种变更，既然是变更，回滚的动作一样要记录在变更管理系统中。针对回滚的信息、版本、时间等信息要实现共享，并且也要同步到 CMDB 中，保持信息对齐。针对变更失败涉及的依赖更新项，要记得同时回滚，以免出现部分回滚的现象，导致回滚后依然存在故障。

5.3.4　变更管理的误区

1）手动变更如何处理

虽然我们一直在强调变更自动化，但是对于某些特殊场景，手动变更还是不可避免的。比如说救火场景，在线上出现 P0 级别故障后影响了大部分客户正常访问系统，但故障并不是因为变更或不可避免的变更导致的，所以没有回退的可能性。此时，如果你知道通过手动调整某个参数可快速解决问题，那么是否需要手动变更处理呢？

常规的做法是优先解决问题，此时可能不会触发完整的评审机制，通过手动提交某个变更是可行的，但是不能放松警惕，手动变更的记录、故障的回顾复盘等都是要执行的，避免再次出现此类现象。

2）工程师在变更处理中的一些小窍门

- 生产事故一定要优先定位到变更，这样基本可以定位到 70% 的问题。
- 对变更负责，变更之前做好评审及回退方案，变更后完善记录且进行信息共享。
- 变更要与团队一起做，至少要通知团队，尽量不要独自加班做变更。
- 尽量避免绕过标准的变更流程。
- 不要怕回滚，变更前要做好回滚的预案。
- 不要做旧文件删除变更，可以将文件移动到其他位置。

3）变更评审流程的误区

（1）所有变更依靠 CCB 完成决策。这种重量级的评审机制往往会减慢交付速度，导致交付频率大大降低，建议对变更进行分级处理，小批量变更采用自动化的方式，如通过质量门禁实现自动评审。

（2）所有变更采用相同的评审机制。当所有变更都要通过相同的评审流程时，变更效率会大大降低。另外，风险内容的识别，人力、时间的安排等问题，也会导致团队无法将精力放到正确的事情上。

（3）通过添加流程应对变更中出现的问题。当面临生产稳定性的问题时，部分团队会通过增加变更评审流程来应对，这种方式会导致交付周期变长，并需要团队持续学习以适应新的变更流程，影响团队士气。

5.3.5　案例：Meta 生产变更案例

Meta 每几小时就会进行数十至上百次的变更，在这种频率的基础上，通常每次变更改动的都很小，其优势是就算出现故障，对用户体验的实际影响也不明显。新版本会分层推送给所有用户，首先通过主干分支产生的版本优先推送给 Meta 内部员工；接下来会推送到 2% 的生产用户；最后才会推送 100% 的生产用户。每一层级的发布，都会有自动化的测试验证及报警体系，一旦出现问题就会立刻回滚此版本，如图 5.3.7 所示。

在此变更模式下，存在大量变更管理的实践值得我们学习。

（1）实现可靠、快速变更的前提是通过自动化测试实现变更评审，每次代码合并均会触发自动化构建、测试及必要的安全合规扫描，确保在持续集成阶段所提交的内容均能通过质量门禁。自动化变更评审是在保障生产稳定的前提下，提高交付频率的重要手段。

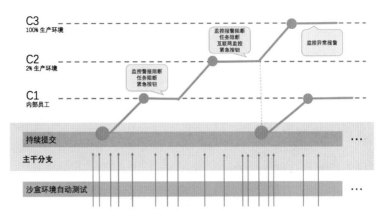

图 5.3.7　Meta 金丝雀发布案例

（2）合并代码到主干分支后，会以灰度的方式将新版本推送给 Meta 的员工，并在此阶段引入回归策略，通过监控系统和 Meta 员工的测试右移，若发现问题则可以紧急点击停止按钮，并回滚到之前版本。此处的紧急停止按钮就起到了灯绳的作用，可以快速止损。

（3）在使用主干分支作为唯一可信分支的基础上，因为每次代码合并都存在变更记录，所以每次变更故障后都可以回滚到之前的版本，这就是版本控制对变更管理的意义，好的版本控制可以让你的环境快速变更或回滚到任一状态。

（4）在内部员工灰度一切正常后，变更会推送给 2%的线上用户，他们就是 Meta 的"金丝雀"，并通过监控系统、全链路分析与访问行为日志等方式观察这些用户的状态，评估此次变更是否存在风险，若正常则将变更推送到 100%的生产环境。

5.4　部署自动化

核心观点

- 部署自动化使用户能够"一键式"将软件部署到测试环境和生产环境。
- 部署自动化的理想状态是让所有的操作全部自动化，无须手工干预。
- 部署自动化需要遵循一致性的原则。

5.4.1　部署自动化概述

部署自动化能使用户"一键式"将软件部署到测试环境和生产环境。自动化对于降低生产部署的风险至关重要，在代码变更后，团队需要尽快进行全面测试，以提供有关软件质量的快速反馈。理想的状态是，部署过程中所有的操作全部自动化，无须手工干预。

自动部署流程需要输入以下信息：

（1）由持续集成流程创建的软件包（这些软件包可以部署到任何环境，包括生产环境）。

（2）用于配置环境、部署软件包和执行部署测试（有时称为冒烟测试）的脚本。

（3）特定于环境的配置信息。我们建议用户将脚本和配置信息存储在具备版本控制能力的代码仓库中。在部署前，用户需要从制品库中下载软件包。

自动化部署脚本通常执行以下任务：

（1）准备目标环境：可以通过安装和配置任何必要的软件，或者从云服务商预先准备好的镜像中启动虚拟主机来准备目标环境。

（2）部署软件包。

（3）执行任何与部署相关的任务，如运行数据库迁移脚本。

（4）完成任何必需的配置。

（5）执行部署测试，以确保所有必要的依赖服务均可用，并且系统可以正常运行。

5.4.2　部署自动化的好处

部署自动化有以下优点：

（1）整个过程无须人员参与，占用时间少，效率高。

（2）上线、更新、回滚速度快并可控。

（3）通常能做到一键部署、一键升级、一键回滚、自动化管理，误操作的概率很小。

在微服务环境盛行的今天，自动化部署的优势更加突出。

5.4.3　部署自动化的实施

在设计自动化部署流程时，需要遵循以下最佳做法：

（1）对每个环境（包括生产环境）使用相同的部署流程。此规则有助于确保部署流程在进行生产环境部署之前已对其进行了多次测试。

（2）允许具有必要权限的人以完全自动化的方式（理想情况下），根据需要将任意版本的组件部署到任何环境。如果必须创建工单并等待他人准备环境，则此部署流程不属于完全自动化。

（3）对每个环境使用相同的软件包。此规则意味着你应该将特定于环境的配置与软件包分离。这样，你就知道要部署到生产环境的软件包与测试的软件包是否相同，从而保证测试环境和生产环境的一致性。

（4）使用具有版本控制能力的代码仓库，其中存储的信息可以重新创建任何环境的状态。该规则有助于确保部署是可重复执行的，并且在发生灾难恢复的场景中，你可以以确定性的方式恢复生产环境的状态。

在理想情况下，你需要拥有一个可以自主进行部署的工具，该工具可以记录每个环境当前存在的构建，并记录部署流程的输出以便进行审核，当前许多持续集成工具都具备此类功能。

1. 部署自动化常见的隐患及应对之道

在实现部署流程自动化的过程中，通常会遇到以下各类隐患：现有流程的复杂性、服务之间的依赖项和团队之间的协作不佳。

1）复杂性

复杂性是指将复杂、脆弱的手动流程自动化会产生复杂、脆弱的自动化流程。首先，你需要重构部署流程以实现可部署性，这意味着部署脚本需要尽可能的简单，并将复杂性转移到应用代码和基础架构平台中。同时，需要寻找部署失败的共性，并思考如何通过更智能的服务、组件、基础架构平台和监控来避免此类失败。在 PaaS 上运行的云原生应用，通常只需要单个命令就可部署，完全无须部署脚本，这才是理想的流程。

可靠的部署流程具有两个重要的特性：首先，部署流程中的各个步骤应尽可能保持幂等，以便在发生故障时能够根据需要重复执行多次。其次，这些步骤应该是有顺序并相对独立的，这意味着如果缺少预期的其他组件或服务，当前的组件和服务不应以不受控的方式崩溃。例如，如果服务 B 的部署依赖于服务 A 的部署率先完成，则在服务 A 部署并运行成功前，服务 B 应该处于等待状态并给出相应的提示，直到缺失的依赖项可用为止。

对于新产品和服务，我们建议从设计阶段开始就将这些原则视为系统要求。如需对现有系统进行自动化改造，则可能需要执行一些操作以实现这些特性，以使部署流程可以检测出不一致的状态并提示失败。

对于"幂等性（idempotent）"的要求，我们可以使用类似于 Ansible 的运维自动化管理工具。它的很多模块都支持"幂等性"的特性，即可以让你重复在多台机器上执行多次操作（cp、mv、服务安装等）。如果在所有机器上已经执行过一次任务，则当使用 Ansible 再次执行相同的任务时，Ansible 会自动判断"当前状态"是否与"目标状态"一致。如果一致，则不会进行任何操作；如果不一致，则将"当前状态"变成"目标状态"。下面以删除文件为例，运行

命令 "ansible localhost -m file -a 'path=/tmp/testfile state=absent'"。

当这个文件存在时，第一次执行返回"changed": true，再次执行返回"changed": false，如下列数据所示。

```
localhost | CHANGED => {
    "changed": true,
    "path": "/tmp/testfile",
    "state": "absent"
}
localhost | SUCCESS => {
    "changed": false,
    "path": "/tmp/testfile",
    "state": "absent"
}
```

再次执行该命令，结果都会成功，但 changed 字段的结果会反映文件删除的操作有没有进行。

2）依赖项

第二个隐患是许多部署流程需要编排，特别是在企业环境中。换句话说，在执行其他任务（如严格同步的数据库迁移）时，你需要以特定的顺序部署多个服务或某些服务中的多个模块。在基于微服务架构的产品中，目标是服务应可独立部署，服务中的多个模块可以特定的顺序正常启动。这通常需要仔细设计，以确保每个服务都支持向后兼容。

下面以 Docker-Compose 和 Kubernetes 举例说明，当部署多个服务时，如何进行顺序的控制。如下所示为 Docker-Compose 配置文件，Docker-Compose 中的 depends_on 属性可以控制服务的启动顺序，但不知道被依赖的服务是否启动完毕，因此还需要使用 wait-for-it.sh 或者其他 Shell 脚本将当前服务启动阻塞，直到被依赖的服务加载完毕。

```
services:
  web:
    build: .
    ports:
      - "80:8000"
    depends_on:
      - "db"
    command: ["./wait-for-it.sh", "db:3306", "--", "python", "app.py"]
  db:
    image: postgres
```

以 Kubernetes 为例，可以通过 initContainer 来阻塞或延迟应用容器的启动，如下所示。Kubernetes 创建资源对象 yaml 文件的 spec.template.spec.initContainers.command，并通过查询后端 MySQL 服务名是否可以解析来判定 MySQL 服务是否可用。如果可以解析，则应用容器正常初始化；如果不可以解析，则 init 容器无法完成，直到 init 容器可以解析出 MySQL 服务名，应用容器（init-test）及其服务才能正常使用。

```
apiVersion: apps/v1beta1
kind: Deployment
metadata:
  name: init-test
spec:
 replicas: 1
 template:
   metadata:
     labels:
       app: init
   spec:
    containers:
    - name: nginx-init
      image: nginx:1.7.9
      ports:
      - containerPort: 80
    initContainers:
    - name: init-mydb
      image: busybox
      command: ['sh', '-c', 'until nslookup mysql; do echo waiting for mysql;
sleep 2; done;']
     restartPolicy: Always
```

3）团队之间的协作不佳

最后一个隐患产生的原因在于，开发者和运维团队之间存在各种隔阂。例如，开发者和运维团队使用的部署方法不同；如果环境配置不同，则将大大增加运维团队手动执行部署流程的风险，造成不一致和错误。开发者和运维团队必须共同创建部署自动化流程，此方法可确保两个团队都能理解、维护和改进部署自动化。

然而通常的情况是，开发和运维作为分开的两个团队，对对方的工作不了解。正是这一本质因素，促进引入了 DevOps 并长期存在，DevOps 成员作为团队的一份子参与到开发和运维团队的日常工作中去，其组成有懂研发的运维人员、对运维管理有兴趣的研发人员。他们的主要工作职责如下：

（1）利用工具帮助团队把对环境的配置和要求代码化，使之自动化。例如，微服务化的平台产品有众多微服务模块，部署时模块公用的环境变量（时区、语言配置等）就可以在编码阶段统一被暴露出来，在自动化部署阶段由 DevOps 成员进行统一化注入处理。

（2）在生产环境下会考虑到可用性、安全和运维的要求，他们会把这样的约束条件灌输给团队，让团队在设计系统时就考量约束条件，这样实施的时候就会更好一些。例如，在客户方进行自动化部署时，中间件有的需要部署，有的直接采用客户方的，那么研发人员在设计这些中间件部署的过程中就需要提前和 DevOps 人员商量好，即允许客户进行某些中间件模块的选择部署，并能够灵活地对接客户的中间件环境。

2. 改进部署自动化的方法

首先使用开发者和运营者都可以访问的通用工具（如 Google 文档或 Wiki）记录现有的部署流程，然后逐步简化和自动化部署流程。此方法通常包括以下任务：

- 以适合部署的方式封装代码。
- 创建预配置的虚拟机或容器。
- 自动化中间件的部署和配置。
- 将软件包或文件复制到生产环境中。
- 重新启动服务器、应用或服务。
- 使用模板生成配置文件。
- 运行自动化部署测试，以确保系统正常运行并正确配置。
- 脚本化和自动化数据库迁移。

基于移除手动步骤，尽可能地实现幂等性和顺序独立性，并充分利用基础架构平台的功能，即部署自动化应该尽可能简单。

5.4.4 案例研究：某微服务平台产品部署自动化流程

下面以某 AI 独角兽公司的微服务平台自动化部署为例，介绍上述任务在企业级产品中的实施，其中包括产品模块在 CI/CD 过程中进行编译自测、镜像化打包的流程；使用运维自动化工具进行微服务环境部署；如何在微服务环境中进行微服务产品的部署；通过运行 UI 自动化脚本验证自动化部署结果，如图 5.4.1 所示。

（1）CI/CD 流程确保编译自测、代码封装的流程自动化，并将部署模块的代码和配置封装到镜像中。

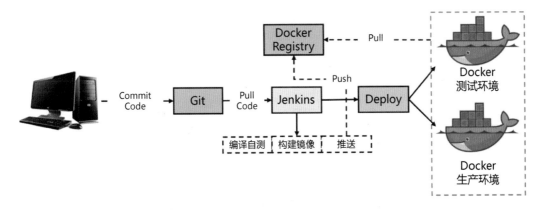

图 5.4.1　微服务模块构建示意图

（2）在整体部署前预留中间件的部署配置步骤，引导客户选择中间件的配置与部署，同时兼容对接客户的中间件，如图 5.4.2 所示。

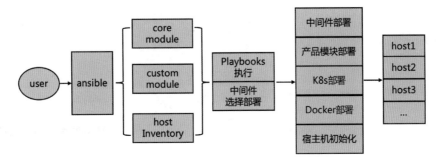

图 5.4.2　使用自动化运维工具实现微服务产品部署配置示意图

（3）将软件包复制到生产环境中，并根据模板生成配置文件，启动自动化部署服务，如图 5.4.3 所示。

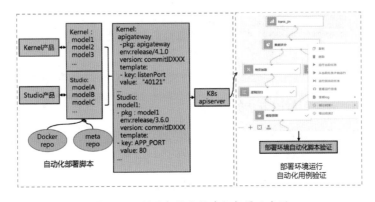

图 5.4.3　微服务模块构建与部署示意图

（4）验证自动化部署结果（接口自动化用例或 UI 自动化用例），如图 5.4.4 所示。

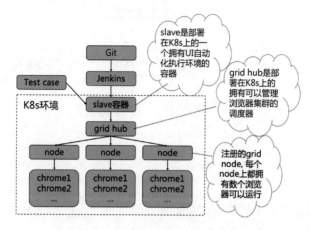

图 5.4.4　基于 Selenium 的分布式 UI 自动化测试解决方案

如图 5.4.5 所示，2200+UI 自动化用例结果，一目了然，轻松定位错误用例并以此判断自动化部署的正确性。

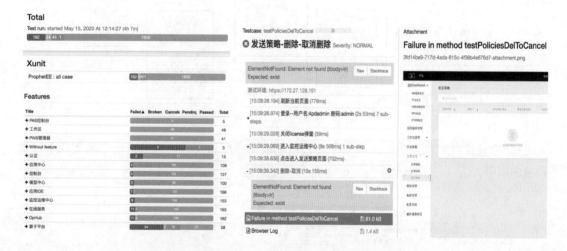

图 5.4.5　基于微服务平台产品的 UI 自动化测试结果

（5）部署自动化效果衡量的方法如下。

计算部署流程中手动步骤的数目：系统地减少这些步骤，手动步骤数目的增加会延长部署时间，以及增加出错的概率。

衡量部署流水线中的自动化水平（或百分比）：减少手工执行或人工干预的场景，尽可能提高部署流水线的自动化占比。

确定花费在部署流水线延迟上的时间：在减少这些延迟的同时，了解代码在部署流水线中停顿的位置和原因，并做出有针对性的改进。

5.5　制品管理

核心观点

- 制品一般存放在制品库中，以防损坏或丢失，并且便于查找。
- 制品库需要管理制品的元数据。
- 制品是企业的核心软件资产，制品库是企业软件资产管理平台，是企业的单一可信源。
- 制品库建设属于企业的基础设施建设之一。
- 做好制品管理可以帮助企业合规、安全地使用第三方开源组件及软件。

5.5.1　制品管理概述

制品是一个在不同上下文中含义差异很大的概念。

制品最广义的概念，包括软件开发过程中所有的"东西"，如架构模型、源代码、可执行文件、各类文档等。RUP（Rational Unified Process）采用的就是这个定义，本书不采用这个意义上的制品概念。

较广义的制品概念认为，制品就是生成物，就是对源代码、配置等"原生"内容进行加工处理的输出，包括可执行文件、构建的中间产物，也包括测试报告、构建的日志。"原生"的内容要纳入版本控制，记录历史，并比对具体的内容差异。而这些加工处理产生的生成物，也要适当被存储，并且要易于查找，但一般不会直接比对不同"版本"间的内容差异，如果要比对也是找到对应的"源代码"或通过制品元数据去比对。

而狭义的制品概念，只关心从源代码构建得到的，将来用于安装部署的内容，如安装包、Docker 镜像；以及构建的中间产物，主要指静态库。而测试报告不在此列，因为其属于测试相关的内容；构建日志也不在此列，因为它只是记录过程，不是构建的目的。

狭义的制品，通常有名称和版本，并且经常根据它们来直接获取制品，而不是必须根据某次构建、测试、流水线运行记录来找到相应的制品，因为想使用构建产物的人可能并不关心它产生的过程。这个意义上的制品，应当纳入制品库进行管理。

制品库是指专门用来存放制品及相关元数据的仓库。它通常独立于构建工具、测试工具、流水线工具等工具。它的简单形式可以是一个 FTP（File Transfer Protocol，文件传输协议）服务再加上一些规范约定，但一般应使用专门的工具，如 Artifactory、Nexus 等。

狭义的制品应存放在制品库中，一些较广义的制品也可以存放到制品库中，但不是必需的，如构建日志、测试报告。它们利用构建工具、测试工具、流水线工具做好备份后妥善存储，并且能够从某次构建、测试、流水线运行记录中获取。

下面介绍的制品管理，重点考查狭义的制品如何纳入制品库进行管理。对制品库的考查意味着如果把测试报告、构建日志等生成物也存放在制品库里，则它们也将被考查到。然而，对于不属于狭义的制品内容，我们并不会特别把其中的某一种单独考查，如把测试报告单独考查，看它是否被放入制品库或者是否用其他方式妥善保存了。

5.5.2　制品管理的价值

制品管理的价值主要如下：

（1）妥善保存制品，防止损坏或丢失。

（2）合适的存储结构和约定，存放有序，使特定制品、特定版本容易被找到。

（3）记录制品相关的元数据以供查看，如特定制品版本的质量等级、对应源代码的版本等。

（4）制品是企业的软件资产，制品库是企业软件资产管理平台，制品管理的目的是为企业打造软件单一的可信源。

（5）做好制品管理可以帮助企业合规、安全地使用第三方开源组件及软件。

5.5.3　制品管理的实现

1. 单一可信源

单一可信源来源于信息系统设计理论，是一种构建信息模型和关联模式的实践，目的是确保每一个数据元素只能在一个地方被获取，此概念在软件开发领域中同样具有指导性意义。具有单一可信源，指的是开发者在软件开发过程中，通过统一的仓库获取所有开源、第三方及内部制品。

集中管理各种类型的制品，建设企业统一的制品库，打造企业单一可信源的最佳实践如下。

（1）集中代理第三方可信中央仓库，如 maven central、npm registry、docker hub 等。

（2）统一管理所有类型的二进制制品，包括但不限于 tar、war、zip、jar、docker 等，打造企业软件（制品）资产仓库。

（3）制品库可以贯穿开发、测试、生产等环境，做到制品全生命周期管理。

（4）统一的制品及制品库命名规范。

2. 制品库的结构

为了更好地管理众多制品，每个制品都需要有名称，其在一定的命名空间里应该是唯一的。比如，如果按制品类型分类，类型下面是制品名称，则在特定类型（如 Maven 构建依赖的 jar 包）内，制品名称必须是唯一的。再比如，如果在制品类型下面按部门、产品线、子系统分类，分类下面才是制品名称，则在部门、产品线、子系统内，制品名称是唯一的就行。在定位一个制品时，写清制品类型、部门、制品名称，就能在按层次结构组织的制品库里定位到。

有时制品名称也采用多段式，不同段之间用下划线、中划线等特定字符相连，这种制品名称本身就体现了一定的层次结构。

注意：不同类型和来源的制品，其存储结构和管理方式常常不同。比如，作为静态库的 jar 包，通常直接使用 Maven 坐标的层级结构来存储，还会使用 Maven 特有的 Snapshot 型版本。当它是外来制品时，就按其原 Maven 坐标或简单变换来存储。而如果是 Docker 镜像，就会用 Docker 镜像名称和版本标签，包括 latest 标签。

对于制品库的命名，我们可以直接参考 JFrog 公司的最佳实践，采用图 5.5.1 中展示的格式。

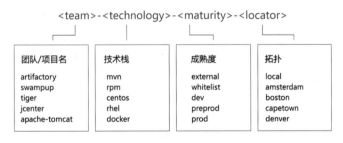

图 5.5.1　JFrog 对制品库的命名格式

- team ——将产品或团队名称作为项目的主要标识符。
- technology ——使用的技术，工具或包的类型。
- maturity ——软件包生命周期、成熟度，如开发、测试和发布阶段。
- locator ——定位，制品的物理拓扑。

此结构会生成以下推荐的仓库命名结构，该结构应在整个公司中使用。

\<team\> - \<technology\> - \<maturity\> - \<locator\>。

3. 制品版本的标识

这里不讨论版本号本身的命名，而是讨论如何在制品上标识它。

在代码库中，每次提交会自然产生一个 commit，必要时再在 commit 上打版本标签。制品的版本标识也可以用类似的思路：当制品的特定版本初次存入制品库时，给它一个没有多少语义的标识，如产生制品版本的源代码分支名称加上顺序号。当它被送去测试、灰度发布、正式发布时，再给它打上语义更丰富的版本号，如体现出供第几次迭代的第几轮测试用等。制品库应该具备这样的能力：无意义的标识和有语义的版本号都指向物理上相同的一个制品版本，而不是需要再复制并存储一份。

代码库中使用分支来标识一条不断演进的线索。类似的，在制品库中也可以使用浮动的标识总是指向一条不断演进的线索的最新版本。典型的有 Maven 中的 Snapshot 类型的版本标识就总是指向特定版本号的最新版本，而 Docker 最新的版本标签总是指向该镜像的最新版本。

4. 制品的元数据

每个制品（对应 Maven 中的一个 GroupID+ArtifactID）的每个版本（对应 Maven 中的一个 version）都有若干辅助信息需要被记录。典型的有构建流水线的执行实例链接、源代码版本、生成时间、安装时需要先安装的制品和质量级别等。

在落地 DevOps 的过程中，经常发现开发和运维之间有一堵墙，其往往是由于信息传递不流畅，软件生命周期信息在上游与下游之间无法对齐形成的。其表现是运维人员无法了解软件关联的特性、质量、安全，导致产生黑盒部署；如果出现生产故障，无法快速定位影响范围、问题出处，久而久之就变成了部门之间的隔阂。究其原因是软件的元数据没有被正确地传递到下游，可见软件元数据的重要性不言而喻。

记录这些信息的方法主要有两类：

一类是靠制品本身记录信息。比如，在打包生成制品时，放一个特定格式的文件，该文件包含关于制品的若干信息，一般以键值对的形式记录。或者像 RPM（RedHat Package Managerment）一样，制品文件本身有一定的格式，在文件头部写入了若干属性信息。这类方法的好处是，只要拿到制品就得到了相关的信息；弱点是解析起来稍慢，因为需要先拿到制品。此外，如果制品的某些属性信息是随时间变化的，如制品晋级时的质量级别，则就很难实现了。

另一类方法是在集中的地方记录这些信息，如制品库。制品库不仅存储制品本身，也用来存储制品的元数据，通常以键值对的形式存储。这类方法的优缺点跟第一类方法正好相反：弱点是即使有制品，如果没有制品库的访问权限，便无法获取元数据；而优点是获取信息很快，并且信息可以随时间变化，并可以通过复杂的元数据聚合查询来获取目标制品。

有时候也会把两类方法结合起来使用，即把有些属性先写进制品，然后当把制品上传到制品库时，制品库读取这些信息。此后，访问制品库就能立刻获得这些信息，而当制品脱离制品库流转时，也仍然能够从制品解析到这些信息。当然，当制品信息有变化时，就无法从过去下载的制品中获得最新信息了。

目前，业界的一种元数据管理实践是以制品为中心，完成对软件生命周期元数据的收集，如图 5.5.2 所示，通过 Artifactory 制品库实现制品及源数据管理。

图 5.5.2　制品元数据描述

完成制品元数据的收集不是目的，元数据是用来度量制品质量的基础数据，利用元数据可以进行上线审批、版本筛选、质量关卡等工作，如图 5.5.3 所示。

例如，在制造业软件开发实践中，开发团队通过 CI 服务编译制品版本，并将生命周期信息、需求信息、测试结果、匹配机型数据等自动补全在制品的元数据属性中，如未携带此类数据，则无法成功上传制品。测试人员在使用制品进行测试时，通过自动化脚本自动筛选符合测试设备机型并具备一定质量属性的制品自动测试，整个版本筛选过程人员无须沟通，效率得到提高，还避免了出错。

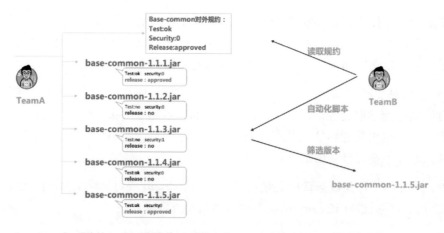

图 5.5.3　基于元数据自动筛选制品版本

5. 源代码、构建和制品之间的关联

由于源代码的特定版本，经过构建流水线的一次运行产生了制品的特定版本，因此三个记录之间构成了关联关系。那么，该如何记录这样的关联关系呢？

常见的做法是，从任意一条记录出发都能前往另外两条记录。

（1）从构建流水线的一次运行到相应源代码版本：在构建流水线一次运行的记录中，应该记录相应源代码版本，并且可以点击前往查看该版本内容。

（2）从构建流水线的一次运行到相应制品版本：在构建流水线一次运行的记录中，应该记录相应制品版本，并且可以点击前往查看该版本属性信息，或下载该制品。

（3）从源代码特定版本到构建流水线的一次运行：一般是通过翻看各条流水线运行记录中对应的源代码版本，找到使用这个源代码版本的流水线。

（4）从源代码特定版本到相应制品版本：用上面的方法找到流水线的运行记录，进而前往相应的制品版本。或者如果源代码上有版本标签，则利用版本标签到制品库中找到同样版本号的制品。

（5）从制品版本到源代码版本：制品版本的某个属性中包含了源代码的版本，点击可前往查看。或者该制品版本的版本号在代码库中有同名的版本标签。

（6）从制品版本到构建流水线的一次运行：制品版本的某个属性中包含了指向该次构建的链接，点击可前往查看。

其实也可以有一个统一的系统以规范的形式记录三者的关联关系，这样任何内容都可以在系统中被快速查到。

更严格地讲，构建的输入不仅包含源代码，也包含静态库等制品，它们在一起构建产生新的制品。因此，上述关联关系其实更丰富，并且还将导致递归，即一次构建使用的静态库是另一次构建产生的，另一次构建又可能使用了其他静态库。JFrog 的 Xray 等制品分析工具擅长做这样的分析。

6. 制品晋级

制品晋级是在分成熟度管理制品的方法下，通过某些审批或门禁，将通过的制品从低成熟度的仓库晋级到高成熟度的仓库中。制品晋级是为了保证制品的原子性，即保证所测即所得，实现一次构建，多次部署。

在单个物理制品库中，可以通过设置多个逻辑仓库的方式，按照仓库的命名区分仓库成熟度，并通过 CI 流水线或 API 等方式，触发制品在不同成熟度的逻辑仓库中进行拷贝或移动，完成制品晋级，如图 5.5.4 所示。

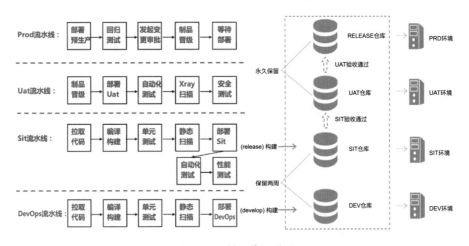

图 5.5.4　制品晋级模型

此种方式的好处在于：

（1）制品库往往支持基于 checksum 的去重存储，即使拷贝多份也不会浪费存储空间。

（2）具备制品分成熟度管理体系，可实现按成熟度进行数据清理。

（3）更易于与审批流程所集成。

（4）不同环境对应不同仓库，避免获取错误版本。

在多环境具备多套制品库的场景下，需要通过制品库内置功能或外部脚本，触发制品跨环境晋级。此种制品晋级往往发生在开发环境与生产环境隔离管理的场景中。如图 5.5.5 所示，携带"release：approved"元数据的镜像会自动晋级到生产环境 Docker 仓库中。

图 5.5.5　跨环境制品晋级

7. 制品分发

制品管理不是局部的，而是要关注到整个软件生命周期。制品最终需要交付到私有云、公有云、生产工厂、设备终端等不同国家的不同数据中心。根据预测组织 IDC 发布的信息来看，到 2023 年 50% 的企业的 IT 基础设施在边缘节点上，2024 年边缘节点的制品发布量将是 2020 年的 8 倍。

1）跨网络环境制品同步

在管理制品时，部分企业需要考虑网络环境隔离的特殊性（如金融行业、制造业），这些组织会存在 DMZ（Demilitarized Zone，隔离区）、研发中心、数据中心等多个网络环境，并且网络环境之间存在严格的管控策略，导致制品的同步极为复杂。其主要表现在下述几个方面：

（1）开发人员在内网，无法自动下载最新版本的开源组件。

（2）交付版本由开发环境同步至生产环境时频繁出错，缺乏 checksum 一致性校验。

（3）手动同步方式、双网卡服务器同步方式均不合规。

为了解决上述问题，在跨网络环境的制品管理上，我们需要做一些特殊的架构来实现用户的需求。

在特殊的网络环境下，因为只有 DMZ 可以有限连接互联网，所以可以在 DMZ 搭建制品库，开通特定域名的网络权限，主动代理互联网并将第三方组件及软件在 DMZ 缓存，部分客户也可以在此区完成制品安全扫描，实现制品合规引入。同时，在研发区部署制品库，用于代理 DMZ 制品库节点。研发区制品库主要是为开发人员提供实时依赖解析能力及构件产物管理能力。当用户在研发内网区需要获取最新依赖的场景下，可以向研发区制品库提出申请，如果研发区制品库没有缓存此依赖版本，则会由研发区制品库向 DMZ 制品库发起下载制品申请。同理，如果 DMZ 制品库没有缓存该版本，则会向互联网的中央仓库发起下载请求，并将依赖组件或软件原路返回给研发区制品库，进而转交给内网区的用户。同时，内网区制品库会按照用户的需求，将通过审批的构建产物单向同步到生产环境制品库，同时完成基于 checksum 的一致性校验，为生产环境提供制品。运维人员可以在生产区制品库拉取到交付的制品版本，完成上线动作，如图 5.5.6 所示。

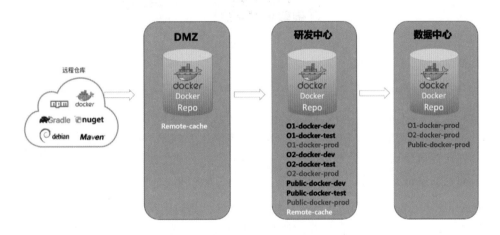

图 5.5.6　制品版本的拉取与上线

2）多数据中心制品分发

较大规模的企业往往具备多个数据中心，多数企业已经具备了两地三中心架构、多云架构，此时用户会面临多数据中心制品分发问题。如何实现全生命周期制品管理，将制品分发到多云环境、多数据中心、生产工厂或设备终端，也是一个重要的问题。

在关注制品分发时，无论使用自带分发功能的制品库（Harbor、Artifactory），还是自研制品分发平台，关注的内容主要是制品分发的实效性、安全性及制品一致性。同时，也需要兼顾考虑多数据中心的制品元数据同步和制品权限同步，实现企业内真正的单一可信源，如图 5.5.7 所示。

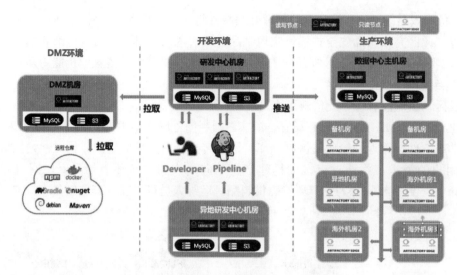

图 5.5.7　分布式团队制品分发

8. 将外来制品纳入管理

当开发建设一个软件系统时，可能会用到来自公司外部的制品，特别是构建依赖的静态库。选择所使用的方案和静态库，都需要从软件架构的角度进行权衡，并经过适当的评审流程，还要注意开源许可证是否合适。另外，需要特别注意的一点是，这些制品是否需要纳入公司内部的制品库进行管理。

一般来说，外来制品应当存入组织内部的制品库，其原因：一是只存放在外部不太可靠；二是保证安全，外部制品在内部制品库缓冲区进行安全扫描后，才能被正式使用；三是访问速度慢；四是外来制品可能会被频繁下载到个人开发环境和构建服务器，如果总是从外部下载，特别浪费流量。

9. 将工具和基础软件纳入管理

构建输出的制品，或者构建时作为输入的制品，都应该放入制品库。除此之外，开发、集成、测试、交付、运维整条工具链中的各种工具、构建环境与运行环境中的各种基础软件的安装包和配置文件（如 Maven 的 settings.xml），也应该被统一管理起来。这些制品可以纳入存放构建输入输出制品的制品库，也可以简单放在 FTP 上，甚至作为 Wiki 附件。只要能妥善存储，方便下载，都能解决问题。重要的是，当新人搭建自己的个人开发环境时，根据搭建说明文档能在公司内部统一的地方获取它。

10. 制品 SBOM

SBOM（Software Bills Of Materials），即软件物料清单。软件供应商通常通过组装开源和商业软件组件来构建产品，其中 SBOM 描述了产品的组件。越来越多的国家要求，在向政府、车企、医疗、军工等行业交付软件时，需要同时交付软件的 SBOM，用以确保软件制品供应链的安全。交付具备 SBOM 的制品意味着：制品的透明度更高、严格的安全管控、更早发现风险、许可证合规等。目前，SBOM 的业界标准是使用 SPDX 或 CycloneDX 格式进行交付的，如图 5.5.8 所示。

1	Package Name	SPDX Identifier	Package Version	Package Download Location	Package Checksum	License Declared	License Concluded	Files Analyzed
2	aopalliance:aopalliance	SPDXRef-Package-aopalliance-aopalliance-1.0	1.0	NOASSERTION		NOASSERTION	LicenseRef-Public-Domain	false
3	ch.qos.logback:logback-classic	SPDXRef-Package-ch.qos.logback-logback-classic-1.1.7	1.1.7	NOASSERTION	SHA256: a2c3919263dbf8cc7bb748b02588cb303254d3acf9a81180b8f7727da31677d9	NOASSERTION	(LGPL-2.1 AND EPL-1.0)	false
4	ch.qos.logback:logback-core	SPDXRef-Package-ch.qos.logback-logback-core-1.1.7	1.1.7	NOASSERTION	SHA256: a500aedf2681fa4850e06898579140bb6233ee0e1878f98862b48ccca4b2f1de	NOASSERTION	(EPL-1.0 AND LGPL-2.1)	false
5	com.amazonaws:aws-java-sdk-autoscaling	SPDXRef-Package-com.amazonaws-aws-java-sdk-autoscaling-1.9	1.9.3	NOASSERTION		NOASSERTION	Apache-2.0	false
6	com.amazonaws:aws-java-sdk-core	SPDXRef-Package-com.amazonaws-aws-java-sdk-core-1.10.30	1.10.30	NOASSERTION		NOASSERTION	Apache-2.0	false
7	com.amazonaws:aws-java-sdk-ec2	SPDXRef-Package-com.amazonaws-aws-java-sdk-ec2-1.10.30	1.10.30	NOASSERTION		NOASSERTION	Apache-2.0	false
8	com.amazonaws:aws-java-sdk-route53	SPDXRef-Package-com.amazonaws-aws-java-sdk-route53-1.9.3	1.9.3	NOASSERTION		NOASSERTION	Apache-2.0	false
9	com.amazonaws:aws-java-sdk-sts	SPDXRef-Package-com.amazonaws-aws-java-sdk-sts-1.9.3	1.9.3	NOASSERTION		NOASSERTION	Apache-2.0	false
10	com.fasterxml.jackson.core:jackson-anno	SPDXRef-Package-com.fasterxml.jackson.core-jackson-annotati	2.6.6	NOASSERTION		NOASSERTION	Apache-2.0	false
11	com.fasterxml.jackson.core:jackson-core	SPDXRef-Package-com.fasterxml.jackson.core-jackson-core-2.6.	2.6.6	NOASSERTION		NOASSERTION	Apache-2.0	false
12	com.fasterxml.jackson.core:jackson-datat	SPDXRef-Package-com.fasterxml.jackson.core-jackson-databind	2.6.6	NOASSERTION		NOASSERTION	Apache-2.0	false
13	com.google.guava:guava	SPDXRef-Package-com.google.guava-guava-18.0	18.0	NOASSERTION		NOASSERTION	Apache-2.0	false
14	com.google.inject:guice	SPDXRef-Package-com.google.inject-guice-4.0	4.0	NOASSERTION		NOASSERTION	Apache-2.0	false
15	com.netflix:zuul	SPDXRef-Package-com.netflix-zuul-1.1.0	1.1.0	NOASSERTION		NOASSERTION	Apache-2.0	false
16	com.netflix.archaius:archaius-core	SPDXRef-Package-com.netflix.archaius-archaius-core-0.7.4	0.7.4	NOASSERTION	SHA256: 9da22d7942720579ed1abf87b030192fee6d8d4a914ae8841ce9f25175a7e17b	NOASSERTION	Apache-2.0	false
17	com.netflix.archaius:archaius-guice	SPDXRef-Package-com.netflix.archaius-archaius-guice-0.7.4	0.7.4	NOASSERTION	SHA256: 9da22d7942720579ed1abf87b030192fee6d8d4a914ae8841ce9f25175a7e17b	NOASSERTION	Apache-2.0	false
18	com.netflix.eureka:eureka-client	SPDXRef-Package-com.netflix.eureka-eureka-client-1.4.6	1.4.6	NOASSERTION	SHA256: 87636edf2f4d4168d8630f7bfc89751890faae1c10db7b7f6e1bc4360776d7c7	NOASSERTION	Apache-2.0	false
19	com.netflix.eureka:eureka-core	SPDXRef-Package-com.netflix.eureka-eureka-core-1.4.6	1.4.6	NOASSERTION		NOASSERTION	Apache-2.0	false
20	com.netflix.governator:governator	SPDXRef-Package-com.netflix.governator-governator-1.12.10	1.12.10	NOASSERTION		NOASSERTION	Apache-2.0	false
21	com.netflix.governator:governator-api	SPDXRef-Package-com.netflix.governator-governator-api-1.12.1	1.12.10	NOASSERTION	SHA256: b296338d18cf4fd2217cc60deeb496ffa6db7285e7c1c36857ef654de87f1e4c	NOASSERTION	Apache-2.0	false
22	com.netflix.governator:governator-core	SPDXRef-Package-com.netflix.governator-governator-core-1.12	1.12.10	NOASSERTION	SHA256: 54cb27b0d02bbf48cae4ea25c1c10252a8de06f4e26c6b10c1f17ce187efacc9	NOASSERTION	Apache-2.0	false
23	com.netflix.hystrix:hystrix-core	SPDXRef-Package-com.netflix.hystrix-hystrix-core-1.5.2	1.5.2	NOASSERTION	SHA256: 6e96e251c45ebb5643316e7f04b78070ea15cb2ceea446fbfd8e52b0ce06047d	NOASSERTION	Apache-2.0	false
24	com.netflix.hystrix:hystrix-javanica	SPDXRef-Package-com.netflix.hystrix-hystrix-javanica-1.5.2	1.5.2	NOASSERTION	SHA256: 336e742903b41aed7e8f24973f184e19d6070107aa25d38bef33e549ee25d1ba	NOASSERTION	Apache-2.0	false
25	com.netflix.hystrix:hystrix-metrics-event-	SPDXRef-Package-com.netflix.hystrix-hystrix-metrics-event-stre	1.5.2	NOASSERTION	SHA256: 86dc75b00d0de4b72bec42cc5975d7e64dd02c48aaf6db2fdd9d3197cd0e21ca	NOASSERTION	Apache-2.0	false
26	com.netflix.netflix-commons:netflix-com	SPDXRef-Package-com.netflix.netflix-commons-netflix-commor	0.1.1	NOASSERTION	SHA256: 3b5336df78667d56d84e8fef0910188ede7a08aa81788e05378266a30477c28b	NOASSERTION	Apache-2.0	false
27	com.netflix.netflix-commons:netflix-even	SPDXRef-Package-com.netflix.netflix-commons-netflix-eventbu	0.3.0	NOASSERTION	SHA256: 387bce0906f22c285ed96bcc520a7581d6abbc418b6c3c1e45a4530eb87d94b1	NOASSERTION	Apache-2.0	false
28	com.netflix.netflix-commons:netflix-stati	SPDXRef-Package-com.netflix.netflix-commons-netflix-statistic	0.1.1	NOASSERTION	SHA256: 573c6d5ad04177db8f9ea4121c94cf85ea7f85d4800eddac2cb140e9cb544e2d	NOASSERTION	Apache-2.0	false
29	com.netflix.netflix-commons:netflix-stati	SPDXRef-Package-com.netflix.netflix-commons-netflix-statistic	0.3.0	NOASSERTION		NOASSERTION	Apache-2.0	false
30	com.netflix.ribbon:ribbon	SPDXRef-Package-com.netflix.ribbon-ribbon-2.1.5	2.1.5	NOASSERTION	SHA256: 25cf8409600f971aaaa7566798c799b2648d929f1aebb8c2c887b84433c7b6f1	NOASSERTION	Apache-2.0	false
31	com.netflix.ribbon:ribbon-core	SPDXRef-Package-com.netflix.ribbon-ribbon-core-2.1.5	2.1.5	NOASSERTION	SHA256: f94ad73a64717b42f36aef793a4800febe7db2c6eb77999ef34ce9ddcd4fe3d	NOASSERTION	Apache-2.0	false
32	com.netflix.ribbon:ribbon-eureka	SPDXRef-Package-com.netflix.ribbon-ribbon-eureka-2.1.5	2.1.5	NOASSERTION	SHA256: 30a17b21abcb846ee7a67d85eefe7cae5f395db0c248c5a88b4da97de668842d	NOASSERTION	Apache-2.0	false
33	com.netflix.ribbon:ribbon-guice	SPDXRef-Package-com.netflix.ribbon-ribbon-guice-2.1.5	2.1.5	NOASSERTION		NOASSERTION	Apache-2.0	false
34	com.netflix.ribbon:ribbon-httpclient	SPDXRef-Package-com.netflix.ribbon-ribbon-httpclient-2.1.5	2.1.5	NOASSERTION	SHA256: ddbfc37503aa4d5e53dfce3fe8cf7120439c5719983312f3b684ca809b7fe079	NOASSERTION	Apache-2.0	false
35	com.netflix.ribbon:ribbon-loadbalancer	SPDXRef-Package-com.netflix.ribbon-ribbon-loadbalancer-2.1.!	2.1.5	NOASSERTION	SHA256: 164f4a262c8c8bec727db5963ee6e3bc0b5ec9fadb8c1903bdf2f430604b5620	NOASSERTION	Apache-2.0	false
36	com.netflix.ribbon:ribbon-transport	SPDXRef-Package-com.netflix.ribbon-ribbon-transport-2.1.5	2.1.5	NOASSERTION	SHA256: bc207ff52d374bc7b885d3a97e8839750161e4764842d1478e9eab6be1ec0c3b	NOASSERTION	Apache-2.0	false
37	com.netflix.servo:servo-core	SPDXRef-Package-com.netflix.servo-servo-core-0.10.1	0.10.1	NOASSERTION	SHA256: 1c9eb119ff2b6d0c47283391d3e334fadbb7e80854a6ad5b6991594e3981f5cf	NOASSERTION	Apache-2.0	false
38	com.netflix.servo:servo-internal	SPDXRef-Package-com.netflix.servo-servo-internal-0.10.1	0.10.1	NOASSERTION		NOASSERTION	Apache-2.0	false
39	com.netflix.zuul:zuul-core	SPDXRef-Package-com.netflix.zuul-zuul-core-1.1.0	1.1.0	NOASSERTION	SHA256: ee19e03d2cb02a8aba08103c4d492fed1d7d6760fcab69ad613cc718dc3a51a9	NOASSERTION	Apache-2.0	false
40	com.squareup.moshi:moshi	SPDXRef-Package-com.squareup.moshi-moshi-1.1.0	1.1.0	NOASSERTION		NOASSERTION	Apache-2.0	false
41	com.squareup.okio:okio	SPDXRef-Package-com.squareup.okio-okio-1.8.0	1.8.0	NOASSERTION		NOASSERTION	Apache-2.0	false
42	com.sun.jersey:jersey-client	SPDXRef-Package-com.sun.jersey-jersey-client-1.19.1	1.19.1	NOASSERTION	SHA256: b358aebb99c15d9aa7dacbab8b3041618d8fe6513b9113e5fd7711421b4982d1	NOASSERTION	(CDDL-1.0 AND CDDL-1.1)	false
43	com.sun.jersey:jersey-core	SPDXRef-Package-com.sun.jersey-jersey-core-1.19.1	1.19.1	NOASSERTION	SHA256: 86c3b0f6b933478dfdd2486f047861dd2f98502e05e3c76c7dfa3968ea2b5532	NOASSERTION	(CDDL-1.1 AND CDDL-1.0)	false
44	com.sun.jersey.contribs:jersey-apache-cli	SPDXRef-Package-com.sun.jersey.contribs-jersey-apache-client	1.19.1	NOASSERTION		NOASSERTION	(CDDL-1.0 AND CDDL-1.1)	false
45	com.thoughtworks.xstream:xstream	SPDXRef-Package-com.thoughtworks.xstream-xstream-1.4.11.1	1.4.11.1	NOASSERTION		NOASSERTION	BSD-2-Clause	false
46	com.thoughtworks.xstream:xstream	SPDXRef-Package-com.thoughtworks.xstream-xstream-1.4.2	1.4.2	NOASSERTION		NOASSERTION	BSD-2-Clause	false
47	commons-codec:commons-codec	SPDXRef-Package-commons-codec-commons-codec-1.13	1.13	NOASSERTION		NOASSERTION	Apache-2.0	false
48	commons-codec:commons-codec	SPDXRef-Package-commons-codec-commons-codec-1.9	1.9	NOASSERTION		NOASSERTION	Apache-2.0	false
49	commons-collections:commons-collectio	SPDXRef-Package-commons-collections-commons-collections-	3.2.2	NOASSERTION		NOASSERTION	Apache-2.0	false
50	commons-configuration:commons-config	SPDXRef-Package-commons-configuration-commons-configura	1.8	NOASSERTION	SHA256: e229cf1fe95f7147cbc1f8d31affc07087c206bc8dc7e5b05b6be670910f87ba	NOASSERTION	Apache-2.0	false
51	commons-io:commons-io	SPDXRef-Package-commons-io-commons-io-2.4	2.4	NOASSERTION	SHA256: cc6a41dc3eaacc9e440a6bd0d2890b20d36b4ee408fe2d67122f328bb6e01581	NOASSERTION	Apache-2.0	false
52	commons-lang:commons-lang	SPDXRef-Package-commons-lang-commons-lang-2.6	2.6	NOASSERTION		NOASSERTION	Apache-2.0	false
53	commons-logging:commons-logging	SPDXRef-Package-commons-logging-commons-logging-1.1.1	1.1.1	NOASSERTION		NOASSERTION	Apache-2.0	false
54	io.netty:netty-buffer	SPDXRef-Package-io.netty-netty-buffer-4.0.27.Final	4.0.27.Final	NOASSERTION		NOASSERTION	Apache-2.0	false
55	io.netty:netty-codec	SPDXRef-Package-io.netty-netty-codec-4.0.27.Final	4.0.27.Final	NOASSERTION		NOASSERTION	Apache-2.0	false

图 5.5.8　SPDX 格式的 SBOM

SBOM 的常见元素包括：

（1）应用程序引入或依赖的开源库。

（2）应用程序使用的插件、扩展或其他附加组件。

（3）有关这些组件的版本质量、许可状态和补丁状态的信息。

11. 制品库性能方面的考虑

1）不重复存储以节约存储空间

当Docker镜像存储在制品库或者本地时，会尽可能地让不同镜像相同的内容只存储一份。具体机制是，由于 Docker 镜像是从下往上由若干层叠加而来的，其中越靠下层越有可能是其他 Docker 镜像也包含的，或者是本 Docker 镜像的其他版本也包含的，因此只存储一份就可以了。

另一个体现不重复存储的地方是，有时候可能有多个逻辑上不同的版本标记，都指向了同一个物理上的制品版本。比如，初始版本用 123456 的构建顺序号来标记，后面被选中送去测试时，又被标记为 22-05-02 版，即 2022 年第 5 个迭代的第二次送测的版本。如果其通过测试准备发布，则又被标记为 22-05，也就是 2022 年第 5 个迭代的发布版本。尽管 123456、22-05-02 和 22-05 是不同的三个版本名称，但其实它们都指向同一个物理上的实体，故不需要存储三份。

2）控制制品的尺寸

制品的尺寸不宜过大，如果太大，会产生几方面的不利影响。

（1）传输制品的时间较长。

（2）在制品库存储制品的空间耗费较多。

（3）制品运行时耗费的内存等资源较多。

（4）在生产环境中，随着用户使用量的增加，可能只是一个制品中的部分功能需要扩容，但是不得不把此制品作为整体扩容，造成浪费。

从本质上说，降低制品的尺寸还是要做好软件架构工作，要追求细粒度、低耦合、可复用的软件架构，尽量采用微服务而不是大型单体应用的方式。

另外，把一个制品拆为部署在同一台机器上的若干个制品，对减少传输制品时长、降低存储空间耗费、降低运行时的内存耗费都有帮助。一是因为每次更新时可能只需要更新部分上层制品；二是因为部分底层制品可能供若干个上层制品复用，其中，典型的是以动态库形式存在的底层制品。Docker 镜像的内建分层机制在本质上也具有类似作用。

此外，还可以排查构建、打包、制作制品时有没有混入无用的内容，如果有尽量想办法去掉。比如，在构建程序时，作为输入的静态库包含很多方法和函数，它们在程序运行时肯定不会全部被调用。那么，如何避免把不被调用的方法和函数放进制品呢？

3）提高存取速度

制品单体文件体积大和并发下载量高是导致制品库性能差的两个因素，磁盘 IO 和网络 IO 的瓶颈制约着我们在开发过程中流畅地使用不同类型的制品，这一问题在 Docker 镜像得到充分应用的开发场景下被无限放大，为了提高制品下载和上传的速度，可以考虑如下措施。

（1）更好的硬件，特别是更快的网络传输速度。

（2）在构建服务器上构建依赖内容的缓存。

（3）在运行服务器上构建部署内容的缓存，这在生产环境版本回滚时特别有用。

（4）当部署生产环境时，如果要把某个安装包或镜像传输到众多服务器，则可以考虑采用 P2P、多级分发等技术或方法加速分发。

（5）基于 SSD 的热文件缓存技术，如常用 jar 包、镜像基础 layer 层等，加速文件体下载。

（6）将文件索引存储在数据库中，避免在制品查询及操作过程中耗费磁盘 IO，而将此类动作交由数据库完成。

（7）采用集群模式，制品库多实例同时负载用户请求，减小网络 IO 压力。

（8）采用制品下载重定向模式，将文件体下载动作重定向到 S3 等对象存储，减小制品库应用服务器网络 IO 的压力。

4）制品清理策略

企业的存量制品数据往往都是 TB 级别，部分企业已经达到 PB 级别，这对仓库的性能影响极大，同时也带来了磁盘空间的浪费。因此，如何清理存量数据也成为制品管理中的一个重要问题。如果制品库中所有的制品版本都不清理，任由它们堆积，则制品库会膨胀得很快，耗费大量的存储资源。我们应该制定适当的制品旧版本清理策略，及时清理已经没用的制品，释放空间。

一般来说，晋级到越高级别的制品就越重要，需要保留的时间就越长。而对于有特殊需求的版本，也应该进行手工标识，不要清理。

部分制品具备了按版本号提供保留制品最高数量的配置，如 mvn 的 Snapshot、Docker 等，但由于不同类型制品管理协议社区维护的规范不同，并不是所有类型的制品都支持内置的制品清理策略，因此我们需要对制品的清理策略进行自定制。为实现此目标，需要制品库至少可以提供以下功能。

- 具备基于 checksum 去重的存储能力。
- 具备完善的 API，如删除 API、查询 API 等。
- 具备制品元数据属性记录能力，如时间戳、最后下载时间、测试结果、审批记录。
- 制品库需要分成熟度进行管理，如开发库、测试库、生产库等。

在制品库具备以上能力后，我们就可以按需进行制品库清理了。首先，按照仓库成熟度对开发库、测试库与生产库中的制品设置不同的清理策略，如在开发库中设置 2～4 周的清理策略，测试库 1～3 月的清理策略，投产库中的制品则至少应该保留 1 年。如无法做到按成熟度区分仓库，则可以根据制品元数据，按照时间戳、最后下载时间、测试结果、审批记录等属性自定义清理策略，如清理所有满足如下条件的制品：测试结果标识为失败的，创建时间在两个月前并且最近 1 个月内没有下载过的所有制品。

其次，当存量数据达到 PB 级别，但由于业务特殊性无法对数据进行清理时，为了避免大量制品数据被存储在仓库中，影响制品库的性能，则可以考虑设置制品库归档库，将需要被永久保存且不常用制品写入归档库中，需要时再同步回主库，通过这种方式可以避免主库由于容量问题性能受到影响。归档库可以考虑使用廉价低性能的存储，降低硬件成本。

最后，所有的制品清理策略应该是自动执行的。

12. 权限

一般来讲，应当开放制品库的"读"权限给公司内部所有开发人员，否则需要为不同的制品分别申请权限，那实在是太麻烦了。而制品库的"写"权限则应当收紧，原则上只能通过流水线等工具平台将其产生的制品上传到制品库。外来的制品，包括软件开发工具的安装包，应该在经过某种流程被批准后才能自动上传到制品库，或者至少是由专人上传到制品库。

在制品管理方案设计中，需要关注三方库、二方库、测试库、交付库等制品权限的设置。

一般来说，三方库包括远程代理的依赖组件及开源软件，大部分企业可以考虑使用匿名方式管理。如果企业需要对三方组件使用行为进行记录，则需要取消匿名访问，在通过认证的前提下，允许全员可读。

二方库包括企业公共的组件、中间件等，需要设置管理权限，其中 Snapshot 版本应尽量避免对全员开放，Release 版本在不涉密的情况下可以考虑开放给所有开发人员。

测试库往往是管理开发过程中的提测及定版版本，该权限应该按照项目组或团队划分，"读、写、删"权限也应做到专人专管。

对于生产库中的内容，建议由运维团队进行维护，包括生产库制品的同步、分发、下载部署等行为。

13. 制品可信治理

随着开源制品（开源软件、组件、镜像等）被组织广泛应用，其带来的安全风险和法务风险也愈发严重。Fastjson、Log4j 等事件直接导致我们的开发组织需要花费大量的时间与精力来处理开源制品的安全风险及合规问题。近年来，许多企业受到护网行动和开源风险的影响，由于它们管理不严格、制度不规范，在护网行动中只能通过断网来防范外部组织的攻击，这在影响产品安全的同时，也对业务正常运转产生极大的影响。因此，开源治理的工作必然是下一个阶段的重点内容。那么，制品管理与开源治理有什么内在联系呢？

1）管控源头，统一引入

由于大多数开源软件及组件是通过制品的方式被引入组织内部的，因此控制入口就成为管控的关键。如果没有统一的引入源头和引入平台，使用者就会随意下载开源组件及软件，并直接在组织内使用，对其带来的风险无法查清，对开源的使用、更新、退出等流程也无法监管。

这时，单一可信源就发挥了重要的作用，业界最佳实践是使用单一可信仓库代理第三方中央仓库，确保制品源头可信。同时，在构建流水线中，将第三方依赖源（如 mvn、npm 等）指向内部单一可信源仓库，确保交付制品的所有第三方引用均来自统一可信的源站。

2）开源制品风险识别

我们要知道，开源的并不是就是安全的，就算所有第三方制品都来源于中央仓库，也不代表这些内容此时或未来就是安全的。Fastjson、Log4j 等事件多次提醒我们需要对开源风险进行识别及管控。业界已有此类开源风险扫描的工具，如 Dependency Check、JFrog Xray、BlackDuck 等，使用工具的目的是帮助我们发现、定位引入的第三方组件及软件存在的问题。我们需要关注 CVE、风险等级、CVSS 评分、开源许可等。

3）依赖关系分析，风险追踪

当编译构建制品时，我们可能会引用成百上千个第三方的组件，如何记录制品之间的引用关系就成为对风险组件管控的关键。依赖关系包括正向依赖和反向依赖两种。正向依赖是指最终交付物引用过哪些制品（包括直接依赖和传递依赖），复杂情况下会出现 Docker 镜像-layer 层-war 包-jar 包多层依赖的情况，正向依赖常用来统计制品开源资产清单（也就是前面介绍的 SBOM）；反向依赖则相反，是指组件被中间产物制品或交付制品引用的关系，可以作为定位风险影响范围的关键信息。当遇到类似于 Log4j 核弹级漏洞事件时，如果我们对制品管理做到了集中管控和反向依赖关系收集，则可以快速定位风险的影响范围。

14. 容器制品管理

在云原生环境下，大多数企业都在尝试容器化转型，通过容器的基础设施不可变、易于弹性伸缩等特性，实现快速部署。容器类制品主要包括 Docker 镜像制品和 Helm Chart 制品两种类型。目前，常用的容器制品库包括 JFrog Artifactory 和 Harbor 两种。

容器制品管理与传统类型制品管理的最佳实践基本一致，需要遵循来源可信、命名规范、版本管理清晰、权限可控、生命周期元数据可收集展示等理念。但由于容器类制品的复杂性，Docker 镜像往往由多个 layer 层构成，并且每个 layer 层包含的内容不同，包括基础镜像层（如操作系统）、中间件层（如 JDK）、业务应用层（如 war 包）等。为了提高 Docker 镜像内部内容的可见性，避免以黑盒方式交付 Docker 镜像，无法明确 Docker 镜像内部应用的版本问题，而导致生产故障。建议在管理 Docker 镜像制品的同时引入 SCA（软件成分分析）工具，帮助我们定位 Docker 镜像制品的组成结构及内容，快速识别 Docker 镜像制品中包含的操作系统组件、中间件、业务应用、第三方依赖组件等，如图 5.5.9 所示。

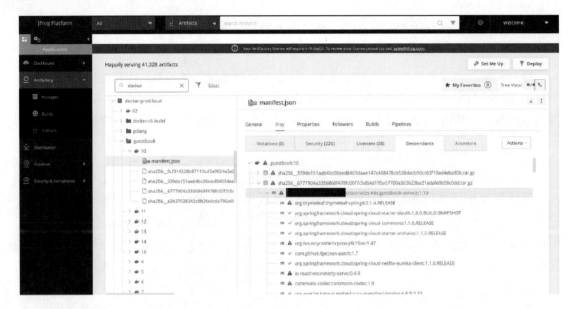

图 5.5.9　Artifactory 对容器制品的 SCA 分析

Docker 镜像制品组成分析的主要内容如下：

（1）识别 Docker 镜像制品的层级关系，Docker-layer-应用包-三方依赖包等。

（2）识别 Docker 镜像制品内部的应用或依赖组件的版本信息，以便确定版本的正确性。

（3）识别 Docker 镜像制品内部的系统、中间件、依赖组件的开源许可和漏洞风险信息，以便发现潜藏在 Docker 镜像中的风险。

（4）识别 Docker 镜像与镜像内部组件的正反向依赖关系，以便快速定位组件风险的影响范围。

5.5.4　案例研究

1. 某电力企业的制品库

这是一个发电端的头部企业。该企业开发的软件有多种形态，包括 Web 服务端的软件、移动端的 App 和小程序、发电厂站端安装运行的软件、发电机组安装运行的嵌入式软件等，所用的开发语言也多种多样。下面简单介绍该企业的制品库分类和命名。

1）公共制品库

公共制品库第一类：企业内部产生的公共制品库（测试级）存放企业内部团队产生的，供本团队和其他团队继续构建使用的制品，如 jar 包。这些制品是未晋级到可发布状态的，如

jar 包的 SNAPSHOT 版本，每类制品有其单独的制品库。企业内部产生的公共制品库的名称一律以"gwd"（该企业名称缩写）开头，集团内部产生的制品库一律以"-local"结尾，测试级制品库名称一律以"-test"结尾，故每个制品库的名称为"gwd-<制品类型>-test-local"，如"gwd-maven-test-local"。

公共制品库第二类：企业内部产生的公共制品库（发布级）存放企业内部团队产生的，供本团队和其他团队继续构建使用的制品，如 jar 包。这些制品是已晋级到可发布状态的，如 jar 包的正式版本，每类制品有其单独的制品库。发布级制品库的名称一律以"-release"结尾，故每个制品库的名称为"gwd-<制品类型>-release-local"，如"gwd-maven-release-local"。

公共制品库第三类：来自企业外部的开源制品库。各个主流的开源制品库，凡企业需要且访问量较大的，都在企业内建立镜像制品库进行远程代理，以提供稳定的下载途径并加快下载速度。来自外部的开源制品库的名称为"<来源>-<制品类型>-release-remote"，如"aliyun-maven-release-remote"。

2）团队内部制品库

团队内部制品库是指供软件开发团队内部使用的制品库，存储该团队产生的且仅供该团队及其他特定人员使用的制品。团队内部制品库按团队划分，每个团队或部门都有单独的制品库，制品库名称以"<团队名称>-"开头。

团队内部制品库按制品类型划分，不同的制品类型都有单独的库，如 Maven 构建依赖的 jar 包、容器部署所需的 Docker 镜像、安装包/压缩包等。在制品库名称中，包含制品类型的名称，即以"<团队名称>-<制品类型>-"开头。

团队内部制品库以制品级别划分，分为测试级和发布级，它们都有单独的库，故制品库的完整名称为"<团队名称>-<制品类型>-<test/release>-local"。

2. 某金融企业制品管理案例

由于金融用户的网络、监管等具有特殊性，对于其组织和权限的管理十分复杂，稍不注意，制品中转过程可能就会失控，导致交付制品质量失控、开源软件使用失控等现象。某金融企业软件研发体系内的各个团队在制品管理工作上常常遇到下述痛点，如图 5.5.10 所示。

对于开发团队：

● 技术栈越来越多，在网络隔离的情况下，依赖组件获取困难。
● 在构建高峰期，依赖制品下载依赖慢。

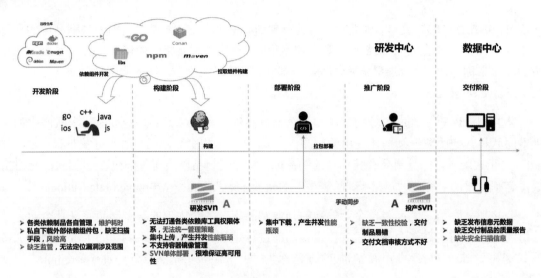

图 5.5.10   某金融企业制品管理痛点

对于安全团队：

● 开源组件及软件引入流程不合规，无法做到源头管控。

● 无法识别第三方组件风险及开源许可。

● 无法定位风险影响范围，对 Log4j 等突发事件处理较慢。

对于运维团队：

● 数据资产存储分散，维护成本高。

● 制品同步手动触发，风险高。

为了解决这些问题，该金融企业在制品库建设的开始阶段，就制定了严格的制品管理策略和规范，如图 5.5.11 所示。

（1）第三方组件，根据 CVSS V2 评分，严格限制超过 9.8 分的组件被下载。

（2）开源、第三方、商业、自研的组件及软件，均按照团队及项目进行了权限划分。

（3）在制品测试过程中，对接组织内审批流，制定了完善的晋级策略与定版策略。

（4）特殊组件设置白名单模式，对接组织内部审批流，由安全办及架构办完成审批。

（5）当跨环境制品同步时，禁止存在人工干预，实现了制品"投产不落地"。

（6）在上述流程的基础上，满足所有类型制品的统一管理，打造企业单一可信软件资产库。

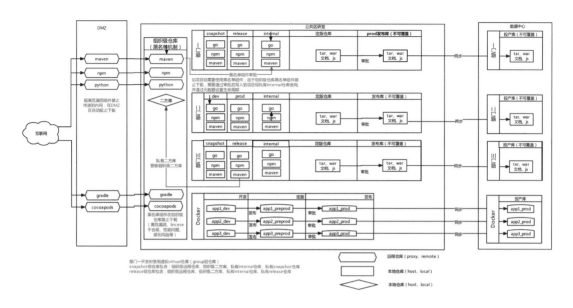

图 5.5.11　某金融用户制品管理规范

3. 某制造企业制品管理案例

随着车企、手机厂商、家电等制造企业业务的快速发展，软件应用开发规模也随之不断扩大，不同类型交付制品的管理也成为 DevOps 落地的一大难题。制品分散管理、存储随意、下载困难、分发缓慢等现象制约着发布效率。在经过业务场景分析及用户调研后，采用了下述方式解决制品管理上的问题。

（1）使用 Conan 方式管理 C 语言和 C++ 依赖，记录依赖关系，避免依赖混乱。

（2）在对 PB 级制品数据的管理中，制品库的 SLA 及制品的上传、存储、下载等性能都是在建设企业级制品库过程中遇到的挑战。对于制品库的高可用性和高并发性需要重点建设。

（3）制品上传时必须同时上传元数据，通过元数据可快速完成制品筛选及清理。

（4）部分项目对制品的开源风险管理及合规性管理要求较高，尤其是技术出海企业、车企、军工、医疗设备企业等，可以通过在制品管理过程中增加安全扫描及合规扫描能力，即在管理中完成治理。

（5）打造制品分发体系，按需将大量编译后的二进制文件分发到多云环境、工厂，甚至是售后站。

当未对制品进行统一管理时，制品分发方式如图 5.5.12 所示。

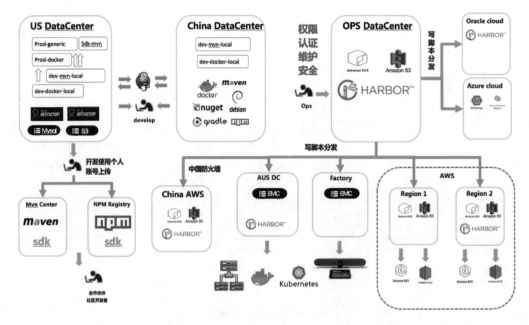

图 5.5.12　组织未对制品进行统一管理

打造制品单一可信源后，制品端到端管理策略如图 5.5.13 所示。

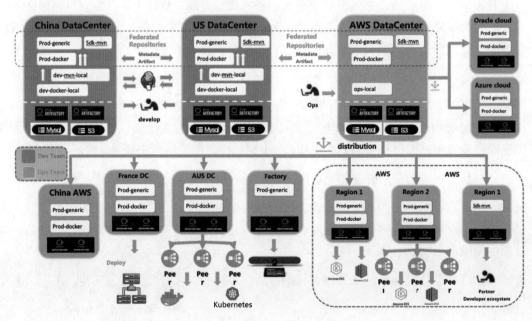

图 5.5.13　组织对制品进行全生命周期统一管理

5.5.5　制品管理的误区

制品管理的常见误区是，只关注开发团队自己由源代码构建产生的安装包、容器镜像等制品，对其他类型的制品缺乏管理。例如：

没有关注到构建所依赖的来自外部的制品，如 Maven 构建依赖的 jar 包等。由于没有把这些制品存储在组织内部，因此每次下载都比较耗时，甚至因为网络不稳定等原因无法正常下载。

没有关注到配置参数、数据库表结构变更脚本等，虽然它们不是由源代码构建的，但也是团队研发成果且为软件部署运行所需的制品。如果缺乏对这些制品的管理，同样会导致线上缺陷和故障。

没有关注到系统运行所需的基础软件的版本和存储。这类软件应该被存储在统一的地方，并且明确给出为特定应用的运行需要预先安装的基础软件及版本。这有利于各个测试环境与运行环境的统一，有利于同一个环境中不同机器节点具有一致性。

没有关注到软件开发交付所使用的各类工具的版本和存储。这些工具也应该被存储在统一的地方，并且明确给出建议安装的版本。这有利于建立标准的个人开发环境、流水线上的构建环境等。

没有关注到测试报告等不是用来部署运行的制品。如果这类制品保存不当或查找困难，也会影响测试集成发布过程的效率。

没有关注到制品安全问题，认为第三方制品是安全并且可以随意使用的。如果第三方制品未做好管理治理，则会给生产环境带来极大的安全风险和合规性问题。

没有关注到制品分发，只在内部实现制品统一。因为制品最终是需要被发布到生产环境、云数据中心、设备终端的，所以要做到制品端到端管理。

5.6　发布策略

 核心观点

- 理解部署和发布的差异是了解和制定发布策略的前提。
- 没有最好的发布策略，只有最适合场景的发布策略。
- 发布策略的抉择不仅是一个技术举措，还需要被纳入业务考量。

5.6.1　发布策略概述

1. 部署和发布

在了解发布策略之前，我们需要弄清时常困扰众多软件从业人员的两个软件专业词

汇——部署和发布。正是因为部署和发布并不是一个完全相同的概念，所以衍生出本节中涉及的几种主流发布策略或方法。让我们以互联网兴起的时间节点为分割线，分别澄清一下不同时期的部署和发布的基本概念。

在互联网时代之前，软件主要在客户端运行，如安装一款财务软件到个人电脑上供企业的会计使用。这些软件以签名软件包的形式分发，载体以光盘介质为主，使用可买断的许可证授权。在这个时期，软件的发布基本可以等同于：在研发团队完成了某一款软件版本的开发和测试之后，将软件投入市场的行为。而部署则是用户在拥有该软件后，在个人电脑或服务器上的安装和配置行为。在部署完成之后，最终用户得以使用软件的相应功能。一句话概括就是先发布后部署。

在互联网时代，软件主要在服务端运行，如某款财务 SaaS。这些软件无须分发，直接可作为应用服务的形式通过网络触达用户。用户通过浏览器或移动端 App 使用相应的业务功能，授权许可也转变为订阅制，给予客户更灵活的选择空间。在这个时期，软件的部署是指服务提供方在不同的环境（如测试环境、预发环境和生产环境等）之上安装和配置好已构建好的软件包（一般叫做制品或交付件）。而发布则是将生产环境应用服务的功能开放给最终用户的操作。在发布完成之后，最终用户得以使用软件的相应功能。一句话概括就是先部署后发布。

2. 发布策略

下面所涉及的发布主要以互联网应用作为上下文，即软件发布代表用户可以直接使用软件的相应功能。发布策略则是基于不同的需求和场景，通过一系列流程、工程和技术上的相关实践，为软件提供方和消费方在效率、成本、风险和体验等众多关注点上找到的一种平衡。

5.6.2　发布策略的价值

发布策略的价值主要如下：

（1）通过流量控制、多版本、多环境等方式降低软件整体的发布风险。

（2）提供零停机更新能力，确保软件提供服务的连续性，保障用户体验。

（3）提供按需发布能力，使业务功能尽早被投放市场，快速获取用户反馈。

（4）面向不同的业务场景，提供多种灵活的选择，便于找到最优的商业方案。

5.6.3　发布策略的实现

1. 主流发布策略的介绍

互联网应用的部署和发布在有些场景中是同一个过程，而在另一些场景中却又不同，经过不同工程技术实践的组合，就形成了多种发布策略。希望通过对下面几种发布策略的介绍，能帮助你理解为什么是蓝绿部署而不是蓝绿发布，为什么是灰度发布而不是灰度部署。

1）停机部署

停机意味着软件提供的功能或服务会中断。停机部署在执行前需要申请合理的停机时间窗口，其间用户无法访问，在停止运行旧版本的软件后，一次性更新到软件的新版本。

停机部署的过程，如图 5.6.1 所示。

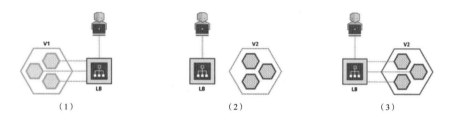

图 5.6.1　停机部署的过程示意图（图片来源：Container Solutions）

停机部署首先会停止 V1 旧版本的应用，然后部署 V2 新版本的应用，最终负载均衡器将用户请求转发至 V2 版本的应用。

停机部署的用户请求流量，如图 5.6.2 所示。

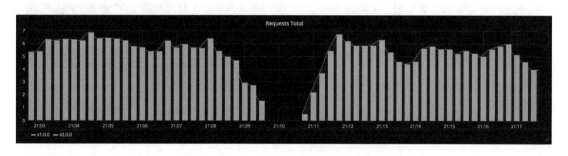

图 5.6.2　停机部署的用户请求流量示意图

从图 5.6.2 中可以看出，在软件 V1 版本更新到 V2 版本的停机时间窗口期间，用户无法访问和使用软件提供的功能和服务。

2）滚动更新/滚动发布

滚动更新（Rolling Update）又称为滚动发布，通过逐个或逐批替换的方式将旧版本的应用程序实例更新为新版本，一直持续到所有的实例全部更新。在实现应用程序实例优雅停止和数据向下兼容的前提下，该过程能够实现业务应用的零停机发布。

滚动更新的过程，如图 5.6.3 所示。

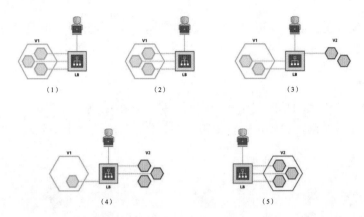

图 5.6.3　滚动更新过程示意图（图片来源：Container Solutions）

从图 5.6.3 中可以看出，滚动更新在新版本的实例启动成功并能够接受用户请求之后，再停止相应数量的旧版本实例，依此循环直至所有实例均更新为新版本。每次替换的实例数量决定了滚动发布所需的时间，该值的配置需要考量用户请求负载和基础架构资源两个因素。用户请求负载决定了每次滚动至少需要保留多少可提供服务的实例（新旧版本实例的总和），基础架构资源决定了每次滚动最多能够新增多少个新版本实例。

滚动更新的用户请求流量，如图 5.6.4 所示。

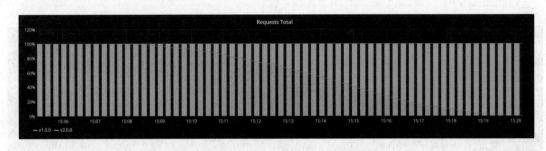

图 5.6.4　滚动更新的用户请求流量示意图

从图 5.6.4 中可以看出，随着 V2 新版本实例对 V1 旧版本实例的逐渐替换，用户请求也以同样的线性关系得到转发。滚动更新能够在不切换负载均衡器的情况下，自动完成零停机发布。

3）蓝绿部署

在蓝绿部署策略下，蓝和绿分别对应新和旧两个版本软件所对应的环境（包含应用和数据）。这两套环境均属于生产环境，并且完全相同又相互独立，但其中一般只有一套环境（如绿环境）提供真正的生产服务。当新版本需要更新时，会部署至另外一套环境（如蓝环境），

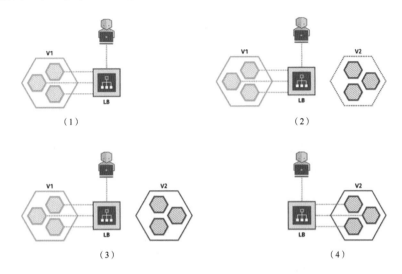

并在该环境中进行相应的测试以对新版本软件进行验证。在新版本软件测试验证通过后，将负载均衡器的流量从旧环境（如绿环境）切换至新环境（如蓝环境）就完成了新版本的发布。

蓝绿部署的过程，如图 5.6.5 所示。

（1）　　　　　　　　　　　　　（2）

（3）　　　　　　　　　　　　　（4）

图 5.6.5　蓝绿部署的过程示意图（图片来源：Container Solutions）

从图 5.6.5 中可以看到，V1 版本和 V2 版本软件所对应的环境是同时存在的。当 V1 版本正常对外提供服务时，V2 开始部署到新版本，在 V2 版本确定可用之后通过负载均衡的切换实现用户请求到新版本的转发。值得注意的是，上面的示意图最终移除了 V1 版本，在真实的场景下如果确定了没有回滚的需要，也是可以这么做的，是否移除旧版本取决于团队构建一套一模一样的生产环境的效率和成本。在一般情况下，建议移除应用实例（尤其是在容器技术这类场景下），但是需要保留数据（毕竟从零构建有状态的全量数据需要一些成本，而且可能还不低）。

蓝绿部署的用户请求流量，如图 5.6.6 所示。

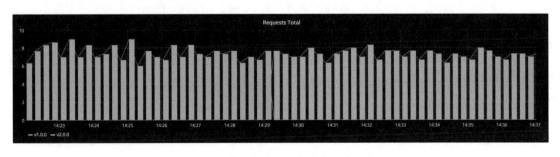

图 5.6.6　蓝绿部署的用户请求流量示意图

从图 5.6.6 中可以看出，V1 和 V2 两个新旧版本的流量是一次切换的，该过程通过负载均衡的配置来完成，切换过程用户无感知。

4）灰度发布/金丝雀发布

灰度发布又被称为金丝雀发布。灰，顾名思义就是存在一个黑白之间的中间态。灰度发布在应用发布过程中会让一部分用户请求进行新版本应用，另一部分用户请求则转发至旧版本应用，以此通过真实的用户请求来测试新版本应用是否可工作。在确认新版本应用符合预期之后，再将所有旧版本应用逐步更新为新版本。灰度发布听起来和滚动更新很相似，但它们的区别也很明显——灰度发布可以控制请求转发的逻辑，如一般使用权重的方式，按照百分比来转发用户请求至新旧应用，而且可以将生产环境长期处于灰度状态。以上两点是滚动更新做不到的，滚动更新只会按照一定的配置一直向前更新，直到所有软件更新完成或被终止。

灰度发布的过程，如图 5.6.7 所示。

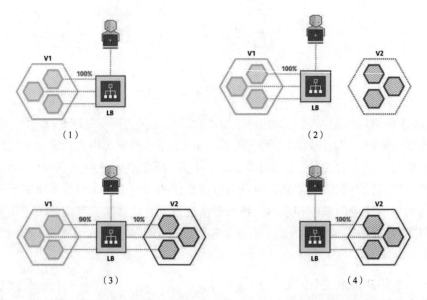

图 5.6.7　灰度发布的过程示意图（图片来源：Container Solutions）

灰度发布一般都是使用负载均衡的权重机制来完成从用户请求到新旧版本应用之间的转发，通常会将少量百分比的请求转发至新版本应用，在验证新版本应用功能符合预期，并且经过一段时间的监控和日志观察满足业务的 SLA 标准后，再逐渐提升权重直至全部用户请求都被转发至应用的新版本。

灰度发布的请求流量，如图 5.6.8 所示。

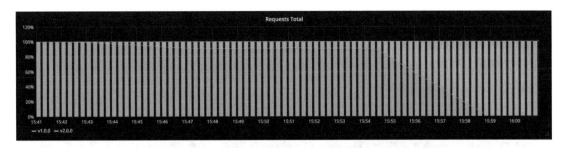

图 5.6.8　灰度发布的用户请求流量示意图

从图 5.6.8 中可以看出，在灰度发布策略下，灰度可能是在某一个时间段内的持续性状态，该状态内会有少部分用户请求被转发至新版本的应用，绝大多数用户请求依然是访问旧版本。其意义在于使用真实的用户请求进行生产环境的测试，为后续的前滚或回滚做出最贴近实际情况的判断和决策。

5）A/B 测试

A/B 测试（A/B Testing）是灰度发布的进一步延伸，本质上它不属于软件的发布策略，而是更偏向业务相关决策的策略。从技术上来说，A/B 测试和灰度发布的实现方式类似，都是通过负载均衡将特定用户的请求根据特定的规则转发到对应的应用功能上。只不过 A/B 测试更具备业务属性，它的目的是通过分析两组甚至多组用户对新旧版本应用访问和操作的行为，分析业务功能（一般是新增功能）对用户带来的价值，以及企业能够获取的收益，来决定是给予更多的投入，还是回退到老版本的业务功能。

A/B 测试的过程，如图 5.6.9 所示。

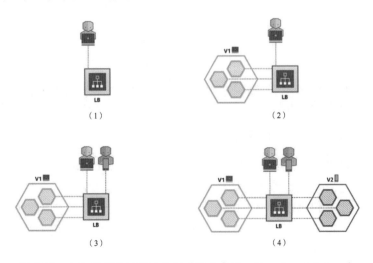

图 5.6.9　A/B 测试的过程示意图（图片来源：Container Solutions）

A/B 测试划分用户组的规则有很多（如用户地域、客户端、特定用户群体等），图 5.6.9
中主要以 PC 端和移动端来区分，将 PC 端用户的请求流量转发至 V1 旧版本，将移动端用户
的请求流量转发至 V2 新版本，通过一段时间的数据收集和观察来支撑业务上的决策（如将更
多的新功能开发投入移动端）。

A/B 测试的用户请求流量，如图 5.6.10 所示。

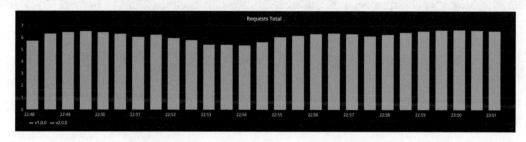

图 5.6.10   A/B 测试的用户请求流量示意图

A/B 测试绝大多数是新旧两个版本共存的情况。根据业务意图，通过负载均衡器将不同
的用户请求转发至对应的应用版本，经过一段时间的用户行为观察来决定是否全部切换至新
版本。A/B 测试和灰度发布的区别之处在于，A/B 测试面向的对象主要是用户，用于通过对
用户行为的分析来洞悉不同版本软件所能提供的业务价值或满足的业务指标；而灰度发布验
证的对象主要是软件本身，用于判断新版本的发布带来的潜在风险，如服务不可用或功能缺
陷等。因此，在通常情况下，A/B 测试需要的负载均衡器比灰度发布的要更加高级和智能，
甚至还会涉及应用程序本身的一些修改和适配。。

6）影子部署

影子部署（Shadow Deployment）可以认为是蓝绿部署的进一步延伸，主要用于在用户无
感知的情况下，通过真实的生产用户请求来测试新的功能。其核心技术就是流量复制，即将
生产环境真实的用户请求复制一份转发至影子环境，影子环境的任何响应不会反馈给最终用
户。在确保影子环境在功能和性能层面符合预期后，将影子环境切换至生产环境。

影子部署的过程，如图 5.6.11 所示。

从图 5.6.11 中可以看出，影子部署和蓝绿部署的过程极其相似，也需要具备 V1 和 V2 新
旧两套环境，也是通过负载均衡器的切换来决定是否将新版本完全投入生产。唯一的区别是
影子部署会使用生产环境真实的用户请求流量来做测试，且确保生产用户处于无感知状态，
所以影子部署有时也被称为暗发布（Dark Launching）。而蓝绿部署更多的是使用模拟的请求
进行冒烟测试、功能测试或非功能性测试。

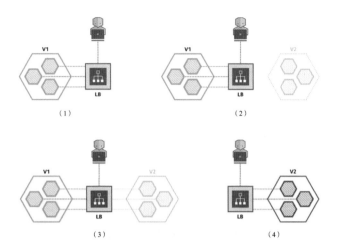

图 5.6.11　影子部署的过程示意图（图片来源：Container Solutions）

影子部署的用户请求流量，如图 5.6.12 所示：

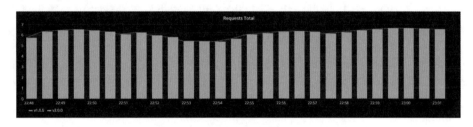

图 5.6.12　影子部署的用户请求流量示意图

在不做切换的情况下，影子部署过程中包含的新旧两套环境的请求流量是一样的，因为这些请求就是生产环境真实用户的请求。

2. 主流发布策略的对比

"软件世界没有银弹"，这句话同样适用于软件的发布策略。表 5.6.1 从多个角度分析了以上六大主流发布策略的优势和不足，通过对比来辅助企业在实际场景中选择最合适的发布策略。

表 5.6.1　主流发布策略的对比

发布策略	停机	真实流量	指定用户	基础设施成本	回滚时长	用户影响	复杂度
停机部署	是	否	否	低	高	高	低
滚动更新	否	否	否	低	高	低	中
蓝绿部署	否	否	否	高	极低	中	高
灰度发布	否	是	否	低	低	低	高
A/B 测试	否	是	是	低	低	低	极高
影子部署	否	是	否	高	极低	极低	极高

不同的发布策略都有其适用的场景，很多时候选择什么样的发布策略也不仅仅是技术上的权衡，更多的是需要匹配特定的业务形态和场景。

3. 发布策略的技术要点

1）负载均衡

负载均衡是高可用网络基础架构的关键组件，通常用于将工作负载分布到多个服务器来提高网站、应用、数据库、其他服务的性能和可靠性。它是实现各种发布策略的核心技术，通常负载均衡分为四层（传输层）负载均衡和七层（应用层）负载均衡。

在停机部署策略下，可以通过负载均衡将停机时间窗口内的用户请求转发至指定的维护页面，以给用户带来更好的体验，而非直接返回 HTTP 5XX 等缺少业务含义的错误页面。

在蓝绿部署策略下，可以通过负载均衡器的配置，轻松地将用户流量在新旧两套环境之间进行切换，从而实现生产环境应用的发布和回滚。

在灰度发布场景下，可以通过负载均衡的轮询机制将少量百分比的用户请求转发至生产环境中的新版本应用，在风险可控的情况下实现真实的用户测试。

在 A/B 测试场景下，可以通过负载均衡利用不同用户的属性（如网络、地域和设备等），将一组用户的请求转发至生产环境不同版本的应用中，从而测试用户的行为以支撑业务决策。

在影子部署场景下，可以通过负载均衡进行用户请求流量的复制，将真实用户的流量转发一份至影子环境，进而实现待发布新版本应用的功能测试和非功能性测试。

正是有了负载均衡技术的存在，软件的发布才有了许多可想象和可操作的空间。零停机部署、按需部署、快速回滚等这些机制的实现都离不开它。

2）不可变基础设施

不可变基础设施（Immutable Infrastructure）是由 Chad Fowler 于 2013 年提出的一个很有前瞻性的构想：在这种模式中，任何基础设施的实例（包括服务器、容器等各种软硬件）一旦创建便成为一种只读状态，不可对其进行任何更改。如果需要修改或升级某些实例，唯一的方式就是创建一批新的实例替换。

基础设施乃至应用配置的一致性和可靠性是不可变基础设施带来的价值，在发布策略中主要体现在更简单、更可预测的部署过程。它通过"只换不修"的理念，缓解或完全防止可变基础设施中的常见问题，如配置漂移（Configuration Drift）、雪花服务器（Snowflake Servers）等，这对无状态的应用尤其有用。不可变基础设施支持整个发布过程更加聚焦于应用和数据的版本管理与用户请求流量的转发，而不会深入到各种基础架构或应用服务的配置细节之中。

3）声明式配置模型

声明式配置管理聚焦描述期望的目标状态，而非像命令式那样表述实现目标状态的全过程。以前（虚拟机时代）发布策略的实现基本都是命令式的，整个发布过程首先需要实现特定的逻辑，然后通过命令或脚本逐步达到目标状态。而容器及其编排技术的出现彻底改变了这一现状，尤其是在无状态的应用发布方面，已经有非常多声明式的实现方式，这大大降低了应用发布的成本。例如，滚动更新就是容器编排引擎 Kubernetes 内置的发布策略，更高级的灰度发布或蓝绿部署方式也可以依赖服务网格技术来实现，而主流的服务网格平台 Istio 也正是通过声明式配置来实现对流量的转发管理。

4）数据兼容性

数据通常是软件发布场景下最复杂，也是最难以避免的内容，与发布策略相关的数据兼容性主要指的是向下兼容（即兼容过去的应用版本），其主要目的是在发布遇到问题时可以优雅地快速回滚，或者新旧版本同时运行时数据能够兼容，如 A/B 测试。数据向下兼容的具体实现方式不是本节的主要内容，但"只增不删不改"是数据更新的主要原则，同时也需要注意按照一定的规约（如语义化版本）来清理不再需要的数据。

5）可观测性

可观测性是对系统或应用进行洞察和控制的一种能力，主要包含事件日志（Logging）、指标监控（Metrics）和链路追踪（Tracing）三个组成部分。通过建立可观测性来了解系统在发布后的实时行为，能够极大降低发布的风险，并减少人工成本的投入。识别发布是否符合预期、判断发布是否需要回滚、潜在故障的排查和分析、通过对日志或指标数据的分析自动执行前滚或回滚等，都离不开可观测性。实时获取系统状态是实践任何发布策略的必备要素之一，而可观测性能够提供这样的能力。

5.6.4　案例研究

1. M 企业发布策略更迭案例分析

1）背景

M 企业为其渠道商的销售和售后人员提供了一套包含 PC 和移动端的管理系统，渠道门店人员可以通过手持终端与顾客进行更高效的交互，将顾客需要的信息及时呈现。这在提升顾客服务体验的同时，也实现了销售和售后行为的线上化和数据化。

该业务系统采用典型的微服务架构进行设计，无状态应用以容器方式运行，有状态应用采用云端服务，如图 5.6.13 所示。

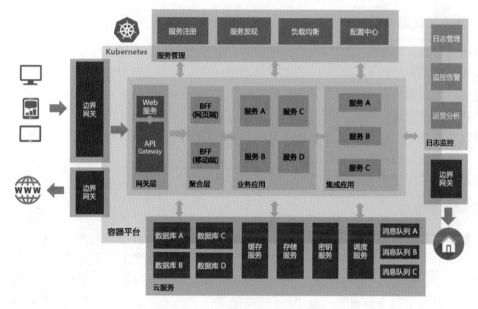

图 5.6.13　系统微服务架构示意图

2）发布策略演进

　　该系统开始采用蓝绿部署作为发布策略，即先在 Rancher 容器集群中部署 Blue 和 Green 两套环境，然后通过 Consul 进行基于键值对的负载均衡配置管理和后端节点健康检查，最后通过 Nginx 反向代理将用户的请求转发至经配置的对应环境，如图 5.6.14 所示。

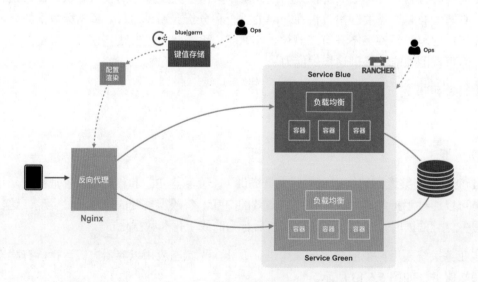

图 5.6.14　构示意图

该发布策略在经过简单的 Web 界面配置后，即可实现客户无感知的新旧版本切换，从而达成服务的按需部署。另外，基于容器的轻量和弹性，在确定新环境生产运行符合预期之后可以完全停止旧环境，以节省计算资源。

但不足之处也很明显：依赖 Web UI 进行手工配置、据库没有区分蓝绿环境，以及配置信息没有进行版本管理。

发布策略的优化方向主要有三个：将所有手工操作变为自动化、将所有配置纳入版本管理，以及实现数据库层面的蓝绿机制。

经过分析，该业务系统虽具有 To C 属性，但并没有 7×24 小时持续服务的需求，真实的业务场景是 7×10 小时，这意味着计划停机时间窗口是允许的。那么，继续优化蓝绿部署架构可能并不是最好的选择，甚至有些过度设计会导致复杂度的上升和资源的浪费，也许还存在其他降低投入产出比的可能。

恰逢当时在进行 Rancher 到 Kubernetes 的迁移（Rancher 1.x 版本默认使用的是 Cattle 编排）。在调研 Kubernetes 内置的 Rolling Update 机制之后，我们通过测试判定该发布策略完全能够满足实际的业务场景，如图 5.6.15 所示。

最终得到以下结论：对于有重大更新的场景，如一些无法向下兼容的 Breaking Change，可以考虑申请停机时间进行停机部署；而对于兼容性功能的新增或者修复补丁的发布，完全可以使用滚动更新来进行。

结合 Kubernetes 自带的声明式配置特性和提供的 Helm 包管理工具，我们将所有配置纳入 GitLab 实现版本管理，同时采用 Merge Request（合并请求）的工作流实现配

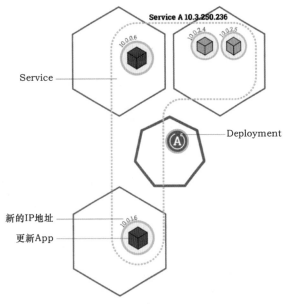

图 5.6.15 Kubernetes 原生 Rolling Update 机制

置变更的代码审查，最终结合 GoCD 提供的 CI/CD 流水线能力将整个发布和回滚的过程自动化，如图 5.6.16 所示。更新则是在实现容器和应用优雅停止的前提下，全权交给 Kubernetes 内置的滚动更新机制。当然，滚动更新相关的配置参数，如 maxSurge 和 maxUnavailable 等也是需要关注的。

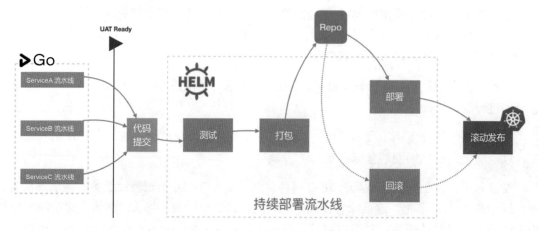

图 5.6.16　基于流水线的滚动更新示意图

（1）maxSurge（最大峰值）字段的默认值为 25%，用来指定更新过程中可以创建的超出期望 Pod 个数的数量。此值可以是绝对数（如 5）或所需 Pod 的百分比（如 10%）。如果 maxUnavailable 为 0，则此值不能为 0。百分比会通过向上取整转换为绝对数。

（2）maxUnavailable（最大不可用）字段的默认值为 25%，用来指定更新过程中不可用的 Pod 的个数上限。该值可以是绝对数字（如 5），也可以是所需 Pod 的百分比（如 10%），百分比会转换成绝对数并去除小数部分。如果 maxSurge 为 0，则此值不能为 0。

3）案例总结

采用滚动更新结合停机部署的方式完全能够满足该业务系统的发布需求，同时也减少了原有蓝绿部署所需要的额外组件和资源，极大地降低了发布的复杂度。同时，代码化结合流水线的应用发布实践也提升了发布的效率、一致性和可管理性，降低了手工操作带来的风险。其实这类实践已在众多企业及行业得到落地验证。

5.6.5　发布策略的误区

1）通过减少发布频次来降低系统出现风险的可能性

在软件世界中没有绝对的稳定，因为在绝大多数情况下一款软件或应用不可能一直处于不更新的状态。既然稳定是相对的，那么减少发布频次并不能降低系统的风险，反倒因为积累大量的软件功能一次性进行部署只会带来更大的风险，同时也会增加排查问题的难度。相反，周期更短、频次更高的发布会显得更有优势，一方面，这意味着每次发布的内容相对更少，这会降低出现问题的风险；另一方面，即使出现了不可避免的问题，也能更快地获取反馈并进行修复，从而缩短故障恢复的时间。在不断变化中实现的系统稳定性才是我们追求的目标，也是业务所需要的技术侧响应力。

2）每个业务系统只能选择一种发布策略

发布策略的选择根据业务系统不同的用户场景、不同的生命周期、不同的发布内容，都可能不同。发布策略和软件架构一样，都需要不断地演进，同时我们也可以将多个发布策略用于同一套业务系统，如案例中的停机部署结合滚动更新的方式。行业里也有将蓝绿部署和 A/B 测试结合的发布方式，其中蓝绿部署用于软件的版本更新，A/B 测试用于测试特定用户的客户行为，以获取反馈。

5.7　数据库变更版本管理

核心观点

- 数据开发人员应该像应用开发人员一样管理自己的数据资产。
- 数据库架构必须具备演进能力。
- 数据库的重构类工作会越发频繁，故数据库 schema 演进脚本的变更管理变得非常重要。
- 数据库变更应该像变更应用程序代码一样，拥有版本控制管理和发布流程。
- 对生产数据库的变更既要保证升级或迁移过程是安全、可靠的，也要保证生产数据的安全，以保护客户隐私。

5.7.1　数据库变更管理概述

为了响应市场日新月异的变化，演进式和敏捷的软件开发方法为信息技术产业带来了一场风暴。这些实践没有在"象牙塔"中形式化，而是不断地在"草根"实践中演进，并在"真枪实战"中取得了不错的成绩。Martin Flower 在《重构》一书中将"重构"定义为，不改变其语义下的源代码改动，这些改动会改动代码的设计，但是不会改变其语义。换言之，你改进了工作质量，但并不会破坏和增加其他东西。好的设计也不是设计出来的，是重构出来的。同样地，将这句话放在数据库的 schema 设计中也一样适用，任何系统和数据库 schema 设计都无法在项目或者产品初期就确定下来。正如 Fred Brooks 说过的："一旦你冻结了设计，它就开始变得过时"。在这样的背景下，数据库的变更管理就显得尤为重要。

数据库变更管理，意味着在实际开发过程中，我们应该将数据库的 schema 变更、数据库的迁移等操作视为代码变更，其如今在软件开发实践中具有举足轻重的地位，如团队成员的协作、维护多版本的源代码、持续集成、持续测试、组织可工作的代码分支、代码分析、代码提交意图分析等。因此，数据库的变更管理实际上就是将数据库的变更脚本跟代码变更一样纳入版本控制。

数据库的变更脚本包含哪些呢？以关系型数据库为例，在日常的开发和运维中，对数据库状态的变更基本上都以 SQL 语句为主，SQL 语句又被分为 DDL（Data Definition Language）、DML（Data Manipulation Language）、DQL（Data Query Language）和 DCL（Data Control Language）四大类。实际上，能对数据 schema 做出变更的是 DDL、DML 和 DCL，因此，它们应当和应用程序代码一样接受版本控制管理。

（1）DDL：数据库 schema 的定义语言，主要包括创建、更新、删除数据中的一些结构对象，针对的是 schema 而不是数据。其主要的命令有 CREATE、DROP、ALTER、TRUNCATE（TRUNCATE 主要是清空表数据，同时回收之前分配的空间）、COMMENT、RENAME。

（2）DML：数据库的操作语言，主要对数据库的数据进行处理，常见的命令有 INSERT、UPDATE、DELETE、LOCK、CALL、EXPLAIN PLAN。

（3）DQL：数据查询语言。顾名思义，它主要是用于检索数据库的数据，不对数据库的 schema 和数据做变更，这类语言脚本是不纳入数据库变更管理的。当然，有些团队尤其是数据类型的团队会将该类型的语句作为数据资产进行留存，方便团队溯源。

（4）DCL：数据控制语言，主要用于处理数据库的权限、角色控制，如 GRANT、REVOKE 命令。

5.7.2　数据库变更管理的价值

正如以往的大多数组织，开发人员或者 DBA 使用编辑工具在开发环境中执行数据库变更脚本，并在最终上线之前，通过生产数据库和开发数据库的对比获得上线的更新脚本，但是这种方式已经丧失了当初变更的上下文和意图，并且该开发模式对现有的持续集成、流式平滑转测提出了新的挑战。

为了避免这种情况，我们希望数据库的变更在开发过程中被持续捕获，并形成独立的工件，而且这些变更的工件能和变更应用程序代码一样，可以采用相同的版本管理控制流程和部署流程。

我们可以通过将数据库的每个更改表示为数据库迁移脚本来实现这一点，该脚本与应用程序代码更改一起受版本控制。迁移脚本包括 schema 更改、数据库代码更改、数据更新、事务数据更新，以及由错误引起的生产数据问题的修复。这样带来的好处和价值如下。

（1）拥有单一可信源，方便项目中的任何人获取。

（2）存储对数据库的每一次更改，做到高频的代码审核、风险评估和及时反馈。

（3）有效防止数据库与应用程序部署不同步带来的检索和更新数据方面的错误。

（4）可以轻松有效地创建新的环境，用于开发、测试和实际生产。创建应用运行版本所需的一切都应该在一个存储库中，以便可以快速检出和构建。

（5）避免团队疲于应付确认数据模型和变更脚本的部署，尤其是当多团队共享同一个数据库，或者部署多版本应用时。

5.7.3　数据库变更管理的实现

大多数数据库变更管理的实践都是基于 SCM 工具平台和数据库自动化工具，配合 CI/CD 流水线的建设，持续构建数据库变更工件。图 5.7.1 展示了数据库变更脚本从开发到持续集成的过程，具体的制品包和发布策略视具体情况而定，此处不展开。

说到数据库变更的持续集成就不得不提数据库变更自动化工具在 CI/CD 流水线中的重要性。如图 5.7.1 所示，在持续开发和持续集成中，持续检查数据库变更脚本是否已经应用到集成数据库中、已经执行过的是否不再执行、执行策略如何、未执行过的执行策略是什么等，是数据库变更检查工具必不可少的能力。此类型的工具一般都是通过以下原理实现的。

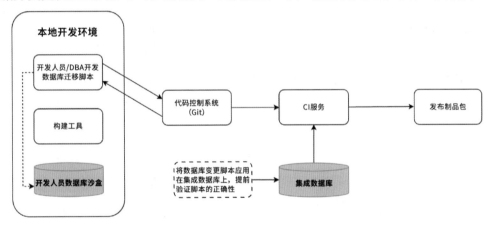

图 5.7.1　数据库更改、迁移的持续集成示意图

（1）每个迁移脚本必须拥有唯一的 ID。该 ID 可以是开发人员指定的，也可以是工具根据执行内容生成的。

（2）能够跟踪哪些脚本已经应用于目标数据库。

（3）能够管理脚本之间的约束，即能够提供执行脚本前后顺序的能力约束，好比修改表的前提是拥有该表。

1. 脚本管理

顾名思义，脚本管理是 SQL 脚本在开发完成之后，利用 Git、Svn 等工具将其提交到代码库托管平台。优秀的代码需要有明确的代码规范，包括命名规范、目录结构规范等，有些甚至会在工具层做强校验，以保证进入代码仓库的代码符合质量要求。因此，定义数据库脚本的编写规范和工程结构同样至关重要，既要方便开发人员获取、阅读和编写，也要方便数据库变更在目标数据库的执行。

1）编码规范的思考

数据库的编码规范和类型与自动化的发布工具是息息相关的。如果采用 Flyway 自动化工具部署，则只需要在文件的命名规范和 SQL 编写规范上做要求；如果采用 Liquibase，由于 Liquibase 本身支持 JSON、YAML、SQL 和 XML 四种类型的文件，采用的格式不一样确定的编写规范也会不同，因此，需要从以下几个维度考虑。

（1）是采用自动化执行工具，还是采用脚本化方式执行。

（2）文件的命名规范。比如，对于 Flyway，如果约定 SQL 文件的命名规范如图 5.7.2 所示，则在版本开发过程中，会产生如图 5.7.3 所示的很多文件。

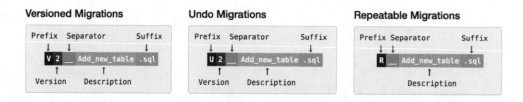

图 5.7.2　Flyway 的 SQL 文件规范

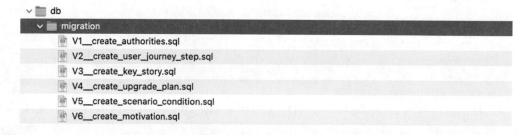

图 5.7.3　Flyway 文件示例

如果使用的是 Liquibase，其代码片段示例如下，我们可以将多次变更放在同一个文件里。

```
--liquibase formatted sql

--changeset nvoxland:1
create table test1 (
  id int primary key,
  name varchar (255)
```

```
);
--rollback drop table test1;

--changeset nvoxland:2
insert into test1 (id,name) values (1,'name1');
insert into test1 (id,name) values (2,'name2');

--changeset nvoxland:3 dbms:oracle
create sequence seq_test;
```

这时，文件格式可以是如下所示，一个版本只对应一个文件，文件内部的 Changeset 集合才是具体的变更过程。

- ddl

v20210101.xml/sql

- dml

v20210101.xml/sql

我们也可以采用每次变更都是一个文件。

- ddl

v20210303_create_table_motivation.sql

v20210303_create_trigger_sample.sql

- dml

v20210303_init_motivation.sql

此处，将日期或版本直接作为文件命名的一部分。而下面在直接进行脚本部署时，将日期或版本放在目录下而不放在文件的命名上，是考虑 Liquibase 本身具有维护数据库状态的能力，只要能隔离版本分支或者部署包即可。而在脚本部署时，需要考虑同时管理部署脚本，这时候我们会倾向于将部署脚本放在版本目录下，如下所示。

- ddl

```
20210303
    create_table_motivation.sql
    create_trigger_sample.sql
    deploy_ddl.sql
```

● dml

```
20210303
    init_motivation.sql
    deploy_dml.sql
```

（3）代码规范，即脚本的编写形式，是采用 SQL、XML、JSON 格式，还是利用 Yama 格式；如果是使用 Liquibase，则 Changeset 的命名规范是什么，这些都是团队需要去决策的。

2. 自动化执行

在相关脚本和代码已经在 SCM 控制中心之后，需要考虑如何将脚本在目标数据库生效的执行方式，下面列举一些常用的方式。

1）脚本化

自己编写 Shell 脚本来自动化执行数据库的变更脚本，如下示例代码块。

```bash
#!/usr/bin/env bash

cd $1 #进入目标路径

name = $2
tar -xvf ./${name}.tar.gz -C ./${name} #包解压
cd ${name}
# 部署增量脚本
cd ddl/20220101
mysql -h${host} -u${user} -p${password}@123 demo < deploy_ddl.sql

cd dml/20220101
mysql -h${host} -u${user} -p${password}@XX demo < deploy_dml.sql
-- 执行 ddl 操作
source ddl/20220101/create_table_motivation.sql
source ddl/20220101/create_trigger_sample.sql

-- 对于有条件的团队，可以在目标数据库初始化一张表，用于记录执行过的文件，方便团队查阅当前数据库的执行状态
```

2）Liquibase

Liquibase 的命令比较多，主要有 update*、rollback*、snapshot、diff、status、utility 6 种类型。首次连接执行会在目标数据库初始化两张表：DATABASECHANGELOG 和 DATABASECHANGELOGLOCK。

- DATABASECHANGELOG 表跟踪已部署的变更：Liquibase 将变更日志文件中的变更集与 DATABASECHANGELOG 跟踪表进行比较，并且仅部署新的变更集。
- DATABASECHANGELOGLOCK 表用于防止多个 Liquibase 实例同时更新数据库：该表在部署期间对 DATABASECHANGELOG 表的访问进行管理，并确保只有一个 Liquibase 实例正在更新数据库。

此外，Liquibase 拥有多种集成方式，如下这些方式都可以和 CI/CD 流水线做集成来自动构建。

- 客户端执行。
- 使用 java api 集成到应用程序。
- 和 maven、ant 等方式集成运行。

下面是通过 Liquibase 的客户端（CLI）直接执行的示例代码，其不能作为生产代码。

```
#备份数据
mysqldump -h127.0.0.1 -uuser -ppass@xx demo > demo.back.sql

if [ $? -ne 0 ]; then
    echo "备份数据异常，请检查无误后重新执行该文件"
else
# 获取 tar.gz 包，其可以在 CI 流水线中产生
    cp -rf ~/release/release-20220224.tar.gz ./liquibase
    cd liquibase
    tar -xvf release-20220224.tar.gz -C./pro
    cd pro
    liquibase update
    liquibase tag ${version}
fi
```

3）Flyway

Flayway 提供 migrate、clean、info、validate、baseline、repair 等多种命令，支持 JDBC 协议，也是通过在第一次操作目标数据库时，初始化生成表 SCHEMA_VERSION 来跟踪数据库的状态。

Flyway 也支持多种执行方式：客户端、springboot、maven、ant。

客户端的执行方式类似于 Liquibase，不再详细介绍。

3. 数据库版本和应用版本的兼容性保障

说到兼容性，可能大家会想到向前兼容和向后兼容，这也是很多应用在架构设计上需要去考虑的。当应用程序在构建第一个版本时，客户端和服务端达成数据格式的共识很容易，但是随着时间的推移，功能的修改、增加、删除都有可能对数据格式提出新挑战，并且随着服务端支持的客户端越来越多，数据结构在多个客户端和服务端之间达成共识就会变得越发困难。当然，处理这类问题最好的方法就是在变更过程中，增强兼容性。对于数据库的 schema 变更，这个概念同样重要。

（1）向前兼容，又被称为向上兼容，即旧版本能够兼容新版本的应用。比如，应用程序已经针对 V1 版本的数据做了处理，并且系统已经具备大量 V1 版本的数据，那么从 V1 升级到 V2 后，程序不仅要能处理 V2 版本的数据，也要能处理 V1 版本的数据。

（2）向后兼容，又被称为向下兼容，与向前兼容是相对的，即新版本能兼容旧版本的应用。比如，系统中针对 V1 版本的数据类型已经有大量数据解析程序，但是当数据从 V1 升级到 V2 版本时，我们不希望所有系统或者程序都要完成改造，尤其是数据库被多个系统、多个团队依赖的情况下。这时，就要求以前的处理程序依旧能够处理 V2 版本的数据格式，即向后兼容。

因此，要想使数据库变更和应用程序能够更好地兼容，选择合适的数据库变更手段至关重要。当然，数据库变更不同于代码变更那么随意，识别是否需要变更也是重中之重。

图 5.7.4 所示是通过建立在现有系统的数据库变更上，或者数据库的重构上，来讨论的变更流程。

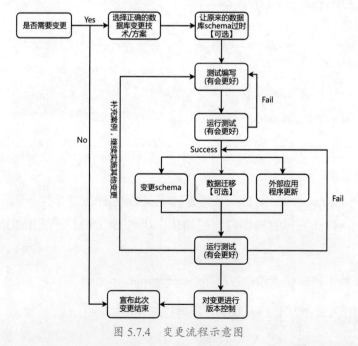

图 5.7.4　变更流程示意图

下面以图 5.7.5 中的需求变更举例说明。

1）判断数据库变更的必要性

判断数据库 schema 是否需要变更，可以从以下三个方面进行考虑。

（1）这个变更是否真的有意义？

这个问题主要是引起变更者的思考，即本次变更是数据库的设计有问题，还是数据库设计没有问题，只是变更者没有充分理解，或者存在误解。这时，建议变更者先与 DBA 和团队充分沟通再确定是否变更。

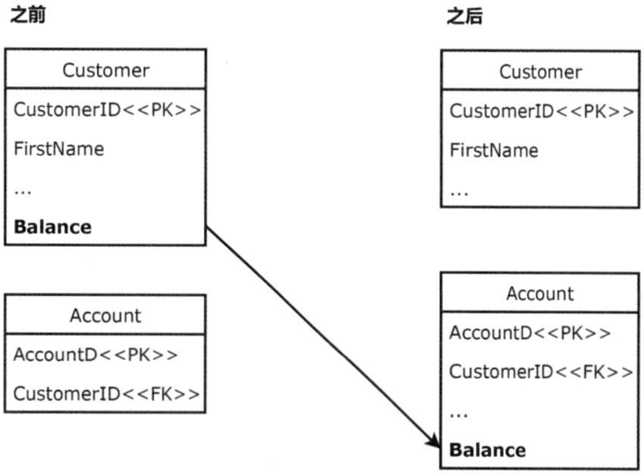

图 5.7.5　将 Customer.Balance 列迁移至 Account 表

（2）变更是否需要立刻进行？

架构上，我们应该尽可能延迟决策。变更者申请的 schema 变更是不是最优方案？是否只有变更才能往下走？另外，数据库的视图等是否能做隔离处理，如果不行，则建议执行变更。

（3）此次变更值得吗？

数据和外部耦合很严重吗？如果执行此次变更，会涉及外部系统有很多需要重新部署，无法做兼容性处理，所有测试需要重新更新执行，代价如此之大还需要变更吗？如果要，那就执行变更吧！

上述三个问题是为了避免开发者的技术决策是主观的，为了变更而变更。

2）选择正确的数据库变更技术/方案

数据库变更包括数据库重构和数据库转换。

数据库重构也是对数据库 schema 的一个简单变更，即在保持其行为语义和信息语义的同时改进设计，也就是说既没有增加原有功能或破坏原有功能，也没有改变原有的数据含义。其既包括数据库 schema 结构方面的定义（如视图、表的定义），也包括功能方面的（如触发器、存储过程）。

数据库转换也是一种数据库变更，通过为数据库 schema 增加新的特征，改变数据库 schema 的语义。

简单来说，变更的技术方向有以下几类，见表 5.7.1。

表 5.7.1　变理技术方向分类

分类	描述	举例
结构重构/变更	对视图或表结构做出的变更	将列从一个表迁移到另一个表；将多用途的表拆分成多个表
数据质量重构	对数据库列值做进一步质量改进	某列不能为空；存储格式校验等
参照完整性重构	多个表之间涉及数据的相互校验，并确保不需要时一起能被删除（看适用程度，不适合分布式的数据库）	增加触发器，支持实体间的层叠式删除
架构重构	外部系统和数据库的交互	将存储过程的代码替换成 Java 代码
方法重构/变更	对触发器、储存过程、函数等方法进行改进和重构	重命名、性能优化、方法逻辑变更
转换	不是重构，但是存在上述类型的行为，改变原有的 schma 定义	新增列、修改存储过程、逻辑等

我们要先确定数据库变更涉及的方案或者技术，如存储过程转换成 Java 代码并提供 API 供外界服务调用，进一步将计算和存储分离；采用结构重构，并最好提前编写好测试案例，如 BDD 的测试方式。然后再进行方案的实施。

3）让原来的数据库 schema 失效

在变更涉及需要删除旧 schema 的情况下，建议延迟删除，做好注释，标明失效的时间点，必要时做好数据同步。下面是针对在单应用环境和多应用环境下分别让原数据库 schema 失效的策略。

（1）单应用数据库环境

数据库只有单系统应用，开发人员完全能同时修改数据库 schema 和应用代码的源码，这时你可以不需要考虑同时支持新旧 schema，但必须能够识别出数据库和应用需要修改的地方并同时上线。如图 5.7.5 的变更过程，将 Customer.Balance 的数据做好备份，新增 Account.Blance，将 Customer.Blance 的数据根据 CustomerID 导入 Account 中，并做好应用程序的代码变更。执行测试案例（单元测试、接口测试、数据库测试）来保证功能的正确性和完备性。

考虑到方便程序回滚，可能我们依旧会想让列删除来得更晚一些，这个失效机制有可能就是简单地将 Customer.Balance 注明在未来某个时间点会被删除即可，新的程序逻辑取自 Account.Balance 列的数据。

（2）多应用数据库环境

数据库被多个应用访问，这种情况下的数据库变更可能会持续一段时间，我们不能寄希望于所有系统的依赖方都能在接下来的 1～2 周内配合做系统改造。同样，针对图 5.7.5 所示的变更过程，我们可以采用触发器的方式。

① 新增列 Alert.Balance。

② 新增触发器函数 SynchronizeAccountBalance，主要目的是在兼容操作列 Customer.Balance 时，同时更新 Alert.Balance 的值。

③ 增加触发器函数 SynchronizedCustomizedBalance，目的是在新程序处理 Alert.Balance 列时，兼容更新 Customer.Balance 的值。

不管是原有应用程序对旧列 Customer.Balance 值的更改，还是新程序对 Alert.Balance 值的更改，都能保持列 Customer.Balance 和 Alert.Balance 的一致性，从而体现数据库的向后兼容，即在完成数据库从 V1 到 V2 版本的变更过程后，以前的处理程序一样能处理 V2 版本的数据库 schema，如图 5.7.6 所示。

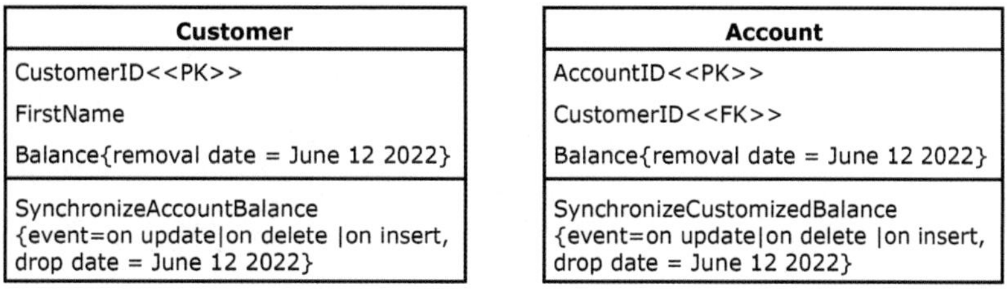

Customer
CustomerID<<PK>>
FirstName
Balance{removal date = June 12 2022}
SynchronizeAccountBalance {event=on update|on delete |on insert, drop date = June 12 2022}

Account
AccountID<<PK>>
CustomerID<<FK>>
Balance{removal date = June 12 2022}
SynchronizeCustomizedBalance {event=on update|on delete |on insert, drop date = June 12 2022}

图 5.7.6　支持两个版本的 schema

因此，在多方依赖的情况下，我们必须有机制保证"来不及"改造的程序也能正常访问并操作数据库中的数据，同时新旧版本 schema 之间存在同步机制来保证一致性（触发器只是实现中的一种方式）。

4）数据库测试

数据库测试分为 schema 测试和结合外部程序的整体测试。

（1）schema 测试

存储过程和触发器的测试：将储存过程和触发器当作应用程序代码进行测试。

视图定义的测试：由于视图实现了一定的业务逻辑，因此需要对过滤/选择逻辑、返回的类、列与行的排序进行测试。

缺省值的测试：列已经定了缺省值，测试缺省值是否生效。

数据不变性的测试：列经常会定义一些不变式，以约束的形式实现，需要对其进行测试。比如，一个数字列可能只包含 1～7 的值。

针对 schema 测试的开源工具如下。

- DBUnit：能管理测试数据、扩展自 Junit，能弥补数据库单元测试领域的一些缺失。
- SQLUnit：测试存储过程。
- TSQT：针对 SQL 服务进行测试。

（2）结合外部程序的整体测试

如果想要对数据库变更更有信心，方便团队的各个角色参与（测试+开发），则可以结合程序做完整的回归测试套件。另外，还可以把这些套件当作团队的资产不断补全，对外部来说这就是一个整体。假设你对与本次数据库变更相关的业务已经有比较全面的测试用例，如接口测试用例、单元测试用例、BDD 的行为测试用例，那么对本次变更来说，这些用例通过就意味着这次变更符合预期。

4. 部署到生产环境

从开发部署到生产环境的流程，如图 5.7.7 所示。

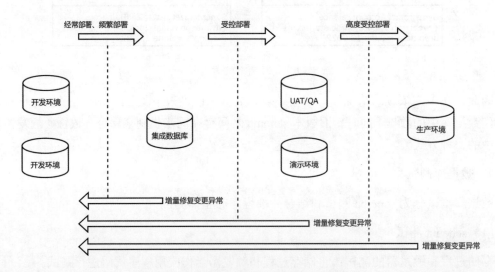

图 5.7.7　从开发环境到生产环境的部署流程

（1）从开发环境到集成环境：在数据库变更过程中，我们必须及时将变更部署到集成数据库中，以便及时发现问题并做增量的变更修复。我们可以通过流水线监听，一旦有提交就部署集成环境，因为集成环境是多方共用的环境，越早集成就越有利于发现问题。

（2）从集成数据库到 UAT 环境或者演示环境：采用数据库变更包部署和验收 UAT 环境，该包是从 SIT 经过一定的测试晋级而来的。如果有问题也是通过增量变更修复。

（3）从 UAT 环境到生产环境：高度受控的数据库变更包，是从 UAT 环境经过测试、QA 验收或者业务验收后晋级过来的。如果生产环境有问题，那就生成修复或者回滚的机制，具体视情况而定，即是否有向后兼容的能力和全量回滚的能力。

5. 数据库的回滚

数据库的回滚机制和数据库变更的执行方式有关，在执行数据库变更过程中，由于我们没法预测哪条变更执行失败，因此在数据库回滚时需要从以下三方面去考虑。

（1）回滚语句的兼容性，如当 Customer.Balance 迁移至 Account 中时，我们会执行新增的 Account.Balance 和触发器。

```
ALTER TABLE Customer ADD COLUMN Balance (*);
create or replace TRIGGER SynchronizedAccountBalance{*};
create or replace TRIGGER SynchronizedCustomizedBalance{*};
```

虽然我们经过很多测试，但在上述语句执行过程中由于无法知道哪条会失败，因此回滚语句的写法需要考虑失败的场景，以防止某个对象不存在而导致回滚语句失败，如下。

```
ALTER TABLE Customer drop column if exists Balance;
drop trigger if exists SynchronizedAccountBalance;
drop trigger if exists SynchronizedCustomizedBalance;
```

（2）数据库的回滚不同于程序代码，需要优先考虑数据库的向后兼容，避免迁移过程中出现重大问题而导致重大的生产事故。对数据库的每次重构或者对现有的 schema 做修改，都需要向后兼容，冗余代码必须相隔至少一个版本。这样，在出现问题时，可以先做程序代码的回滚，再重新修正问题。

（3）回滚脚本的编写和规范。这个需要结合数据库的部署工具和编码规范来决定，如果采用脚本、Flyway 等部署方式，则回滚脚本可能是一个单独的回滚版本语句。正常迁移时语句不会被读取；只有回滚时，如 Flyway 执行 flyway -pro undo 时才会执行 undo*.sql，从而起到回滚的作用。

V2__create_new_table_alert.sql 是数据库 schema 的新增变更，从 V1 迁移到 V2 版本。

U2__drop_new_table_alert.sql 是数据库 V2 版本的回滚。

但是如果你使用的是 Liquibase，则回滚语句和变更语句需要同时提供，如下。

```
<changeSet author="system" id="create_new_table_alert">
    <sql>
        CREATE TABLE alert (*);
    </sql>
    <rollback>
        DROP TABLE if exists alert
    </rollback>
</changeSet>
```

这样，数据库从 V1 升级到 V2 版本后会执行下述命令，将当前 V2 版本打上标签。

```
liquibase tag V2
```

回滚时执行下述命令就可以将当前的数据库版本回滚到 V1 版本，而回滚执行的是上述展示的 rollback 标签下的语句。

```
liquibase rollback V1
```

6. 多环境下的数据库版本维护

相信大家对图 5.7.8 所示的场景并不陌生，其存在多个环境数据库版本不一致的问题。比如，开发者同时提交变更，但是本地环境的数据库 schema 并不是最新的；UAT 的部署滞后或者晋级异常等情况导致集成数据库和 UAT 环境的版本不一致。对于这种情况，如何方便地识别出数据库的最新状态，对将数据库更新至目标状态至关重要，我们可以从以下两方面去考虑。

图 5.7.8　各个环境下数据库版本不一致

1）数据库的状态维护和执行方式

这里的状态是指让数据库记住自己当前所在的部署状态。在执行工具层面上，工具本身具备识别应用在目标数据库中的脚本的能力。这样，就可以由 Flyway、Liquibase 等工具去维护数据库处于最新版本，而你要做的是提供所期望的目标版本的部署包。

2）采用数据库包部署

如果将每个版本的升级都做成增量部署的包，如 801 的升级包、802 的升级包，则当 UAT 环境的数据库升级到 811 版本时，你需要部署从 806 到 811 的升级包，其可以在制品库的容器中获取。伪代码如下：

```
version = $1
arr= (${version//,/ })
for var in ${arr[@]}
do #不断部署
  echo ${var}
  ./getPkgFromArtifacts_UAT.sh ${var} ${host} ${tarDir} #从远端$host 仓库中获取目标包${var}并放在${tarDir}下
  ./deploy.sh ${tarDir} ${host} ${user} ${password} #将该包deploy到目标数据库
done
```

5.7.4　数据库变更管理案例

下面以某金融公司数据库变更管理实践为背景，介绍数据库变更的落地。此公司选择 Liquibase 作为数据库变更自动化部署工具。在金融公司中，一个数据库对应一个应用的单数据架构往往比较少，基本都是多应用的数据库架构，如图 5.7.9 所示。

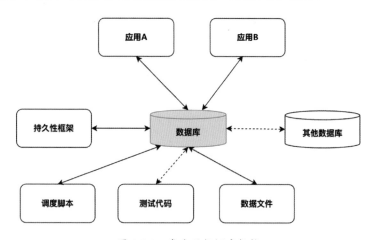

图 5.7.9　多应用数据库架构

1. 现状

多应用数据架构包括多个应用功能模块和大部分存储过程中所承担的主要业务逻辑。目前，所有的数据库变更文件脚本都是直接在测试环境上变更，上线时才挑选出最终脚本部署到线上。这样，会给团队带来如下痛点。

（1）数据资产没有管理，所有的数据库升级脚本和存储过程都暂存在测试数据库上。

（2）团队成员疲于应对确认数据模型和升级脚本。

（3）没有单一可信源，甚至经常出现上线时存储过程被覆盖的情况，其根本原因就是团队随意的上线流程和缺乏唯一可控的升级脚本。

（4）脚本的变更过程无法捕捉，变更的背景及上下文丢失。

2. 具体实施路径

GitLab 作为本次数据库变更脚本的托管服务，Liquibase 作为数据库自动化升级工具。

1）基线建立

作为已存项目，需要对现有的数据库快照建立基线。Liquibase 的配置文件如下：

```
#指定 changeLog 的文件名称，支持 XML、JSON、YMAL、SQL 文件格式

changeLogFile:changelog.xml

#指定目标数据库的 URL 地址和 JDBC 协议
liquibase.common.url:jdbc:oracle:thin:@${ip}:${port}:${sid}

#目标数据库的用户名和密码
liquibase.common.username:user
liquibase.common.password:pass

#Log 日志文件
logFile = ./changelog.log

#Log 日志级别
logLevel = info
```

根据上述配置文件或者以命令的方式生成现有数据库的基线，当不指定配置文件时，默认为该目录下的 Liquibase.properties。

```
liquibase generateChangeLog
```

最终生成的 ChangeLog 文件片段如下，文件格式可以是 XML、JSON、YMAL、SQL 等，

通过将 ChangeLogFile 的格式设置成对应的格式后缀即可生成对应格式的文件。

```
<changeSet author="System (generated)" id="1642399529439-9">
    <createTable remarks="日历表" tableName="calendar">
        <column name="id" remarks="唯一主键，排序字段" type="INT">
            <constraints nullable="false" primaryKey="true"/>
        </column>
        <column name="db_date" remarks="日期" type="date">
            <constraints nullable="false" unique="true"/>
        </column>
        <column name="year" remarks="年份" type="INT">
            <constraints nullable="false"/>
        </column>
        <column name="month" remarks="月份" type="INT">
            <constraints nullable="false"/>
        </column>
        <column name="yearmonth" remarks="年份-月份" type="VARCHAR(7)">
            <constraints nullable="false"/>
        </column>
        <column name="day" remarks="天" type="INT">
            <constraints nullable="false"/>
        </column>
        <column name="quarter" remarks="季度" type="INT">
            <constraints nullable="false"/>
        </column>
        <column name="week" remarks="周" type="INT">
            <constraints nullable="false"/>
        </column>
        <column name="dw" remarks="双周" type="INT">
            <constraints nullable="false"/>
        </column>
        <column name="dayofweek" remarks="每周的星期几从 1 开始" type="INT">
            <constraints nullable="false"/>
        </column>
        <column name="weekday" remarks="每周的星期几从 0 开始" type="INT">
            <constraints nullable="false"/>
        </column>
        <column name="day_name" remarks="星期几" type="VARCHAR(9)">
            <constraints nullable="false"/>
```

```
        </column>
        <column name="month_name" remarks="月份" type="VARCHAR(9)">
            <constraints nullable="false"/>
        </column>
        <column defaultValue="f" name="lastdayofmonth_flag" remarks="是不是
月份最后 1 天" type="CHAR(1)"/>
        <column defaultValue="f" name="holiday_flag" remarks="是不是节假日"
type="CHAR(1)"/>
        <column defaultValue="f" name="weekend_flag" remarks="是不是周末"
type="CHAR(1)"/>
        <column name="event" remarks="日历事件" type="VARCHAR(50)"/>
    </createTable>
  </changeSet>
```

对于不是从头开始建设的数据库，Liquibase 的 generateChangeLog 命令可以帮助开发人员根据现有的数据库 schema 生成基线，并且将表和存储过程分开管理，同时将表和存储过程按照功能模块分类放在不同的目录下。

2）表的变更格式

表的具体变更格式如下：

```
<!--
    1. 这里的 author 改成修改人.
    2. id :除存储过程外，其他所有的非存储过程需要加上版本号和时间
-->
<changeSet author="System" id="alter_table_username_v.1.2_20220117"
runOnChange="false">
    <addColumn tableName="name">
        <column name="address"
            position="3"
            type="varchar(255)"/>
    </addColumn>
  <rollback>
    Alter table name drop column if exists address;
    </rollback>
</changeSet>

<!-- 因为 context=dev，而 liquibase.properties 的 context 配置是 test，所以不执行
下述变更 -->
```

```
<changeSet author="System" id="alter_table_username_v.1.2_20220117"
runOnChange="false" context="dev">
    <addColumn tableName="alert">
        <column name="desc"
            position="4"
            type="varchar(255)"/>
    </addColumn>
  <rollback>
  Alter table alert drop column if exists desc;
  </rollback>
</changeSet>
```

3）存储过程和函数的变更格式

存储过程的变更格式如下：

```
<!--
1. 这里的 author 改成修改人.
2. id 以存储过程命名
3. 除 producer 外，其他不改；注意：通过在 producerbody 加上 <![CDATA[ ]]> 来避免存储过
程语句里面"<"  ">"的影响
4. runOnChange=true 可以避免多人同时修改同一个存储过程的冲突
-->
<changeSet author="Systems" id="FunctionName" runOnChange="true">
  <createProcedure>
    <![CDATA[ CREATE PROCEDURE OR REPLACE producerdemo(IN startdate DATE, IN
stopdate DATE)
      BEGIN
      DECLARE currentdate DATE;
      SET currentdate = startdate;
        WHILE currentdate < stopdate DO
          INSERT INTO calendar VALUES (
              YEAR(currentdate)*10000+MONTH(currentdate)*100 + DAY(currentdate),
              currentdate,
              YEAR(currentdate),
              MONTH(currentdate),
              CASE  when MONTH(currentdate)< 10
               then concat(YEAR(currentdate),'-0',MONTH(currentdate))
               else concat(YEAR(currentdate),'-',MONTH(currentdate))end,
              DAY(currentdate),
              QUARTER(currentdate),
```

```
            WEEKOFYEAR(currentdate),
            DAYOFWEEK(currentdate),
            WEEKDAY(currentdate),
            DATE_FORMAT(currentdate,'%W'),
            DATE_FORMAT(currentdate,'%M'),
            CASE month(ADDDATE(currentdate,INTERVAL 1 DAY))-MONTH(currentdate)
                             WHEN 0 THEN 'f' ELSE 't' END,
            'f',
            CASE DAYOFWEEK(currentdate)WHEN 1 THEN 't' WHEN 7 then 't' ELSE
'f' END,
            NULL);
        SET currentdate = ADDDATE(currentdate,INTERVAL 1 DAY);
      END WHILE;
    END ]]>
  </createProcedure>
   <rollback>
      DROP PROCEDURE if exists producerdemo;
   </rollback>
</changeSet>
```

4）合并流程

合并过程主要展示表 schema 上线合并的过程，以 Hotfix 举例，如图 5.7.10 所示。

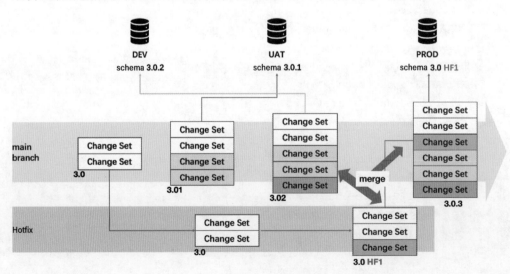

图 5.7.10　Liquibase 上线合并过程

最后上线的修复分支需要和下一个上线的版本做一次合并，再上线。

5）数据库 schema 的回滚

Liquibase 在默认情况下支持简单的回滚，如存储过程、创建表、更新字段等操作，但是有些操作是不被允许回滚的，如为表的某一列添加自动递增、触发器等行为，详细可参考 Liquibase 官网。

但是我们这次采用的 Liquibase 方案里面能做回滚的是 schema 表的定义、视图的定义等，回滚脚本是 rollback 标签的语句，存储过程和函数等不支持回滚，因为采用的是 Liquibase 本身的能力，加上 runOnChange=true，即一旦存储过程所在文件变更就会立刻执行存储过程的替换，而 rollback 语句是 Drop，所以这种模式下的存储过程回滚必然需要上个版本的部署包重新执行。

rollback 标签的写法如下：

```
<changeSet author="system" id="addAutoIncrement-table_employees_audit">
    <addAutoIncrement
        columnDataType="int"
        columnName="id"
        incrementBy="1"
        startWith="0"
        tableName="employees_audit"/>
    <rollback>
        ALTER  TABLE  employees_audit  modify id int;
        ALTER  TABLE  employees_audit  DROP  PRIMARY  KEY ;
    </rollback>
</changeSet>


<changeSet author="system" id="create_trigger_before_employee_update">
    <sql>
        CREATE TRIGGER before_employee_update
            BEFORE UPDATE ON employees
            FOR EACH ROW
        INSERT INTO employees_audit
        SET action = 'update',
            employeeNumber = OLD.employeeNumber,
            lastname = OLD.lastname,
            changedat = NOW () ;
    </sql>
```

```
    <rollback>
        DROP TRIGGER if exists before_employee_update
    </rollback>
 </changeSet>
```

这样，每次部署数据的变更脚本后，如果要执行回滚操作，则可以分为如下两步。

（1）回滚定义。

```
liquibase rollback {lastversionTag}
# 此处{lastversionTag}是上次部署时打下的标签，此操作后可以回滚到目标标签所在数据库的
schema 状态
```

（2）回滚存储过程、函数（变更都是基于同一份文件去做修改的组件）等，都需要用上次版本的部署包重新在目标数据库生效。这时已经执行过的文件就不再被执行，存储过程和函数则要被重新执行。

```
#伪代码如下(从 20220303 版本回滚至 20220224 版本)，其不可作为生产代码

if [ $? -ne 0 ]; then
echo "rollback, pls check the error log "
else
cp -rf */release/release-20220224.tar.gz ./ #覆盖当前文件
tar -xvf release-20220224.tar.gz -C./pro
cd pro
liquibase update
liquibase tag 20220224
fi
```

5.7.5 数据库变更管理的误区

（1）没有自动化执行工具，数据库变更没有用。

虽然在数据库变更管理中我们花了不少篇幅去介绍自动化执行的方式，但是这并不意味着没有自动化执行工具或者脚本，数据库变更管理就没有用。将数据库的变更脚本加入 SCM 做版本控制本身就具备了方便开发人员获取源代码、部署拥有单一可信源等好处。

（2）依赖工具进行统一管理后，避免陷入 DBA 的开发人员和应用开发人员可以不沟通或者减少沟通的误区。

数据库变更中依赖的 Liquibase、Git 等工具能够解决开发人员在开发过程中的问题，如确

定不了单一可信源、不知道哪些脚本是否被执行过导致的重复执行报错、执行过程中需要反复和开发人员确认执行顺序等问题。但是 DBA 和应用开发之间对方案的对齐和进度的同步应该通过站会等机制持续进行，而不要寄希望于：应用开发人员通过获取 DBA 的变更脚本就可以知道应用程序的代码怎么写了。

（3）数据库变更管理能解决更改数据引发的各个系统的意外异常和连锁反应等问题。

对于复杂的多应用、多系统依赖的数据库，其 schema 变更需要谨慎执行，避免引发异常连锁反应。从数据库重构的角度看，数据库 schema 的变更允许循序渐进，通过兼容旧的代码访问，在应用代码调整后再不断地把数据库的 schema 调整到目标状态。Liquibase 等工具能够使数据库重构过程变得跟代码重构一样，小步快跑。但是对于数据库的变更可能给外部带来的意外异常或连锁反应的问题，就不是数据库变更管理能解决的，更多的是应该从架构设计、领域划分的角度去考虑。例如，分层架构、六边形架构等，将数据库的访问封装成基础设施程序；做好领域划分，区分数据模型和领域，业务逻辑更多的是和领域打交道，而和数据模型无关。

5.8　配置参数管理

核心观点

- 系统配置参数和业务配置参数都需要被妥善管理。
- 管理配置参数有多种方法，它们分别有其优缺点，有其适用的场景。
- 当配置参数随着源代码的演进而演进时，最好是跟源代码一起走集成发布流程。
- 当配置参数的值随着不同环境而变化时，无须跟源代码一起走集成发布流程。

5.8.1　配置参数管理概述

1. 系统配置参数

我们常说，尽量让各个测试环境与生产环境一致，这样在生产环境中可能遇到的问题才能尽可能在测试时就暴露出来。这里说的一致，是指工具、基础设施等，比如使用相同的 JDK 版本和数据库软件，其他很多配置和参数则没必要一致。

比如，一个部署单元的运行实例的个数在生产环境中可能需要成百上千个，但在功能测试环境中有一两个就可以了；数据库名称和地址在测试环境和生产环境中就不一样；出于保密起见，数据库账户名称和密码在测试环境和生产环境中一般也不一样。以上这些配置参数让系统得以运行起来，我们姑且称为系统配置参数。

2. 业务配置参数

除了系统配置参数，还有另外一类配置参数。比如，特性开关是用来控制某个特性用户是否可见，甚至可以细分到具体用户群是否可见。再比如，在网上购物场景中，从拍下商品到完成付款有一个最大等待时间，这个值可以作为一个参数，改动它时无须修改程序源代码。这类与业务和功能相关的配置，我们姑且称为业务配置参数。

业务配置参数在不同的环境中可以有不同的值，而且部署完成后可能会不断调整。

3. 配置参数管理

配置参数管理是指对系统配置参数和业务配置参数的管理。对配置参数的管理就像对源代码的管理一样，也需要有版本控制；也需要有某种部署过程，让新的参数值在特定环境实例中生效；也需要有开发—集成—交付流程，汇聚不同人的修改，并确保发布质量。而它的特殊之处在于，配置参数的值可能随着环境实例的不同而不同，而且值可能随时变化，争取想变就能变，不用跟源代码一起走"漫长"的流程。

最基础的是先要把它们纳入管理，有适当的机制进行统一保存、修改和生效，而不是散乱地放置在各个服务器上，每次登录服务器都要去修改文件。然后考虑不同类型的配置参数是否采用了合适的管理机制。一方面，让与软件演进相关的配置改动自动传播，避免人工为不同的环境实例重复做相同的配置和修改。另一方面，避免死板僵化的流程，不需要让很小的调整必须跟源代码一起走集成测试发布流程。

5.8.2 配置参数管理的价值

（1）让具体环境中配置参数的初始化和变更自动完成，避免手工重复操作。

（2）记录配置参数的变更历史，有据可查。

（3）让与源代码演进相应的配置参数的演进与源代码演进一起经历集成发布过程，方便且不易出错。

5.8.3 配置参数管理的实现

1. 多样化的实现方式：从参与构建到使用配置中心

配置参数通常表现为一组键值对，其中键是配置参数的名称，值是配置参数的值。前者对于同一个软件版本是固定的，后者在不同环境、不同场景中可能会有不同。那么，何时去设置这些配置参数呢？

最"靠前"的实现方式是，在构建前设置，让配置参数参与构建，作为构建产物的一部分。典型的，当在 Java 语言中使用 Spring Boot 框架时，默认读取 application.properties 配置文件。于是，当不同环境或不同时期需要不同参数值时，就需要重新构建。比它省时的方法是，先构建出"裸包"，然后为不同场景注入相应的配置参数值，形成最终交付物。这样，构建会快很多，而且更能保证一致性。还有一个办法是，在打包时先把所有环境（类型）的配置参数值都包括进去，然后在部署到具体环境时，让该环境对应的配置参数值生效。

向"后"挪，可以在部署前设置配置参数。源代码构建得到的可执行程序是部署的输入，配置参数也是部署的输入。而不同场景可以输入不同的配置参数值，如在启动 Pod 时，通过传参修改 Pod 程序中的配置文件。甚至，当源代码未发生变化时，可以简单地通过重启程序加载新的配置参数值。典型的，当在 Java 语言中使用 Spring Cloud 框架时，使用 Spring Cloud Config 配置中心管理配置参数，让程序总是在启动时读取一遍配置值。

再进一步向"后"挪，可以在程序运行时随时修改配置参数。比如，运行中的程序定时询问配置中心，如果有更新就会在此后生效。而做到极致是，在修改配置参数值后，可以立即推送，同步到各个相关程序并立即生效。典型的，携程的分布式配置中心 Apollo，可以发送配置变化的消息给运行中的程序，其在监听到消息后采取行动。

2. 选择实现方式

那么，我们如何选用上面的各种方式呢？总的来说，越是希望配置的变化能随着软件交付流程自动从个人开发环境传导到各个测试环境再传导到生产环境，那就让它越靠前；越是希望它随着环境的不同而不同，随时变化，脱离软件交付过程的束缚，那就让它越靠后。

针对系统配置参数，在不同环境中取值相同的配制参数，通常都比较稳定，变化频率远低于源代码的变化频率。因此，把它们与源代码放在一起，一同构建一次，是很方便的办法。这样，不仅自然地维护了配置参数与源代码版本的对应关系，而且变更也能自然地被传导到各个环境。

对于随着环境的不同而取值不同的系统配置参数，如果环境的数量较少，配置参数的值也不经常变化，那么把各个环境的配制参数与源代码放在一起并纳入构建过程也是可以的。而如果环境的数量不固定，比如有若干个特性开发环境实例动态生成、分配、回收和销毁，那么就要看配置参数的值是随环境类型的不同而不同，还是随环境实例的不同而不同。前者仍然可以跟源代码放到一起，因为就那么几个；后者则应该另行管理，最好是自动生成和配置。

在系统配置参数中，有些参数值经常变化，比如动态扩容和缩容意味着部署单元运行实例数量的变化，它也不适合跟源代码放在一起进行构建，而应该被"挪"到后面去。

针对业务配置参数，不论是特性开关还是数值型的参数，都常常需要具备在不同环境中取不同值的能力，并且还常常需要具备在源代码没发生改变时能发生变化的能力。因此，业务配置参数一般应该另行管理，如使用配置中心，可以在运行时进行变更。有时候，还让管理业务配置参数本身成为业务系统的一个功能，具备 UI 页面，供管理员等特定用户进行配置和管理。

3. 配置参数管理的效率

1）自动执行

作为最基本的要求，在人工定义配置参数的键和值后，应该让它们"一键"就能自动生效。作为反例，把配置参数文件用命令行复制到程序所在的一台台服务器上，将来需要修改的时候，登录每台服务器去手工修改，这么做是不合格的。

如果把配置文件打包进安装包，那么配置参数就会随着安装包自动部署到各个环境并生效。如果在部署或程序运行时读取配置文件，那么该配置文件要么存储于网络上的唯一位置，要么自动分发和同步到各个服务器。如果程序在启动时读取配置信息，那么需要自动重新启动各个部署单元实例，这通常是分批滚动进行的。而如果能在配置参数变化时自动通知各个部署单元实例，那当然更好。

2）自主完成

就像部署和环境管理操作应当由开发团队自行完成一样，配置参数相关的操作也应当由开发团队自行完成，而不是提工单后由运维人员完成。

其审批过程也应当尽量简化，最好是去掉开发团队之外的审批过程。

3）减少人工配置内容

如果配置参数列表很长，设置起来会很麻烦，因此尽量让列表短一些。

首先，软件开发中有约定优于配置（Convention Over Configuration）原则，也被称为按约定编程，是一种软件设计范式，旨在减少软件开发人员做决定的数量而又不失灵活性，Maven 就是使用这个原则的典型代表。我们也应当把其应用到配置参数的设置上，只有"特别的"与约定不符的配置，才需要被明确设置。

其次，考虑分层复用。有些配置参数，在系统级、子系统级设置一次就可以了，不需要在每个部署单元重复设置。可以考虑让具体部署单元中这个参数的值是合成的：如果在系统中设置过，而在部署单元中又没有特别的设置，则用系统中设置的值；如果在部署单元中特别设置过，则用这个特别设置的值。

最后，真的需要人工设置吗？比如，自动新建或分配到一整套特性测试环境，那就肯定不能由人工去设置数据库地址、消息服务地址等，而应该自动准备妥当。

4. 配置参数管理的流程与质量

1）确保质量

配置参数的变更可以做成操作成本特别低、调整一下开关就行的变更。然而在生产环境的故障中，有很多是由配置参数错误导致的，因此对配置参数的变更要经过适当的质量控制。

如果配置参数随代码的演进而变化，则应该随代码一起经过集成—测试—发布的整个流程，至少在测试环境中要进行相应的测试。

如果配置参数的值是特定环境特有的，则考虑经过人工评审后再执行生效。

如果配置参数的值是特性开关随时间变化的，则每种情况或每种一般等价类都应该在测试环境中进行过相应的测试。

2）程序与配置参数的匹配

如果配置参数的值与源代码一起保存，不随具体环境的变化而变化，则很容易做到配置参数的变化与源代码的变化同步，一起经历集成、发布过程。而那些随环境不同、随业务变化而随时变化的配置参数，其变化一般无须随源代码一起经历集成、发布过程。然而它也有一个从无到有的过程：程序的低版本里没有，当某个环境实例从当前的低版本升级到高版本的时候，需要配置环境实例所需的参数值。为此，可以在流程上想办法，如在发布前的检查列表里添加一项。

另外，如果是先设置配置参数，再升级程序版本，则要保证新版本的配置参数与旧版本的程序之间互相兼容。

5. 记录版本

要记录两个方面的版本：一方面，对于配置参数随着软件本身的演进而改变的情况，一般在版本控制工具中对此进行记录。另一方面，具体某个环境、该环境中某个部署单元，甚至该部署单元的某个运行实例所使用的配置参数，其改变也应当被记录，以便在出问题时进行排查追溯。

6. 敏感信息管理

在系统配置参数中，对密码、金牌等敏感信息应该有单独的管理方式，以防范安全风险。一般采用的办法是对敏感信息加密后再存储，具体可参考 Kubernetes 的 Secret 等工具。

5.8.4   案例研究：别让配置参数管理拖流水线建设的"后腿"

改进有轻重缓急。一般来说，在做组织级的软件集成和发布过程的改进时，流水线的建设往往优先于配置参数管理的建设。那么，问题来了，如果当前的配置参数管理方案五花八门，就可能因为要对接和兼容它们，而增加建设统一流水线服务的成本，甚至让它变得很难推广和维护。如何防止出现这样的问题呢？我们来看一个具体的案例。

某大型电力企业在 2020 年开启公司级的软件集成和发布过程的改进项目。项目第一期的重点是建设公司统一的流水线服务。

当时，公司各个软件开发团队使用各式各样的配置参数管理方式，有的比较"原始"，需要到测试环境和生产环境的各台服务器上编写和修改本地的配置文件，供应用启动时访问；有的已经有一定的规范，在构建打包时，把配置参数打包进去；还有的比较先进，已经使用了配置中心。为了将统一的流水线服务在各个软件开发团队中落地，就需要对接这些配置参数管理方式。

经过讨论确定了一个基本的原则：在流水线中，某个版本的源代码构建时不会为不同的运行环境添加不同的配置参数，形成不同的安装包。构建产生的安装包，一定是各个运行环境普适的。这样，就可以把它部署到某个测试环境，通过测试后，再把它部署到下一个测试环境，以此类推，直到最终部署到生产环境。以此作为统一的流水线方案。

那么，具体项目中的配置参数管理方式，如何与这套统一的流水线方案对接呢？

（1）如果是上文提到的比较"原始"的方案，那就暂时继续沿用。此时，构建产生的安装包不包含配置参数，满足"构建产生的安装包，一定是各个运行环境普适的"这个要求。

（2）如果采用的是构建时加入配置参数的方案，那么就要把各个环境的配置参数都加入安装包中，而不能只加入某一个环境的。这样，将来这个安装包就可以在各个环境中运行，只要在该环境中让应用感知到应该采用其中的哪套配置参数即可。

（3）如果使用配置中心来管理配置参数，那么配置参数的管理就与构建过程无关。于是，也满足"构建产生的安装包，一定是各个运行环境普适的"这个要求。

在这个案例中，一方面，由于当时的重点是统一流水线服务的建设和落地，因此不宜"拔萝卜带出泥"，要求各个团队把配置参数管理也进行统一，作为使用统一流水线服务的先决条件。另一方面，也不是无条件、无原则地迁就各个团队当前正使用的配置参数管理方案，这样会给统一流水线服务的落地带来麻烦。基于一定的原则，让各个团队灵活采用对接方式，是这个案例的核心思想。

5.8.5　配置参数管理的误区

配置参数管理一个常见的误区是，过于迷信"高端"的工具，以为引入配置中心就万事大吉了。引入配置中心当然好，使管理随不同环境和时间变化的配置参数的值变得比较方便，但也有其他方面需要考虑。

（1）用一定的机制保证配置参数变更的质量，保证在生产环境中改变配置参数值不会出现线上缺陷，甚至故障。可以考虑引入评审机制或测试机制。

（2）用一定的机制保证随软件源代码的演进而增加或变化的配置，能够跟随源代码的变化从测试环境传到生产环境，而不会发生遗漏。可以考虑增加发布前的检查项。

（3）尽量减少配置参数，降低开发人员的认知负担和维护成本。

第 6 章　运维领域实践

本章思维导图

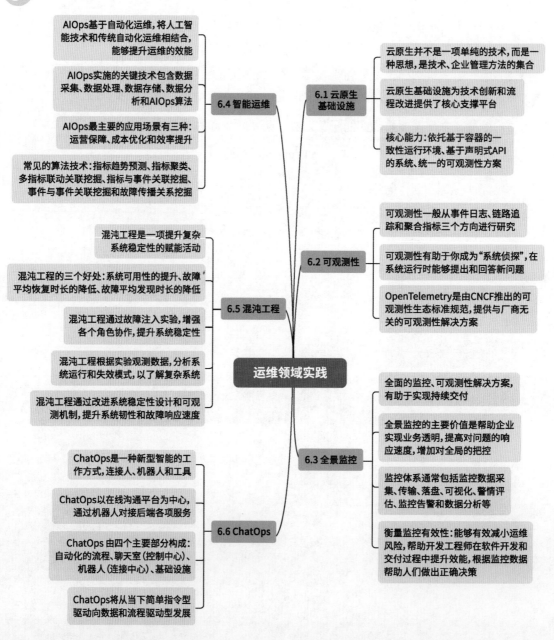

AIOps基于自动化运维, 将人工智能技术和传统自动化运维相结合, 能够提升运维的效能

AIOps实施的关键技术包含数据采集、数据处理、数据存储、数据分析和AIOps算法

AIOps最主要的应用场景有三种: 运营保障、成本优化和效率提升

常见的算法技术: 指标趋势预测、指标聚类、多指标联动关联挖掘、指标与事件关联挖掘、事件与事件关联挖掘和故障传播关系挖掘

6.4 智能运维

混沌工程是一项提升复杂系统稳定性的赋能活动

混沌工程的三个好处: 系统可用性的提升、故障平均恢复时长的降低、故障平均发现时长的降低

混沌工程通过故障注入实验, 增强各个角色协作, 提升系统稳定性

混沌工程根据实验观测数据, 分析系统运行和失效模式, 以了解复杂系统

混沌工程通过改进系统稳定性设计和可观测机制, 提升系统韧性和故障响应速度

6.5 混沌工程

ChatOps是一种新型智能的工作方式, 连接人、机器人和工具

ChatOps以在线沟通平台为中心, 通过机器人对接后端各项服务

ChatOps 由四个主要部分构成: 自动化的流程、聊天室(控制中心)、机器人(连接中心)、基础设施

ChatOps将从当下简单指令型驱动向数据和流程驱动型发展

6.6 ChatOps

运维领域实践

6.1 云原生基础设施

云原生并不是一项单纯的技术, 而是一种思想, 是技术、企业管理方法的集合

云原生基础设施为技术创新和流程改进提供了核心支撑平台

核心能力: 依托基于容器的一致性运行环境、基于声明式API的系统、统一的可观测性方案

6.2 可观测性

可观测性一般从事件日志、链路追踪和聚合指标三个方向进行研究

可观测性有助于你成为"系统侦探", 在系统运行时能够提出和回答新问题

OpenTelemetry是由CNCF推出的可观测性生态标准规范, 提供与厂商无关的可观测性解决方案

6.3 全景监控

全面的监控、可观测性解决方案, 有助于实现持续交付

全景监控的主要价值是帮助企业实现业务透明, 提高对问题的响应速度, 增加对全局的把控

监控体系通常包括监控数据采集、传输、落盘、可视化、警情评估、监控告警和数据分析等

衡量监控有效性: 能够有效减小运维风险, 帮助开发工程师在软件开发和交付过程中提升效能, 根据监控数据帮助人们做出正确决策

近年来，随着各种 IT 技术日趋成熟，运维管理规模越来越大，对业务融合、管理自动化等方面的要求也越来越高，尤其是云计算、移动互联网、大数据等带来的技术创新，为 IT 运维领域从方法论到技术层面都带来了新的机遇和挑战，推动 IT 运维管理迈上新的台阶。

在当前的 IT 运维中，一方面新兴的容器、微服务架构、持续交付等技术不断演进，DevOps 和 SRE 的概念出现并迅速普及，另一方面 IT 运维也从基础设施的管理层面逐步转变为以业务为中心的融合运维。下面我们从云原生基础设施、可观测性、全景监控、智能运维、混沌工程、ChatOps 等方面展开运维领域的实践探讨。

- 云原生基础设施：为技术创新和流程改进提供了核心支撑平台。这些创新技术完全打通了持续集成和持续部署的整个链路，使整个企业可以以较低的成本构建统一的 DevOps 平台，让不同业务和部门受益。
- 可观测性：从事件日志、链路追踪和聚合指标三方面构建可观测性的能力，是成功系统（尤其是生产系统）的关键特征。
- 全景监控：监控是一项关键功能，可以让你深入了解系统和工作场景。全景监控可以提供对复杂信息系统的全面监控，得到一个可控、可预测的环境，以保证服务能智能、高效、可持续地运行。
- 智能运维：在自动化运维的基础上，增加一个基于机器学习的"大脑"，指挥监测系统采集"大脑"决策所需的数据，并做出分析和决策，指挥自动化脚本去执行"大脑"的决策，从而使运维系统达到高效、低成本运行的整体目标。
- 混沌工程：是一项提升复杂系统稳定性的赋能活动。进行混沌工程实验，可以促进开发团队了解复杂系统的运行模式和失效模式，改进系统的稳定性设计，从而提升人们对复杂系统承受生产环境动荡条件的信心。
- ChatOps：是一种新型的智能工作方式，通过智能化和透明的工作流，连接人、机器人和工具，并以沟通驱动的方式完成工作，同时解决人与人、人与工具、工具与工具之间的"信息孤岛"问题，使人们看到工作和系统的完整状态，提升工作效率和协作体验。

需要说明的是，运维领域的实践绝不仅仅局限于这几方面。

6.1　云原生基础设施

🌐 核心观点

- 云原生并不是一项单纯的技术，而是一种思想，是技术、企业管理方法的集合。
- 云原生基础设施为技术创新和流程改进提供了核心支撑平台。

● 云原生基础设施核心能力：依托基于容器的一致性运行环境、基于声明式 API 的系统、统一的可观测性方案。

6.1.1　云原生基础设施概述

云原生并不是一项单纯的技术，而是一种思想，是技术和企业管理方法的集合，其追求的是在包括公有云、私有云、混合云等动态环境中构建和运行规模化应用的能力，以及业务持续平滑的变更能力。

云原生的实现需要企业所有成员从思想上统一，于流程上配合，在技术上革新。云平台基础设施需要提供全自动化的可用性保障，以及应用指标、日志收集与应用监控、故障转移、扩缩容等能力。

应用程序从设计之初就为在云上运行做好了准备。基于云原生构建的平台往往是开放式平台，并非所有应用都能基于标准框架构建，这意味着部分业务开发者不仅要精通业务，写好业务代码，还要考虑应用如何在云平台上平滑运行，如何确保应用的高可用和高性能，如何与上下游服务通信等。

同时，组织架构层面和流程层面都要给予配合，最佳实践是将团队按照不同功能子系统划分，并基于 DevOps 思想完成持续集成、持续交付和持续运维。

6.1.2　云原生基础设施的价值

云原生基础设施为技术创新和流程改进提供了核心支撑平台，这些创新技术完全打通了持续集成和持续交付的整个链路，使得整个企业可以以较低成本构建统一的 DevOps 平台，让不同业务和部门受益。

（1）轻量级容器提升了资源利用率，容器技术无须模拟完整的操作系统，所有计算资源都可用于应用支撑。

（2）基于声明式 API 的高度自动化系统，使得系统可以拥抱动态环境，用户可以将对系统或应用的期望状态写进声明式 API，由云原生控制器来确保系统真实状态与用户期望的一致。当应用依赖的环境出现变化，如遇上节点宕机或瞬时请求增大等情况时，云原生控制器可以通过故障转移、自动扩容等手段确保应用的高可用。

（3）模型标准化降低了供应商锁定风险，使得基于通用技术的混合云成为可能。云原生技术栈将声明式 API 作为云计算领域的标准进行推广，该标准被主流云计算厂商认可并适配，这使得云用户可以基于相同 API 接入不同云原生平台，降低了云用户构建混合云的成本。

（4）工具链的打通成就了持续集成和持续交付流水线，随着云原生技术栈的不断发展，持续集成和持续交付流水线的完整工具链日趋成熟，企业可以构建生产化的自动流水线，并实现重复作业的复用。

（5）统一了监控和运维体系，基于容器技术和服务网格的云原生基础设施，使得应用的可观测性方案趋于统一，这包括资源使用率、访问请求指标、分布式链路追踪等。

6.1.3　云原生基础设施的实现

云原生基础设施示意图，如图 6.1.1 所示。

图 6.1.1　云原生基础设施示意图

1. 基于容器的一致性运行环境

容器技术可以说是云计算领域的变革性创新，是云原生技术最核心的驱动力，其引领了云原生时代。容器技术基于 Namespace 和 Cgroup 技术，具有将应用进程放置在隔离环境下运行，并进行资源管控的能力。基于 OverlayFS 和容器镜像，容器实现了将操作系统、中间件安装、配置文件生成、应用程序安装和运行通过源文件（Dockerfile）定义并打包的能力。

为配合源代码的版本管理，容器镜像支持用不同标签标记同一镜像的不同版本。在构建容器镜像时，通常可以按照不同的代码版本，将容器镜像标记上不同的标签。利用镜像仓库和容器运行时的支持，容器技术实现了标准的文件分发能力。容器技术这种"一次编译，到处运行"的特性使得容器镜像可以在持续集成环节中构建，在生产系统中使用。而无论容器镜像在哪种环境中运行，应用程序运行时的环境都是完全一致的。这解决了传统技术栈中常见的环境不一致导致的研发环境测试通过的代码在提交测试时无法运行，或者测试完成的代码部署到生产系统可能引发故障的问题。

云原生倡导配置和代码分离，任何可能的配置变更都应该通过 Kubernetes 对象来完成，这些对象应该通过外挂存储的方式挂载到容器内部。而容器镜像本身是不可变的，也就是基于容器技术的云平台可以防止用户直接登录至容器内部进行配置修改。当故障转移发生时，新的应用实例与被替换掉的应用实例完全一样。

2. 基于声明式 API 的系统

云原生的核心项目是 Kubernetes，该项目是一个声明式系统（Declarative System），其核心思想是将云计算领域涉及的所有对象抽象成标准 API，并与不同厂商一起，将这些 API 定义为业界标准。这种标准化的声明式 API，将业界不同企业、不同业务场景面临的问题统一起来，使得开源社区的所有人合力完成典型用例的代码实现。

如果原生对象无法满足某些业务需求，Kubernetes 还提供了扩展对象 CRD（Custom Resource Definition），与数据库中的开放式表类似，用户可以基于自定义资源定义任何扩展对象并描述其特殊业务场景，编写自己的控制器完成业务配置。有了这个扩展能力，Kubernetes 平台就变成了一个基于声明式对象定义任意业务场景的开放式平台。

在声明式系统的加持下，云原生涉及的一切代码、应用配置、基础架构配置，甚至整个数据中心都可以以源代码的方式管理起来，所谓"云原生下一切皆代码"。

3. 统一的可观测性方案

云原生鼓励微服务架构，而微服务往往不是独立存在的。一个微服务应用被部署到云原生平台之后，需要与上下游服务进行通信，如何查找下游服务的健康实例并发起网络调用是服务发现需要解决的问题。

服务网格让微服务之间的网络调用由平台层统一管控起来，这使得流量管理可以通过声明式 API 来灵活定义，并完成流量灰度等业务目标。

服务网格使得集群中流量的可观测性显著提升，访问日志、性能数据或者分布式追踪都在平台层面有了统一方案。

所有的容器应用都以相同的技术管理应用进程，应用进程的资源使用情况体现在 Cgroup 的状态文件中；应用健康状态可由 Kubernetes Pod 中定义的健康探针实时探测。Kubernetes 平台会统一收集健康状态和资源利用率指标并汇报给监控平台，提供了统一的应用监控平台。应用只需要很少的开发和配置成本即可接入监控平台，极大地降低了监控成本。

4. 工具创新

以 Jenkins 为代表的传统流水线工具有一个明显的缺陷，即在这些工具中配置流水线通常需要编写很长的运行脚本，而这些脚本通常没有很好的版本管理，难以维护，复用性差。为解决这些问题，社区推出了基于云原生技术栈和声明式 API 的流水线项目 Tekton。该项目引入了 Task、TaskRun、Pipeline、PipelineRun 等对象，方便用户将原子操作定义成独立的 Task，并将多个 Task 串联到一个 Pipeline 中，实现了以声明式的方式触发一个流水线作业。

5. 流程创新

DevOps 的核心是去除研发团队、测试团队和运维团队之间的壁垒，将运维前移，研发人员不仅要为产品设计和代码实现负责，更要为功能上线和由此引发的数据迁移，以及上线后的持续运维负责；DevOps 推崇自动化思想，要求将重复的日常工作和重复流程抽离出来，以自动化作业的形式完成，以便使团队腾出空间和时间进行更高级的工作；软件开发和交付团队变成一个整体，确保企业能持续交付对客户有价值的功能；要求团队不断优化测试、部署、配置管理和系统监控等自动化工具；要求团队的结构改进，以更好地适应 DevOps 流程。

云原生是基于声明式构建的生态，在云原生领域中，一切皆代码。应用代码、应用配置、基础架构乃至整个数据中心都可以以代码的形式组织起来，而源代码都可以在 GitHub，GitLab 等代码版本管理工具中管理起来，有了自动化流水线，一切生产系统的变更都可以基于 Git 的一个事件触发，这就使得基于 Git 的运维 GitOps 成为可能。

GitOps 对于开发人员来说很有吸引力，采用了开发人员熟悉的 Git 工具来实现部署，增强了开发人员的部署体验，改变了团队之间协同和共享的方式。Git 是持续交付的中心，是系统所有描述（包括程序和配置信息）的唯一真实来源。集群上每个功能模块现有预期状态的描述，以及随着时间变化的演变历史，皆可在 Git 上查询，并对团队的所有人可见。

6.1.4　云原生的技术演进趋势

云原生发展多年，基础设施层面的技术不断演进，由此引发的应用架构迭代也从未停止，应用架构的迭代反过来也在助推平台侧的技术革新，二者相辅相成。下面从应用侧和基础设施侧的技术迭代路线来分析云原生技术的演进趋势。

1. 应用侧

1）架构轻量化

回首二十年前，人们还坚信摩尔定律的存在，计算机的算力每两年便会翻一番，硬件厂商追求的是单机性能。而由于当时的应用逻辑尚不复杂，因此多以单体应用的形式部署，即一个系统的所有功能都跑在单一进程中。

传统单体应用的逻辑复杂、启动慢、资源开销大等特点，使得其在 Kubernetes 这样的动态环境中面临较多挑战，比如应用实例资源开销大会导致节点装箱率不足，进而导致集群资源利用率低，而启动慢会使业务的故障恢复和扩缩容困难。

为满足互联网时代日益复杂的系统功能需求并实现快速迭代，人们开始尝试将单体应用的不同功能模块拆解成可以独立部署的子系统。这个尝试从早期的面向服务的架构（Service Oriented Architecture），到当下的微服务架构（Microservice），复杂系统被拆解成独立的功能模块，不同的功能模块由不同团队完全负责。不同子系统以独立应用的形式部署，基于网络协议互相调用，并形成一个大的生态系统。每一个子系统的复杂性大大降低，对资源的需求灵活，配置也相对简单，并可快速启动，与云原生系统提供的能力相得益彰。

2）应用规模化

《云原生基金会 2020 年用户调查报告》显示，Kubernetes 在生产中的使用率从 78%增加到 83%；容器在生产中的使用率从 84%增加到 92%，容器规模超过 5000 的用户在 2020 年达到 23%。由此可以看出，Kubernetes 不仅被生产系统应用了，而且是大规模应用，当前云原生技术已经从概念验证阶段发展到大规模生产应用阶段。

3）应用复杂化

很多人在初识云原生技术栈时，苦于没有应用场景，自觉无用武之地；也有些人在入门云原生技术栈以后，面对其复杂性和未来的不确定性充满焦虑，不知道下一步该往哪里走。其实，只要理解了云原生的发展趋势，就可以在瞬息万变的技术迭代中抓住主线，把握趋势。

4）持续构建流水线

容器技术的封装性使得在构建应用容器镜像时，应用运行的所有依赖都需要被安装至容器镜像中，该镜像可以被上传至镜像仓库并可在任意环境下下载并运行。这种强大的应用程序打包和分发能力，对持续构建和持续交付流水线非常友好。因此，尝试容器化和云原生的第一步，可以先尝试基于 Kubernetes 的持续集成流水线构建，传统的流水线工具 Jenkins、面向云原生的流水线工具 Tekton 等都可适用于不同技术发展阶段的组织。

在完成流水线搭建以后，就可以尝试将一部分云应用迁移至云原生平台，从最简单的无状态应用开始。无状态应用的配置部署、故障转移、版本升级等能力相对简单，通常是云原生改造的最佳试验田。

5）无状态应用管理

此阶段可能涉及的工作包括应用的容器化改造和应用上云。我们通常说，容器技术是一种轻量级的虚拟化技术，但本质上，容器只是运营在主机操作系统上不同 namespace 的进程，其本质上并未运行在独立的操作系统中。当在容器应用中获取操作系统资源，如 CPU 信息时，返回的是主机操作系统的总核数，而不是分配给该容器进程的核数，容器化应用要感知这些不同并进行适配。

在应用容器化改造完成后，为适应云上部署，需要完成如下一系列改造。

（1）存算分离。顾名思义，存算分离是对计算和存储的解耦，即将承担业务计算逻辑的组件变成无状态（Stateless）组件。无状态应用的优势是可以随意替换，这使得应用的负载均衡、故障转移、扩缩容都可以基于实例变化，直接而高效。

（2）健康探针和优雅终止。为配合应用实例的替换，应用实例自身的状态需要被精细化管理，包括服务是否就绪、是否健康等；应用同时需要支持优雅终止，以便防止副本替换时对最终用户体验产生影响。

6）有状态应用管理

在完成无状态应用上云以后，团队技能已经能够支撑有状态应用的容器化。Kubernetes 提供原生 API Statefulset 支撑有状态应用，一些比较新的有状态中间件，比如 etcd、elasticsearch 等常常可以使用原生 API 直接接入。

而有状态应用容器化的实现千差万别，原生 API 无法支撑某些传统的中间件或者数据库的云原生化。以 MySQL 为例，如果对服务等级要求不高，比如单实例的 MySQL 已经能满足需求，那么 Statefulset 完全可以满足生产化的需求。但如果对服务等级要求很高，比如必须以 Galera 集群的形式来管理生产环境，则只能基于扩展 API+控制器的模式来完成 MySQL 的集群管理。有状态应用云原生化的过程，其实是系统运维自动化在 Kubernetes 平台上逐步实现的过程，能否在云原生平台进行管理依赖于团队对应用的理解、运维自动化水平和对云原生技术栈的理解。

7）服务网格

在云原生技术出现之前，Spring Cloud 是 Java 语言中微服务的代表。Spring Cloud 将 Netflix 开源的微服务组件以 SDK 的形式内嵌到框架内，提供了一整套的服务发现、负载均衡、限流、熔断等微服务核心能力。此种微服务框架与程序语言紧紧绑定，企业一旦选定了 Spring Cloud 作为微服务框架，就意味着未来迁移至其他微服务平台的成本非常高。

服务网格解决了微服务框架和应用紧耦合的困境，微服务框架以 Sidecar 代理的形式与用户应用进程运行在同一主机。所有的入站和出站流量均经由 Sidecar 转发，与微服务相关的负载均衡配置、限流、熔断等能力也从业务实例中剥离出来，成为平台配置。

2. 基础设施侧

云原生基础设施与传统云平台的一个本质区别是，Kubernetes 是一个声明式系统，该平台将所有管控对象抽象成标准 API，并引入控制器模式监听对象变化，确保对象的真实状态与用户的期望状态一致。

控制器模式使得平台成为一个时刻都在工作的、拥抱动态变化的全自动化平台。自诞生之日起，Kubernetes 就将自身定义为下一代云计算标准。在过去的几年中，以 Kubernetes 为核心的云原生技术栈在持续地朝着标准化的方向演进，包括 API 定义标准化、实现标准化、服务网格带来的观测标准化，以及由标准化所衍生出来的计算边缘化与部署多样化。

1）API 定义标准化

Kubernetes 对其管控的所有对象都进行了抽象，比如 Node 代表计算节点，Pod 代表应用实例，Configmap 代表配置文件，Service 代表可访问的服务等。随着版本的演进，这些对象的成熟度也在不断提升。由于 Kubernetes 是厂商中立项目，因此被云厂商广泛认可和使用，这使得 Kubernetes 成为下一代云平台的理论和事实标准。

同时，Kubernetes API 提供了基于 CRD 的强大扩展能力，平台管理的一切对象均可被抽象成与原生 API 一样的扩展 API。这使得 Kubernetes 的扩展管理能力极强，你可以用 Kubernetes 来定义和管理。

2）实现标准化

在 Kubernetes 的早期版本中，框架代码与一些插件实现代码并未完全解耦。以运行在每个节点上的代理程序 Kubelet 为例，为拉起应用进程并挂载存储和网络，Kubelet 耦合了 Docker 代码、存储代码和网络配置代码。这使得早期 Kubernetes 的版本发布和不同插件，比如存储插件的发布变成紧耦合，极易出现框架代码已经就绪但存储插件代码尚未就绪，或者插件代码急需版本更新但 Kuernetes 不能及时发布的情况。

随着云原生技术栈的演进和迭代，此种紧耦合的代码逻辑被重新设计，应用进程运行所需的运行时支持、网络配置和存储配置被抽象成容器运行时接口（Container Runtime Interface）、容器网络接口（Container Network Interface）和容器存储接口（Container Storage Interface）。框架代码可以调用接口，并由不同的插件完成最终配置。

3）服务网格化

服务的精细化管理是 Kubernetes 平台欠缺的重要一环，云原生技术栈中引入了服务网格技术为 Kubernetes 赋能，使其成为服务部署、配置、管理的闭环系统。基于 Sidecar 代理的服务网格与传统的微服务框架相比，具有极大的优势，所有入站和出站流量都经由 Sidecar，故 Sidecar 侧可以提供如下丰富的治理能力。

（1）流量管理。常见的流量管理配置包括基于访问路径的服务转发、基于请求包头的流量转发等。基于 Sidecar 代理的服务网格将路由配置抽象成标准 API，由云平台用户定义，并由服务网格控制面统一下发至代理侧，并即时生效。

（2）协议升级。服务到服务的调用在服务网格中变成代理到代理之间的网络调用，而代理之间的网络调用可以彼此协商，这使得通信协议的升级成为可能。常见的协议升级优势包括 HTTP 1.x 到 HTTP 2.0 的升级所带来的性能提升，HTTP 到 HTTPS 协议升级带来的安全保证等。

（3）统一的认证鉴权。服务网格基于内置 CA 实现证书的颁发和延期，基于证书的双向 TLS（Transport Layer Security）认证使得服务网格平台提供了统一认证方案。基于请求包头的统一鉴权使得服务网格平台实现了基于应用层协议的精确化流量管控。

（4）统一的可观测性。所有入站和出站流量的源 IP 地址、目标 IP 地址、返回码、网络延迟等网络调用信息均可由 Sidecar 代理统一上报至监控平台，这使得针对流量的监控变得标准化。同时，服务网格对链路追踪的支持，使得平台用户对应用进行分布式链路追踪也变成较易达成的目标。

4）计算边缘化

随着智能设备的普及，以及"万物互联"概念的兴起，越来越多的设备有接入互联网的需求，这些设备全部接入云端所需的网络带宽和算力是无法想象的。Gartner 预测，到 2025 年，有超过 95%的新数字计划将基于云原生平台，而 2021 年这一比例还不到 40%；到 2029 年，将有超过 150 亿个物联网设备连接到企业基础架构。

边缘设备采集的数据传输至数据中心进行集中化处理的成本是非常高的，这意味着海量数据需要进行传输、存储和再处理。为降低数据的处理成本和对骨干网的压力，边缘计算应运而生。边缘计算允许在数据收集源附近实时处理和分析数据。在边缘计算中，数据不需要直接上传到云或集中到数据处理系统。云原生技术栈中有诸多项目支撑边缘计算场景，在未来几年，边缘计算依然是云计算的一大重要发展领域。

5）部署多样化

自建数据中心还是直接用公有云一直是众多组织不断争论和探索的，其中需要考虑的因素包括成本、安全、效率等。在传统技术栈中，由于不同云厂商提供的 API 不尽相同，因此从一个厂商的云迁移至另一个厂商的云的成本较高。

在云原生技术栈被广泛采用后，除了企业自建的数据中心，不同云厂商也都基于相同 API 提供服务，因此私有云和公有云，甚至多种云的混合部署成为一件非常自然的事情。自 2021 年开始，各大云厂商开始发布分布式云，其主推的能力也是基于云原生技术栈将不同厂商、不同物理位置的数据中心统一管控起来。

6.1.5　云原生基础设施的达成路径

云原生基础设施的创新性较强，云原生落地可能包括单体应用到微服务架构的变更，以及应用容器化、应用编排、服务发现、服务网格的全方位变革。一些企业很容易陷入全方位推进云原生基础设施和应用落地的"冒进"方案中，而太多的变化会让项目落地的风险变大。

应对这种局面的最佳实践是将整个云原生生态的构建分阶段进行，可分为云原生基础设施构建、云原生能力探索、新应用落地、现有应用的分析、分阶段重构和迁移等多个阶段。在应用迁移阶段，应优先将简单的无状态应用迁移为云原生架构，再规划复杂的、需要将数据进行持久化存储的有状态应用的迁移方案。

E 公司是一家全球知名的互联网公司，该公司曾经维护了全球规模最大的基于虚拟化技术的 Openstack 集群。为了 Openstack 集群运维，并在其上运行生产业务，如图 6.1.2 所示。该公司将内部组织划分为 IaaS、PaaS、应用层开发等多个团队。IaaS 团队负责维护硬件设备、虚拟机、存储、网络负载、均衡器和 DNS 服务器；PaaS 团队负责维护应用生命周期管理、持续构建与持续交付流水、应用高可用配置、应用发布策略支持等应用平台组件；在 PaaS 平台基础之上，有应用开发和运维团队负责应用的中间件，以及常见的 Web 应用、大数据应用、AI 业务等不同类型应用的开发和运维工作。

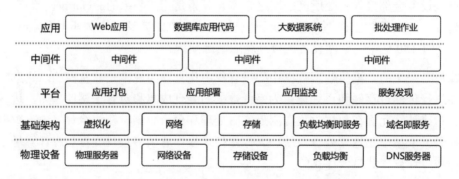

图 6.1.2　基于虚拟化云的分层架构

在云原生出现之后，E 公司决定从虚拟化平台转向云原生平台，因为基于云原生的自动化运维理论上会使该公司运维成本显著降低。E 公司将 Kubernetes 作为下一代云平台大力建设，从虚拟化团队抽取部分开发人员构建容器化平台，包括镜像仓库、集群管理、流水线的建设、企业认证系统的整合、权限管理、安全加固和云资源整合，等等。同时，E 公司决定实现应用全面容器化，暂停所有业务的功能迭代，全力开始进行容器化和云原生化改造。

这时混乱开始出现，这种自下向上的全面改造，影响范围如此之大，以至于不同团队在进行方案讨论时，经常会出现一个方案要持续讨论几个月而无法最终给出合理方案的情况。业务容器化改造进度缓慢，业务人员最终无法承受长时间功能无法迭代的压力，纷纷转回虚拟化平台；平台侧的改造，因为没有足够业务的支撑，无法进行大规模验证。这造成了云原生平台在前两年停滞不前，投入了大量的人力开发却没有真正落地。

随之而来的是管理层变更，新的负责人在了解到当前的混乱状况以后，做了一个决策，这也决定了该团队未来数年的命运。这个决策是，继续平台的容器化建设，继续以生产系统的要求来构建集群，但将业务的全面容器化改造节奏放缓。无状态的云应用作为第一批试点应用，以胖容器的形式迁移至 Kubernetes 集群。

所谓胖容器，就是由容器化部门负责构建一个与虚拟机镜像等价的容器基础镜像，模拟完整的操作系统。而应用会将胖容器当作标准的操作系统，不用感知底层是不是容器化平台，这个折中的方案使应用无须改造业务代码即可实现从虚拟机到容器的迁移，应用的构建、部署、升级与原来体验一致。该方案使 Kubernetes 平台提供的容器实例与虚拟机实例几乎一致，云业务得以平滑迁移至 Kubernetes 平台，如图 6.1.3 所示。

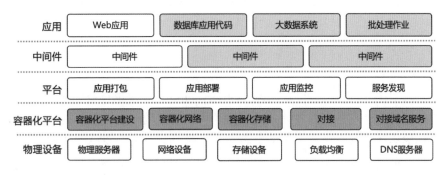

图 6.1.3　基于胖容器的容器化方案

在完成该阶段业务改造以后，所有云业务已迁移至 Kubernetes 平台，而旧的 Openstack 集群可以进一步收缩，更多工程师从旧平台开发团队转至云原生开发团队。

下一步的计划是对应用运行模式与构建方式的改造：应用不再需要冗长的预加载和引导脚本；源代码的构建结果不再是传统的应用包，而是与应用相关的容器镜像，如图 6.1.4 所示。由此，E 公司的数千个云业务得以脱离胖容器模式，正式走上云原生的道路。

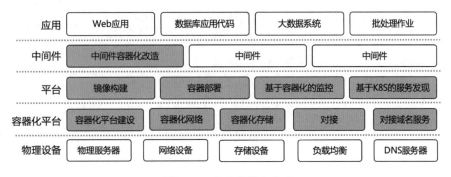

图 6.1.4　全面容器化改造

这个方案不仅仅用在 E 公司，也是众多公司从传统云平台迁移至云原生平台的共同路径。聚焦于平台的生产化建设，基于胖容器将业务平移至容器化平台之后，再进行标准的容器化改造，通常是进行应用平台平滑迁移的正确决策。

6.2 可观测性

核心观点

- 可观测性一般从事件日志、链路追踪和聚合指标三个方向进行研究。
- 可观测性有助于开发者成为"系统侦探"，在系统运行时能够提出和回答新问题。
- OpenTelemetry 是由 CNCF 推出的可观测性生态标准规范，提供与厂商无关的可观测性解决方案。

6.2.1 可观测性概述

随着分布式架构渐成主流，可观测性（Observability）一词也日益频繁地被人提起。在学术界，虽然"可观测性"是近几年才从控制理论中借用来的概念，但其内容实际在计算机科学中已有多年的实践积累。学术界一般会将可观测性分解为三个更具体的方向进行研究，分别是事件日志、链路追踪和聚合指标，这三个方向各有侧重，又不完全独立，它们天然就有重合或者可以结合之处。2017 年的分布式追踪峰会（2017 Distributed Tracing Summit）结束后，Peter Bourgon 撰写的总结文章 *Metrics, Tracing, and Logging* 系统地阐述了三者的定义、特征，以及它们之间的关系与差异，受到了业界的广泛认可。

那么，服务产生什么样的数据才能被观测到呢？

如图 6.2.1 所示，支撑可观测性的三大支柱分别为日志、追踪、指标，我们可以通过获取三方面的数据信息来构建可观测性能力。下面分别介绍三种数据类型及它们所发挥的作用。

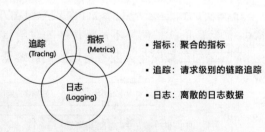

图 6.2.1   日志、追踪、指标的目标与结合

（1）指标是按时间间隔表示收集数据的数字表示形式。时间序列数据易于存储和查询，有助于查找历史趋势。在一段时间内，数值数据可以做粒度更小的聚合，如每天或每周的数据。

（2）日志代表离散事件，日志条目对于调试至关重要，因为它们通常包括堆栈跟踪和其他上下文信息，可以帮助确定观测到的故障现象及其原因。

（3）追踪是对一个请求从接收到处理完毕的整个生命周期的跟踪，通常请求都在分布式的系统中处理，故也叫做分布式链路追踪，可以捕捉请求之间的延时、错误、状态等信息。

6.2.2　可观测性的价值

可观测性是成功系统（尤其是生产系统）的关键特征。随着系统的快速发展，它们变得越来越复杂，而且更容易出现故障。可观测性可以帮助我们对系统进行审计，检查和整理系统发生的问题及发生时间和原因等。可观测性带来了可以基于数据进行探索并解决问题进而改进产品的方案。这与日志、指标或跟踪无关，而是关乎在调试过程中驱动数据并使用反馈来迭代和改进产品。传统上，系统管理和监控在解决诸如"服务器是否在响应"之类的封闭问题方面非常出色。可观测性则将这种能力扩展到回答"我是否可以实时跟踪用户交互的延迟"或"昨天提交的用户交互的成功程度如何"之类的开放性问题上。

可观测性有助于你成为"系统侦探"，帮助你成为自己系统的"福尔摩斯"，在系统运行时能够提出和回答新问题。

6.2.3　可观测性的实现

OpenTelemetry 是一个由 CNCF 推出的可观测性生态标准规范，提供与厂商无关的可观测性解决方案。其合并了 OpenTracing 和 OpenCensus 项目，涵盖 Trace、Metrics 和 Log 统一标准，提供一组 API 和库来使可观测性数据的采集和传输标准化；提供了一个安全的、厂商中立的工具，这样就可以按照需要将数据发往不同的后端。另外，OpenTelemetry 兼容 OpenTracing 和 OpenCensus，对于使用 OpenTracing 或 OpenCensus 的应用无须改动则可接入 OpenTelemetry，适用于推动在所有项目中使用一致的规范。OpenTelemetry、OpenTracing 和 OpenCensus 的介绍，如表 6.2.1 所示。

表 6.2.1　OpenTelemetry、OpenTracing 和 OpenCensus 的介绍

标准	简介	状态
OpenTracing	链路追踪领域的标准，目前业界系统支持最多的标准	停止更新，保持维护状态到 2021 年
OpenCensus	Trace、Metrics 领域标准和实现	停止更新，保持维护状态到 2021 年
OpenTelemetry	可观测性领域的标准，对 Trace、Metrics、Log 统一支持的唯一标准	标准正在快速迭代中，V1.1.0 的 Trace 部分已较为成熟

1. OpenTelemetry 架构

由于 OpenTelemetry 旨在成为一个为厂商和可观测性后端提供的跨语言的框架，因此灵活

性好、可扩展性强，但同时也很复杂。在 OpenTelemetry 的默认实现中，其架构可以分为三部分，如图 6.2.2 所示。

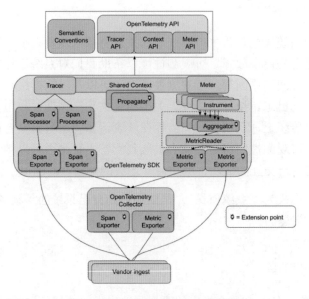

图 6.2.2　Opentelemetry 技术架构

- OpenTelemetry API：应用程序开发人员使用开放观测 API 来检测代码，库作者使用它直接将检测写入库中，API 不解决操作或数据如何发送到供应商后端的问题。
- OpenTelemetry SDK：是 OpenTelemetry API 的一种实现，该 SDK 由三部分组成，即追踪、指标及将它们串联在一起的共享 Context 层，类似于前面介绍的 API。
- Collectors：是一项独立的服务，可以从各种来源（包括 Zipkin、Jaeger 和 OpenCensus）中提取指标和 Span 信息，可以对 Span 实施采样、过滤、数据加工处理等，并能够将 Span 和指标导出到供应商或开源可观测性平台。Collector 数据的接收、转换和发送都是由 Pipeline 完成的，Collector 可以配置一个或多个 Pipeline。如图 6.2.3 所示，每个 Pipeline 都由 Receiver、Processor 和 Exporters 组成。

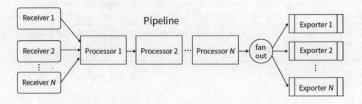

图 6.2.3　Collectors 技术架构

2. OpenTelemetry 规范——分布式链路追踪

一条分布式链路追踪是一系列事件（Event）的顺序集合。这些事件分布在不同的应用程序中，可以跨进程、网络和安全边界。例如，该链路可以从用户点击一个网页的按钮开始，在这种情况下，该追踪会包含从点击按钮开始所经过的所有下游服务，最终串起来形成一条链路。

1）Trace

Trace 是一种数据结构，代表了分布式追踪链路。Trace 在 OpenTelemetry 中是通过 Span 来进一步定义的。我们可以把一个 Trace 想象成由 Span 组成的有向无环图（DAG），图的每条边代表 Span 之间的关系——父子关系。下面展示了在一个 Trace 中 Span 之间常见的关系。

```
[Span A]  ←←← (根 Span（root span）))
|
+------+------+
|             |
[Span B]      [Span C] ←←← (Span C 是 Span A 的孩子)
|             |
[Span D]      +---+-------+
|             |
[Span E]    [Span F]
```

有时候，我们可以用时间轴的方式更简单地可视化 Trace。

```
--|-------|-------|-------|-------|-------|-------|-------|-> 时间轴
[Span A·············································································]
[Span B···········································································]
[Span D·······················································]
[Span C·····························································]
[Span E·······] [Span F··]
```

2）Span

Span 也是一种数据结构，代表了 Trace 中的某一个片段。每个 Span 都封装了以下状态：

- 操作名（operation name）。
- 开始/结束时间戳（start and finish timestamp）。
- <Key:Value>形式的属性集合，Key 必须是字符串，Value 可以是字符串、布尔或者数字类型。
- 0 个或者多个事件（Event），每个事件都是一个<Key:Value> Map 和一个时间戳。

- 该 Span 的父 Span ID。
- 通过那些 Span 的 SpanContext 机制链接到 0 个或多个有因果关系的 Span。
- 一个 Span 的 SpanContext ID。

3）SpanContext

SpanContext 是指 Span 上下文，包含所有能够识别 Trace 中某个 Span 的信息，而且该信息必须要跨越进程边界传播到子 Span 中。SpanContext 包含将会由父 Span 传播到子 Span 的追踪 ID 和一些设置选项。

- TraceID 是一条 Trace 的全局唯一 ID，由 16 个随机生成的字节组成，TraceID 用来把该次请求链路的所有 Span 组合到一起。
- SpanID 是 Span 的全局唯一 ID，由 8 个随机生成的字节组成，当一个 SpanID 被传播到子 Span 时，该 ID 就是子 Span 的父 SpanID。
- TraceFlag 代表一条 Trace 的设置标志，由一个字节组成（其 8 bit 都是可设置的标志位）。
- Tracestate 携带具体的跟踪内容，表现为[{key:value}]键值对的形式，允许不同的 APM 提供商加入额外的自定义内容和对于旧 ID 的转换处理。

4）Span 之间的链接

Span 可以和多个其他 Span 产生具有因果关系的链接（通过 SpanContext 定义）。

这些链接可以指向某一个 Trace 内部的 SpanContext，也可以指向其他的 Trace。

一个使用 Link 的例子：申明原始 Trace 和后续 Trace 之间的关系，如 Trace 进入一个受信边界后需要重新生成一个新的 Trace。被链接的新 Trace 也可以用来代表被许多快速进入的请求之一所初始化的一个长时间运行的异步数据处理操作。

6.2.4　案例研究：腾讯互娱可观测性平台实践

1. 背景

团队为腾讯游戏场景提供低成本、更快速高效的精细化运营解决方案，包括海量在线营销活动、多样化的数据应用等服务。此案例采用云原生技术作为底座，平台以微服务化架构来设计，服务间调用关系复杂且直接面向 C 端，当链路中某一个环节出现性能问题时，及时发现、定位、追踪、根因分析对运营人员而言是非常大的挑战。

2. 行动

通过构建服务可观测性能力——玄图，从指标、日志、追踪三个维度展开建设，基于云原生应用数据采集与传输标准 OpenTelemetry，规范研发上报的 SDK，实施 Agent 端的采集治理，构建后端海量业务数据的缓存、分析处理、拓扑查询、调用可视化与告警等，同时，基于 AIOps 机制实现服务异常检测与根因分析。平台架构图如图 6.2.4 所示。

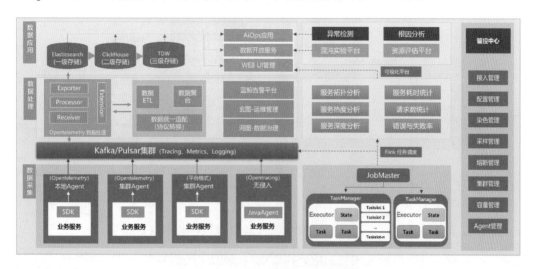

图 6.2.4　玄图的可观测性技术架构

（1）稳定性架构：支持多租户管理与运营，支持主机与 Kubernetes 环境部署，支持百亿 PV 架构。

（2）统一上报：遵循 OpenTelemetry 协议规范，实现异构数据源数据协议。

（3）采集治理：支持多种动态采样策略（头部&尾部）、数据聚合控制、熔断及降级机制。

（4）服务解耦：引入 Kafka/Pulsar 消息中间件做上下游解耦，方便扩展前后台能力。

（5）应用扩展：数据层遵循 lambda 架构，既满足多种实时应用需要，又可持久化存储数据。

（6）链路数据开放：为运营场景中的资源评估、业务架构理解、影响分析、混沌强弱依赖分析等模块提供数据开放。

（7）多语言 SDK 支持：目前可支持 Golang、Python、C++、PHP、Rust、JavaScript 等多种开发语言。

玄图的可观测性采集治理架构，如图 6.2.5 所示。

（1）采样治理：

头部采样：入口服务开启采样并向下游服务传递。

尾部采样：缓存数据，后端对上报数据规则过滤，目的是筛选出有价值的数据。

存储"冷热分离"：热数据（保存 1 天）采用高性能实时检索引擎，冷数据采用离线数仓库方案，追求最高 ROI（Return On Investment，投资回报率）。

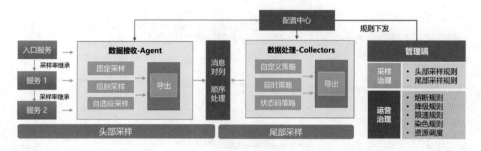

图 6.2.5　玄图的可观测性采集治理架构

（2）运营治理：

熔断：在紧急情况下，按照租户、服务名、函数等规则临时关闭采样。

降级：负载过高时自动关闭复杂的采样规则，采用固定采样率。

限速：丢弃超过自身服务上限的请求，保障服务柔性可用。

染色：给 Trace 数据新增染色标签，定义染色数据上报规则。

3. 结果

通过构建服务可观测性能力，提升了 DevOps 交付链整体质量，实现了复杂服务链路的拓扑绘制，能够快速发现与处理异常并进行影响面评估，帮助研发人员发现服务瓶颈点，通过对海量离线数据分析，并结合 AIOps 算法，具备一定的异常检测及根因分析等能力。同时，将业务拓扑结构作为价值输出，与混沌工程对接实现强弱依赖分析；与资源评估系统打通，实现链路压测并给出合理资源分配方案。

6.3　全景监控

核心观点

- 全面的监控和可观测性解决方案有助于持续交付。
- 全景监控的主要价值是帮助企业实现业务透明，提高对问题的响应速度，增加对全局的把控。
- 监控体系通常包括监控数据采集、传输、落盘、可视化、警情评估、监控告警和数据分析等。

6.3.1　全景监控概念

Google 的 DevOps 研究和评估机构（DORA）的研究表明，全面的监控、可观测性解决方案及许多其他的技术实践，有助于持续交付。

DORA 的定义：“监控是可以帮助团队观察和了解其系统状态的工具或技术解决方案，它基于一组预定义的指标或已收集的日志。监控是收集、分析和使用信息并跟踪应用和基础架构以指导业务决策的过程，是一项关键功能，可以让你更深入地了解系统和工作内容。正确实施的监控还可以为你提供快速反馈，以便在软件开发生命周期的早期阶段快速发现并解决问题。”

我们要做的是提供对复杂信息系统的全面监控，得到一个可控、可预测的云上环境，保证服务能够智能、高效、可持续地运行。

6.3.2　全景监控的价值

1. 企业 IT 架构带来的监控演进

在过去的很长一段时间里，企业初期使用一台或多台大型机、小型机来获取计算和存储能力，这样购买成本和运维成本都很高，而且存在架构不灵活、资源利用率低等问题。后来，企业开始在各大数据计算中心租用硬件进行托管，所有的运维监控内容均有数据中心提供保障，但企业仍需要提供计算设备和系统的运维保障。

随着微服务架构的日渐流行，云架构的弹性带来了资源的灵活性和集约化，使企业投入在运维上的人工成本大大降低。很多开源监控方案已经做到了自动监测、持续变更和自动告警，大大减少了人力投入。

2. 全景监控的重要性

监控系统是整个 IT 架构中的重中之重，小到故障排查、问题定位，大到业务预测、运营管理，都离不开监控系统，可以说一个稳定、健康的 IT 架构中必然会有一个可信赖的监控系统。其具体价值体现为以下几点。

（1）业务透明：可以做到对每一条业务线清晰的监控，使所有业务都更加透明。

（2）响应及时：全场景下的监控可以发现不同方向的问题，而提前发现和处理底层依赖的性能问题，会使问题的响应更加及时。

（3）分析变化：全景监控的数据加上时间维度，可以准确分析数据层面的变化趋势。

（4）预判风险：当对数据变化趋势的分析得到一定积累时，监控体系对风险的预判和业务的预测也会越来越完善和准确。

（5）全局把控：全景监控有利于提升业务问题的响应速度，其提供的变化分析和具有的可预测性，有利于提升对全局的把控能力。

6.3.3　全景监控的实现

1. 云架构下的全景监控需要关注的内容

1）监控内容按照层级分类

自上而下包含但不限于：

- 业务全链路监控。
- 云架构下的微服务监控和日志监控。
- 中间件和外部依赖监控。
- 数据库监控。
- 服务器监控。

2）监控的数据形态分类

- 日志类（Logs）。
- 调用链路类（Tracing）。

2. 成熟的监控体系应具备的功能

1）监控体系架构

下面是一个比较通用的监控体系架构，如图 6.3.1 所示。

监控数据采集：采集的方式有很多种，包括日志采集（通过 Logstash、Filebeat 等进行上报和解析）、JMX 标准接口输出监控指标、被监控对象提供 REST API 进行数据采集（如 Hadoop、ES）、系统命令行、统一的 SDK 进行侵入式的埋点和上报等。

数据传输：将采集的数据以 TCP、UDP 或者 HTTP 协议的形式上报给监控系统，有主动 Push 模式，也有被动 Pull 模式。

数据落盘：即数据的存储，有的使用 MySQL、Oracle 等关系型数据库进行存储，有的使用 InfluxDB、OpentTSDB 等时序数据库进行存储，还有的使用 HBase 存储等，存储类型多种多样。

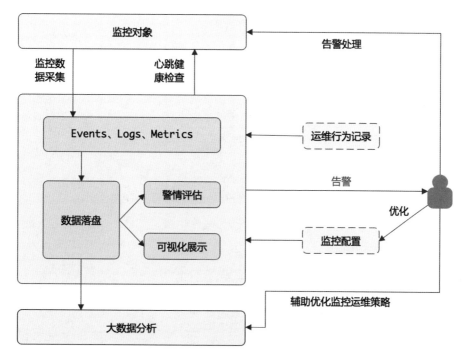

图 6.3.1　监控体系架构

可视化展示：数据指标的图形化展示。

警情评估：根据设置的监控阈值和静默时间，分析监控信息，判断告警级别。

监控告警：通过灵活的告警设置，支持多种通知渠道进行告警，比如邮件、短信、电话、IM 等。同时，应提供相应的告警升级机制。

告警处理：当接收到告警时，我们需要根据故障的级别进行处理，可以采取四象限法，如重要紧急、重要不紧急、不重要紧急和不重要不紧急来对故障进行分级。后续再根据故障级别，联系相关人员进行处理。

数据分析：主要用于故障发生后的复盘分析，收集和统计故障信息有助于预防和改进系统稳定性并减少运维成本。

2）成熟的监控体系需要具备的功能

（1）能够从上文的各个层级，收集监控信息和运行事件。

（2）能够针对阈值输出告警信息。

（3）有可视化监控平台或仪表盘展示。

（4）能够动态配置和变更监控内容和告警规则。

（5）能够结合机器学习提前告警，并提供自愈机制，给出详尽的故障报告。

3. 监控方案的选型原则

监控方案的选型应遵循以下原则：

1）难度及易用性

- 是否支持多通道的告警源和告警目标。
- 发送告警是否能够收敛（很重要，能够有效避免告警的狂轰滥炸）。
- 可配置性和学习成本。

2）通用性和扩展性

- 监控软件的语言是否匹配公司的技术栈。
- 二次开发和封装的难度。
- 外部对接与整合是否方便。

3）社区支持

- 选择更广泛应用的开源技术，以规避未知性风险。
- 完备并及时更新的文档，范例齐全。
- 较高的社区活跃度。

4）性能问题

- 监控容量支持。
- 自身容灾能力。
- 高可用支持。

4. 衡量监控效果的方法

衡量监控是否有效，可以根据以下标准进行判断：

（1）能够有效降低运维风险。

（2）能够帮助开发工程师在软件开发流程和交付过程中提升效能。

（3）能够根据已有的监控数据，帮助人们做出正确决策。

监控的效果不能简单地以收集的数据量和支持多少数据类型进行衡量，也不能在短时间内通过告警数据进行测量。监控体系的建设需要考虑投入产出比，如果监控确实帮助我们在基础架构层面或应用层面做出了正确的决策，则它的存在就是有价值的。

具体指标可以通过引入监控前后的系统异常对比进行评判。例如，私有云环境经常出现崩溃的情况，针对此问题增加必要的监控，收集监控告警数据后进行分析，发现 Etcd 延时、PLEG（Pod Lifecycle Event Generator）、节点不健康等问题占总告警的比例很高，在进行了资源调整和修复之后，私有云环境崩溃的情况减少了 75%以上，节省运维耗时 15%以上，监控效果明显。

5. 故障通知

1）使用故障通知时应遵循的原则

（1）使用告警规则。可以根据实际情况，使用告警规则。规则中应定义在哪些特定条件下触发，并产生告警通知。

（2）定义通知方式。在生成告警后，根据不同的告警规则和告警级别进行筛选分类，通过不同的通知渠道进行告警通知。可根据不同场景设置通知方式，如在流量峰值时期，应采取比较实时的通知方式（如电话告警）。

（3）设置告警阈值。告警规则应针对实际情况设置某一个指标（或告警表达式）的阈值。当指标（或告警表达式）的值超过阈值时，根据监控告警规则的阈值触发告警，实施告警并推送告警通知。

（4）故障恢复后的数据分析。在突发故障解决后，应进行事后分析和复盘，确定哪些指标可以对此次突发事件进行预测，并对告警规则进行优化，并对其进行更有效的监控。

（5）优化通知策略。如果告警通知后的修复操作都是执行相同的脚本或程序，则应该使其自动执行。还应该考虑事件的通知数量，如果无实际意义的通知数量过多，则会对运维人员造成"告警疲劳"，造成"狼来了"的假象，从而错过重要的故障提醒或延长重要故障的响应时间。应定时审核通知，删除无法采取行动的通知。

（6）谨慎选择阈值。应根据实际情况选择合理的阈值，预测到达某一阈值可能会引发的问题。通常，你应该确定到达哪些阈值或级别会对用户产生影响，然后在达到该值的某个百分比时触发告警通知。例如，你可以选择在网页的平均响应时间达到阈值的 80%时，触发提醒通知，可以先根据常规进行设置，然后根据项目的实际情况进行修改。

2）衡量故障通知的方法

对于告警系统的好坏，可以通过以下几个方面进行衡量：

（1）使用阈值设置的告警规则，应尽可能地覆盖被监控系统的全部运行状态。

（2）使用变化率（性能指标波动）的告警规则，应尽可能地覆盖被监控系统的全部运行状态。

此外，告警通知有效响应数量与全部被捕获数量的比值也可以作为衡量告警系统设计优劣的一个重要指标。

为了保证能够全面捕获系统告警信息，你至少应该采用两种方式设置监控指标：一种是设置指标阈值，即当指标高于或低于某个值时告警；另一种是设置变化率，即当指标的变化率高于或低于预期变化率时告警。

6.3.4 可观测性与监控

1）可观测性与监控的关系

2018 年，CNCF 基金会对云原生进行了重新定位，出现了 Observability 分组，可观测性（Observability）也成为 CNCF 非常关注的领域。

可观测性与监控是相辅相成的，监控能够帮助研发工程师和运维工程师发现问题，可观测性则能够帮助研发工程师更准确、快速地剖析问题，找到问题发生的原因。可观测性的核心是研发，通过"看见"系统的内部运行状态，帮助开发人员"诊断"病灶，进而"治疗"系统已知的问题，并能发现未知的风险。

2）追踪与监控的关系

两者的目标不同，普通监控的主要目标为监控后发现异常并及时告警。而全链路追踪的核心为分析调用链，相关的 Metrics 大多数是围绕调用链得到的；全链路追踪的主要目标为系统分析，即在出现问题时，能帮助分析和解决问题，也能通过分析调用链提前预知问题，避免故障的发生。

当前，业界较为流行的开源 APM（Application Performance Management），基本上都是基于 Google 来介绍 Dapper 的论文。Dapper 是基于标注的（Annotation based）分布式追踪系统，主要定义了 Trace、Span 和 Annotation 三种数据。其中，Trace 是指整个请求的调用链，Span 是指两个服务间的一次请求，Annotation 以文本和 KV 两种方式存储数据，三者之间是依次包含关系。

常用的 APM 有 Zipkin、Jaeger、Elastic APM、Pinpoint、SkyWalking 等。

6.3.5　案例研究：某人工智能公司在微服务下的全景监控方案

1. 转型到微服务架构下的监控痛点

（1）基础组件多。公司在从传统架构向微服务架构转型中，从最初的十几个微服务模块，增加到 200 多个微服务模块。同时，微服务架构以 Kubernetes 编排为基础，基础服务非常多，如 Kubernetes 插件、CNI 的网络接口、Flannel、Filebeat。另外，Kubernetes 集群的所有节点都需要做到全方位的统一监控，这也是一个比较紧迫的需求。

（2）第三方依赖多。除了公司本身的微服务，还引用了越来越多的第三方开源组件，如 MySQL、ZooKeeper、Kafka、TidB、Prometheus、Elasticsearch 等，这些也需要进行功能和性能上的实时监控。

（3）日志分散。微服务模块的数量大，且使用了 Kubernetes 的高可用能力，每个模块都有多个实例启动在不同节点上，实例数成倍增加，造成了日志分散的问题。

（4）服务故障难定位。上面的监控缺失导致出现服务故障难定位的问题。开发工程师和运维工程师往往需要相当长的时间才能从业务表象中发现和定位问题根源，而解决问题的时间远远短于这一时间，因此有效的监控能够帮助开发工程师定位问题，大大减少人力的投入。

2. 技术选型

在比较了当前比较流行的几种监控方案后，公司决定使用 Prometheus 进行指标监控，使用 Elasticsearch（简称 ES）进行日志监控，使用 Jaeger 进行全链路监控。

（1）选择 Prometheus，是因为其来自 CNCF 基金会，与 Kubernetes 结合得比较深入，原生支持 Kubernetes 监控，是当前与 Kubernetes 适配最好的监控软件，更适合微服务架构产品的监控。

（2）ES 是目前主流的日志监控之一，非常适合文档搜索，也有比较成熟的日志监控方案。

3. 全景监控实现方案 1：指标监控与告警

1）Prometheus 监控机制

图 6.3.2 是来自 Prometheus 官方文档中的架构图，包括 Prometheus 的服务发现、Pushgateway、Exporter、AlertManager 等。官方文档对各个组件有比较详细的说明，在此不再详细介绍。

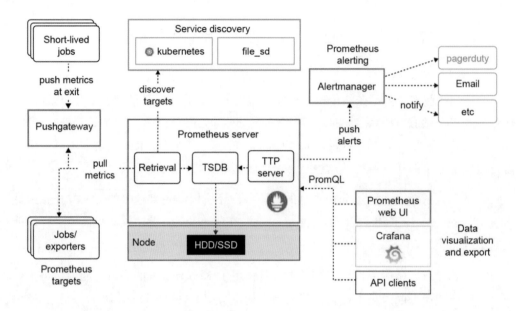

图 6.3.2　Prometheus 监控机制

2）基础服务监控

使用 Prometheus 的 Node-exporter 来收集节点环境中的性能指标（Metrics），即操作系统和硬件的性能指标。Prometheus 从每台服务器的 Node-exporter 中拉取 Metrics 数据，并存放到持久化的 TSDB 中。对于 Kubernetes 集群中的节点，集群规模不固定，怎么做到动态发现呢？我们采取的方案是在 Kubernetes 集群中，以 ds 的方式将 Node-exporter 启动到每一个节点上。同时，对外统一暴露 Node-exporter 的 Service，那么所有 Node-exporter 对外的 Metrics接口都将是同一个 "node-exporter:9100/metrics"。这样，我们就可以使用静态发现机制来配置Prometheus（prometheus-config.yaml 配置文件）。此时，Prometheus 可以监控到 Kubernetes 集群中任意节点的物理性能指标，同时根据自定义的告警规则自发告警。

下面为 Prometheus 配置文件中的部分内容：

```
- job_name: kubelet
  scheme: https
  tls_config:
    ca_file: /var/run/secrets/kubernetes.io/serviceaccount/ca.crt
  bearer_token_file: /var/run/secrets/kubernetes.io/serviceaccount/token
  kubernetes_sd_configs:
  - role: node
  relabel_configs:
```

```
- action: replace
  target_label: __address__
  replacement: kubernetes.default.svc:443
- action: replace
  source_labels: [__meta_kubernetes_node_name]
  regex: (.+)
  target_label: __metrics_path__
  replacement: /api/v1/nodes/${1}/proxy/metrics
```

3）微服务监控

我们的微服务模块分为两种类型：一种为基础应用，即维持系统应用正常运行的业务模块；另一种为服务类应用，如在线服务、离线服务等，是随着具体业务事件产生和消亡的微服务模块。

对于第一种类型，我们需要监控微服务的一些通用指标，如 CPU、MEM 等。而对于第二种类型，我们除了要对该服务进行通用指标监控，还需要进行自定义指标监控，并且监控指标能够随着微服务的产生而产生，随着其消亡而停止。

下面是两种监控的实现方式：

微服务的基础监控，主要是 Kubernetes 集群性能监控，包含 Pod、Container 的 CPU、MEM、IO 等，通用的方式是使用 Kubernetes 中 Kubelet 组件自带的监控接口。Kubelet 通过/metrics 暴露自身的指标数据。针对一个 URL，Kubelet 默认有两个访问端口：一个是安全端口，使用 HTTPS 协议，需要认证与授权，为 10250；另一个是非安全端口，使用 HTTP 协议，为 10255，非安全端口存在安全风险，一般不建议使用。Kubelet 运行监控可以使用 Prometheus 的静态配置方式实现。

微服务的自定义监控，采用的是 Prometheus Service Discovery 中的动态发现机制。业务模块在新建服务时，会同时生成 ServiceMonitor 的一个 CRD（Prometheus Operator 中的 CRD 之一）。ServiceMonitor 能够声明如何监控一组动态服务。Operater 观察到 ServiceMonitor 并注册到 Prometheus Server 中，通过匹配 ServiceMonitor 中设置的 Namespace 和 Endpoint Label 匹配规则，找到对应的 Target，获取 Metrics 的拉取地址，从而获得监控数据，Metrics 的内容可以由服务模块自行定义。同样，当业务模块新建的服务不再被需要时，相关的 ServiceMonitor 会从集群删除。Prometheus Operator 观察到变化后，会将其从 Prometheus 中删除，不再拉取这个 Metrics 的地址。微服务监控的实践架构如图 6.3.3 所示。

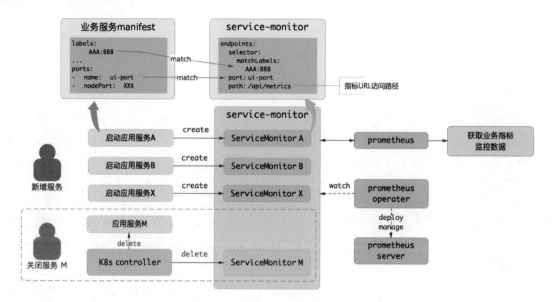

图 6.3.3　微服务监控的实践架构

4）第三方依赖监控

除了 Kubernetes 集群中的微服务，系统中还会存在其他的外部应用，如数据库、中间件等。存储监控常用的外部应用有 MySQL、Kafka、Flink、Elasticsearch 等。同样，外部计算集群也需要加入到监控系统中。

对于第三方依赖监控，也可以采取服务发现机制或静态配置方式对接到 Prometheus 中，由 Prometheus 进行 Metrics 拉取。一般比较热门的开源组件都会提供对应的 Exporter 对外提供 Metrics 接口，如 kafka_exporter、mysqld_exporter、elasticsearch_exporter 等，且安装简单。如果是 Kubernetes 集群管理的中间件，也可以使用 Kubelet 来收集 Metrics。图 6.3.4 所示为第三方依赖监控告警全流程的实现思路。

5）Prometheus 的告警

针对告警系统，后端采用了 Prometheus 自带的 AlertManager 进行告警的预警和发送，同时配合自研的告警规则和告警策略维护 UI 界面，这样可以简单、方便地维护告警规则和发送策略。当 Prometheus 发现告警时，会根据匹配的发送策略调用策略处理的 Webhook。针对不同的告警，会采取不同的措施，如发送邮件、短信，以及拨打电话。当然，也可以调用一些自动运维的脚本，如自动扩缩容、自动处理一些常见错误等。

我们也可以收集以往的告警信息，通过数据分析、整理告警规律发现系统问题，从而优化运维方案和系统架构。

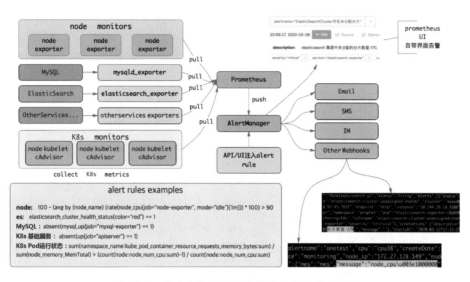

图 6.3.4　第三方依赖监控告警全流程的实现思路

6）监控指标可视化

Prometheus 是一个开源的监控系统，Grafana 为其提供了开箱即用的支持。我们可以在 Grafana 中创建一系列的 Dashboard（仪表盘），用来显示由 Prometheus 监控的服务器的系统指标。Grafana 官网提供了详细的与 Prometheus 的对接步骤，针对常用的 Exporter 也有对应的 Dashboard 模板可供选择。图 6.3.5 展现了用 Grafana 查看 Kubernetes 集群中 Prometheus 的 Pod 详情监控示例。

图 6.3.5　监控可视化样例

4. 全景监控实现方案 2：日志监控与告警

日志监控系统主要分为日志收集、日志搜索、日志可视化和日志告警四部分。

针对大数据运维系统，日志监控主要解决的问题如下。

（1）能够提供更方便的日志查询和问题排查，进行快速的上线检查。

（2）能够结合指标监控，辅助监控服务器和应用收集错误日志并进行告警。

（3）后期可对日志数据进行性能分析、用户行为分析等。

由于 ES 是一个分布式、高扩展性、高实时性的搜索与数据分析引擎，非常擅长对各种文档的搜索，能很方便地让大量数据具有搜索、分析和探索的能力，因此我们使用以 ES 为主体的 EFK（Elasticsearch + Filebeat + Kibana）的开源日志管理方案进行日志监控。考虑到实际需求，之所以使用 EFK 而非 ELK（Elasticsearch + Logstash + Kibana），原因是 Filebeat 是一个二进制文件，没有任何依赖，且占用资源极少。正是因为它的简单，所以可靠性比其他收集系统更高。

Filebeat 直接以二进制方式在每个节点上启动，可以在所有节点中，通过简单的路径配置，直接对 Kubernetes、Docker 和中间件的落盘日志进行收集，其中包含基础资源、中间层、业务服务的日志内容。收集后，Filebeat 会创建以日为单位的不同数据来源的 ES 索引，并将日志数据上传到 ES 中。

Kibana 是一个开源的分析与可视化平台，能够对 ES 的数据进行可视化展示。用户可以在 Kibana 中进行各种操作，包括从跟踪查询负载到理解请求如何流经整个应用，都能轻松完成。在 Kibana 配置文件（kibana/config/kibana.yml）中配置需要对接的 ES 信息，启动即可使用。

针对日志告警，使用了 ElastAlert。它是一个基于 Python 语言的针对 ES 的告警框架，可以通过配置 rules_folder、es_host、es_port 轻松实现告警功能。ElastAlert 支持 11 种告警规则的配置，告警可以通过邮件形式发给指定的收件人，支持对告警内容进行格式化。ElastAlert 也支持告警的收敛，支持设置持续时间来避免重复告警，也能根据规则聚合相同类型的告警。

5. 全景监控实现方案 3：全链路监控

针对全链路监控，我们选择了 Jaeger，同时搭配 ES 做数据的持久化存储。选用 Jaeger 做全链路监控有以下几个原因。

（1）兼容性高，调用方便。Jaeger 兼容 OpenTracing API，写起来简单方便，且 SDK 调用也比较丰富。

（2）对 Kubernetes 支持更有优势。Jaeger 同样是 CNCF 项目，对 Kubernetes 的支持比较好。

（3）使用方式简单轻量。在使用方式上，Jaeger 通过 UDP 协议往轻量的 Agent 发送 Span，效率高、速度快。另外，Agent 可以通过 DaemonSet 方式部署，避免了 Sidecar 模式带来的风险。

（4）UI 可视化表现优秀。相对于 Zipkin 来说，Jaeger 的 UI 可视化对用户更加友好，内容更加丰富，虽然 UI 方面不及 Pinpoint，但是综合实力足够脱颖而出。

由于我们的 Java 服务均为 Spring Boot 服务，因此可把 Jaeger 的 Java client 进行集成，包装成独立的依赖，这样开发者只需要导入依赖，并进行简单配置，即可接入全链路追踪。为 Go 应用和 Python 应用也提供了简单的适配方式。下面为业务方接入的配置文件部分内容：

```
tracing:
  driver: jaeger
  debug: true
  endpoint: http://localhost:9411/api/v1/spans
  service: serviceA
```

当 API 通过外部 GateWay 调用 Kubernetes 中的微服务时，所有被调用且已接入 Jaeger 的微服务会通过 Jaeger Agent 守护进程，把信息推送给 Jaeger Collecter，并将数据持久化到 ES 中。当用户需要对 Tracing 进行查询时，可以通过 Jaeger 的 UI 组件 Jaeger Query 进行查询，Jaeger Query 接收查询请求，然后从后端存储系统中检索 Trace 并通过 UI 进行展示。全链路监控实践方案如图 6.3.6 所示。

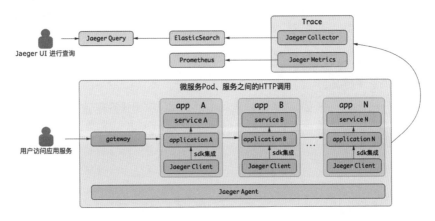

图 6.3.6　全链路监控

图 6.3.7 所示为 Jaeger Query 查询的一个实例。

在启用全链路监控后，可以通过全链路查询方式，将模块上下游通过 TraceID 从头到尾迅速定位处理。全链路监控在压测和混沌测试中也十分有用，能够提供很有利的链路和时间依据，进而促进开发人员进行性能方面的改进。

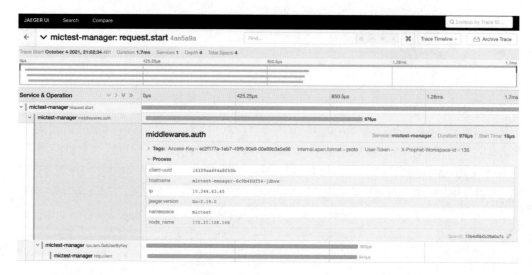

图 6.3.7　Jaeger 查询实例

6.3.6　全景监控的误区

（1）阈值设置不合理。没有正确使用告警规则中的阈值功能，相关人员是在系统已经出现故障后才收到告警通知，而不是在超过临界阈值时就收到告警通知。

（2）监控范围不合理。例如，监控范围太小，或过度关注部分指标，都会导致监控覆盖不全面，相关人员只能察觉到局部风险，而忽略其他方面的问题。监控范围过大，不是指监控覆盖面过大，而是指监控时收集各方面的所有数据和信息，带来数据量的存储和查询风险，同时也会引发系统过度提醒导致运维人员告警疲劳的现象。我们应合理控制监控指标，只关注对系统有影响的关键内容。

（3）专注于局部优化。例如，相关人员只专注减少某项服务存储需求的响应时间，而没有评估更广泛的基础架构是否也可以从相同的改进措施中受益。

6.4　智能运维

核心观点

- AIOps 基于自动化运维，将人工智能技术和传统自动化运维相结合，能够提升运维的效能。
- AIOps 实施的关键技术包含数据采集、数据处理、数据存储、数据分析和 AIOps 算法。
- AIOps 最主要的应用场景有三种：运营保障、成本优化和效率提升。
- 常见的算法技术：指标趋势预测、指标聚类、多指标联动关联挖掘、指标与事件关联挖掘、事件与事件关联挖掘和故障传播关系挖掘。

6.4.1　AIOps 概述

2016 年前，著名研究机构 Gartner 提出了 AIOps，即 Algorithmic IT Operations 的缩写，按照字面理解，其是一种基于算法的运维方式。2018 年 11 月，Gartner 发布了 *Market Guide for AIOps Platforms* 报告，AI 的含义由算法升级为智能，即 Artificial Intelligence for IT Operations，并给出了 AIOps 相对权威的定义。AIOps 是指"整合大数据和机器学习能力，通过松耦合、可扩展方式去提取和分析在数据量（volume）、种类（variety）和速度（velocity）三个维度不断增长的 IT 数据，为所有主流 ITOM 产品提供支撑。AIOps 平台能够同时使用多个数据源、数据采集方法及分析和展现技术，广泛增强 IT 运维流程和事件管理效率，可用于性能分析、异常检测、事件关联分析、ITSM 和自动化等应用场景。"

DevOps 将软件全生命周期的工具全链路打通，结合自动化、跨团队的线上协作能力，实现了快速响应、高质量交付及持续反馈。而在企业运营和运维工作中，AIOps 为在成本、质量、效率等方面的优化提供了重要支撑。

从本质上来讲，AIOps 将机器学习和大数据应用于运维领域，对系统运行过程中所产生的运维数据（比如日志、监控信息、应用信息等），运用 AI 和算法、运筹理论等相关技术，对运维数据进行分析，进一步提升运维效率，包括运维决策、故障预测和问题分析等新一代运维手段和方法。AIOps 不依赖于人为指定的规则，主张由机器学习算法自动从海量运维数据中不断学习，不断提炼并总结规则。图 6.4.1 是 AIOps 的概念图。

图 6.4.1　AIOps 的概念图

6.4.2　AIOps 的发展历程

在软件发展的早期，大部分运维工作由运维人员通过手工完成，可称为人工运维。这种大量依赖人力的落后的生产方式，在互联网业务迅速崛起、软件规模急速膨胀、人力成本剧增的时代，显然不够经济、高效。

为了解决这个问题，人工运维逐渐向自动化运维过渡和发展，即用可被自动触发、预定义规则的脚本，来执行重复性的机械运维工作，从而降低人力成本和出错率，提高运维效率。自动化运维可以被认为是一种基于行业领域知识和运维场景领域知识的智能系统。

正所谓"道高一尺，魔高一丈"，随着整个互联网业务急剧膨胀，服务类型也日趋多样化，随着微服务和容器技术全新架构形态的出现，自动化运维逐渐也变得力不从心，不足日益凸显，这也为 AIOps 的出现和发展带来了机遇。

AIOps 在自动化运维的基础上，增加了基于机器学习的大脑，指挥监测系统采集大脑决策所需的数据，做出分析和决策，并指挥自动化脚本去执行大脑的决策，从而达到运维系统高效、低成本运行的整体目标。通俗地讲，AIOps 是对规则的 AI 化，即将人工总结运维规则的过程变为自动学习规则的过程。

6.4.3　AIOps 的知识体系

AIOps 基于自动化运维，将人工智能技术和传统自动化运维结合起来，宏观来看，其涉及以下三个方面的知识。

- 行业领域知识：应用行业，如互联网、金融、电信、物流、能源、电力等，能清楚理解生产实践中的各种实际痛点。
- 运维场景领域知识：有基本自动化运维场景的知识，同时熟悉异常检测、故障预测、瓶颈分析、容量预测等实践。
- 机器学习：具有把实际问题转化为恰当的算法问题的能力，常用算法包括聚类、决策树、卷积神经网络等。

6.4.4　AIOps 实施的关键技术

根据 Gartner 的定义，要想成功实施 AIOps 必须具备以下条件。

- 数据源：大量并且种类繁多的 IT 基础设施。
- 大数据平台：用于处理历史和实时数据。
- 计算与分析：基于已有数据，通过计算与分析来产生新的数据，如数据清洗、数据去噪声等。
- 算法：实现计算和分析的集体方法，以产生 IT 运维场景所需要的结果。
- 机器学习：一般指无监督学习，可根据基于算法的分析结果来产生新的算法。

从 AIOps 的实施过程来看，整个过程通常包括数据采集、数据处理、数据存储、数据分析、AIOps 算法等关键步骤。

1. 数据采集

数据采集负责将 AIOps 所需要的数据接入 AIOps 平台，接入的数据类型一般包括（但不限于）日志数据、性能指标数据、网络抓包数据、用户行为数据、告警数据、配置管理数据、运维流程数据等。

数据采集可分为无代理采集和有代理采集两种。其中，无代理采集为服务端采集，支持 SNMP、数据库 JDBC、TCP/UDP 监听、SYSLOG、Web Service、消息队列采集等主流采集方式。有代理采集则用于本地文件或目录采集、容器编排环境采集、脚本采集等。

正所谓"巧妇难为无米之炊"，高效且多样化的数据采集是 AIOps 能够获得成功的基础，或者说是 AIOps 有机会获得成功的先决条件。AIOps 提高运维生产力的主要方式就是，把运维流程中的人工操作部分尽可能替换成自动化的机器分析并且完成相应的运维操作。

在机器的分析过程中，系统运行的每一个环节都需要大量数据的支持。无论是海量数据的采集，还是数据的提取都离不开大数据技术。

从数据采集的层面来看，运维数据的采集往往是实时的，数据采集端需要具备一定的分析能力，综合考虑用户流量、隐私、服务器压力等多个因素，尽可能降低无效数据的采集，增加有价值信息的上报。

从数据提取的层面来看，运维数据是多样化的，有流数据、日志数据、网络数据、算法数据、文本和 NLP 文档数据，以及 App 数据、浏览器数据、业务系统运营指标数据等，从这些海量的数据中提取出真正有价值的指标化数据，并使其可视化是进一步分析决策的前提条件。

2. 数据处理

数据处理是对采集的数据进行入库前的预处理，主要包括数据从非结构化到结构化的解析、数据清洗、格式转换，以及数据（比如性能指标）的聚合计算。处理工作主要体现在以下几个方面。

（1）数据字段提取：通过正则解析、KV（Key-Value 对）解析、分隔符解析等方式提取字段。

（2）数据格式规范化：对字段值类型进行重定义和格式转换。

（3）数据字段内容替换：基于业务规则替换数据字段内容，如必要数据的脱敏，同时进行无效数据的替换和缺失数据的补齐。

（4）时间规范化：对各类运维数据中的时间字段进行统一格式转换。

（5）预聚合计算：对数值型字段或指标类数据基于滑动时间窗口进行聚合统计计算。

3. 数据存储

数据存储是 AIOps 中数据持久化的过程。一般来讲，我们会根据不同的数据类型及数据的消费和使用场景，选择不同的数据存储方式。常见的有以下几类：

（1）如果数据需要进行实时全文检索和分词搜索，则可选用主流的 Elasticsearch 引擎。

（2）针对时间序列数据（性能指标），即主要以时间维度进行查询分析的数据，可选用主流的 RRDTool、Graphite、InfluxDB 等时序数据库。

（3）关系类数据，以及会聚集在基于关系进行递归查询的数据可选择图数据库，如 Neo4j、FlockDB、AllegroGrap、GraphDB 等。

（4）数据的长期存储和离线挖掘及数据仓库构建，可选用主流的 Hadoop、Spark 等大数据平台。

4. 数据分析

数据分析分为离线计算和在线计算两大类。

离线计算是针对存储的历史数据进行挖掘和批量计算的分析场景，用于数据量大的离线模型训练和计算，如挖掘告警关联关系、趋势预测或容量预测模型计算、错误词频分析等场景。

在线计算是对流处理中的实时数据进行在线计算，包括但不限于数据的查询、预处理和统计分析，数据的实时异常检测，以及部分支持实时更新模型的机器学习算法运用等。主流的流处理框架包括 Spark Streaming、Kafka Streaming、Flink、Storm 等。

5. AIOps 算法

算法可以说是 AIOps 的核心技术。由于运维场景通常无法直接基于通用的机器学习算法以黑盒的方式解决，因此需要一些面向 AIOps 的算法技术作为解决具体运维场景的基础方法，一种算法技术可用于支撑另外一种算法技术。常见的面向 AIOps 的算法技术包括以下 6 种。

（1）指标趋势预测：通过分析指标的历史数据，判断未来一段时间内指标的趋势及预测值，常见的有 Holt-Winters、时序数据分解、ARIMA 等算法。该算法技术可用于异常检测、容量预测、容量规划等场景。

（2）指标聚类：根据曲线的相似度把多个 KPI 聚成多个类别。该算法可以应用于大规模的指标异常检测，比如在同一指标类别中，采用同样的异常检测算法及参数，就可以大幅度降低训练和检测开销。常见的算法有 DBSCAN、K-medoids、CLARANS 等，此类算法的应用挑战是数据量大，曲线模式非常复杂。

（3）多指标联动关联挖掘：多指标联动关联分析判断多个指标是否经常一起波动或增长，即指标之间是否存在相关性。该算法技术可用于构建故障传播关系，从而应用于故障诊断。

常见的算法有 Pearson correlation、Spearman correlation、Kendall correlation 等，此类算法的应用挑战是 KPI 种类繁多，关联关系复杂。

（4）指标与事件关联挖掘：自动挖掘文本数据中的事件与指标之间的关联关系，如应用在每次启动时，CPU 利用率就会上一个台阶，同时缓存命中率会变得很低。该算法技术可用于构建故障传播关系，从而应用于故障诊断。常见的算法有 J-measure、Two-sample test 等，此类算法的应用挑战是事件和 KPI 种类繁多，KPI 测量时间粒度过粗，会让判断相关、先后、单调关系变得困难。

（5）事件与事件关联挖掘：分析异常事件之间的关联关系，把历史上经常一起发生的事件关联在一起。该算法可用于构建故障传播关系，从而应用于故障诊断。常见的算法有 FP-Growth、Apriori、随机森林等，但前提是异常检测需要准确可靠。

（6）故障传播关系挖掘：融合文本数据与指标数据，基于上述多指标联动关联挖掘、指标与事件关联挖掘、事件与事件关联挖掘等技术，由 Tracing 推导出的模块调用关系图，辅以服务器与网络拓扑，构建组件之间的故障传播关系。该算法技术可以应用于故障诊断，其有效性主要取决于其基于的其他技术。

6.4.5 AIOps 的应用场景

AIOps 最主要的应用场景有三种：运营保障、成本优化和效率提升。

在运营保障方面，保障现网稳定运行细分为异常检测、故障诊断、故障预测、故障自愈等基本场景；在成本优化方面，细分为资源优化、容量规划、性能优化等基本场景；在效率提升方面，分为智能预测、智能变更、智能问答、智能决策等基本场景。

需要注意的是，以上三个方向并不是完全独立的，而是相互影响的，场景的划分侧重于主影响维度。下面详细讨论 AIOps 在运营保障、成本优化和效率提升中的价值及最佳实践。

1）在运营保障中的应用

运营保障是运维体系中最基本，也是最重要的场景。随着业务的快速发展，运维体系自身也在不断迭代演进，其规模复杂度不断增加，技术迭代更新周期也非常快。与此同时，软件的规模、架构复杂度、调用链路、发布与变更的频率也在逐渐增加。在这样背景下，传统模式下的自动化运维体系已经无法满足要求，迫切需要利用 AIOps 提供的精准业务运营感知、用户实时反馈监测、动态错误感知，全面提升运营保障的效率。

在运营保障方面，保障生产环境稳定运行常用的场景有异常检测、故障诊断、故障预测、故障自愈等。

2）在成本优化中的应用

AIOps 通过智能化手段实现资源的合理分配和调度、集群的容量管理和系统性能优化，以此来实现 IT 成本的态势感知、成本优化，提升成本管理效率。比如，针对数据中心硬件采购的时机，过晚的设备采购可能会影响到业务的运营，不能及时响应业务的上线或者扩缩容的需求；而过早的采购可能造成成本的浪费和资源的闲置。通过 AIOps 可以建立合理的预测机制，提前预估容量的规划，并据此制订更准确的设备采购计划，这样就能对成本进行更好的控制。通常来讲，成本优化可以分为资源优化、容量规划和性能优化三个方向。

3）在效率提升中的应用

运维效率提升是运维一直以来所追求的目标。自动化运维带来了效率的提升，而 AIOps 会推动运维效率提升到一个全新的高度。对于自动化运维，使用的是人工监管下的自动化工具模式，决策与实施的驱动主要还是依赖于人，但人受限于生理极限和认知局限的限制，无法全天候持续地面向大规模、高复杂性的系统提供高质量的运维。AIOps 则是通过全自动化的深度洞察能力使运维可以持续、高质量地运转。通常，在效率提升方面主要的实践场景有智能预测、智能变更、智能问答和智能决策。

6.4.6 AIOps 的常见误区

1）AIOps 可以减少运维人力的投入

AIOps 可以让运维工作实现智能化，减少人工的干预，提升运维的效率，这是在理想情况下，也就是 AIOps 进入成熟阶段后的效果。但是在短期内，尤其是在 AIOps 落地过程中，不仅不会减少人力的投入，而且会增加大量的算法研究、数据标记、场景匹配等工作，暂时不会出现降低人力成本的可能性，而且相关的投入可能需要多年的积累才能看到成果。另外，由于人们对效果的追求是无止境的，因此即使从中长期来看，AIOps 都需要持续的人力投入。

2）强调算法能力，低估数据重要性

过分强调算法能力，低估数据样本的重要性是 AI 应用领域中普遍存在的误区。之前，Google 的研究人员就对此专门发表过论文，阐述了这种认知的负面影响。如果我们对各种机器学习、深度学习的算法和模型过于期待或迷信，而忽略或低估了数据准备和数据质量的重要性，就会造成最终的模型效果大打折扣，进而影响 AIOps 的有效落地。

3）认为只有应用了深度学习才是 AIOps

学术界已经探索了很多深度学习算法在 AIOps 中的应用，其中比较典型的是利用 Long

Short-Term Memory（LSTM）来实现日志模式的发现，从而实现异常检测。但在实际工程项目中，很多隶属于传统机器学习范畴的经典算法依旧能发挥着巨大的作用，比如决策树学习（Decision Tree Learning）、聚类（Clustering）、支持向量机 SVM（Support Vector Machine）和贝叶斯网络（Bayesian Networks）都能找到很好的应用场景来解决实际运维过程中的具体问题，因此我们不应该将深度学习和 AIOps 直接挂钩。甚至，在很多时候只要能高效解决运维过程中的实际问题，即使传统的统计分析、规则集和可视化分析都能为实现 AIOps 添砖加瓦。

4）认为 AIOps 会取代 DevOps

这个认知从本质上是完全错误的，AIOps 和 DevOps 其实不是一个领域的概念，AIOps 更多的是强调智能化在运维领域的探索和实践，而 DevOps 强调的是打破开发和运维的部门墙，基于工具体系实现高效的研发活动。

6.5 混沌工程

 核心观点

- 混沌工程是提升复杂系统稳定性的赋能活动。
- 混沌工程通过故障注入实验，增加各个角色加强协作、提升系统稳定性的紧迫感。
- 混沌工程根据实验观测数据，分析系统运行和失效模式，以了解复杂系统。
- 混沌工程改进系统稳定性设计和可观测机制，以提升系统韧性和故障响应速度。

6.5.1 混沌工程概述

混沌工程是一项提升复杂系统稳定性的赋能活动。当开发团队面临复杂系统生产环境中会引发故障却不可见且不可预知的"暗债"困扰，出现超出故障预算的系统稳定性故障时，企业可以为开发团队提供混沌工程相关的咨询服务和工具支持，以便让团队能在复杂系统中注入经过精心设计的故障，进行故障注入实验，促进开发团队了解复杂系统的运行和失效模式，改进系统稳定性设计，从而提升人们对复杂系统能够承受生产环境动荡条件的信心。

"暗债"是 IT 系统中具有以下特点的漏洞：在引发故障之前，这些漏洞不为人知或不可见。暗债源自物理学术语"暗物质"，两者都能影响世界，但人们却无法直接检测或看到它们。STELLA 报告指出，存在于复杂系统中的暗债所产生的异常，就成为复杂系统的故障。因为暗债源于软件、硬件与框架其他部分不可预见的交互行为，所以无法避免。

混沌工程实验一般分为 3 个步骤：

（1）识别"系统在遭遇故障时能在行为上保持稳定状态"的假设。

（2）设计并对系统实施"爆炸半径"最小化的故障注入实验。

（3）观测系统失效过程中每一步对业务的影响，寻找系统运行成功或失效的迹象。

实验结束后，开发团队就可以据此更好地了解复杂系统的实际行为。

混沌工程有 5 项原则：

（1）建立关于系统运行行为的稳定状态的假说。

（2）多样化地引入现实世界的事件。

（3）在生产环境中进行实验。

（4）持续运行自动化实验。

（5）使"爆炸半径"最小化。

6.5.2　混沌工程的价值

企业的应用软件系统，无论是从原先的单体架构整体平移到云环境，还是进行微服务化改造后逐步上云，软件系统运行所依赖的环境以及软件系统自身，都会变得越来越复杂。当软件系统内部的服务之间发生交互，以及与其所依赖的云平台发生交互，其间伴随出现失误的人工控制时，就会不可避免地产生暗债，导致系统出现不可预知的故障。

混沌工程的最大价值，就是通过咨询服务和工具支持，赋能开发团队各个角色（业务、开发、测试、运维）在面对暗债遍布的复杂系统时，能通过注入故障主动进行实验，更全面地理解复杂系统如何运行及如何失效，加强系统稳定性设计，以便快速应对未知暗债。

对于实践混沌工程的企业来说，混沌工程带来的 3 个最大好处依次如下。

（1）系统可用性的提升。

（2）故障平均恢复时长的降低。

（3）故障平均发现时长的降低。

6.5.3　混沌工程的实现

要实现混沌工程，就需要赋能开发团队，为此需要成立赋能团队。赋能团队的主要工作是，首先为开发团队提供咨询服务，之后在此基础上，为开发团队提供适用的工具或平台，以便提升故障注入实验和观测复杂系统失效模式的效率。

1. 为混沌工程赋能创造好的条件

要为混沌工程赋能创造好的条件，可以开展以下 3 方面的工作。

1）人员与系统

待验证的假设意识：建立"任何高可用的设计都是待在生产环境中验证的假设"的意识，促使开发团队各个角色在测试环境和生产环境中进行系统稳定性实验。

业务关键性分级机制：为了将有限的资源投入最关键的软件系统服务，需要对服务按照业务关键性建立分级机制。第 1 级服务面向用户，能够持续产生收入，或者其他第 1 级服务需要强依赖于该服务。第 2 级服务既可面向用户，也可不面向用户，但其他服务必然需要强依赖于该服务，或者该服务需要准确和持续地持久化数据。第 3 级服务既不面向用户，其他服务也无须强依赖于该服务，如果该服务失效，也不会产生数据损坏。我们对第 1 级和第 2 级服务的系统稳定性的期望要高于第 3 级。

划分软件系统服务质量与稳定性"责任田"：为每个第 1 级和第 2 级服务，分配长期稳定的开发团队，专门负责该服务的软件质量和系统稳定性，而不是像项目制那样动态地从资源池中抽取人力做临时的项目，造成服务的软件质量和系统稳定性无人长期负责的问题。

系统自身质量内建：运用功能性质量内建、安全性内建、系统稳定性内建、架构演进与守护，提升软件系统服务自身质量，以避免当分布式系统在生产环境运行时，服务自身缺陷与生产环境的暗债交织在一起，增加应对暗债的难度和复杂度。

2）过程与机制

架构可视化与决策记录：由于软件架构是各种跨功能性需求权衡后的结果，因此描绘结果的架构图，需要与记录权衡过程的架构决策记录结合起来，这样才能了解结果背后的前因后果，为理解和分析复杂系统的行为提供细致的上下文。因此，需要运用持续更新的软件架构图和架构决策记录，对齐开发团队各个角色对复杂系统的架构认知。

具备有效的灾难恢复预案：当事故发生时，应该能够立即找到灾难恢复预案，通过执行其中的步骤来检测并减轻灾难产生的影响。该预案已通过多次演练，证明了其有效性。

建立轮流值班制度：为了能够快速应对故障，需要对生产环境建立轮流值班机制。对于第 1 级服务，需要建立 7×24 小时的轮流值班机制；对于第 2 级服务，需要建立工作时间轮流值班机制。

3）度量与工具

衡量系统稳定性：需要度量有关故障的两个指标，即度量故障频率的服务平均故障间隔时长（Mean Time Between Failure，MTBF）和度量故障修复速度的服务平均恢复时长（Mean Time To Recover，MTTR）。服务平均故障间隔时长，指给定服务在两次事故之间的平均时长。比如，如果一年发生了 5 起事故，那么服务平均故障间隔时长就接近于 1752 小时。服务平均恢复时长，指服务从故障发生开始（注意：不是从故障被检测到开始），到服务恢复的平均时长。这里的恢复，既包括自动化恢复，也包括人工恢复。

建立企业内部度量服务稳定性的 SLO（Service Level Objective，服务水平目标）：所建立的 SLO，可以与企业对外发布的服务水平协议（Service Level Agreement，SLA）不同。SLO 一般用百分数来度量，如 99.9%（3 个 9）。

建立故障预算：为了判断是否需要加强系统稳定性的建设，需要建立故障预算，即服务的 SLO 与实际测量的正常运行时长之间的差异。例如，服务 A 当月的系统可用性 SLO 为 99.999%。这意味着服务的故障预算是当月可以有 0.001%的停机时间（即 25.92 秒）。如果事件导致停机时间超过 5 秒，则"花费"了 19%的故障预算。只要有剩余预算，正常的工程工作就可以继续。但如果停机时间超出了故障预算，则工程工作就应该转向额外的测试、混沌工程和开发工作，以使系统更具韧性。

构建可观测性：建立复杂系统可观测性的工具平台，并建立主动监控和告警阈值机制，以便记录混沌工程实验的过程，理解和分析复杂系统的运行和失效模式，并快速应对故障。

2. 混沌工程成效的度量

混沌工程是一个赋能活动，其成效度量可以借鉴在培训界常用的 Kirkpatrick 模型——"4 级培训成效评估模型"。该模型是美国威斯康星大学教授 Kirkpatrick 于 1954 年提出的。

该模型按评估的度量难度从低到高依次分为 4 级。

第 1 级：反映。

学员对整个赋能过程的评价如何。

第 2 级：学习。

学员在赋能过程中具体学到了什么。

第 3 级：转化。

学员将多少所学内容转化为行动。

第 4 级：成效。

赋能带来了多少业务成效。

前 3 级比较好度量，对第 4 级的度量比较有挑战性。可以通过混沌工程演练所"挽回"的生产系统失效时长所造成的经济损失（具体计算时，可以参考前面讨论的 MTBF、MTTR 和故障预算指标的变化趋势），来间接度量赋能所挽救的业务成效。

3. 混沌工程赋能的过程

要想实现混沌工程规模化赋能，需要运用"跨越鸿沟"的规模化思路，通过解决早期大众的痛点，来跨越从早期采纳者到早期大众的鸿沟，从而逐渐实现规模化。混沌工程赋能的过程包含以下 9 步。

1）成立赋能团队

成立赋能团队，为开发团队的混沌工程实践提供咨询服务和工具。

2）选择服务

选择正被生产环境稳定性困扰的团队，及其所开发和维护的软件系统服务作为试点。因为这样的团队有动力提升系统稳定性。

3）发起活动

持续进行混沌工程的相关活动，如培养锻炼混沌工程赋能种子选手的实战营或系统韧性闯关活动，以逐步实现规模化。以实战营为例，每一期的实战营为 3 个月，聚焦一个试点服务，重点培养混沌工程赋能种子，优化过程和工具，沉淀案例并分享。下一期换一个服务再进行实战营活动，上一期的种子可以作为下一期的讲师，持续进行实战营活动，以便逐步增加赋能种子，并优化工具，逐步通过种子和工具进行混沌工程的规模化。

4）挑选种子

选择具有编程能力且具备混沌工程理念的开发人员，作为赋能种子。每期实战营可选两位种子。

5）现状调研

调研试点团队的系统稳定性现状和痛点，可以采用问卷、访谈的形式加快调研速度。

6）导入理念

通过培训的形式为试点团队的业务、开发、测试、运维各个关键角色导入混沌工程理念。在导入理念时，内容一定要紧扣团队痛点。

7）沉淀案例

沉淀试点团队通过混沌工程实践能有效应对系统稳定性痛点的案例。以下 7 步是常见的混沌工程实验步骤。

（1）稳态假说。召集试点团队的业务、开发、测试、运维各个关键角色，参考软件架构图和系统稳定性的"痛点"，共创稳态假说。

（2）现实事件。试点团队参照现实世界的真实事件设计故障注入方案和混沌实验。

（3）观测影响。试点团队准备好观测工具，以便搜集实验数据，并在故障影响业务时及时中止实验。

（4）稳定设计。试点团队针对共创的稳态假说和现实事件进行系统稳定性设计。

（5）应急预案。试点团队针对故障注入实验，设计应急预案和随时中止实验的"大红按钮"，确保实验不会影响业务。

（6）进行实验。试点团队的业务、开发、测试和运维等关键角色需要全程参与实验，并扮演总指挥、操作员、观察员、记录员、安全员等角色，按照演练手册各司其职。

（7）学习改进。实验结束后，试点团队需要回顾实验整个过程，识别改进项（包括实验和观测工具方面的改进项），并分析实验观测数据，编写实验报告，落实各个改进项。

8）案例分享

试点团队按照 Kirkpatrick 模型，识别混沌工程实验应对系统稳定性痛点的成效，连同实验的整个过程一起分享给其他团队，以便为规模化营造氛围。

9）优化过程

试点团队通过混沌工程实战营，总结适合自身特点的混沌工程实践过程并持续优化，以便持续提升系统稳定性，并给其他团队进行规模化推广提供参考。

4. 原子故障常见分类

混沌工程实验可以按抽象级别从低到高，对一个复杂系统的 3 个层级进行原子故障注入：

基础资源层（含虚拟机和物理机）、平台资源层（含容器集群和数据库服务）和应用系统层（含微服务）。

每个层级所注入的原子故障，又可以大致分为 3 类：资源、状态和网络。

下面以基础资源层的虚拟机、平台资源层的容器集群和应用系统层的微服务为例，对原子故障按资源、状态和网络进行分类，如表 6.5.1 所示。

表 6.5.1　按 3 个层级为故障注入实验的原子故障分类

注入层级	层级子类	故障类型	原子故障	注入层级	层级子类	故障类型	原子故障
基础资源层	虚拟机	资源	CPU 占用率激增	平台资源层	容器集群—容器	状态	中止进程
			内存占用率激增			网络	网络丢包（部分丢包）
			磁盘占用率激增				网络黑洞（静默或完全丢包）
			磁盘 I/O 繁忙				网络延时
		状态	关机				DNS 服务器无法访问
			重启		容器集群—Pod	资源	CPU 占用率激增
			机器之间时间不一致				内存占用率激增
			杀进程				磁盘占用率激增
			中止进程				磁盘 I/O 繁忙
		网络	网络丢包（部分丢包）			状态	删除 Pod
			网络黑洞（静默或完全丢包）				杀进程
			网络延时				中止进程
			DNS 服务器无法访问			网络	网络丢包（部分丢包）
应用系统层	微服务	资源	线程阻塞				网络黑洞（静默或完全丢包）
			同层连累				网络延时
			层叠失效				DNS 服务器无法访问
		状态	所依赖的服务返回错误		容器集群—Node	资源	CPU 占用率激增
			所依赖的服务失效				内存占用率激增
		网络	应用流量突增				磁盘占用率激增
			所依赖的服务延时				磁盘 I/O 繁忙
			无限长结果集			状态	杀进程
平台资源层	容器集群—容器	资源	CPU 占用率激增				中止进程
			内存占用率激增			网络	网络丢包（部分丢包）
			磁盘占用率激增				网络黑洞（静默或完全丢包）
			磁盘 I/O 繁忙				网络延时
		状态	删除容器				DNS 服务器无法访问
			杀进程				

6.5.4　案例研究：Netflix 公司的混沌工程实践

企业如何规模化赋能团队，以应对上云后所遭遇的未知暗债？在解决这个复杂问题的过程中，混沌工程诞生了。

2008 年 8 月，Netflix 公司的数据中心发生了一起重大的数据库故障，导致公司给用户邮寄 DVD 的主营业务连续中断了 3 天。痛定思痛，Netflix 公司很快决定，将其单体架构的系统从数据中心逐渐迁移到具有水平伸缩能力的 AWS 云平台，以避免单点故障再次发生。但在这个持续了 8 年的过程的开始阶段，Netflix 就遭遇了云环境复杂系统的暗债。

Netflix 业务系统运行所依赖的 AWS 实例会突然消失，且不会发出警告。由于 Netflix 的业务完全依赖 AWS 的云服务，因此上述暗债会影响公司所有业务。如何才能规模化地应对这种全局性的暗债呢？Netflix 工程师尝试了各种方法，最后发现"混沌猴"效果不错，于是就将其保留下来。混沌猴是一个应用程序，会模拟触发上述暗债，即先遍历 AWS 实例集群，然后从每个集群中随机选择一个实例，在上班时间关闭，且不发出警告。由于这是在生产环境中注入故障，因此工程师会将应对这种暗债作为最高优先级的工作来完成，从而促成规模化应对这种暗债的最终落地。最初，混沌猴并没有立即流行起来，甚至遭到一些工程师的抱怨。但由于这种方法确实能促使团队快速应对上述暗债，因此逐渐被越来越多的团队接纳。Netflix 公司就此逐渐发展出混沌工程。

在规模化地应对了"AWS 实例无故消失"的暗债后，Netflix 又遭遇到更大的"AWS 区域无故消失"的暗债。2012 年 12 月 24 日圣诞节前夕，AWS 的 ELB（弹性负载均衡器）连续多次发生停机故障，导致 Netflix 公司的流媒体业务中断。要应对这种故障，可以采用 AWS 区域故障转移方案。即在某个 AWS 区域发生故障后，Netflix 可以将用户流量切换到另一个可用的 AWS 区域上。要让这个方案落地，需要协调多个团队对系统进行改造。为了更有效地促使多团队对系统进行改造，Netflix 构建了"混沌金刚"来验证系统是否能有效应对 AWS 区域故障。之后，当发生 AWS 区域故障时，混沌金刚所使用的区域故障转移机制都发挥了作用。由于混沌金刚逐渐需要更频繁地执行，原先用半自动方式执行故障转移的 50 分钟时长，开始成为瓶颈。于是团队启动了一个新项目，最终将故障转移过程的时长缩短到仅需 6 分钟。到 2015 年，Netflix 不仅能用混沌猴应对小规模实例消失的暗债，也能用混沌金刚应对大规模 AWS 区域消失的暗债，系统的韧性得到了很大提升，同时故障平均恢复时长也得到了降低。

从上述案例能够看出，Netflix 公司通过混沌猴和混沌金刚两个工具，有组织地进行故障注入实验，增强了各个角色协作提升系统稳定性的紧迫感。故障注入实验能够促使工程师根据实验所观测到的数据，分析和学习系统运行和失效模式，以更好地了解复杂系统。之后，工程师开始提升系统稳定性设计和故障转移的效率，以更快地应对复杂系统中的暗债。

从 Netflix 公司的混沌工程实践中，可以得到混沌工程赋能复杂系统稳定性提升的 3 个步骤，如图 6.5.1 所示。

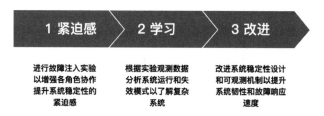

图 6.5.1　混沌工程赋能复杂系统稳定性提升的 3 个步骤

6.5.5　混沌工程的误区

在混沌工程实践中，经常出现以下误区。

1）认为复杂性是可以降低或消除的

根据 W. Ross Ashby 提出的"必要多样性法则"，对于处理复杂业务 a 的软件系统 b 来说，要想完全控制 a，b 至少要和 a 一样复杂，甚至更复杂。这表明随着不断实现高复杂度的业务，相关的软件系统在本质上会越来越复杂。

另外，软件开发是在资源受限的条件下进行的，这意味着所做出的设计也是权衡利弊后妥协的结果。随着开发内容的不断增加，妥协不断累积，系统的复杂性也会加大。

上述"内在复杂性"和"妥协复杂性"，表明软件系统的复杂性随着时间的推移会不可避免地加大。

2）认为暗债是可以避免的

"三体问题"表明，分布式系统中的各个组件，以及这些组件与相关人员之间的交互方式，是不可预知和非线性的。这会在系统中产生不可预知的"暗债"，从而导致故障。这种暗债无法避免，系统故障必然发生。

3）认为混沌工程就是用工具进行故障注入

发起混沌工程实践的团队，一般是运维团队。如果运维团队只是片面通过工具注入故障，而忽视为相关开发团队提供咨询服务，帮助他们更好地理解复杂系统的运行和失效模式，那么就无法有效地提升开发团队系统稳定性的设计能力，降低混沌工程赋能的成效。

4）将混沌工程等同于探索性测试

探索性测试和混沌工程实践，都会对未知世界进行探索。但区分两者的关键，在于是否基于"稳态行为假说"。探索性测试都会有一个探索方向（比如，使用"SQL 注入"探索"个人信息编辑功能"，以发现"安全漏洞"）。但混沌工程实验会去证实或证伪稳态行为假说（比如，即使在容器失效的条件下，交易已受理的用户，其交易仍然能在 3 秒之内成功完成）。由此看出，探索性测试由于并未证实或证伪假说，因此趋于发散。而在这一点上，混沌工程实验则趋于收敛。

5）稳态行为假说不具体且未体现全局性和用户价值性

有些测试人员在进行故障注入实验时，对于所有的实验场景，都只设置一个默认的稳态行为假说，即"统计系统交易错误率，交易性能变化以及服务器 CPU、内存、磁盘 I/O、网络资源的变化"。这种稳态行为假说，一方面很不具体，难以根据实验结果证实或证伪假说；另一方面也没有体现出全局性和用户价值性。因为用户并不关心系统交易错误率，只关心自己的交易是否能快速和正确地完成。如果故障注入实验一味地反映测试人员所关注的指标，就会加大"忽视探索用户所关注的生产故障"的风险。

6）片面引入多样化的原子故障而忽视学习多样化的知识

在混沌工程高级原则第 2 条"多样化地引入现实世界的事件"中，"多样化"是指能否通过实验更多地学习到复杂系统的新知识，而不是原子故障是否多样化。比如，中止实例、实例 CPU 占用率激增、实例内存占用率激增、实例磁盘占用率激增、中止进程等 5 个原子故障都可以导致"实例失效"这个"症状"，同属于一个等价类。因此，每次实验只要从中选择一个原子故障就够了（当然，下次实验可以换一种原子故障）。

同一种"症状"可以由不同种"病毒"或攻击所导致。实验中所引入的变量应是原子故障所导致的结果（症状），而不是原子故障本身（病毒）。设计好指明"症状"的稳态假说有助于进行等价类划分，以便节省成本。

7）忽视复杂性和多样性

有人把混沌工程等同于验证内容相对单一的故障切换演练和压力测试，使其变成"常规测试"。虽然用自动化回归的方法进行简单的故障注入，对于维护系统稳定性是有积极意义的，但这样会掩盖混沌工程探索复杂生产环境中生产事故背后错综复杂的原因的巨大作用，让人觉得混沌工程与常规测试无异，从而看不到混沌工程的价值。

8）忽视分享实验中的新发现

忽视将从混沌工程实验中所学到的复杂系统运行模式和失效模式的新知识分享给业务、研发、测试、运维等各个部门的人员，就难以吸引他们的参与，也难以找到促进他们相互协作的价值点。

9）对可观测性投入不足

如果开发团队对软件系统缺乏有效的可观测性，则他们将无法有效分析故障实验结果，无法快速理解复杂系统的行为，也无法有效地控制故障的"爆炸半径"。

6.6　ChatOps

核心观点

- ChatOps 是一种新型的智能工作方式，连接人、机器人和工具。
- ChatOps 以在线沟通平台为中心，通过机器人对接后端各项服务。
- ChatOps 将从当下简单指令型驱动向数据和流程驱动型发展。

6.6.1　ChatOps 概述

1）ChatOps 基本概念

ChatOps 是一种新型的智能工作方式，由 DevOps 延伸而来，是人工智能和新型工作理念结合的产物。ChatOps 以在线沟通平台为中心，通过机器人对接后台各项服务，用户只需在聊天窗口中与机器人对话，即可与后台服务进行交互，工作的开展就像唤起智能助手一样简单、便捷。

ChatOps 通过智能化和透明化的工作流，连接人、机器人和工具，以沟通驱动的方式完成工作，同时解决人与人、人与工具、工具与工具之间的"信息孤岛"问题，让人们看到工作和系统的完整状态，提升工作效率和协作体验。

ChatOps 的常见架构如图 6.6.1 所示。

图 6.6.1　ChatOps 的常见架构

2）ChatOps 起源

ChatOps 最早由 GitHub 在 2013 年提出，他们发现在日常工作中，需要不停地运行以下命令：

```
git checkout -b feature/xxx
# do sth.
git commit -m"Bump version"
git push origin feature/xxx
# creat pull request
```

　　而我们需要进行代码提交，确认持续集成通过后进行代码部署，并确认各项指标正常，还要进行代码合并等一系列烦琐的工作。于是，他们开发了机器人 Hubot，来帮助完成这一系列的工作，如图 6.6.2 所示。

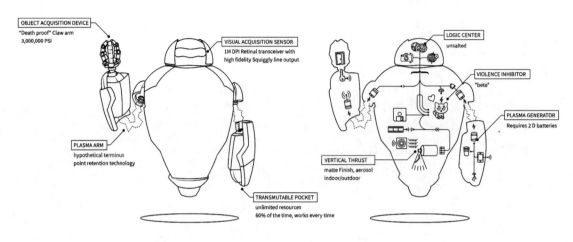

图 6.6.2　Hubot 机器人

　　随着 Hubot 的成功，更多的机器人发展起来，如 Slackbot、Hubot、Lita、Errbot、Chatbot，形成了百花齐放的局面。2021 年 11 月钉钉和极狐（GitLab）签署战略合作，共同打造远程办公 ChatOps 解决方案。

6.6.2　ChatOps 的价值

　　（1）公开透明：所有的工作消息都在同一个聊天平台中沉淀并向所有相关成员公开，消除沟通壁垒，工作历史有迹可循，团队合作更加顺畅。

　　（2）上下文共享：减少因工作台切换等对消息的截断，保证消息的完整性，让工作承接有序，各个角色和工具都成为完成工作流中的一环，打造真正流畅的工作体验。

　　（3）移动友好：只需要在前台与预设好的机器人对话即可完成与后台工具、系统的交互，在移动环境下无须再与众多复杂的工具直接对接，大大提升了移动办公的可行性。

　　（4）DevOps 文化打造：用与机器人对话这种简单的方式降低 DevOps 的接受门槛，让这种自动化办公的理念更容易扩展到团队的每一个角落。

6.6.3　ChatOps 的实施核心技术

　　ChatOps 主要由自动化的流程、聊天室（控制中心）、机器人（连接中心）和基础设施四部分构成，分别代表了企业的自动化能力、协作能力、智能化能力和基础技术能力，其中基础设施主要是支撑业务运行的各种服务与工具，如图 6.6.3 所示。

图 6.6.3 ChatOps 实施的核心技术

1. 自动化的流程

近几年，随着云和容器的大规模推广，以及 DevOps、AIOps、ChatOps 等新理念的发展和成熟，自动化运维的声音越来越小。新技术和新理念代表着当下和未来的发展趋势，但底层基础决定了上层建筑，笔者认为运维的底层逻辑依然是标准化和自动化。标准化解决业务运行环境一致性的问题，自动化解决协作流程一致性的问题，无论企业当下处在运维发展的哪个阶段，都应当回头审视在标准化和流程化上是否依然存在改善的空间。从手工运维、工具运维到自动化运维，每一家企业演进的路径千差万别。以下是一些建议：

（1）对高频手动的场景进行周期性总结，并推动脚本化和自动化，如自动化发布就是比较好的切入点。

（2）以应用为中心管理运维数据，无论是传统的 IT 系统，还是大型分布式系统，应用都是自动化执行的关键对象。

（3）端到端解决运维自动化问题，运维作为 IT 系统末端环节，当发现自动化出现阻碍时，适当跳出运维角色更容易解决问题。特别是基础架构和技术架构，都是需要架构团队来协同的。

（4）注重运维人员能力的培养，体系流程、工具平台是相辅相成的，高阶的人才一定不仅仅是技术见长。

2. 聊天室

企业的 IM 应用多不胜数，甚至很多大型企业存在多个 IM 工具。客观来讲，聊天室作为 ChatOps 的入口，当下应用的场景依然处于早期阶段，当然也要看到国内的公有云厂商把工单、监控告警等信息嵌入钉钉和企业微信进行协同，期待更多的 ChatOps 场景在企业内大规模应用和推广，真正把聊天室变成一个协作型、学习型的基础支撑平台。在此给出一些聊天室选择的指标：功能完备、操作交互友好、多平台支持、API 丰富、第三方工具支持丰富、机器人支持程度。

目前，主流的聊天室有 Slack、HipChat、Rocket.Chat、钉钉、企业微信等

3. 机器人

机器人作为 ChatOps 落地的核心关键，承担了连接聊天室和业务运行的各种服务和工具，ChatOps 机器人实现原理如图 6.6.4 所示。它以人在聊天室中给出的消息指令去调度基础设施服务进行工作，并将执行结果以消息形式返回聊天室，形成指令、调度、执行、返回的完整闭环。一般来讲，机器人常以私有形式出现，通过聊天室来进行相互隔离，但也存在公共形式的机器人。建议人和机器人之间的通信走私有通道，避免出现安全风险。常见的开源机器人有 Hubot、Lita 和 Err，商业产品有 Slackbot、Chatbot 等。随着人工智能的快速发展，机器人内置 AI 能力的提升将会是未来的大趋势，将大大提升机器人在复杂运维场景中的应用能力。

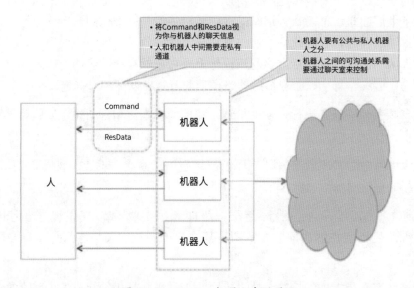

图 6.6.4　ChatOps 机器人实现原理

开源机器人：

（1）Hubot 是 GitHub 于 2013 年创建的，ChatOps 的领先 bot 工具。Hubbot 支持 JavaScript 和 CoffeeScript，用于 GitHub 公司内部聊天室应用的自动化。Hubot 有非常强大的脚本自定义能力，大部分由开源社区成员编写和维护。它主要用来执行与运维相关的自动化任务。

（2）Lita 是专用于用 Ruby 编写的公司聊天室的自动程序的框架。它受到了 Hubot 的极大

启发。该框架可用于构建操作任务自动化，并具有非常全面的插件列表，这意味着它可以集成到许多聊天平台，如 Slack、Facebook Messenger 等。

（3）ErrBot 是一个聊天机器人守护程序，它位于聊天平台和 DevOps 工具之间。它用 Python 编写，旨在集成和提供能轻松通过命令向聊天平台提供 API 的工具。

4. 基础设施

基础设施代表了业务运行的服务和工具，同样代表了企业技术沉淀和组织协作能力。引进机器人是比较容易的事情，但笔者认为自动化流程和基础设施才是 ChatOps 成功落地的关键。基础设施的关键实践可以参考本书 6.1 节。

6.6.4　ChatOps 的应用场景和未来

ChatOps 理念于 2016 年左右在国内昙花一现后，鲜有优秀的案例和解决方案分享。运维场景的复杂度本身比较高，简单指令型驱动的 ChatOps 无法真正解决大多数企业当下的运维困境，再加上个人主义、组织文化、技术生态的多方影响，ChatOps 在国内一直屡弱前行。随着 AIOps 的深入落地，运维场景以数据驱动的能力将会大大增强；云原生基础设施能力的深入推进，使自动化的能力不断补齐；ChatOps 在 DevOps 端到端的流程之上，补足了碎片化协同的短板，相信未来 ChatOps 一定能真正进入黄金时代。

下面是常见的 ChatOps 场景：

（1）研发流程的串联和接续触发、事件和状态提示、超时提醒等。

（2）报警码查询、Redis 查询、协议解析、报文解析、常见代码报错信息解析。

（3）Jenkins 构建触发、YApi/Swagger 接口查询、Sonar 检测问题、自动化测试结果查询。

（4）GitLab 提交记录查询、变更查询。

（5）项目管理、资产管理/审核/查询、项目依赖分析、构建结果分析（结合原有工作台云端部署）。

（6）数据查询、研效数据查询、测试账号分配。

（7）基于 Wiki 文档和智能问答的知识库。

（8）翻墙查询（机器人可以翻墙，解决开发机器封闭内网的问题）。

（9）健康检查、告警监控、性能预警。

6.6.5　案例分享

国内某 ChatOps 解决方案提供商，在公司内部通过 ChatOps 技术实现版本跟踪、bug 跟踪、项目问题跟踪、代码开发进度跟踪等 ChatOps 场景，大大提升了团队的开发和运维效率。该企业 ChatOps 场景实现如下。

1. 新版本上线通过 ChatOps 技术反馈 bug

一个版本上线后，会用 Crashlytics 来收集移动端的崩溃日志，或使用 Bugly、BugHD、听云等服务来收集崩溃和 bug 信息。在 ChatOps 中，可以直接启用这些工具和服务对应的机器人，在无须来回切换工具界面的情况下实时查收消息，客观上还在 ChatOps 中汇总备份了信息，使其更具有可回溯性，便于以后根据日期来回顾当时所出现的问题，更好地进行版本质量管理。

如图 6.6.5 所示，在实际工作中，将上述机器人同步而来的消息按照客户端分类，分别推送到"bug 收集群-WP"、"bug 收集群-安卓"、"bug 收集群-iOS"三个讨论组中。利用讨论组的拆分做到信息的分类收集，让数据更加整齐，便于梳理。不同客户端的开发工程师只需要关注相应的讨论组，即可及时掌握与自己密切相关的客户端动态，而不会被其他弱相关信息干扰。

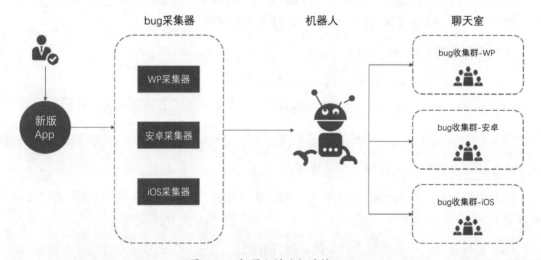

图 6.6.5　机器人讨论组反馈 bug

1）利用 ChatOps 机器人跟踪 Trello 问题进度

在版本上线以后，如果遇到了比较严重的质量问题，如闪退等，移动端团队会利用 Crashlytics + Trello + ChatOps 平台的组合完成对问题的质量追踪。具体的工作流程是利用 Crashlytics 与 Trello 相关联的特性，当 Crashlytics 监控到质量问题时，会自动为这个问题在 Trello 上创建一任务卡，并通过 Trello 机器人实时向 ChatOps 平台相应讨论组中同步该任务的进度，如图 6.6.6 所示。

图 6.6.6　Trello 机器人跟踪质量问题的流程

Trello 机器人会根据质量严重性对问题进行区分，并将相应信息归类到不同的讨论组中。例如，上述 Trello 机器人同步的消息会被归入"严重问题跟踪解决"讨论组中，同时，相关工程师跟进问题后对该任务卡进行的操作信息也会通过 Trello 机器人实时推送到这个组中，方便其他同事了解该问题的进展，保证整个团队信息同步的及时性，便于日常协作。

2）ChatOps 平台与 GitHub 连接

创建"代码开发"讨论组来保证移动团队内部开发进度的实时同步。当然，讨论组在 bug 修复工作中也十分有用，如大家可以在讨论组中实时查看谁正在处理什么 bug、修复的阶段，很好地避免了重复劳动和有问题没人管的尴尬情况。另外，我们十分推荐使用 Hubot 机器人连接 GitHub，这样在完成配置后，就可以直接在 ChatOps 平台上通过对 Hubot 发送指令来完成查看和创建任务，十分方便。

3）ChatOps 平台帮助建立学习型组织

为了建设一个学习型的团队，他们非常重视日常的资讯获取，配置了一些 RSS 机器人用于收集行业信息，如 Android Studio 的版本更新（图 6.6.7）、ARKit 官方论坛的最新内容等，保证团队成员能够实时获取行业最新动态。

图 6.6.7　通过 ChatOps 获取 Android Studio 的版本更新

6.6.6 ChatOps 的常见误区

（1）ChatOps 以碎片化协作的方式将运维协作融入协同办公平台中，代表了运维领域未来的发展方向和效率提升的机会点。但运维是一项相对复杂的系统化工程，不能简单认为"一切皆可 ChatOps"。ChatOps 与 DevOps 一样属于组织基础技术能力的外在表现，在落地过程中更应关注底层自动化流程和基础设施能力建设，切不可盲目依赖 ChatOps。

（2）ChatOps 背后的机器人技术，从当前的市场来看并未真正成熟，只能应用在相对简单的运维场景中，尚未具备市场所期望的 AI 算法能力，企业在尝试落地过程中应尊重现实能力，机器人不是万能的，运维人员的能力培养或许更关键。

（3）ChatOps 以碎片化协作的方式来解决运维问题，势必对传统的重运维流程的理念带来巨大冲击。在企业落地 ChatOps 的过程中，应在流程严谨性和协同效率上取得平衡，避免出现 ChatOps 制造混乱的现象。

第7章 运营领域实践

本章思维导图

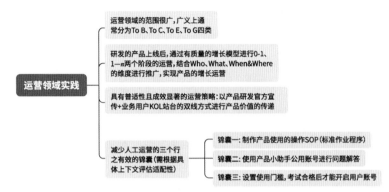

核心观点

- 研发的产品上线后，通过有质量的增长模型进行 0—1、1—n 两个阶段的运营，结合 Who、What、When & Where 的维度进行推广，实现产品的增长运营。
- 具有普适性且成效显著的运营策略是：以产品研发官方宣传+业务用户 KOL（Key Opinion Leader，关键意见领袖）站台的双线方式进行产品价值的传递。
- 减少人工运营的三个行之有效的锦囊（需评估适配性）：制作产品使用的操作 SOP（Standard Operating Procedure，标准作业程序）；使用产品小助手公用账号进行问题解答；设置使用门槛，考试合格后才能开启用户账号。

7.1 运营领域实践概述

1）运营领域的范围

运营领域的范围很广，广义上通常分为 To B、To C、To E、To G 四类，其中 B 是指 business（企业客户），C 是指 customer（消费者/个人用户），E 是指 employee（内部员工），G 是指 government（政府客户），本文中的运营领域是指研发工具类产品在企业内部的运营。

2）实践来源

下面内容基于笔者 12 年的数字化运营实践经验，以及从曾任职的互联网大厂（阿里巴巴、腾讯）和咨询服务过的大型企业（国内知名的商业银行、国内一线互联网科技公司、全球最大的商用车制造商等）中提炼出的内部产品运营方法论和实践案例，以期帮助读者有针对性地解决内部产品运营的痛点，形成产品价值的成效闭环，实现持续、健康的增长运营。

7.2　运营领域实践的价值

运营领域的实践能帮助团队解决以下 3 个高频的痛点问题。

（1）如何增长：研发的产品上线后，如何进行宣传推广让业务了解且接受，实现产品的增长运营？

（2）如何提升使用率：业务团队因为行政命令等因素接入了产品，但是并没有实际使用，如何能提升产品使用率？

（3）如何减少人工运营：研发团队花了大量时间来解答业务人员的使用操作问题（甚至峰值能占到日常工作时间的 50%），如何摆脱这种困境，让研发人员释放更多时间来做研发的工作？

运营领域的实践，能够实现产品研发的端到端闭环，验证产品的成效价值，以价值驱动科技敏捷。

7.3　运营领域实践的实现

1. 如何实现产品的增长运营

内部产品的宣传推广，建议分为 2 个阶段：0—1，1—n。

其实底层逻辑和 To B、To C 一致，实践中都是先找到 0—1 的种子用户，通过种子用户验证 MVP（Minimum Viable Product，最小化可行产品），让种子用户体验到产品的核心价值，基于种子用户的深度调研反馈来进行产品功能的优化迭代，同时提炼包装产品的核心功能卖点。当产品的核心价值得到验证后，通过对种子用户运营沉淀下来的经验的复制，进行 1—n 的规模化获客。

具体的用户增长模型，可以通过图 7.3.1 进行了解。

了解完增长模型，那么实操性的问题来了，如何找到种子用户/部门、后续的 1—n 推广的用户/部门，推哪些内容会让业务团队了解且接受产品，通过什么时间和渠道来推广更有效，是否有相应的方法论可以指导呢？

基于笔者内部产品运营实践经验，总结提炼出以下经验供参考。

【Who】如何找到种子用户/部门、后续的 1—n 推广的用户/部门？

通常情况下，种子用户/部门是比较容易找到的，因为在做产品 MVP 的时候就会有目标用户画像，那么以此去找目标的种子用户，内部产品通常会使用自上而下的方式，部门之间先达成一致，再由部门成员做种子用户进行验证。对于 1—n 推广的用户/部门，要具体看产品的需求是覆盖全员的还是部分的。全员需求的，比如公司内部的即时通信软件，所有内部员工都需要；部分需求的，比如 RPA（Robotic Process Automation，机器人流程自动化），那就需要深入去挖掘有需求的用户/部门了。

> 常见的两种增长模型：AARRR和RARRA。
> AARRR是增长黑客中用户增长的源模型，因其掠夺式的增长方式也被称为海盗模型。但不是所有产品增长都适用，若在产品尚未验证核心价值前，就投入大量财力人力在大规模获客，将面临耗费大量获客成本但用户难以产生价值的重大风险。
> 因此实际增长实践中RARRA能**优先保障种子用户能留存并持续激活**，以种子用户自分享来进行口碑传播，并不断扩大种子用户变现价值。最终依据对种子用户及同类需求用户的数据、运营经验研究，进行**可复制的规模化获客**，实现突破式增长。

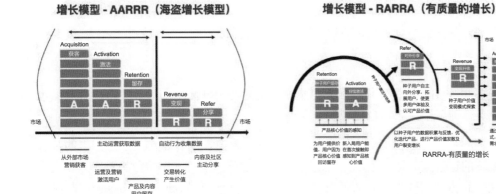

图 7.3.1　用户增长模型

【What】推哪些内容会让业务团队了解且接受产品？

提炼包装产品的核心功能卖点，让目标用户感受到产品的核心价值，这里的核心价值一定得是用户视角的核心价值。笔者在做咨询时，发现从产品研发团队视角提炼的产品核心价值是 a、b、c，但是从用户视角提炼的是 b、c、d，那么当出现这种情况时，更建议在宣传推广产品时用 b、c、d。

在大量的内容推广实践中，笔者发现场景化的内容营销让用户更有代入感，更容易接受产品，比如提高效率的产品，通过使用前与使用后的场景对比，让目标用户立即对号入座，想要看看产品是否能真的提高自己的工作效率。在场景化的内容营销实践中，建议通过 A/B 测试的方式进行验证，如图 7.3.2 所示。

图 7.3.2　"腾讯技术工程"回答"什么是 A/B 测试？"（知乎）

【When&Where】通过什么时间和渠道来推广更有效？

因为不同企业的内部宣传时间和渠道差异较大，具体情况需要具体分析，此处提供一些通用的建议。

内部宣传时间通常在午休时段和下午工作时间的中间时段更佳，比如企业的午休时段为12:00—14:00，在 12:00 左右进行宣传会达到最佳的数据效果。

宣传的渠道，分为线上和线下，线上通常使用内部邮件、BBS、即时通信软件等，线下通常为食堂楼梯口易拉宝、厕所海报、电梯广告等，具体的效果差异较大，建议先通过在各个渠道来源埋点的方式复盘数据，再进行渠道优先级排序。

2. 如何提升使用率

很多业务团队多年养成的习惯很难切换，常见的有两种情况：业务团队没有产品也能开展当下的业务，业务团队已经自己开发并且使用了满足当下业务的工具产品。

这个问题的本质在于用户没有体验到产品的核心价值，笔者在实践中总结出的具有普适性且成效显著的运营策略是，以产品研发官方宣传+业务用户 KOL 站台的双线方式进行产品价值的传递。具体的实践步骤为从数据和用户反馈中找到使用数据好且愿意为产品站台的用户，挖掘提炼业务认可的价值且通过 KOL 进行宣传。

3. 如何减少人工指导

遇到此类情况的团队，笔者有 3 个行之有效的锦囊，但具体如何使用需要评估后再决定。

锦囊 1：制作产品使用的操作 SOP，建议包含详细的文档+高频问题的 Q&A（问与答）+重点操作的演示视频。

通常内部产品的操作 SOP 只有 Word/PPT/PDF 或者网页版，但是现在的用户都不太喜欢阅读长篇大论的文字。如果用户带着问题来，希望能快速找到答案，那么高频问题的 Q&A 是必不可少的。现在的用户更容易接受视频版本的操作演示，如果能够把重点部分的操作视频录制出来，"磨刀不误砍柴工"，能节省后期很多的解答时间。

锦囊 2：使用产品小助手、值班小助手一类的公用账号，且设置常用的 Q&A 关键词对应的问题解答。

这在腾讯这类大厂非常实用，比如内部员工经常会去问 QQ 盗号、微信支付、微信公众号解封等问题，能直接在内部通信软件里找到相关产品的值班小助手一类的公用账号。如果产品能力支持的话，实操起来较为快速，且投入产出比非常高，也能较快看到成效。

锦囊 3：设置使用门槛，考试合格后才能开启用户账号。

这个锦囊建议慎重评估后再使用，需要拉通对齐到业务团队和管理者等干系人，而且前期需要花费大量的时间制作产品的操作 SOP 和设置考题，后期也需要周期性地迭代，但是一旦使用此锦囊可以立即收获成效，笔者实践中的一个团队解答问题所用时间占比从 60% 降低到 20%。

7.4　案例研究：金融行业的运营实践

国内很多大型企业会自主研发内部产品，比如内部即时通信软件、OA 办公平台等，特别是对信息安全要求更高的银行，一般都会自研客服平台、数据平台、云服务平台等内部产品，特别是近几年各大银行对降本增效的重视，使得研发内部产品的压力和机会共存，能够给银行节省大量 FTE（Full-time equivalents，全职人力工时）的产品就会成为明星产品，而那些上线后没达到预期的就会下线或者被代替。那么，如何提升产品的使用率？找到产品的价值，并让员工了解和体验是产品推广的关键运营策略。

图 7.4.1 所示为内部产品的价值运营驱动实践，即从自上而下的行政命令到员工真正认可价值。此案例分别从运营赋能的前、中、后三个阶段，就背景、痛点、共创运营策略及落地、产出和成效等具体步骤，给大家提供实践参考。

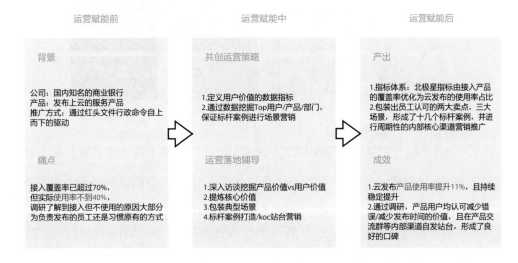

图 7.4.1　内部产品的价值运营驱动实践：从身上而下的行政命令到员工真认可价值

7.5　运营领域实践的常见误区

误区 1：产品研发的官方宣传到位就行，不需要业务部门站台。

从心理学上来讲，用户对官方宣传的理解一般为"王婆卖瓜，自卖自夸"，而如果能有业务部门（特别是在公司的生态链顶层的业务部门）来站台，同时有理有据展示使用前和使用后的场景对比，则其他业务部门一定程度上会愿意相信 KOL 或 KOC（Key Opinion Consumer，关键意见消费者）的背书。

误区 2：面向内部的产品无法对标面向外部的产品的人力配置，而且没有完整的运营团队，甚至很多内部产品只有研发团队，没有产品团队和运营团队。

在这种情况下，研发人员或多或少都会承担部分运营工作，因此建议研发团队具有运营的思维和了解常用的运营方法论，只有这样才能更好地实现完整的闭环。

图 7.5.1 梳理了面向内部产品的数字化运营的重点，供参考。

图 7.5.1　面向内部产品的数字化运营的重点

误区 3：研发团队没有渠道去了解用户，或者无法在用户身上投入较多的时间。

针对这个方面，有两方面的运营要点推荐给大家：定期用户调研和开通日常用户反馈渠道。

定期用户调研有两个时间节点：第一个是新版本发布后的 1～2 周，可以在产品中加入新版本用户调研的入口；第二个是每月、每季度定性和定量搜集用户的反馈。

开通日常用户反馈渠道有两种方式：第一种是在产品内加入可以一键调起内部即时通信软件的反馈小助手一类的公用值班账号，同时设置常用 Q&A 关键词对应的问题解答，便于及时解答用户的问题，另外也能节省工作时间；第二种是建立内部产品的交流社群，建议设置群助手和常用 Q&A 关键词对应的问题解答。社群运营是一把"双刃剑"，运营好的社群能让 KOC 主动帮助"小萌新"解答问题，运营不好的反而会让用户在群内"带节奏"，产生负面影响。因此，建议大家根据团队的实际情况进行适配评估。

第 8 章　组织和文化领域实践

本章思维导图

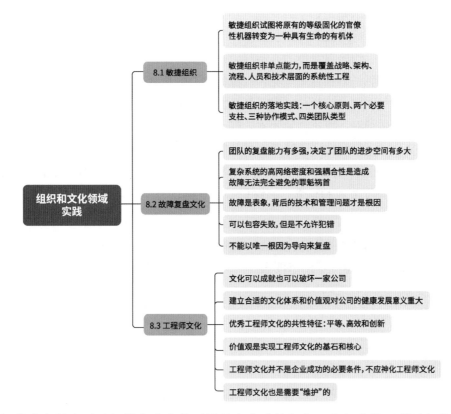

组织的成立是为了承担并完成个体无法独立完成的任务，在如今的互联网行业，个人英雄主义已经不太可能解决所有问题，因为软件系统的规模实在是太庞大了，即便是其中的某个局部，也往往充斥了一堆复杂的细节。

既然我们需要组织这一社会实体来聚合一群程序员完成某些特定任务，那么很显然，组织建设的优劣将直接导致研发效能的巨大差异。我们身边不乏这样的案例：有些公司技术人员众多，但交付一个简单的购物车功能就需要半年；而有些公司仅有上百名员工，却能够在短时间内连续推出多个优秀产品。这些活生生的例子，都是组织建设作用于研发效能的真实写照。

究竟怎样建设组织才能发挥团队每个成员最大的能量呢？我们并没有标准答案，但希望通过对业界前沿实践的分析和解读，为你带来一些全新的思路，帮助你因地制宜打造高效组织。

本节内容分为三部分：敏捷组织、故障复盘文化和工程师文化。

- 敏捷组织：敏捷组织是一种以人为中心的网状团队，一方面可以应对快速变化的业务和用户需求，同时兼顾组织的稳定基础；另一方面敏捷组织试图将原有的等级固化的官僚性机器转变为一种具有生命的有机体，从而帮助组织获得强大的对外界的感知能力，并且基于强大稳定的平台快速产出有用的价值，在未来的竞争中始终保持活力。

- 故障复盘文化：故障复盘是指从失败中学习，这个概念和"吃一堑长一智"有异曲同工之妙。一个组织的复盘能力有多强，决定了组织的进步空间有多大。效率最低的工作是一个地方犯过的错误重复犯，复盘的核心价值就是让犯过的错误不再犯，不在同一个地方反复跌倒，这样你就已经能赢大部分人了。只有对自己和团队无情复盘，才能知道哪里做得对，哪里做得不对，哪里是靠运气，以及哪里是靠能力。

- 工程师文化：工程师文化意味着工程师优先，是一种充分尊重和鼓励工程师来主导决策的文化。工程师文化不仅仅能营造一种善待工程师的工作氛围，更是一家公司或一个团队共同的价值观和信念，能够引导工程师的行为，最终驱动技术发挥出其最大价值。

我们处在一个互联网高速发展的时代，自然也应当以动态视角看待组织与文化。组织与文化是有生命力的东西，用开放的态度去面对它，才能更好地建设它。

8.1　敏捷组织

🌐 核心观点

- 敏捷组织试图将原有的等级固化的官僚性机器转变为一种具有生命的有机体。
- 敏捷组织非单点能力，而是覆盖战略、架构、流程、人员和技术层面的系统性工程。
- 敏捷组织的落地实践可总结为：一个核心原则、两个必要支柱、三种协作模式、四类团队类型。

8.1.1　敏捷组织概述

从 1911 年到 2011 年被称为"现代管理的百年"，百年管理理论一直在试图回答这样一个问题，"组织的效率从何而来"。从根本意义上讲，管理的核心目的就是要解决效率的问题。

在百年的不断探索中，组织管理也经历了三个阶段：

（1）科学管理阶段：代表人物为泰勒，他在 1911 年发表的《科学管理原理》一书中，第一次将管理从个体经验上升为一门科学，要解决的核心问题就是如何提升个体的劳动效率，也就是如何在有限时间内让生产率最大化的问题。在这个过程中，他首次提出了分工理论[17]，也奠定了现代职能划分的组织形态。

（2）行政管理阶段：代表人物为马克斯·韦伯和亨利·法约尔，其中韦伯被称为"组织理论之父"，他的行政组织理论（也就是官僚组织模式）对现代组织分层和分权产生了深远的影响。他一直致力于解决组织效率最大化的问题，并在研究过程中发现专业化水平和等级制度，是解决该问题的两大根本要素。这就是现代组织中的专业通道和职级制度的起源。

（3）人力资源管理阶段：代表人物为玛丽·福列特，她突破性地发现了组织中人的价值，提出以人为本的核心观点，通过让个体在团队中协作并整合冲突来发挥人的效率[18]，从而为组织带来更大的价值。也就是只有员工需求与组织发展目标保持一致，弥合短期目标与长期目标之间的冲突，才能构建长期健康的组织结构。

通过以上三个组织管理阶段的演进过程，我们可以观察到"传统组织"更加偏向于一种静态、职能划分的层级结构，所有的组织目标和决策自上而下层层传递，依赖于管理层的远见卓识和领导能力，这种组织结构虽然稳固但是往往决策路径过长且行动缓慢，显然在快速变革的时代已经难以满足企业基业长青的需求。

在 VUCA 时代，数字化变革深刻影响了组织的运作模式，组织的最大挑战就是如何兼顾稳定性和灵活性，从而快速响应业务需求。因此，"敏捷组织"的概念应运而生，敏捷组织是一种以人为中心的网状团队，可以应对快速变化的业务和用户需求，同时兼顾组织的稳定基础。敏捷组织具有一些典型的代表特征，比如技术驱动的快速反馈环、持续学习和实验的组织文化、团队全员共享一致的价值目标、跨职能的自组织团队、变革领导力，以及协作和心理安全的生机型组织。

简而言之，敏捷组织试图将原有的等级固化的官僚性机器转变为一种具有生命的有机体，从而帮助组织获得强大的对外界的感知能力，并且基于强大稳定的平台快速产出有用的价值，在未来的竞争中始终保持活力。

8.1.2　敏捷组织的特征

敏捷组织如此重要，但是根据麦肯锡的调查，只有不到 10% 的企业宣称已经完成了公司级的敏捷转型，或者实现了每个业务单元的敏捷转型。而更多的企业把敏捷组织视为未来的企业战略目标，并相信敏捷组织能够帮助他们在数字化转型时代占得先机，这中间的巨大鸿沟值得让人深思。回顾诞生于 2001 年的敏捷软件开发宣言，至今已经走过 20 多个年头，但国内鲜有哪家企业在敏捷开发领域完成出圈，开发领域尚且如此，整个组织级别的敏捷化难度可想而知。再加上文化的转变在任何一家企业中都很敏感且任重道远，这就不难理解敏捷组织之路注定充满艰难险阻。在麦肯锡的调研报告中，敏捷组织包含了五大特征，如图 8.1.1 所示。

	标志		敏捷组织实践
战略	组织聚焦北极星目标		• 共享组织目标和愿景 • 感知和捕捉机会 • 灵活地资源分配 • 可执行的战略指引
结构	自组织团队网络		• 清晰扁平的组织结构 • 清晰职责划分 • 实践治理 • 健全的实践社区 • 激活协作的生态系统 • 开放式物理/虚拟空间 • 目标导向的职责单元
流程	快速地决策和反馈循环		• 快速迭代和试验 • 标准化工作方式 • 效能导向 • 信息透明 • 持续学习 • 行动为中心的决策机制
人员	点燃激情的动态人力模型		• 有凝聚力的社区 • 共享和服务式领导 • 企业家精神 • 自由轮岗
技术	下一代技术赋能		• 演进式的技术架构、系统和工具 • 下一代的开发交付工程实践

图 8.1.1　麦肯锡敏捷组织的五大特征[19]

1. 战略层面，整个组织共享北极星指标（业务指标）

敏捷组织重塑了价值创造链路，并重新思考资源投入和响应机制，保持对用户的持续关注，从而试图寻找和满足用户多样化的需求，并同整个组织的相关方（包括用户）一起来创造价值。也就是说组织和用户不再分别扮演价值的生产者和消费者的角色，而是共同成为价值的生产者和消费者，这是敏捷组织最显著的思维模式转变。

为了实现这个目标，敏捷组织构建了分布式、灵活的价值创造方法，并不断将外部用户引入价值创造链路中来，比如用户故事地图、MVP、基于卡诺模型的用户调研和反馈机制等，并且通过模块化的产品和解决方案来提升价值交付效率。

想要让分布式的价值创造方法及诸多利益相关方保持一致性，组织设定了共享的目标和愿景，并将组织内外的所有成员都"对齐"到这一目标上，让所有人都能够主动感知到他们的日常工作与组织目标的相关性，由此来激发意愿和主观能动性。与此同时，组织也能够快速灵活地调配资源并投入到核心战略目标中来，通过建立标准化的流程和资源分配机制，让人员、技术和资源做到快速匹配，关停并转老业务，投入试点创新业务。

2. 架构层面，自组织团队构成的网络架构

谷歌董事局执行主席施密特在《重新定义公司》中提出，未来组织的关键职能就是让一群聪明人（Smart Creative）聚在一起，快速感知客户需求，愉快地、充满创造力地开发产品和提供服务。也就是说，这些聪明人不需要管理者的严格管理，只需要组织营造氛围、明晰职责、充分授权，他们就可以通过个体能力的聚合找到解决方案，并交付超出预期的成果。除此之外，敏捷组织的网络型组织架构还具备以下特征。

（1）通过层级扁平的组织架构来支撑组织价值创造，比如团队可以根据共享使命进行自组织（类似于 Spotify 的"部落"机制），团队内的成员共享目标，团队成员人数根据目标的大小而呈现出不同大小的规模，最大不超过 150 人，既反映了实践经验也符合"邓巴数字"的研究结果，即每个人最多能同 150 个人建立有效地协作关系。组织中最小粒度的团队控制在 6～10 人的规模，这也是业界知名的"两个比萨"原则，从而保证团队内部沟通的有效性。

（2）职责清晰的团队分工有助于团队内和团队间的高效协作，而不是将时间浪费在职责定义和冗余的审批流程中。在组织内部进行"人事分离"，也就是职责和人并不强绑定，职责能被共享，同时人也可以身兼数职。

（3）授权一线管理者进行跨团队的绩效设定和决策机制，也就是华为一直倡导的"让听见炮火的人进行决策"，一线领导者更加贴近协作方和用户，掌握更多的一手信息，有利于快速响应和决策。这样可以释放高层管理者的精力，让他们更加专注于全局系统设计和规划，为团队提供指导和赋能。

（4）打造学习型组织，在组织内部进行知识和经验的分享，以此来吸引和聚集优秀的人才，帮助团队成员进行跨领域的学习，提供稳定的机制帮助优秀人才在不同团队和岗位进行轮岗。

（5）拓展组织同外部的沟通网络和渠道，让组织成员可以接触到外部优秀的人才、观点、思考和洞察，能够同外部资源进行充分协作，共同打造全新的产品、服务和解决方案。同外部供应商、用户、学界、监管机构建立良好的伙伴关系，共同参与价值创造。

（6）提供开放式的物理和虚拟工作环境，让团队成员在以最高效的方式同相关方进行协作的同时，可以保有独立而不被打扰的私人空间。这种动态环境有助于提升组织内部的透明度，促进沟通和协作。（备注：在 ING 银行位于荷兰阿姆斯特丹的总部，为了方便二楼和三楼的团队进行协作，他们甚至自己在楼层中间建了楼梯，而在硅谷式的工作场所中，滑梯更是标配。）

敏捷组织致力于打造一个具有丰富生命力的"有机体"，而组成这个有机体的最小单位，就是一个个满足业务目标的敏捷团队。相比于传统的机器式的层级组织，这种敏捷团队具有更好的自治力和责任心，同时也往往具有跨职能领域的经验，可以快速组合以便专注于价值创造活动，带来明显的业绩产出。另外，组织就像积木一样可以灵活组合，弹性十足。

3. 流程层面，快速的决策和反馈环

以往，组织为了获得成功，依赖于组织高层和有经验的个体明确指出组织的发展目标，并制定尽可能详细的路线图，从而降低风险。我们现在身处一个快速发展的时代，周边的环境在不断地发生变化，很难有一个清晰不变的长期目标，这就需要我们转变心态来拥抱变化，并尝试利用不确定性来获得成功，这就要求敏捷组织不断地重复快速思考、决策、执行和反馈的循环。系统思维、精益管理、敏捷开发、持续交付都是这个时代获得成功的必要因素。快速反馈模式具有以下特征。

（1）敏捷组织专注于快速迭代和实验。他们采用 1~2 周的迭代来快速交付一项最小可用价值，并且不断地获取外部反馈，从而在下个迭代过程中进行改善。团队成员共享信息并保持透明，对他们所创造的工作价值有直观感受，这样有助于团队寻求更加合理、高效的解决方案，并减少返工，抓住机遇，提高效率，进一步增进团队的主人翁意识和责任心。

（2）敏捷组织受益于标准化的工作方式和交互语言，他们通过共享语言、流程、数据格式、技术和社交模式，来降低跨团队协作过程中的认知负荷。

（3）敏捷组织天生是结果导向的，关注结果而非产出（outcome over output）。在日常工作中，团队成员共享团队目标，通过高频的正式和非正式沟通寻找最佳的解决方案来达成目标，而不拘泥于固定的流程。

（4）快速反馈依赖于高透明度，团队成员可以按需获取信息，也能及时同其他团队共享所获得的信息。比如，团队成员可以获取非过滤的产品数据、用户和财务信息。团队成员可以在组织内简单快速地找到相关技能领域的成员，并建立沟通协作渠道。组织内部打造了高效的信息共享和检索工具，可以持续降低信息获取的成本，打破信息壁垒。组织致力于打造能带来心理安全的工作氛围和企业文化，帮助每个人发声，团队领导者不再以信息壁垒来巩固自己的领导地位，而是通过服务式领导力帮助团队成员获得成功。

（5）持续学习是敏捷组织的基因，每个人都能够快速学习他人成功的经验和失败的总结，团队内部共享无指责的文化，对事故进行充分复盘和学习。组织为团队成员的学习提供资源保证，鼓励内部经验共享，并帮助成员让局部的成功经验在组织层面进行共享。

（6）敏捷组织通过持续的、小的决策来不断调整和校准目标，组织不再寻求广泛共识，而是知道应该将怎样的角色引入决策机制，团队成员在彼此尊重的基础之上求同存异，一旦达成共识即快速执行，团队倡导"不同意但坚决执行"的风格，从而减少内耗，快速行动。

4. 人员层面，以人为本的组织文化

敏捷组织提倡变革领导力，也就是领导者通过调动员工的价值观和使命感，来激发和鼓

励团队达到更高的效能，并促进广泛的组织变革。变革型领导和服务型领导有相似之处，服务型领导更侧重人的发展和表现，变革型领导致力于让员工与组织产生共鸣，并拥护组织的目标。

变革型领导的核心是以人为本，将人才视为组织的核心，通过授权团队进行软件系统重构，引入持续交付和精益管理实践，并且通过支持团队成员间的有效沟通和协作，让不断学习和试错成为每个团队成员工作的一部分，从而奠定团队文化的基础。

在敏捷组织中，通过共同的文化来打造高内聚的社区，这种组织的凝聚力并不是来源于规则、流程、层级结构，而是来源于高度互信和积极的组织文化，这种文化对内外部人才带来了强烈的吸附作用，组织也因此进入积极的正向循环之中。敏捷组织中的成员更加具备企业家精神，对团队目标负责，他们会在日常工作中主动探索新机遇、新知识和新技术，获得内在驱动力的来源——自治、专精和目标。

5. 技术层面，下一代技术和数据驱动的能力

新技术正在以前所未有的速度从诞生走向成熟，IT 技术正在成为组织创新和业务发展的原动力，为此敏捷组织需要将技术内嵌在价值交付的完整流程中，保持技术架构、平台工具、交付流程等方方面面的持续精进。从软件架构层面来看，应用服务持续解耦，成为一个个可独立部署交付的业务单元或者业务模块，使得团队之间实现低耦合或者彻底解耦，从分层架构到微服务架构持续推进应用架构的迭代升级。从环境层面来看，以容器为代表的云技术正在彻底改变软件部署发布的游戏规则，云原生能力已经成为快速交付的核心竞争力，研发上云的趋势势不可当。从协作方面来看，以 DevOps 为代表的软件研发流程，不仅打破了开发、测试和运维角色的边界，也在持续将业务、安全、财务等非传统 IT 领域的角色引入其中，从而实现更大范围的跨领域高效协作。

这五大特征包含了 23 项实践，构建了敏捷组织能力与实践的全景图，对于敏捷组织的转型和塑造具有极强的参考意义。

8.1.3　敏捷组织的实现

敏捷组织的实现涉及组织的方方面面，往往让人觉得过于庞大以至于不知道如何下手。坦率地说，的确没有一套通用的组织结构范式能够满足所有组织的需求，其中的原因也不难理解，组织的规模、人员情况、所处行业的竞争态势、企业现阶段的发展目标等都不尽相同，自然也无法照搬其他组织的"最佳实践"。

即便如此，通过对现代组织的研究和业界成功案例的复盘，我们依然可以尝试摸清敏捷组织实现的脉搏，从常见的反模式中吸取经验教训。这里可以将敏捷组织的实现总结为一个

核心原则、两个必要支柱、三
种协作模式、四种团队类型，
如图 8.1.2 所示。

1. 一个核心原则

1968 年，计算机系统研究
院的梅尔·康威在论文中探讨
了组织结构和最终系统设计
之间的关系，其中的一句话被
总结为著名的康威定律：

由于设计系统的组织受
到约束，这些设计往往是组织
内部沟通结构的副本[20]。

图 8.1.2　敏捷组织的实践框架

这个定律表明了组织内
的真实沟通路径和最终软件架构之间的强相关性。反过来，如果我们希望获得怎样的软件系统架构，就应该相应地调整组织的沟通路径，即组织结构，这就是著名的"逆康威定律"。

因此，在设计敏捷组织时，核心原则就是在康威定律的指导下，通过管理认知负荷，建立反馈回路，从而打造以自治为核心的跨职能团队，这个团队获得充分授权来负责特定价值流的全流程交付，并且长期存在。

2. 两个必要支柱

敏捷组织的实现有两大必要支柱：健康的组织文化和优秀的工程实践，如果脱离了这两点，敏捷组织就成了无根之水，即便组织架构层面进行了调整和重组，也只是停留在表面，缺少内在的能量支持。

其中，敏捷组织的文化有以下特征：

（1）高度互信：团队成员之间、管理层和员工之间建立高度的互信机制，摆脱以往强管控的管理方式，相信团队成员的内在驱动力，避免组织内部的自我损耗。

（2）心理安全：组织为所有员工提供能带来心理安全的工作氛围，员工可以畅所欲言，充分发挥自己的能力，而不用担心官僚层级下的潜规则，可以快速试错和快速学习。

（3）持续学习和实验：组织内部鼓励长期学习，并建立知识共享和扩展机制，团队定期思考如何变得更加高效，并相应地调整、改变策略和行为。管理层营造学习氛围，鼓励内部共享和协作，并对团队进行学习投资，比如提供培训预算、参加行业内外部大会、设立内部的创新和黑客大赛、定期举办小型研讨会、支持跨团队的兴趣小组建立，以及预留固定的时间进行学习试验和改进等。

另外，在行业内部被验证可行的各类优秀实践和开发的自服务平台，也是支持敏捷组织能够快速创新的必要因素。这些优秀的工程实践、管理实践也正是本书存在的理由。我们相信，合理、有选择性地运用这些最佳实践，对于组织效能能够带来至关重要的作用，并且可以通过改变行为来塑造组织文化，这一点本书 8.3 节中有详细介绍。

3. 三种协作模式

特定的团队类型可以满足企业价值交付的需要，而这些团队之间的交互模式也同样至关重要。原则上来说，在设计敏捷组织协作模式时，其出发点应该是尽量减少不必要的团队协作，收敛必要的团队协作，从而实现自组织团队独立交付价值的目标。

敏捷组织的三种交互模式如下：

（1）协作模式：在这种模式下，两个团队共享目标，通过充分协作实现经验和知识方面的能力互补。协作模式往往适用于新业务和新技术的快速探索期，比如自动驾驶技术涉及各类硬件和传感器的设计实现，也依赖于人工智能在数据和算法方面的投入，这时候就需要两个方向的团队专家进行充分协作，快速完成原型产品的可行性研究。由于协作模式依赖于团队的良好沟通，并且团队共同为产出负责，这样就会使得团队的边界变得模糊，如果没有职责共担和高度信任的文化来保证，则很容易在出现问题的时候互相推诿。值得注意的是，由于协作模式会大大提升两个团队成员的认知负荷，因此并不鼓励协作模式长期存在，而是尽量在原型期过后梳理完善两个团队的交互接口和职责边界，使其独立专注完成各自领域的价值交付。

（2）服务模式：服务模式是指一个团队使用其他团队提供的能力或服务，比如通过 API 方式调用底层能力接口。在这种模式下，团队间的交互被控制在有限的范围内，平台团队通过提供标准化服务，并且预留可扩展的接口能力，来方便自组织团队完成价值交付过程。这种模式在组织内部比较常见，典型的比如云平台或者云基础设施服务团队、工程效能团队，甚至通用的基础组件团队等。在团队的能力服务化之后，其他团队花费极低的成本即可获得赋能，降低团队成员的认知负荷。而提供服务的团队则专注于能力的迭代和完善，一方面在垂直领域的能力上不断精深，另外一方面也能通过规模化来实现技术服务的内外部变现。

值得注意的是，服务提供团队应该关注开发者体验，也就是说这类技术能力和技术工具应该按照和用户级产品一样的模式去设计和开发，由专业的产品经理通过用户调研等方式合理规划功能优先级，产品思维和数据思维对于提升服务水平和用户满意度来说至关重要。

（3）促进模式：促进模式是指一个团队通过对外部团队提供能力支持来提升他们的生产

力和效率水平，常见的就是工程教练或者敏捷教练团队，或者某个技术领域的专项团队，如语音识别、数据算法团队等。促进模式一般来说也是短期存在的，并且有明确的赋能目标，团队和被赋能方共享业务改进目标，并深入一线帮助团队快速补齐能力短板。

以上这三种协作模式并不是一成不变的，而是需要根据组织与组织之间的协作关系进行动态调整，比如在新业务探索初期，两个团队可以采用协作模式快速完成从 0 到 1 的过程，而随着业务不断成熟，某个团队的能力不断沉淀到自服务平台，这时候就可以转变为服务模式，从而更好地应对规模化诉求。

4. 四种团队类型

不同敏捷组织内部的团队类型五花八门，但大体可以分为四种典型的团队类型。收敛团队类型的意义在于，通过标准化团队实现职责和边界的清晰定义，从而提高协作效率，同时结合目标进行团队职能收敛，避免非核心路径上的资源投入和重复建设。

（1）流动式（价值流）团队：也被称为特性团队、全功能团队、自组织团队等，是敏捷组织中最主要的团队类型，其他三种团队类型都是为流动式（价值流）团队提供服务和支持的。价值流动是精益思想的核心原则之一，这也说明了流动式（价值流）团队应该至少对应一条有价值的工作流，负责该价值流端到端的交付过程。流动式（价值流）团队需要对价值流交付的结果全权负责，并尽可能地贴近最终用户，保持同用户的高频沟通反馈，以持续优化和调整交付节奏及优先级。

（2）赋能团队：赋能团队的主要目标是补齐流动式（价值流）团队的能力短板，往往专注于某个特定领域，负责新技术领域的探索和预研。赋能团队虽然不直接对业务价值交付负责，但是他们是流动式（价值流）团队的有力支撑，往往需要与被赋能对象共享业务指标。另外，赋能团队在专业领域需要始终保持在浪潮之巅，不仅自身需要加强学习，也要在流动式（价值流）团队中传播新技术和新理念，来帮助他们达成更优的交付效率。组织内的工程效能团队就是典型的赋能团队，他们肩负着探索、研发效能领域新技术和新实践的使命，始终关注开发者体验和开发效率的改善。

（3）复杂子系统团队：复杂子系统团队负责维护价值交付过程中严重依赖专业领域知识的子系统，通过将子系统的能力模块化和标准服务化，降低调用它们的流动式（价值流）团队的认知负荷。由于复杂子系统团队的专业领域相对比较精深，导致这方面的人才相对稀缺，组织内部也难以在各个流动式（价值流）团队中都配备相应的人才。典型的复杂子系统团队类似于语音识别、数据算法团队等，他们在业务初期需要与流动式（价值流）团队进行高频协作，保证关键技术领域的可行性，比如提供快速原型来验证方案。长期来看，他们需要将服务产品化，关注产品的可用性和可靠性，通过建立标准化的接口能力来屏蔽底层与业务无关的技术实现细节。

（4）平台团队：对于数字化组织而言，团队的日常协作都是基于内部平台进行的，也就是说内部平台的效率决定了团队间协作的效率，进而决定了业务价值交付的效率。平台团队的职责就是对企业内外部的价值交付提供高质、高效的平台能力支撑。平台团队可以将自身等同于产品交付团队，聚焦于提供少量、高质量的平台服务，而不是盲目追求面面俱到。因为衡量优秀平台的一个标准就是"够用就好"，平台设计方需要明确自己的能力边界，也就是有所为有所不为，否则就会导致大量复杂且不切实际的功能堆积，提升了平台用户的认知负荷，降低了开发者的使用体验。

在面向价值流动优化的敏捷组织中，大多数团队应该是长期存在、跨职能的流动式（价值流）团队。这些团队负责特定价值的产出，并同业务团队和其他交付团队保持长期、紧密的合作关系。流动式（价值流）团队可以寻求赋能团队、复杂子系统团队和平台团队的支持和帮助，从而将自身的认知负荷控制在一个合理水平。组织内的其他团队可以逐步转变为流动式（价值流）团队之外的三种团队类型，比如基础设施团队可以转变为平台团队、工程效能团队可以转变为平台团队或者赋能团队、工具开发团队可以转变为平台团队。

8.1.4　敏捷组织的误区

下面总结一些敏捷组织常见的误区和反模式，需要说明的是，所谓的反模式也是在特定上下文环境中的特定案例，并不具备普适性，需要在充分理解本章前面内容的基础上理解和思考，真正的高手往往是"无招胜有招"的，组织发展的思维不应该被某几个固定的模式所约束。

反模式 1：按照职能竖井划分团队，比如开发团队、测试团队、运维团队。

反模式 2：组建专门的 DevOps 团队，并且该团队长期存在，作为价值交付流程的一环。

反模式 3：精简运维团队，推进开发自运维，复杂系统高可用的本身就是非常专业的技术。

反模式 4：将 DevOps 团队等同于工具团队，而实际上在 DevOps 的 PPT 三要素（People（人）、Process（流程）和 Tool（工具））中，工具是最不重要的，人才是最重要的。

反模式 5：将运维团队整合到开发团队中，如果你思考一下 SRE 团队模式，就能理解这种方式的问题。

反模式 6：按照项目优先级随意调配内部人员，将开发者视为资源，而忽视相关认知负荷的重要性。

反模式 7：盲目压缩测试开发比，将越来越多的质量保障工作交给研发人员负责。

反模式 8：通过大量流程规范或者绩效考核机制来约束团队的行为。

反模式 9：通过提高权限壁垒来阻止内部的沟通和资源共享。

8.2　故障复盘文化

🌐 核心观点

- 团队的复盘能力有多强，决定了团队的进步空间有多大。
- 复杂系统的高网络密度和强耦合性是造成故障无法完全避免的罪魁祸首。
- 故障是表象，背后技术和管理上的问题才是根因。
- 可以包容失败，但是不允许犯错。
- 不能以唯一根因为导向来复盘。

8.2.1　谈故障复盘前，先来看看航空业的安全性

很多人都知道，飞机是目前为止最安全的交通工具，但是早期飞机的安全性非常差，美国航空学校学员的死亡率曾经一度高达 25%，而现在全世界每年因为空难死亡的人数有三四百人。这么巨大的安全能力飞跃，是在不到几十年的时间里完成的，其中的突破是如何实现的呢？答案是黑匣子。

简单来说，黑匣子就是一个记录工具，由飞行数据记录器（FDR）和驾驶舱话音记录器（CVR）两部分组成，用来记录飞机在飞行过程中的各种参数，如飞行时间、速度、高度，飞机倾斜度，发动机转速、温度，以及飞行员与乘务人员和各个塔台之间的对话等。如果一架飞机不幸遭遇事故，则可以通过黑匣子判断当时驾驶舱内飞行员所面临的情况，帮助人们分析事故发生的原因。

更为重要的是，对每一次事故的分析都会做到系统性和全面性，并把发现的所有潜在问题和风险都逐一解决，不留任何死角，保证发生过的问题之后绝对不会再发生，也就是所谓的"不二过"。正是由于这样的系统化机制，飞机在较短的时间里成为了最安全的交通工具。

飞行员的行为准则里有很多看似奇葩的规定，其实都是由事故作为依据制定的。比如，国际民航组织就规定飞行员在工作中必须说英语，这是为了防止像日语和韩语中存在的敬语可能影响机长判断；再比如，机长和副机长必须吃不同人准备的不同种类的食物，并且吃饭间隔时间必须要 30 分钟以上，这是为了防止可能的食物中毒。这些事件都在之前的航空史上真实发生过，可以说都是血和泪的教训。

举例的目的是想说，很多潜在的风险和问题过于隐蔽和低概率，如果靠凭空想象是非常困难的，航空业人员能想得这么细致的原因，不是因为他们想象力丰富，而是能够及时把过去曾经发生过的错误，最大程度上转化为未来可以小心和避免的方法，这类行为其实就是下面重点讨论的故障复盘。

8.2.2　复杂系统故障的特点

通俗来讲，软件系统的故障是指系统没有遵守预先设计的工作模式。

今天，大量的软件系统俨然已经是一个庞大的复杂系统。复杂系统故障具有两个特点：一是"小错误"的威力巨大，二是技术越先进故障越多。

复杂系统的很多故障都是由不起眼的"小错误"，像滚雪球一样叠加而成的，在很短的时间内就能导致整个系统崩溃。这里，"小错误"的"小"有两层含义：一是指单个错误的影响可能不大，二是指单个错误的发生概率可能也不高。但是，当这些错误叠加起来就可能造成"多米诺骨牌效应"，最终对业务造成非常严重的影响。

虽然技术在不断发展与成熟，但是随着系统复杂性的不断增加，故障不是更少了，而是更多了。我们正在遭遇"技术进步的悖论"，即虽然技术给我们提供了前所未有的超强能力，但与此同时，也让微小的错误或者简单事故的破坏力变得更大了。

8.2.3　故障复盘的概念

如图 8.2.1 所示，复盘是围棋中的术语。原本指的是在下完一盘棋后，需要在棋盘上重新走一遍，看看哪里走得好与不好，有没有更好的走法。我们的复盘，也需要对过去的事情重新过一遍，以局外人的眼光审视自身，避免"当局者迷，旁观者清"的窘境，进而提升认知的能力。

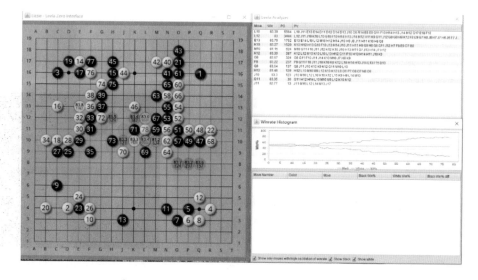

图 8.2.1　用 Lizzie 和 MyLizzie 复盘分析围棋棋局

故障复盘是指从失败中学习。彼得·圣吉说过："从本质上看，人类只能通过试错法进行学习。"项目失败并不可怕，我们的每一次经历都是一次试错，学会从试错的经历中复盘，就是我们螺旋式成长的必经之路。研究失败的逻辑非常重要，复制成功者的所作所为不一定会让你更成功，而避免失败者的做事套路，将一定会增加你的成功概率。

8.2.4　故障复盘的价值

故障复盘和所谓的"吃一堑，长一智"有异曲同工之妙。但是"吃一堑，长一智"的前提是，你必须知道自己错在哪里，是什么原因导致错误出现，只有知道了这些，才能不在同样的地方摔跟头。仅仅重复一万次的人永远成不了专家，只有经过系统、有目的性和有策略地总结和反思，并及时纠正了一万次的人才可能成为专家。

宁向东老师说过一句很经典的话："从成功中，我们看到的必然，其实都是偶然；而从失败中，我们看到的偶然，其实都是必然。"故障复盘的核心是要不断减少失败因子繁衍的温床，将它们牢牢地掌控在不至于引发危机的范围内。

团队的复盘能力有多强，决定了团队的进步空间有多大。效率最低的工作是在同一个地方重复犯错，复盘的核心价值就是让犯过的错误不再犯。只有对自己的团队无情复盘，才能知道哪里做得对，哪里做得不对，哪里是靠运气，哪里是靠能力。

理解故障复盘的价值很容易，但是要真正做好就没那么容易了。因为复盘和管理、团队、人员、技术、风险等都息息相关，需要一整套体系来支撑，这就需要我们充分理解其背后的底层逻辑。

8.2.5　故障复盘背后的底层逻辑

1. 故障是常态，无法完全避免

首先，我们必须接受这样一个事实：系统正常只是该系统无数异常情况下的一种特例。这听起来有点悲观，但就是现实。故障是系统，尤其是复杂系统的常态，业务体量越大，系统架构越复杂，潜在的问题和故障就越多，这是必然的。

复杂系统的高网络密度和强耦合性是造成这一必然性的罪魁祸首。

如图 8.2.2 所示，复杂系统都是非线性的网状结构，而且网络密度随着系统本质复杂性的提升而增加，系统的各个部分会以隐藏和意想不到的方式相互作用。故障的来源非常隐蔽，传播路径更是难以琢磨，我们既不可能预测所有可能会出错的地方，也无法准

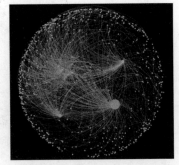

图 8.2.2　复杂系统的高网络密度和强耦合性

确预测系统中某处小故障可能导致的后果，更不可能遍历所有可能的路径。

系统各个部分之间的强耦合性会使问题进一步恶化，故障会在系统中以意想不到的路径快速蔓延并不断放大，最终造成严重后果。

由此可见，想要利用目前的技术对故障进行有效的事前预测还是很困难的，因为故障的本质是复杂系统运行到临界状态之后的叠加结果。因此，面对故障的正确做法应该是，事前尽可能控制。但是由于事前无法完全预测和消除，因此系统设计必须考虑"为失效而设计（Design for Failure）"，并在此基础上切实推行有效的复盘机制，才能最终提升复杂系统的鲁棒性。

2. 故障是表象，背后技术管理上的问题才是根因

如果我们把主要关注点都放在故障本身上面，就会忽略故障背后更深层次的东西。海恩法则告诉我们，每一起严重事故的背后，必然有 29 次轻微事故和 300 起未遂先兆，以及 1000 个事故隐患。那么，问题是为什么这么多先兆都被忽略，没有引起团队的重视呢？我认为，根本原因是技术管理本身出了问题，技术管理上的问题在积累到一定量之后，会通过故障的形式爆发出来，而故障本身只是表面现象。

任何一个故障的具体原因都可以归结到某些具体的技术点上，但是技术管理不应该只是"头痛医头，脚痛医脚"的角色，而应该是站在更高的全局视角看问题。比如，你应该这样思考问题：

- 故障无法快速定位是不是因为系统的可观测性设计出了问题。
- 故障发现不及时是不是因为监控覆盖度不够。
- 容量故障是不是因为限流、降级、熔断等保障手段缺失。
- 局部小问题的"牵一发而动全身"是不是因为没有考虑故障隔离。
- 故障预案在遇到问题时失效，是不是因为故障预案停留在纸上谈兵，没有实际演练。
- 某些流程经常出错，是不是因为人工操作步骤太多，或者流程本身需要改善。
- 生产环境的人为因素造成的故障，是不是因为缺乏对生产环境的敬畏之心。
- ……

我们要的不仅是单点问题的解决，更是系统化问题的解决，这才是治标又治本的正确方法，也是技术管理应该发挥的价值。

当出现问题时，技术管理者要先自我反省，不能一味地揪着具体问题和员工不放，具体问题可能只是表面现象，而员工更多的是整个体系中的执行者，做得不到位，一定是体系设计上还存在不完善的地方或漏洞。在这点上，技术管理者应该重点反思。

最后，如果不发生故障，则很多技术管理者可能都没有关注过员工在做的事情，比如设计是否合理、测试是否充分、发布过程是否规范、是否需要支持等，这本身也是技术管理者的失责，会为潜在的故障留下了滋生的土壤。

3. 可以包容失败，但是不允许犯错

对失败可以接受，但是对犯错零容忍。

对于一些本身就极具挑战性的技术或解决方案，团队甚至整个业界可能都没有可供直接借鉴的经验，结果在落地过程中踩到一些"坑"而没能成功，这种失败是可以接受的。愿意承担这样责任的员工一般都是积极性和责任心很强的人，事情没做好，他们内心已经反思多遍，作为管理者要鼓励和支持，这样才能达到"知耻而后勇"的激励效果。如果他们的积极性被打击，变得畏首畏尾，则创新能力就很难发挥，更不用说技术突破了。因此，团队内部一定要营造鼓励做事向前冲的氛围，而不是制造担心失败被处罚的恐慌氛围。

而那些已经明确知道不能做的事情依然在做，同样的或者类似的错误不断重复发生，这就无法被接受，必须通过处罚等手段来提升责任心和敬畏意识。例如，在工作中需要遵守所谓的"成人法则"，员工不是"巨婴"，犯过的错误应该通过各种手段防止再犯，如遵守规范和流程、增加检查清单等研发纪律。总而言之，我们最终的目的是鼓励做事，而不是处罚失败。

4. 个体的失误反而是一件好事

不要惧怕个体失误，从团队的角度来看，面对风险，个体的失误反而是一件好事，因为个体的失误为整个团队提供了可以借鉴的经验和教训，团队在吸收经验教训的过程中，会逐渐培养整个团队的反脆弱性。反脆弱性的存在，会给系统向更完善的阶段进化提供一种可能。在这种思考模型下，不"浪费（忽视）"任何一个失误反而变得更为重要。

8.2.6　故障复盘的步骤与最佳实践

故障复盘的实施通常包含以下步骤：

- 理解故障的技术背景。
- 梳理故障的整体情况。
- 识别故障的直接/间接影响。
- 梳理故障时间线。
- 识别和分析故障触发条件和关键环节。
- 层层下钻故障根因。
- 头脑风暴提出解决方案。
- 归纳推演出后续的跟进措施。
- 总结经验教训。

相信大家对上述步骤都已经非常熟悉，而且在不同团队中其实践也是大同小异，故不再详细介绍故障复盘过程，只介绍笔者认为比较关键的四点。

1. 故障根因分析

理解一个系统如何运作并不能使你成为专家，只有当系统不工作的时候能够快速定位根因并及时修复才能使你成为专家，而且故障根因分析要层层递进，不能停留于表面的浅层原因。

例如，丰田工厂车间地上漏了一大片油，常规的处理方式就是先清理地上的油，然后检查机器哪个部位漏油，换掉有问题的零件就好了。

但是按照丰田的思路，会引导工程师继续追问：为什么地上会有油？因为机器漏油了。为什么机器会漏油？因为一个零件老化，磨损严重，导致漏油。为什么零件会磨损严重？因为质量不好。为什么要用质量不好的零件？因为采购成本低。为什么要控制采购成本？因为节省短期成本，是采购部门的绩效考核标准。你看，问了一系列的"为什么"，漏油的根本原因才找到。因此，对漏油事件的根本解决方案，其实是改变对采购部门的绩效考核标准，除了关注成本还要加强质量因素的比重，这样才能防止以后发生类似问题。

这种连续问"为什么"的能力是一种理性思考的推理能力，不仅要求你有全面系统的技术背景知识（俗话叫"懂行"），还要你有努力求知不懈怠的态度（俗话叫"用心"）。这种理性思考的推理能力可以借助于一些工具或者思考模型来实现，如鱼骨图、帕累托方法等。当你花费比别人更多的时间去思考时，你就可以拥有几倍于别人的成功。

2. 改进措施的闭环

故障复盘的时候讨论得热火朝天，看似总结出来很多改进项，但最终都停留在纸面上，没有落实到具体的行动计划当中。请牢记：只有行动才能真正带来改变，不论你的故障复盘做得多么深刻，只有把识别出的改进措施付诸行动才能算是有效的复盘。因此，对于每次复盘后得到的改进措施必须做到闭环管理，有始有终，方能进步。常用的闭环管理工具有 PDCA 循环和 RACI 矩阵等。

3. 演习的必要性

电影《萨利机长》讲的是全美航空 1549 航班起飞两分钟后遭到飞鸟撞击，两架发动机全部熄火后，萨利机长成功在哈德逊河上迫降，155 人全数生还的真实故事。我就特别感慨，为什么有些人遇见紧急情况还能淡定从容，有些人却很容易慌了手脚呢？原因很可能不是在性格上，而是在见识和准备程度上。萨利机长的故事让我感受到，处事不慌是可以刻意练习的，同样，故障的处置也同样需要刻意练习，这样面对故障时我们才能做到从容不迫。目前，主流的刻意练习方法是事前演练和混沌工程，混沌工程在实施过程中还会和压力测试的场景相结合，这样的演习会更具真实性。

4. 复盘过程本身的质量

故障复盘是相关干系人共同参与的过程，所有干系人都应该对复盘过程和结果质量负责，过程质量决定产出质量，而产出质量又反映过程质量。为了最大化复盘的产出和价值，需要建立一套标准，即可量化的复盘有效性保障方法，这套方法会对复盘过程进行监督、纠正和持续改进，如实、透明地展示复盘过程中各个流转状态的处理时长、数据准确度、调查轮次等评判指标数据，通过多维度的数据对复盘过程的质量进行评定，给到团队优秀的复盘案例，促进团队成长。

8.2.7   故障复盘常见的误区与应对策略

1. 以唯一根因为导向来复盘

雪崩的时候没有一片雪花是无辜的。如果我们还是以唯一根因为导向来做复盘，就很容易陷入无限的纠结中，原因是根因往往不是一个，而是一个系统。

例如，由于服务器宕机造成数据库 MySQL 服务停止，进而影响上层服务，修复的整个过程花了 20 分钟，最终被定级成故障。

你认为案例中故障的根因是什么？有人说是服务器，有人说是 MySQL，也有人说上层服务不支持功能降级，根因是架构设计。这么一个简单直白的问题，不同的人就会有不同的理解。如果我们把问题再复杂化，比如 MySQL 设计了主从切换，但是宕机时没切换成功，而且当时 DBA 还联系不上，后来联系上之后由于 VPN 链接不稳定又耽误了处理，那么在这种情况下，你觉得故障的根因又是什么呢？有人说是 DBA 不在岗，有人说是 VPN 不稳定，有人说是主从切换失败。显然，每一个都像是根因，而又都不是根因。因此，我们应该系统化地看待根因，把找根因的目标放在改进上，也许就能走出迷局。尝试下面的分析：

（1）VPN 连接问题和运营商网络有关，需要给运维人员配备两个以上运营商的上网卡。
（2）值班机制问题，关键的运维岗位需要有备份机制，必须确保至少有一人可以快速响应。
（3）MySQL 主从切换不生效为什么一直没有发现，原因是缺乏定期的切换演练。
（4）业务没做降级保护，故要添加鲁棒性设计，并且需要对降级保护进行混沌工程试验。

试想一下，上面只要有一个环节能够做到位，就会大大降低故障的影响，根因具体是什么其实已经没那么重要了。

2. 将故障和处罚直接挂钩

事后处理故障时一定要分清楚定责和处罚的关系：定责不等于处罚。如果这个关系没能处理好，无尽的"甩锅"、推诿就开始了。故障需要与定责挂钩，但是定责和处罚不是强绑定关系。定责的原则是对事不对人，这件事情一定要有人承担责任，这里承担责任的意思是说负责后续改进措施的执行与落地，其目的是改进。而处罚的目的是避免主观意识薄弱造成的低级且重复的错误，进而有效降低再犯的概率。同时，处罚也能提升人的敬畏意识，激活其责任心，巩固其基本的职业素养和操守。

3. 将处罚和绩效强绑定

很多人会把"处罚我"和"否定我"画上等号，此时员工的注意力就会从"怎么改进"转移到"为什么要处罚我"上来，在这种消极情绪和氛围中再去沟通改进措施，效果就会大打折扣。

笔者的经验是，如果处罚和绩效强绑定，则团队就会陷入这种质疑和挑战，以致最终出现相互不信任的局面。因此，这里建议采用"曲线救国"的方式，首先取消处罚与绩效的强绑定，对于出现的故障让专门的系统记录，然后把故障按季度或者半年度统计，通过统计周期内的综合情况进行判断，如果员工整体的表现都不错，甚至突出，说明员工已经改正或者故障确实是偶尔的失误导致，这种情况下员工仍然会有好的绩效。但是如果是频繁失误和出问题，用数据说话就好了。

4. 把故障归因于外部客观原因

开会迟到，客观原因是堵车，主观原因是没有充分预估交通状况，其实早点出发就不会堵车或者即使堵车也不会迟到。为什么我们要这么区分呢？任何一个问题都有主观原因和客观原因，但是我们犯错的时候会下意识地忽略主观原因，推卸自己的责任，而去强调客观原因。在做故障复盘时，这是要尽量避免的。当发生故障时，不应该把问题归因于不受我们控制的外部客观原因，而是应该研究到底没做什么，因为这就意味着面对故障我们需要占据主动，面向失败来做设计。这样的认知升级是非常重要的。

5. 故障缓解措施依赖于管理手段而非技术

技术手段暂时无法满足的，可以靠管理手段来辅助，但是这只能作为辅助手段，一定不能是常态，必须尽快将这些人为动作转化到技术平台中，靠技术和工具来系统性地解决问题。否则效果很难被量化评估，还增加了管理成本。

例如，接口变更，变更方要通知到对应的依赖方。如果未通知，则变更方承担责任；如果已通知，而依赖方未及时做出调整，则依赖方承担责任。通知形式已公告和邮件为准。这就是典型的靠管理手段解决问题。如果使用技术手段，则应该建立接口设计的契约管理系统，所有的契约变更都有系统来完成通知和同步，这样就不会再有契约信息不同步的问题了。

8.3　工程师文化

核心观点

● 文化可以成就也可以破坏一家公司。
● 建立合适的文化体系和价值观对公司的健康发展意义重大。
● 优秀工程师文化的共性特征：平等、高效和创新。

- 价值观是实现工程师文化的基石和核心。
- 工程师文化并不是企业成功的必要条件，不应神化工程师文化。
- 工程师文化也是需要"维护"的。

8.3.1　工程师文化概述

任何一家公司都有公司文化，即便从未刻意去建设，文化也会天然形成，并受到管理者风格、员工素质、公司薪资待遇、公司环境氛围等因素的影响。文化可以成就一家公司，也可以破坏一家公司，建立合适的文化体系和价值观对公司的健康发展意义重大。用 Spotify 公司的名言来说："如果愿景是你要去的地方，那么文化就是确保你能到达那里的东西。"

工程师文化意味着工程师优先，是一种充分尊重和鼓励工程师来主导决策的文化。工程师文化不仅仅是营造一种善待工程师的工作氛围，更是一家公司或团队共同的价值观和信念，能够引导工程师的行为，最终驱动技术发挥其最大价值。

8.3.2　工程师文化的特征

虽然工程师文化有明确的价值导向，但不同公司所倡导的工程师文化的内容和细节却各有千秋，我们尊重和鼓励工程师文化的个性化和多维度发展，在此基础上，我们认为优秀的工程师文化也一定会有一些共性，它们可以作为业内学习和参考的基础。我们将其总结为三点：平等、高效和创新。

（1）平等：弱化权威，弱化等级制度，确保人人有发言权，每个人的合理建议都有可能被转化为最终产品。同时，推行扁平化组织，破除大量自上而下的管理，减少管理层次，将权力下放到基层，提升管理效率。

（2）高效：很多被管理人员定性为"懒惰"的程序员，往往是部门员工中效率最高的。微软创始人 Bill Gates 经常提及这样一句话："我通常会让懒惰的人去做艰难的工作，这是因为懒惰会促使他去寻找简单的方法来完成任务。"追求高效率是工程师的本性，应当鼓励。

（3）创新：创新是保持企业生命力和持续发展的源泉。从本质上来说，只要在平等的环境中追求高效，就一定会产生创新。灵活的工作时间、充分授权的管理模式，以及轻松愉悦的团队氛围，都能促进工程师跳出固有模式，迸发创新火花。

8.3.3　工程师文化的实现

工程师文化是一种自我塑造的东西，但这并不意味着我们必须坐下来等着它自动形成。我们可以将其朝着正确的方向推动，而这一过程中的一项重要手段就是通过定义优秀的价值观来为团队的行为指明方向。价值观驱动着工程师文化，将正确的价值观和配套机制落实到位，将有助于优秀工程师文化的形成。

以下以 Netflix 公司的价值观为蓝本，总结、抽象出我们认为普适的价值观要点。你会发现，这些要点与上面提到的优秀工程师文化的共性是一脉相承的。

（1）乐于沟通：能够清晰阐述自我理解，善于倾听他人想法，并能根据不同人群特点调整自己的沟通方式，提供坦率、有用、及时的反馈。

（2）保持好奇心：寻求不同观点，积极学习，能够勇于跨出领域边界做出贡献。

（3）充满勇气：敢于说出自身想法，承担明智的风险，并对可能的失败持开放态度。

（4）大公无私：以团队为重，而不是以个人为重，积极帮助他人。

（5）创新：敢于挑战权威，提出更好的方法，能够在变化中寻求创造性的解决方案。

（6）包容：能够求同存异，接受不同观点的同时，做出更好的决策。

（7）正直：尊重他人，坦率和真实地与他人相处，遇到分歧时对事不对人。

（8）影响力：能够以自身的出色表现，带动团队乃至整个公司的成长，赢得同事的信赖。

基于这些普适的价值观，我们可以根据公司自身的特点扩展一些定制化的措施，使工程师文化有效落地。例如，对于"乐于沟通"的价值观，Atlassian 公司为了鼓励跨团队沟通，将小型团队的平均规模控制在 4～8 人，在这种规模的团队中，无须复杂的沟通工具，每个人都能了解同事的工作内容，他们之间的联系也会比较紧密。乐于沟通和积极沟通，会产生许多可能非常伟大的观点。当然，随着公司规模的扩大，创造高效沟通的氛围是不容易的，需要尽量降低团队之间的界限感。

再如，对于"创新"的价值观，Atlassian 公司的践行方式是每个季度将所有员工集合到一起，开展一次名为"ShipIt Day"的 24 小时黑客马拉松活动，所有对如何提升部门和产品有好的想法的人都可以加入 ShipIt Day，在 24 小时内实现这些想法，公司最终会投票选出一个全球优胜者。ShipIt Day 取得了令人瞩目的成就，许多来自 ShipIt Day 的优秀方案最终都融入了公司的产品。

健壮的工程师文化氛围是基于整个组织层面的强大价值观，价值观可以指导工程师文化，因此，价值观是实现工程师文化的基石和核心。

8.3.4　工程师文化的案例

文化不是制定出来的，而是慢慢酝酿达成的，或者说是实践出来的。因此，工程师文化的优劣也应该靠实践来评判。在我们身边，不乏一些知名公司沉淀出优秀的工程师文化。下面我们来看一些案例，以便深入理解工程师文化的内涵。

1）Netflix

Netflix 是美国奈飞公司（简称网飞），是一家会员订阅制的流媒体播放平台，总部位于美国加利福尼亚州洛斯盖图，成立于 1997 年。

自由和责任是 Netflix 工程师文化的核心，Netflix 通过给予员工富有创造性和灵活性的自由氛围来吸引人才，员工可以在没有太多官僚主义的情况下自由创新，从而帮助公司在竞争激烈的市场中成长和发展。

Netflix 坚持创造和自律的工程师文化，而不是坚持流程式的工程师文化。没有人盯着员工的休假安排和考勤，没有特殊的穿着要求，而且管理者会率先做出表率。

2）Google

Google（谷歌）是一家以技术作为第一驱动力的科技公司，对谷歌来说，创造力是生命线，是核心竞争力。因此，谷歌对工程师尤为尊重，谷歌的工程师可以不拘泥于特定的任务，也不受组织形式和资源的约束，即便他们的创新失败了，也不会受到惩罚。工程师不会被职位、头衔或企业的组织结构羁绊住手脚，还有人鼓励他们将自己的构想付诸实现。在这样的文化背景下，谷歌的工程师往往都具备多领域的能力，经常会将前沿技术、商业头脑及各种奇思妙想结合在一起。

谷歌内部文化鼓励大家别听高管的意见，员工不管层级关系，否定高管的建议、提出反对观点是常有的事，因为他们相信高薪和好想法没有关系，只有摒弃这些杂念，有价值的想法才会真正出现。

3）GitLab

GitLab 的主要产品是著名的开发者协作平台，该公司的工程团队通常由四名开发人员组成，他们的职责包括前端开发、后端开发、用户体验设计和产品管理。GitLab 鼓励工程师全栈工作，"吃自己的狗粮"是 GitLab 工程师文化的一部分，因此这些工程师往往都能很快成为他们各自所负责领域的专家。

多样性对 GitLab 很重要，GitLab 充分理解每位工程师的技能水平存在差异，并具有不同的专长，因此，鼓励工程师在不理解某事或没有答案时坦然承认，也能够勇于为他人提出建议，在这个过程中任何工程师都不会受到贬低或嘲笑。

GitLab 提倡工程师对结果负责，公司并不关心工程师每天花多少时间工作。GitLab 提供了一个开放和包容的工程师文化。

4）Zaarly

Zaarly 是一个本地实时交易平台（类似网上的跳蚤市场），这家位于堪萨斯城的公司有许多远程员工，因此，公司没有假期政策，但工作时间极度灵活，公司希望员工能够不受工作时间和地点的约束，在他们认为最有效率的时候为公司创造价值。

除此之外，Zaarly 的工程师文化还包括重视结果，产出才是最重要的，而不是工作时长；组织应尽可能扁平化；小团队应该根据需要迅速组建，任何人都可以领导这个团队；致力于简短、明确可解决的项目，较大的问题应该分解为短期项目；员工应当聚焦于眼前的任务，但也要对未来可能发生的变化持乐观态度。

5）百度

百度作为全球最大的中文搜索引擎公司，也在各个领域不断深入进行技术创新。百度的工程师在互联网行业内有较好的口碑，这离不开百度工程师的文化建设。百度的工程师文化分为两条：一是简单可信赖，在技术方面强调小而美，这也是百度的核心价值观；二是在产品方面强调"皮薄馅大"，产品的外观形态尽量简单，但背后的技术必须十分强大。那么，百度是如何建设工程师文化的呢？主要有以下几点：

（1）给工程师最大的空间：百度对工程师的上班时间及工作方式几乎没有任何要求，工程师可以随意走动、自由讨论，下午四点后不打卡就可以下班，但几乎所有的工程师都在不停地去研究技术、钻研问题、改进产品。

（2）一切用数据说话：对同一个问题的不同看法，不以职位的高低判断，而是通过数据的不断验证来证明对错。

（3）小步快跑：百度引入了敏捷开发的思维模式，将大项目拆成一系列小项目，每个小项目都有独立的团队来运作，以保障小团队的沟通效率。

（4）勇于试错：勇于试错是李彦宏的管理理念之一，新的产品总是不完美的，因此要不断地进行更新和完善，发现问题并加以改进，在此过程中就要不断地试错，不断地进行摸索和调整。

（5）注重知识管理：百度重视知识的积累与分享，内部项目的解决方案在完成后都会推广到各个业务产品线。员工之间也会成立技术分享的学习组织，大家会持续分享和讨论知识与经验。此外，针对项目中发生的事故，百度也鼓励对其进行反思和分享，总结经验与教训，不断地改进和优化。

（6）机器能做的尽量机器做：百度重视基础设施的自动化建设，通过让机器做的方式，来减少工程师不必要的、重复的劳动投入。

（7）建立技术委员会：为了更好地管理工程师，百度采用了技术人员管技术人员、技术人员评技术人员的方式。公司设有总技术委员会，由各支线技术委员会的主席组成。各部门都设有支线技术委员会，其成员均是资深工程师。部门支线技术委员会的职责包括传递上级政策、制定部门内的技术规范、部门内技术人员的培养和定期培训，以及部门内技术人员晋升的评级。

6）案例总结

通过对各大公司工程师文化的解读，我们可以得出一些共同的工程师文化落地形式。

（1）剪掉繁文缛节：不要对每一件小事都强加流程。

（2）降低复杂度：更小的团队和更简单的解决方案往往更具适应性和可维护性，能够极大地减少沟通和交流的成本。当然，团队小并不意味着做的事情小，做出伟大的产品，并不一定要兴师动众。

（3）高效沟通：鼓励"带上数据去辩论"，减少无谓的沟通。

（4）允许错误：比起责备，更应该倡导工程师从错误中学习，只有在这种自由和包容的氛围下，工程师才能没有包袱，在不断变化的市场环境中为公司创造有效的价值。

8.3.5　工程师文化的误区

以上我们阐述了优秀的工程师文化案例，下面换一个视角，通过工程师文化的种种误区，来辩证看待它的建设要点。

（1）工程师文化就是工程师说了算：工程师文化鼓励由工程师主导决策，但并不是工程师独断专行的代名词。也有人说，工程师文化就是自由上下班、松散管理、做喜欢的项目，这过于片面。工程师文化确实给予了工程师不小的权力，但同时也赋予了工程师更多的责任，很多人只看到了工程师光鲜的一面，却没有看到工程师肩负的使命。

（2）只有具备工程师文化的企业才能成功：与各种软件技术一样，工程师文化也不是"银弹"。换句话说，工程师文化并不是企业成功的必要条件，不应神化工程师文化。这样的例子比比皆是，福特公司有工程师文化，长期保持高福利，但在 2008 年这几乎要了公司的命。推行工程师文化，也要因地制宜、与时俱进，不应教条化。

（3）建设工程师文化是一次性工作：有些公司在建设工程师文化时如火如荼、声势浩大，但"三分钟热度"后便被打回原形，这样形成的工程师文化并不会持续太久，很容易变味，尤其是当公司规模快速扩大时更是如此。从这个层面上讲，工程师文化也是需要"维护"的。

研发效能平台篇

第 9 章 研发效能平台的 "双流" 模型

本章思维导图

研发效能平台的"双流"模型
- 研发人员在多个工具平台之间的反复跳转对研发流程的顺畅性带来了巨大的挑战
- 通过构建"一站式"和"一键式"研发效能平台,可以帮助研发人员降低认知负荷,让他们专注于价值创造活动,而非流程性的工作
- "双流"模型实现了需求价值流和研发工作流的高效协同和自动化联动

核心观点

- 开发人员在多个 "单点式" 工具平台之间的来回切换是很耗费时间和精力的。
- "一站式" 是指把研发各个环节的软件工程能力集成在一个统一的平台上,对新人友好,对老人提效。
- "一键式" 是指让研发工程师只关心具有创造性价值的工作,而不需要处理能够由研效平台自动完成的事情。
- "双流" 模型可以实现需求价值流和研发工程流双向自动联动。

9.1 传统单点研发效能工具平台面临的挑战

一个完整的研发效能工具平台,需要包括需求协作、代码管理、构建能力、测试能力、环境部署能力、制品管理、配置管理、监控告警、高效运维等功能。可以说,效能工具平台是研发工作开展的载体,涵盖了软件研发全生命周期的各个环节,其设计与使用体验做得好,整体研发过程的流畅度就高,工程师的有效价值就能更好地被发挥。

软件研发全生命周期中的各个环节都有各自领域的单点工具,比如需求管理工具常用的是 Jira、代码管理工具常用的是 GitHub 和 GitLab 等,这些垂直领域的单点工具平台不论是商业化产品,还是企业自研,基本都是以 SaaS 的形式在企业内为广大工程师提供服务。

开发工程师要完成一个需求开发任务,往往需要在多个单点垂直工具间来回反复切换。当我们的软件工程纪律和流程管控越严格时,工具来回切换的次数就会越多,而且每次切换都可能需要以人工的方式在各个工具平台间传递信息,甚至是 "翻译" 信息。

比如,在一个典型的开发任务场景中,开发工程师首先要访问需求管理工具,从中找到对应的任务项,然后将其状态从 "待开发" 转变为 "开发中",接着到代码管理工具中找到对应的代码仓库并下载代码。同时,先使用需求管理工具中的开发任务 ID 作为分支名字来创建

功能分支，然后在该功能分支上完成本地的开发与测试工作。在此期间，为了做到质量左移，往往会在开发过程中使用远程静态代码扫描工具中的代码规则，在本地执行静态代码检查，同时也会使用 Mock 能力来完成本地的单元测试。当本地开发和测试达到质量要求时，就会先通过代码工具提交代码评审，然后在工具平台的支持下完成代码评审的交互，之后代码合流过程中会使用 CI 平台来执行流水线，流水线完成一系列的步骤（如单元测试、静态代码扫描、安全扫描和编译等），并且达到质量门禁的要求后，会将产生的制品存入制品库。最后，开发工程师还需要再次访问需求管理平台，找到之前的任务，并将任务的状态从 "开发中" 设置为 "待测试"。

我相信，很多开发人员对以上过程已经很熟悉了。在这个过程中，除了业务代码开发和测试，你需要和各种工具平台频繁打交道，需要访问需求管理平台领取任务，需要访问代码管理工具拉取代码并创建分支，需要调用静态代码扫描平台的能力，还需要使用 CI 平台和制品库的能力，最后还要再次访问需求管理平台更新任务状态。

在这个过程中，有多次工具切换，要花费大量时间在流程性的事务上，造成时间和精力的浪费，还需要你对各个工具平台的使用方法和流程都很清楚。

更糟糕的是，各个工具平台的概念模型可能还不完全一致。比如代码管理平台上的 "项目" 概念和测试平台上的 "项目" 可能就不是相同逻辑下的概念；再比如 "应用" 的概念在不同的工具平台上可能不是一个意思，这就使研发过程的流畅性大打折扣，工程师的理解和学习成本很高。同时，各个工具平台之间还会形成研发数据孤岛，很难进行统一的研发过程数据收集和度量。因此，我们迫切需要 "一站式" 和 "一键式" 的统一研发效能平台对各个工具平台进行横向整合和拉通，以此来提升研发过程的整体效能。

9.2　"一站式" 和 "一键式"

1. "一站式" 的概念

"一站式" 是指把研发各个环节的软件工程能力集成在一个统一的平台上，研发工程师在研发过程中不再需要来回访问多个工具平台，也不需要人工记住并遵守研发流程，更不需要记住多个工具平台的访问入口，这样的设计对新人友好，对老人提效。

具体来讲，就是研发工程师不需要记住每个单点工具平台（比如，需求管理系统、CI 系统、自动化测试系统等）的域名，在一个统一的研效平台上完成所有的研发任务，而且各个阶段的产出物也能更加顺畅地在各个工具平台间流动。这样，不仅能统一各个工具的权限管理体系，还能让研发过程的度量数据收集实现自动化，不需要任何人为干预，而且各个工具中的概念名词也能在一站式的理念下得到统一，研发的各个阶段能够实现无缝链接与协作，实现真正意义上的研发全流程流水线。

2. "一键式" 的概念

有 "一站式" 作为基础，就能在此基础上进一步实现 "一键式"。"一键式" 是真正提升研发效率的利器。

"一键式" 是指让研发工程师只关心创造价值的工作内容，比如聚焦于架构设计、编写代码、编写单元测试用例、开展代码评审等活动；而不需要处理能够由工具平台自动完成的事务性工作，比如需求状态流转、代码分支创建、静态代码检查、测试环境搭建、应用部署、测试用例执行等。

"一键式" 最理想的效果是用户在提交代码后，可以不需要人工来完成后续的事务性工作，也不需要再盯着整个流程等待下一步，而是可以转向处理其他事情，研效平台会自动执行静态代码扫描和单元测试、判断质量门禁、构建制品、将制品部署到测试环境且执行接口测试，接着将制品部署到预发布环境，经过自动化的系统测试后，最终实现生产环境的正式发布，在此过程中会运用灰度发布等机制来降低风险。在整个过程中，只有出现错误时才需要研发工程师介入处理，真正意义上实现了 "一把梭"。

9.3　研发效能平台的 "双流" 模型

本书提出的研发效能 "双流" 模型（图 9.3.1）是 "一站式" 和 "一键式" 概念的最好诠释。"双流" 模型包含需求价值流和研发工程流，其中需求价值流是产品经理和项目经理关注的视角，反映了各个需求的完成状态和项目整体的完成情况；研发工程流是研发工程师关注的视角，反映了开发任务在工程维度上的完成状态，更多是从代码、测试和 CI/CD 等工程视角来看任务的进展。

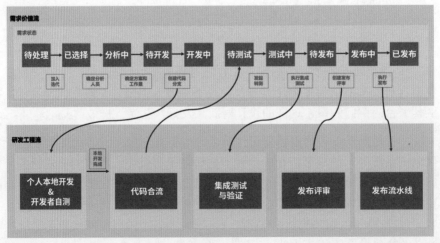

图 9.3.1　研发效能 "双流" 模型实现需求价值流和研发工程流双向自动联动

1. 需求价值流和研发工程流双向自动联动

在"双流"模型中，可以实现需求价值流和研发工程流双向自动联动，不需要研发工程师在完成开发和测试任务后单独到需求管理系统中去更新任务状态，需求的状态更新（比如，需求状态从"开发中"转到"待测试"）由代码分支合并进主干后自动流转，不需要人工参与，这样就能让研发工程师更好地聚焦在创造价值的工作上。

"双流"模型是实现研发效能平台的一个参考依据，值得借鉴。以下就通过具体例子介绍"双流"模型的工作原理和实现方式。

首先，在一个研发迭代周期开始之前，我们会从 Backlog 中选择迭代需要完成的需求任务列表，并将每个需求分解成开发任务。在理想的情况下，我们尽可能把每个开发任务的颗粒度都控制在一个代码仓库的范围内，如果某个业务需求的实现需要涉及多个服务模块（如多个微服务模块）的改动，则建议为每个模块创建一个开发任务。也就是说，建议创建多个独立的开发任务，以开发任务为单位进行迭代计划的安排，并且每个开发任务都会事先确定好开发工程师的人选。

在传统模式下，在一个迭代开始后，被分配任务的开发工程师就会收到系统邮件通知，再根据邮件中的链接到需求管理工具中阅读并理解该需求，并且手动设置任务的状态为"开发中"，然后去代码平台拉取相应的代码，创建开发分支，之后在 IDE 中开始开发和测试工作。但是以"双流"模型实现的效能工具平台就会简单很多，完全不需要在需求管理工具、代码平台工具和 IDE 之间切换，只需要在 IDE 中即可完成全部工作。具体的过程如下：

在一个开发任务被分配给某个开发工程师后，该工程师所使用的 IDE 中就会通过研发平台的 IDE 插件收到任务分配通知，工程师可以直接在 IDE 中阅读需求详情并一键领取任务，这一领取行为首先会自动把对应代码仓库的代码拉取到 IDE 工作区，然后会自动以需求任务 ID 为名字创建代码的功能分支，并确保 IDE 已经切换到该分支。同时，会自动调用需求管理平台的 API 接口，将该需求任务的状态从"待开发"转为"开发中"。这一系列的行为都直接由研发平台 IDE 插件自动发起，对开发人员来说做到了完全透明，其要做的只是简单地在 IDE 中一键领取任务，就可以聚精会神地在本地进行开发和测试工作了。

在本地开发和测试任务完成后，当前的功能分支达到可交付状态时，由开发工程师在 IDE 中直接发起代码合流请求，该代码合流请求会先被研发平台中的 CI 子系统接管，然后 CI 子系统自动发起代码评审流程，代码评审的交互过程可以直接集成在 IDE 中完成。同时，研发平台工具能自动根据代码变更的 Code Diff 自动推荐最佳的评审人。比如，将最近这段时间改过相同逻辑的工程师作为评审人是一个很经济的选择，因为其认知成本是最低的。更进一步，研发平台工具还会对此次代码评审变更的大小进行标识，以便评审人可以根据其空闲时间片段的大小来选择合适的评审内容。代码评审完成后，CI 子系统会自动触发 CI 流水线完成常规的单元测试、静态代码扫描，并且判断质量门禁的达成情况，最后生成制品并上传至制品库。接下来，研效平台工具会再次自动调用需求管理平台的 API 接口，将该需求任务的状态从"开发中"转为"待测试"。

研发流程的后续环节也会采用类似的联动设计，用系统化的工具能力来保证需求状态和代码实际状态的联动。

由此可见，以"双流"模型理念打造的研发效能平台可以让工程师聚焦在最关键的核心任务上，而不需要人工去做事务性的工作，让整个研发过程的价值流动更顺畅，进而提升团队的研发效能，再次验证了"工欲善其事，必先利其器"。

2. 软件研发各个阶段的高效实践

除此以外，"双流"模型还明确定义了软件研发各个阶段的高效实践（图 9.3.2）。比如，在需求阶段有哪些最佳实践可以从源头上保证效能，在本地开发和测试阶段有哪些实践可以保证质效提升，在代码合流阶段有哪些高效实践等，本书第 2 篇介绍的研发效能实践其实就是"双流"模型各个阶段的具体实践与落地，这里不再详细介绍。

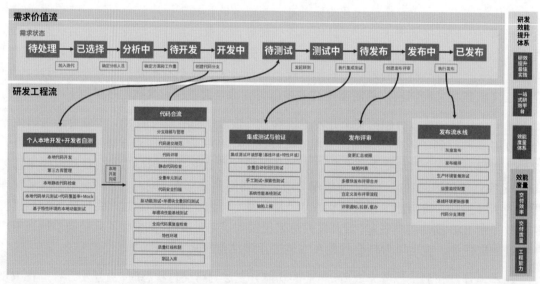

图 9.3.2　研发效能"双流"模型明确定义了软件研发各个阶段的高效实践

9.4　总结

这部分介绍了传统单点研发工具平台在横向拉通维度上的痛点，并在此基础上提出了研发效能平台"一站式"和"一键式"的概念。同时，介绍了这一概念的落地案例：研发效能"双流"模型，并且对"双流"模型中的需求价值流和研发工程流双向联动能力进行了介绍。

第 10 章　自研工具体系

本章思维导图

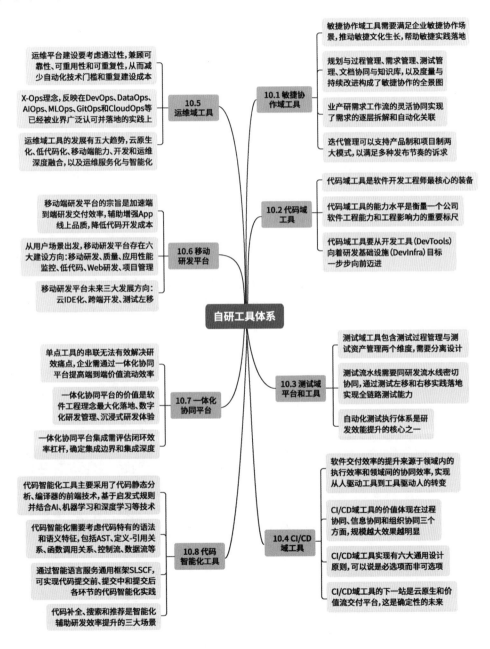

自研工具体系

10.1 敏捷协作工具域
- 敏捷协作域工具需要满足企业敏捷协作场景，推动敏捷文化生长，帮助敏捷实践落地
- 规划与过程管理、需求管理、测试管理、文档协同与知识库，以及度量与持续改进构成了敏捷协作的全景图
- 业产研需求工作流的灵活协同实现了需求的逐层拆解和自动化关联
- 迭代管理可以支持产品制和项目制两大模式，以满足多种发布节奏的诉求

10.2 代码域工具
- 代码域工具是软件开发工程师最核心的装备
- 代码域工具的能力水平是衡量一个公司软件工程能力和工程影响力的重要标尺
- 代码域工具要从开发工具(DevTools)向着研发基础设施(DevInfra)目标一步步向前迈进

10.3 测试域平台和工具
- 测试域工具包含测试过程管理与测试资产管理两个维度，需要分离设计
- 测试流水线需要同研发流水线密切协同，通过测试左移和右移实践落地实现全链路测试能力
- 自动化测试执行体系是研发效能提升的核心之一

10.4 CI/CD域工具
- 软件交付效率的提升来源于领域内的执行效率和领域间的协同效率，实现从人驱动工具到工具驱动人的转变
- CI/CD域工具的价值体现在过程协同、信息协同和组织协同三个方面，规模越大效果越明显
- CI/CD域工具实现有六大通用设计原则，可以说是必选项而非可选项
- CI/CD域工具的下一站是云原生和价值流交付平台，这是确定性的未来

10.5 运维域工具
- 运维平台建设要考虑通用性，兼顾可靠性、可重用性和可重复性，从而减少自动化技术门槛和重复建设成本
- X-Ops理念，反映在DevOps、DataOps、AIOps、MLOps、GitOps和CloudOps等已经被业界广泛认可并落地的实践上
- 运维工具的发展有五大趋势，云原生化、低代码化、移动端能力、开发和运维深度融合，以及运维服务化与智能化

10.6 移动研发平台
- 移动端研发平台的宗旨是加速端到端研发交付效率，辅助增强App线上品质，降低代码开发成本
- 从用户场景出发，移动研发平台存在六大建设方向：移动研发、质量、应用性能监控、低代码、Web研发、项目管理
- 移动研发平台未来三大发展方向：云IDE化、跨端开发、测试左移

10.7 一体化协同平台
- 单点工具的串联无法有效解决研效痛点，企业需通过一体化协同平台提高端到端价值流动效率
- 一体化协同平台的价值是软件工程理念最大化落地、数字化研发管理、沉浸式研发体验
- 一体化协同平台集成需评估闭环效率杠杆，确定集成边界和集成深度

10.8 代码智能化工具
- 代码智能化工具主要采用了代码静态分析、编译器的前端技术，基于启发式规则并结合AI、机器学习和深度学习等技术
- 代码智能化需要考虑代码特有的语法和语义特征，包括AST、定义-引用关系、函数调用关系、控制流、数据流等
- 通过智能语言服务通用框架SLSCF，可实现代码提交前、提交中和提交后各环节的代码智能化实践
- 代码补全、搜索和推荐是智能化辅助研发效率提升的三大场景

"工具不是万能的，而没有工具是万万不能的"，这正是研发效能提升过程中的真实写照。一方面随着研发数字化程度的不断深入，支撑产研交付各个环节的工具已经成为软件交付供应链的"水、电、网"，脱离工具的支持可以说寸步难行。而另一方面，工具又是最具"槽点"的话题，每次提起效能工具，收到的反馈大多数都是"不好用"，让工具研发团队陷入"做得好用不会有人夸，做得不好就会被各种吐槽"的怪圈。

那么，这些重要、高频的效能工具建设的正确姿势究竟是什么？透过表面的 UI 交互界面，我们应该看到背后的哪些设计原则呢？在工具建设过程中，又有哪些容易被人忽视的"坑"和"绊脚石"呢？本章会深入分析优秀工具背后的故事，主要内容如下。

- 敏捷协作域工具：聚焦软件交付前链路的需求管理、项目管理及协同管理，探索如何将"敏捷"理念落地到工具设计中。
- 代码域工具：以研发最高频使用的代码托管平台为基础，覆盖代码评审、代码扫描、代码搜索等相关领域。
- 质量域工具：构建一站式测试管理平台是诸多公司的重点建设方向，企业级测试管理平台应该具备的能力及如何建设。
- CI/CD 域工具：作为软件交付供应链的基础设施，以流水线为代表的 CI/CD 域工具的重要性不言而喻。此部分介绍了优秀 CI/CD 域工具的通用设计原则。
- 运维域工具：从人工到自动化再到智能化，面对海量运维的挑战，运维精英总是能够给出他们的解决方案。
- 移动研发平台：在"移动"为王的时代，移动 App 作为重要的业务载体，其技术栈到开发生态都有别于传统 Web 时代的应用，需要打造一套面向移动开发者的高效协同平台。
- 代码智能化工具：软件开发的过程天然是数字化的，其背后海量的研发过程数据为智能化提供了丰富的土壤，此部分共同探索业界形成共识的几个智能化代码试点方向，为你后续的建设提供参考思路。

最后，在企业研发效能提升的过程中，工具并不能解决所有问题，甚至从某种意义上说，工具的问题反而是最容易解决的。当我们经过努力把工具交付给用户时，仅仅是完成了第一步，而结合业务场景的落地应用才是面临的更大挑战。也就是说，"做得好"固然重要，而"用得好"可能更加重要。因此，我们应当将工具视为一个产品，将工具开发团队视为一个产品团队。在工具从 0 到 1 的建设阶段，最重要的是快速补齐最小功能集合，一旦过了这个阶段，就不再是"功能为王"了，应该避免盲目的功能堆砌，甚至是自造需求。而是通过用户运营来驱动工具的持续迭代，这里的运营既包括主观的用户反馈，也包含客观的用户数据。因此，对于工具开发团队来说，产品思维和数据思维是打造真正对用户友好的工具的必要条件，也是工具开发者在技术之外孜孜不倦追求的目标。

10.1　敏捷协作域工具

核心观点

- 过程透明的可视化能力、按节奏开发的能力、自定义工作流和过程度量能力是敏捷协作域工具的重点。
- 敏捷协作域工具需要适配项目制、产品制及两种混合的管理模式。
- 工具可以引导和固化文化，但是工具不能解决文化或管理问题。

一个好的敏捷协作域工具可以对研发管理起到推波助澜、事半功倍的作用。对企业和组织来说，有效的敏捷协作域工具应该具备以下三个特点。

（1）满足企业现有敏捷协作场景，让使用工具的人更容易完成工作。

（2）能推动敏捷文化，加速实现协作行为的改变。

（3）强化敏捷实践。

下面主要围绕某企业敏捷协作场景及相关实践，分析企业自研工具平台需要具备哪些功能，以帮助开发人员更容易完成特定的工作，同时提升组织协作效率，固化敏捷理念，从而提升研发效能。

10.1.1　什么是敏捷协作

本节的敏捷协作是指研发团队内及团队间在不同空间、不同时间一起协同工作，完成目标。以某企业（组织规模为 2000 人以上，业务人员与研发人员的比例为 1∶1）为例，研发敏捷协作有五大场景（图 10.1.1）：规划与过程管理、需求管理、测试管理、度量与持续改进、文档协同与知识库。

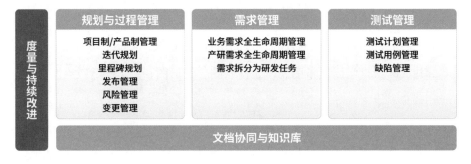

图 10.1.1　研发敏捷协作五大场景

基于上述应用场景，敏捷协作域工具从不同视角需要具备如下能力。

从业务功能视角来看：

（1）以容器（用于组织和装载项目、里程碑、迭代事项的虚拟器皿）模式支持项目、里程碑、迭代等，并可以自定义容器属性（属性指自定义字段）。

（2）自定义工作项及工作项属性，如把需要管理的事项实例化成工作项，如图 10.1.2 所示。

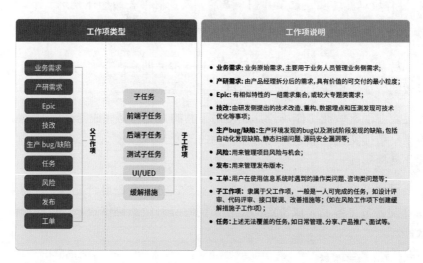

图 10.1.2　某企业工作项例图

（3）自定义工作项属性及工作流程。

（4）工作项之间相互关联。

（5）流程自动化，如通过配置自动执行流程等。

（6）工作项与协同文档相互关联。

（7）进展状态和风险常用视图与图表，如甘特图、看板、燃尽图等。

（8）度量与持续改进常用度量图表，如柱状图、线形图、雷达图、散点图、累积流图等。

从系统功能视角来看：

（1）账号与成员管理，包括：①账号管理，用于管理和授权使用工具的用户。②用户组及角色管理，基于用户组和角色的检索、通知、度量维度的划分等，如按照某个用户组查看某段时间所有的需求。③组织架构管理，用于检索和度量维度的划分等，如按照某个部门查找所有的需求。

（2）基于用户、用户组、角色的权限管理，如安全漏洞问题只能由安全用户组的成员复核。

（3）消息通知，包括：①工具内个人工作台的消息通知。②将工具内业务信息传递给企业 IM 工具，如钉钉、企业微信等，以便快速共享信息。

（4）提供 OpenAPI、Webhook 与其他上下游工具的集成，形成端到端的全生命周期研发管理。

10.1.2　敏捷协作域工具的价值

研发效能的提升与流程规范、平台工具、技术架构、组织结构息息相关，好的流程需要工具平台来承载。敏捷协作域工具有如下价值：

（1）通过工具可以固化流程规范。每个组织都有相应的流程规范，无论是新员工还是老员工，同一个地点办公还是远程办公，只要使用同一个工具平台，其工作流程都是一样的。

（2）通过工具可以沉淀好的管理方法。很多时候，好的管理方法都是由优秀的个体实践得出的，但也会随着他们的变动而流失，而通过工具沉淀下来的实践和方法会一直留在组织内。

（3）把认知和文化融入工具。提升人的认知和理解公司文化都需要一个过程，但是如果把认知和文化融入工具，潜移默化，使员工形成习惯，可以有效提升个体对组织的认知和践行组织文化。比如，协作文化、任务落实到人、质量内建、测试左移、管理可视化等。

（4）通过工具与管理实践，打破了业务人员和交付团队之间的壁垒，真正做到协同工作。

（5）通过工具自动化流程自动更新工作状态，提升协作效率。

（6）通过工具管理研发活动自动沉淀数据，为持续改进度量做准备。

10.1.3　敏捷协作域工具的实现

基于上述敏捷协作应用场景，敏捷协作平台框架图，如图 10.1.3 所示。

敏捷协作框架图主要分三层：

（1）角色层包括服务的角色，包括业务、产品经理、项目经理、UI 设计人员、开发人员、测试人员、运维人员、过程改进专家等。

（2）服务层是需要工具平台提供的具体服务，如个人工作台，可查看个人当前所有的工作项及关注的视图等。

（3）工具能力层是工具平台提供的各种扩展增强功能。

图 10.1.3　敏捷协作平台框架图

下面针对服务层结合敏捷协作场景展开讨论。

1. 规划及过程管理

目前，企业常见的研发管理方式有项目制、产品制及两种混合的管理方式。

项目制：项目有明确的目标及有固定的周期来完成特定目标，在工具平台上体现为立项后创建项目，在项目下进行需求及相关任务管理，项目结束后，关闭项目。

产品制：产品是组织为某类客（用）户提供独特价值的载体，以价值为导向，在工具平台上体现为长期存在且共享一套工作流；在产品容器下规划需求及相关任务持续地交付价值直到产品终结。

项目制和产品制的管理方式比较，如表 10.1.1 所示。

表 10.1.1　项目制和产品制管理方式比较

管理方式	特点	适用场景	工具平台上的实现
项目制管理	有明确目标和开始及结束时间	1.相对需求明确的交付类项目； 2.涉及功能开发的采购类项目等	项目立项后在工具平台创建项目，结项后进行归档
产品制管理	通过持续交付，不断探索客（用）户需求，一切以提供给客（用）户价值为目标	以价值驱动的产品管理	在工具平台创建以产品线命名的项目，长期存在并共享同一套工作流

1）产品制

（1）产品制管理模型通常是通过工具平台建立产品空间进行产品管理，模型如图 10.1.4 所示。

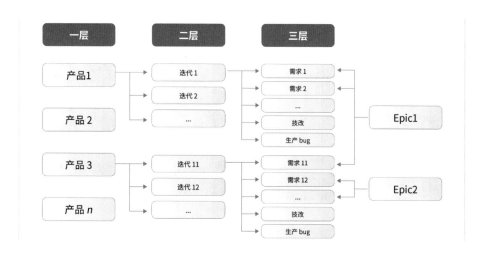

图 10.1.4 产品制管理模型

产品制管理模型共分为三层：

① 第一层：在研发工具平台建立多条产品线。

② 第二层：产品经理在产品线上进行迭代规划。

③ 第三层：产品经理把需求（用户故事）、技术改造（指由技术侧发起的性能优化、重构类等技术类需求）、生产 bug 等研发工作项规划到具体迭代。

④ 对于颗粒度较大的需求采用 Epic 进行管理，便于产品经理从 Epic 视角管理和追踪需求。

（2）迭代规划：产品制管理模式通常是在每个产品下以迭代规划来实现业务价值交付。

产品经理首先创建新的迭代，并设定好迭代目标和迭代周期，然后根据价值（或优先级）从产品 Backlog 中选取本迭代要实现的需求、技术改造、生产 bug 等规划至迭代中，如图 10.1.5 所示。

（3）看板：它是敏捷协作的重要工具。在每日站会上，团队可以快速聚焦迭代交付过程中的工作项，通过看板可视化交付过程进度，控制 WIP（在制品）数量，拉动式工作，提升协作效率。电子看板不受空间限制，拖曳方便，不易丢失，整个迭代过程的数据自动记录，为后续持续改进做好铺垫，如图 10.1.6 所示。

图 10.1.5 迭代规划图

图 10.1.6 迭代看板图

（4）迭代进度——燃尽图：它最早是从 Scrum 社区开发出来的，用来跟踪迭代进度。它能形象地展示当前迭代中的剩余工作量和剩余工作时间的变化趋势，有助于展示迭代的进展，如图 10.1.7 所示。

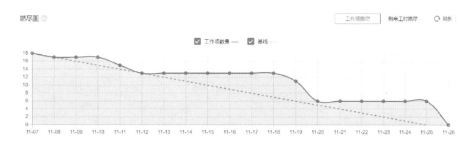

图 10.1.7　燃尽图

需要工具平台提供如下主要功能：

① 提供产品管理空间，并自定义属性字段，如产品分类、产品隶属部门、产品负责人等。

② 提供迭代管理功能，并能设置迭代周期，在迭代内可快速移入和移出工作项。

③ 提供基于筛选器的燃尽图及看板。（筛选器是指在工具中基于工作项的属性做筛选，并保存筛选结果，如筛选状态为"进行中"的迭代下所有的工作项）。

2）项目制

（1）项目制管理模型，如图 10.1.8 所示。

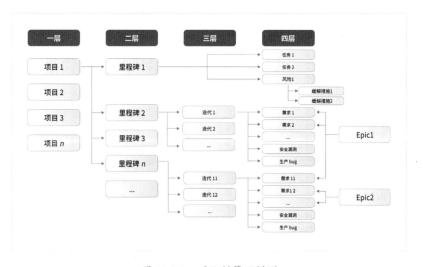

图 10.1.8　项目制管理模型

① 项目制管理模型通常分为四层：创建项目、设立多个里程碑、规划迭代或相关任务和管理需求。

② 对于颗粒度较大的需求采用 Epic 进行管理，便于产品经理从 Epic 视角管理追踪需求。

③ 需要工具平台提供有助于管理项目的进度、风险、资源、依赖等的甘特图的功能，如图 10.1.9 所示。

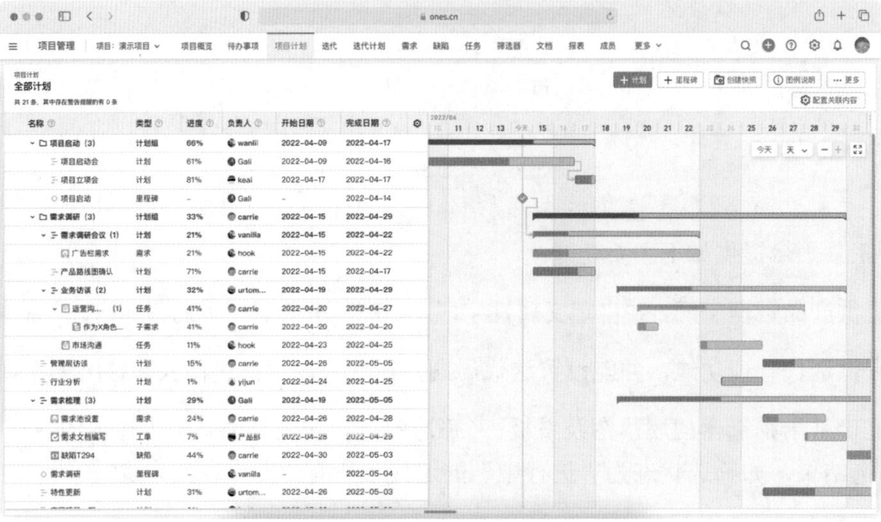

图 10.1.9 甘特图管理项目进度

（2）项目集管理：项目集是指一组互相关联的项目，需要互相协作获得共同的目标。

对于 PMO 来说，企业确定好战略目标后，会根据目标的实际情况将其拆解成项目组合进行统一的项目管理、资源调配、里程碑管理、风险管理，以实现既定目标，使资源利用最大化。项目集管理模型，如图 10.1.10 所示。

图 10.1.10 项目集管理模型

需要工具平台提供如下功能：

① 对项目组合的多层级管理。

② 对项目组合的资源、里程碑、进度、风险、依赖等统筹管理。

③ 目标与项目相互关联，有助于从高层视角随时了解目标的实现情况，包括项目当前进度、风险或项目下具体的工作项；从执行层视角根据所负责的工作项了解与部门或组织目标的关系，更好地通过专业技能完成工作。

（3）发布管理：不同的产品或项目对发布周期有不同的诉求，有的产品需要快速交付价值，期望按需发布；有的产品受渠道或平台规则限制，不太可能太频繁地更新（如每周一次）。总体来说，有如下几种发布节奏：

① 按需发布，需求完成验收后可随时一键部署。

② 按迭代发布，在迭代结束的固定日期发布。

③ 按版本规划发布（多个迭代一起发布或从迭代中选取部分工作项发布）。

针对按需发布，在需求验收通过后，即可发布，需要敏捷协作工具与工程发布工具同步状态信息，图 10.1.11 所示为按需发布场景。

图 10.1.11　按需发布场景

针对②和③发布，产品经理需要提前规划好发布版本，把待发布工作项规划到发布版本中，如图 10.1.11 所示，同时发布版本以容器的方式装载待发布内容，且容器有相应的流程及状态，如待规划、待审批、待发布、发布上线等状态。

在发布版本发布后，可更新发布版本状态及工作项的状态，图 10.1.12 所示为按版本发布场景。

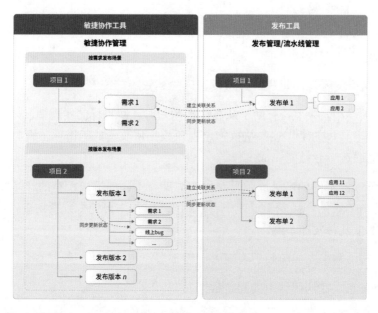

图 10.1.12 按版本发布场景

2. 需求管理

1）需求模型

业务视角：从业务人员视角，需要工具平台提供业务侧需求全生命周期管理，以及具体业务侧需求拆解后被规划到哪个迭代、当前状态及计划上线时间等。

产品经理视角：产品经理需要对业务侧需求、产品路线图规划需求、一线反馈优化需求等条目化形成产品 Backlog，进行统一迭代规划。

通常采用双需求池模型，如图 10.1.13 所示：

（1）业务需求池管理

① 业务人员用来管理业务需求，无须关注具体实现，只需要描述具体要达到的目的即可。

② 产品经理需要把业务侧需求拆解成产研侧需求，同时建立业务侧需求与产研侧需求的链接，便于追溯及根据产研侧需求自动更新业务侧需求状态。

图 10.1.13 双需求池模型

③ 需要工具支持创建业务侧需求池和产研侧需求池、自定义需求工作流程，并在工作项之间建立关联关系，相互追溯，如业务侧需求关联产研侧需求、工单关联缺陷等，这有助于了解事项的来龙去脉，便于不同视角的人员协作。

业务需求工作实例：业务侧需求工作流，如图 10.1.14 所示。

图 10.1.14　业务侧需求工作流

业务侧需求价值流看板，如图 10.1.15 所示。

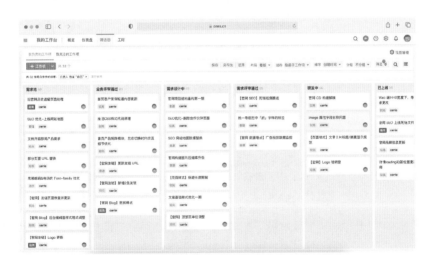

图 10.1.15　业务侧需求价值流看板

通过看板让业务侧的工作可视化，便于建立业务侧与产研侧的理解和信任。

通过看板实现端到端的需求流动过程可视化，帮助业务人员进行需求全生命周期管理，有助于识别需求在哪里流动、排队和停滞。

（2）产研需求池管理

产研侧需求的来源包括业务侧需求、产品经理规划需求、一线反馈优化需求等，主要由产品经理负责管理。这里的需求不包括技术类需求，这与产品需求管理及关注点有所区别，故采用单独的工作项和工作流管理。

产研侧需求工作流，如图 10.1.16 所示。

图 10.1.16　产研侧需求工作流

产研侧可视化看板，如图 10.1.17 所示。

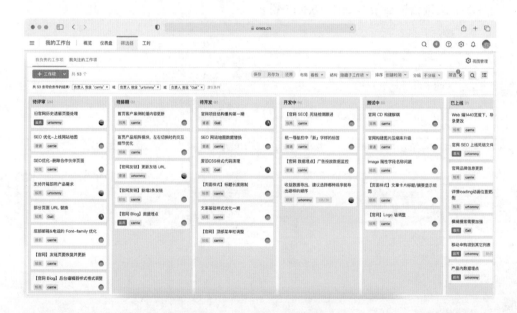

图 10.1.17　产研侧可视化看板

通过看板可以实现产研侧需求全生命周期管理，在进行可视化后，能清晰地看见每个状态下的需求数量，以控制在制品数量，同时有助于发现价值流的阻塞点。

通过产研侧看板，业务侧便于了解需求进展及产研侧如何按照迭代节奏稳步交付，有助于彼此理解和信任，加强协作。

（3）产研侧需求与业务侧需求的流程状态联动（自动更新）

工具平台支持根据产研侧需求状态自动更新业务需求状态，产研侧需求与业务侧需求工作流状态联动如图 10.1.18 所示。

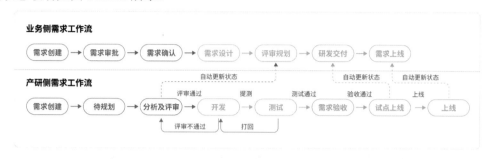

图 10.1.18　产研侧需求与业务侧需求工作流状态联动

2）需求结构

需求模型主要是从业务和产品视角来看如何管理需求；需求结构是从需求全生命周期视角来看：从业务人员建立业务侧需求到产品经理拆分产研侧需求，再到研发人员在需求下建立研发任务实现需求。

需要工具平台提供如下功能：

（1）在需求（工作项）下创建子任务，把产研侧需求（用户故事）拆解成具体可实现的研发任务，如图 10.1.19 所示。

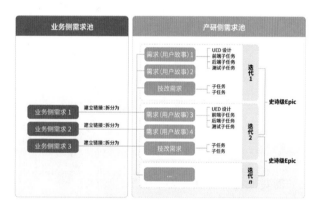

图 10.1.19　将产研侧需求拆解成研发任务

（2）流程自动化更新，如当研发任务完成时，自动更新产研侧需求状态，实现流程间的自动化更新，如图 10.1.20 所示。

3. 测试管理

测试管理协作场景主要包括建立测试任务、测试计划、编写测试用例、缺陷管理、管理测试报告等。

在测试阶段，测试人员根据产研侧需求拆分测试任务（图 10.1.21 中红色虚线框），基于需求创建对应的测试用例，并建立测试计划。测试计划与测试任务关联模型如图 10.1.21 所示。

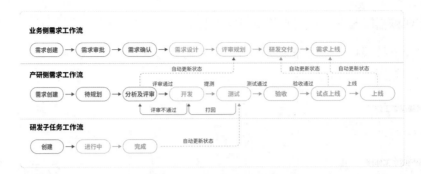

图 10.1.20 研发流程自动化更新

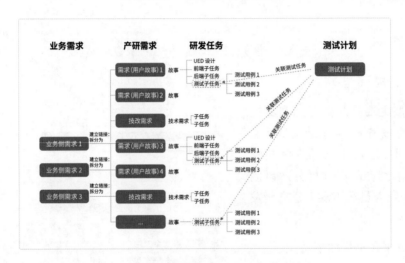

图 10.1.21 测试计划与测试任务关联模型

需要工具平台支持如下功能：

（1）建立测试计划，且可以关联工作项（测试子任务）。

（2）可基于产品或项目手工创建测试用例或导入测试用例。

（3）在测试计划中执行测试用例，并将测试执行结果自动生成测试报告。

（4）需求与缺陷、测试用例的关联及缺陷与测试用例的双向追溯，以便从需求的视角审视质量。

（5）在缺陷界面创建测试用例，便于对没有被测试用例覆盖的缺陷及时补充和完善测试用例。

（6）测试报告可基于项目、迭代、所选需求条目生成，且测试报告包含测试全过程，如测试范围、测试用例、用例执行情况、缺陷情况，以及可以呈现测试结论的可编辑文本框。

4．文档协同

一套好的知识管理系统是敏捷协作乃至研发效能提升必不可少的部分，既能帮助员工通过知识提升个人能力，也能帮助组织沉淀经验。

从敏捷协同的角度看，需要工具平台具备如下功能。

（1）工作项可关联文档，便于各个角色协同，同时便于追溯和审计。

（2）项目（集）、里程碑、迭代等容器可关联文档。

（3）支持在线协同文档和表格的编辑、版本、导出等。

（4）从知识编辑者的角度，支持按内容分类、存储、检索、访问、评论、标签、定制模板等功能。

（5）从知识管理者的角度，支持统计（有效性、贡献、访问量等）、结构调整、备份等。

10.1.4　度量与持续改进

通过工具平台把敏捷协作场景落地，各个环节积累了大量数据，包括从业务需求提出到产研需求实现，再到发布上线的全生命周期的数据。如何用这些数据做好持续改进是度量管理模块需要关注的事情，当然，不同研发成熟度阶段及企业不同阶段面临的问题是不一样的。以某企业为例，基于当前阶段各个角色的度量需求及成本，选择了对接企业内部BI 工具进行自定义指标设置，同时把度量需求按迭代形式分批实现，每个迭代选取少量指标进行分析反馈，形成闭环，待上一个迭代改进完成后进行下一个，同时完成将改进的指标逐渐演进成健康度检查（图 10.1.22）。当然，协同工具也可以根据企业需要来定制可视化报表。

图 10.1.22　度量闭环

当然，由于每家企业的研发规模、发展阶段、对工具的投入不尽相同，因此企业自研工具还需要根据自身情况来建立适配自己的工具。

10.1.5　敏捷协作域工具的误区

1）工具能解决协作问题

工具可以引导和固化文化，但是不能解决文化或管理问题，如两个本来缺少协作的部门，不会因为工具从缺少协作变成充分协作。更重要的是组织的各个层级（管理层和执行层）要认识到协作的重要性，主动协作，在达成共识的前提下，通过流程和工具加强协作行为。

2）工具的价值是相同的

即使不同团队或不同公司使用相同的工具，但由于经验、知识、流程、文化的不同，结果也可能大不相同。工具必须要适应企业的上下文，并且要根据其变化不断优化，只有这样才能使工具的价值最大化。

10.1.6　中农网的多产品线敏捷研发案例

1. 农业产业链数字化背景

我国农业产业链数字化水平仍有待提升，其原因在于产业链在交易端、仓储物流端和金融服务端层面仍存在待解决的痛点，如上下游信息互通效率较低、物流运输管理水平有待提升、产业融资渠道较窄等。

下面以中农网为例，介绍软件敏捷研发如何赋能农业产业链的数字化。

2. 中农网的研发管理痛点

数字贸易是全球大趋势，其中交易信息化、交易数据化、交易智能化是衡量数字贸易平台的三大标准。

中农网旗下拥有多个子公司，包含交易、仓储、物流、供应链等多个业务线。在引入 ONES 之前，研发团队的不同部门使用不同的管理工具，信息数据分散，常常面临着产品人员看不到研发人员的进度、项目经理与团队成员信息不同步的问题，这不仅形成了"数据孤岛"，也使团队对整个研发流程无法进行清晰的梳理。产品研发和测试流程无法打通，再加上农产品行业数字化还处于不断探索阶段，业务方的需求变化频繁，难以对需求进行管理，导致迭代延期，中农网的研发项目管理面临着较大的挑战。

在对中农网进行全面的了解之后，我们明确了其研发项目管理的需求及痛点。

（1）团队协同弱，进度管理难。

（2）研发流程不清晰，难以打通全流程。

（3）需求变化频繁，需求管理难。

3. 中农网的多产品线敏捷研发

针对以上研发管理需求及痛点，我们从以下几个方面出发，为其提供了完整的解决方案。

1）量化价值，可视化管理

通过使用 ONES，中农网实现了价值量化，打破了"部门墙"。从交付吞吐率、需求响应周期、交付质量、持续发布能力、数据打通能力等方面入手，实现了综合人效 ROI 提升了 248.40%。

在必要信息量充足的情况下，我们帮助中农网将团队结果目标科学地拆分为阶段目标，又将阶段目标拆分为个人目标和多人协同目标，在足够专注的条件下完成个人目标，在认知相近的情况下完成协同目标，以此实现高效的目标规划。

而在团队高效运转的问题上，"优先级+工作量+个人实力"决定了完成单人任务目标的周期和质量。如果要让单个成员工作高效，就要科学统筹人的时间和任务工作量的关系；如果要使多个成员协同高效，就要做到信息步调一致，协同目标聚焦。

通过数据报表，管理者能够从多个维度（成员工时日志、需求分布统计、任务分布统计等）了解成员的个人效能，并据此合理安排任务，如图 10.1.23 所示。

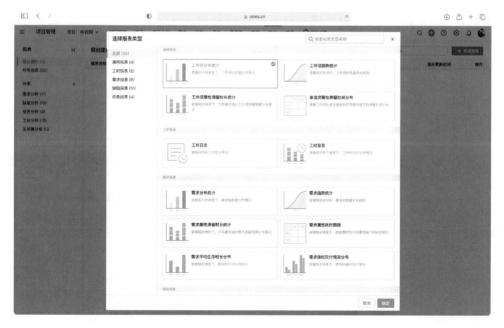

图 10.1.23　利用数据报表安排任务

通过图 10.1.23 中的工具及项目概览，团队成员和管理者能够及时了解项目进度，聚焦项目目标，真正做到步调一致，高效协同，如图 10.1.24 所示。

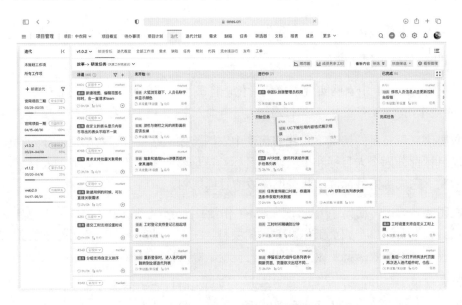

图 10.1.24　敏捷看板

除此之外，研发团队也可以通过 ONES Wiki 进行项目过程文档的沉淀，实现信息数据的及时同步，如图 10.1.25 所示。

图 10.1.25　文档协作及知识库

2）研发管理模式：两层迭代

我们为中农网规划了两层迭代的研发管理模式，如图 10.1.26 所示。以"1+4"的项目形式，通过两层迭代不断实现高效开发。在"1+4"中，1 代表大项目，可以理解为项目的总需求池，4 代表以中农网产品线划分的电商、平台、大数据、供应链 4 个项目。以项目 A 为例，在项目开始阶段，"项目 A-总需求池"中汇总了所有的需求，而代表 4 个产品线的项目，会分别将"项目 A-总需求池"中的任务进行拆分。

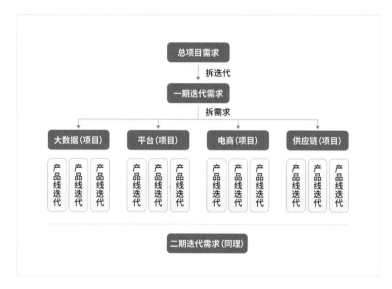

图 10.1.26 两层迭代的研发管理模式

在各个产品线团队进行任务拆分之后，为项目 A 规划需求迭代，同时在其他 4 个项目内，以容易辨识的命名规则新建迭代（如大数据产品线-项目 A 一期迭代），通过跨项目关联使项目 A 中的需求与各个产品线的迭代相关联，实现状态联动，即当产品项目的迭代中，由同一条需求拆分的多个任务都完成时，项目 A 中的需求状态会自动变更为完成，方便对项目进度和迭代的管理。

当涉及一些与版本需求无关，属于本身优化的迭代时，各个产品线可以组建临时迭代，与版本迭代区分开。这样不仅能够使产品线之间的数据隔离，使团队数据更加轻量、安全，也能够减轻团队成员手动处理需求状态的工作量。

除此之外，业务需求方也可以通过项目 A 中的看板、燃尽图，及时查看需求完成情况，实时掌握项目动态。

3）规范需求评审规则，管理需求变更

由于业务方频繁变更需求，加之部分需求处理人员能力不足导致需求返工，不仅使迭代面临延期风险，也造成了成本叠加和资源浪费，因此我们为中农网建立了一套标准的需求管理流程。

一方面，通过筛选器记录和筛选需求变更次数与需求投入的整体资源（如成员工时、人力成本等），对团队项目投入成本和资源进行预估，合理分配项目任务，如图 10.1.27 所示。

图 10.1.27　筛选器

另一方面，通过灵活的项目设置，自定义不同种类需求的属性，将需求定义为不同的粒度，分别由不同的人处理，弥补部分需求处理人员能力不足的问题，如图 10.1.28 所示。

同时，配置管理员通过工作流限定需求在排期前必须经过评审和方案设计，规范需求过程，减少业务方提出需求后未经评审，产研即接受需求并完成开发而业务方又变更需求的现象，如图 10.1.29 所示。

图 10.1.28　自定义属性

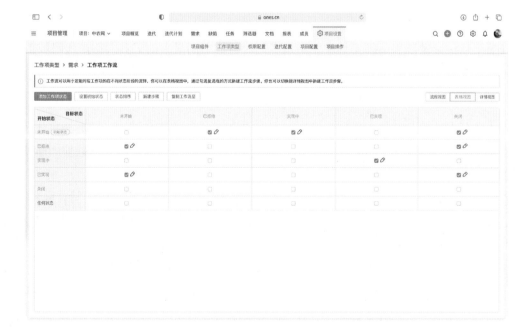

图 10.1.29　自定义工作流

此外，借助于工作流设置"后置动作"中的"状态联动"功能，在开发人员完成任务后，需求的状态会自动变更，减少团队成员手动更新需求状态的工作量。

通过以上方法，在团队内部改善了需求评审、需求状态流转及资源分配问题，提高了团队对需求的处理和响应能力，避免项目延期。

如今，中农网在价值量化、研发管理流程、项目进度跟踪和需求管理方面都有了显著提升，得以更好地提升产业链在交易端、仓储物流端和金融服务端的数字化能力和水平，不断实现农业产业链数字化水平的提升。

10.2 代码域工具

核心观点

- 代码域工具是软件开发工程师最核心的"装备"。
- 代码域工具的能力水平是衡量一个科技公司软件工程能力和工程影响力的重要标尺。
- 随着研发团队规模的扩大，使用开源工具构建代码域工具的不足会逐渐显露出来。
- 代码域工具要从开发工具（DevTools）向研发基础设施（DevInfra）目标一步步迈进。

10.2.1 代码域工具概述

在整个软件开发过程中，工程师使用最多，对他们帮助最大的工具，就是代码域工具。

代码域工具支持的研发实践较多，按照研发的先后顺序，代码域工具覆盖的实践场景主要分为两个阶段：本地开发阶段和代码准入阶段，后都也叫做代码评审阶段。

在本地开发阶段，软件工程师一般先使用 IDE 工具进行编码和调试，随后会将代码提交到版本控制系统（Version Control System，VCS）中进行源码版本管理，并与其他团队成员共享和协作。

在代码准入阶段，为了让提交到代码仓库的代码变更具备较好的规范性、可读性、可维护性、较高的质量、较低的重复度、可编译且不影响已有功能等，最重要的是代码确实实现了需求描述的功能。许多团队在版本管理系统的基础上，增加了代码扫描工具、编译单测流水线及在线人工评审工具，辅助团队走查和评审代码，从而保证代码质量。

10.2.2 代码域工具的价值

代码域工具是研发活动主体——软件工程师们最核心的装备。一套优秀的可以让工程师快乐工作的代码域工具可以：

- 提高个人开发效率，让开发工作舒适愉快，激发个人创造力。
- 提高团队开发协作效率，让团队开发快而有序，从而提高团队整体交付效率。
- 提高代码质量，进而提高软件产品的质量。

代码域工具的能力水平是衡量科技公司软件工程能力和工程影响力的重要标尺。国内外优秀科技公司的代码域工具都具备功能强大、稳定可靠、高度集成等共性特征，又各有各的特色。

10.2.3　代码域工具的实现

代码域工具一般包含代码版本管理工具、IDE 工具、代码评审工具和代码检测工具几个部分。其中，代码版本管理工具为代码域工具的核心，为团队协作开发奠定了基础；IDE 工具是工程师个人开发场景中的必要工具；代码评审工具把代码评审优秀实践落实在团队的研发流程中；代码检测工具自动快速检测代码中的问题，帮助团队快速改进代码质量。

目前，开源或免费的代码域工具种类丰富，基本可以满足中小团队对研发流程管控和代码质量方面的需求。例如：

- 版本管理工具：Subversion、GitLab、GitHub 等。
- IDE 工具：IntelliJ IDEA、Eclipse、Visio Studio Code、Theia IDE 等。
- 代码评审工具：GitLab、Gerrit 等。
- 代码检测工具：SonarQube、CheckStyle、FindBugs、PMD、Cppcheck、Jenkins（用于持续集成+单元测试）等。

随着研发团队规模的加大，协作开发的难度和挑战逐渐增加，使用开源工具构建代码域工具的不足会逐渐显露出来，如下：

- 开发机环境一致性的问题。
- 开发机资源环境的使用效率问题。
- 防止代码泄露的安全保障问题。
- 代码库性能稳定性的问题。
- 代码扫描的类型完备度及扫描准确度的问题，如代码安全扫描。
- 代码扫描耗时过长的问题。
- 代码扫描系统性能稳定性的问题。
- 构建、单元测试的资源环境问题。
- 人工代码评审的效率问题。
- 如何统一度量并持续改进代码域实践和工具的问题。

为了更好地支持规模化团队开发，解决上述代码域基础工具遗留的问题，一些大型科技企业往往会组织专门团队开发或改进代码域工具，通过工具的集成和升级不断提升组织的整体研发效能。目前，在代码域开源工具已有功能的基础上，工具的改进主要为以下几个方向。

1. Cloud IDE

随着 IDE 工具技术的发展，Cloud IDE 越来越成为开发人员的首选。与使用传统的 IDE 在本地开发相比，Cloud IDE 的代码和编译调试环境在云端开发机，开发者在 Cloud IDE 中编程的体验基本与本地开发一致。这使得开发人员不必拘泥于本地开发机的环境和资源，可以更方便地使用云端的环境和资源进行开发和调试工作，也使得团队多人开发时可以更加统一开发环境，减少因资源环境所带来的问题。同时，对于一些敏感核心代码，Cloud IDE 能有效保障代码的安全。

虽然，目前 Cloud IDE 技术发展很快，但是和成熟的本地 IDE 客户端相比，还有一定差距，主要体现在性能、稳定性和编程体验方面，这也是各家 Cloud IDE 工具团队重点改进的方向。

2. 代码评审工具支持多种评审场景

开源工具 Gerrit 支持的评审场景为 Change Request，即当本地代码被提交到中央仓库的目标分支时就会产生一个评审单。免费工具 GitLab 支持的评审场景为 Merge Request，即当中央仓库的两个分支想要合并时，可以创建一个评审单。还有一些商业化代码评审工具，如 Fisheye+Crucible，可以让开发者随时随地发起对代码文件或代码片段的评审单。

随着企业业务的不断发展，研发团队规模扩大在带来研发模式多样性的同时，也带来了代码评审流程的多样性。上述三种评审场景在大型科技企业中均有需求，这些代码评审场景都是合理的。由于单一开源工具无法满足这种评审场景的多样性，因此企业会自主开发满足上述多种场景的评审需求。

3. 统一建设代码扫描资源池，增加代码扫描类型，降低扫描误报率

团队会通过增加代码扫描实践和工具来提高代码质量，但是随着对代码扫描的依赖加深，经常会遇到代码扫描服务不稳定、扫描任务排队、扫描类型单一、扫描结果不准确、扫描工具与代码工具集成难等问题。为了更好地解决上述问题，一些大型科技企业会专门设立团队来搭建、维护代码扫描资源池，通过资源优化管理来支持更多并发扫描请求，并统一采集、分析、展示扫描结果数据，方便开发者查看和分析扫描结果。另外，一些有能力的科技企业还会通过自主研发扫描工具，增加多种扫描类型来落实企业的代码规范和安全要求，并深入分析代码，自动找到更深层次的问题，减少误报率，提高开发效率和代码质量。

4. 代码增量扫描，减少扫描等待时长

有些团队不愿意在代码评审环节中加入代码扫描，主要原因在于代码量较多，每次扫描耗时长，影响代码评审的效率。为了提高代码评审中代码扫描的效率，负责扫描工具的团队一般会聚焦在增量扫描的技术和实现，以及扫描规则的优化上。一些扫描工具本身具备变更代码增量扫描的能力，如代码规范扫描；而另一些扫描工具和技术必须全量扫描代码后才能分析出结果，对于这种类型的扫描一般要通过优化扫描规则，把低风险、高误报的扫描规则去掉，提高扫描效率。同时，要在全量扫描的基础上显示代码变更部分的增量报告，以便开发者更加聚焦解决评审代码中的增量问题。

5. 统一编译构建和单元测试基础设施

在代码准入（即代码评审）环节中，为了确保增量代码不会影响主干代码质量，往往会增加 CI（持续集成）和单元测试的实践，提前验证增量代码与主干代码合并后，编译构建能否成功、单元测试能否通过且增量代码能否被单元测试覆盖。但是要在开源工具集上实现上述工程实践实属不易，实践团队需要自己搭建编译并构建资源环境，将 CI 工具与代码评审工具集成，使代码评审能够触发 CI 和单元测试的执行，且 CI 和单元测试的结果要回传给代码评审工具进行质量卡位。更复杂的是判断增量的代码能否被单元测试覆盖，并且进行自动卡位。

统一编译构建和单元测试基础设施，是解决上述难题的方式之一。编译-单测基础设施统一建成后，一线研发团队不再需要配置和管理编译、单测资源与环境，也不需要配置各种工具的集成，仅需要在代码库中打开编译和单测的开关或在流水线中配置编译和单测任务即可，这样能让开发人员聚焦在 CI 遇到的问题及编写单测用例上，其余的工作均由基础设施支持完成。

6. 企业级代码搜索

代码搜索是软件开发最常使用的工具之一。一般开源、免费的代码管理工具均有一些代码搜索功能，但普遍是通过关键字匹配进行查询，代码搜索能力较低。而企业级代码的搜索，能够帮助开发人员快速定位代码、理解代码依赖、查看代码如何被使用、对代码进行借鉴和复用，能够大大提升代码开发效率，帮助企业快速完成需求，降低代码的开发成本。

7. 智能化代码推荐和合成

代码推荐是指根据代码上下文的情景信息智能化地为软件开发者推荐合适的代码片段的功能，主要有 API 示例代码推荐和代码补全两个应用场景，目前已经在一些企业的代码域工具中落地应用。

代码合成是指根据用户的应用需要自动地选择相关的程序子模块来合成支持特定应用场景的代码程序，强调智能化的用户需求感知与分解、功能模块的选择与合成。

8. 各个工具进一步集成，提高工程师操作体验和工作效率

代码域工具的特点是工具种类多，每种工具又有很强的专业性。在将这些工具集成在一起支持团队的研发流程时，往往导致集成难度大、成本高，集成后的体验差，有的反而会降低开发效率。要想真正从根本上提升开发的效率，就要下大力气投入到研发域工具的改造中，把研发工具（DevTools）进一步打造成研发基础设施（DevInfrastructure，DevInfra）。从表面上看，从 DevTools 到 DevInfra 的转变是将最终用户的交互页面减少；工具配置项减少、配置难度降低；没有问题的时候不打扰，有问题的时候准确告知；让开发者聚焦在实现需求上而不是工具上。要实现上述目标，DevInfra 需要具有统一坚实的基础架构、彻底深入的集成打通、细致入微的用户体验、有力有效的组织保障。国内外优秀科技公司的代码域工具无不都朝着这个目标一步一步向前迈进。

9. IDE 提效扩展插件

目前，主流的 IDE 都具备扩展能力，从而吸引了更多开发者和厂商进行功能扩展，提高 IDE 的开发效率和代码质量。IDE 提效扩展插件主要分为语言支持、编译调试、代码分析检查、IDE 主题、代码可视化、版本管理、QA 工具、运维工具等。许多科技企业也会将内部的开发、测试和运维工具，通过插件方式与 IDE 集成，进一步提升开发者的"一站式"体验，将代码智能化工具（如代码自动生成、智能的冲突消解等工具）与 IDE 集成，提升开发效率和质量。

10. 构建研发现场大数据平台，分析数据并持续改进工程实践和工具

代码域工具的广泛使用会产生大量的研发现场数据，这些数据就像等待被挖掘的"宝藏"，一旦被正确挖掘和应用，将会对组织级研发效能提升、工程师个人成长、研发实践和工具持续改进等产生积极的影响。

10.2.4　代码域工具建设的误区

组织对效率和质量的认识，直接影响组织中代码域工具的建设和发展方向。对效率和质量认识的误区一般主要表现在"开发人员要提高效率，测试人员要提高质量"这样的认识上。

在"开发人员要提高效率"的认识下，一些组织内的代码域工具往往只保留最基本的版本管理工具，开发人员可以自由选择 IDE 工具，而其余的代码评审、代码扫描工具都被视为会影响开发人员的效率，而不被重视。加上"测试人员要提高质量"的要求，测试人员需要在测试环节配置代码扫描工具，以推动开发人员定期解决代码评审、修改评审或扫描发现的问题，但实践中测试人员往往难以推动这些问题的高效解决。这样的认识误区，一方面使得代码质量问题在后面的测试阶段才被暴露，要跨角色通过更多流程、花更多时间才能解决，

反而降低了研发效率和产品质量；另一方面也使得组织内代码域工具建设目标分散、团队分散，形成了代码域工具多、投入大、使用难、效果差的局面。

要想建设一套完备、强大的代码域工具，组织内从上到下都应该树立对效率和质量的正确认识，即"质量是开发出来的，不是测试出来的"。进而在组织内形成一些共识，如开发人员对自己的代码负责；开发人员比专职的测试人员更适合测试；质量是产品或开发的问题，而不是测试问题；要快速失败、要尽早失败、保持经常失败、要安全失败。只有形成以上的共识，组织才有强大的动力打造统一的代码域工具，为开发人员服务，在帮助开发人员提高开发效率的同时，也帮助他们保证每一次代码提交的质量。这样的代码域工具集代码托管、开发环境、IDE、代码准入流程与工具于一体，一定会成为组织内研发效能的基石。

10.3　测试域平台和工具

🌐 核心观点

- 测试域工具包含测试过程管理与测试资产管理两个维度，需要分离设计。
- 测试过程的设计需要与研发流水线紧密集成，不能单独对待。
- 典型的测试左移和测试右移实践，同样需要被集成至研发交付过程中。
- 自动化测试执行体系是研发效能提升的核心之一，需要整体规划覆盖范围，并强化赋能能力。
- 质量度量的设计需要为研发总体度量指标提供下钻能力。

10.3.1　测试域平台和工具概述

测试领域的工程效能平台建设门槛最低，各个企业的测试人员都有极高的热情和技术能力去构建各种自动化测试的工具。例如，对 Jira、禅道等工具做二次开发，或者直接使用 Selenium、JMeter 等垂直的自动化执行工具去提高测试人员的工作效率。但这往往一两年后会遇到瓶颈，很难再有发挥的空间，一方面是因为各种开源框架层出不穷，另一方面是因为研发团队之间的协同问题、产品质量问题并不一定真正能被解决。

那么，工程效能平台中的测试域平台应该如何建设？以下是关键要素：

平台区别于工具的典型特征是立体化，针对测试域平台，需要从人、交付物、度量三个角度去设计工作流，而不是单纯地把某些群体的某几项工作线上化；人需要与产品或业务模块有明确的对应关系，每个交付物都要尽量自动生成，每个工作流节点的状态变迁都要尽量自动流转而不是手工标记，每个工作流或工程实践都要有明确的"以人的视角"和"以业务的视角"展示出的度量效果。

另外，设计平台时需要考虑横向和纵向两个角度，横向可理解为整个研发交付过程中涉及的测试过程，这个很容易实现，但往往会忽略测试资产的纵向管理能力。例如，每个迭代过程都会有测试用例的编写和执行工作，这是横向设计。从纵向来说，需要从产品或业务模块的维度去设计测试用例库，保证能够从产品视角根据产品的版本变迁看到测试要素的变化，能时刻获得最新版。再比如，横向的迭代交付过程中会产生多份测试报告，那么纵向就应该从产品视角探寻随着版本历史变迁的测试结果之间的比较结果，这也是度量产品趋势的重要例证。因此，在平台设计时要着重考虑测试资产，避免出现在将工程师工作简单线上化后很多组织资产还是碎片化的，不可信的。

10.3.2　测试域平台和工具的价值

1）协同能力

通过平台化可以实现测试过程与产品设计、技术开发、上线运维、用户反馈等上下游环节的高效协同。平台可以有独立的入口和工作台，但其与上下游信息和关键字段定义必须是一致的，要让测试人员的每一项测试工作在平台上都能自动获取上下文信息、启动触发、通知下游，这些都是最重要的价值。

2）资产沉淀

通过平台对各种测试资产的持续维护，实现团队成员对知识的传递。如果一个团队已经有了所谓的专业平台，但在编写培训材料或总结汇报时，不敢直接从平台上截图和提取材料，则说明也是失败的。

3）度量能力

测试域平台不是若干垂直域自动化测试工具的结合体，自动测试与手工测试混合形态依然是未来中长期的工作模式。通过平台化对各种执行方式的综合管控，能获取符合实际的测试交付时长指标，杜绝单纯吹捧自动化测试覆盖率高、脚本执行快等细粒度指标。

4）扩展能力

通过测试域平台建设可以把各个角色的质量管控类工作集成实现或协同，而不是单纯地面向测试工作自身。例如，产品经理对需求质量的控制流程、开发自测的控制流程、上线期间的生产回归流程、生产缺陷回溯分析等，只有让这些信息流动起来，进而指引后续的测试工作，才能联合诸多力量对研发质量的整体改进起到作用。

5）引导团队提升能力

与其他域平台类似，一个先进强大的测试域平台可以借助于度量去观察工程师的客观行为，如形成"测试工程师画像"，尽管我们不提倡以度量去考核人，但其可以作为团队表彰、人员晋升的有力依据。

10.3.3　测试域工具的实现

1. 测试流水线

测试流水线是整个研发流水线的子集，可以在独立的测试平台实现，也可以在一体化协同平台实现，基本要素包括开发提测、测试计划、缺陷跟踪、测试报告、回归测试五个通用节点。

（1）开发提测需要与研发流水线的持续集成环节紧密集成，在开发人员完成特性分支代码提交，实现单元测试、代码扫描、测试环境部署、功能自测等经典的实践后，自动形成一份提测单并通知相应的测试人员，此时平台自动记录开发的结束时间。

（2）测试计划，这里定义为从业务功能角度封装的若干测试用例的集合，可以依据企业自身测试轮次的多少和技术端（如移动端、PC 端、服务端）分开管理。测试人员随着工作的进展为用例标记测试结果，如果验证不通过，则会有缺陷关联的功能。值得一提的是，如果有自动方式执行的用例或脚本，则需要分开管理，因为触发方式与手工测试都不同。另外，如果有自动化冒烟测试的实践，则应从交付版本的角度在每次 CI 或提测后，将作为提测内容的附件透视给测试人员，而不是以业务功能的测试计划视窗去展示，但其结果可作为测试报告的一部分。

（3）缺陷跟踪，是测试域最基本的功能，作为测试人员与开发人员跟踪缺陷流转状态和解决动态的工作流。

（4）测试报告包括测试日报（用于测试周期较长的工作模式），也包括交付给下游，如回归测试、业务验收、上线发布的完整测试报告；可基于业务需求，也可基于版本，重要的是要从宏观到微观展示测试结论，以及所有测试执行结果与缺陷信息。另外，这些报告的大部分内容必须是自动生产的。

（5）回归测试在不同的上下文有不同的含义，各个企业的定义也不同。有的企业将特性分支合入主干分支或发布分支集成版本的再测试叫做回归测试，其可全量回归，也可局部回归，实际上业务方的验收测试、灰度发布期间和正式发布期间的测试验证也都是回归测试。总之，回归测试应以自动方式执行为主，以手工验证增量业务需求为辅。在代码合流完成且生成制品后，各测试人员根据业务需求在此版本中的增量变化及周边影响范围选择合适的回归用例，展示方式与上述的测试计划相同，操作模式也相同。由于不同回归节点具有不同的目的，因此回归测试报告也会同步到下游环节，作为启动下游节点（如上线发布）的质量门禁。

2. 测试用例库

实际上，测试用例库与产品缺陷库是测试资产管理的两大核心，产品缺陷库以跟踪研发缺陷的工作流为核心，测试用例库则以产品视角管理所有的测试用例为核心。业内普遍采用 Excel 或思维导图编写用例，下面是笔者创造的基于领域模型的用例管理方式，如图 10.3.1 所示。

图 10.3.1　领域模型样例

领域模型的核心理念是高度抽象和可复用，是一种受管控的用例管理模式，测试工程师不能随意编写文字形态的用例。设计思想是将产品或业务模块下的功能特性抽象成若干模型，如左侧的树状结构展示；中间的"精选-搜索"是模型本体，其中每一项都是测试特征，这些特征有新建、引用的，还有复用的，包括很多细节操作（加号里）；右侧是特征的执行步骤，通过"模型历史"可查看该模型的历史变迁。

另外，测试人员需要对模型和特征的依赖关系（如时间、状态、数据、权限等）进行管理，确保模型和特征之间的关联始终是最新的。当 A 模型发生需求变化时，受依赖的 B 模型会收到自动推送，从而警示对方已纳入回归测试范围。这样的设计可以进一步升华为"领域地图"，如图 10.3.2 所示。在产品的所有领域模型之间建立了依赖关系后，可以通过不同颜色的线条和数字展示这种网状结构，这样产品的测试思路会一目了然，有利于新人学习、团队进行回归范围选择，以及业务交流。

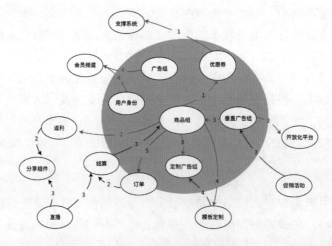

图 10.3.2　领域地图示意图

模型的特征也会与自动化测试脚本关联，实时获取模型的自动执行状况。图 10.3.1 中的绿色"自动"按钮实际上可显示脚本 ID 与脚本链接，并将此模型所有特征的自动执行结果显示在"自动化分析"标签里。

3. 测试左移和测试右移实践

1）左移实践一：异常事件管理

从需求的角度看，开发人员提测后即进入测试等待时间，那么真正的测试执行开始时间应该是测试计划里第一个用例的执行时间，结束时间是最后一个用例的执行时间，都是自动计算（因为自动化执行方式在多数情况下并行于手工测试，所以可忽略不计，也可叠加计算）的；但是在实际测试工作中，会有太多的阻碍发生，如环境故障、数据不齐、素材不够、需求变更等，这些虽然属于项目管理中的风险与异常管理，但凡是对测试有阻碍的，都可以在平台化设计中单独对待，记录每次异常的起止时间，这段时间会在整个测试效率的交付时长中作为阻碍时长单独度量，以凸显测试工作并不是呈现的那样顺利，供组织进行复盘和管理决策使用。

这就是测试左移的实践之一，即通过让测试人员记录、跟踪、解决阻碍测试工作中的各种状况，反推产品经理、研发人员、项目管理者重视交付链路上的各种协同工作。如果这些问题减少了，则整体的研发交付效率自然就提升了。由于很多团队过于重视应用技术手段解决交付链路上的问题，因此往往忽视由人与人之间的协同、上下游脱节导致的工作效率低下的问题。

2）左移实践二：开发自测规范化

很多测试人员面临对开发提测质量低而束手无策的窘境，怨气很重但却无能为力。开发自测是开发人员必做的工作之一，如果仅仅口头说"我自测了"或发个邮件简单列举验证点，都不是专业的行为。

下面介绍笔者的另外一个实践，即通过平台化解决开发自测的规范性问题。狭义的开发自测，不包括平台的各种技术性扫描、代码评审等，而是真正像测试人员一样验证需求的基本功能，在达到可以继续测试的条件后，交付给测试人员进行全面测试，那么就需要做到将测试人员选定的用例提供给开发人员进行自测。选定的标准可由双方在用例评审时完成，或按业务模块固化一套，但不推荐使用自动方式让开发人员来执行。

另外，如果平台能力够强，其实也可以把非功能性用例，如兼容性、性能等赋能给开发人员做自测。

需要说明的是，并不是所有的需求实现都需要经过测试团队来执行，互联网行业兴起的去 QE 化也是这个道理。开发人员借助强大的测试执行平台和专业测试人员提供的验证描述，其实也可以直接从事很大比重的测试执行工作，并进入持续部署节点等下游环节，甚至直接上线。

3）左移实践三：需求分析规范化

开发人员对需求的技术实现偏差，或产品经理中途的需求变更等对测试人员造成的信息盲区，也是影响整体研发交付效率的典型特征。我们可以通过对需求分析规范化，解决此问题。

源头应该来自于研发效能平台的需求评审环节，产品经理在宣讲需求文档后，下游各个角色进行自己的代码实现，用例设计前可以在测试平台端设计一个需求分析节点，并透传到研发效能平台供产品经理、开发人员进行必要的操作。这个节点的设计思路，以测试为视角，从产品、业务模块的维度抽象出需求分析因子。所谓因子，即根据产品自身形态定义的一系列影响质量的问题，是测试人员与开发人员、产品经理之间日常沟通的通用术语，可以是互相问答的描述，也可以是归类的枚举值，甚至可以在后台设置重要级别。另外，因子数量首先要高度凝练，保持几十个至二百以内最好，然后通过特定需求文档中涉及的功能点、研发缺陷库、生产缺陷库做智能匹配，前期可以人工匹配，将重要因子推送给产品和开发人员回答，这些答案发生变化后也要互相推送，最终作为用例评审的素材之一。这个实践的根本目的是，在开发编码、需求变更过程中，把对影响质量的要点、历史缺陷的警醒展示在同一个平面上，不至于出现开发人员完成编码提测后，各种考虑不周造成的研发缺陷漫天飞，甚至三方都疏漏而让缺陷逃逸至生产环境的现象。

下面是笔者团队实践的需求分析中 3 个因子的效果，如图 10.3.3 所示。它的平台实现逻辑是，当某个需求文档中含有设定的关键字时，平台的智能匹配引擎会推送若干问题给特定的开发人员和产品经理，供其回答。一是为了提醒产品经理与开发人员提前考虑这些潜在的质量因素，二是方便测试人员接下来设计测试用例。当然，除了这些问题，也会推送历史缺陷作为警示信息，告知开发人员曾经踩过的"坑"。

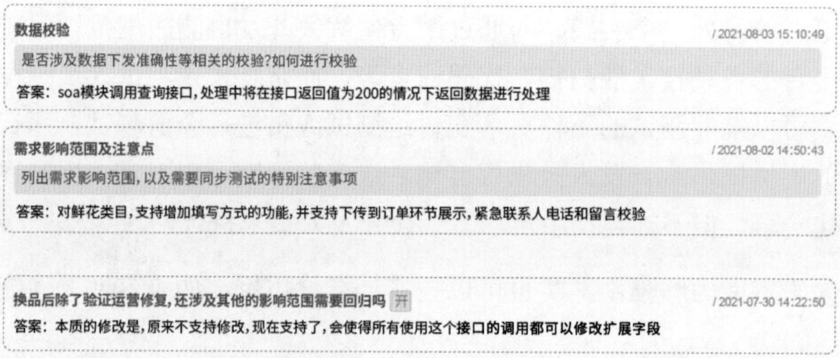

图 10.3.3   需求分析因子样例

4）右移实践一：生产缺陷分析

实践三中提到的需求分析因子来自哪里？一些来自资深测试人员的经验沉淀，另外一些来自生产缺陷分析。通过这样的实践，测试人员可获取下游团队（包括用户反馈）对产品质量问题甚至事故的复盘分析结果，这个结果不应该是仅作为学习材料的一个个静态页面，也不应该是给老板做的用于改进的 PPT，而应该是沉淀到平台里经过测试专家抽象出来的、结构化管理的测试资产，资产只有流动起来才有意义。

那么，该从哪些角度分析生产缺陷呢？在笔者的团队中，这个实践是一个较为复杂的平台设计，这里不做具体讲解，可参考图 10.3.4 中的设计逻辑。它是将人的经验与平台的大数据做了高度集成后的自然效果，即将强大的计算引擎产生的测试技巧赋能给全体测试人员，乃至开发人员和产品经理，以指导后续的产品研发和测试工作。

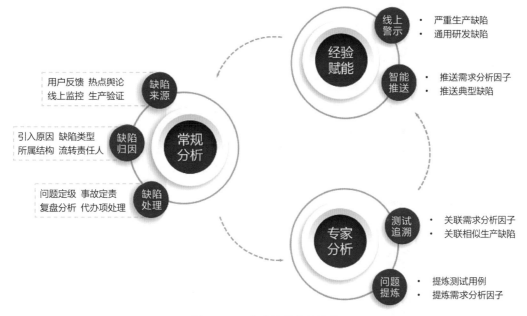

图 10.3.4　生产缺陷分析逻辑

上述提到的 4 个实践，都可以在流水线的不同节点中去实现，如笔者团队采用的流水线按顺序分为需求分析、开发自测、测试计划、缺陷跟踪、测试报告、回归测试、异常事件、生产监控 8 个节点。

生产监控是对需求上线后的健康状态进行监控（客户端和服务端的接口层可分离监控），技术实现上需要从下游的运维域工具中获取数据，但需要展示在流水线节点中，因为测试人员需要在上线前对该需求的监控内容、脚本等提前操作部署，其实这也是十分重要的测试右移实践。

4. 自动化测试

在平台化的实现中，自动化测试本质上属于测试资产范畴，依据公司产品形态需要从技术端与测试类型两个维度，综合规划各垂直域的自动化测试能力，如图 10.3.5 所示。

Android	iOS	H5	RN	服务端	微信小程序	京东小程序	后台系统	
√	√	√	√	√	√	√	√	功能
				√			√	接口
√	√	√						埋点
√	√	√	√		√	√	√	兼容
√	√	√	√				√	性能
				√	√	√	√	安全
√	√	√	√	√	√		√	专项

图 10.3.5　自动化测试全局分析

自动化测试的核心目的是提高测试执行的效率，这就需要把多端、多环境变迁的执行结果与手工执行方式的用例放在一起来度量，只有这样才能真实反映自动化部分达到的程度，而不必过多关注，如接口层实现了 100%、UI 层实现了 20%、兼容性实现了 30%，等等。因此，自动化测试更多的是在回归测试期间发挥作用，图 10.3.6 展示的是产品在各个技术端的自动化程度，即通过自动化手段执行的比例，而平均值反映的是所有端的整体比例。

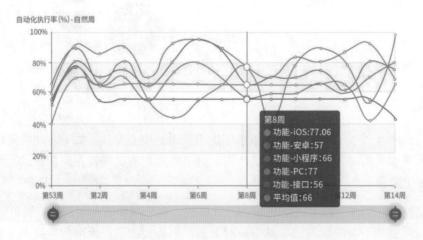

图 10.3.6　自动化测试执行率样例

另外，各个垂直域的自动化测试模式必须简单轻便，避免重代码的模式（重代码模式会过度消耗测试人员对测试脚本的维护工作量，长久会让他们失去信心），并且通过与测试用例库（或领域模型）的对应关系能非常方便地赋能 CI 环节的冒烟测试、业务人员验收、上线自检等节点，这样才能进一步放大它的价值，而不是孤立地服务于测试团队自身。

最后值得一提的是，自动化测试常指功能维度的测试，其实非功能性的（如性能、兼容性、客户端专项等）也可以基于自身产品特性抽象为领域模型的测试特征，并关联特定的执行工具，让触发模式、执行结果、缺陷关联都以特定的回归测试计划展示在测试流水线并供用户操作和分析。

5. 关于度量

在工程效能整体度量体系中，从宏观角度来看，测试域工具只要抓住三个维度即可：质量视角、效率视角和交付力视角，这也是软件质量的三大核心能力。

1）质量视角

质量视角最为简单，可以用生产漏测的缺陷数或逃逸率作为指标定义。产品上线后，将被用户发现的软件缺陷数（可根据实际情况排除非技术因素）作为长期跟进此产品的质量指示器，看其是否呈现递减的趋势，如果是则反映测试人员对产品缺陷的提前捕获能力是持续增强的。另外，也可以采用逃逸率，即用生产缺陷数与研发缺陷数的比值作为指标。例如，通过上述平台设计的生产缺陷分析工程实践，完全可以将此指标实时展示。

2）效率视角

效率视角反映测试人员对需求的响应速度，可定义为从开发提测开始至移交到末端节点，如回归测试结束的持续周期，即测试时长，通过前述的测试流水线也完全可以实时展示各个产品迭代或周期性的平均交付时长。这里要特别注意，不要与整体研发交付时长重复计算，如需求分析、用例设计、开发自测等实践，是与开发阶段并行的。测试团队虽有投入，但测试阶段的交付效率应以开发提测（即开发阶段结束）开始计算。这里也反映出自动化测试实践的一个要点，如果消耗极大的成本单纯去说明各个类型的自动化程度有多高、脚本有多漂亮，而没有减少业务交付的测试时长，则也是"花架子"，没有用处。另外，基于前面提到的异常事件管理实践，可对测试时长进行更为精细化的设计，即对测试等待时长、测试阻碍时长、测试执行时长进行下钻分析，以作为管理抓手去针对性地持续改进，如图 10.3.7 所示。

3）交付力视角

定义为一个团队（或个体）在周期内交付的需求规模，规模可以取需求个数或 Story Points 值，该指标反映了团队或个人随着组织工程效能的改进，除了产品的质量越来越好和交付的效率越来越高，交付的需求量是否也越来越多，三个指标要综合看待并长期属于正向的趋势，才能真正体现团队能力的持续增强。

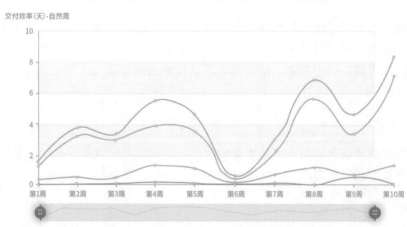

图 10.3.7　测试效率度量样例

团队负责的产品的三大指标，反映了团队的综合职业能力，还可以进一步延伸至个人视角，即通过衡量团队成员的贡献大小，使工程效能的数字化能力进一步放大，即可设计出前文提到的"测试工程师画像"。图 10.3.8 是笔者团队的真实平台化效果，其中虽然有 5 个指标，但核心指标是需求交付力和质量控制力，供读者参考。

图 10.3.8　测试工程师画像样例

10.3.4　未来测试域平台和工具前瞻

笔者长期从事测试域工程效能建设，在面对数字化平台建设的思考上，坚持从规范化到开放化，再到智能化的发展路线。当组织实现开放化时，自然会衍生出对智能化的诉求。基于近年来互联网行业测试工作形态依然存在诸多痛点的现状，对智能化场景的探索和运用也即将发生。

1）测试资产的流动

很少有人会深入挖掘公司缺陷库的价值，试想一下，产品的研发缺陷、生产缺陷和用户反馈逐年下来会达到几万甚至更多，这些数据应该转化为资产去指引新的测试工作，甚至指导产品经理的需求设计、开发人员的编码等，这也是一种从测试团队发起的赋能。不远的将来，也许会出现这样的智能工作场景：当产品经理在线上进行需求设计时，点击一个按钮即可根据全文关键字扫描提醒产品经理需求文档的某处在历史上曾经出现的缺陷信息，而不是目前多数企业以经验和记忆力去找文档的设计漏洞。开发编码阶段也是类似，在某天代码片段与结构化后的需求描述段落实现了对应关系后，开发人员在代码提交时，也会触发历史缺陷警醒，促使开发人员仔细评审自身代码逻辑；再比如，领域模型的执行历史记录经过算法分析后形成知识图谱，并依靠 NLP 智能推荐推送至测试流水线的测试计划中，提醒测试人员基于平台分析的结果来执行推荐的测试用例，以免发生漏测。

2）代码大数据诊断

这是近年来各大公司在建的实践，但还未广泛普及。未来普及后，会实现以下智能场景：如开发人员修改 A 缺陷后提交至代码仓库，会自动触发代码诊断引擎，获取代码库里相似缺陷 B 和 C 的潜在性提醒，即可减少大量测试工作去主动捕获；再比如，测试人员十分头痛的回归测试范围的选择，多选会造成过度测试，少选就会漏测，而经过代码差异性分析（如二进制包与工件的版本间哈衣分析），再加上代码片段与结构化的需求所关联的结构化领域模型特征，完全可实现较为科学的回归用例集合初始化工作，大大提高了回归测试范围选择的效率。

3）AI 自动化测试

手工编写测试脚本或关键字驱动，乃至拖曳式生成测试代码的模式终将会成为历史。以 GUI 层为例，未来在设计产品原型时，交互人员即可将必要的信息埋入前端界面的对象属性中，在开发人员完成功能开发提交代码后，AI 引擎会获取测试包进行智能解析，通过 AI 后台配置列表里的类似测试用例的语义定义，对测试包进行 UI 层的全面扫描，逻辑性弱的会自动断言，逻辑性强的会做部分断言供人去做现场还原的二次验证。针对服务端接口测试也会有类似的模式出现，通过接口出入参数的抽象化配置，测试代码完全可以全自动生成。笔者想要说明的要点是，目前绝大多数企业的测试团队，在各个维度的自动化测试工作模式上，最大的痛点依然是在人工编写各类测试脚本及持久的维护工作量与业务交付级别的手工测试工作量的冲突上。那么未来一定会出现所谓的测试机器人，在某些测试类型或局部测试范畴内，真正替代人去做全方位的验证（某些断言比人眼的精度会更高），而有无测试代码已经无所谓了。这样，人只要在后台维护一些配置规则表即可，将精力聚焦在重大测试上。

上述场景的推演与探索，相信业内各同行都有自己的思考和实践，在某项垂直能力成熟后，就需要与工程效能平台紧密集成，落实到不同角色的具体工作环节中，这样才能使工程效能工作具有持久的生命力。

10.4　CI/CD 域工具

 核心观点

- 软件交付效率的提升来源于领域内的执行效率和领域间的协同效率，实现从人驱动工具到工具驱动人的转变。
- CI/CD 域工具的价值体现在过程协同、信息协同和组织协同三个方面，规模越大效果越明显。
- CI/CD 域工具的实现有六大通用设计原则，可以说它们是必选项而非可选项。
- CI/CD 域工具的下一站是云原生和价值流交付平台，这是确定性的未来。

10.4.1　CI/CD 域工具概述

CI/CD（持续集成和持续交付）贯穿了软件交付的全链路，是软件交付工程实践领域的集大成者。从广义上讲，所有支持软件交付工程实践的工具都可以被认为是 CI/CD 领域的工具，因为这些工具共同构成了软件开发从需求到交付给用户使用功能的完整生命周期。从狭义上讲，CI/CD 工具更加侧重于交付链路上的能力建设，也就是从软件开发价值交付全链路的视角，通过工具串联软件交付的完整过程。

实际上，软件交付效率的提升，无外乎来源于两个方面：领域内的执行效率和领域间的协同效率。领域内的执行效率，就是指完成一个定量工作所消耗的时间成本，最典型的就是各类自动化工具，比如人工伐木需要一天，而自动化伐木仅需要 10 分钟，在这个层面上工具赋予的效率提升是肉眼可见的。而领域间的协同效率往往容易被人忽视，比如伐木完成后申请运输，需要两个小时才能把流程走完，然后还要等待下游的拖车到位，这些协同过程中的浪费都是精益思想要特别关注的。

在软件开发过程中，这样的例子也比比皆是。由于组织分工的原因，职能团队更倾向于内部的效率提升，也就是通过各类自动化工具提升执行效率，但是由于缺乏明确的责任人，团队与团队之间的边界往往就变成了"真空地带"，这就是所谓的流动效率和资源效率的问题。久而久之，人就成为工具与工具之间信息的"搬运工"，整个交付过程也就变得磕磕绊绊，协同效率难以提升。

从这个角度来看，我们可以将工具划分为垂直域工具和协同类工具，两类工具的定位及在软件交付过程中承载的意义存在显著的区别。

- 垂直域工具，专注于某一个技术领域，解决软件交付过程中某一单一领域执行效率的问题。比如，自动化测试工具以测试自动化为核心要点，解决测试领域的执行效率。
- 协同类工具，专注于领域间的协同效率，通过链路自动化工具将软件交付的不同阶段无缝衔接在一起，从而实现全流程的信息流转，典型的是以流水线为核心的自动化交付引擎，实现了开发到上线的全面自动化。

CI/CD 域工具的核心目标就是实现由人驱动交付流程到工具驱动交付流程的转变，本质上讲，就是人驱动工具，还是工具驱动人的问题，理解了这个问题，自然就能理解 CI/CD 域工具的价值。

10.4.2　CI/CD 域工具的价值

CI/CD 域工具定位于协同类工具，旨在提升软件交付各个环节之间的协同效率，这也是 CI/CD 域工具的核心价值所在。那么，如何理解协同效率，协同效率具体包括哪些方面呢？

首先是过程协同。以流水线为例，这类工具的核心就是串联、打通企业长久存在的垂直域工具，实现链路与链路之间流转的自动化。也就是说，在上游环节完成之后，在满足一定质量要求的前提下，自动触发下游环节，实现全流程的无人值守。因此，过程协同的价值就是打破原有的"工具孤岛"，建立工具与工具之间的桥梁，实现全链路工具的打通。

其次是信息协同。软件交付的过程，本质上也是一个信息不断累加流转的过程，不同职能团队或者不同角色围绕信息进行协同和决策。如果软件链路上的信息是零散的，片段式的，那么就没有一个人能够掌握完整的信息，而信息之间的不对称甚至是偏差，就会导致沟通的不顺畅和协作壁垒。而这正是 CI/CD 域工具能够发挥价值的地方，以持续交付流水线为例，在流水线中的每一个环节产生的信息都会随着制品向下流转，比如生成制品的源代码信息、配置类信息、环境类信息，甚至测试类信息等。流水线在执行过程中，就可以自动采集各个环节产生的信息，汇总为一条信息流。那么，对于参与交付过程的各个职能来说，就可以从流水线上按需获取相关信息。同理，对于外部系统而言，也同样可以通过对接流水线采集相关信息，于是流水线就成为软件交付过程的单一可信数据源。

一个典型的问题就是需求视角和工程师视角的脱节，对产品经理和项目管理人员来说，他们关注的是需求和版本维度，需要具体到每一个需求和版本所处的阶段和当前状态。而对工程师而言，他们更加关注具体的代码、构建包、测试环境等。如何让工程师的行为可以自然而然地发生，而相关联版本和需求的状态可以自动流转，就是协同类工具要解决的问题。

最后是组织协同，随着软件交付组织规模越来越大，参与的人员和职能也随之变得复杂，组织内和组织间的沟通路径纷繁冗余，带来了极大的认知负荷。这时候就需要一套"标准化"的开发协作方式来保障整合交付过程的可控和有序，简单来说，就是让难以标准化的人的行为，通过一套或者几套标准化的交付流程来实现统一，这就是所谓的组织协同合规的价值所在。因此，近年来大热的研发效能一体化工具平台并不是简单的工具拼凑，统一入口，而是建立在一套标准工作流基础上的流程化协作能力集合。比如，如果质量门禁和各项规范无法集成到工具平台上，就形同虚设，难以真正落地实施。而如果没有一套软件交付协同的标准路径，大家只是按照各自的方式进行协作，也很难真正整合到某一个工具平台上。因此，CI/CD域工具一般都承载了软件交付的主路径，结合工具协同和信息协同的逻辑，天然就能实现合规管控，这对于组织的高效协同至关重要。

工具协同解决的是打破垂直域"工具孤岛"，实现全链路的自动化。信息协同解决的是交付链路信息繁杂离散所带来的信息壁垒，实现软件交付链路信息的统一收口。而组织协同则是现阶段最高维度的追求，解决的是规模化组织标准化协同和规范落地的问题。

10.4.3　CI/CD 域工具的实现

持续交付流水线是 CI/CD 域工具的典型代表，也是各大厂商"重兵布局"的领域。其中的典型代表如下：

- 传统开源代表：Jenkins 等。
- 国内 SaaS 代表：云效、Coding、蓝绿、华为 DevCloud 、京东云 DevOps 等。
- 国外 SaaS 代表：Azure DevOps、GitLab CI、GitHub Action、GoCD 等。
- 云原生代表：Jenkins X、Drone、Argo 等。

那么，种类如此繁多的流水线工具，究竟有哪些共同之处呢？结合多年企业级持续交付流水线平台建设经验，以及对行业工具的研究，笔者总结为六大设计原则。

1. 原则一：平台，而非能力中心（可扩展性）

并非所有的工具都是平台，所谓平台必须具备三大要素，即被集成、被扩展和被信赖，其中平台的可扩展性是核心问题。对于平台建设者来说，始终要面对通用性和定制化的选择。如果坚守通用性原则，则业务场景定制化需求就无法满足，毕竟一套通用的工具是很难开箱即用地满足各类业务场景的；如果选择定制化，则就会面对无穷无尽的定制化需求，而平台自身就会变得极其臃肿，随着规模的不断扩展，变得难以为继。

这时候平台的能力边界就显得格外重要，因为选择做什么并不是最难的事情，而选择不做什么才是最重要的。以流水线平台为例，应该重点建设的是编排调度能力、过程可视化能力、信息聚合能力及资源管理能力，而至于垂直领域的能力可以通过开放插件的方式由外部系统提供，从而实现合作共赢。

简单来说，流水线平台应该仅作为任务的调度者、执行者和记录者，而不应该作为能力的提供者。但凡现在优秀的效能平台，基本上都提供了丰富的插件生态，如 Jenkins 有 1800 多个插件，基本上满足了大多数场景的需求。而 GitHub Action 上线以来，已经累积了惊人的 11 000 多个实例组件，由此可见，开放生态的力量。

因此，CI/CD 域工具的开放生态能力决定了平台的天花板，如何构建良好的开发者生态、简化开发者上手调试成本、提供优秀的开发者服务，吸引更多优秀的能力以原子化形式对接到平台中来是首要任务。

2. 原则二：编排和可视化能力

既然 CI/CD 域工具承载了软件交付链路的主路径，那么随着软件开发团队规模的扩大，需求交付频率、技术栈的差异性、外部渠道约束等因素，都会导致交付过程千差万别，没有一套标准交付流程可以满足所有人的需求。这样就需要平台提供可视化的流程编排能力，业务方按需定义自己的交付链路。

对于流水线平台来说，基于 GUI 的流程编排界面基本上已经成为行业标配。从实现方案来说也大同小异，基本上都是通过划分阶段、步骤、动作几个维度来实现流程的可视化编排，并且在每个原子层面都可以按需定制参数信息，平台提供了大量的系统参数、内嵌的参数传递能力等，从而实现整个过程的无代码化配置。

对于平台建设者来说，这种方式固然是一个不错的选择，但不应该成为平台建设的思维定式。坦率地说，这类面向过程的流程编排能力，依靠的是平台使用者对交付流程有足够清晰的认识，并且能够熟练操作平台功能。但显然高效地使用平台并非用户的本质诉求，对于大多数一线员工来说，他们并没有必要学习复杂的平台操作，而是要低成本地解决业务场景中的问题。这就为自动化流程编排提供了一种可能性。简单来说，面向结果而非过程是平台下一阶段的发展方向，业界也有很多优秀的产品借助这种思想大获成功，典型的就是 Kubernetes 通过定义终态忽略了过程的复杂性，从而让烦琐的运维操作变得简单，这些能力实际上就是平台赋予的过程效率的提升。这个道理对于 CI/CD 域工具来说，同样适用。

3. 原则三：流水线即代码（一切纳入版本控制）

随着 DevOps 和持续交付理念的深入人心，一切皆代码，一切纳入版本控制已经是行业共识，于是基础设施，即代码、配置即代码、流水线即代码等一系列理念广为传播。那么，为什么要代码化，代码化的好处是什么呢？

首先，代码及代码背后的语法和语义结构定义了一种通用语言，也正是因为代码的存在，才使得全世界各个语言、民族、年龄、性别的开发者可以在一起无障碍协作，这是一件非常伟大的事情。以 YAML 为代表的配置语言则更进一步，采用了偏自然语言的方式，通过描述式的语法来阐述交付过程，这使得非技术背景的人员同样可以理解配置的内容。因此，代码化的第一个优点就是降低沟通成本。

其次，代码化之后，配置文件可以像源代码一样纳入版本控制系统，可以非常简单地查看变更历史和变更记录。事实上，软件交付过程除代码之外，各类配置、环境、工具版本等都对结果有直接影响。相信很多人都遇到过类似于"在我本地没问题"的说辞，而这类问题就是环境非标准化导致的，而通过采用代码化方式管理，可以大大降低问题追溯的成本，这是第二个优点。

最后是自动化，前文提到过可视化编排能力，但对于高效能的开发者而言，他们并不喜欢图形化的方式，而是喜欢代码化的交付方式。那么，基于一套标准语法结构的配置，就可以快速实现语法检查及自动化分析执行，并且很多复杂的功能可以抽象为一个简单的语法命令，从而大幅降低配置文件的复杂度，提升能力复用性，这也为 CLI（命令行）、IDE 插件等奠定了实现的基础。

4. 原则四：内建的质量门禁实现流程可控

质量门禁是 CI/CD 域工具在流程合规管控方面的重要能力，也是 Build quality in 和 Fail fast 理念在工具层面落地的具体形式。质量门禁可以理解为规则，比如单元测试通过率、代码扫描的问题数等，根据业务场景的共识规则都可以成为一套自动化的质量管控机制，从而保证不符合向下流转质量要求的代码可以快速失败，快速反馈，避免问题流入线上带来质量风险。

质量门禁的实现有两种模式：第一种是通过原子化的插件定义规则指标，并在执行的过程中自动上报数据，在流水线执行引擎层面判断规则是否通过，并进一步控制状态流转。第二种是将门禁的能力代理给垂直域工具，在原子插件层面仅做到选择质量规则配置，并判断返回结果。从信息协同的角度来说，更加推荐第一种实现方式，这样流水线平台才能收集足够多的信息，而流程控制能力本身就是流水线平台的固有能力。

门禁规则的定义同样会面对通用和定制化的选择，根据经验，平台依然提供框架能力，也就是只要原子插件满足规则指标的上报方式，就可以将指标结果上报并保存在流水线后台。同时，平台提供自定义规则的能力，平台使用者可以按需选择和配置质量指标，形成自己的专属规则集，平台无须过分干扰用户的使用。对指标来说，可以非常多样化，比较典型的如下：

- 执行结果类指标，如各类覆盖率通过率等。
- 流程合规类指标，如是否满足上线状态、代码评审是否通过等。
- 执行效率类指标，如扫描时长是否控制在 15 分钟以内等。

5. 原则五：研发数据沉淀和追溯

近年来，研发效能度量是非常热门的一个话题，没有度量就没有管理，而没有数据就没有度量，因此研发效能度量首要解决的就是数据来源的问题。但由于交付链路长，交付工具多，再加上数据非标准化等因素，采集数据困难重重，并且这些数据单独采集缺少关联性，也难以辅助分析和改进。而 CI/CD 域工具天生可以串联完整的交付链路，是采集研发过程数据的最佳场所。

那么，对于 CI/CD 域工具建设来说，核心要解决的就是数据格式标准化的问题。由于历史遗留问题，部分公司的垂直域工具链并不统一，各个部门内部有自己的成型工具。当这类工具对接到 CI/CD 域工具时，其实是一个非常好的数据标准化的机会，这时就需要平台定义标准数据格式。

比如，公司内部存在以下两个接口测试工具：

- 接口测试工具 A：返回的测试集状态是完全正确、不正确、部分正确和无期望值。
- 接口测试工具 B：返回的测试集状态是成功、失败和跳过。

那么，当聚合一套标准的自动化接口测试通过率时，就很难统一两个工具的数据口径。这对于流水线工具执行而言，也不是大问题，即便是应用到质量门禁上也可以根据各自的工具需求整理质量指标。但是如果考虑到作为研发过程的统一数据源，就需要对非标准数据结构进行统一，比如以下数据示例：

```
"total":{
        "duration": "0",
        "pass": "0",
        "failures": "0",
        "total": "1",
        "skipped": "0",
        "passRatio":"0",
        "reportLink": "http://bamboo-reports.jd.com/release/20210729/
528599/reports/ut/"
    }
```

总而言之，CI/CD 域工具承载了统一研发数据仓库的使命，一个优秀的 CI/CD 域工具可以大大降低研发效能数据度量的建设成本。

6. 原则六：安全内建和高可用性

作为研发交付的主路径链路，各类安全工具的集成打通也是 DevSecOps 实践的重要关注点。首先，CI/CD 域工具的链路本身就是安全能力集成的最佳渠道，通过把安全工具沉淀为原子化能力，并串联在流水线中自动化执行，可以实现前置的安全检查能力。典型的包括源代码安全检查、镜像安全检查、接口安全检查等，以及针对移动 App 的安全扫描、加固和隐私合规检查等。这些能力或多或少都已经长期存在，只需要串联打通即可。

其次，CI/CD 域工具是典型的研发基础设施，重要性等同于水、电、网，一旦平台可用性出现问题，将直接影响软件的开发和交付过程。这么说并不夸张，因为自动化带来便利性的同时，也让一些手工艺"失传"。试想一下，公司内部是否还有人能够实现完全手动的发布上线，这不仅是对操作准确性的考验，而且在规模化时代，面对数以万计的线上服务，手工操作也是不现实的。因此，CI/CD 域工具的可用性保障要求可以类比业务上的零级系统，无论是可用性、监控告警，还是数据安全都需要专业团队支持。

另外，CI/CD 域工具背后的安全风险也无处不在，比如机器人账号可以访问公司内部所有的代码仓库。往小处说，账号不可用会导致所有代码下载失败；往大处说，如果这种账号没有被妥善管理，就会给公司内部的核心代码资产带来泄露风险，这种损失是不可挽回的。还有工具背后的执行集群往往都拥有免密登录生产环境的权限，如果有恶意代码注入 CI/CD 域工具中，则相当于直接给黑客开了后门，可以畅行无阻地侵入所有生产服务器及数据库。曾经某公司的生产集群被挖矿程序入侵，给公司带来了 300 万美元的损失，这都是忽视安全风险所带来的后果。

以上阐述了 CI/CD 域工具设计的六大核心思路，这些思路并非直接对应到功能点层面，而是试图从全局层面澄清 CI/CD 域工具在软件交付工具链中应该扮演的角色，并设定一些边界来定义该做什么和不该做什么。那么，究竟要如何开发一款符合以上通用原则的优秀工具呢？从业界的实现方案来看，大体可以分为三类：

- 方案一直接使用开源工具：典型的就是使用 Jenkins 集群，这种适合小团队，由于 Jenkins 的固有缺陷，这种方案难以满足大规模的使用要求。
- 方案二基于开源工具二次封装：目前这是公司自建工具的主流方式，无论是基于 Jenkins，还是云原生的解决方案 Tekton 等，核心都是复用底层的引擎调度能力，而把业务实现作为平台建设的重点。
- 方案三是完全自研或采用商业化解决方案：这两种模式都存在较高的成本，商业化工具大多采用通用建设模式，难以满足定制化需求，而完全自研则需要投入大量的研发成本，这类投资并不直接带来业务价值，也仅仅是大公司的常见方案。

如果一定要推荐的话，还是要结合公司现阶段的核心诉求和价值点。如果价值点主要在工具协同上，则可选方案一和方案二。如果价值点在信息协同上，则推荐方案二和方案三。如果希望做到组织协同，则可以基于方案二和方案三进行拓展。目前，业界在组织协同方面做得比较优秀的 CI/CD 域工具尚属空白，一方面是受到工具平台通用性抽象能力的约束，另一方面是由固有业务流程定制化和通用性的差异导致的。但假以时日，CI/CD 域工具迈向价值流管理平台一定会有优秀的解决方案，毕竟工程卓越和工具能力是软件交付矢志不渝的追求。

10.4.4　CI/CD 域工具的发展方向

最后，畅想一下 CI/CD 域工具后续的发展方向，在这个赛道中的玩家已经有了很多优秀的探索可供参考。

1. 趋势一：云原生化

云原生对于未来软件开发而言并非脑洞大开，而是确定性的未来。那么，为了支持云原生软件开发，软件交付基础设施自身同样需要完成云原生化的改造。针对这一点，无论是 Jenkins X，还是 Tekton 都已经围绕 Kubernetes 生态进行了大量的探索和实践，即便如此，在云原生时代的 CI/CD 引擎竞争还远没有抵达终点。

那么，云原生化仅仅是实现 CI/CD 域工具上云吗？答案显然是否定的，因为云原生下的研发模式自身就发生了巨大的转变。想象一下未来的软件交付可以先在 Cloud IDE 中完成编码，然后整个 CI/CD 流程都在后台调度云化资源自动化实现，研发人员完全不需要关心整个流水线的配置和实现过程，这将极大地释放开发者的能力。

而这并非只是想象，比如 Google 推出的 Skaffold，就已经可以实现编码完成后的自动同步、编译、镜像打包、上传和部署运行，并且这个过程可以支持完全的自定义，同 Kubernetes 生态无缝对接并且完全开源。另外，近期蚂蚁集团对外开源的 OpenSumi 提供了一套 Cloud IDE 基础框架，我们可以基于它定制满足自己场景的 Cloud IDE，提供云时代研发一站式工作台。可以说，云原生时代的"星辰大海"已经吸引足够多的"勇士"前往探索，虽然从工具到平台再到解决方案还需要一段时间，但可以说未来已近在眼前。

2. 趋势二：价值流交付管理平台

软件交付的过程并非简单的编码到上线的过程，事实上存在大量的多职能协同。CI/CD 域工具的眼光已经不仅仅局限于软件编码、交付的过程，而是逐步左移和右移，更加贴近业务视角。

想象一下，业务方提出一个需求之后，可以实时看到整个需求价值交付的完整过程，通过工作流、规则和自动化能力串联的工作流像一条真正的流水线一样，不断地将代码部署到线上，并且实时查看线上的数据反馈，从而影响需求后续迭代的方向和节奏。不仅如此，全链路的研发数据持续不断地汇总到数据中心，进行实时分析并识别效能瓶颈点，驱动效能改进。这是不是看起来很美好呢？其实这就是价值流交付平台要承载的作用。

从 Gartner 的报告中就可以看到，价值流交付和价值流管理已经进入技术趋势的上行空间，国内外各个大厂和初创公司都在这个领域开始发力。比如，国外的 Tasktop 公司已经推出了商用的价值流管理平台，结合价值流交付模型，可以从流动效率、流动负载、流动分布等多个维度来衡量价值流交付情况，从而实现研发交付和业务价值的关联。而在国内以近期开源的 FeatureProbe 为代表的特性管理平台，同样实现了以特性为单位，从需求管理到开发上线，一直到业务 A/B 实验层面的打通，可以实现发布和部署分离，快速控制特性交付，以及衡量业务量化价值等功能。

技术的发展变革永不停歇，我们同样可以期待 CI/CD 域工具领域的百花齐放，希望国内公司在这一波浪潮之中可以占得先机。

10.5　运维域工具

核心观点

- 运维域工具的价值包括提高效率，降低成本，保证可靠性，提升高可用和智能化水平。
- 运维域工具平台具备一定的通用性是首要原则。
- X-Ops 可以确保可靠性、可重用性和可重复性，并能减少实现自动化所需的技术和流程的重复建设。
- 运维域工具的发展有五大趋势，分别是云原生化、低代码化、移动端能力、开发和运维深度融合、运维服务化与智能化。

在云原生与研发效能的催生下，我们对运维域工具的要求也随之升高，目标是实现价值更加高效、低成本、稳定地交付。庆幸的是行业在运维域工具方面已经发展到一个较为成熟的阶段。本节通过介绍运维域工具带来的价值，直观地呈现给企业带来的收益；同时，介绍实现运维域工具的指导原则及技术架构，以指引企业构建工具链平台能力；还介绍了几个非常优秀的运维域工具案例及未来发展的两个方向，供大家学习与借鉴。

10.5.1　运维域工具概述

随着信息时代的迅速发展，尤其是互联网融入大众的生活，作为背后的 IT 服务支撑，运维角色发挥着越来越大的作用。传统依靠人工的运维方式已经无法满足业务的发展需求，需要从流程化、标准化、自动化等方面去构建运维体系，其中流程化与标准化是自动化的前提条件，自动化的最终目标是提高工作效率、释放人力资源、节约运营成本、提升业务服务质量等。我们该如何达成这个目标呢？其中，运维自动化工具的建设是最重要的途径，具体内容包括 DevOps&SRE 工具链、质量监控、部署变更、安全保障、故障处理、数据分析等领域。

10.5.2　运维域工具的价值

1）提高运维效率

当业务基础设施呈现一定规模化，且存在一定的复杂度时，人工运维模式已经不能完全胜任，会加大运维人员的投入工作量。因此，我们需要对重复性的运维操作进行分析、归类、抽象、组合，对实现特定操作目的的原子能力进行自动化实现，再对各类操作原子进行编排，以满足不同运维场景下的操作需求。同时，遵循运维的发布和变更流程规范，根据设定的规则与预期批量自动化执行运维操作，将运维人员从复杂、烦琐的传统运维工作中释放出来。

2）降低运营成本

运维域工具链贯穿运维全生命周期，实现了自动化，提升了运维效率，释放了大量人工操作，运维人力不再随着基础设施或业务的成倍增加而增加。同时，通过合理的资源规划与容量管理的能力设计，让资源利用率处于一个合理的水位。综合评估，运维域工具在一定程度上也降低了企业的 IT 运营成本。

3）高可用性保障

运维域工具具备一定的发现问题、分析问题、解决问题的能力，通过对服务的熔断、降级、弹性伸缩、故障自愈等能力，使服务更具健壮性与韧性，即使发生故障，也能实现在线服务快速止损，减少业务停机时间，降低企业的经济损失，提升客户体验。

4）更具可靠性

通过运维域工具的建设，可以将常见运维事件封装，以特定工作目的实施任务编排，并规范有序地执行，最后对执行结果进行有效验证，这可以明显提高现网变更的可靠性，减轻运维人员烦琐的手动任务，出现异常时也能够快速进行回滚，同时也减轻了运维人员的心理负担。

5）提升智能化水平

利用数据能力驱动运维智能化水平，是下一代运维域工具需要考虑的方向，即引入业务全链路可观测性，采集在线业务不同层级的运营数据，覆盖不限于基础指标、业务指标、服务日志、链路追踪、操作事件等方面并进行有效关联，同时采用 DataOps 与 AIOps 等技术实现数据有效分析与预测，协助运维人员实施异常检测、根因分析、故障预测、告警自愈等，通过智能化的技术赋能运维。

10.5.3　运维域工具的实现

1）工具平台建设原则

运维域工具平台具备一定的通用性是首要原则，即不受限于任何行业，同时能满足不同体量的业务环境，构建不依赖任何业务环境的自动化运维工具平台，能够支持众多在非互联网行业的落地，如金融、政府、证券、地产、电网等。因此，在流程设计上必须支持定制化，在资源与业务的管理上要满足私有与共有基础设施环境，操作对象要支持原子化定义与编排，支持云原生环境交付一体化能力，具体完备的智能化质量保障能力等。

2）工具平台建设框架

图 10.5.1 是比较典型的四层运维域平台架构。

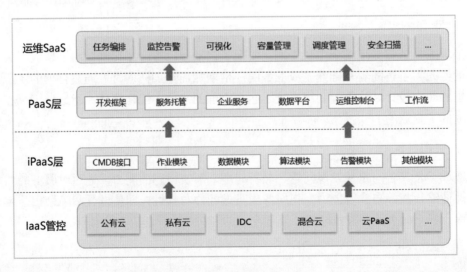

图 10.5.1　典型运维域平台架构

（1）IaaS 管控：首先，被管控的 IaaS 层涵盖企业在不同发展阶段所建立起来的资源架构，为上游服务提供基础设施能力，如公有云、私有云、混合云、IDC 等。其次，除了硬件设备，基础设施的范畴也在慢慢延伸到基础 PaaS 组件领域，常见的包括云 DB、云负载均衡、云存储、云安全、云客服等，大幅降低企业在这些领域的投入成本。

（2）iPaaS 层：主要为上层 PaaS 的通用运维场景提供能力封装，集成运维域所需的企业内部的各类公共平台、接口、数据及模块，形成服务总线，常见的有 CMDB 接口、作业模块、数据模块、告警模块等。比较常见的是，集成企业登录认证服务，配合业务敏感权限功能，实现对不同人员的业务访问隔离及权限控制。另外，通过集成企业内部资源管控、告警、消息通知等模块，帮助运维人员提升低成本开发与具有调用总线的能力，这样当异常发生时，可快速实现告警并通知到主要负责人。

（3）PaaS 层：主要是基于服务总线，为构建运维场景化的 SaaS 提供应用开发、部署、运行与管理环境，比如提供开发框架、服务托管、数据平台、控制台等能力。一般是通过构建一个开发者环境，给运维人员提供开发语言框架，包括前端、后台、数据库、集成总线的访问调用。同时，其覆盖运维开发的 DevOps 全生命周期，覆盖开发、测试、构建、编译、发布、运营环境的全托管，帮助传统运维向 SRE 工程快速转型，提升业务的整体自动化运维水平。

（4）运维 SaaS：直接面向一线运维人员的功能与应用，是基于 PaaS 层构建的 SaaS，常见的有任务编排、监控告警、容量管理、调度管理、运营可视化等应用，这也是运维开发最终交付的成品。运维或 SRE 非常清楚日常运维工作中面临的痛点与难点，通过将大量时间投入研发与工程化解决运维实际工作问题，大幅减少无谓的人工投入与烦琐事务，降低企业运营成本，不断提升运维服务的专业度，助力业务成功。

10.5.4　X-Ops 文化的起源与盘点

自从 2009 年 DevOps 诞生以来，各种 Ops（运维域）体系也应运而生，其中 X-Ops 被列为 Gartner 的《2021 年十大数据和分析趋势》之一。该报告还表示，X-Ops 计划使用 DevOps 最佳实践来实现规模经济。X-Ops 可以确保可靠性、可重用性和可重复性，并能减少实现自动化所需的技术和流程的重复建设。目前，X-Ops 已成为定义 IT 学科组合的总称，行业中已经被广泛认知的有 DevOps、DataOps、AIOps、MLOps、GitOps、CloudOps 等。

DevOps 是一种软件开发方法，允许团队管理从开发、测试到部署、监控的应用程序开发流水线。它旨在减少任何系统开发生命周期的持续时间，同时满足业务需求。它由持续开发、持续集成、持续测试、持续部署、持续监控等各个阶段组成。

DataOps 是一套提高数据分析质量和缩短周期时间的实践。DataOps 的主要任务包括数据标记、数据测试、数据流水线编排、数据版本控制和数据监控。数据分析和大数据团队是 DataOps 的主要运营方，任何产生和使用数据的人都应该采用良好的 DataOps 实践，包括数据分析师、BI 分析师、数据科学家、数据工程师，有时还包括软件工程师。

AIOps 是将分析和机器学习应用于大数据以自动化改进 IT 运维的实践，可以通过人工智能自动分析大量网络和利用机器数据识别现有问题的根因，也可以预测和预防未来的问题。AIOps 一词是 Gartner 在 2016 年创造的，Gartner 将 AIOps 平台描述为"结合大数据和人工智能（AI）或机器学习功能的软件系统，以增强和部分替代广泛的 IT 运维流程和任务，包括可用性和性能监控、事件关联和分析、IT 服务管理和自动化"。

MLOps 是一门工程学科，旨在统一机器学习系统开发（dev）和机器学习系统部署（ops），以标准化过程生产高性能模型的持续交付。它是一个涵盖性的术语，涉及组合的各种方法，如 DevOps、机器学习和数据处理，即可以简化和构建更有效的部署机器学习算法的方法。MLOps 包含大多数 DataOps 任务和其他特定于 ML 的任务，如模型版本控制、测试、验证、监控等。

GitOps 是使用 Git（开源版本控制系统）管理基础设施和应用系统的实践。开源的领导者红帽表示，GitOps 使用 Git 拉取请求来自动管理基础设施配置和部署，Git 存储库带有系统的整个状态，这样可以轻松查看对系统所做的所有更改，并在需要时进一步处理它们。

CloudOps 是指管理及优化云中的 IT 运营。它涉及云端不同方向的工作，如云架构、软件开发、安全性及合规性，目标是提高业务在云环境中的高可靠性和保障用户体验。

10.5.5　行业主流运维域工具盘点

这里我们从两个维度来对运维域工具进行盘点：一是介绍业界典型的一体化工具体系，二是从运维域工具应该覆盖的能力体系展开介绍。

1. 业界典型运维域一体化工具

1）腾讯的蓝鲸智云

蓝鲸智云，简称蓝鲸，是腾讯互动娱乐事业群（Interactive Entertainment Group，IEG）自研、自用的一套用于构建企业研发运营一体化体系的 PaaS 开发框架，提供了 aPaaS（DevOps 流水线、运行环境托管、前后台框架）和 iPaaS（持续集成、CMDB、作业平台、容器管理、计算平台、AI 等原子平台）等模块，可以帮助企业技术人员快速构建基础运营 PaaS。

传统的 Linux 等单机操作系统已发展数十年，随着云时代的到来，企业所需资源数暴增，操作节点（物理或虚拟服务器及容器）数量普遍达到数千个，大型互联网公司甚至达到百万级别，混合云模式成为常态。虽然 IaaS 供应商的出现从一定程度上解决了资源切割调度问题，但并未很好地解决资源与应用的融合，企业需要一种介于 IaaS 与 SaaS 之间的层级来屏蔽及控制 IaaS，并快速开发及托管 SaaS，我们将其称之为基础 PaaS 层。另外，着重发展用于研发及托管企业内技术运营类 SaaS 的基础运营 PaaS，并将其作为区别于传统 OS 的下一代企业级分布式运营操作系统。

2）阿里巴巴的 SREWorks

SREWorks 是阿里云大数据 SRE 团队云原生运维（O&M）平台诞生于内部近十年的业务

实践，秉承"数据智能"的运维思维，帮助运维领域的更多从业者做好高效运维工作。

谷歌在 2003 年提出了 SRE（Site Reliability Engineering）。它由一群软件工程师和系统管理员组成，他们非常看重运维人员的开发技能，迫使其将不到一半的时间投入到日常任务中，其他的用于创建自动化技术，以减少对劳动力的需求。

SREWorks 专注于以应用为中心的一站式"云原生"和"数据智能"运维 SaaS 管理思想，使企业能够通过应用和资源管理与运维开发两个主要能力来实现云原生应用和资源的交付与维护。

阿里云大数据 SRE 团队一直努力践行"数据智能"的运维理念，率先提出的 DataOps（数据运维）贴近大数据和 AI，并拥有按需提供的大数据和 AI 算力资源。DataOps 标准运维仓库、数据运维平台和运营中心都是 SREWorks 端到端的 DataOps 闭环工程方法。

在传统的 IT 运维领域中，有很多优秀的开源运维平台体现了云原生的场景，但目前还没有系统化的运维解决方案。随着云原生时代的兴起，阿里云大数据 SRE 团队已开源 SREWorks，希望为运维工程师提供开箱即用的体验。

2. 运维域常用工具

运维域工具的能力主要涉及日志、监控、分布式跟踪、故障排查、脚本平台、工单系统等，下面对各种能力的常用工具做一下介绍和梳理。

1）日志

Splunk 长期以来一直是日志聚合的领跑者，借助于本地和 SaaS 产品可以在任何地方使用。它的主要缺点是运行成本很高，主要优势如下：

- 行业标准：很多企业喜欢使用 Splunk，也有资金来支付费用。虽然初创企业可能难以承担其成本，但其许多概念和技能可以被转移到开源替代方案中。
- 可支持性：它具有许多默认设置和即用型功能，我们不必花费大量时间阅读文档并尝试使用一些没有明确说明的内容。

其主要竞争对手是 ELKStack 的 ElasticSearch、LogStash 和 Kibana，它们似乎很受欢迎，因为不收取使用费用，但随着日志集的增加及工具中的应用程序越来越多，会变得更加难以维护。与使用 Splunk 相比，在构建任何类型的仪表板之前，你需要花更多的时间来设置工具。

2）监控

New Relic 是一套完整的监控工具，可以监控服务器性能、容器性能、数据库性能，进行 APM 监控及最终用户体验的监控。其主要优势如下：

- 易于使用：在担任系统工程师的时候，笔者曾使用过许多监控工具，但都不如 New Relic 易于使用。它是一种软件服务（SaaS），无须设置服务器组件，十分便捷。
- 端到端可见性：其他工具都是试图监控应用程序的某个特定方面，比如通过检测应用的 CPU 利用率及网络流量来观测应用程序运行是否正常，而 New Relic 能够让你整合所有数据，真实了解正在发生的事情。

常用的监控工具还有 Zabbix 和 DataDog 等。Zabbix 可以很好地监控传统的服务器基础结构，但是不能支持云原生版本。DataDog 侧重于管理生产应用程序的过程，而忽略代码本身，在有开发人员参与生产的开发运维团队中，无须依靠烦琐的工具来提供顶级支持。

另外，Prometheus 也是目前这个领域的主流工具。Prometheus 是一套开源的监控、报警和时间序列数据库的组合，适用于记录文本格式的时间序列，既适用于以机器为中心的监控，也适用于高度动态的面向服务架构的监控。在微服务的世界中，它对多维数据收集和查询的支持有特殊优势。Prometheus 是专为提高系统可靠性而设计的，它可以在断电期间快速诊断问题，每个 Prometheus Server 都是相互独立的，不依赖于网络存储或其他远程服务。当基础架构出现故障时，你可以通过 Prometheus 快速定位故障点，而且不会消耗大量的基础架构资源，通常情况下 Prometheus 和 Grafana 一起使用。

3）分布式跟踪与故障排查

随着 SOA、微服务架构及 PaaS、DevOps 等技术的兴起，对线上问题的追踪和排查变得更加困难，对线上业务的可观测性得到了越来越多企业的重视，由此涌现出了许多优秀的链路追踪及服务监控中间件。比较流行的有 Spring Cloud 全家桶自带的 Zipkin，大众点评的 CAT，华为的 SkyWalking，Uber 的 Jaeger，Naver 的 Pinpoint。

在可观测性领域发展最为迅猛的是 OpenTelemetry，其是一款数据收集中间件。我们可以使用它来生成、收集和导出监测数据，这些数据可支持 OpenTelemetry 中间件的存储、查询和显示，用以实现数据观测、性能分析、系统监控、服务告警等能力。

OpenTelemetry 项目开始于 2019 年，旨在提供基于云环境的可观测性软件的标准化方案，提供与三方无关的监控服务体系。目前，项目已获得了 Zipkin、Jaeger、SkyWalking、Prometheus 等众多知名中间件的支持。

4）脚本工具

面对成百上千台机器，批量地执行某些命令和升级某些服务需要有高效的脚本类工具的支持，如 Saltstack、Puppet 和 Ansible 都是这个领域的主要工具。

Saltstack 使用 Python 开发，是一款非常简单易用和轻量级的管理工具。其采用 C/S 架构，由 Master 和 Minion 构成，通过 ZeroMQ 进行通信。Saltstack 的 master 端监听 4505 与 4506 端口，4505 为 salt 的消息发布系统，4506 为 salt 客户端与服务端通信的端口；salt 客户端程序不监听端口，客户端启动后会先主动连接 master 端注册，然后一直保持该 TCP 连接，master 通过这条 TCP 连接对客户端控制。

Puppet 是开源的基于 Ruby 的系统配置管理工具，基于 C/S 的部署架构，是一个为实现数据中心自动化管理而设计的配置管理软件，使用跨平台语言规范管理配置文件、用户、软件包、系统服务等。客户端默认每隔半小时会和服务器通信一次，确认是否有更新，当然也可以通过配置主动触发来强制客户端更新。这样就把日常的系统管理任务代码化了，代码化的好处是可以分享和保存，避免重复劳动，也可以快速恢复及快速大规模地部署服务器。

Ansible 是一款由 RedHat 赞助的开源软件，使用 Python 开发，解决在运维过程中多机器管理的问题。当只有一台机器时，运维比较简单，但如果要管理成千上万台机器，运维的复杂度就上升了，使用 Ansible 可以让运维人员通过简单直观的文本配置对所有纳入管理的机器统一管理。如果再用更简单的话概述 Ansible，就是定义一次，执行无数次。

5）工单系统

工单系统是指用于记录、处理、跟踪一项工作完成情况的系统，被用作运维工程师的工作流引擎，在一些大中型企业中往往是定制开发。在开源领域中，Ferry 是集工单统计、任务钩子、权限管理、灵活配置流程与模板等于一身的工单系统。

10.5.6　运维域工具的发展方向

随着行业的不断发展，运维域工具也在不断演变，演变基点来源于两个方向：一个是云原生技术的日趋成熟；另一个是开发模式的改变。

1）趋势一：云原生化

云原生化对运维域工具的发展影响甚远，尤其是基础设施从传统 IDC 往云厂商的迁移，同时呈现多云及混合云的形态，包括对资源的申请、购买、编排交付、成本管理、容量管理等，会与云厂商提供的标准化接口做对接，运营标准化与交付效率大幅提升。业务版本的发布与变更管理会极力融入 DevOps 工具链中，运维域工具也会积极往 SRE 工具链方向做增强，比如 SLI 指标的定制、采集、可视化与告警；SLO 目标管理、OnCall 机制会作为工具链路的核心能力来建设；对业务全生命周期进行抽象、编排、批处理形成自动化操作流水线，与云原生环境无缝对接，构建云环境的发布与变更策略、监控告警、容量预警、故障自愈等能力；同时利用大数据与人工智能技术，提升业务运营的智能化水平，比如 DataOps、AIOps 等能力的集成。

2）趋势二：低代码化

针对运维域工具的研发与集成，也会逐步从全代码往低代码与无代码方向进行演变，通过自动化工作流进行串联，低代码的工作流编排机制也是沉淀运维能力非常好的一个"抓手"，大大降低了运维域工具的交付周期与成本。对于传统运维工程师转型 SRE，这样的开发模式非常适用，最大优势是将积累多年的运维经验快速转化，贴近业务并理解业务，有利于构建满足业务日常运营支撑所需的工具平台能力，对中小型企业也是一种不错的技术栈选型。

3）移动端能力

办公移动化也是运维域工具发展的一个趋势，尤其是疫情期间的居家办公、出差旅行，以及非工作日及工作日期间，都要求运维具备应对故障事件的快速响应、即时分析、辅助定位、解决与验证等能力，并且在移动端集成与应用将成为运维工程师的标配。同时，办公移动化也会慢慢拓展到日常且高频的功能模块，常见的有移动端运维流程审批、触发已编排好的作业任务、实施业务版本的发布与变更、例行化的服务巡检、运维事件管理与反馈，等等。

4）开发和运维深度融合

开发和运维的融合趋势越来越明显，尤其是业务运维能力的融合。近几年，随着技术的发展，以及自动化运维、自动化部署、自动化测试的兴起，特别是 DevOps 概念的提出，运维和开发融合的趋势越来越明显，又开始了开发即运维的轮回，但这次不同的是，机器替代了"人肉"运维。随着开发和运维之间的"部门墙"被打破，研发团队的整体能力和效率都有了显著的提升。

5）运维服务化与智能化

运维已经从以前提供服务的角色中走了出来，通过工具化能力的沉淀逐渐迈向了产品化，而在今天，运维的产品化能力正在向服务化和智能化升级。"Everything as a Service"的概念正在运维领域落地，并且伴随着海量数据与算法能力的提升，运维会变得高度自动化和智能化。

10.6　移动研发平台

核心观点

- 移动研发平台的目标是加速端到端研发交付效率，辅助增强 App 线上品质，降低代码开发成本。
- 从用户场景出发，移动研发平台建设的 6 个方向：移动研发、质量、应用性能监控、低代码、Web 研发、项目管理。
- 移动研发平台未来的三大发展方向：云 IDE 化、跨端开发、测试左移。

10.6.1　移动研发平台概述

近年来，随着移动互联网和物联网技术的不断发展，手机、平板、智能手表、大屏等各种终端设备呈爆发式涌现，多端应用开发的场景不断增加。根据极光数据显示，2021 年 12 月中国全网月活跃用户规模达到 11.68 亿，移动互联网用户人均安装的 App 数达到 65 个，人均每日使用时长高达 5.1 小时，假设平均每天每人睡觉 8 小时，则意味着 5.1/（24-8）= 32%，平均每人每天 1/3 的时间都在使用 App。

App 是用户日常接触企业业务最重要的入口，如何提升 App 的开发质量和效率成为当前大多数企业必须要面对的挑战，因此面向移动开发场景的应用开发工具——移动研发平台应运而生。

10.6.2　移动研发平台的价值

1. 常见问题

在日常的软件交付过程中，也许你或多或少都碰到过类似的问题。

研发人力不足，需求还有人力进行开发吗？（基本没有哪个团队说自己的人力是足够的，总是有开发不完的需求，如何能做到低成本开发需求？）

App 上线周期太长，能不能快点，再快点？

线上的体验等问题上报太迟，能不能提前发现和告警？

App 线上的问题能不能实时修复？

需求能不能不跟着版本走，想发就发？

App 越用越卡，性能越来越差，怎么解决？

App/网站上线缺陷太多，能不能好好测试？

日常研发过程中的问题很多，总结起来主要涉及三个方面：更短的时间、更低的成本和更高的质量来实现业务，这恰恰是项目管理的"不可能三角"。从传统意义上来看，时间、成本、质量不能兼得，要么为了更短的时间，增加成本或者牺牲质量；要么为了更高的质量，增加交付时间和研发成本；要么为了降低研发成本，增加交付时间，降低交付质量。

2. 平台目标

移动研发平台的目标是提供更便捷的开发框架，让更多环节自动化，加速交付效率，降低开发成本。目前，原生的 Native 框架主要有 Google 的 Android 和 Apple 公司的 iOS 两个平台。虽然两个平台基于自身开发者生态都提供了一整套的开发语言、框架、IDE 等，但还是有很多场景不在两大平台的范畴内或者至少不在主路径上。比如，如何实现动态化？如何实现跨平台？如何实现热修复？这些场景都会让 App 的变更脱离 Google 和 Apple 应用商店对 App 的审核和控制，但又都是各个企业在业务发展过程中所必需的功能。为方便研发人员在任何业务场景下都能便捷开发，平台需要在此基础上做到如下三点。

1）加速端到端研发交付效率

对于单 App，尤其是由数以千计开发者并行协作开发的大体量 App（如抖音、Tiktok 等），必须要能做到快速代码集成发布，而一条覆盖开发过程全场景的持续交付流水线，可以让代码集成和交付自动化，让研发人员专注编码。以字节跳动的移动研发平台 MARS（全称为多端移动研发平台）为例，流水线上集成的工具如下：

（1）超过五十项的自动化检测工具，如构建前的资源检测、部门组件规范检测、静态代码检测等。

（2）面向不同场景的构建包工具，如 debug 包、release 包、基准包等。

（3）针对特殊场景的专项检测工具，如插件检测、插件包构建、隐私合规检测、安全检测、包大小检测、依赖检测、稳定性检测等。

（4）自动化测试工具，如 crash 检测、精准自动化、自动化测试等。

（5）CodeReview 工具。

（6）发布工具，需实现发布前的 Launch Review、全量的兼容性/稳定性测试、回归测试及多轮灰度策略。

2）辅助增强 App 线上品质

研发平台还需要提供让 App 本身品质更好的技术和能力，比如：

（1）高性能框架，如 lynx/flutter 等，这样才能突破性能极限，缩短页面响应时长。

（2）自动化线上监控工具，覆盖性能、稳定性、兼容性、网络等 App 质量的全场景。

（3）数字体验监测，可以通过对用户行为的监测来获取和识别性能、稳定性等用户体验问题，帮助开发者快速定位并改进提升用户体验。

3）降低代码开发成本

研发平台最好还可以提供更丰富的开发组件和搭建平台的能力，进一步简化研发过程，包括：

（1）丰富的通用组件：平台能提供丰富的基础组件，涉及基础库、容器化、动画库、网络库、图片库、页面埋点、监控、路由、日志、压缩、JSON 解析、持久化缓存、账号、通信、二维码、文件、视频播放、WebView 等各种场景，让开发者快速获取业务开发的基础能力。

（2）业务平台搭建工具：业务组件及可视化的搭建能力能实现少写代码，甚至不写代码即可实现业务搭建。

10.6.3　移动研发平台的实现

下面以字节跳动的 MARS（Multi-experience App Realization Stack）为例，介绍移动研发平台的主要实现，希望能让大家看到一个系统性的全貌。

1. MARS 案例简介

字节跳动成立的 9 年时间里，一方面诞生了多款国民级 App，用户量级呈爆发式增长；另一方面业务范畴越来越广泛，覆盖短视频、直播、电商、资讯、小说、游戏等多种业务形态，App 数量达到 200 个以上。用户量级的高速增长及业务广度的不断拓展，给应用研发体系带来了巨大的挑战。首先，业务复杂度越来越高，且业务场景差异大，造成了研发人力不足、应用上线周期长、App 缺陷多、性能差、研发效能低等问题。其次，庞大的用户基数对产品质量、交付敏捷性、交付品质、交付时间等都提出了更高要求。在这样的背景下，字节跳动孵化出面向多端开发场景的应用开发套件——MARS。

MARS 全景图如图 10.6.1 所示，从研发流程的角度，MARS 能够覆盖项目管理、设计、需求开发、测试、运维监控等研发全链路。

图 10.6.1　MARS 全景图

接下来，以 MARS 为例，从用户场景出发介绍移动研发平台可以建设的六个方向：

- 移动研发：面向移动端开发人员。

- 多端质量：面向测试人员和开发人员。
- 应用性能监控：面向研发人员和运维人员。
- 低代码：面向产品经理、产品设计师和运营人员。
- Web 研发：面向前端开发人员、服务端开发人员和全栈开发人员。
- 项目管理：面向产品经理和项目经理。

2. 移动研发

图 10.6.2 所示是移动研发解决方案的完整实现，其中有三个关键点。

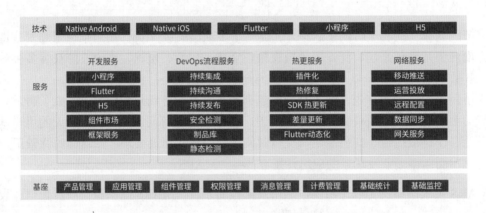

图 10.6.2　MARS 移动研发方案

1）研发体系

作为字节跳动快速生产 App 背后的秘密武器，MARS 能对研发流程进行小时粒度的计划和精细化管理，精确管理每一个 App 每一个版本的时间节点。版本的需求规划、设计、开发、测试、回归、灰度、发布等，都能按预定时间和目标进行交付，在节奏和效率上能够与制造业精细化管理的工厂车间相媲美。以抖音为例，2022 年 1 月，版本经理就已经把 2022 年 12 月的版本计划制订好了。相对于业界通常一到两个月一个正式版本的发布节奏，字节跳动已经将周粒度的正式版本发布常态化。抖音、今日头条每周正式上架一个新版本，从不间断。

2）热更新框架

相对于服务端想发版就发版的场景，如何让移动端 App 也能更快速地上线，让业务第一时间触达用户，一直是移动端研发人员想要解决的问题。插件化就是解决这一问题的利器，将业务功能独立成一个个插件进行动态下发，比如今日头条里的小说、汽车等板块。2016 年 Google 曾做过一个统计调查，一个 App 的安装包大小每增加 6MB，新增用户的转化率就会下降 1%。当一个应用的安装包达到 100MB 量级时，新增用户转化率呈断崖式下降。MARS 通过插件化的方式把今日头条的包体积由 120MB 压缩到极速版的 15MB，有效提升了用户转化率，这套能力被集成到 MARS，并开放给所有开发者。

好的热更新框架需要具备以下三个特点：

- 热修复能力：面向线上业务的应急修复框架，实现快速修复和热更新。
- 插件能力：实现业务模块粒度的动态化，将代码、资源、组件的整体应用包进行实时动态下发。
- SDK 热更新能力：实现 SDK 粒度的更新下发。

3）支持 Flutter 框架

移动端开发绕不开的一个话题是，如何快速实现一次开发，多端运行？作为业界首款全面支持 Flutter 的开发平台，MARS 在 Flutter 框架、组件、开发者工具、开发流程、测试、监控等场景上提供了全面的支持。以 Flutter 框架为例，我们做过一个测试，字节跳动的 Flutter 优化版本比开源社区版本的首帧耗时降低了 35%。在跨多端场景下，Flutter 极大地降低了开发的人力成本。

好的 Flutter 框架需要具备以下三个特点：

- 快速构建能力：Flutter 代码要可编译为 ARM 64、x86 和 JavaScript 代码，确保有原生平台的性能。
- 多平台能力：一次开发一套代码库，即可构建、测试和发布适用于 Android、iOS、Web、桌面和嵌入式平台的应用。
- 良好的开发体验：在工程中，可以使用插件、自动化测试、开发者工具，以及任何可以用来帮助构建高质量应用的工具。

研发流程实现的关键点：

如图 10.6.3 所示，与服务端不同，终端的研发流程设计尤其重要和复杂，其必须面向大规模复杂项目提供多仓库联动合并功能。此处，重点需要掌握如下两个核心概念，再结合业务特点进行针对性的设计。

（1）Pipeline：图 10.6.4 所示为移动研发流水线示意图。

通常，线性连续发生的自动化事件，我们会建议使用 Pipeline 的设计方式。在移动端研发过程中，面向一次代码提交，通过编排一套可靠的 Pipeline 检测流程来发现这次代码提交的问题。

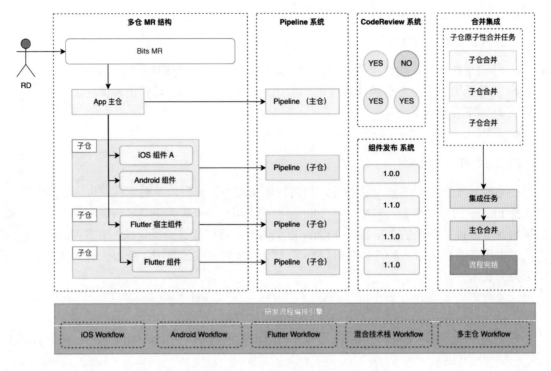

图 10.6.3　移动研发流程设计

图 10.6.4　移动研发流水线示意图

（2）Workflow：图 10.6.5 所示为移动研发流示意图。

图 10.6.5　移动研发工作流示意图

通常，非线性且需要多人协同的事件，我们会建议使用 Workflow 的设计方式。在研发过程中，面向一次代码提交流程要完成诸多事件，如代码评审事件通过、安全审核通过、人工测试通过、自动测试通过、版本管理员确认等。比如，一个需求从产出到上线，中间涉及产品经理、研发人员、测试人员等各个角色的事件需要确认。

3. 多端质量

图 10.6.6 所示是多端质量保障的完整解决方案。

图 10.6.6　MARS 多端质量方案

（1）智能探索：常见的 Monkey 工具需要跑很长时间才能做到对页面场景的覆盖，但单次需求改动又比较小，导致大量的时间浪费和机器占用。MARS 自研的 Fastbot 能基于历史访问 UI 链路，自动寻找到对应的页面，并基于代码分析圈定影响域进而发起关联功能的测试，有效提升测试效率。在字节跳动的双月任务执行数超过 10 000 次，发现异常超过 50 000 个。

（2）UI 自动化：UI 自动化在字节跳动被大量应用在有埋点场景的自动化测试中。比如，在今日头条的 feed 流基础业务中，埋点测试已经 100%覆盖，完全替代了人工测试；抖音商业化的埋点自动化校验，一个双月发现 38 个问题，召回率为 100%，零漏测，有效降低了 QA 的人力成本。

4. 应用性能监控

如图 10.6.7 所示，在 App 监控、Web、服务端监控、Flutter、Hybrid、小程序、手游、OS、PC 等场景中，应用监控需要具备以下三点。

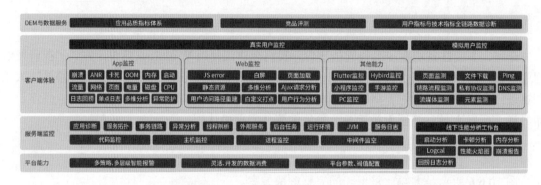

图 10.6.7　MARS 应用性能监控方案

（1）低成本接入：一方面提供了无侵入式的 SDK，另一方面可以根据接入和使用的功能按模块接入，不同的功能还提供了开关配置。

（2）安全可靠：提供了安全气垫和防卡死保护机制，确保业务即使在极端异常情况下发生了 Crash 和卡死，也能正常运行。

（3）技术领先：在字节跳动，即使采用抽样采集的方式，每天上报的数据仍然有千亿条。在处理海量数据时，碰到过各种复杂性的分析场景，磨炼出了领先的技术能力，比如 ANR 时序图、异常现场还原技术、自回溯算法等，还有行业首创的基于 Memory Graph 的 OOM 分析能力。基于此技术，抖音和今日头条的 OOM 率降低了 50%以上。

5. 低代码

如图 10.6.8 所示，是低代码解决方案的完整实现。

低代码的应用场景非常广泛，官网页面搭建、H5 搭建、中后台搭建、后端建模等，都可以使用低代码的方式进行搭建。MARS 低代码还提供模板市场，让非技术背景的人员可以完全不需要编码，将平台已有的模板初始化后开箱即用。市面上的低代码工具一般都有一套自己特有的代码生成和执行逻辑，生成的代码和原生标准前端方案有较大差异，不能进行后续的人工开发和维护，也就意味着如果想人工介入，就需要抛弃现有的方案重新开发，同时标准开发的组件无法接入低代码平台。在低代码解决方案中，MARS 提供了三种能力：

图 10.6.8　MARS 低代码方案

（1）与标准前端方案紧密结合，能进行已有组件的快速导入、快速二次开发部署等，性能体验和原生无异。

（2）灵活开放的接入能力，可以基于 SDK+OpenAPI 对编辑器进行扩展，能较好地和已有系统平台对接。

（3）一站式的完整建站能力能够一站式实现后端搭建、前端编排等。

6. Web 研发

如图 10.6.9 所示，是 Web 解决方案的完整实现，其中有三种核心能力。

图 10.6.9　MARS Web 研发方案

（1）工程方案一体化：一般前端开发者都有不同的工程结构、框架、开发语言、开发范式，而 MARS Web 研发解决方案可以支持各种工程方案的导入，并能实现工程、构建、测试环境、发布环境等初始化的全自动。

（2）研发链路闭环：相比传统的流水线，MARS 更进一步，能够实现需求任务的创建、工程搭建、编码、编译、测试环境部署、沙箱预览、代码评审、集成、小流量灰度、正式发布的全过程闭环，实现真正意义上的浸入式开发。

（3）Serverless 部署：能支持 Web、Node、Electron、离线包等各种业务场景，同时有比较好的性能实践。以今日头条 M 站业务为例，峰值为 13000 qps，冷启动时间为 15ms，成功率为 100%。

7. 项目管理

图 10.6.10 所示是项目管理解决方案的完整实现，和传统项目管理工具类似，MARS 的解决思路也是"管理+协作+效能"。

图 10.6.10　项目管理方案

（1）管理：管理好产品、需求、任务、缺陷、迭代、物料。

（2）协作：项目进度协作、团队任务协作、研发流程协作。

（3）效能：提供燃尽图、人力甘特图、交付效率度量等辅助工具，提升项目管理的工作效率。

10.6.4　移动研发平台的发展方向

最后，我们畅想一下若干年后开发方式及移动研发平台的演进方向。

1）趋势一：云 IDE 化

随着网络带宽等 IT 基础设施的不断完善，在远端操作的体验、延迟等可以逐步赶上甚至超过本地电脑终端。在不远的将来我们可以做到：

（1）提供面向移动端开发场景开箱即用的容器化开发环境：无须本地预安装各种 IDE、SDK，无须进行各种复杂的环境配置和初始化工作。

（2）无限的云上开发资源：工程编译无须依赖本地硬件设备，即使工程规模再大，也可以利用云上的机器资源通过分布式编译技术实现秒级编译。

（3）全沉浸式开发：all in Cloud IDE，可以通过云 IDE 完成 App 开发的所有工作，如编码、编译、调试、真机适配、多人协作、CI/CD 等。日常开发无须切换不同工具平台的上下文。

2）趋势二：跨端开发

随着 IOT、VR、CR 等技术的持续发展，移动设备、可穿戴设备的种类愈发多样化，App 开发的适配挑战难度越来越大，如何更好地跨端开发将会是面临的一大挑战。当前，在跨端场景下，已经有一些认可度比较高的框架，如 React Native、Weex、Flutter 等，但还是有较多的适配成本和开发场景的局限性。在不远的将来我们也许能够实现：一种开发语言、一个云 IDE、一套开发框架，即可完成所有设备的 App 开发工作。

3）趋势三：测试左移

越来越多的开发者和企业已经认识到，在开发完成后进行测试和质量保障是低效的，超过 85% 的缺陷是在编码阶段引入的，但是发现问题还比较依赖于功能测试和集成测试，问题发现得越晚，解决问题的成本越高。

未来一定会产生越来越多的自动化测试工具来及时发现甚至自动修复问题，比如：

（1）代码漏洞扫描及自动修复。
（2）合规自动化测试。
（3）应用程序安全测试。
（4）UI 自动化测试。
（5）接口自动化测试。
（6）精准测试。

10.7　一体化协同平台

核心观点

- 单点工具的串联无法有效解决研效痛点问题，企业需要通过一体化协同平台提高端到端价值流动效率。
- 一体化协同平台的价值是软件工程理念最大化落地、数字化研发管理、沉浸式研发体验。

- 一体化协同平台集成需要评估闭环效率杠杆，确定集成边界和集成深度。
- BizOps 和 FinOps 的出现，代表一体化协同趋势正在回归"生产本质"，创造价值。

10.7.1　一体化协同平台概述

1. "妥协式"研效治理

目前，越来越多的企业选择通过数字化转型应对市场的不确定性。软件作为数字化的直接载体，软件研发效能治理（简称为研效治理）成为企业数字化转型的关键，企业期望通过引进优秀的研效文化、方法论、技术，重塑组织职能边界，优化分工效率；通过创新软件研发流程，面向"价值"协同；通过引进自动化工具链，优化价值流转效率。

然而，市场竞争是残酷的，软件研发治理也一直在进行，开展新的软件研效治理不得不向"业务连续性"和"IT 固有资产妥协"，研效治理变为"妥协式"研效治理，落地效果大打折扣，如图 10.7.1 所示。

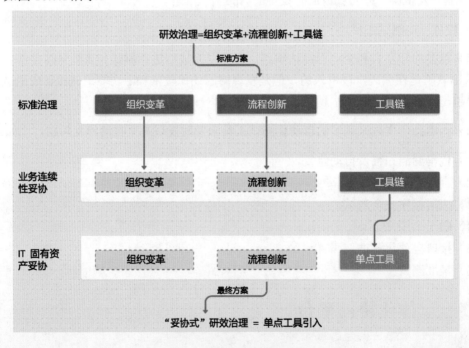

图 10.7.1　"妥协式"研发效能治理

1）业务连续性妥协

大多数企业都缺乏渐进式研效治理的经验，如何小规模试点，从边缘业务向核心业务推进，是摆在企业面前的难题。为了保障业务的连续性，不对现有组织结构和业务流程造成影响，在软件研效治理的过程中，往往会牺牲"组织变革"和"流程创新"。

2）IT 固有资产妥协

研效治理对企业来说是贯穿"整个生命周期"的使命，为了保障自动化需求，需要购买和维护大量的自动化工具。在新一轮研效治理中，为了不造成 IT 固有资产的浪费，企业常常选择补齐面向职能单点的自动化工具，提升单一职能的工作效率。如图 10.7.2 所示，企业已经存在客户管理、项目协同、代码仓库等工具，痛点在代码的集成和应用发布上，考虑到已经发生的工具采购成本，企业通过引入 Jenkins 和 ArgoCD 提高 CI/CD 单点效率，这种情况即为 IT 固有资产妥协。

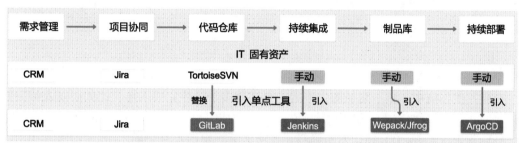

图 10.7.2　IT 固有资产妥协

2. "妥协式"研效治理的痛点

"妥协式"研效治理仅引入新单点工具，通过自动化手段提高单一职能工作效率，而单点工具之间的串联大多是通过 Webhook 机制在 backend 级别打通的，而账号、权限、交互没有被打通，如图 10.7.3 所示。基于这个客观事实，单点工具在研效治理中存在职能内工具使用不标准、跨职能协同效率低、跨工具切换成本高和维护成本高等痛点，如图 10.7.4 所示。

图 10.7.3　单点工具

1）职能内工具使用不标准

单点工具解决单一职能内的工作效率问题，不解决单一职能内标准化作业问题，如果工具不能被标准化使用，则意味着团队与团队之间、员工与员工之间存在使用效率和交付质量的高低问题。

2）跨职能协同效率低

单点工具之间的信息传递是不标准的，但跨职能之间的协同依赖于上游信息传递的标准化，比如信息的有效性、完整性、及时性，否则就可能存在需求已确认，但研发人员、测试人员、设计人员、运维人员都不知道，无法开展自己的工作，研发工序与工序之间存在大量的前置等待时间，这些时间最终会变为工作流中一个又一个的效率"洼地"。

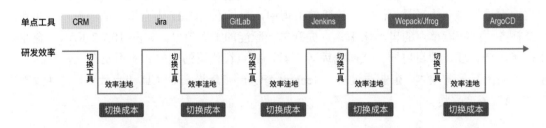

图 10.7.4   单点工具痛点

3）跨工具切换成本高

在研发工作流中，单一职能的生产者需要横跨多个工序完成工作，比如研发人员需要从项目协同（Jira）领取需求、代码仓库（GitLab）完成编码、持续集成（Jenkins）查看构建结果、持续部署（ArgoCD）确认发布物料、发布之后需更改项目协同（Jira）的需求状态，完成一个需求需要跨多个工具，切换成本非常高，这使研发人员无法专注于价值创造，单一工具的引入从研发赋能变成了研发"负"能。

4）维护成本高，管理难度大，无法有效度量

维护成本高：在单点工具自研或采购后，企业需要安排 IT 资源运行和运维，而稳定性的保障工作成本较高。

管理难度大：单点工具之间是有限串联的，这也就意味着企业需要在不同工具之间维持账号和权限的一致性，一旦出现不一致，其影响可能是灾难性的，比如项目协同工具中不属于某项目的成员，可以在发布工具中执行该项目的发布。

无法有效度量：单一工具的数据是相对完整的，但由于工具使用的不标准、跨职能协同等待时间无法度量、工具切换消耗了大量时间等因素，因此度量失去了参考意义，企业无法有效地洞察效能瓶颈、持续改进研效治理。

5）组织职能僵化，无法应对软件复杂性的挑战（图 10.7.5）

软件的微服务化大大增加了运维人员的工作量，如果还只是依靠运维来负责整个软件的发布，则运维人员的规模无法匹配软件微服务的规模，于是软件发布这一工序会成为效率卡点。然而软件的微服务规模通常和研发人员的规模成正比，如果能重塑研发和运维之间的职能边界，将软件发布左移至研发，则可大大缓解软件微服务化对发布的挑战。

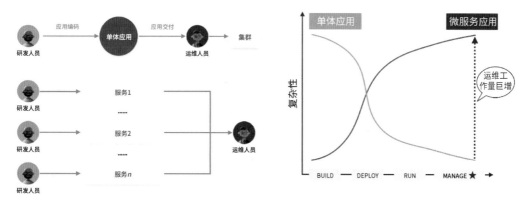

图 10.7.5　应用复杂性对软件工程的挑战

6）从制造业看生产理念和流程创新

制造业生产方式的演进，如图 10.7.6 所示。

图 10.7.6　制造业生产方式的演进

　　在制造业生产方式的演进历史中，福特汽车的流水线和丰田汽车的精益生产理论分别代表了流程和生产理念创新，两者为提升企业生产效率、改善产品质量、降低制造成本做出了巨大贡献。相比制造业数百年的历史，软件工程的发展还不到 60 年，如今的成熟度还远远不及制造业，从福特和丰田的创新带来的巨大价值看，软件研发流程重构和面向价值协同的生产理念同样非常重要。

　　基于对"妥协式"研效治理痛点的分析，企业需要的不是单点工具，而是能闭环研发活动的一体化协同平台。一体化协同的本质是企业面向价值的协同文化统一、优化价值流转效率的软件研发流程重构、提升资源效率的自动化工具链建设，其中任何一项都是不小的投入。那么，一体化协同平台到底能为企业带来什么价值呢？

10.7.2　一体化协同平台的价值

图 10.7.7 所示为一体化协同平台的整体价值图。

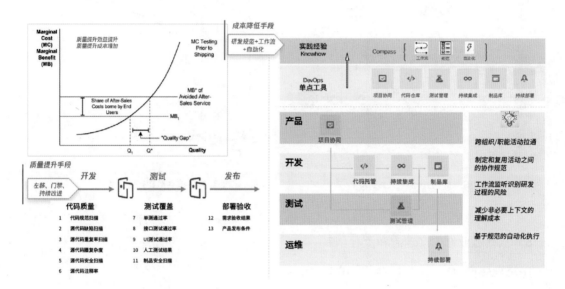

图 10.7.7　一体化协同平台的整体价值图

1. 最大化落地软件工程认知

"锅碗瓢盆的拼凑，不会解决做饭的问题"，同样的，单点工具的串联也不能解决软件研效治理的问题。一般企业是先通过对精益、敏捷、DevOps 等卓越工程理念的学习；然后结合对企业研效痛点及内部业务模型、组织模型、应用模型的思考，完成企业组织自上而下的软件工程认知升级；最后通过工具落地企业对软件工程的全新认知，包括软件研发统一管理、端到端的协同方式、质量内建、度量、合规生产、双态多端治理等问题，这些问题绝不是开源单点工具能够落地的。很难想象，ArgoCD 面向单一场景的工具会考虑企业的软件工程认知如何沉淀、如何落地。比如，发布之后自动修改项目协同的需求状态、自动归档代码仓库的发布分支、修改制品的元数据、记录发布信息。

不同于单点工具，一体化协同平台的核心价值是最大化落地企业的软件工程认知，无论是质量内建，还是重构端到端的协同方式，都不会受限于单点工具的能力，并且企业可通过一体化协同平台产生的全链路软件研发数据，持续升级软件工程认知，持续改进软件研发效能。

2. 数字化研效管理

一体化协同平台需要实现研发流水线的工业化，其特征是信息化、自动化、标准化、流程化，信息化保障了全链路数据的完整性；自动化和标准化拉平了因人而异的效率差异，保证了数据的客观可信；流程化则抹去了单点工具切换引发的前置等待时间，保障了数据的有效性。这些工业化特征数据，使企业软件研发的价值、过程、成本变得可被度量，企业研发管理人员可依据这些度量结果展开数字化研效管理活动。

3. 沉浸式研发体验

一体化协同平台通过重构软件研发流程，实现了统一编排和配套工具链的深度整合，研发流水线协助研发人员实现了自动化的上下游协同，使研发人员专注于应用编码，无须在多个系统之间切换，真正实现了沉浸式研发体验，提高了研发效率。

举一个研发上下游协同的例子，在产品经理将某个需求分配给研发人员后，一体化协同平台会根据需求名称自动创建特性分支，分支被创建后会自动通知该研发人员，其仅需要本地 checkout 该分支即可开始编码。代码一旦提交，持续集成的测试环境流水线会自动触发执行代码 clone、构建和运行单元测试、代码扫描、制品推送、测试环境部署。流水线运行成功后，需求状态自动修改为"待测试"，这时平台会自动通知需求的关注人，测试人员收到通知开始测试工作。整个流程中如果没有质量门禁不通过或者测试失败的情况，研发人员仅需要关注应用编码和代码提交，真正做到了工具服务于人，而不是人服务于工具。

10.7.3　一体化协同平台的实现

1. 设计思路

1）端到端闭环

端到端闭环是指一体化协同平台重构软件研发流程，集成软件交付过程中的主要活动和工具，统一单点工具的账号和权限，解决研发过程中工具频繁切换和工具之间信息割裂的问题。为提高软件交付端到端流动效率和软件交付质量，企业需明确集成边界和集成深度，以及工具分工边界。

（1）集成边界和集成深度：评估闭环效率杠杆，确定集成边界和集成深度。

一体化协同平台对单点工具的集成并不是越多、越深就越好，需要拉通软件交付整条链路，评估集成对闭环效率高低的影响，确定是否集成和如何集成。如果我们把一次端到端软件交付当作一次交付闭环的话，则闭环效率杠杆是指集成工具对闭环效率影响的大小。下面以设计工具、CMDB、项目管理为例，通过对集成效率杠杆高低的分析，分别采用不集成、部分集成和完整集成的方案。

首先是不集成，以设计师常用的设计工具 Figma 为例，设计活动主要由产品经理、设计师、前端工程师、测试工程师参与，Figma 本身已经为跨职能场景提供了协同能力，因此设计活动能够在 Figma 中完成闭环，这时一体化协同平台无须集成 Figma，因为集成的核心价值在于完成全链路的协同闭环，而现在这个闭环已经实现，任何投入只有成本而没有收益。因此，一体化协同平台仅需要在需求中关联 Figma 的设计稿即可，以保障需求信息的完整性。

接下来是部分集成，以运维人员维护 IT 资源信息的 CMDB 为例。在软件研发过程中，存在大量的机器资源依赖场景，比如持续构建机器资源、代码扫描机器资源、制品扫描机器资源、自动化测试机器资源、发布机器资源等。运维人员一般会先在 CMDB 中维护这些资源，比如资源规格、资源业务归属、资源应用归属、供应商、采购成本等，然后按资源使用权限（业务和应用隔离）交付给对应的研发人员。在这种场景下，由于 CMDB 影响闭环效率的是资源交付活动，因此 CMDB 的集成仅需完成资源交付的集成即可，资源维护的功能还是在 CMDB 中完成。资源交付会通过一体化协同平台的 OPEN API 和 CMDB 完成集成，提高资源交付效率。

最后是完整集成，以项目管理工具 OmniPlan 为例。OmniPlan 可以帮助项目管理人员完成任务划分、里程碑制定、项目排期等工作，在可视化和信息结构化上做得不错，但是由于 OmniPlan 和研发活动中其他工具之间的割裂，直接降低了闭环效率，比如和代码仓库与测试管理工具的割裂，导致研发人员和测试人员不得不通过在多个系统中切换来完成任务状态修改，这种情况就需要考虑完整集成，提高闭环效率。

（2）工具分工边界：标准的活动交给工具，不标准的活动交给人。

其是指把重复的、标准的活动交给工具，如需求状态流转、上下游信息协同、单元测试执行；把非标准的、具有价值创造性的活动交给人，如代码编写、任务拆分、测试用例编写，以最大化价值流动效率和资源转换效率。要做到这一点，就需要一条工业化研发流水线引擎，其需要串联软件研发所有活动及其配套工具，并为每一个活动设置活动标准执行规范、活动状态上下游流转规则、活动上下游信息同步规范，如图 10.7.8 所示。

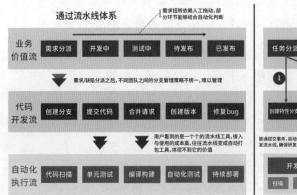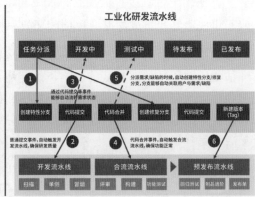

图 10.7.8　工业化流水线

2）质量内建

丰田的流水线相比福特的一个重要创新，就是加入了质量检查和快速止损的环节。福特的流水线一旦运行，质量问题只能在最后被发现，造成流水线的良品率较低。而丰田的流水线，加入了质量检测环节，并配有"安灯"按钮，一旦流水线上发现质量问题，即可通过"安灯"按钮中断生产，修复产品质量后再运行流水线生产，大大提高了良品率。

而在软件研发流水线中，也需要将代码扫描、单元测试、接口自动化测试、制品扫描、制品依赖分析等质量检测能力有机地整合在流水线中，并且将这些质量检测的结果标准化，再配合质量门禁配置规则实现质量问题的快速拦截，早发现，早修复。

3）扩展性

平台的集成是有边界的，往大了看，研发一体化协同平台也只是企业数字化转型中的一环，因此在企业数字化业务场景中，一体化协同平台会存在大量集成、被集成、定制化的需求。我们可以从 Webhook、OPEN API、UIKit 三个维度建设系统的扩展性，以应对扩展性的挑战，比如不同部门希望有不同的度量大盘，而依靠平台统一建设会非常缓慢，此时平台只需要提供统一的 UIKit 和数据拉取 OPEN API，最后的度量大盘可交由部门内部闭环建设。

4）可度量

德鲁克说："如果不能度量，就不能有效管理"，可见度量的重要性。基于闭环工作流引擎产生的完整数据，企业可从价值流动分布、价值流动效率、资源消耗三个维度，对软件价值交付、过程管理、研发成本进行度量，达到资源优化配置、研效持续治理、持续优化软件研发成本的目的。

5）高可用

一体化协同平台直接影响企业的 SLA 和产品交付效率，如果平台不稳定，则会对企业的市场造成非常恶劣的影响。比如，金融公司受股市周期影响，一般发版时间都会在周末，周一到周四为研发时间，周五下午休市后为集成时间。如果周五平台的持续集成模块出现故障，导致无法构建，将会直接影响周末两天的产品发布。最恶劣的情况是，线上有故障需要 Hotfix，但是平台停止运转，这时靠手工几乎无法快速恢复生产。以持续部署为例，现在很多企业都是混合云部署，即一次发布可能要跨多个云厂商、可用区和集群，为了保障交付的可靠性，中间可能还要执行各种发布策略，这绝不是靠人工可以完成的动作。那么，如何保障平台的 SLA 呢？

首先，建议把 IaaS、PaaS 的稳定性交给云，专业的"人"做专业的事。

其次，控制软件复杂性，尤其是微服务的规模和中间件的技术选型。微服务的出现对平台型产品的演进速度有较大帮助,因为平台的功能模块多,微服务可以帮助模块独立演进和独立交付,但是一旦出现微服务规模爆炸,其本身对架构的挑战将会非常大,故障排查和发布物料组织都会非常慢。另外是中间件的选型,笔者曾经看到过一款 B 端软件的数据存储方案就有 MariaDB、MySQL、PGSQL、MongoDB、Redis5 种,这些中间件的功能存在大量的重复建设,且最终运行的稳定性缺乏兜底策略,直接影响平台的稳定性。

最后,建立完整的可观测性和灾备。没有故障的平台是不存在的,出现故障快速恢复才是王道,因此建议除考虑平台功能外,也需要考虑监控、日志、告警、调用链追踪等可观测工具的建设,优化故障排查效率,早发现,早恢复。如果实在不能恢复,则建议为平台建设灾备能力,如跨云、跨区准备灾备实例,一旦出现问题可以快速切换灾备系统,恢复生产。

2. 实现方式

一体化协同平台的功能全景如图 10.7.9 所示,提供从项目协同、开发、构建、测试、制品、部署的全流程协同及研发工具支撑。

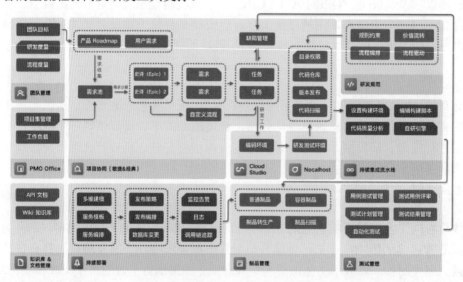

图 10.7.9　一体化协同平台功能全景

目前,搭建一体化协同平台的主要方式有采购商业方案和自建平台。这里以腾讯云 CODING 的商业方案为例,从投入产出、回报周期、维护成本等多个维度与自建平台做差异对比,如图 10.7.10 所示。

两个方案的差异非常明显,相对于自建,商业方案的投入产出比更加清晰可控、回报周期更短、后期维护成本更低。企业在两个方案之间的选择本质上是研效治理预算,即在商业方案的"确定性"和自建方案的"不确定性"上进行选择。

维度	CODING 一体化协同平台	自建平台
工具集成	工具自研可控，产品能力完整，丰富场景适配实现所有产品和能力的无缝对接和打通，并开放丰富的 API 供用户使用	开源版本能力有限，功能受限，集成被动开源版本 API 以开源方式，通过 API 方式系统间集成和打通难度大，满足程度低
平台易用	一站式研发效能平台完成所有协作和操作，融入最佳实践，用户学习成本低，上手速度快	各开源工具相互独立，通过拼接进行简单连接附打通使得平台的使用成本高，易用性差
使用顺畅	平台设计和实现充分考虑流程衔接和自然过渡，端到端流程保证了流程的完整和顺畅	各工具仅实现 DevOps 平台的部分阶段，集成形成的流程完整度缺失，状态流转受阻，使用顺畅差
团队协作	统一可视化平台，团队成员在同一平台即可完成所有的协作并且保证信息的透明和完整，减少了流程中上下文切换，提升了团队协作效率	缺乏统一的平台，团队成员在价值流转过程中频繁地在不同的工具间来回切换，增加了团队的沟通协作成本，也导致信息获取不全面、信息流转不完整，降低了团队协作效率
价值打通	平台工具自研，以系统最优的设计理念，在端到端的价值流上全面打通，实现价值流高效流动	平台能力依赖于开源软件，平台连接依赖于其开放的 API，该模式下的价值集中于局部价值，非端到端的价值流
国产化	CODING 是中国企业，技术自研可控，拥有完整的自主知识产权，无使用风险	受国际贸易环境影响，选择的国外开源软件有一定的风险
回报周期	开箱即用+免费辅导培训，开户注册开通即可使用、实施、推广，无建设成本，见效快，满足敏捷应对市场变化快速实现业务价值的诉求	3~6 个月建设周期，平台的建设和效果在 6 个月甚至更长时间才能显现，不能满足企业快速应对市场变化的要求
效能度量	在研发全流程提供丰富的度量指标和可视化仪表盘，可视化团队瓶颈和不足，为团队改进提升提供方向	依赖各开源组件提供的部分指标进行拼凑，没有统一的度量指标和可视化仪表盘，对团队效能无法准确度量，因为无法准确度量无法进行改进
知识积累	完备且保持迭代的辅助工具的使用有利于 DevOps 成熟度提升和文化导入，提升开发者认知理念，增强团队稳定性	有利于运维开发内建技能储备，但难充分论证，避免走弯路，保障团队稳定性

图 10.7.10　商业方案 VS 自建方案

　　商业方案一般都会积累很多企业研效治理的经验，产品形态更加成熟，一般都会提供 SaaS 和私有化交付两种方式。企业可根据自身需求进行交付方式选择，如无数据隔离和行业合规强制要求，建议选择 SaaS，其交付周期更短，后续维护成本更低。另外，商业方案也可以对企业的特殊场景提供定制化服务。对于企业而言，标准需求通过标准功能匹配，非标准需求通过定制需求匹配，最终投入产出比"确定性"是比较高的，且交付周期更短，维护成本更低。对于 SaaS 形态的交付，企业几乎没有维护成本。

　　而自建方案受限于企业的研效认知和团队成熟度，企业需经历一个较长的心智爬坡和试错周期，才能找到正确的研效治理路径，资源投入和试错成本都比较高，投入产出比的"不确定性"也较高，短时间内无法预估一体化协同平台生产可用的时间。笔者曾经见过企业投入 100 多人的团队自研一体化平台，每年的投入在 1 亿元以上，而受疫情影响，核心业务收缩，平台建设叫停，其间高昂的投入没有产生任何收益。在头部公司都在讲"聚焦"的时代，如果把这些预算投入到核心业务上，则更能帮助企业提高市场的竞争力。

　　最后，如果企业的研效治理需求大部分可通过商业方案匹配，建议选择商业化方案，其投入产出比会更加"确定"；如果需求匹配度不高，且企业有充足的研效治理预算，对研效治理的失败有足够的包容预期，也可以尝试自建。

10.7.4　一体化协同平台发展方向

　　近两年，BizOps 和 FinOps 的出现代表一体化协同平台正在从关注软件研发内部的流程化、自动化、标准化，向打通业务和优化云成本方向发展。如果从经济学"生产"的定义来看，一体化协同正在从软件研发内部（生产过程），向整合市场需求及生产要素的方向发展。可以说，一体化协同平台的发展趋势正在回归"生产本质"，即生产创造价值。

1. BizOps

一体化协同平台通过打破"组织墙"和"工具墙",使软件研发变得高效有序,但高效并不解决有效的问题,企业期望能将软件研发和组织战略、市场需求、用户反馈打通,使软件研发不仅高效而且有效。

2020 年,BizOps 宣言提出了业务驱动研发、研发价值数字化、数字化驱动业务增长的核心理念,打破了业务与软件研发之间的隔离,使软件研发过程中的业务价值流动变得清晰透明。企业可以通过洞察业务价值流动速率和业务价值流动分布,提高战略业务的资源投入,降低无效业务的资源投入,实现资源优化配置;通过研发价值的数字化,评估软件研发对业务价值的贡献,比如业务策划的"拉新"活动上线后,通过运营系统和一体化协同系统的打通,企业可根据新增用户的规模变化,直观评估软件研发对业务的贡献,软件研发人员的价值举证也将变得简单可信;通过业务和软件研发的全流程数字化,企业提高了业务全流程"生产数字"的能力,再配合大数据及人工智能技术,提高"消费数字"的能力,最终实现数字驱动业务增长和数字驱动软件研发效能升级的目的。

2. FinOps

今天,云计算的趋势已势不可挡。Gartner 的调研报告显示,2022 年年底,全球企业的云计算支出将约为 3300 亿美金,但受限于企业对云计算本身的认知及自身应用模型的特征,大量企业存在云计算预算超支和资源利用率严重不足的情况。

FinOps 打通软件研发、财务和业务,使企业的云计算成本分布变得清晰透明,并可借助软件线上运行历史数据,自动预测负载波峰和波谷,实现云计算资源的弹性扩缩容,将云计算使用方式从"按使用量付费"变为"按业务需求量付费",优化企业云计算成本。

2021 年,腾讯云推出的云原生成本管理产品"成本大师"正是 FinOps 的典型代表。"成本大师"从成本洞察、成本优化、成本运营三个层面来协助企业做更好的成本管理,具有全链路的成本优化能力,能够精确、智能地进行成本洞察,一分钟发现资源浪费并提供 8 种弹性策略组合,满足任意场景的弹性需求。其核心能力 qGPU 是强隔离的 GPU 虚拟化技术,该技术在业内首次实现了 GPU 算力、显存和故障的强隔离,支持算力精细切分共享和多优先级混部,GPU 利用率最高可提升 230%。

10.8　代码智能化工具

 核心观点

- 代码智能化工具采用了代码静态分析、编译器的前端技术,并与 AI 结合,它是一种 AI 辅助的代码智能化分析工具。

- 代码智能化应用不同于计算机视觉、自然语言处理等领域中的 AI 应用，它需要考虑代码特有的语法和语义特征，包括 AST、定义-引用关系、函数调用关系、控制流、数据流等。
- 代码智能化工具在代码开发、提交和同步入库等研发的各个环节都有重要价值。
- 智能语言服务通用框架 SLSCF 是在实践的基础上提出的，通过前端、中端、后端三部分的协作完成代码智能化实现。

10.8.1 代码智能化工具概述

智能化研发是当前研发效能领域的前沿话题。它贯穿了代码开发、代码提交和代码同步入库等各个环节，我们探索了各个环节可落地的代码智能化工具，总结了一些较为通用的代码智能化实践方法，并进一步提出了代码智能化应用的通用框架，即智能语言服务通用框架 SLSCF（Smart Language Service Common Framework），其包含 SLS-font end、SLS-middle end 和 SLS-back end。从当前代码智能化落地应用的实践来看，智能化工具采用了代码静态分析、编译器的前端技术，基于启发式规则和 AI 模型，而不是纯 AI 技术，因此它是一种 AI 辅助的代码智能化分析工具。

10.8.2 代码智能化工具的价值

代码智能化工具在研发的各个环节都发挥了很大的价值。在代码开发环节，代码补全和生成增强开发的生产率，代码搜索和导航可以辅助开发人员快速检索代码范例，并帮忙他们深度理解代码，从而提高代码开发的效率；在代码提交环节，提交消息的自动生成节约了开发人员撰写的时间，且自动生成的规范化、语义清晰地提交消息更有利于后期的代码评审和维护；在代码同步入库环节，自动、智能的冲突消解代替人工消解大大提高了消解的准确性和效率。下面针对以上三个开发环节和场景，分别阐述智能化工具的价值和意义。

在代码开发环节，代码搜索是开发人员使用频率较高的一项活动，大部分开发人员都使用代码搜索检索 API 的使用范例。例如，开发人员查找 JDT 中 ASTVisitor 类的 visit 函数的调用。另外，在阅读代码的过程中，开发人员也需要代码导航来及时找到函数、变量的定义与其引用的位置，类的定义、初始化、使用和销毁的位置，并在这些位置之间来回切换，从而更好地掌握源代码的运行规律，进而熟悉项目的整体结构。当然，符号的定义和引用的查找对评审人评审代码也很有价值，因此代码导航也常用于代码评审环节。

而传统的通用搜索引擎因没有考虑代码特征而不能满足以上需求，亟须智能化的代码搜索和导航辅助开发人员和评审人员精准地检索代码，深入地理解代码结构，并最大限度地复用高质量的代码，从而提升代码开发、评审的效率。

在代码提交环节，开发人员写完代码后，需要为本次代码撰写提交消息（Commit Message）。从用户调研的结果来看，很多开发人员对撰写提交消息感到苦恼，甚至抓耳挠腮，不知道如何描述此次提交，费时费力。而且大多数开发人员撰写的提交消息不规范，语义含混不清，不能正确表达此次代码变更的行为和目的，不利于代码的评审，也不利于维护阶段的回归测试和代码拣选等操作。因此，亟须智能化的提交消息生成辅助工具，以帮助用户撰写高质量的提交消息，解决开发人员因撰写提交信息而感到苦恼的问题，也为后期的代码评审和维护带来了方便。

在代码提交环节，开发人员需要将代码从本地合入远程仓库。当前的软件开发大多数都是协同式的多人开发，在协同开发场景下，开发人员经常采用基于 Git 的分支管理模式。例如，企业内部开发常常将分支划分为个人分支、特性分支、修复分支、发布分支和主干分支等，特性分支会根据版本节奏定期合入主干分支，若特性分支演进的周期较长，其和主干分支的差异将会较大，合入主干分支时常常会产生大量的冲突。

另外，针对开源的定制化开发，产品在发版之前常常需要同步外部开源社区的主干分支，由于内部定制化的开发和外部开源分支都在往前演进，演进周期越长，其差异越大，长周期后的合并常常会带来大量的冲突。例如，Android 的定制化开发版本和社区 Android 版本的同步往往产生大量的冲突。

这是因为当前基于 Git 的版本管理采用的是基于文本的合并方式，其合并单位是代码行或者字符。在 Git 的合并过程中，因不能理解代码变更双方的行为语义，导致 Git 的合并产生了大量冲突。

开发人员常常采用 KDiff3、Beyond Compare 等 Diff 工具来查看代码变更双方的差异，进而理解代码变更的意图，最终决定消解的方法。因人工方式消解代码费时费力，且代码意图理解过程常常因代码位置调换、格式变换、代码重构等导致出现误差，因此亟须智能化的代码版本合并、冲突消解工具来辅助解决人工消解的不准确性和效率低下的问题。

10.8.3　代码智能化工具的实现与案例

1. 代码开发环节

在代码的补全和生成领域中，如 IDE 自带的基于语法上下文的补全，微软和 OpenAI 联合推出的基于自然语言描述生成代码的 GitHub Copilot 工具。GitHub Copilot 在生成工具类函数、日志、配置文件、有规律的表达式方面有较好的表现效果，但缺点是没有规律，或稍微复杂的业务逻辑代码生成效果不太好，验证这些代码耗时且会带来认知负担。但总体来讲，GitHub Copilot 在一定程度上都能辅助提高开发效率。

在代码搜索和导航领域中，Google 在 2015FSE 上发表了代码搜索用户调研报告[21]，该报告主要调研了 Google 内部的开发人员使用代码搜索的目的和意图，总结起来主要是检索代码范例、浏览并阅读代码、获取错误信息的解决方法等。本节主要阐述在开发环节中的代码智能搜索和导航应用。

Google 代码搜索除提供传统的代码字符串的检索功能外，也提供了代码精细化的检索功能，包括基于函数、类、注释，基于用法（排除代码中的注释和字面量），基于文件、大小写敏感等，还提供了"与、或"组合符来组合这些特征达到精细化检索的目的。例如，开发人员想要检索"name"函数的实现，若采用传统的字符串检索方式，其结果如图 10.8.1 所示，存在包名、变量等符号，这些对开发人员有很大的干扰。

而采用精细化检索，限定只检索符号为"name"的函数，且是 Java 语言，如图 10.8.2 所示，其检索结果仅仅包含函数。因此，代码精细化检索能极大地提高开发人员检索的效率。

图 10.8.1　传统的代码字符串检索

图 10.8.2　针对函数的代码精细化检索

另外，Google 代码搜索还提供了代码定义、引用的跳转功能辅助开发人员理解代码，该功能也被称为代码导航，也是专业级代码搜索公司 SourceGraph 关注的焦点。SourceGraph 因其代码导航能力的强大，在业界被称为代码界的 Google。代码导航是当鼠标悬停在代码中的程序单位时，比如函数、类、接口、变量等，能及时地引导用户在代码的定义和代码的引用位置进行快速切换和跳转，包括代码仓内和仓外。

基于业界的实现工具，以及我们在代码智能搜索方面的落地实践经验，其代码精细化检索的通用实现方法为首先对代码进行语法分析构建 AST（Abstract Syntax Tree），然后提取代码中的类、接口、函数、变量、注释等代码特征，最后建立这些代码特征的索引并进行存储，供前端调用。

代码智能导航的通用实现方法为首先对代码进行语法分析、语义分析（可采用编译器的前端技术或者 Antlr、Tree-Sitter 等 Parser 实现），提取代码特征，包括类、接口、函数、变量等，并进行调用者符号类型推断，构建整个项目中较为精准的定义、引用关系图，该图可采用与代码结构无关的语言表达，如 SourceGraph 在微软 LSP（Language Server Protocol）的基础上提出的 LSIF（Language Server Index Format）、Google 提出的 Kythe 等。然后提取图中的定义、引用关系，建立索引并进行存储，供前端调用。索引的建立和存储推荐使用 ES（Elasticsearch），因为其分片机制提供了很好的分布式特性、良好的可扩展性和高可用性，以及在工业界优良的表现。

图 10.8.3 是来自开源流处理框架 Apache Flink 中函数跨仓调用的代码导航实例。图的左边是 DeveloperZJQ/learning-flink 仓在 14 行调用了右边 apache/flink 仓 StreamExecution Environment 类中的函数：publicDataStreamSource<String>socketTextStream（Stringhostname, intport）。当鼠标放置在 socketTextStream 函数时，会自动检索后台预先建立的引用、定义索引，点击弹出的定义片段即可快速跳转到该函数定义的位置。

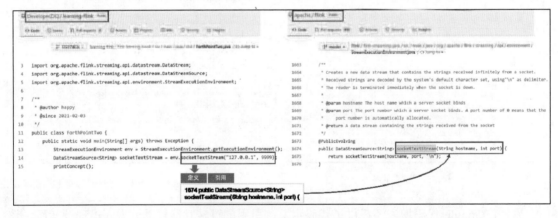

图 10.8.3　跨仓代码导航

2. 代码提交环节

在代码提交环节，需要撰写提交消息（Commit Message）。基于 2019 年 Google 工程实践文档[22]对规范化的提交消息的解释，一个高质量的提交消息需要描述本次提交变更的内容和原因，包含摘要、详细描述和外部资源。

摘要包含类别和总结语句两部分。类别包含补丁修复（Fix）、新特性（Feature）、特性优化（Optimization）、重构（Refactor）、格式化（Reformat）、测试（Test）、其他（Chore）；总结语句需要保持简短、清晰、切题，格式上一般放在第一行，不超过 80 个字符，紧接着空一行。

详细描述包含问题、已实现的方案、本次提交的方案、本方案可能带来的影响。已实现的方案和本次提交的方案由具体的详细实现内容和目的组成，可以表示成 Do...For...的格式。

外部资源表示本次提交关联的其他资源，一般要求提供需求管理系统中的需求单号或者缺陷管理系统中的问题单号，目的是为将来的开发者或者评审人员提供详细的上下文信息，保障 Commit 的追本溯源。

提交消息的自动生成需要理解代码的变更行为和意图，学术界提出了基于 Seq2Seq 的 Commit 摘要生成方法，一般是将代码当作文本处理或者考虑代码变更的 AST 信息，但生成的提交消息存在难以阅读或理解的情况，离工业落地还有一段距离。

ChangeScribe 是工业落地的一个提交消息自动生成工具，是 Eclipse 的插件，基于模板和 Chage Distiller 提取的细粒度代码变更行为来生成消息描述，但缺点是不能明确地得到提交消息的类别，也不能识别重构类的变更行为。

基于业界的工具，以及我们在提交消息自动生成的落地实践方案[23][24]，一般较为可行的通用方法是定制化的提交消息模板和自动化生成相结合的方式。例如，将上文所表述的高质量提交消息包含的摘要、详细描述、外部资源作为模板。针对摘要部分，其自动化的生成方法的描述如下。

针对摘要中的类别自动识别，首先提取本次提交的代码变更行为特征，并基于启发式的规则识别类别是否是格式的变换（Reformat）、代码的重构（Refactor）、测试（Test）、补丁修复（Fix）、新特性（Feature）和其他（Chore）等。当启发式规则不能覆盖以上类别时，再考虑基于 AI 预测的方式来识别类别。

基于 AI 的类别识别，首先选择符合 Angular 提交规范的开源仓进行学习；然后进行代码特征提取，该过程将提取代码变更的行为特征，代码变更的文件数、变更代码块、代码行数等的统计特征，以及变更前后的代码 Token 特征，基于以上三类特征训练类别预测器。

摘要中的总结语句将汇总代码变更行为中包、类、函数、变量等的代码行为变化，输出描述信息。而详细描述部分直接采用类、函数、语句等细粒度的变更行为描述。

以开源流处理框架 Apache Flink 中的某个提交"44fc8c"为例，其部分代码变更片段如图 10.8.4 所示，移动了类 SlotProfile 中的一些函数，并将其提炼到类 SlotProfileTestingUtils 中，如图 10.8.5 所示。

```
public class SlotProfile {

    /** Singleton object for a slot profile without any requirements. */
    private static final SlotProfile NO_REQUIREMENTS = noLocality(ResourceProfile.UNKNOWN);

    /** This specifies the desired resource profile for the task slot. */
    private final ResourceProfile taskResourceProfile;

@@ -99,38 +93,6 @@ public class SlotProfile {
        return previousExecutionGraphAllocations;
    }

    /** Returns a slot profile that has no requirements. */
    @VisibleForTesting
    public static SlotProfile noRequirements() {
        return NO_REQUIREMENTS;
    }

    /** Returns a slot profile for the given resource profile, without any locality requirements. */
    @VisibleForTesting
    public static SlotProfile noLocality(ResourceProfile resourceProfile) {
        return preferredLocality(resourceProfile, Collections.emptyList());
    }

    /**
     * Returns a slot profile for the given resource profile and the preferred locations.
     *
     * @param resourceProfile specifying the slot requirements
     * @param preferredLocations specifying the preferred locations
     * @return Slot profile with the given resource profile and preferred locations
     */
    @VisibleForTesting
    public static SlotProfile preferredLocality(
            final ResourceProfile resourceProfile,
            final Collection<TaskManagerLocation> preferredLocations) {

        return priorAllocation(
                resourceProfile,
                resourceProfile,
                preferredLocations,
                Collections.emptyList(),
                Collections.emptySet());
    }
```

图 10.8.4　重构前类 SlotProfile 中的代码片段

```
public class SlotProfileTestingUtils {

    /** Returns a slot profile that has no requirements. */
    @VisibleForTesting
    public static SlotProfile noRequirements() {
        return noLocality(ResourceProfile.UNKNOWN);
    }

    /** Returns a slot profile for the given resource profile, without any locality requirements. */
    @VisibleForTesting
    public static SlotProfile noLocality(ResourceProfile resourceProfile) {
        return preferredLocality(resourceProfile, Collections.emptyList());
    }

    /**
     * Returns a slot profile for the given resource profile and the preferred locations.
     *
     * @param resourceProfile specifying the slot requirements
     * @param preferredLocations specifying the preferred locations
     * @return Slot profile with the given resource profile and preferred locations
     */
    @VisibleForTesting
    public static SlotProfile preferredLocality(
            final ResourceProfile resourceProfile,
            final Collection<TaskManagerLocation> preferredLocations) {

        return SlotProfile.priorAllocation(
                resourceProfile,
                resourceProfile,
                preferredLocations,
                Collections.emptyList(),
                Collections.emptySet());
    }
}
```

图 10.8.5　重构后类 SlotProfileTestingUtils 中的代码片段

首先采用 RefactorMinner 重构检测工具，检测到该提交包含了重构动作，因此提交的类别为重构（Refactor）；然后将 RefactorMinner 提取的代码变更行为作为提交的详细描述部分；最后汇总 RefactoringMiner 生成的重构行为，得出摘要中的总结语句为 "Move Method and Extract Class"。以上 Apache Flink 中的提交 "44fc8c" 生成的提交消息如下所示：

```
Summary:(Refactor)Move Method and Extract Class
Detail:
Extract Class SlotProfileTestingUtils from SlotProfile;
Move Method public noRequirements()from class SlotProfile to class
SlotProfileTestingUtils;
Move Method public noLocality(resourceProfile ResourceProfile)from class
SlotProfile to class SlotProfileTestingUtils;
Move Method public preferredLocality(resourceProfile ResourceProfile,
preferredLocations Collection<TaskManagerLocation>)from class SlotProfile to
class SlotProfileTestingUtils;
External Resource: issue number/requirement number
```

3. 代码同步入库环节

代码在同步入库环节会进行版本合并，当前一般采用主流的基于 Git 的版本合并工具。但该工具因采用了基于文本的合并策略，在合并的过程中不能理解代码变更双方的行为语义，导致 Git 的合并会产生大量冲突，这些冲突块如图 10.8.6 所示（图 10.8.6、图 10.8.7 和图 10.8.8 的冲突块均来自于开源流处理框架 Apache Flink，这些冲突块是在合入主干的过程中产生的，我们将其冲突现场进行了还原）。它包含冲突块的标识符 "<<<<<<<*|||||||*========*>>>>>>>"。我们将 "<<<<<<<" 到 "|||||||" 之间的代码块称为 Ours 版本，"|||||||" 到 "========" 之间的代码块称为 Base 版本，"========" 到 ">>>>>>>" 之间的代码块称为 Theirs 版本，所以一个冲突块包含三个版本的代码块。说明：使用命令 git config --global merge.conflictstyle diff3 才能看到合并的共同祖先，即 Base 版本。

因为图 10.8.6 中冲突块的三个版本包含三种测试方案，表示三种不同的行为语义，所以该冲突块是一个真实的语义冲突块，无法消解。但图 10.8.7 中的冲突块，Base 为空，Ours 基于 Base 增加了 import 语句*PactModule，Theirs 基于 Base 增加了三个 import 语句*EvaluationContext、*Sink、*Source。图 10.8.8 中的冲突块，Ours 基于 Base/Theirs 单方增加了变量 schemaFactory 的修饰符 final，Theirs 基于 Base/Ours 单方增加了变量 packageLocations 定义语句。从以上两个冲突块的行为语义分析可以得出它们是没有语义冲突的，所以图 10.8.7 和图 10.8.8 中的冲突块是完全可以消解的。

```
<<<<<<< HEAD
    final MapContract map =
        MapContract.builder(IdentityMap.class).name("Map").build();
    map.setInput(read);

    final FileDataSink output = this.createOutput(map, SequentialOutputFormat.class);
    SopremoUtil.serialize(output.getParameters(), IOConstants.SCHEMA, SCHEMA);

    final TestPlan testPlan = new TestPlan(output);
||||||| ef934c06aa
    final MapContract map =
        new MapContract(IdentityMap.class, "Map");
    map.setInput(read);

    final FileDataSink output = this.createOutput(map, SequentialOutputFormat.class);
    SopremoUtil.serialize(output.getParameters(), IOConstants.SCHEMA, SCHEMA);

    final TestPlan testPlan = new TestPlan(output);
=======
    final SopremoTestPlan testPlan = new SopremoTestPlan(read);
>>>>>>> 0f9b29aeba
```

图 10.8.6　冲突块

```
11  <<<<<<< HEAD:sopremo/sopremo-common/src/main/java/eu/stratosphere/sopremo/SopremoModule.java
12  import eu.stratosphere.pact.common.plan.PactModule;
13  ||||||| a5270b45f9:sopremo/sopremo-common/src/main/java/eu/stratosphere/sopremo/SopremoModule.java
14  =======
15  import eu.stratosphere.sopremo.EvaluationContext;
16  import eu.stratosphere.sopremo.io.Sink;
17  import eu.stratosphere.sopremo.io.Source;
18  >>>>>>> 227d43074f:sopremo/sopremo-common/src/main/java/eu/stratosphere/sopremo/operator/SopremoModule.java
```

图 10.8.7　Base 为空的冲突块

```
29  <<<<<<< HEAD:sopremo/sopremo-common/src/main/java/eu/stratosphere/sopremo/SopremoPlan.java
30      private final SchemaFactory schemaFactory = new NaiveSchemaFactory();
31  ||||||| a5270b45f9:sopremo/sopremo-common/src/main/java/eu/stratosphere/sopremo/SopremoPlan.java
32      private SchemaFactory schemaFactory = new NaiveSchemaFactory();
33  =======
34      private SchemaFactory schemaFactory = new NaiveSchemaFactory();
35
36      private List<URI> packageLocations = new ArrayList<URI>();
37  >>>>>>> 227d43074f:sopremo/sopremo-common/src/main/java/eu/stratosphere/sopremo/operator/SopremoPlan.java
```

图 10.8.8　Field 字段的冲突块

SemanticMerge 是一款基于语义分析的代码合并工具。它能理解冲突块中三个版本的代码语义，特别是能识别类中函数移动这种重构场景的行为语义，但缺点是没有分析函数体内细粒度的变更行为语义。与 Git Merge 中基于文本的合并方式对比，其合并准确度提高很多，图 10.8.9 是 SemanticMerge 对 import 语句进行的语义合并。

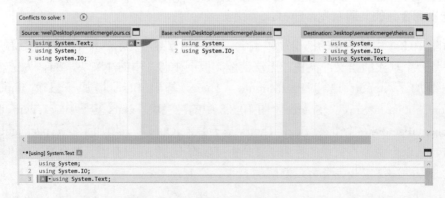

图 10.8.9　SemanticMegre 合并的 import 语句

基于业界的工具，以及我们在代码版本智能合并、冲突消解的落地实践方案[25][26]，一般认为较为可行的代码版本合并、冲突消解的智能化通用方法描述如下：

首先是对冲突块的三个版本进行代码语义理解并提取其代码变更行为，然后基于启发式的语义消解规则进行冲突消解；在语义消解规则不能覆盖的情况下，再考虑基于 AI 的方式预测冲突消解策略。

基于 AI 的冲突消解策略预测，一般优选冲突较多的开源仓进行学习。首先找到开源仓主干分支上标识为 Merge 且是人工消解冲突的 Commit，得到该 Merge Commit 的两个源 Commit；然后通过再次合并两个源 Commit 来制造冲突现场；最后建立冲突块和人工消解结果之间的关系，形成冲突消解标注数据集；最终通过多分类模型的训练生成冲突消解策略预测器。

冲突消解的最终结果也需要人工确认，并对每种消解规则包括 AI 消解规则进行打分形成反馈，从而跟踪消解的准确性。

针对图 10.8.7 中的冲突块，经过代码语义理解后的代码变更行为为 Base 为空，Ours 基于 Base 增加了 import 语句*PactModule，Theirs 基于 Base 增加了三个 import 语句*EvaluationContext、*Sink、*Source，故最终将合并 Ours 和 Theirs 的变更行为。其自动消解结果如图 10.8.10 所示：

```
import eu.stratosphere.pact.common.plan.PactModule;
import eu.stratosphere.sopremo.EvaluationContext;
import eu.stratosphere.sopremo.io.Sink;
import eu.stratosphere.sopremo.io.Source;
```

图 10.8.10　Base 为空的冲突消解结果

针对图 10.8.8 中的冲突块，经过代码语义理解后的代码变更行为为 Ours 基于 Base/Theirs 单方增加了变量 schemaFactory 的修饰符 final，Theirs 基于 Base/Ours 单方增加了变量 packageLocations 定义的语句，故最终将合并两个行为的变更。其消解结果如图 10.8.11 所示：

```
private final SchemaFactory schemaFactory = new NaiveSchemaFactory();
private List<URI> packageLocations = new ArrayList<URI>();
```

图 10.8.11　Field 字段冲突的消解结果

10.8.4　总结

针对以上代码开发、提交、同步入库等各个环节中存在的痛点，结合我们的落地实践经验，分析了智能化如何应用在代码开发的各个环节并形成较为通用、可落地的代码智能化实践方法。基于这些实践方法，我们提出了代码智能化应用的通用框架，称为 SLSCF（Smart Language Service Common Framework，智能语言服务通用框架），SLSCF 包含 SLS-font end（智能语言服务前端）、SLS-middle end（智能语言服务中端）和 SLS-back end（智能语言服务后端），如图 10.8.12 所示：

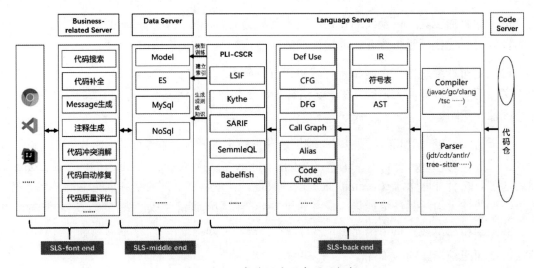

图 10.8.12　智能语言服务通用框架

SLS-font end：根据不同的智能化业务场景，打通前端（如 Chrome、IDEA、VSCode 等）和业务相关的服务，其交互过程遵循微软提出的 LSP 规范。

SLS-middle end：根据不同的智能化业务调用数据存储服务 Data Server 中的模型（基于 AI 的推断和预测）、ES 索引、关系型和非关系型数据库中的规则或知识等，满足不同业务场景的需求。

SLS-back end：通过分析源代码，根据各种编程语言 Compiler 产生的符号表、AST、IR 或者各种编程语言 Parser 构建的 AST 等（其中 tree-sitter 可以快速构建各种编程语言的 AST），提取代码特征中的 Def-Use 依赖关系、CFG、DFG 等，采用统一的与编程语言无关的通用结构化代码表达 PLI-CSCR（Programming Language-Independent Common Structured Code Representation）来表示这些代码特征，并兼容已有的 LSIF、Kythe 等代码特征表示方法。最后基于代码的结构化表达，构造训练数据集进行模型训练，或者建立索引，生成规则或知识，并持久化存储在 Data Server 中。

第 11 章　开源工具集成

本章思维导图

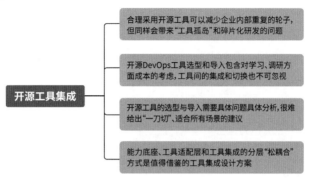

核心观点

- 整合各种工具的"胶水平台"需求一直存在，并且是打造开源 DevOps 工具链的重点。
- 创建有效且个性化的研发工作流仍然存在许多挑战，需要关注工具集成、交互、定制化，以及整合的价值。
- 开源工具的选型与导入需要具体问题具体分析，很难给出"一刀切"、适合所有场景的建议。
- 能力底座、工具适配层和工具集成的分层"松耦合"方式是值得借鉴的工具集成设计方案。

11.1　开源工具集成概述

在软件开发生命周期的各个环节和 DevOps 的各个领域都有种类繁多的开源工具，用户可以独立使用这些工具，支撑研发过程中的某个或某几个环节。例如，可以独立使用 Sonar 进行代码扫描，独立使用 Jenkins 进行构建和部署。然而，如果有更复杂的业务诉求，比如完整支撑敏捷协作，或者持续交付，则需要搭建一整套更为复杂的平台。其可以是商业化的一站式工具平台，可以是完全自研，也可以是基于多种开源工具进行集成。

有一些一站式的平台类产品看起来包含你所需要的一切工具，但它们可能无法完全满足某些特定需求，因此你可能仍然想做一些研究，找到软件开发生命周期各个环节中最好、最适合需求的工具，然后将它们进行整合。但是，想要创建有效且个性化的工作流，仍存在许多挑战。

（1）SDLC 每个环节均有太多的选择，你需要选择最适合自己的工具。

（2）没有"一刀切"的答案，因为好与坏、合适与否，完全取决于你的需求和偏好。

（3）不同部分之间的集成具有挑战性，易形成"工具孤岛"和碎片化。

（4）即使目前选定的组件已经是最好的，但还是要不断更换、引入新的工具，只有这样才能使研发效能持续维持在高峰水平。而且我们往往只希望更换其中某一个或几个工具，并且保持原有的整合不被打破。

因此，这就要聚焦在怎样去整合各种工具，而作为集成各种工具的"胶水平台"更需要关注如何去集成开源工具、工具间的交互如何、平台是否需要入侵或者定制化、最终收获的价值，等等。

11.2　工具集成的价值

（1）能够最大限度地利用开源工具组成工具链，支撑研发流程。

（2）工具间、工具和平台间松耦合，而且可插拔、可选、可替换。

（3）时刻使用最新的、最能为自己带来收益、最大化提升研发效能的工具。

（4）满足自己特定的需求。

（5）充分利用和基于开源工具 API 组建的调度平台，将工具进行粘合和流程驱动。

（6）快速搭建 CI/CD 工作流平台和自定义 CI/CD 工具链。

11.3　开源工具集成的实践

1. 软件开发生命周期各个阶段的主流工具

软件开发生命周期各个阶段的主流工具，见表 11.3.1。

表 11.3.1　软件开发生命周期各个阶段主流工具

类型	工具
计划、需求、分析、设计	JiraTrello；BaseCamp；Asana；Ones；Pingcode；禅道
密码管理	HashiCorp Vault；AWS Secrets Manager（以及其他云平台的相应产品）
基础设施	Terraform；AWS CloudFormation / GCP Deployment Manager 以及其他云平台的相应产品）；AWS CDK；Pulumi；Ubuntu MaaS；Kubernetes
配置管理	Ansible；Chef；SaltStack
源代码管理	GitHub, GitHub Enterprise；GitLab, GitLab for Enterprise
持续集成	Jenkins；Tekton；CircleCI；Travis CI；GitHub Actions；GitLab CI
制品、制品管理	Docker；JFrog Artefactory；VM images management: Packer / Ansible
持续部署	Flux v2；ArgoCD

续表

类型	工具
质量、安全	开源的代码质量静态扫描工具集；Docker 镜像漏洞扫描；代码仓库密码扫描；虚拟机镜像扫描；容器运行时安全系统平台，例如 Aquasec/Sysdig, etc.
可观测性	ELK/EFK；Prometheus + Grafana；Jaeger
报警	Opsgenie；PagerDuty；CloudWatch 报警

2. 开源工具选择

由于 SDLC 的环节复杂且多样，并且每个企业、团队、产品、服务之间的特性不同，因此很难给出适合所有场景工具选择的建议。即使是针对某一类特定的场景，也很难确定工具 A 一定比工具 B 更合适。"一刀切"的答案可能满足 80%的团队的 80%的需求，但正是由于产品、团队之间的差别，导致很难有一个可以复用的模板，让所有团队的效能都最大化。因此，一定要具体问题具体分析，学习、调研、选型的成本是开源 DevOps 工具选型和导入过程中占比最大的。

即使已经投入时间和精力进行了调研和学习，选中了某款最适合自己的工具，但需要担心的问题依然很多：工具如何安装，如何做到高可用和直接使用？后续工具的升级？工具之间的整合如何用自动化的方式统一管理？随着时间、技术和工具的发展，同一领域内后续会出现更易用、更能提升效能的工具。新的工具如何无缝替换旧的工具？旧的工具如何维护？等等。工具的运营、维护，以及工具之间的整合都是在 DevOps 实践中不可忽视的潜在成本。

此外，在选择工具和软件的时候，还需要参考社区的活跃程度。有多少人在用这款产品，都有谁在用？如果遇到问题，多久能被修复？工具的成熟度怎么样？大家是仅仅刚开始在开发、测试环境下进行尝试，还是已经大规模在生产环境中使用多时了？这些都是在开源工具选型中应该注意的要点。

3. 常见研发场景下开源工具的组合搭配

下面通过具体的例子来分析开源工具的选型、组合和搭配。

假设你刚刚创立了一个公司，或者是在大公司内部的初创团队，或者是在已经存在的团队的新项目，建议你考虑选择如下工具：

（1）项目管理、问题追踪工具，如 Jira。
（2）源代码管理工具，如 GitHub、GitLab 等。
（3）持续集成工具，如 Jenkins。
（4）持续部署工具，如 Jenkins，也可以配置流水线来做持续部署。
（5）集中的，用来管理密钥的工具，如 AWS Secrets Manager。

（6）集中的日志和监控工具，如利用 Prometheus+Grafana 做监控，利用 ELK 做日志。

假定你的团队使用 Golang 进行开发，团队精炼，人数较少，且采用微服务架构，一切均计划使用云原生的方式进行开发，希望能够快速多次部署，轻量、快速、敏捷地进行项目的管理和开发迭代，并且希望尽量节约成本。那么，

（1）在项目管理方面，可以选用 Trello 的免费版。它的功能对大多数初创团队而言已经足够，无须使用付费版或者同公司更贵的产品 Jira。

（2）在源代码管理方面，可以直接选用 GitHub。当然，不同公司的现状和政策要求不同，大家未必会做出相同的选择。例如，有些企业客户可能会选择自建的 GitLab，而非 GitHub Cloud。

（3）在持续集成方面，如果你已经选用了 GitHub，则可以选择 GitHub Actions 作为持续集成工具。GitHub Actions 成熟度很高，并且社区用户自建的许多功能可以满足大部分的需求。

（4）在持续部署方面，如果你希望尽快、高效、高频地自动化发布，则可以选择 GitOps，以及目前在 Cloud Native Computing Foundation 里成熟度最高的 GitOps 工具 ArgoCD。

（5）在密钥管理方面，可以选择将领域内比较火热的 HashiCorp Vault 部署在 Kubernetes 集群里，并且使用云服务作为其高可用、有备份和冗余的存储。

（6）在集中监控方面，可以选择 Prometheus 和 Grafana 标准（de facto）组合，并且使用 Grafana Loki 作为日志的聚合工具。

在选择的上述工具中，除了对部分工具的安装，整合也非常重要。

（1）Trello 跟 GitHub Issues 之间可以进行无缝整合。
（2）GitHub 可以与 ArgoCD 整合，实现单点登录和自动部署。
（3）GitHub 可以和 HashiCorp Vault 整合，实现单点登录。
（4）CI（GitHub Actions）可以直接使用 Vault secrets。
（5）日志和监控可以一起被整合至 Grafana。

11.4　案例研究

1. 某公司工具链项目（对外赋能项目）

在本案例中，公司采用了一种"松耦合"的方式设计工具集成的方案，图 11.4.1 是公司向合作 ISV 独立输出的研发工具链框架的架构图。

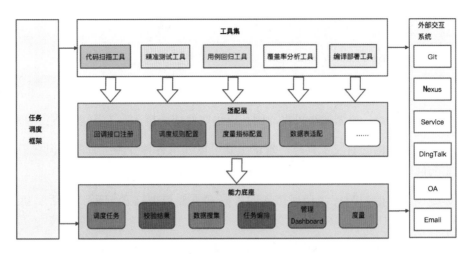

图 11.4.1　研发工具链框架的架构

该框架核心部分分为 3 层：

1）能力底座——执行和调度所有受管工具的引擎

（1）根据配置编排调度工具任务。

（2）采集所有工具任务的执行结果。

（3）搜集各个工具产生的数据，并通过对这些数据进行清洗和使用来度量工具能力，最终反馈研发流程中存在的问题。

（4）交互页面（这是一个工具的 Dashboard，展示所有已接入的工具。在执行过程中展示为流水线，并可以通过对各个节点的访问自动跳转到具体的工具页面）。

2）工具适配层——开源工具的统一接入层

（1）提供通用模板，配置工具接入规则（标准格式的参数、返回结果、查询周期、度量指标配置）。

（2）针对开源工具的轻量封装，以达到适配能力（例如，针对代码扫描，会根据模板组装命令参数触发 Jenkins 扫描任务，并从 Sonar 中拉取扫描结果）。这里，需要封装的工具提供适配层需要的标准接口（如 trigger、queryResult 等）。

（3）这些标准接口需要使用统一定义的状态码（如 queryResult 返回 JSON 中的 success、failed、processing 等），以便框架调度执行判断任务状态、重试策略等动作。

（4）数据库表的适配（为了搜集各个工具产生的数据，会通过 AAPI、直连工具 DB 获取对应工具的关键数据，并且可以统计接入层的指标，如 API 调用失败率、工具执行时间等）。

3）工具集层

（1）划定框架可以支持的工具种类。

（2）可以通过直接暴露 API，或者通过 Jenkins 任务等方式开放调用。

集成方案的关键点：遵循最小可用原则；描述文件统一接入；工具可插拔；数据结构化。

这套对外赋能输出的研发工具链，理论上是可以继承各种开源工具的，但它仍然存在一些不可避免的问题。

（1）标准接口由框架制定，任何接入的工具都需要遵循这套规范，灵活度会有一定的限制。

（2）不仅涉及工具对接，还要按照规范描述被采集的数据库，开发工作相对较重。

（3）该工具主要作为公司内部项目向合作 ISV 输出，开发人员和运维人员主要是双方人员，并非完全开源的项目，技术栈对原公司有深度依赖。

2. 开源工具集成项目 DevStream

DevStream 是一个采用了 Apache 2.0 协议的开源项目，目前正在 GitHub 上进行迭代。该项目可以被理解为一个工具链部署项目，提供了一个命令行工具框架（Golang 语言编写）和若干插件，并且主要基于"DevOps as Code"理念进行工具的部署、更新和卸载。

所谓"DevOps as Code"，可以理解成"Infrastructure as Code"概念的一种延伸。通常来说，正如 Terraform 以代码方式声明 Infrastructure；DevStream 也是以一种声明代码的方式来描述 DevOps 工具和它们之间的连接关系。

简单来说，DevStream 试图先以配置的方式定义 SDLC 各个环节所需要的工具，然后通过自动化的方式"一键式"安装和整合所有工具，"一键式"快速打造最适合你的 DevOps 平台和流水线。你可以将 DevStream 理解为 DevOps 工具世界的 apt 或者 yum，它是一个 Meta Tool，即用来管理工具的工具。但是不同之处在于，DevStream 不仅负责某个工具的安装，还负责某些工具之间的整合，从而真正达到"一键式"搭建 DevOps 平台的目的。

或者，我们可以将 DevStream 理解为 DevOps 世界的"Linux 发行版本"。在 Linux 世界中，你可以选择任何一个你喜爱的发行版本，不同的版本附带的软件包可能不同，功能特性也略有区别。通过使用 DevStream，你可以自定义一套属于自己的 DevOps 工具集并将其进行安装和整合，从而打造自己的"DevOps 发行版本"。

1）技术架构

DevStream 使用 Golang 开发。在云原生、Kubernetes 的大背景下，这个选择显得十分自然。从整体架构上看，如图 11.4.2 所示，使用了 Golang 的插件 plugin 来实现。其原因有两点：
第一，我们需要支持很多 DevOps 工具，而"一个工具对应一个插件"听起来再自然不过了；
第二，虽然还有其他方法可以实现"核心-插件"的架构，但通过评审，Go 的插件满足需求。

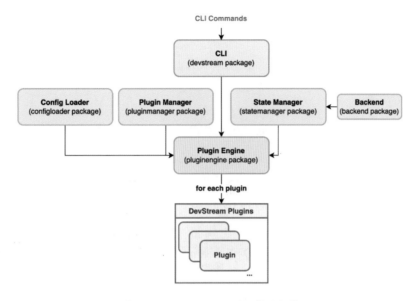

图 11.4.2　DevStream 项目整体架构

DevStream 从架构上来讲，主要分为三个部分：

（1）CLI：处理用户输入、命令和参数。

（2）Plugin Engine：插件引擎，通过调用其他模块（Config Loader、Plugin Manager、State Manager 等）实现核心功能。

（3）插件：用于某个 DevOps 工具或者工具之间整合的具体实现。

其中，CLI 是整个程序的入口。首先插件引擎调用 configloader，将本地的 YAML 配置文件读入结构。然后调用插件管理器下载所需的插件。之后，调用状态管理器来计算配置、状态和实际 DevOps 工具资源之间的"变化"。最后，根据变化执行动作并更新状态。在执行过程中，pluginengine 会加载每个插件（*.so 文件）并根据每个变化调用预定义的接口。

插件引擎的职责：

（1）确保存在所需的插件（根据配置文件）。

（2）根据配置、状态和工具的实际状态生成更改。

（3）通过加载每个插件并调用所需的操作来执行更改。

插件引擎通过调用以下模块来实现目标：

（1）配置加载器：configloader 包中的模型类型代表顶级的配置结构体。

（2）插件管理器：pluginmanager 负责根据配置下载必要的插件。如果本地已存在所需版本的插件，则不会再次下载。

（3）状态管理器：statemanager 管理"状态"，即完成和没完成的情况。状态管理器将状态存储在相应的后端。

对 DevOps 工具进行的创建、读取、更新和删除等操作，是在插件中定义并实现的。

2）工作流程

我们可以把 DevStream 的核心部分理解为一个"状态机"。简单来说，给定输入（"配置"文件）、当前的"状态"（DevStream 记录、生成的状态文件），以及"资源"的实际状态，DevStream 会计算出需要做什么才能使"你想要的"（你在配置文件中描述的）与工具的实际状况匹配。

具体的工作流程，如图 11.4.3 所示：

例如，在执行"dtm apply"时，如下两种逻辑会被依次应用。

（1）根据配置中定义的每个 DevOps 工具，比较工具、状态和之前创建的资源（如果状态存在的话）。

根据比较结果生成一个变更计划：

- 如果工具资源不在状态中，插件引擎则会调用该工具对应插件的 Create 接口，实现对该工具的初次创建。

- 如果工具在状态中，但工具的配置和状态之间存在差异（这意味着用户可能在最后一次使用 DevStream 后更新了配置），插件引擎则会调用该工具对应插件的 Update 接

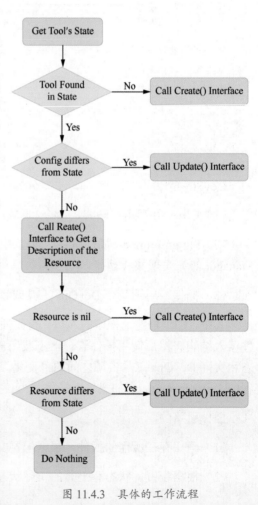

图 11.4.3　具体的工作流程

口，从而使工具的配置和状态真正与工具本身一致。

● 如果工具处于状态中，并且工具的配置和状态一致，插件引擎则会尝试调用该工具对
应插件的 Read 接口，获取对工具真实资源情况的描述。如果没有获取到描述，则可
能表明该资源在最后一次成功应用后被手动删除，需要调用插件的 Create 接口重新进
行创建。如果描述和状态相通，则不会引发任何操作。也就是说，DevStream 是可以
做到幂等性（idempotent）的。

（2）对于配置中没有工具的状态，由于配置中没有工具但有状态，这意味着之前可能已
创建资源，而用户从配置中删除了工具，用户不再需要该资源了。在此情况下，插件引擎会
生成"删除"操作，来删除资源。

3）应用和整合场景

一个新的研发团队在开始写代码前，有些事情是绕不开的，例如：

（1）需要选择一个地方来存放代码，如 GitHub 或 GitLab。

（2）需要一个工具来完成项目管理或者需求管理、Issue 管理等工作，如 Jira、禅道、Trello。

（3）需要选择一种开发语言和一个开发框架，如 golang web 项目"第一行"代码怎么写，
即第一个脚手架怎么组装。

（4）需要配置一些 CI 自动化，如通过在 GitHub 上添加功能来完成代码的扫描、测试等。

（5）CD 工具也不能少，如 Jenkins、ArgoCD。

（6）如果想得更多，或许你希望 GitHub 上别人给你提的 Issue 能够自动同步到 Jira 或者 Trello。

总而言之，在软件开发生命周期中，除了业务代码编码本身，在 DevOps 工具链上我们
将花费大量精力去做选型、打通、落地、维护等工作，因此 DevStream 要解决的就是将主流
的 DevOps 全生命周期的开源工具管理起来，包括工具的安装部署、最佳实践配置、工具间
的打通等。

在这个场景中，有如下工具需要安装或配置：

（1）Trello：创建 Dashboard。

（2）GitHub：创建代码仓库，生成基本的项目脚手架代码。

（3）GitHub Actions：用作持续集成工具，需要创建基本的 CI 流水线。

（4）持续部署工具的安装，如 ArgoCD。

在以上基础上，需要如下整合：

（1）项目管理工具和代码仓库之间的整合。例如，当在代码仓库中创建 Issue 时，可以自动同步至项目管理工具；当在代码仓库中创建 Pull Request 时，可以自动跟项目管理工具中的某项任务相关联。

（2）代码仓库和持续集成工具之间的整合。无论是选用 GitHub Actions（由代码仓库提供的服务，跟代码仓库本身紧密耦合），还是选用 Jenkins 类的工具（自建或第三方服务，需要与代码仓库整合），都需要将代码仓库和持续集成工具进行整合和配置，从而使特定的事件可以触发特定的流水线。

（3）代码仓库和持续部署工具之间的整合。以 GitHub 和 ArgoCD 为例，需要将代码仓库跟 ArgoCD 之间进行映射、整合和配置，从而使特定代码仓库中的 Git 事件可以驱动应用的部署。

（4）单点登录：如果是第三方持续集成工具和服务，则可能还需要将其与代码仓库服务之间进行单点登录的整合。例如，Jenkins 可以与 GitHub 做单点登录的整合。持续部署类型的工具，如 ArgoCD，也可与 GitHub 整合。

以上例子中开源工具的安装、配置和整合，都是由 DevStream 提供的能力。

研发效能度量篇

第 12 章　研发效能度量

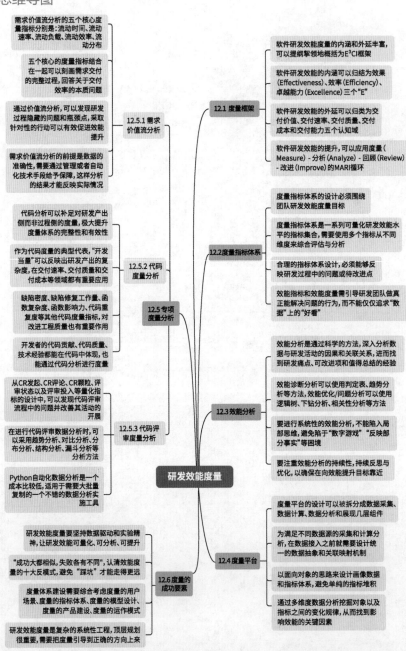

本章思维导图

需求价值流分析的五个核心度量指标分别是：流动时间、流动速率、流动负载、流动效率、流动分布

五个核心的度量指标结合在一起可以刻画需求交付的完整过程，回答关于交付效率的本质问题

通过价值流分析，可以发现研发过程隐藏的问题和瓶颈点，采取针对性的行动可以有效促进效能提升

需求价值流分析的前提是数据的准确性，需要通过管理或者自动化技术手段予以保障，这样分析的结果才能反映实际情况

12.5.1 需求价值流分析

代码分析可以补足对研发产出侧而非过程侧的度量，极大提升度量体系的完整性和有效性

作为代码度量的典型代表，"开发当量"可以反映出研发产出的复杂度，在交付速率、交付质量和交付成本等领域都有重要应用

缺陷密度、缺陷修复工作量、函数复杂度、函数影响力、代码重复度等其他代码度量指标，对改进工程质量也有重要作用

开发者的代码贡献、代码质量、技术经验能在代码中体现，也能通过代码分析进行度量

12.5.2 代码度量分析

12.5 专项度量分析

从CR发起、CR评论、CR颗粒、评审状态以及评审投入等量化指标的设计中，可以发现现代代码评审流程中的问题并改善其活动的开展

在进行代码评审数据分析时，可以采用趋势分析、对比分析、分布分析、结构分析、漏斗分析等分析方法

Python自动化数据分析是一个成本比较低，适用于需要大批量复制的一个不错的数据分析实施工具

12.5.3 代码评审度量分析

研发效能度量

研发效能度量要坚持数据驱动和实验精神，让研发效能可量化、可分析、可提升

"成功大都相似，失败各有不同"，认清效能度量的十大反模式，避免"踩坑"才能走得更远

度量体系建设需要综合考虑度量的用户场景、度量的指标体系、度量的模型设计、度量的产品建设、度量的运作模式

研发效能度量是复杂的系统性工程，顶层规划很重要，需要把度量引导到正确的方向上来

12.6 度量的成功要素

软件研发效能度量的内涵和外延丰富，可以提纲挈领地概括为E^3CI框架

软件研发效能的内涵可以归结为效果(Effectiveness)、效率(Efficiency)、卓越能力(Excellence)三个"E"

软件研发效能的外延可以归类为交付价值、交付速率、交付质量、交付成本和交付能力五个认知域

软件研发效能的提升，可以应用度量(Measure) - 分析(Analyze) - 回顾(Review) - 改进(Improve)的MARI循环

12.1 度量框架

度量指标体系的设计必须围绕团队研发效能度量目标

度量指标体系是一系列可量化研发效能水平的指标集合，需要使用多个指标从不同维度来综合评估与分析

合理的指标体系设计，必须能够反映研发过程中的问题或待改进点

效能指标和效能度量需引导研发团队做真正解决问题的行为，而不能仅仅追求"数据"上的"好看"

12.2度量指标体系

效能分析是通过科学的方法，深入分析数据与研发活动的因果和关联关系，进而找到研发痛点、可改进项和值得总结的经验

效能诊断分析可以使用判定表、趋势分析等方法，效能优化/问题分析可以使用逻辑树、下钻分析、相关性分析等方法

要进行系统性的效能分析，不能陷入局部思维，避免陷于"数字游戏""反映部分事实"等困境

要注重效能分析的持续性，持续反思与优化，以确保在向效能提升目标靠近

12.3 效能分析

度量平台的设计可以被拆分成数据采集、数据计算、数据分析和展现几层组件

为满足不同数据源的采集和计算分析，在数据接入之前需要设计统一的数据抽象和关联映射机制

以面向对象的思路来设计画像数据和指标体系，避免单纯的指标堆积

通过多维度数据分析挖掘对象以及指标之间的变化规律，从而找到影响效能的关键因素

12.4 度量平台

在软件研发领域中，有助于效能提升的方法论和实践一直在快速发展。我们熟知的敏捷开发方法已经诞生了二十年，DevOps 也已经发展了十多年，已经有很多企业对其进行了引入、落地和实践。

但是，我们经常遇到的一种现象是，当一个组织或者团队在消耗了大量的"变革"时间、投入了大量的人力资源和成本后，却无法有效回答一些看似非常基本的问题，比如：

- 你们的研发效能到底怎么样？可否量化？
- 你们比所在行业的平均水平、别的公司、别的团队好还是差？
- 研发效能的瓶颈点和问题是什么？
- 在采纳了敏捷或 DevOps 实践之后，有没有效果？有没有实质上的提升？
- 你们下一步应该采取什么样的行动，以继续优化效能？

这就是为什么我们要进行研发效能度量。笔者认为，研发效能度量的目标就是让效能可量化、可分析、可提升，通过数据驱动的方式更加理性地评估和改善效能。

我们通过设计一套能够客观量化研发效能的指标体系，对各个指标数据进行采集与综合分析，从而客观反映研发团队"更高效、更高质量、更可靠、可持续地交付更优的业务价值"的能力，发现研发过程中的改进项并指导团队进行改进。

本章主要介绍了以下几方面的内容：

- 度量框架。软件研发效能度量是一项系统性工作，其中最重要的三个要素是对目标的共识、对现状的认知和从现状到目标的路径。它们可以分别用三个"E"（ Effectiveness、Efficiency 和 Excellence）、"C"（Cognition，认知）和"I"（Improvment，改进）来代表，共同构成软件研发效能的度量框架。
- 指标体系。建立一套完备的度量指标体系是研发效能度量的第一步。在实际的研发效能度量活动中，需要使用多个指标从不同维度进行综合评估与分析。
- 效能分析。针对指标体系建立度量分析模型，系统性地分析问题，避免陷于"数字游戏""反映部分事实"等困境，是效能分析最重要的价值所在。效能分析在效能改进闭环中占据非常重要的一环。
- 度量平台。效能度量平台的主要作用是先将各种需求、研发、测试过程的离散数据进行有机地组合计算，形成各种客观指标数据，再配合多种展现方式，形成直观的数据看板和数据分析能力。
- 专项度量分析。在度量实践过程中，已经积累了一些优秀的专项度量分析实践。专项度量可以在某个细分领域展开深度分析，如需求价值流分析、代码的度量分析等，找到隐藏的深度问题和瓶颈点，并针对数据反馈的信息采取适当的改进行动，从而有效促进效能提升。

- 度量的成功要素。研发效能度量有很多难点和误区，我们要尽量多吸取行业经验、少走弯路，同时也要更加重视度量体系的系统性建设，并通过适当的方式进行运营，把度量引导到正确的方向上。

12.1 度量框架

 核心观点

- 软件研发效能度量的内涵和外延丰富，但可以提纲挈领地概括为 E^3CI 框架。
- 软件研发效能的内涵可以归结为效果（Effectiveness）、效率（Efficiency）、卓越能力（Excellence）三个"E"。
- 软件研发效能的外延可以归类为交付价值、交付速率、交付质量、交付成本和交付能力五个认知域。
- 软件研发效能的提升可以应用度量（Measure）-分析（Analyze）-回顾（Review）-改进（Improve）的 MARI 循环。

12.1.1 框架概述

软件研发效能度量是一项系统性工作，其中最重要的三个要素是对目标的共识、对现状的认知和从现状到目标的路径。它们可以分别用三个"E"、一个"C"和一个"I"来代表，共同构成软件研发效能度量框架，如图 12.1.1 所示。该框架最早在由中关村智联软件服务业质量创新联盟、中国软件协会过程改进分会发起的《软件研发效能度量规范》标准（以下简称"标准"）中提出。

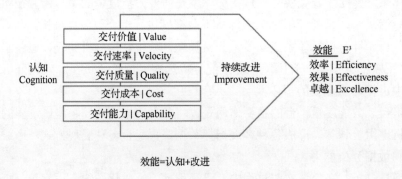

图 12.1.1　软件研发效能度量 E^3CI 框架

12.1.2　框架解读

E³CI 框架可以被抽象为一个简洁的公式：效能=认知+改进。

1. 效能的定义和目标

业界对"软件研发效能"有诸多定义，可以总结为如下三个"E"，其也是效能提升的最终目标。

- Effectiveness（效果）：软件研发活动应以用户价值和业务价值为导向。
- Efficiency（效率）：软件能够被多、快、好、省地交付。
- Excellence（卓越）：软件研发过程通过健康、可持续的方式实现。

2. 对效能的认知

为了达到研发效能的目标，需要对团队研发效能的现状有清楚的认识，并提升团队对研发效能的认知。我们总结了研发效能度量包含的五个认知域：

- 交付价值：认知软件研发交付需求对用户或业务带来的效果。
- 交付速率：认知软件研发交付需求的快慢。
- 交付质量：认知软件研发交付需求的好坏。
- 交付能力：认知软件研发交付需求的可持续性。
- 交付成本：认知软件研发交付需求的开销。

3. 对效能的改进

在认知的基础上，需要通过改进达成效能目标。改进的过程可以总结为 MARI 循环，即度量（Measure）-分析（Analyze）-回顾（Review）-改进（Improve），如图 12.1.2 所示。

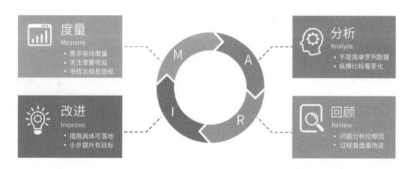

图 12.1.2　效能改进的 MARI 循环

- 度量：无论任何改进活动，都需要结合组织及团队的实际认知需求，面向改进目标，通过量化数据对过程及目标进行刻画，即建立度量。度量需要统一数据及指标的采集方法。

- 分析：有了量化指标，运用统计分析方法对数据的趋势、分布、关联等信息进行分析，得到对现状的量化理解。
- 回顾：基于分析结果，对产生"果"（结果）的"因"（影响因子）进行回顾，挖掘对结果产生影响的根本原因，定位关键问题。
- 改进：针对关键问题，建立可落地的改进措施，通过调整"因"（影响因子），最终影响"果"（目标）的达成，并进入下一轮度量验证。

上述步骤共同组成一轮完整的优化迭代。在大部分情况下，问题改进需要经历多个迭代，持续度量改进效果，不断校准改进的方向和方法。

12.1.3　框架实现

框架的实现包括基础设施建设和方法论的应用。基础设施的建设目标是支持图 12.1.3 所示的度量系统。

底层通过接入 DevOps 工具链，收集和沉淀包括代码在内的各类数据源，并将其汇入研发数据湖。研发数据湖是面向研发数据这一垂直领域设计的数据仓库系统（可包含其他各类数据形态，如 JSON 文件、特定格式的代码分析结果等）。研发数据湖内置抽象各类研发工具的统一数据模式和领域层，支持基于它们进行数据的筛选、分组、关联、聚合等操作，并构造通用的数据集。在数据湖之上是进一步的数据处理能力，以及指标的计算能力。这些指标可以灵活地组合成视图，满足用户特定的信息需要，并形成决策和后续行动。基础设施建设可借助开源的力量，如开源研发数据平台 Apache DevLake。

方法论的应用可采用 MARI 循环，参考 OpenMARI 开源指标体系和效能提升指南。该指南提供了丰富的内容，包含对交付效率、交

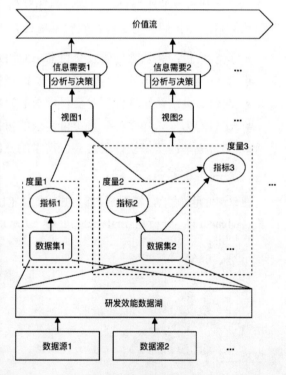

图 12.1.3　度量基础设施建设

付质量、交付能力、交付成本、交付价值等分类下的常用关键指标，以及每个指标或指标组合的度量和分析方法、建议回顾的问题、改进的典型措施等。

12.1.4　框架应用案例

航空领域的某软件公司拟对 800 人的研发中心进行效能度量和改进，并引导各个团队树立"成本意识"。

1）度量的认知需求

参照 MARI 循环，度量不应该贪大求全，而要明确目标。我们对研发中心负责人进行了访谈。根据访谈结果，目前该公司的软件质量管控体系较为完善，主要痛点不在质量方面，团队的成本意识不足是管理层最为关心的问题。该问题在疫情出现的外部经济形势下显得尤为突出。

2）认知域选择

为此，我们从 E^3CI 框架中选取交付成本为主认知域。通过交付成本的指标，反映开发团队的投入和产出情况，从而帮助各级技术管理者树立成本意识，不盲目追求团队规模增加，不以人数论高低，在资源有限的条件下更好地优化团队配置和产出，以管理水平取胜。

除了将交付成本作为主认知域，交付速率也具有相关性，因为交付速率一方面能反映特定成本下的产出情况，也是衡量成本必不可少的要素；另一方面能反映项目活跃程度和所处阶段，有助于形成合理的成本投入规模。

3）指标选择

我们对比了交付成本和交付速率下的各项指标，发现围绕需求的指标，如基于个数或故事点数统计的需求吞吐量等，不太适合作为"投入"或"产出"的度量指标，特别是对于多个项目或团队，因为需求或故事点的颗粒度很难在各个项目或团队间统一，且尺度比较主观。相比之下，围绕代码的指标更加客观，可在各个项目或团队间拉平。当然，因为源代码中也容易混入各类噪声（如最简单的空行、换行、注释等），所以采取了代码当量，即反映程序复杂度的指标，其计算方法是将源代码编译成抽象语法树并计算抽象语法树间的编辑距离，可通过编译和程序分析技术有效去除源代码中的各类噪声。对于这样的指标，需要大部分团队对代码的控制已经足够规范和严格，否则就是红线问题。代码当量不易被噪声或博弈行为干扰，更具客观性，适用于作为计算跨项目/团队成本或产出的基础指标。

以衡量投入产出比（ROI）为例，具体的数据视图包括公司整体及各个产品线以人力成本为"投入"、代码当量为"产出"，计算的每个月份的投入产出比；公司整体及各个产品线以代码当量为"投入"、营收为"产出"，计算的每个月份的投入产出比等（图表实例可参见本书 12.5.2 节代码度量分析中的应用案例）。

12.2　度量指标体系

核心观点

- 指标体系的设计，必须围绕团队研发效能度量目标。
- 度量指标体系是一系列可量化研发效能水平的指标集合，需要使用多个指标从不同维度来综合评估与分析。
- 合理的指标必须能够反映研发过程中的问题或待改进点。
- 效能指标和效能度量需引导研发团队做真正能解决问题的行为，而不能仅仅追求"数据"上的"好看"。

12.2.1　度量指标体系概述

度量指标体系，是指一系列可量化研发效能水平的指标集合。在实际的研发效能度量活动中，需要使用多个指标从不同维度综合评估与分析。简单来说，指标体系包括两个方面：

- 指标：一般包括结果指标和过程性指标。结果指标是指最终反映研发效能状态的指标；过程性指标是指与研发过程息息相关，对最终研发效能产生重要影响的指标。你需要对指标进行定义，并给出计算方法。
- 体系：围绕研发效能度量目标，对指标进行系统化、结构化的梳理，避免针对单一维度进行度量与分析评估。

你可以将度量指标体系用于任何软件研发团队的效能度量与改进活动中，如移动终端 App、传统 PC 软件、Web 应用、小程序、基于硬件驱动的软件研发等。

12.2.2　度量指标体系的价值

一套合理、优秀的度量指标体系，可以帮助团队：

- 借助客观的结果度量数据，使研发产出更加直观。
- 找到痛点，推动研发流程的改进并衡量改进的效果。
- 引导研发团队做真正能解决问题的行为，而不是仅仅追求"数据"上的"好看"。

12.2.3　指标体系的设计

为了能够更客观、有效地度量研发效能，建议参考以下内容设计度量指标体系。

1. 指标设计原则

（1）全局最优，而不是局部最优。

（2）指标服务于度量目标：OKR（Objectives and Key Results，目标与关键结果）-指标定义（逐步拆解）。

（3）如果指标不反映问题或无法指导改进，那就没必要存在。

（4）分层级从三个层面设计：结果指标（高层关注）- 过程指标（中层关注）- 操作指标（一线团队关注）。

① 结果指标：用于衡量团队研发效能水平。

② 过程指标：用于分析与发现效能改进点。

③ 操作指标：指导一线团队如何正确地提升效能。

2. 指标设计思路与建议

以"更高效、更高质量、更可靠、可持续地交付更优的业务价值"作为效能改进的核心目标，重点讨论 3 个关键维度：交付价值、交付质量与交付速率，效能指标体系架构图如图 12.2.1 所示。

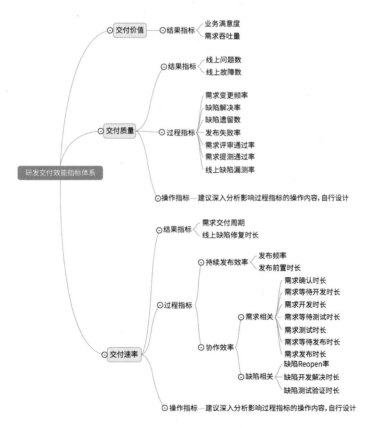

图 12.2.1　效能指标体系架构图

1）交付价值

研发交付价值应该是需求背后客户/公司的战略价值。对于研发侧而言，假设产品/业务提出的需求具备充分的客户价值，且经过了准确的优先级分析，那么"需求吞吐量"+"业务满意度"基本可以作为"交付价值"的代理指标。交付价值指标定义，如表 12.2.1 所示。

表 12.2.1　交付价值指标定义

指标名称	指标属性	指标定义与说明	数据采集建议
业务满意度	主观指标 结果指标	类似于 NPS，体现了技术与业务是否能很好地协同，也反映了技术是否能很好地交付价值	不建议自动化
需求吞吐量	客观指标 结果指标	单位周期内，交付的需求数（前提：将需求分解到最小粒度的功能点）。 注意：在实际工作中，由于最小粒度很难把握，常常将需求吞吐量与需求规模分布相结合分别度量。 需求规模用于描述需求的颗粒度，计算公式：需求规模=统计周期内交付的需求总研发工作量 / 需求个数。它反映了产研团队的需求拆分情况。对于单一团队来讲，需求规模保持相对稳定，需求吞吐量指标才具备参考意义。你可以根据团队情况定制需求规模的合理范围，比如单需求维度工作量的上限	建议自动化

2）交付质量

研发交付质量，是指用户感受到的质量，但过程质量会对交付质量产生影响。质量的指标建议参照表 12.2.2 的方法设计。

表 12.2.2　交付质量指标定义

指标名称	指标属性	指标定义与说明	数据采集建议
线上问题数	客观指标 结果指标	单位周期线上 bug 数，适用于所有业务类型。根据业务情况还可以进一步划分： ● 按照优先级，分为严重、一般、轻微等； ● 特定技术数据，如客户端关注的 Crash 率、OOM 等，服务端关注的请求成功率、失败率等可用性与稳定性指标； ● 按照问题类型，分为功能、性能、安全漏洞等； 此处线上问题的收集，建议以第三方统计为准（如客服部门），并保持统计口径的一致性（不能随机变化，否则存在"粉饰"指标的风险）	自动化
线上故障数	客观指标 结果指标	单位周期内线上故障数（适用于服务端业务）	自动化

在设计过程质量指标时，常规的设计思路是根据研发阶段"需求-开发&测试-发布"来组织，可以从表 12.2.3 的指标中进行选取。

除以上影响交付质量的过程质量指标外，一些公司也希望针对开发工程师、测试工程师等各个角色的产出质量进行度量，比如需求提测通过率、线上缺陷漏测率等。此处将"产出质量"作为过程质量的补充，定义如表 12.2.4 所示。

表 12.2.3　过程质量指标定义

指标名称	指标属性	研发阶段	指标定义与说明	数据采集建议
需求变更频率	客观指标 过程指标	需求	单位周期内，需求发生变更的次数	自动化
缺陷解决率	客观指标 过程指标	开发&测试	单位周期内已解决 bug 总数/创建 bug 总数（周期可以是时间，也可以是其他固定维度，如客户端版本）	自动化
缺陷遗留数	客观指标 过程指标	开发&测试	截至统计时刻，未解决 bug 总数	自动化
发布失败率	客观指标 过程指标	发布	发布操作不达预期即可定义为失败。按照业务类型可做细分： ● Bugfix 版本占比（客户端类）：统计单位周期内以 Bugfix 为目的的版本发布次数 / 所有版本发布次数； ● 发布回滚率（服务端类）：统计单位周期内发生回滚的发布次数 / 所有发布次数	自动化

表 12.2.4　过程质量的补充指标定义

指标名称	指标属性	对象	指标定义与说明	数据采集建议
需求评审通过率	偏客观指标 过程指标	需求提出者	单位周期内，判定"评审通过"的需求数量/所有需求数量（前提：对于"评审通过"的判定标准，需求提出者、开发人员、测试人员多方要达成一致）	自动化
需求提测通过率	偏客观指标 过程指标	开发人员	单位周期内，判定"提测通过"的需求数量/所有提交给测试的需求数量（前提：对于"提测通过"的判定标准，开发人员与测试人员双方要达成一致）	自动化
线上缺陷漏测率	偏客观指标 过程指标	测试人员	单位周期内，判定"漏测"的 bug 数量/所有线上 bug 数（前提：判定漏测的标准，开发人员、测试人员、业务人员要达成一致，并由业务人员进行判定）	自动化

需要注意的是，对这些产出质量指标的统计存在主观因素的影响。比如，在需求提测通过率中，对"提测通过"的判定并没有统一的标准，实践中经常以"测试提供的用例通过率"来计算，统计结果严重依赖测试提供的用例范围，且每个测试工程师的圈定标准也存在较大差异。因此，对于产出质量指标，建议仅在度量分析时作为参考使用，不应该作为单一维度指标来衡量或考核。

3）交付速率（衡量效率）

研发交付速率指标，则是用来体现"持续"与"快速"的目标，即单位价值的交付时间越短，交付速度越快则越好。从结果与过程两个方向来拆分，指标设计建议如表 12.2.5 所示。

表 12.2.5　交付效率指标定义

指标名称	指标属性	分类	指标定义与说明	数据采集建议
需求交付周期	客观指标 结果指标	——	有两种定义方式： 广义：从确认用户提出的需求开始，到需求上线所经历的时间。它反映团队（包含业务、产品和技术等职能）对客户问题或业务机会的响应速度； 狭义：从产品/业务人员完成需求评审和确认开始，到需求上线所经历的时间。它反映纯研发团队对产品需求的响应速度	自动化
线上缺陷修复时长	客观指标 结果指标	——	从用户反馈问题开始，到问题修复上线所经历的时间。修复越快，最终用户满意度越高。 注意：建议使用分位值（P50/P75/P90）等替代平均值	自动化
发布频率	客观指标 过程指标	持续发布效率	单位时间内的有效发布次数，研发团队对外响应的速度不会大于其交付频率，发布频率客观约束对外的交付速度	自动化
发布前置时长	客观指标 过程指标		有两种定义方式： 广义：从代码提交到功能上线花费的时间，体现了研发团队（包括开发、测试、运维）发布的基本能力； 狭义：从测试验证结束到功能上线花费的时间，体现的是构建与部署的基本能力与效率。 注意：建议使用分位值（P50/P75/P90）等替代平均值	自动化
需求确认时长	客观指标 过程指标	协作效率	从需求的想法提出到产品/业务人员完成需求评审和确认为止所花费的时间，通常反映的是产品/业务人员对用户需求是否具备快速响应的能力。 注意：建议使用分位值（P50/P75/P90）等替代平均值	自动化
需求等待开发时长	客观指标 过程指标		从产品/业务人员完成需求评审和确认开始，到开发人员第一次提交代码花费的时间（注意：因为技术设计开始的时间点不容易采集，建议以代码首次提交为结束时间点），体现产品与开发人员的协作效率。如果产品需求提出分布不均匀，或者产品研发人力配比不合理，都会导致等待开发时间过长。 注意：建议使用分位值（P50/P75/P90）等替代平均值	自动化
需求开发时长	客观指标 过程指标		从开发人员第一次提交代码到开发最后一次提交给测试人员验证为止花费的时间。注意：在实际工作中，可能存在因为开发人员提测质量不达标被打回等操作，所以建议结束时间以最后一次提测为准	自动化
需求等待测试时长	客观指标 过程指标		从开发人员最后一次提交测试验证开始，到测试人员开始进行质量验证花费的时间，体现开发与测试的协作效率。如果存在开发和测试人力比不匹配、需求提测不均匀、项目规划不合理等，等待测试时间就会很久。 注意：建议使用分位值（P50/P75/P90）等替代平均值	自动化

续表

指标名称	指标属性	分类	指标定义与说明	数据采集建议
需求测试时长	客观指标 过程指标		从测试人员开始进行质量验证到完成所花费的时间。它不仅体现测试效率，在一定程度上也体现了开发提测质量。如果开发提测质量不佳，则测试时长会因为提交 bug、回归 bug、开发沟通等事情而增加	自动化
需求等待发布时长	客观指标 过程指标		从完成单个需求的测试验证，到跟随版本开始构建发布花费的时间。它主要用于客户端业务，或者主干发布的服务端业务，体现整体功能的回归测试与持续集成构建、部署的速度。 注意：建议使用分位值（P50/P75/P90）等替代平均值	自动化
需求发布时长	客观指标 过程指标		从需求/版本开始构建到全量上线花费的时间。在实际项目中，由于会经过多次灰度发布验证，确认线上质量达到一定标准后才会全量，因此一定程度上体现的是线上质量监控和线上问题处理的效率	自动化
缺陷 Reopen 率	客观指标 过程指标		缺陷 Reopen 率=单位周期内缺陷 Reopen 数/缺陷总数。如果缺陷反复被重新开发，则会造成开发与测试多次沟通的浪费。对 bug 自测充分，将会最终减少测试回归的次数和时长，在达到一定自动化覆盖以前，有助于提升全局效率	自动化
缺陷开发解决时长	客观指标 过程指标		从缺陷创建到开发最后一次提交修复代码花费的时间。只要缺陷能够被快速修复，有缺陷就并不可怕。它能同时很好地反映代码本身的质量状况、团队的质量与快速响应意识，以及团队的技术成熟度，对代码质量有更强的正向牵引作用	自动化
缺陷测试验证时长	客观指标 过程指标		从开发最后一次提交修复开始，到测试验证通过所花费的时间。它反应测试团队的执行效率，对自动化测试的覆盖有正向牵引作用	自动化

　　上面针对与效能相关的结果指标与过程指标做了详细介绍。三层体系中的操作指标，因与各个团队所采取的研发模式、基础平台建设成熟度，以及组织模式有很大的相关性，本文不做详细阐述，但操作层面的效率与质量最终会影响过程指标与结果指标。下面是业界常见的操作指标，供大家参考。

- 与持续集成成熟度相关：编译与构建时长/稳定性、部署时长/稳定性等。
- 与自动化测试相关：①代码全量/增量自动化覆盖率从自动化类型的角度，可分为单元测试、接口测试、验收测试等；从覆盖率计算的角度可分为行覆盖率、分支覆盖率、条件覆盖率等。②自动化稳定性与拦截 bug 的能力等。
- 与代码质量相关：代码可维护性（重复率、圈复杂度、注释率与可读性等）、代码依赖与制品规范等。

- 与开发效率相关：本地编译时长、服务启动时长等。
- 与部署与架构相关：容灾能力、监控能力、故障自愈能力、资源调度能力等。

12.2.4　案例研究：国内某互联网企业的效能指标体系

图 12.2.2 所示为该企业效能指标体系图，其包括 12 个维度的 100 多个指标，具有如下特点。

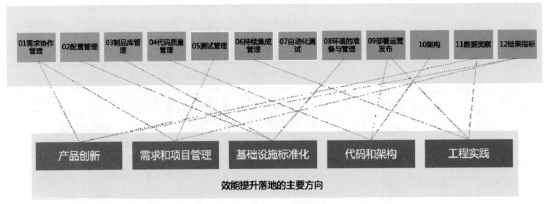

图 12.2.2　某互联网企业效能指标体系图

（1）设计思路：它遵循持续交付的理念，对组织管理机制、软件系统架构与软件基础设施建设三个方面进行度量，针对需求、代码、环境、制品等提出了详细的度量指标，改进对象包括产品团队、开发团队、测试团队及运维团队。

（2）优势：覆盖维度特别广，几乎涵盖了软件研发的各个层面，可以全方位推动研发底层能力的改革。此外，其不仅对最终结果指标有要求，同时也聚焦一线操作，用于指导一线人员实践。

（3）不足：部分维度指标选择不合理，如自动化测试维度追求代码覆盖率，但未综合考虑自动化拦截问题的能力。因此，在实践上可能会出现"为了追求覆盖率，对非活跃但很好写测试用例的代码进行自动化补充""代码覆盖率很高但实际拦截问题很弱的自动化手段"，这样违背初衷的情况。

指标太多且层次不明显，结果指标、过程指标与操作指标没有很好地区分。在实际执行过程中，容易形成过于关注"操作层面达标"，而忽视"结果指标"。因为操作指标达标并不代表团队研发效能水平达标，前者并非后者的充分条件，也因此容易引发各角色之间的相互"甩锅"。

当然，根据业务效能所处的阶段，应该持续对效能指标体系进行更新。

12.2.5　指标体系设计的误区

关于指标体系的设计，通常存在以下误区：

（1）交付价值主要看需求数。认为需求数越高，交付价值就越多。但是因为需求有大小，拆分标准也不一定一致，所以需求数越多不代表交付价值越高。

（2）交付质量主要看缺陷密度。但是缺陷数/案例数、缺陷数/需求数、千行 bug 率等都不适合用来度量交付质量。原因如下：

"案例"与"需求"的数量都依赖于拆分粒度，但其没有统一标准，依赖于具体拆分执行的人。在实际度量中，很容易出现"粉饰"指标的现象。

代码重复度、代码圈复杂度、架构设计是否合理等能更客观地衡量代码质量，但并不能通过这一类指标体现出来。千行 bug 率还有一个很经典的反例：同样的功能和 bug 数，代码写得越长的开发者的千行 bug 率越低。

（3）交付价值使用"均值"的计算方式。相比均值，更建议使用中位数或分位数，如 P50、P90 等。如果使用平均值，只要有 1 个样本无穷大，最后计算出来的均值就会无穷大，从而使均值失真，失去了度量的意义。以常见的效率过程指标"缺陷修复时长"为例：假设有 100 个缺陷，修复前 99 个缺陷各花费 1 小时，修复最后 1 个缺陷花了 99 个小时，那么平均修复时长就是 1.98 小时。事实上，99%的 bug 修复时长是 1 小时，很显然平均修复时长产生了失真，不能准确反映真实情况。

（4）违背上面提到的指标设计原则，比如：①指标反映的是局部最优，而非全局最优。②指标不反映问题或无法指导改进。③指标过多且层次不明。

如果指标的量化结果与大部分人的主观感受不一致，则需要考虑指标设计与定义是否合理了。

12.3　效能分析

核心观点

- 效能分析需要深入分析数据与研发活动的因果关系、关联关系等，找到研发痛点、可改进项和值得总结的经验。
- 要进行系统性的效能分析，不能陷入局部思维，以免陷于"数字游戏""反映部分事实"等困境。
- 要注重效能分析的持续性，持续反思与优化，以确保在向效能提升的目标靠近。

12.3.1　效能分析概述

建立一套完备的度量指标体系是研发效能度量的第一步，而如果不针对指标采集到的数据进行分析，就无法做到效能度量闭环，那么指标体系也就毫无意义。从指标数据中提取关键信息，找出效能改进项的这一过程，就是效能分析。针对指标体系建立度量分析模型，系统性地分析问题，避免陷于"数字游戏""反映部分事实"等困境，是效能分析最重要的价值所在。效能分析在整个效能改进闭环中占据非常重要的一环。

12.3.2　效能分析模型

效能分析模型（图 12.3.1），是指如何对效能问题进行分析的一系列方法论的表达。

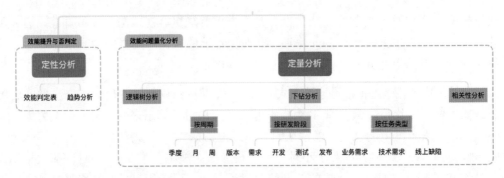

图 12.3.1　效能分析模型示意图

效能分析通常分为两步：

第一步：定性分析——利用效能判定表，判定度量周期内效能是否有提升。

第二步：定量分析——如果效能有提升，则利用下面推荐的分析方法找到所采用措施的优化效果；如果效能有下降或者持平，则利用各类分析方法找到问题所在，规划下一步改进措施。

1. 效能诊断分析

1）效能判定表

有效的研发效能提升可以被拆分为 3 个目标：

- 在不降低交付质量的前提下，增加单位研发成本的交付价值。在仅考虑人力成本的情况下，简单可以理解为"需求吞吐量/人力"。
- 在不降低交付质量和需求吞吐量的前提下，降低单位交付价值的交付时长，即降低需求交付周期和线上问题修复时长。

- 在保持单位研发成本交付价值不变的情况下，提升交付质量。

根据以上拆解，下面给出"研发效能提升是否有效"的简单判定表，见表 12.3.1 所示。

表 12.3.1　效能提升判定表

价值	速度		质量	效能提升是否有效	说明
需求吞吐量/人力	需求交付周期	线上缺陷修复时长	线上问题/故障数		
上升	—	—	不变或下降	是	在不降低交付质量的前提下，增加单位研发人力的交付价值，即需求吞吐量/人力
上升或不变	缩短	缩短	不变或下降	是	在不降低交付质量和需求吞吐量的前提下，降低单位交付价值的交付时长，即需求交付周期（或线上问题修复时长）
不变或下降	—	—	下降	是	在保持单位研发人力交付价值不变的情况下，提升交付质量
上升	—	—	上升	不一定	反例：牺牲了质量，换来了吞吐量的上升
下降	—	—	下降	不一定	反例：在需求开发阶段提升了质量，从而花费了更多时间使吞吐量下降
—	变长	变长	下降	不一定	反例：牺牲了质量，提高了效率

2）趋势分析

从效能判定表中可以看到，各个维度的阐述都是用趋势变化来代替绝对值，因为通过观察某一指标在固定周期的变化趋势，更容易帮助我们发现问题。

图 12.3.2 是某业务线上缺陷修复时长在 2021 年 1 月～2021 年 10 月的趋势图。

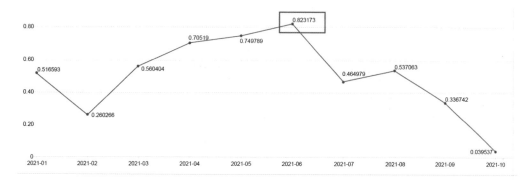

图 12.3.2　线上缺陷修复时长趋势分析举例

可以看到，从 2021 年 2 月～2021 年 6 月之间，线上缺陷修复时长随着时间的推移，持续处于上升趋势，即缺陷修复越来越慢。其实，在进行度量分析之前，客服团队曾说过他们主观感觉到最近线上问题的解决速度变慢，因为他们需要不停地推进和询问问题解决进展，给客服工作带来了难度。从图 12.3.2 中可以看出客观数据与客服团队的主观感受是一致的。最后经过系统的问题分析，团队从 7 月开始进行了干预与改进优化，也可以明显看到线上缺陷修复时长持续下降。

此外，即使是同一个公司，也会有多种业务类型。业务类型不同，团队的状态也不同。如果对度量指标进行绝对值的横向比较，往往会造成所谓的"不公平"，也很难令人信服。因此，纵向分析对比，观察度量指标随时间的变化趋势更有意义。

2. 效能优化/问题分析

在做效能分析汇报时，常见的情况是，我们给出了效能提升目标达成或未达成的结论性判断，但往往无法非常自信地给出变化产生的具体原因，这时就需要对数据进行深入挖掘。常见的效能优化/问题分析方法有逻辑树分析、下钻分析和相关性分析。

1）逻辑树分析

逻辑树又称为问题树，演绎树或者分解树，是麦肯锡公司提出的分析问题和解决问题的重要方法。它的形态像一棵树，即先把已知的问题比作树干，然后考虑哪些问题或者任务与已知问题有关，再将这些问题或子任务比作逻辑树的树枝，逐步列出所有与已知问题相关联的问题。这非常适合研发效能分析。我们常常使用"鱼骨图"来辅助进行逻辑树分析。图 12.3.3 就是针对"需求交付周期上升"的一个拆解分析过程，将"需求交付周期"映射到相关联的各项过程指标中去。

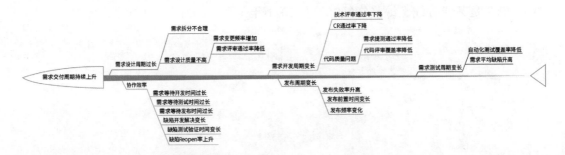

图 12.3.3   需求交付周期持续上升逻辑树

2）下钻分析

下钻分析，其实是逻辑树分析的一种。下钻的思路需要遵循从宏观到微观、一层层往下细分的逻辑，它可以帮助我们从表象到根因逐层排查问题，找到影响效能的瓶颈点。下钻的维度种类非常多，常见的效能下钻分析包括以下几点。

（1）按时间维度下钻（针对价值类与质量类指标）：在实际度量过程中，研发效能的指标数据往往是波动的，在大的时间范围内没有变化不代表在更小时间维度上没有变化。度量分析也经常按周或月或季，甚至更长时间去进行上一周期和本周期的对比。

（2）按研发阶段下钻（针对交付周期类指标）：如果研发部门被业务部门抱怨交付速度太慢，则第一反应很可能是，再多招聘一些开发人员，但也有可能是交付流程中其他因素限制了全局流动效率的潜能，这时就需要根据研发阶段进行下钻分析。如图 12.3.4 所示，整个需求交付周期为 3.534 天，等待开发耗时就达到 0.638 天。从这里我们就可以将"如何降低等待开发耗时"作为优化方向，分析"需求提出是否过于集中""开发人力是否存在瓶颈"等情况。

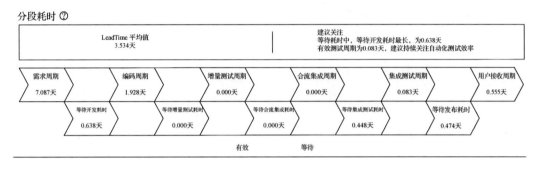

图 12.3.4　需求交付周期下钻分析

（3）按任务类型下钻（针对价值类与质量类指标）：在实际研发生产活动中，研发工作包括业务需求开发、技术需求（技术债和主动技术升级）和线上问题闭环，它们在研发流程、技术难度与复杂度上有较大差异，各项效能指标的基准线也不同。因此，在效能度量分析实战中，也可以将"业务需求开发、技术需求、线上问题闭环"任务类型作为一个下钻维度来分析。

3）相关性分析

研发效能受到很多因素的影响，各个因素之间往往并不是因果关系。例如，代码提交量、提交频率与部署频率之间的关系，部署频率与客户满意度之间的关系，代码行数和代码质量的关系大小，以及代码质量的好坏与团队稳定性是否存在着某种联系等，这些都是"相关性分析"需要回答的问题。我们可以先针对大量的历史数据分析这种相关性，然后通过实验的方式进行探索，找到能够切实驱动效能提升的因素并进行持续干预。在《软件研发效能提升实践》一书中，对研发效能的度量分析方法进行了详细介绍，其中包含一个相关性分析的案例，如图 12.3.5 所示。通过对比可以看出"需求交付周期"与哪些指标存在正相关性，与哪些指标存在负相关性，我们可以对已被数据证明存在相关性的活动和过程指标实施干预。但是也要注意，需要对比"量化数据"与"效能专家"的经验，对有出入的指标进行检视与反思，分析是实践无效导致的误判还是数据失真导致的，并在下一个周期进一步增加实验进行持续探查。

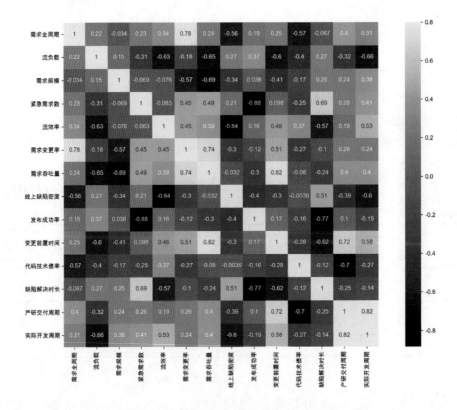

图 12.3.5　需求交付周期相关性分析举例

12.3.3　案例研究——需求交付周期下钻分析

图 12.3.6 所示是某互联网公司定义的软件交付的价值流，它从获得需求开始到成功交付客户/用户结束。在此效能分析活动中，主要目标是缩短需求交付周期，实现单周客户端发版。

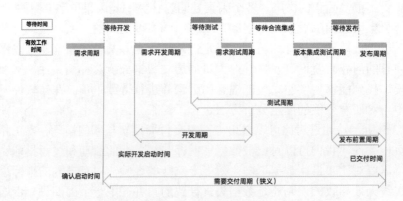

图 12.3.6　某互联网公司定义的软件需求交付价值流

1. 通过下钻分析找到问题

（1）工作项可视化：依托需求管理平台/看板，将交付中涉及的各个工作项进行可视化。

（2）开展工作项价值分析：对研究工作流程中的每一道工序记录对应的时间，判别和确定时间浪费的环节及其原因。如图 12.3.6 所示，整个交付流中有 4 个等待环节和 5 个有效工作环节。前者属于时间浪费，需要持续减少直至消灭；后者需要通过工具或者新的方法尽可能减少花费的时间。

（3）拆解交付价值流进行下钻分析：图 12.3.7 所示为某一阶段需求交付周期分段耗时。当前，业务需求交付周期为 15～18 天，其中平均等待集成周期约为 9 天，最大等待开发周期为 5～11 天；部分需求交付周期更是达到 30 天以上（平均值：统计时间内所有需求该项指标求均值，最大值：统计时间内所有需求中该项指标最大值）。

业务归属	平均值:交付周期	平均值:需求开发周期	平均值:需求测试周期	平均值:集成测试周期	平均值:等待开发	平均值:等待测试	平均值:等待集成	平均值:发布前置周期	最大值:等待开发	最大值:交付周期
业务A	16.4	3.09	1.18	0.52	2.52	0.56	8.99	0.1	9.23	23.28
业务B	15.52	3.40	0.69	0.95	1.07	0.37	8.48	0.92	5.14	20.27
业务C	17.79	4.4	1.76	1.26	0.52	0.72	9.07	0.78	11.81	30.28

图 12.3.7　某一阶段需求交付周期分段耗时图

2. 分析瓶颈产生的原因

通过分析图 12.3.8 所示的需求评审每日趋势发现，该团队存在产品需求被集中提出的情况。

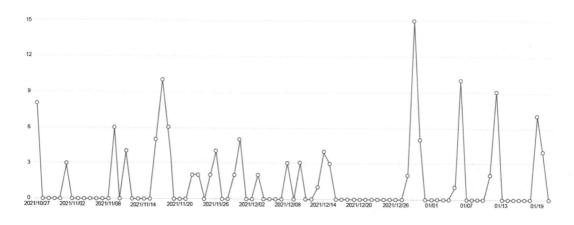

图 12.3.8　每日缺陷变化趋势图

如图 12.3.9 所示，通过分析业务每日缺陷变化趋势发现，缺陷有两个爆发期：临近主干合流截止时间和集成测试周期。结合对测试人员的调研得知，该团队采取分支开发、主干集成的模式，客户端版本前期提测的大部分都是规模比较小的需求，大需求往往在版本后期提测。

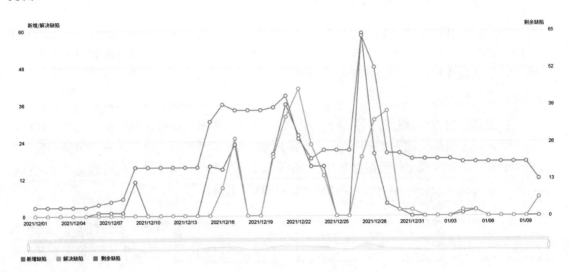

图 12.3.9   每日缺陷变化趋势图

由此可以找到改进的方向：

（1）需求提出时间分布需要更均匀。

（2）大需求拆小，尽早提测，尽早合入主干。

（3）提炼自动化用例，接入主干流水线，保障主干稳定性及主干质量。

12.3.4   效能分析的误区

（1）不要只罗列指标数据，更重要的是通过分析指标数据反映其背后的问题。

（2）针对单一或单一类型指标进行分析，很容易陷入局部思维，比如为了提升提测质量，开发人员花很多时间自测，导致需求延期交付比上升。这种情况下就不能单看提测质量这一个指标，效能提升追求的是在交付速度不下降的情况下提升自测质量。

（3）相比不同产品之间的横向对比，更应该关注不同时间、相同产品的纵向趋势分析。

（4）没有什么度量指标体系一开始就是完美的。度量分析要注意持续性与连续性，不要做一次性的度量分析，迭代归纳也很重要。归纳的目的是迭代优化度量体系，并进行反思：

- 是否在向目标靠近。
- 指标设计与定义是否合理，是否需要修正。
- 改进路径是否有效。

12.4　度量平台

核心观点

- 度量平台的设计可以分为数据的采集、计算、分析和展现几层组件。
- 为满足不同数据源的采集和计算分析，在数据接入之前就需要设计统一的数据抽象和关联映射机制。
- 以面向对象的思路来设计画像数据和指标体系，避免单纯的指标堆积。
- 通过多维度数据分析挖掘对象及指标之间的变化规律，从而找到影响效能的关键因素。

12.4.1　整体架构

效能度量平台的主要作用是将各种需求、研发、测试过程的离散数据进行有机地组合计算，形成各种客观指标数据，再配合多种展现方式，形成直观的数据看板和数据分析能力。

具体来说，效能度量平台主要包含以下内容。

- 离散数据的采集存储：需求、研发、测试涉及多个环节和工具，由于各方数据都是离散的，因此要解决如何方便地进行离散数据的采集和存储的问题。
- 数据计算：主要是将离散的数据进行有机组合，最终形成质效评估的指标数据。
- 数据展现和分析：指标数据需要通过多种方法进行展现和分析，才能便于用户发现和分析问题，因此数据如何展现和分析也需要度量平台合理设计。

以某知名互联网公司的实践为例，一个典型的效能度量平台的架构设计，如图 12.4.1 所示。

1. 数据采集层

数据采集层的主要作用是通过多种方式，如 API、Agent、队列等进行数据采集，将离散数据转为结构化数据，并建立数据间的关联关系。

由于从需求创建到最终上线一般都会涉及多个环节和工具，因此数据采集需要适配多种场景。一般来说，数据采集有如下几种方式。

（1）Agent 采集：主要针对实时数据或实时打点数据。通过 Agent 的方式，监听相关的文件、内存或第三方存储数据，进行数据实时的采集和回传。其优点在于可以实时采集，且可以按照使用需求进行采集字段定制；不足之处在于需要部署 Agent，且需要被采服务的授权。

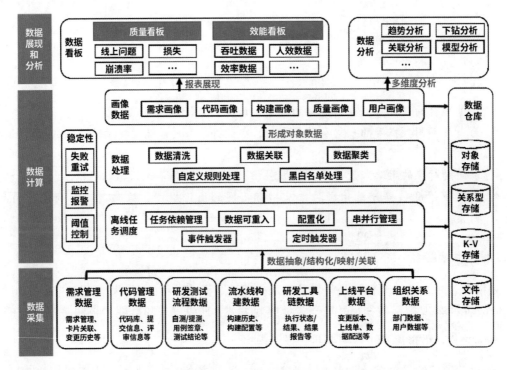

图 12.4.1　某互联网公司的效能度量平台架构设计

（2）API 采集：被采集数据服务通过 API 方式，将自身的数据按照约定格式对外输出，度量平台通过定时任务进行 API 请求获取增量或全量数据。其优点在于度量平台可主动请求获取数据，同时进行数据的初始化处理；不足之处在于需要离线定时任务进行采集，实时性不足，且离线任务管理也需要额外的处理。

（3）消息队列：被采集数据服务实时或定时将自身数据按照约定格式推送到消息队列，度量平台或其他数据需求方都可以进行数据消费。

从数据角度来讲，不同的数据也需要按照自身的特点采用不同的方式进行采集。如实时数据可以通过消息队列或 Agent 方式进行实时采集，时效性不高或需要进行初级处理的数据可通过 API 方式进行统计和处理。

由于数据的来源方不同，而最终的指标数据又需要将各方数据进行关联、聚合等计算，因此各个来源的离散数据都要具备关联关系，且此关系要在采集阶段确定，否则采集之后形成的格式化数据很难做到各个数据源的关联。图 12.4.2 所示是一种常见的关联方式，最终的指标数据以需求卡片的方式产出。根据研发过程规范，可以主要以需求卡片为核心将主要数据进行关联；无法直接关联的，通过间接关联关系进行关联。

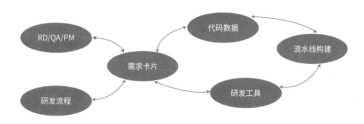

图 12.4.2　数据之间的关联关系

2. 数据计算层

效能度量平台数据计算层的主要作用是，通过多次计算，使整体数据形成原始数据、中间数据、画像数据的分层结构，并通过数据仓库存储起来。其主要解决结构化数据关联计算、冷热数据拆分、规则/非规则数据拆分的问题。

效能度量的数据计算层按数据处理流程又分为几个步骤。

（1）离线任务编排：因为计算任务之间存在一定的数据依赖关系，所以需要对离线任务进行合理编排，对于有数据依赖的上下游任务需要串行执行，非依赖数据可并行执行。考虑到数据会有更新和回溯的需求，所有的任务都需要是幂等的，一旦某个中间数据修正后，即可明确从哪个任务开始重新执行，从而保证数据计算的效率及可重入。

（2）数据处理：该过程的目的是将与效能度量相关的数据经过 ETL（Extract-Transform-Load）加载到数据仓库，形成标准化的 ODS（Operational Data Store），为之后的画像数据提供原始信息。

（3）画像生成：由于效能度量一般需要从产品、项目、团队、人员等不同维度进行刻画和分析，因此需要先把每个画像主体看为一个对象，并分析每个对象的相关属性及影响因素，从而确定每个画像相关的数据项，然后依据数据项进行画像数据的生成。

（4）数据入库：根据数据计算结果的特点，如结构化/非结构化、冷热数据、规则型/非规则型等类型，选择合适的对象存储、关系型存储、KV 存储或文件存储。

在计算分析效能数据时，团队往往会有一些自定义的需求，如仅选取活跃模块进行度量，这时就需要考虑增加一些黑白名单处理的机制，这样可以根据不同业务线的需求，灵活调整规则和度量结果。

3. 数据分析展现层

在效能画像数据的基础上，可以将各种画像数据进行相关的组合、关联，从而生成各种看板数据。看板数据最终还是要依赖指标的设计，但是整体上可以分为两类。

（1）质量看板：主要呈现跟质量相关的数据，如线上问题、崩溃率等。

（2）效能看板：主要呈现跟效能相关的数据，如团队吞吐量、交付效率、人员效率等。

由于看板数据要支持任意时间段、多种聚合纬度的交叉选择，因此在数据缓存方面一般按照天级、最小聚合维度进行缓存，从而保证整体数据的展现效率。度量平台除了要具备整体数据看板的展示功能，还要具备支持用户进行数据分析的能力。常见的数据分析机制如下：

（1）趋势分析：通过按照周、月、季度等纬度的整体趋势展示，分析某项指标的走势、同环比情况，从而更清楚某项指标的变化情况。

（2）下钻分析：主要按照聚合维度逐步细化，最终细化到每个细分维度，如部门、子业务、子团队等，这样可以更快速地明确问题产生的原因。

（3）关联分析：是指多种指标组合分析，从而更客观地进行评估，如针对交付周期和吞吐量的关联分析，可以更客观地评估交付周期的增加或吞吐量的提升是否合理。

（4）模型分析：根据历史数据进行模型训练，如针对同类型的需求，评估需求耗时是否合理或团队吞吐量是否正常。

12.4.2 开源工具与平台

下面以开源研发大数据平台 DevLake 为例，如图 12.4.3 所示，介绍其实现方式。

DevLake 的 Data Sources（数据源），即数据采集层，可通过插件（plugin）实现对特定 DevOps 工具的支持。

注意：schema（模式）层在系统中扮演的作用。在同一个实践域中，通常有多个工具可供选择，比如 Jira 和 TAPD 都能完成需求管理。这些工具大同小异，其数据的定义不同但概念相近，需要完成一层抽象和映射才能实现不同数据源之间的统一化。这就是模式层完成的功能。基于 schema 层，DevLake 构建统一、规范化的指标集及分析能力，对应上述数据分析层。

目前，DevLake 的数据展现层直接采用 Grafana，其具有丰富的看板功能。

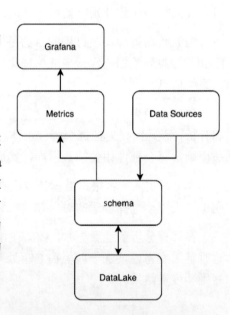

图 12.4.3 DevLake 开源研发大数据平台

12.5 专项度量分析

专项度量分析是在某个细分领域展开领域特有的深度分析过程，如需求价值流分析、代码的度量分析、代码评审度量分析等。我们可以通过这些分析，找到每个具体领域隐藏的深度效能问题和瓶颈点，针对数据反馈的信息采取适当的改进行动，从而通过数据驱动的方式有效指导和促进效能提升。在研发效能度量实践过程中，我们已经积累了一些优秀的专项度量分析实践。

本节的主要内容包括：

需求价值流分析：其五个核心的度量指标分别是流动时间、流动速率、流动负载、流动效率和流动分布。它们结合在一起可以刻画需求交付的完整过程，回答关于交付效率的本质问题。

代码的度量分析：代码分析可以补足对研发产出侧而非过程侧的度量，极大地提升度量体系的完整性和有效性。

代码评审度量分析：不同团队代码评审（CR）活动开展的成熟度不一样，从 CR 发起、CR 评论、CR 颗粒、评审状态及评审投入等量化指标设计中，可以发现流程活动环节的问题并优化代码评审活动。

12.5.1 需求价值流分析

核心观点

- 如果一种度量真的很重要，那是因为它可以对决策和行为产生一些可以想象的影响。
- 需求价值流分析的五个核心度量指标分别是流动时间、流动速率、流动负载、流动效率、流动分布。
- 五个核心的度量指标结合在一起可以刻画需求交付的完整过程，回答关于交付效率的本质问题。通过价值流分析，可以发现研发过程中隐藏的问题和瓶颈点，并采取针对性的行动有效促进效能提升。

1. 需求价值流分析概述

研发效能度量指标有很多，而如何用好这些指标分析研发过程中的具体问题才是关键。下面详细介绍如何通过需求价值流分析全面评估需求研发交付的效率，发现其中隐藏的问题和瓶颈点，并对数据反馈的信息采取针对性的行动来促进效能提升。

2. 需求价值流分析的五大核心指标

图 12.5.1 所示为某大型互联网公司的需求价值流，我们可以通过对其进行梳理，形成对需求交付过程清晰的认识。

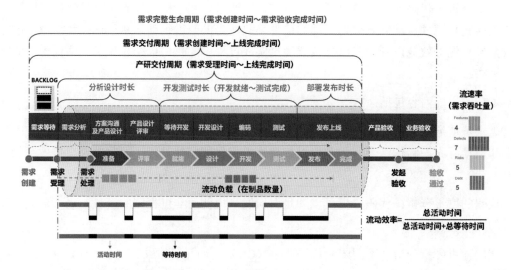

图 12.5.1　某大型互联网公司的需求价值流

可以看到，其存在两层价值流。

（1）第一层是需求价值流。流动的单元是业务需求，这是业务人员的核心关注点，目标是业务需求交付的效率和效果。其主要节点包括需求创建、需求受理、需求处理、需求开发测试并发布上线、需求发起验收，业务验收通过。

（2）第二层是产品交付价值流。流动的单元是业务需求拆解后形成的产品需求，目标是提高产品需求的持续交付能力，包括效率、质量和可预测性。产品需求由具体的敏捷交付团队承接，经过准备、评审、就绪、设计、开发、测试、发布等状态，直到完成。

两层价值流之间存在承接和对齐的关联关系，产品需求的研发状态会回溯到业务需求层面进行信息同步。

根据这个典型的价值流，我们可以定义五个核心的度量指标，分别是流动时间（需求交付周期）、流动速率（需求吞吐量）、流动负载、流动效率和流动分布。这五个指标结合在一起，就是一个典型的分析产品/团队交付效率的模型，通过这个模型可以讲述一个需求交付价值流完整的故事，回答一个关于需求交付效率的本质问题。

● 流动时间：也称为需求交付周期，是指从需求提出到完成开发和测试，直到完成上线的时间周期，反映了整个团队（包含业务、产品、开发、测试、运维等职能）对客户问题或业务机会的交付速度，依赖整个组织各个职能和部门的协调一致和紧密协作。从数据统计的角度来看，需求前置时间指标通常符合韦伯分布，我们要尽量避免度量的平均值陷阱，建议使用 85 百分位数进行统计分析。

- 流动速率：单位时间内流经交付管道的工作项数量就是流动速率，也就是常说的需求吞吐量。

- 流动分布：单位时间内流经交付管道的需求中，不同工作项类型的占比（包括需求、缺陷、风险、技术债等）就是流动分布，其可以衡量团队的工作量是用在开发新需求和被动"救火"上，还是主动解决技术债上，对工作计划的合理分配有一定的指导意义。

- 流动负载：在交付管道中，已经开始但尚未完成的工作项数量就是流动负载，其实就是常说的在制品数量。流动负载是一个关键的先导性指标，过高一定会导致后续交付效率下降、交付周期变长，因此识别到这类问题就要进行及时干预。

- 流动效率：在交付管道中，工作项处于活跃工作状态的时间（无阻塞地工作）与总交付时间（活跃工作时间 + 等待时间）的比率就是流动效率。调查表明，很多企业的流动效率只有不到 10%，也就意味着需求在交付管道中有大量时间处于停滞、阻塞、等待的状态，以至于看似"热火朝天"的研发工作，很可能只是虚假繁忙。大家只是因为交付流被迫中断，所以切换到其他工作，从而并行开展了很多不同的工作而已，但从业务和客户的视角来看，需求交付效率其实很低。

3. 需求价值流具体分析过程

下面我们分别看一下，流动时间、流动负载、流动效率三个核心指标是如何进行具体分析和问题排查的。

1）流动时间分析

在度量领域中有一个关键实践，即趋势比绝对值，更能说明问题。因为每个组织、部门、团队或个人都有不同的起点和上下文背景，因此对度量指标的绝对值进行横向比较很可能有失偏颇。针对每个独立的个体来说，从度量随时间推移的变化趋势中更能获取有效的信息。

图 12.5.2 所示是某个部门推进需求交付效率分析时绘制出来的趋势图。

可以看到，在 2019 年 7 月之前，随着时间的推移，交付周期持续处于上升趋势，即交付需求越来越慢。在进行复盘时，当时的管理者识别到这一问题，虽然大家工作看起来很繁忙（资源利用率很高），但从业务或客户的角度来看，研发效率的体验却在持续下降（流动效率降低）。于是，管理者就决定指派专人负责研发效能的诊断分析和提升工作，对交付周期问题直接进行干预，通过一系列改进措施扭转这一趋势。图中红圈位置是一个转折点，交付周期在 2019 年 8 月之后有了明显下降，说明所采取的干预措施是有效果的，即在度量的指导下发现并处理了问题，最终该部门的研发效能得到了提升。

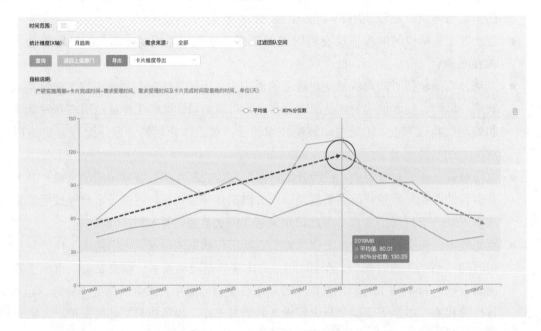

图 12.5.2　流动时间的趋势图

在对流动时间进行针对性优化的过程中，为了能够进一步发现问题，我们采用了多种下钻分析的方法。

（1）按照阶段下钻。从约束理论的角度来看，交付管道中至少会存在一个约束因素，限制了全局流动效率的潜能。但这个约束具体在哪个阶段，很可能与我们预想的完全不同。

如图 12.5.3 所示，把流动时间按照阶段下钻之后形成了一张柱形图。

可以看到，需求的平均开发周期在 5 天左右，其实并不算很长，但前面有一个开发等待周期也接近 5 天。另外，还有多个阶段的平均耗时接近，甚至高于开发周期。比如，测试阶段耗时超过 9 天，方案及 PRD 阶段耗时接近 6 天。在精益理论中，我们可以把活动分为三类：增值的活动（如写代码等）、非增值但必要的活动（如测试等）和浪费（如等待、缺陷导致的返工）。我们要最大化"增值的活动"，优化"非增值但必要的活动"，消除不必要的"浪费"。那么，在这个案例中，就找到了需要改进的大致方向，再结合其他指标进一步进行问题排查，就可以得出有针对性的优化策略。

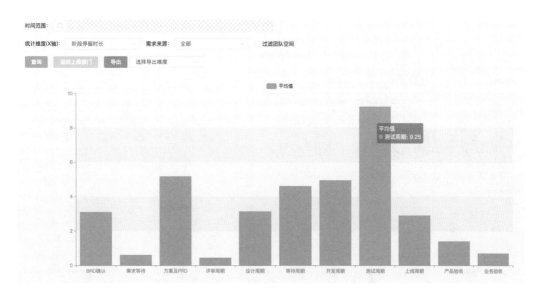

图 12.5.3　流动时间的按照阶段下钻

（2）按照部门下钻。在分析效能问题时，很多时候是自上而下进行的。比如，先看到整个公司的效能情况、各个部门的横向对比，然后再进行逐层下钻，一直到子部门、团队层级，甚至下钻到数据明细，从宏观到微观进行问题根因分析。

如图 12.5.4 所示，我们首先可以得到把流动时间下钻到所选部门的下一级部门、下两级部门、下三级部门的数据图表，再钻取具体的明细数据。然后按照交付周期的长短对所选范围内的需求进行排序，并查看这些需求的交付过程和状态流转的细节，针对性地分析影响效率的问题，寻求改善的抓手。

2）流动负载分析

图 12.5.5 所示为笔者在团队中落地流动负载度量和分析时的一个案例。

可以看到，产研团队流动负载比上个统计周期提升了 43%，而相同周期内的产研交付周期环比提升了近 20%。从实际统计数据来看，这两个指标之间存在关联关系，流动负载的升高影响了交付周期的上浮。但它们之间并不存在像公式一样精确的数学关系，这是因为影响交付周期的因素本来就很多，我们无法像在实验室中一样屏蔽掉所有其他因素的影响，而只观察这两个指标之间的关系。另外，流动负载的升高对交付周期的上浮存在延迟反馈，积压的需求可能并没有在当前统计周期内完成，也就并没有进入交付周期的数据统计范围内。

图 12.5.4   流动时间的按照部门下钻

图 12.5.5   流动负载分析

由于流动负载比较高，因此我们可以使用在制品下钻方法排查一下具体的工作项，以确定是否有很多需求被阻塞。

如图 12.5.6 所示，通过层层下钻，可以看到在制品的详细情况，如它们分别处于的阶段和在此阶段滞留的时间。如果做得更好一些，则可以计算出工作项在每个阶段的平均滞留时长作为参考值。如果发现有些工作项滞留超过了平均时长，就需要特别进行关注，进一步分析阻塞的原因，并迅速采取行动恢复阻塞工作项的流动。

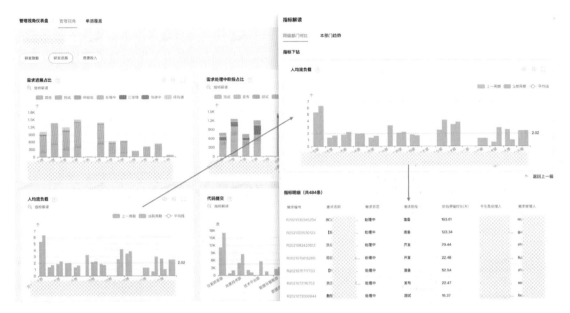

图 12.5.6　流动负载下钻分析

3）流动效率分析

我们可以结合 DevOps 平台中的看板工具，将待评审、就绪（待开发）、待测试、待发布等阶段的属性设置为"等待"，而需求沟通、需求评审、方案设计、开发、测试、发布等阶段的属性设置为"活跃"，这样就可以得到研发过程的基础数据，以便对流动效率指标进行计算。

如图 12.5.7 所示，这里给出了笔者在某部门落地流动效率度量和分析时的一些实施细节，首先通过对指定范围内团队的看板进行统一配置，明确各个阶段的准入准出，规范各个团队的操作规范，得到流动效率的度量数据。然后，通过对在制品数量进行控制，推进小批量交付和一系列最佳实践的引入，优化研发阶段的等待时间，让流动效率获得一定的提升。

4. 需求价值流分析的常见误区

这里有个常见的误区需要特别注意，就是当没有解决数据准确性问题时，就开始大规模进行统计和分析。我们经常遇到需求状态不准确的问题，比如需求已经上线了，但其在看板等管理系统中的状态还停留在"开发中"。需求价值流分析中的很多数据都是依据看板工具进行各个研发阶段耗时统计的，那么就要考虑看板中的工作项状态与实际工作状态如何保持一致，以保证需求指标和分析数据的准确性。当然，办法还是有的。比如，我们可以依靠规范的宣贯和执行的监控，确保数据相对准确（例如，至少在每日站会的时候确保工作项状态及时更新），但更为有效的办法是通过自动化的手段，在工作项与代码关联后，研发人员后续一系列基于代码的提交、合并、提测、上线等动作可以自动联动更新工作项的状态等。

上面主要介绍了需求价值流分析的方法，属于管理角度的度量分析。但对于研发效能来讲，从工程角度进行分析（如代码、CI、测试等专项的分析）也是非常必要的，接下来我们就来介绍一下代码相关的度量分析。

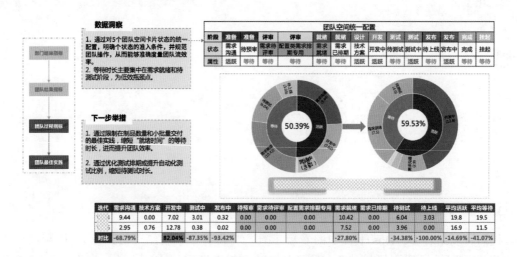

图 12.5.7　流动效率分析

12.5.2　代码度量分析

 核心观点

- 代码分析可以补足对研发产出侧而非过程侧的度量，极大提升度量体系的完整性和有效性。
- 作为代码度量的典型代表，"开发当量"反映了研发产出的复杂度，在交付速率、交付质量和交付成本等领域都有重要应用。
- 缺陷密度、缺陷修复工作量、函数复杂度、函数影响力、代码重复度等代码度量指标，对改进工程质量有重要作用。

1. 代码的度量分析

程序代码是软件开发过程中最重要的产出之一，也是软件开发组织最宝贵的资产。然而，代码对于传统研发效能度量一直是一个"黑盒",导致度量体系"两头重"——或者前置度量开发过程中的活动或行为,或者后置度量软件上线后的最终业务表现,而两者之间难免会脱节,影响度量的完整性和有效性。

例如,如果我们无法衡量各个需求实际开发的复杂度,那么就很难对需求粒度进行系统的校准和控制,进而影响需求吞吐率、需求交付周期等指标的效用。在质量管理方面,常常需要统计单位软件规模或开发规模上产生的缺陷数量,如果像"千行 bug 率"一样采用源代码行数这类噪声较大的指标进行计算,效用就会大打折扣。在考虑"投入"和"产出"时,如果只看软件发布后的结果,则会有诸多的局限性:首先,影响结果的因素有很多在研发范畴之外(如市场和销售);其次,因为很多研发的价值需要很长时间才能得以体现,所以需要可靠地衡量"中间产出"和"实际投入"的指标,以便更好地度量各阶段的 ROI,帮助研发组织进行更有效的决策。

2. 代码开发当量

我们以代码开发当量(简称代码当量或开发当量)为代表,介绍代码度量和分析的典型算法。代码当量,是对程序逻辑复杂度的一种估算,反映代码开发的工作量。此类算法依赖于编译器和程序分析技术。

其具体步骤如下:

第一步:将源代码解析为抽象语法树(Abstract Syntax Tree,AST)。AST 是表征源代码语法的数据结构,也是进一步语义分析的基础。该解析过程有助于消除对程序实质逻辑不重要的噪音,如注释、换行、表达式的具体形式等。以下例子即体现了这些差别,它们会导致代码行数变化,但不影响代码当量的计算。如图 12.5.8 所示,红色块和绿色块两种不同写法的代码的逻辑相同,改动了 4 行代码但代码当量为 0。

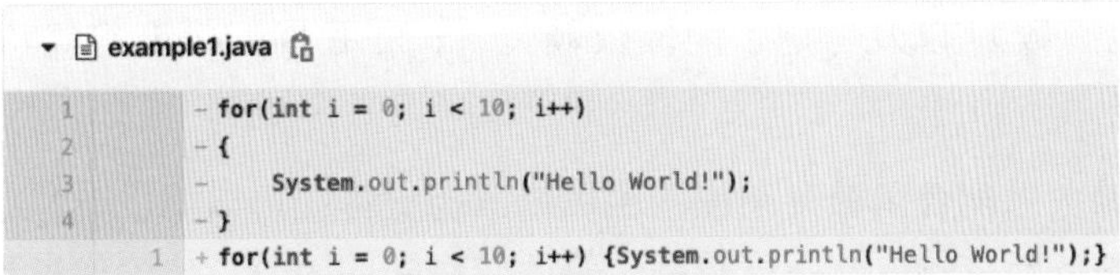

```
▼  ▤ example1.java ⏷

 1    - for(int i = 0; i < 10; i++)
 2    - {
 3    -     System.out.println("Hello World!");
 4    - }
 1    + for(int i = 0; i < 10; i++) {System.out.println("Hello World!");}
```

图 12.5.8　两段逻辑相同,但写法不同的代码

第二步:对比代码修改前后 AST 的变化,即 Tree Diff,其输出是一个编辑脚本,由一系列编辑操作组成,正是这些操作一步步将旧 AST 转换成新 AST。编辑操作分为四种类型:插入、删除、移动和更新。例如,插入操作可以将新的 AST 节点作为现有节点的子节点插入;更新操作可以修改现有节点的值。

第三步：根据编辑操作的类型和编辑的 AST 节点类型，为每个操作分配权重，并进行加权求和，最终得到代码当量的数值。

代码当量在交付速率、交付质量和交付成本等认知域都有重要应用。

- 为了反映交付速率，可以计算单位时间内产出的代码当量。代码当量并不能代表所有开发活动，但从统计意义上，能够实际反映代码层面的交付产量，远优于代码行数等浅层度量指标。
- 为了反映交付质量，可以用测试或上线各个阶段或等级的缺陷数除以代码当量，计算各类缺陷密度，从而替换千行 bug 率，获得更加有效的质量度量。
- 代码当量还可以用于交付成本的度量，如计算投入产出比：如果以人力成本作为"投入"，那么代码当量可以作为"产出"；如果以营收或活跃用户数等业务表现作为"产出"，那么代码当量就是"投入"。

3. 软件工程质量

传统上，静态代码分析通常聚焦于代码行级的缺陷和安全漏洞，从各类 linter 工具到开源扫描工具 SonarQube 等。应用在研发效能领域中，代码分析还能提供反映软件工程级质量的一些指标。

（1）重复度：通过克隆检测分析出的重复代码量占所有代码量的比例（有时为了归一化，用 1 减去重复度，定义为"不重复度"）。克隆检测可以仅对比源代码字符串，也可以在 AST 级别上对比，从而避免由变量重命名、代码格式和顺序调整等带来的影响。

（2）函数复杂度：如圈复杂度、AST 复杂度（代码当量）。很多公司会对函数的圈复杂度有明确规定，以减少大而复杂的函数。圈复杂度过高的函数，测试和维护成本都很高。

（3）函数依赖关系：如函数在静态调用关系图中的入度（被多少其他函数调用）和出度（调用了多少其他函数），以及考虑了间接依赖关系、采用 DevRank 等算法计算出的函数影响力。

（4）函数依赖关系配合函数复杂度、函数修改历史等：可以用于推荐单元测试应覆盖的函数。一般针对被广泛依赖、复杂度较高、修改较频繁的函数，建议优先写单元测试。在实际中，开发者的时间都很有限，强求单纯提高单元测试覆盖度往往事倍功半，不如为开发人员推荐应该优先被单元测试覆盖的函数。

（5）模块性：反映代码高内聚、松耦合的程度。如果不依赖烦琐的人工标记，则可以在函数调用图上先做自动的最优划分，再计算模块性。

（6）缺陷修复工作量：计算单个 bug 或各个 bug 整体修复的代码当量，可按 bug 优先级和所在系统模块进行分类统计，并观察在总当量中的占比，反映 bug 修复的复杂度和团队在 bug 修复上花费的精力。

（7）静态测试覆盖度：指被测试代码覆盖的函数占所有函数的比例，可与动态测试覆盖度互补使用。其还可以包含对测试语义的检查，如识别无效的断言。

（8）注释覆盖度：指添加了结构化注释的函数占所有函数的比例，有助于增强代码的可读性和可维护性。

4. 人才画像

开发者的代码贡献、代码质量、技术经验都能在代码中体现，也能通过代码分析进行度量。这些数据的呈现，有利于开发团队营造透明客观的氛围，避免单纯依赖主观判断造成的诸多弊端。除将前述各类指标用于团队或个人维度外，技能标签也是人才画像的重要组成部分。使用各类库的次数、范围、深度，以及对语言特性、数据结构和编程范式的使用情况，都能反映开发人员的经验和技能，可以通过代码分析为开发者打上不同的标签，帮助团队做人才盘点和组织发展规划。有些公司已经为团队成员设计了技能树，但通过传统的考核等方式点亮技能树费时费力，不如部分通过代码分析自动点亮，也能在实际工作中体现技能树的意义，往学以致用的方向引导。

图 12.5.9 是思码逸企业版 2021 年为泰康集团所做的人才画像的一页总概括，已在"泰康 1024 程序员节"上公布。人才画像提炼出了四点洞察，实际数据回答了图中列出的具体问题（数据本身无法公开）。

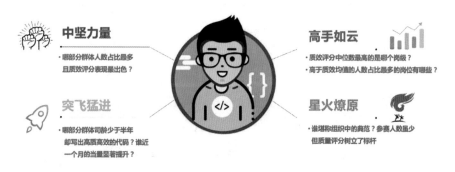

图 12.5.9　人才画像实际案例

5. 应用案例

下面我们通过代码分析评估开发负载的一个应用场景，以及实际公司中的数据和案例。该场景案例服务的角色是技术管理者，度量目标是分析组织整体与重点团队的产能情况，回答团队"该不该加人"的普遍问题。

首先，技术管理者可以将代码当量、需求交付周期、需求吞吐量等指标作为数据抓手，从资源效率（价值输出方视角）与流动效率（价值输入方视角）两个方面，评估公司整体的产能情况，并通过与行业基线对比，评估是否存在组织级的产能紧张，其中行业基线可以来自对相近的优秀开源项目的统计。在图 12.5.10 中，该公司与行业基线的对比显示，大部分时间内组织的整体产能水平（以代码当量计）处于正常区间。

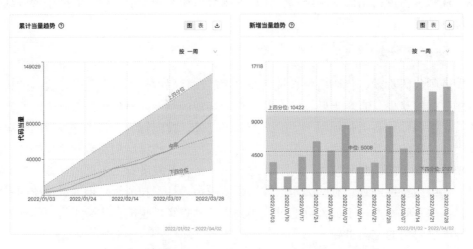

图 12.5.10　公司的代码当量与开发语言和开源项目对比结果

除了对比行业数据，研发与业务的投入产出比也是判断整体产能是否应增加的重要因素。在图 12.5.11 中，该公司以代码当量统计研发产能（即"投入"），显示了产能增加的同时，营收（即"产出"）的相应变化，以及投入产出比。我们可以看到，投入产出比在第二季度初处于较高水平，通过数据说明之前的产能增加带来了业务回报。当时，基于此做预测继续增加产能会促进业务发展，但应保持适度水平，避免投入产出比大幅回落。之后，年中的数据分析充分印证了当时的预测及相应的举措，技术团队也因此获得了公司级嘉奖。

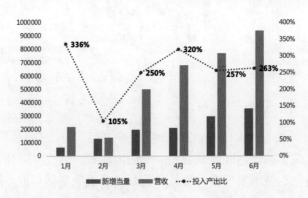

图 12.5.11　2021 年上半年以代码当量为投入、营收为产出计算的各月份投入产出比

接下来，公司对提出开发负载重、需要加人手的两个部门进行了一层下钻分析。两个部门人均产能与公司中位数的对比，如图 12.5.12 所示。其中，左右两个虚线框分别标注了提出上述诉求的 A 部门和 B 部门。尽管不同部门可能在业务性质、项目阶段等方面存在差异，横向对比不一定适用所有情况，但这里并不是要做严谨的考核，而是通过部门级人效分析，观察客观数据呈现所需要关注的特征。具体来说，B 部门的人均产能在组织中处于较低水平，提示我们需要继续下钻，查看部门详情。

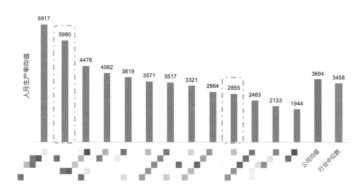

图 12.5.12 各部门人均月代码当量产出

深入 B 部门的数据，图 12.5.13 展示了该部门产能与去年同期的对比。我们可以看到，部门整体产能显著下降。基于这些洞见，"B 部门存在人力缺口"这一论点存疑，管理者可要求 B 部门补充信息来支持其人力需求的合理性。

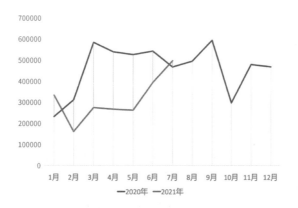

图 12.5.13 B 部门两年产能对比

更进一步，我们可以将视角切换到 B 部门的技术负责人，通过数据观察部门内部的情况，如图 12.5.14 所示，度量对象是本部门的效率，以及可能影响效率的诸多因素。B 部门负责人通过观察人均产能趋势发现，尽管最近加班加点，人均产能连续上升，但也仅回升至去年同期平均水平。同时，由于相关业务处于平稳期，需求吞吐量也没有明显增加。从资源效率与流动效率两个视角看，都不存在需求激增超过团队负载的情况。

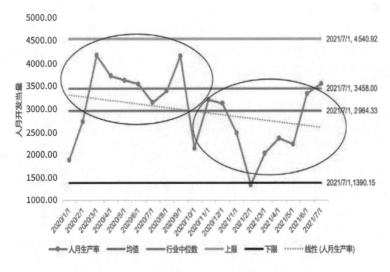

图 12.5.14　B 部门人均月代码当量产出的变化

B 部门负责人可以从资源效率出发，进一步下钻至个人级，使用帕累托图分析部门开发者的产能分布，如图 12.5.15 所示。

通过部门的调研访谈，负责人发现团队普遍反映各个角色之间的协作效率不高。为了验证团队协作行为是否对效率产生了影响，我们从流动效率出发，观察需求交付周期趋势，以及各环节的时长分布。结合这些数据分析发现，尽管需求吞吐量变化不大，但交付周期明显延长，流动负载（在制品数量）也显著增加，说明任务积压导致团队成员需要同时处理多项工作，频繁切换上下文，进一步拖累团队效率。

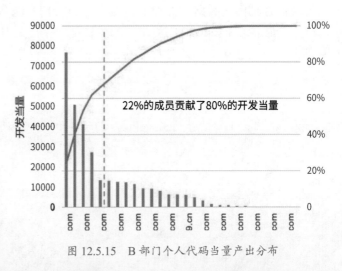

图 12.5.15　B 部门个人代码当量产出分布

在团队中，B 部分工作延期较频繁，经常形成项目关键路径。通过上述帕累托图分析，我们发现 80% 的代码工作量由 22% 的成员贡献，反映出 B 部门工作存在任务分配不合理、不均衡，少数成员承担过多任务的情况，这也印证了上面提到的任务积压现象。

该案例展示了代码及相关研发数据分析的重要作用。特别需要指出的是，同一套数据面向不同的角色和场景会呈现出不同的切面，我们要保障在信息对齐的同时，使各个角色都能从效能度量中获得价值。

（1）技术总监要进行有效的向上管理。通过对比行业数据，不再"空口无凭"；通过对与业务数据结合的投入产出比分析，衡量产能增减的合理性；进一步通过各产品线的投入产出比，调整人力分配。实际的管理动作包括设立产能和人效目标、调整组织人力安排和分配等。

（2）激发部门的自驱提升。在该公司公布各部门的人效数据后，不少部门内部自发组织会议分析数据，寻找问题和增长点，不再像以往一样只靠自上而下的推动，体现了数据驱动的力量。

（3）引导团队实施研发过程改进。上述案例主要围绕"该不该加人"这一决策点，介绍了部分与本节代码分析度量相关的指标数据。除此之外，可以参考《软件研发效能度量规范》标准和 MARI 方法论，找到改进的数据抓手，并通过数据验证成果寻找新的提效方向。

6. 代码度量的误区

代码分析是研发效能度量中技术含量较高的部分，但也容易走入误区，以下几点应该在实践中避免。

（1）采用浅层指标，如代码行数、千行 bug 率等。因为这类指标极易受到代码噪声的污染，且对博弈行为几乎没有制衡，往往达不到度量效果，甚至有相反的引导作用。

（2）过分追求精确。开发者或管理者容易走向另一个极端，希望代码度量非常精确，所有的边角情况都不能容忍。这其实是错把"统计学度量"理解成"物理学度量"。物理学度量自然追求高精度，今天人类能把长度、重量、时间等精确到小数点后几十位。但代码度量是统计学度量，只要在误差范围内能够呈现研发的规律和问题，就足够了。代码度量应服务于目标和问题，而不是过分追求精确。

（3）单一指标混入过多维度。指标应当透明，反映某个维度的客观情况。例如，计算代码逻辑量的指标，可以反映代码实现的工作量，但并不能衡量代码表达算法的优劣。如果有人设计了精妙的算法，带来了突破性的效果，则应该有另外的机制（如基准性能测试）直接反映这种贡献。为避免对"透明"的误解，我们强调其实质一方面在于概念和规则清晰，并非反对综合反映某个领域的复合指标；另一方面在于反映信息有效，而不与实现技术的复杂度直接相关，如程序分析和编译技术都比较复杂，但不意味着得出的指标都不透明。

（4）不能系统地理解度量指标。多项指标往往应该综合使用，来全面反映实际情况。从大的领域看，交付价值、交付效率、支付质量、交付成本、交付能力都应该被考量，即便在某个阶段有所侧重，也不能完全顾此失彼。在单个领域内，如质量，可以从代码缺陷密度、缺陷修复工作量、架构问题等多个角度观察。即便一个指标概念，如"缺陷"密度，也可分成静态扫描发现的缺陷、测试发现的缺陷、上线后发现的缺陷等，仅看其中一个获得的信息会有局限性。

12.5.3 代码评审度量分析

🌐 核心观点

- 数据驱动不是万能的，没有数据驱动是万万不能的，代码评审活动开展也需要数据作为驱动。
- 数据分析的六个步骤：明确分析目的和思路、数据收集、数据处理、数据分析、数据展现和报告撰写，只有将每一步都做到位，数据才能起到真正的驱动作用。
- 不同团队的代码评审活动开展成熟度不一样，从 CR 发起、CR 评论、CR 颗粒、评审状态、评审投入等量化指标的设计中可以发现流程活动环节中的问题并改善代码评审的活动开展。
- Python 自动化数据分析是一种成本较低，功能强大的数据分析实施工具。

1. 背景介绍

代码评审（Code Review，CR）是代码质量保证活动中非常重要的一个环节，该活动的开展对提升产品质量和工程素养及开发人员之间进行技术分享和交流起到重要的促进作用。

CR 活动的开展程度需要量化数据做参考，比如，腾讯公司内部的代码管理平台提供了 CR 开展的原始数据，可以按照组织结构查看或导出每一个发起 CR 的详细信息和每一条评论开展的信息。但是，数据要产生价值，还需要做进一步分析。

相关组织在 2020 年就开展了对 CR 数据分析和报告的尝试，解决了 CR 数据从 0 到 1 的问题。但当时由于历史原因，尚未实现自动化，并且数据分析指标和维度，以及数据分析方法和模型选择有待优化。同时，从数据展现和报告撰写来看，数据图表展现围绕痛点表达的意图不够明显。

这里最大的问题是全部手工开展，每个月外包人员使用代码托管平台导出数据进行分析和展示及报告制定，要完成 20 多个业务报告处理，保守估计需要大约每个月 7 人天×2 的人力投入，并且数据很容易出错。

由此看来，无论是 CR 指标和指标维度，还是数据展示方法和样式、报告可视化及自动化方法，都值得探索优化。

2. CR 数据分析设计

1）CR 数据分析过程

下面重点介绍用数据分析的方法保持或改善 CR 活动的开展，这需要从数据分析典型的 6 个关键步骤说起，看看如何用科学的方法挖掘并展现数据价值，将数据背后的故事讲述出来，达到数据驱动的目的，如图 12.5.16 所示。

图 12.5.16　数据分析的 6 个关键步骤

（1）明确分析目的和思路：明确度量分析目的和思路至关重要，首先要回答几个为什么：

● 为什么要开展 CR 数据分析工作？

CR 活动是研发过程中的一个关键活动，我们希望通过了解活动的开展状态，促进该活动的推广实施。

● 从哪些角度分析数据？

CR 活动包含发起和评论开展活动，一般是先观察发起情况，再观察评论情况，同时 CR 的颗粒度及开展过程也需要关注。

● 指标设计要注意什么？

除了表征开展情况的绝对指标，还需要看人均数、每日开展等相对指标进行数据观察。

● 分析维度要注意什么？

时间对比、组织结构之间的对比、特殊人群如 TL 的开展，以及每个开发人员的开展情况等。

● 用什么分析方法最有效？

趋势分析看当前状态和未来走势；对比分析看组织间的开展；结构分析看详细构成（好的原因是什么？哪部分贡献的？哪部分开展没有按照预期进行？）；漏斗分析看 CR 活动在哪个环节不容易执行。

● 数据分析报告如何有说服力？

图表要清晰、有效、可视化强，以达到传递信息引发和改进行动的目的；数据报告要论证充分并给用户总结问题，以准确传递信息，达到推动、改进的目的。

数据分析是有成本的，以上都是为了回答为什么要做数据分析的问题，以及采用什么样的数据分析思路能够达到目的，也就是数据分析实施步骤之前的数据分析设计工作。

（2）数据收集和数据处理：用于本节 CR 数据分析的数据源来自代码托管平台，有多种方式导出数据。自动化之后，先通过 API 接口读取平台数据，然后将收集到的数据进行加工、整理，用于后续的数据分析工作。

（3）数据分析：在"明确分析目的和思路"的阶段，就需要确定合适的数据分析方法，其直接决定数据价值挖掘的程度。数据分析的基本方法有对比、细分、预测等，它们大多数是通过软件完成的，这就要求数据分析师熟悉常用数据分析工具的操作，如 Excel、SQL、Python 等。

（4）数据展现：数据展现的主要目的是借助图形化手段，将枯燥的数据变得生动，展现数据隐含的信息，更清晰、高效地传达与沟通数据背后的故事，并得出结论和假设。在一般情况下，数据是通过表格和图形的方法呈现的，即常说的用图表说话，也称为数据可视化，常用的数据图表包括饼图、柱形图、条形图、折线图、散点图、雷达图等。目前，有很多数据可视化工具可以使用，本节选用 Python 强大的数据可视化模块。

（5）报告撰写：数据分析报告其实是对整个数据分析过程的一个总结与呈现。通过报告，把数据分析的结果和建议呈现给组织。

2）CR 指标体系建立

（1）指标与维度是数据分析中最常使用的术语，非常基础也非常重要。

指标：是指对一个数据的量化，一般通过对字段进行某种计算得到（如求和、求平均等）。指标可以分为绝对指标和相对指标，绝对指标反映规模的大小，而相对指标主要反映程度的高低。比如，在 CR 活动中，评论数、参与人数等就是绝对指标，人均评论数、覆盖率等就是相对指标。在分析数据时，通常是将绝对指标和相对指标或者多个绝对指标/多个相对指标一起使用，比如当通过评论数趋势看不出明显异常时，就要看人均发起数或人均评论数等。

维度：也就是我们说的分析角度，如果想把指标按照不同角度拆分，那么角度用的字段就是维度。指标用于衡量事物发展的程度，而要想知道程度是好是坏就需要通过不同维度进行对比。CR 指标的分析维度有时间、个人、组织结构、产品/业务、版本等。

指标体系：是一系列指标的组合，是把数据指标系统化地组织起来，这有利于我们从更多的维度来看数据表现，得出的结论具有更高的可靠度，如 BSC、KPI 等就是常见的指标体系。

（2）CR 指标体系构建思路：首先，要确定 CR 活动开展的北极星指标。北极星在每个阶段可能不同，如果初期发现 CR 活动开展明显不充分的组织，可能主要是想用数据牵引开发人员积极开展 CR 活动，这时会选择 CR 参与覆盖率等指标。所谓 CR 覆盖率，是指在某个时间段内某组织 CR 活动参与人数的覆盖情况，它的下一级指标为 CR 发起覆盖率和 CR 评论覆盖率。

在 CR 参与覆盖率达到一定程度之后，有的团队会选择 CR 评论数作为北极星指标，成熟度再高一些的团队会选择月度人均评论条数作为北极星指标。另外，根据 CR 的实际情况也会有不同的北极星指标，如某些组织会选择 CR 的效率，即将 CR 从发起到关闭的时长等作为关注重点。

补充说明：笔者以前在研发团队中用人均平均数作为北极星指标，并且制定了 20 条作为红线目标。其大概的逻辑是，开发人员应该每天开展代码检视活动，至少发现一个问题并提交一条检视意见，这就是人均每月 20 条评论数的来源。）

下面重点介绍 CR 指标体系建立和指标分解思路，以及 CR 数据分析方法和模型建立，不对北极星指标进行过多纠结。这里我们先以较多团队使用的"CR 评论数"为初期北极星指标，然后用因素分解法（会影响到该指标的主要因素）对"CR 评论数"进行拆解，如图 12.5.17 所示。

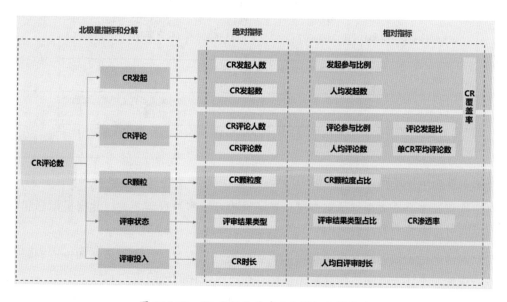

图 12.5.17 CR 指标体系建立和指标分解思路

详细指标描述见表 12.5.1。

表 12.5.1   CR 指标体系详细指标描述

指标类型	指标名称	指标定义	维度
CR 发起	CR 发起人数	该组织人员通过代码管理平台发起 CR 活动的人数	时间、组织结构、个人、产品/业务
	CR 发起数	该组织人员通过代码管理平台创建的 CR 个数	
	人均发起数	该组织人员创建的 CR 个数除以该组织结构的人数	
	发起参与比例	该组织人员发起 CR 行为的人数除以该组织结构人数	
CR 评论	CR 评论数	该组织人员针对新增、修改、删除代码行内开展 CR 产生的行间评论总数	时间、组织结构、特殊人群 TL、个人、产品/业务
	CR 评论人数	该组织开展 CR 评论活动的人数	
	评论参与比例	该组织人员开展 CR 有行间评论产生的人数除以组织结构人数	
	评论发起比	该组织人员 CR 评论人数除以 CR 发起人数	
	人均评论数	该组织行间评论总数除以该组织结构的人数	
	单 CR 平均评论数	该组织人员创建的 CR 中，所有行间评论数除以 CR 创建总数，CR 创建总数分别对应到（0～200）（200～400）（400～1000）（1000～5000）（5000 以上）颗粒度	
	CR 覆盖率	该组织发起人数+评论人数去重除以该组织结构人数（总监、P 合作伙伴、V 外包员工除外）	
评审状态分布	评审结果类型	创建的 CR 中，处于各个状态的评审单数量	时间、组织结构、个人、产品/业务
	评审结果类型占比	创建的 CR 中，处于各个状态的评审单的占比，重点观察 Approved 占比	
	CR 渗透率	选定时间周期，各组织 Approved 的 MR 中 CR 评论数为非 0 的数量除以总数	
CR 颗粒度	CR 颗粒度	该组织人员发起的 CR 中，CR 代码量分别为（0～200）（200～400）（400～1000）（1000～5000）（5000 以上）的 CR 发起数（代码量为每一个发起的 CR 中新增/修改的代码量）	时间、组织结构、个人、产品/业务
	CR 颗粒度占比	该组织人员发起的 CR 中，CR 代码量分别为（0～200）（200～400）（400～1000）（1000～5000）（5000 以上）的 CR 发起数除以 CR 发起总数	
评审投入度	CR 时长	选定时间周期，该组织总评审时长（分钟），是指开发人员在 CR 单页面的停留时间	时间、组织结构、个人、产品/业务、特殊人群 TL
	人均日评审时长	选定时间周期，该组织总评审时长（分钟）除以该组织结构的人数×工作日（分钟）	

健康的数据指标体系是数据分析的前提，数据指标体系构建要注意避免以下问题。

（1）指标过多会造成指标体系混乱、重心缺失，大多数只需要关注北极星指标和有效的周边指标即可，不要贪多。

（2）对活动的价值判断是取舍指标的重要依据，只有对活动进行思考和价值判断，才能保留核心指标而不迷失方向，注意避免指标存在过度优化的风险。

3）CR 数据分析方法和模型

（1）趋势分析法：通过对 CR 指标的时间变化趋势做分析并从中发现问题，可以对未来的发展进行判断和预测。从图 12.5.18 所示的 CR 数据趋势分析模型中，能够看到组织 CR 活动开展的整体趋势状态。

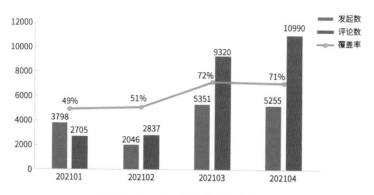

图 12.5.18　CR 数据趋势分析模型

趋势分析时要注意的问题：用于各期的口径必须一致；剔除偶发性项目的影响；应用例外原则对某项有显著变动的指标做重点分析。

（2）对比分析法：对比分析法一般用于现状分析，通过对比能较快分析出变化、发展、异同等个性特征，从而更深刻地认识数据的本质和规律，因此，对比也是数据分析的基本方法。

① 同级类别的对比：产品与业务之间、部门与中心或组间、个人之间的对比。

② 不同时期的对比：对某一时间前后对比，可以了解在时间维度上事物的发展变化。

③ 与目标的对比：比如 CR 参与覆盖率为 100%，每月 20 条人均评论数的红线要求等。

④ 行业内的对比：和行业内相同性质的其他公司对比。

在一般情况下，对比分析法主要用柱状图进行数据展现，图 12.5.19 所示的 CR 数据对比分析模型为某业务各组创建数及人均创建数的对比图，通过绝对指标和相对指标的对比，可以看出对比小组的 CR 活动开展情况。

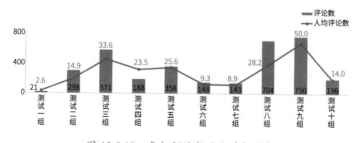

图 12.5.19　各组评论数及人均评论数

（3）分布分析法：对于 CR 颗粒度指标，我们使用分布分析法进行分析，首先将数据进行等距或不等距分组，然后通过研究各组的分布规律，比较直观地看到开发人员代码提交颗粒度的分布，其中的关键点在于确定组数与组距。图 12.5.20 所示为 CR 颗粒度分布图，0～200 行是 CR 活动开展的小颗粒代码行数，剩下的基本靠经验评估。开始的时候，我们的最大组会选择 1000 行以上，后来发现这个粒度有些粗，还想进一步细化识别开发人员代码提交的情况，在部门 TL 的建议下，增加了两组，分别是 1000～5000 和 5000 以上，增加了识别的精准性。

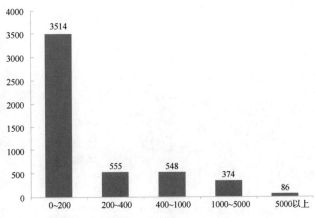

图 12.5.20　部门颗粒度分布

（4）结构分析法：结构分析法主要用于原因分析，通过计算各组成部分占整体的比重，得到对总体的影响大小，一般用饼图展现。

比如，在 CR 过程中，我们利用结构分析法了解 CR 结果类型（处于各个状态的评审单数的占比）、CR 活动开展方式的占比，以及 MR 的 CR 中有多少评论数为 0 的情况，如图 12.5.21 所示。

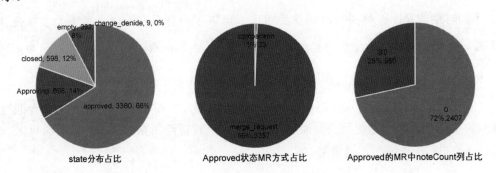

图 12.5.21　各部分的占比情况

由第一张饼图可以看到，在总的 CR 单中，处于 Approved 状态的占比为 66%。

由第二张饼图可以看到，在 Approved 的 CR 单中，99%是通过 MR 方式的。

由第三张饼图可以看到，在 Approved 的 MR 的 CR 单中，72%是没有评论就通过的（需要重点关注）。

（5）漏斗分析法：主要用于原因分析，以漏斗的形式展现分析过程，通过各个环节的变化查找指标变化的原因。

简单地说，漏斗分析可以帮助分析 CR 流程发起后有多少评审单能够"走到最后"，开发人员都是在哪一站下车的，其中每一步有多少单能够前进到下一步就叫做此步骤的转化率。图 12.5.22 为一个典型的 CR 活动流转漏斗图。

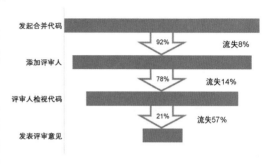

图 12.5.22　CR 活动流转漏斗图

在笔者对数据的观察过程中，发现有些团队在 CR 流程的第一步"发起代码合并"就出了问题，说明团队尚未养成 CR 习惯，写完代码就直接发起 MR，建议加强对 CR 活动开展的沟通，或者使用工具强制让 MR 之前的代码经过代码评审。

还有一种情况是 CR 发起活动基本正常，但是评论活动开展不正常，有的是因为评审人员的重视度不够，有的是因为在日常工作计划中没有留出开展 CR 的时间、投入度不大等。这里要和大家强调，评审活动一定要开展。

但是从图 12.5.22 中可以看出，转化率最低的环节是评审活动开展了但是没有发表评论意见。在其原因分析中，也和开发人员进行了沟通，部分原因是大家当面做了代码评审沟通，但没有把评审意见记录在系统中。为了便于后续回溯总结和开展代码分析，建议记录在系统中。

3. Python 实战 CR 数据分析

在 CR 数据报告优化工作中，指标体系建设优化后数据分析和可视化模型通过 Excel 很快就做好了，但是业务范围覆盖太广，CR 报告面临大量的复制，利用 Excel 已经很难完成。如何把数据量较大又重复的行为变成自动化，成为面临的一个难题。在了解了行业数据分析及办公自动化的方法后，我们把目光聚焦到了 Python 自动化数据分析程序实现方法上。其有丰富而强大的库和函数用于数据处理，容易批量复制，易于和开发流程与各种处理模块相结合。这些年，主流的数据科学技术基本上都将 Python 作为主要工具，并且将 API 打通，实现了自动化。

1）数据收集和处理

数据导入：外部数据主要以.xls、.csv、.txt、数据库文件等形式存在，下面重点介绍以 Excel 为输入的数据处理方法（当然，后面全面实现了自动读取代码管理平台 API 接口实现），图 12.5.23 和 12.5.24 所示的两个表格分别为 CR 活动开展的发起数据原始表格和评论开展的原始数据表格。

CR 发起数据导出：

projectId	iid	state	reviewableType	projectPath	title	noteCount	issueCount	insertionsPerT	modifications	deletionsPerTh	insertion	modification	deletion	username	orgPath	createdAt
1000	100	approved	merge_request	code_quality/data1	增加linux重置原的配置和日志	0	0	0.005	0	0	5	0	0	nameone	XXBG/XXXX部/X	2021/4/6 17:08
1001	101	approved	merge_request	code_quality/data2	升级shiro	0	0	0	0	0	0	0	0	nametwo	XXBG/XXXX部/X	2021/4/2 19:42
1002	102	closed	merge_request	code_quality/data3	feat: --story=1003 获取业务列	25	0	0.568	0.005	0	568	5	0	namethree	XXBG/XXXX部/X	2021/4/10 18:18
1003	103	approving	comparison	code_quality/data4	fixbug linux还原 截取字符等辅	0	0	0.001	0	0	1	0	0	namefour	XXBG/XXXX部/X	2021/4/1 20:49
1004	104	empty	merge_request	code_quality/data5	bugfix-1004	0	0	0.02	0.002	0.002	20	2	2	namefive	XXBG/XXXX部/X	2021/4/2 11:53

图 12.5.23　代码管理平台导出的 CR 发起数据

CR 评论数据导出：

id	reviewIid	username	projectPath	note	labels	fixtNote	parentId	issue	issueState	issueResolveState	createdAt	userOrgPath	url	reviewUrl	owner	teamLeader
10001	101	nameone	code_quality/da	扩F加注释	CR-编程规范	TRUE		FALSE			2021/5/12 15:58	XXBG/XXXX团	https://g	https://git.	FALSE	FALSE
10002	102	nametwo	code_quality/da	协议、类、方法、属性	CR-可读性	TRUE		FALSE			2021/5/12 15:58	XXBG/XXXX团	https://g	https://git.	FALSE	FALSE
10003	103	namethree	code_quality/da	确实是个更好的想法		FALSE	10006	FALSE			2021/5/9 22:12	XXBG/XXXX团	https://g	https://git.	FALSE	FALSE
10004	104	namefour	code_quality/da	建议字段按照严重-一般-提示顺序来		TRUE		FALSE			2021/5/12 17:14	XXBG/XXXX团	https://g	https://git.	FALSE	FALSE
10005	105	namefive	code_quality/da	只有goreplay录制的	CR-业务逻辑	TRUE		FALSE			2021/5/5 23:13	XXBG/XXXX团	https://g	https://git.	TRUE	FALSE

图 12.5.24   代码管理平台导出的 CR 评论数据

数据处理：将收集到的数据进行加工、整理，使数据保持准确性、一致性和有效性，以形成数据分析要求的样式，一般来说即使再"干净"的原始数据也需要进行一定的处理。常用的数据处理方法主要有数据清洗、数据合并、数据抽取、数据计算、数据转换等。

2）数据分析和可视化

数据进行处理之后，就可以进入数据分析阶段了，下面重点介绍如何在 Python 中简单实现分析和可视化。以 CR 评论数 TOP10 排序分析为例：

（1）使用 groupby 和 agg 函数的组合，先按照 username 进行分组，然后统计每个人的评论数，最后用 sort_values 排序，筛选出评论数前 10 名的人进行排序分布，如图 12.5.25 所示。

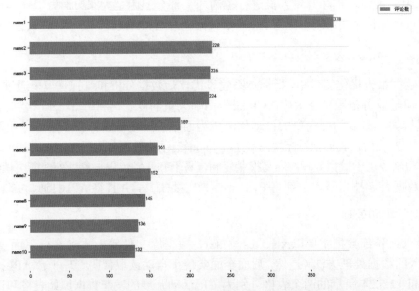

图 12.5.25   用 Python 实现的 CR 评论数排序分布

（2）使用 matplotlib.pyplot.barh 函数绘制并展现数据。

```
# 对 username 进行分组，用 sort_values 排序，并筛选发表评论数前 10 名的人
bdata=cdata.groupby (
by=['username'],as_index=False
) ['id'].agg ('count')
```

```
bdata.columns=['人名','评论数']
bdata=bdata.sort_values(by=['评论数'],ascending=False).head(10)
bdata=bdata.sort_values(by=['评论数'],ascending=True)
# 绘制可视化图表——条形图
plt.barh(bdata['人名'],bdata['评论数'],color=
(89/255,143/255,187/255),height=0.5)
# 设置图表标题
plt.title('评论数排行',fontsize = 15)
```

3）CR 数据报告展示

以一份简化的业务 CR 月报为样例展示相关指标体系及数据分析结果，图 12.5.26 所示为业务 CR 月报样例。

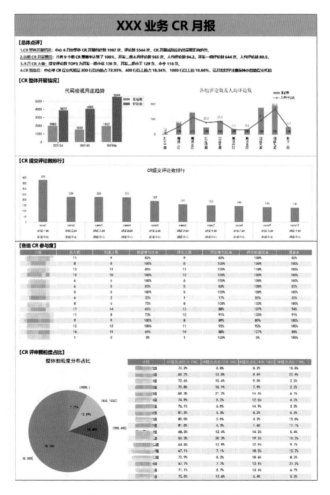

图 12.5.26　业务 CR 月报样例

整体来看，CR 数据分析的主要改进如下。

（1）CR 指标体系建设、数据分析方法、图表模型探索、数据展示都得到优化。

（2）探索并实施了 Python 自动化图表方法，利用 API 自动获取数据，图表展示美观且制作高效，而且不容易出错。

（3）报告整体组织结构得到优化，开始部分的点评总结比较清晰。

4. 总结和展望

1）CR 数据的增长

CR 指标体系建立和数据的分析与展示只是第一步，我们的意图是通过数据分析挖掘数据价值，并进行有效的分析和展示，让数据更好地得到利用，图 12.5.27 所示为一个典型的数据反馈闭环。

（1）增长案例 1：

某业务相关研发团队在 3 月制定了北极星指标，将人均评论数作为牵引目标，每周的技术周会通过看各组的 CR 数据找到差距并进行改进，从图 12.5.28 中可以看出人均评论数增加显著。

图 12.5.27　数据反馈闭环

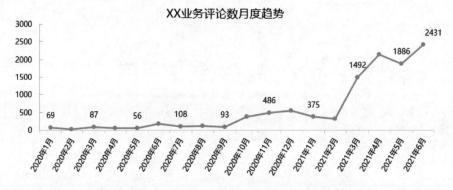

图 12.5.28　业务研发团队 CR 数据驱动增长案例 1

（2）增长案例 2：

某部门 2020 年春节后开始关注 CR 数据，5 月份部门 TL 和 CR 数据团队一起梳理并更新了指标，重点优化了 MR 中评论数为 0 的 CR，同时月度在部门开展 CR 活动总结，从图 12.5.29 所示的数据看，改进后的评论数增加明显。

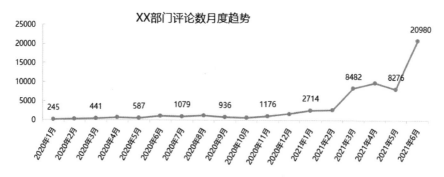

图 12.5.29　业务研发团队 CR 数据驱动增长案例 2

如何突破瓶颈，继续增长（促进 CR 活动开展）：

（1）提高工程素养：比如进行代码规范的相关要求和培训等。

（2）固化流程并规范流程：每个 MR 的代码必须要经过 CR。

（3）重点人群关注：比如对技术负责人的带头作用、对新员工及实习生的代码进行重点关注等。

（4）北极星指标的牵引调整：月 CR 覆盖率→周 CR 覆盖率→评论数→人均评论数等。

2）CR 分析系统建设助你实现 CR 数据自由

用 Python 程序解决研效数据分析及报告的方法，适用于需要大量数据但是暂无系统平台支持的情况，是一个用极小成本孵化的研效数据分析成功应用场景，但是也存在一定的局限性。

（1）数据分析和图表实现自动化之后，不能自动发布报告。

（2）需要依赖程序，不能做到实时数据可观察，数据时间范围内可选。

目前，该功能在腾讯内部已经在相关研效度量平台实现，各层级组织/开发人员可以在任意时间查看相关 CR 数据的分析结果，实时了解组织/个人 CR 的开展情况，并且该平台还支持定制自动 CR 邮件报告，支持周报和月报两个模式，定制后每周一和每月的 1 号相关人员都能收到平台自动发布的邮件报告。

至此，我们终于实现了 CR 数据自由。

12.6　度量的成功要素

 核心观点

- 研发效能度量要坚持数据驱动和实验精神，让研发效能可量化、可分析、可提升。

- "成功大都相似，失败各有不同"，认清效能度量的十大反模式，避免"踩坑"才能走得更远。
- 研发效能度量是复杂的系统性工程，顶层规划很重要，需要把度量引导到正确的方向上来。

1. 度量的误区和反模式

研发效能度量其实不是一个新鲜的话题，随着业界各大公司日益发展壮大，很多都已经拥有几百、几千，甚至上万人的研发队伍，同时积累了大量研发效能的基础数据。

但我们经常看到一些所谓的"反模式"在不断上演，虽然从公司的角度花了很大的力气去做效能度量，但从其理念、出发点到具体实践、指标选择、推广运营，似乎都存在一些问题、限制和弊端，以至于获得的成效不大，甚至造成负面影响。

在《软件研发效能提升实践》一书中，对效能度量的常见反模式进行了详细介绍，其中典型的几点如下：

（1）使用简单的、易于获取的指标。正如比尔·盖茨曾经说过："用代码行数来衡量软件的生产力，就像用飞机的重量来衡量飞机的生产进度一样。"

（2）过度关注资源效率类指标。不要过度关注资源效率类的指标，也要考虑流动效率类的指标。

（3）使用成熟度评级等基于活动的度量。狭隘的、以活动为导向的度量很可能会失败。研发效能应该度量的是结果而不仅是过程，端到端价值流的局部优化对结果的改进效果很小，因为可能根本就没有解决效能瓶颈问题。

（4）把度量指标设置为 KPI 进行绩效考核。所有的度量都可以被操纵，而数字游戏式的度量会分散员工的注意力并耗费大量时间。把度量指标设置为 KPI 进行考核，只是激励员工针对度量指标本身进行优化，这通常比他们在度量之前的工作效率更低。

（5）片面地使用局部过程性指标。如果你不能度量一个事物的所有方面，就无法管理或者发展它。研发效能的提升不仅有"效率"这一方面，还有很关键的"有效性"方面。

（6）手工采集，人为加工和粉饰指标数据。度量系统最基本的要求就是度量数据的公信力。只有在度量平台上自动采集、汇聚、计算出来的数据，才是被认可的，才可以被用来进行管理和技术决策。

（7）不顾成本，堆砌大量非关键指标。研发效能的度量不是免费的，要想做到准确、有效的度量，各种成本加在一起是很高的。我们需要根据当前企业的上下文，在不同领域选取少量的北极星指标来指导我们如何改进，并从目标出发驱动改进，从宏观下钻定位到微观问题后再引入更多的过程性指标进行辅助分析。

（8）货物崇拜，照搬业界对标的指标。要根据组织或团队的成熟度来选择指标，否则很可能适得其反，让工程师苦不堪言。

（9）舍本逐末，为了度量而度量。官僚主义的一个问题是，一旦制定了一项政策，不管该政策所支持的组织目标是什么，遵循该政策就成了目标。研发效能度量是为目标服务的，如果一种度量真的很重要，那是因为它必须对决策和行为产生一些可以想象的影响。

（10）仅从管理角度出发，忽略了为工程师服务。我们不应该把员工当成一种"资源"，而是要作为"工程师"来看待。员工的幸福感下降不仅会影响代码编写的生产力，还会影响代码的质量。

希望大家能够在开启效能度量之旅之前，先辨别清楚方向，避免一开始就陷入沼泽之中。

2. 系统性建设研发效能度量体系

在企业研发效能度量体系建设的初始阶段，关注点可能都聚焦在度量指标、如何采集和计算、如何展示报表等问题上，其实这只是在做一些单点能力的建设，并没有形成完整的体系。随着系统性建设持续、深入地推进，需要进行更加系统性的思考，以便对研发效能度量体系有不同的理解。

如图 12.6.1 所示，有以下几部分内容需要重点关注。

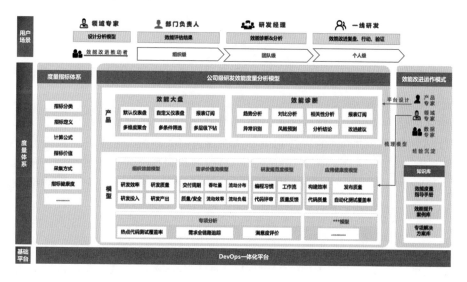

图 12.6.1　系统性建设研发效能度量体系

1.度量的用户场景

度量指标是统计出来给人看的，我们首先要找准用户和场景，缺乏目的性的堆砌指标没有任何价值。比如，如图 12.6.2 所示，中高层管理者希望将复杂的问题抽象化，一般会关注组织级的效能情况，包括研发效能指数、研发投入产出、战略的资源分配和达成情况、业务满意度、北极星指标的数据及对比等，并使用这些信息辅助决策，但可能不会关注特别细节的指标数据。而基层研发管理者希望将研发过程数字化并指导改进，他们不仅会关注团队的交付效率、交付质量、交付能力等全方位的效能指标，还希望度量平台具备问题自动化诊断和分析能力，能够结合趋势、下钻、关联分析等多种手段帮助管理者识别瓶颈。当然，一线工程师也会关注效能数据，用于对个人工作进行需求、任务、代码、缺陷等维度的客观反馈和对照。

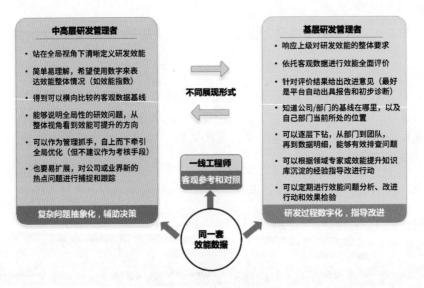

图 12.6.2　度量的用户场景

度量的目的是为了反馈和持续改进。在找对用户之后，还要在组织中建立度量数据的应用场景，以场景应用带动数据的有效利用，从而促进团队和组织层面的持续提升。例如，团队可以在 Scrum 回顾会议中，建立团队阶段性度量改进目标并设定改进措施，部门可以按月度、季度为周期设置目标并推动反馈的闭环，帮助组织在不同发展阶段关注不同的度量数据，并有针对性地设计和实施改进活动。

2. 度量的指标体系

我们在之前的章节中讲到了很多度量指标，但只有指标的定义是不够的。我们还需要明确指标价值、指标说明、指标公式、指标采集方式、指标优先级、指标健康度等内容。由于度量的根本要求之一就是数据的准确性，因此度量指标的健康度就显得尤为重要。另外，指标体系及其详细说明应当尽量公开透明，这样用户在得到指标度量结果的时候也可以更清晰地理解其计算口径和与其他指标的逻辑关系。

3. 度量的模型设计

模型是对某个实际问题或客观事物、规律进行抽象后的一种形式化表达方式，一般包括目标、变量和关系。

如图 12.6.3 所示，在研发效能度量领域中，模型有很多种，比如研发组织的整体效能指数模型、需求价值流模型、工程师的代码贡献度效能模型、研发规范度模型、工具支持力模型等。效能度量的领域专家可以建立模型，并通过度量平台屏蔽其复杂性，提供给用户进行自助化分析。

图 12.6.3　度量的模型设计

4. 度量的产品建设

研发效能度量的过程实际上是先把数据转化为信息，然后将信息转化为知识，这样就可以让用户自主消费数据进行分析和洞察。一个优秀的研发效能度量产品要做到自动化的数据采集和数据聚合，用户可以自助查询和分析，甚至自定义报表，从而获得研发效能的有效洞察。度量产品应该可以被整个组织的团队和管理者访问，效能数据也应当被透明使用，不宜设置过多的数据访问权限，人为地制造信息不对称。

度量平台也应该被作为一个产品来运作而不是作为一个项目，包括度量什么、如何分析、如何对比实验都需要持续演进，而且作为一个产品我们要多听取用户的反馈，这与建设其他产品的过程是一样的。另外，度量产品一定要注重易用性，因为使用平台的用户往往不是这方面的专家，应该避免使用复杂的公式定义和晦涩难懂的专业术语进行描述。

5. 度量的运作模式

成功的效能度量落地离不开组织的有力支撑，很多企业会采取虚拟的效能度量委员会来进行度量体系的设计和落地。在度量体系建设的初期，委员会的主要职责就是进行指标的定义和对齐，要考虑各种可能的场景和边界情况，让指标明确、有意义、无歧义。随着度量体系的逐步落地和发展，委员会成员也会迅速扩充，这些成员就成为各个部门推进效能度量的种子选手。当然，在一线落地过程中免不了遇到各种问题，委员会就要进行整体规划的对齐和疑难问题的决策。随着度量体系逐渐成熟，委员会可以把重心放到效能分析和效能提升的实践分享上来，形成效能度量指导手册、效能提升案例库和专项解决方案知识库，沉淀过程资产，让效能的度量、改进和提升成为日常工作的一部分。

12.6.1　把度量引导到正确的方向上来

度量组织效能是企业最敏感的领域之一，经常受到政治和各种职能障碍的影响。此外，由于度量不可避免地涉及对度量数据的解释，也会受到认知偏差、沟通问题和组织目标对齐的影响。因此，如果度量没有被引导到正确的方向上或没有被正确地实现，则会导致出现重大的风险，即度量的结果可能弊大于利。

我们要避免把度量武器化。根据古德哈特定律，当某个度量变成目标时，它便不再是一个好的度量。度量不是武器，而是指导我们进行效能改进的工具。

我们也会碰到另一种情况，就是单纯从数字来看，效能度量指标有了大幅提升，比如交付效率和吞吐量都在提高，但业务部门却仍不满意。他们的反馈是"好像并没有什么变化"，这时，我们应该相信数据，还是业务部门的声音？正如杰夫·贝佐斯（Jeff Bezos）的名言所说："我注意到的是，当传闻和数据不一致时，传闻通常是正确的。"很可能是你度量的方法有问题，或是数据已经失真，这就需要进一步的检视和反思了。

丰田的大野耐一曾经说过："那些不懂数字的人是糟糕的，而最最糟糕的是那些只盯着数字看的人。"每个数字背后都有一个故事，而这个故事往往包含比数字本身所能传达的更重要的信息。现场观察（Gemba）是一个可以与度量结合使用的强大工具，即管理者要到实际的研发交付过程中，观察需求和价值的流转过程，观察团队是如何满足客户需求的。正式的度量和非正式的观察是相辅相成的，它们可以对结果进行相互印证。

12.6.2　结语

在数字化时代，每一家公司都是信息技术公司，研发效能已经成为它们的核心竞争力。通过正确的效能度量方法，坚持数据驱动和实验性的精神，可以让研发效能可量化、可分析、可提升。

效能提升案例篇

第 13 章　效能提升优秀案例

13.1　某商业产品效能提升案例

下面介绍某互联网公司推出的 To B 型业务在研发效能方面的建设及取得的效果。To B 型业务以实现高效客户价值交付为理念，从组织结构到技术架构开展了全方位的效能提升建设。该业务具备如下特点：

（1）从产品形态上，产品战线长，涵盖核心产品能力（拓、聊、追、洞察等）。

（2）从市场环境上，竞争异常激烈，对产研的效率与质量提出了更高的要求。

（3）从研发模式上，产品与研发采用敏捷模式，需要不断创新与试错，快速完成 PoC 及 MVP 产品的研发上线。

（4）从技术选型上，基于原生的 Kubernetes 及配套开源生态工具链搭建，除了提供 SaaS，同时具有多样化售卖的诉求。

（5）从团队结构上，根据职能划分成不同部门，形成共同协作的模式。

13.1.1　研发效能挑战

该产品从 2020 年 4 月开始进行全面云化改造，在团队研发效能提升方面面临以下难点。

（1）服务导致基础设施成本剧增，活跃模块有数百个，月均新增模块为 10 个左右，每个模块都需要大量人力进行流水线、监控等基础设施接入管理维护。

（2）复杂拓扑导致问题定位困难和回归范围难以评估，同时使得回归及联调测试的成本居高不下，线上漏测问题增多。

（3）越来越高频的发布需求和随拓扑复杂度提升的发布成本之间的矛盾增加。每次上线 100 多个模块，人工控制流程风险高而且效率越发低下，但是业务发布的需求越发频繁。在高频次的发布下，如何保障发布过程的高效和安全，也是一项极大的挑战。

13.1.2　整体改进思路

为了实现团队高效的价值交付，该公司从流程机制和技术提升两方面开展了建设，如图 13.1.1 所示。

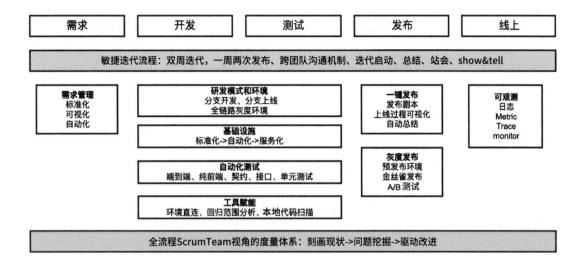

图 13.1.1　效能改进整体方案

1）流程机制层面

以用户价值、流动效率提升为核心的敏捷体系建设，包含以下几个方面。

- 敏捷迭代机制：以用户价值和流动效率提升为核心理念，保障团队目标一致、信息透明。
- 需求拆分管理：标准化、可视化、自动化的管理机制，在成本可控的前提下达成小批量需求加速流动，快速验证价值。
- 分支模式和环境管理：基于云原生强大的流量管控能力，实现基于 Istio 的全链路环境多路复用能力，以及简洁、灵活、低风险的分支模式。
- 全流程的数据度量体系：通过目标指标度量了解现状，通过过程指标度量挖掘问题，问题自动创建任务，协同相关人员推动问题闭环。

2）技术层面

全流程各个环节的自动化和智能化提升，包含以下几个方面。

- 基础设施服务化：建设与业务解耦的声明式基础设施能力，解决由服务爆炸导致的基础设施成本剧增问题。
- 自动化测试：微服务下的合理分层自动化测试体系，在可控投入下保障有效质量召回，解决复杂拓扑带来的回归漏测问题。
- 发布能力：通过一键操作、高效执行、过程可视/可感知/可控的极致发布体验，解决高频发布需求下的发布成本问题。

- 监控能力：高效、全面的监控方案，使团队能够有效观测系统的运行状态，及时发现潜在问题。
- 线上容量和稳定性治理：通过定期的容量评估和混沌工程手段，保证服务在合理的成本下保持较高的稳定性。
- 工具赋能：针对研发测试中的各个效能痛点，提供本地环境一键直连集群、回归影响面自动分析、自测覆盖率采集和展示等工具，为研发和测试人员赋能。

13.1.3 全面效能提升实践

1. 敏捷开发转型

为了完成从传统的瀑布开发模式向敏捷开发模式的转型，该项目团队从团队转型、敏捷迭代流程、需求拆分与管理、分支模式与环境管理等方面进行了全面改造。

1）团队转型

在敏捷转型之前，产品组织架构如图 13.1.2 的左图所示，是按照职能部门划分的。为了打破职能部门之间的壁垒，更好地激发团队成员以整体利益为目标，将团队结构按照 Scrum Team 的形式进行了重组。新的团队结构如图 13.1.2 的右图所示，其按照业务域、敏捷小组的形式划分，每个小组 10 人左右，包含相对固定的各个角色成员，每个小组都有自己的名号以清晰聚焦的业务目标。每个小组有一个主业务负责人、一个 TTL（小组技术负责人）和一个 STM（Scrum Team Master，主要负责敏捷迭代，执行相关事项）。

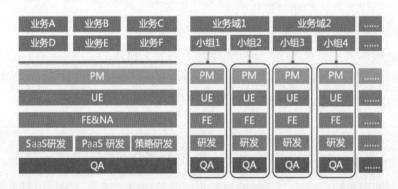

图 13.1.2　组织结构调整

构建敏捷小组之后，为了打破团队成员固有的思维模式，认识并认可敏捷所倡导的尽早交付有价值软件的价值观，并自发去执行落地，从以下几个方面采取了措施。自上而下宣贯：团队的经理层先行，在团队内以身作则，并重复强调以客户为中心、以业务价值为导向的团队文化，形成新的思维模式。

绩效考评转变：每个季度都组织敏捷小组进行述职考核，重点考核成员对客户价值的传递和客户使用情况的数据，以及敏捷执行数据。Scrum Team 全员共享团队述职排名结果，并直接影响个人绩效，对垫底团队进行及时调优。

持续复盘：针对各项敏捷活动的执行情况进行复盘总结，推动持续的优化。

2）敏捷迭代流程

组织结构调整之后，为了使需求规划和迭代上线能够更有利于客户价值交付，团队设计了两周一次需求规划迭代、一周两次发布上线的模式。流程设计以用户价值流动效率为核心理念，如图 13.1.3 所示。

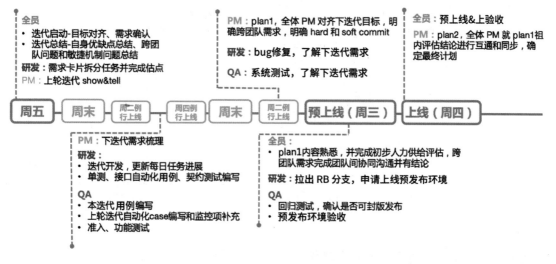

图 13.1.3　敏捷迭代流程

以上迭代流程具备以下优势，可帮助团队更好地规划需求，达到团队整体的最优。

保障需求高价值：严格划分需求优先级，在迭代规划时利用二八分配原则规划部分相对低优需求，以便有临时插入需求时可灵活调整优先级。每次迭代后组织 show&tell 会议，会议由所有项目负责人参加，各自展示团队近期迭代上线后核心价值的达成效果，并针对未达到预期的情况进行讨论分析。

团队目标统一：有针对团队全员的迭代启动和需求评审会议，保障团队内部目标一致。

团队间信息透明：plan1 会议是由所有团队 PM 一起召开的针对下一个迭代需求的拉齐会议，各个团队需要产出下一个迭代的内容和预计产出价值，并梳理预计需要哪些团队配合，以及已经收到其他团队的支持需求，通过这个会议可以在各个团队之间初步达成对整体需求优先级的一致，并且互相之间完成有依赖的"需求握手"。plan2 会议是根据 plan1 的内容进行初步人力预估之后召开的短会，由变更的团队负责人同步一下变更点即可。

团队持续成长：通过迭代总结复盘，推动团队持续改进。

3）需求拆分与管理

由于敏捷转型的核心是为了实现高效的客户价值流动，因此需求是否高价值就成为实现这一目标的先决条件。为此我们制定了图 13.1.4 所示的一套需求生产和管理规范，帮助团队实现需求管理的高价值，且条理清晰并能适应变化。

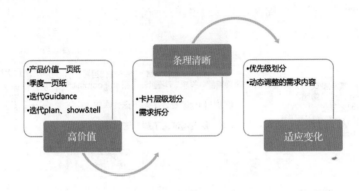

图 13.1.4   需求生产和管理规范

首先是高价值，如表 13.1.1 所示，通过多个敏捷迭代环节反复强调产品价值目标，利用从粗到细的拆解机制帮助 PM 更好地制定具备业务价值的需求，并关注实际的业务价值效果。

表 13.1.1   需求拆分机制

名词	说明	负责人	备注
产品价值一页纸	说明整个产品给用户提供的核心价值和带来的核心收益	PM 管理者	一年或者半年调整一次
季度一页纸	各个敏捷小组在季度初指定的本季度核心业务目标，包含衡量指标及通过什么事项达成指标和预计的里程碑事件	各小组 PM	每个季度一次
迭代 Guidance	团队次迭代需要达成的核心目标和预计的收益	PM 管理者	每个迭代制定
plan1\plan2	两次的需求拉齐会议，评估下一个迭代需要完成的具体需求内容和资源，并完成各个团队间的"需求握手"	各小组 PM	每迭代一次
show&tell	展示最近两个迭代的核心产出和实际核心指标变化情况，对于未达标的情况进行分析和优化方案制定	各小组 PM	每迭代一次

其次通过标准的需求卡片管理和拆分规范，提升需求的条理性和质量。如表格 13.1.2 所示，针对每种类型的卡片，制定了标准化的内容模板，帮助 PM 更好地编写易于理解的卡片。

表 13.1.2　需求卡片类型说明

卡片类型	描述	创建人	所属计划	备注
bug（线下）	线下测试过程中发现的 bug	QA	迭代计划	一般由 QA 提交
bug（线上）	线上运行过程中发现的问题	第一发现人	迭代计划	线上 bug 是开发跟进视角的问题卡片，bug 的来源多种多样，包含客户反馈、监控报警、自测等，如果 bug 卡片是通过客户反馈、监控报警渠道被发现的，则需要和对应卡片建立关联。 由第一发现人创建卡片，若在后续排查过程中发现有多张卡片有相同的情况，则进行卡片合并
Epic	长故事、史诗故事	PM	产品规划需求池	Epic 是最大粒度的卡片，一般用来管理某个大项目方向的需求。Epic 下只可以挂 Feature
Feature	业务功能	PM	产品规划需求池	Feature 是管理跨迭代功能或者多团队合作功能的卡片，用于管理完整的业务功能背景和目标。Feature 下可以挂 Story 和其他事项
Story	用于需求描述，粒度为站在需求角度独立的最小功能点	PM	产品规划需求池、迭代计划	Story 下只能挂任务，不能再挂 Story 或者其他事项； Story 不能跨迭代，需要整体上线的需求要创建 Feature 进行整体管理；Feature 下按迭代拆分成单个迭代内可开发完成的 Story
任务	开发视角的任务	所有人	产品规划需求池、迭代计划	基于 Story 或事项创建，用于记录开发任务
其他事项	用户无感知的团队内部事项，如跑数、调研、内部优化等	所有人	产品规划需求池、迭代计划	其他事项下可拆分任务，但是不能再挂 Story 或者其他事项

最后，根据对需求优先级的划分、迭代二八需求规划原则，以及可视化的需求燃尽情况，帮助团队快速、灵活地适应变化。通过迭代需求的燃尽图可以直观地感知研发进度风险。当迭代内有需求发生变更调整时，通过燃尽图可快速判断研发是否有风险，通过迭代 bug 的趋势图可以感知研发质量风险。

4）分支模式与环境管理

因为采用两周一迭代，一周两次发布的模式，所以在迭代周期内共有 4 个上线窗口。为了使迭代内的价值均匀交付，不堆积在最后一个窗口，通过环境多路复用来配合对应的分支模式，逻辑上支持多套环境并行开发和测试。

（1）环境多路复用：利用服务网格的流量管理能力，使用有限的资源，在一套基础环境上逻辑隔离出多套环境，支持并行开发、联调的需求。如图 13.1.5 所示，基于 Istio 灵活的路由能力，通过同构底层"分组多维路由"的架构设计，自研 CRD Operator 构建产品的"全链路灰度发布"平台。该方案支持了线下多路复用环境、线上安全的容量评估、金丝雀发布等多个场景。

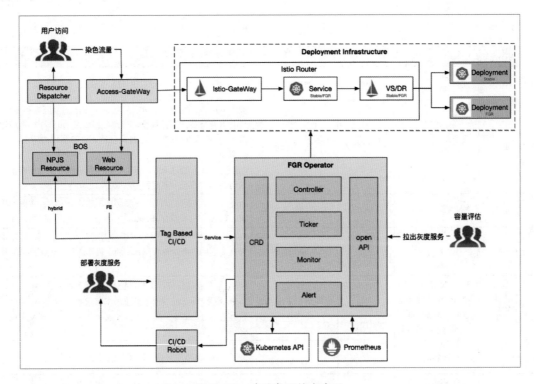

图 13.1.5　多路复用技术实现

线下开发测试环境服务调用链路示意图，如图 13.1.6 所示：

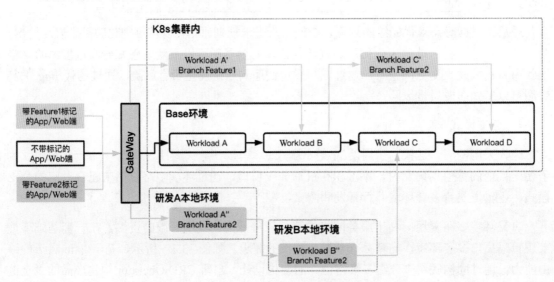

图 13.1.6　测试环境服务调用链路示意图

- 不同的分支对应不同的特性。
- 通过流量染色+流量规则路由的方式，使不同分支拥有逻辑上隔离的环境，支持并行开发。关键技术点：从入口进行流量染色，染色标记在应用之间透传，基于 Service Mesh 进行染色流量的路由。
- 本地开发环境可直连 Kubernetes 集群，拥有跟集群内一致的部署效果。关键技术点：生成影子 Pod，建立本地与集群的信任通道，利用 Kubernetes 内 Pod 的端口转发能力，将来源访问转发到本地开发环境内，实现互联互通。

（2）分支模式：根据 To B 业务的交付特点，采用分支开发-分支测试-分支上线模式。

- Master 作为基准流水线，每次的新分支都从 Master 分支拉出，每次上线后的 ReleaseBranch 分支（发布分支）都合入 Master 分支。
- 按照需求粒度进行 Feature 分支拉取，一个需求一个 Feature 分支，并在 Feature 分支上进行开发→自测→提测→新功能测试。每个 Feature 分支占用一个独立的测试环境。在 Feature 分支关联多个模块的情况下，每个模块拉取一个与 Feature 名称相同的分支，如 login_fea_20201125。
- 预发布的当天从 Master 分支拉出新的 Release 分支，并将计划上线的 Feature 分支合入该 Release 分支。在 Release 分支上进行整体回归后，发布预发布，预发布测试完成后发布到线上。上线后 Release 分支再合入 Master 分支。
- 当出现线上 bug 时，从 Master 分支拉出 Bugfix 分支进行 bug 修复，修复后直接部署预发布环境进行线上验收，验收完成后直接上线。上线后 Bugfix 分支合入 Master 分支。

分支合并的过程如图 13.1.7 所示，该分支模式的优势在于可以根据实际研发进度灵活组合 Featuer 上线。利用 Featuer→Release→Master 单向合并，规则容易被记住，执行时不易出错。

2. 与业务解耦的基础设施

这里的与业务解耦其实借鉴了 Serverless 的思路，是指把基础设施服务化，独立运维。以前，业务团队研发和 QA 除了需要进行业务的开发和测试工作，还有大量的时间花费在与核心业务无关的事项上，如新应用、日志、配置的接入，以及环境、流水线、监控维护等，如图 13.1.8 的左边所示。任何基础设施服务的升级，比如日志平台 SDK 升级、流水线需要统一增加一项安全检测环节等，都需要各个业务团队配合升级，使得落地和推广比较困难。如果把这些基础建设内容通过服务化的形式提供给业务团队使用，就能让业务研发和 QA 聚焦于业务的关键事项，从而大幅度提升团队效能，如图 13.1.8 的右侧所示。同时，基础设施的升级业务无感知，再也不会有基础设施能力落地和推广困难的问题。

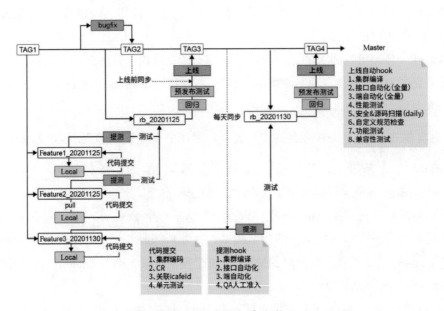

图 13.1.7 分支合并的过程

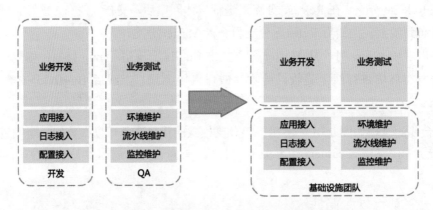

图 13.1.8 基础设施能力与业务解耦

基础设施的服务化改造与业务完全解耦的实施步骤如下。

1）基础设施标准化

只有标准化的实施步骤才有可能实现规模化操作，从而实现技术设施服务化和水平扩展。标准化改造的主要内容如下。

（1）模块标准化：包括代码结构、打包流程、标准容器、镜像管理、部署过程。

（2）流水线标准化：包括工具的插件化和配置化、流水线模板等。

（3）基础服务组件标准化：包括 APM 组件、配置中心、发布平台、资源管理等。

2）声明式基础设施

业务团队只需要在标准配置中声明一些基础属性，即可自动完成所有基础设施的接入，且后续业务维护的成本为零。

（1）以脚手架为抓手构建基础设施的一键接入能力，整体流程如图 13.1.9 所示。脚手架是新模块创建的入口，所有新代码库都是通过脚手架创建的，它会帮助开发人员自动生成一整套集成了标准组件的代码框架。当脚手架创建新模块时，可以根据业务声明的模块属性（如是否接入 APM、模块代码类型、模块服务类型等）自动完成流水线创建、基础组件接入、集群环境申请、配置文件生成等操作。针对一个新的服务，从创建代码库到服务全套基础设施接入完成，服务直接部署到测试集群的时间不到 10 分钟。

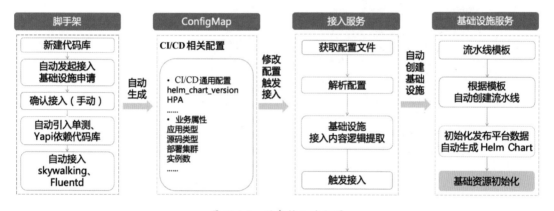

图 13.1.9　服务接入流程图

（2）根据服务声明内容动态运行，实现业务升级维护零成本。如图 13.1.10 所示，针对流水线进行了模板化、参数化改造，并和业务的声明属性结合。流水线每次都动态运行，运行的内容依赖于左侧 5 个部分的声明数据实时生成，包括 CI/CD 通用配置、流水线模板、流水线任务脚本、流水线智能策略、CI/CD 业务相关配置。除了业务自己的声明文件，其余部分都是基础设施组独立运维的，故对应的任务优化、添加、统一配置修改等均对业务透明。如果要针对流水线上的某个环节进行优化，或者增加一些环节，则仅需要基础设施组修改流水线模板或者任务脚本即可。

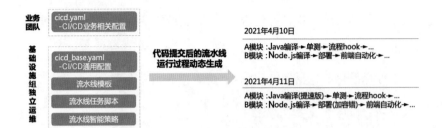

图 13.1.10　流水线运行时依赖

（3）通过智能化的策略能力，实现高稳定的基础设施服务。常见的流水线稳定问题，如环境不稳定、底层资源不稳定、网络异常等，大体可分为偶发问题重试可恢复、问题相对复杂需人工排查和阻塞问题需人工修复这三类，其中大量重复或无效任务导致了资源浪费，比如只加一条 Log 日志也要跑全套测试流程。因此，如图 13.1.11 所示，在流水线运行前后及运行中，通过策略给流水线增加一个"监工"，来模拟人工判断任务是否应该执行，以及人工分析跟进、修复问题等，大幅度降低了人工跟进成本，提升了流水线的稳定性。

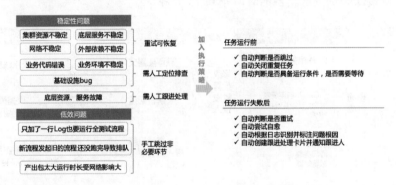

图 13.1.11　流水线运行时的智能策略

3. 分层自动化测试体系

在通常情况下，要解决回归的质量和效率问题就会想到自动化测试。但是在云原生微服务架构下，哪种分层自动化体系既可以保障召回，又可以不引入过多的自动化建设和维护成本呢？和传统的三层金字塔自动化不一样，云原生架构下的自动化，由于服务内部相对简单，而服务拓扑复杂，因此测试的重点是系统端到端测试，实际上分层测试的比重更像一个倒过来的金字塔，如图 13.1.12 所示。

由于端到端成本过高，考虑到投入产出比，因此该团队的分层自动化方案做了一定的折中，如图 13.1.13 所示，其中最核心的三个部分（接口 Diff 测试、契约测试、纯前端 Diff 测试）无人工介入。下面对接口 Diff 测试和契约测试方案进行说明。

传统自动化

- 单体架构：服务内部复杂，测试重点在单模块范围
- 线上部署相对固定，通过运维规范可屏蔽大部分风险，测试重点在被测程序本身

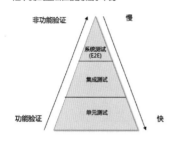

云原生自动化

- 微服务：服务内部简单，测试重点在系统端到端范围。
- 自动化运维系统，Service Mesh，PaaS/IaaS等基础设施的问题，都需要通过上层应用测试去发现

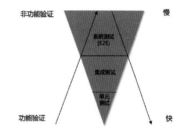

图 13.1.12　传统自动化和云原生自动化对比

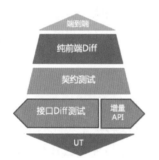

◇ 端核心覆盖：保障前后端业务主路径

◇ 前端Diff：低成本、高覆盖的前端回归

◇ 契约测试：覆盖微服务间调用异常问题

　◇ Diff：流量回放，用于回归
　◇ API：增量接口自动化覆盖，可控成本下保障新增业务逻辑正确

◇ 单测：SDK、TASK类模块以单测为主，接口服务类模块无须单测

图 13.1.13　分层自动化方案

1）基于全链路灰度环境的接口 Diff 测试

在具备多套逻辑隔离的测试环境之后，每当有新的分支环境拉出并有代码更新时，即可将流量在 Base 环境（部署最后一次上线的代码）和新分支环境中进行回放，并通过对比两者的返回是否存在差异来进行回归测试。整体的 Diff 方案如图 13.1.14 所示。

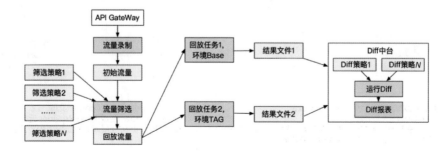

图 13.1.14　全流量 Diff 自动化流程

该方案具备如下几个优点：

- 基于流量回放的接口 Diff，最大限度地覆盖线上用户真实场景。
- 全流程自动化，无人工参与。
- 配置化的流量筛选策略和 Diff 策略接入，便于扩展优化。
- 分布式任务运行，支持大批量并发。

2）保障召回服务间调用问题的契约测试

在微服务架构下，服务之间的依赖性复杂，当服务接口发生变更时，往往会因为难以评估影响面，导致系统整体的功能和稳定性出现异常，因此引入了契约测试的方案。

契约测试的核心思路是通过消费者驱动的方式，建立服务端和各个消费端之间的契约，在服务端修改之后，通过测试服务端和所有消费端之间的契约来保障服务升级的安全性。同时，契约也可以作为双方测试解耦的手段。通过契约测试，团队能以离线的方式（不需要消费者、提供者同时在线）将契约作为中间标准，验证服务提供方提供的内容是否满足消费者的期望。

常见的契约测试方案有真正实践消费端驱动的，如 Pact，契约由消费端生成并维护，服务端的代码更新后，拉取所有消费端契约进行测试，这样既解决了集成测试解耦问题，又保障了服务端能满足所有消费端的需求（图 13.1.15 左侧图）。另外，也有非消费端驱动的，由提供方生产契约并提供 Mock 服务，消费端可以基于契约文件测试，如 Spring Cloud Contract，这只能解决集成测试解耦的问题（图 13.1.15 右侧图）。

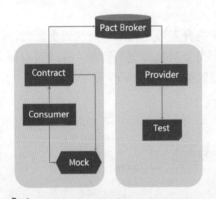

Pact
1、在消费端生成契约文件，发布到Pact Broker
2、Provider从Pact Broker获取契约文件
3、Provider根据契约文件进行测试，验证自身是否满足消费端需求
4、Pact 根据契约生成一个 Mock 服务供消费自测

践行消费者驱动，保证Provider的接口能满足各消费方需求

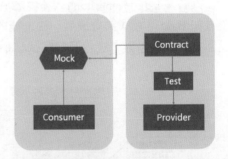

Spring Cloud Contract
1、在Provider端生成Contract文件
2、基于Contract生成用例在Provider 运行
3、基于Contract生成 Mock 服务供消费自测

仅解决集成测试解耦问题

图 13.1.15　常见契约测试工具对比

最后还是取了折中方案。一方面由于团队习惯，契约一直由服务提供方给出；另一方面又希望保留消费者驱动特性，保障服务提供方能满足所有消费端的需求。我们选择了在提供方生成契约，但是通过线上日志和调用链解析的方式来补充和模拟消费端契约用例，且整个过程自动化，具体的实施方案如图 13.1.16 所示。

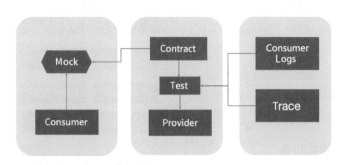

● 在 Provider 端生成 Contract 文件
● 基于 Contract Logs 和 Trace 信息，分析出各个 Consumer 的调用特征，并结合 Contract 生成契约 Case
● 基于 Contract 生成 Mock 服务供 Consumer 自测

图 13.1.16　契约测试方案

4. 高效、安全地持续发布

发布环节中存在高频需求和低效发布之间的矛盾，为了提升发布过程的质效，针对过程中的问题进行梳理，发现存在如下发布困境。

（1）不同类型的模块对接不同的发布平台和流程，统一发布困难，底层发布方式的变更需要对各个模块升级，迁移成本高。

（2）由于模块众多且拓扑复杂，模块上线存在依赖关系，而且每次上线 100 多个模块，人工控制流程的风险高、效率低，因此上线过程的记录和分析的人耗也很高。

（3）整体上线过程不可见，风险感知滞后。

针对以上问题，业务人员实施了如下几点改进。

（1）多平台部署引擎：基于云原生构建多平台统一的部署与发布引擎，无缝集成 CI/CD，实现发布过程的高度标准化，同时支持多种发布策略。如图 13.1.17 所示，利用 CD 发布平台的统一性，实现各类模块统一发布且底层部署和迁移业务无感知。

（2）发布剧本设计：为实现完全自动化的发布过程，我们分析了服务发布前后需要进行的事项，如图 13.1.18 左侧所示。基于这些事项，梳理了要自动完成整个发布过程需要收集的数据，如图 13.1.18 右侧所示，包含发布模块封版信息、服务依赖信息、业务配置信息等。基于这些数据，根据固定的编排逻辑，自动生成服务发布拓扑及本次上线步骤。生成的上线拓扑和步骤信息经人工确认之后，自动调用对应的上线发布服务进行发布，并自动统计发布过程的数据，生成发布过程总结。

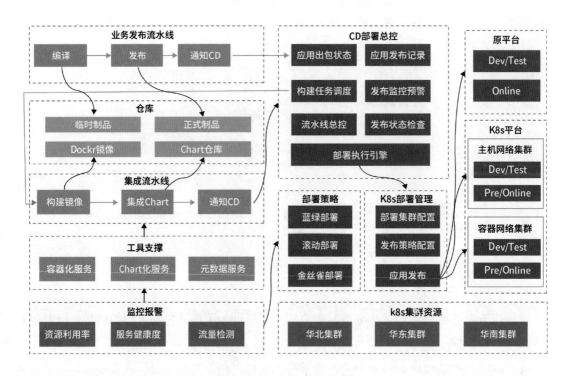

图 13.1.17　统一发布平台

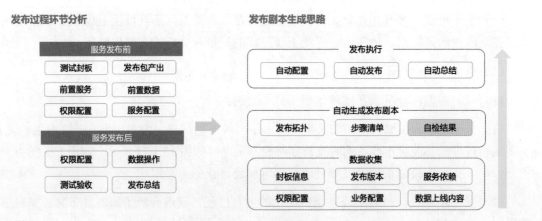

图 13.1.18　发布过程分析

（3）过程可视、可感知、可控的"一键式"发布：在有了自动化发布过程之后，为了能够及时感知发布过程中的问题，降低发布风险，对发布过程进行可视化建设，并与 APM、金丝雀发布等策略结合，以保障发布的安全。通过服务粒度的依赖拓扑和实时上线进展图实现了发布过程的可视、可感知，通过金丝雀方案实现了发布无损、风险可及时感知并召回，具体过程如图 13.1.19 所示。

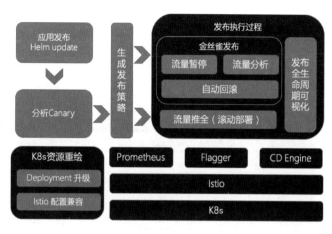

图 13.1.19　发布过程示意

5. 线上监控实践

由于采用了云原生和微服务的架构，因此产品有多个集群和数千个实例，这给观测和监控业务系统的正常运行带来一系列挑战。

（1）监控对象数量爆炸：以应用级的监控为例，传统的实例监控需要依赖人工对模块逐个进行操作，当模块数量增加后会产生非常高的配置成本，也存在及时度和完备度不高的问题。

（2）问题定位成本高：微服务下的调用关系是一张复杂的网，当故障产生时容易产生报警风暴问题，难以快速定位问题的根因，且难以准确判断问题的影响面。

同时，由于平台迁移，系统原有的监控能力不再可用，因此需要找到高效、全面的方案来应对系统监控能力的缺失，只有这样才能有效观测系统的运行状态，及时发现潜在问题。

1）建设可观测性的基础设施

可参考业界成熟的实践经验，采用 HeathCheck+Metrics→Tracing→Logging 的监控告警策略。

（1）通过 HeathCheck 关联 Kubernetes 探针行为，对不健康的状态做出快速自动响应。Kubernetes 提供了两种类型的探针与不同的健康检查目的挂钩：如果存活探针检查不通过，则会"杀死"实例；如果就绪探针检查不通过，则流量不会打到实例上。在产品的 Kubernetes 系统配置下，实例被"杀死"后会立刻被 Kubernetes 拉起，从而保证存活的实例数量满足预期。

（2）利用强大的 Metrics 监控观测系统运行状态，该监控可以观测到由 HeathCheck 导致的问题并按优先级告警。同时，将基于日志关键字和调用链状态的监控作为有效补充。

（3）在发现问题后，通过 Tracing 定位问题，并以 Logging 辅助分析。

APM 技术选型如表 13.1.3 所示。

表 13.1.3   APM 技术选型

类别	选型	备注
HealthCheck	基于 Spring Boot Actuator	结合 Kubernetes 探针实现对不健康实例的状态和流量的管理
Metrics	以 Prometheus 为主	Prometheus 是 CNCF 的成熟项目，生态发展蓬勃
Tracing	SkyWalking	SkyWalking 是国内开发的一款开源分布式追踪系统，我们基于 SkyWalking 的调用链分析能力实现了问题的定位
Logging	SkyWalking satellite	SkyWalking satellite 项目实现了 Log 和 Trace 的统一；后端日志存储使用 ES

2）建设全景监控能力

针对该产品的架构和业务特点，我们建立了分层监控模型，其自上而下分为三层。

（1）业务层：直观地反映业务指标、业务日志错误关键字、业务数据等。

（2）应用层：包括应用接口的 RED 指标、JVM 的内存、线程数、句柄数等。

（3）基础设施层：Kubernetes 的 Pod 等对象运行状态指标，主机的 CPU、内存、网络、I/O 等状态指标。

监控指标需要能在微服务架构下快速地帮助业务方发现问题。Google 针对大量分布式系统的经验，总结出了 4 个黄金指标的监控思路，在服务级帮助我们衡量用户体验、服务中断、业务影响等问题。4 个黄金指标包括延迟时间、通信量、错误和饱和度。Weave Cloud 在此基础上结合 Kubernetes 容器化实践，进一步提炼出 RED 方法，包括 Rate（请求速率）、Error（请求错误）、Duration（请求耗时）三类核心指标。产品的应用层和基础设施层指标遵循上述思想进行设计和覆盖。

为了解决产品迁移到微服务下，面临的"爆炸"的监控对象带来的配置成本问题，将监控项抽象并拆分为如下三部分。

（1）监控规则模板。其包含对指标监测的规则，比如，如果在 X 时间窗口内某指标持续超过了阈值 Y，则按优先级 Z 报警给团队 A。

（2）提供系统级、团队级、应用服务级三类不同覆盖范围的监控参数配置。如果没有特殊设置，则服务使用系统级的默认值。业务团队也可以对团队内的所有服务或者特定的某个服务设置个性化阈值。

（3）监控对象基于服务部署信息自动覆盖。以 JVM 的监控为例，在部署时通过部署系统为每个服务实例注入负责产生指标的 Java Agent，并将指标拉取端点暴露给 Prometheus，后者利用 Kubernetes 的服务发现能力实现对所有实例指标的全量自动采集。

随着服务实例甚至服务本身的上下线，通过上述方式，对应指标也会自动随之上下线，从而实现了监控对象的自动覆盖和生命周期的自动管理，减少了人工配置的维护成本。

3）快速监控定位能力

这里采用了如下手段提升问题的定位效率。

（1）提前建设知识图谱：通过 SkyWalking 提供的架构感知能力，可以计算得到接口级别的调用关系，用来判断上游接口所影响的下游接口；通过统计历史报警的人工标注信息，可以得到报警之间是否存在相关性；另外，还建设了网关级接口与业务功能的映射，从而判断后端服务异常所影响到的业务功能。

（2）富化报警信息：将报警信息关联到所在接口、所在实例、所属机器等纬度中的一条或多条，以便后面进行根因分析时做关联，这里要注意的是并不是每条报警信息都具备这些纬度。

（3）自动根因定位：基于知识图谱判断在同一个时间窗口内活跃的报警信息是否存在因果关系或相关关系，识别造成问题的根因。在产品的实践经验中，单个实例状态的异常会触发下游多个调用方报警，单个物理机资源状态的异常会导致一定范围内多个场景的不稳定，同时单个接口性能瓶颈会触发一连串的调用方报警。

（4）提供辅助信息：报警信息会关联 Trace 和 Log 信息，并提供给用户进行问题的辅助定位。

为了提升问题的跟进效率，除了给出定位结论和辅助定位信息，还采取了如下策略。

（1）问题优先级分级+优先级根据严重程度自动上浮，让高优先级的问题更容易被看到。

（2）个性化的优先级分级和抄送，如集中的实例重启问题需要基础技术团队高优先级跟进，同时业务团队也需要得到通知。

（3）基于优先级的报警分组触达策略：对高优先级问题可进行频繁短信+IM 消息提醒，对低优先级问题进行定期 IM 消息提醒。

6. 线上容量评估实践

To B 项目处于高速增长阶段，随着业务规模的不断扩大，对线上稳定性和性能的要求日益增加，我们需要清楚服务所能承受的流量上限和影响容量的瓶颈，以便提前对容量做出合理的规划和部署架构上的调整。

在推行模块容量评估的过程中，发现线上服务的探顶过程存在很多人工准备和操作，单个模块的探顶平均耗费为 1 人天，而线上服务数量有上千个。为了提升效率，建设了自动化容量评估与治理能力，实现随迭代自动进行无人工干预的容量评估任务，并提供全生命周期可视化管理能力。

1）建设容量治理平台

容量治理平台负责基于计划对压测进行全生命周期管理，封装调用压测平台的各项能力并进行压力测试，从压测平台拿到评估报告后分析出实例调整清单，自动执行 HPA，实现容量从分析到治理的闭环。如图 13.1.20 所示，压测平台提供流量的录制、筛选、染色，实现自动化的压测执行，并给出结果分析报告。

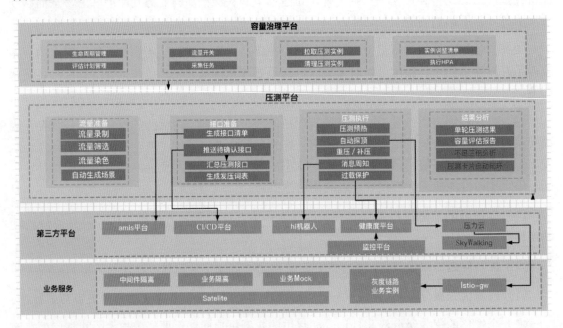

图 13.1.20　容量治理平台

基于服务网格的流量路由能力，我们可以拉出一条灰度链路供染色后的压测流量使用，实现被测实例和普通业务实例的隔离。在压测执行过程中，压测平台会自动增压和降压，实现容量自动探顶。压测平台协同产品的健康度量平台，可实现过载保护、及时止损，避免对正常业务造成影响。在压测结束后，基于调用链给出系统瓶颈分析结果。

2）压测流量准备

由于产品业务中 90%的流量是读流量，因此我们采用了依靠录制线上真实流量来产生压测词表的方案。其过程如下：

（1）开启线上实例的流量开关，使得当被压测服务在线上被访问时产生对应的流量日志，作为压测词表的来源。出于对性能的考虑，只在有压测需要时提前开启此开关。

（2）开启采集任务开关，定时采集被压测服务的流量日志，并上传到统一的存储中。

（3）过程中会自动对流量开关和采集任务的状态进行验证。

（4）根据线上的真实流量和压测所需的标识等内容生成相关词表。

由于目前系统中还未实现对写请求的隔离，因此在开发时要求通过注解标识是否写接口，这样压测平台可直接识别，对于写请求的流量会做出自动化的屏蔽。

3）自动化探顶

自动化探顶的过程是进行多轮压测，通过对被压测服务各类指标情况的观察，调整下一轮压测执行的压力，直到探测到服务的 QPS（Queries-Per-Second，每秒查询率）达到容量极限。这里要解决的两个主要问题是，用哪些指标来衡量服务状态和用什么策略来判断下一步应该采取的行为（是增压、降压，还是停止）。

结合产品的业务特点，我们选择了压测 QPS，将稳定性、服务的 CPU、第三方依赖系统的核心指标、用户可感知异常数等指标作为压测过程中服务状态的观测指标。

结合压测执行时服务状态的观测指标情况，我们首先将每次压测执行后的判断分为三类条件，然后根据不同的条件进行不同的操作。

（1）中止条件：当满足中止条件时，压测过程需要立即被中止，及时止损。触发中止的条件包括用户可感知异常超限、ES 的 CPU 超限等场景，压测过程满足任意一个中止条件都需要被中止。

（2）降压条件：当未达到中止条件，同时压测稳定性等指标不达预期时就需要降压，可通过产出下一轮目标压测 QPS 来进行阶梯降压。

（3）升压条件：如果服务稳定性等指标均达标，且需要增压，则根据 CPU 制定阶梯式增压幅度。我们的经验是，CPU 在 30%以下时按两倍增压，在 30%～50%时，按 1.5 倍增压。

执行自动探顶的整个过程都是在每一轮压测结束后进行下一步操作的判断，重复执行直到找到各项指标达标情况下服务能承受的最大 QPS，探顶结束。

4）结果分析

容量评估的结果给出了模块能支持的最大 QPS，并给出了探顶过程的各类指标数据和压力调整原因的明细。在微服务架构下，由于一个请求可能会经过多个服务节点，因此问题定位就变得非常复杂，一次压测涉及成百上千个接口，如果这些接口全部被分析，则任务量非常大且花费的成本非常高，因此我们利用了调用链信息来分析压测过程中的系统瓶颈，如图 13.1.21 所示。

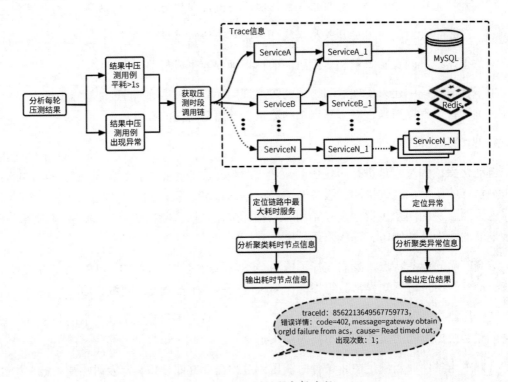

图 13.1.21 压测问题分析流程

首先，进行压测结果的初筛，减少结果分析量。我们将压测结果中性能或稳定性不达标的接口筛选出来。

然后，获取接口调用链明细，分析聚类。对于耗时不达标的接口，根据接口 URL 获取压测时间段的 Trace 信息，分析出最大耗时服务节点，并对这些最大耗时节点进行信息聚类，识别为性能瓶颈；对于压测中出现异常的接口，通过获取压测时间段异常接口的 Trace 信息，定位调用链中的错误信息并聚类错误信息，分析、查找调用链中出现异常最多的节点信息，识别为稳定性瓶颈。

7. 混沌工程实践

通过对线上问题的分析发现，其中有接近一半的问题由外部或者自身服务异常、网络、内存等不稳定因素引起，并引发后续一系列问题。因此，该产品在复用监控与压测能力的基础上接入了混沌工程，通过模拟重要模块的常见灾难场景，衡量产品服务的自愈能力，提前发现影响服务的稳定性因素，以及线上问题处理流程的合理性，提高问题快速修复的能力。

产品的主体开发语言为 Java，服务基于 Kubernetes+Docker 架构部署，使用了 Istio 作为服务网格。我们对业界的开源工具进行了调研、筛选，最后形成了如表 13.1.4 所示的不同场景下的工具应用策略。

表 13.1.4　不同场景下的工具应用策略

层级	典型故障类型场景	推荐选型	说明
应用层	HTTP 请求返回错误码；HTTP 请求有延迟	Istio	Istio 自带的故障注入能力，可以注入 HTTP 级别的性能、稳定性故障
Kubernetes 资源层	容器被删除；容器内主进程退出；Pod 内存或 CPU 超限；Pod 级别网络延迟、丢包等	Chaosmesh	Chaosmesh 可以通过界面执行，语法更适合 Kubernetes 下的使用习惯，也可以选用 Chaosblace
机器资源层	物理机 CPU 打满物理机内存打满；网络延迟；网络丢包；磁盘 I/O 高	Chaosblade	Chaosblade 对资源类故障场景支持比较完善，上手成本低

该产品线上是微服务架构，活跃的服务有数百个，在实施混沌工程的过程中，实验场景个数爆炸带来了如下两个问题。

（1）实验场景的执行效率问题：众多的实验如何快速地完成执行和验证。

（2）实验场景发现问题的效率问题：如何在有效的时间内找到更容易发现问题的场景。

下面分别从实验流程自动化和实验场景智能化两个方面来阐述解决方案。

1）实验流程自动化

实验流程自动化主要分为两部分：流程的自动执行和自动验证。我们用脚本封装了不同的混沌开源工具和驱动了实验熔断条件，实现了场景的一键执行与及时止损。当混沌执行时，当前的实验熔断条件是以系统或模块的 SLA 有没有被打破来进行判断的，但是这并不能作为发现问题的判断依据。比如，在某些情况下 SLA 被打破是符合预期的，而在某些情况下 SLA 即使没有被打破，但是局部的异常表现说明系统或模块存在问题，因此需要我们用更合理的方式来判断是否发现问题。一般实验结果分析的自动化过程，如图 13.1.22 所示。

图 13.1.22　实验结果分析的自动化过程

首先得有比较合理的稳态假设。根据业务特点和实验场景定制和完善 Checker 能力，以验证稳态假设的结果，结合更精细化的监控指标及指标权重来感知系统局部的异常。一旦稳态假设不成立，或局部感知到异常，就结合线上 Trace 和日志定位能力，来实现实验的精准定位。

为了减少人工维护 Checker 的工作量，同时避免爆炸半径控制不合理加速生产环境产生故障，我们尝试利用服务网格的流量管理功能做环境和流量的相对隔离，如图 13.1.23 所示，利用服务网格的流量管理功能，拉出两个相对独立的控制组与对照组环境，通过线上流量加压测标签的方式进行回放，使两部分流量能被区分观测，并通过自动化对比做自动对比验证，以判断是否存在问题。

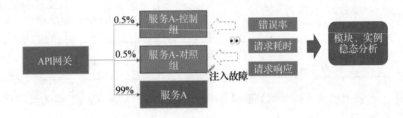

图 13.1.23　利用隔离环境进行自动对比

2）实验场景智能化

在微服务架构下，实验场景容易出现组合爆炸的问题。以该产品为例，服务数量有数百个，故障场景有几十种，如果要做到全系统的实验覆盖，则实验个数就会达到上万级别。即使我们通过流程自动化提升了混沌实验的执行和验证效率，但太多的并行实验可能带来的爆炸范围不可控，使每日能执行的场景数最多也就几十个，要想把所有服务和场景覆盖一遍需要几年的时间，这显然也是不现实的。

因此，我们探索了一种新的方式，引入失效模式影响的关键因素分析法（FMECA），即在众多场景中寻找最有可能发现问题的场景，提升发现问题的效能。如表 13.1.5 所示，关键因素分析法（FMECA）会关注故障的严重程度、发生的可能性、被发现的概率这 3 类因素，通过子维度按权重求和、子维度之间相乘，得到在故障类别下各个实验场景的推荐排序，排序越靠前代表越有可能发现问题。

表 13.1.5　关键因素

纬度	子维度	说明
发生故障的严重程度	业务标注的模块重要度和优先级	—
	模块的影响面	如入度和出度，PV 量级
	模块对故障的容忍程度	如在线服务和离线服务对网络延迟故障的容忍程度不一样
故障发生的可能性	历史上该模块出现该类故障的频次	—
	历史上此类型模块出现过该类故障的频次	将模块划分成计算型、存储型等
	该故障发生的可能性	
故障被发现的概率	故障场景的监控完备程度	—
	故障场景是否具备自恢复能力	—

在对实验场景智能化推荐的效果进行对比评估后，我们惊喜地发现潜在问题的效率相比随机实验的效率提升了至少 3 倍，说明实验场景推荐在发现问题的效率上有比较明显的正向效果。以上混沌工程实践案例可提升业务在云原生分布式架构下问题的发现和验证效率。

13.1.4　全流程数字化度量

从业务价值、团队效能、团队质量等层面建立目标指标度量，来引导团队发现问题并逐步改进。由于业务价值和产品特性有很大的关联，因此此处主要介绍团队效能和团队质量。考虑到 Scrum Team 的团队结构，所有的度量数据都按照团队维度划分，并给出团队数据的对比，以增强团队间的竞争。

下面从价值流动效率和产品质量两个维度来定义效能度量体系。

1）价值流动效率

（1）需求吞吐量：单位时间内的需求交付数量（虽然每个需求的粒度是有波动的，但是同一个团队在一段时间内的需求大小分布是类似的，所以团队自己的前后时间段可进行对比）。

（2）需求交付周期：从需求进入开发到上线完成的时间。

（3）开发周期：从进入开发到准入成功的时间。

（4）测试周期：从测试开始到测试结束的时间。

（5）上线耗时：从需求测试完成到上线完成的时间。

2）产品质量

（1）线上质量：包含单位时间内线上的 bug 数和线上问题平均修复时间两个指标，两者决定了用户可感知的产品可用性。

（2）线下质量：包含 bug 累计量、千行 bug 率和 bug Reopen 数，它们体现了团队线下的开发质量和风险。

有了明确的目标指标之后，就需要考虑当指标不达标时，我们如何去挖掘问题，持续优化。因此，在目标指标的基础上，建立了研发测试过程指标度量能力，并建立了过程指标和目标指标之间的关系，为目标数据问题分析提供数据支持，并主动挖掘异常数据，挖掘到的异常数据问题通过自动创建任务卡片来进行问题闭环。同时，通过机器人进行实时的异常信息披露，打造一个易用的问题闭环体验。

我们从敏捷规范执行、需求管控、自动化能力、环境保障能力、流水线稳定性和监控建设这 6 个方面进行了过程数据度量的能力建设，依赖这些数据建立了各个团队的敏捷能力雷达图，如图 13.1.24 所示。当某项结果指标出现异常时，我们就可以依赖过程数据做一些自动分析，并将修复方案推荐给对应团队。例如，团队本次迭代的千行 bug 率偏高、bug Repoen 数量变多，从整体敏捷能力评估的图中可以看到主要薄弱环节是需求管控得分较低，通过展开需求方面的详情可以发现，当前迭代需求量偏多且有过多的临时插入，影响了研发进度，导致提测质量不高。

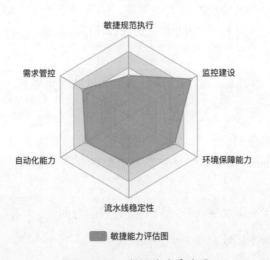

图 13.1.24　敏捷能力雷达图

基于以上的数字化度量方案，我们打造了团队迭代过程的数据报表，通过数据驱动团队持续改进，图 13.1.25 是质量和效能度量报表的示意图。

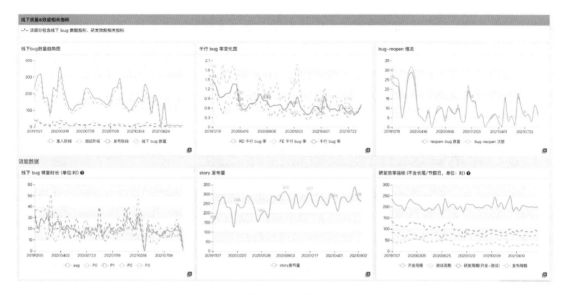

图 13.1.25 质量和效能度量报表示例图

13.1.5 整体收益

通过以上质量和效能提升解决方案，该产品团队最终取得了以下收益。

在迭代需求量增加 85% 的情况下，发布周期稳定，研发测试周期缩短 30%，千行 bug 率从 1.5% 降低到 0.5%。

通过建设与业务解耦的 DevOps 基础设施，创建和维护的流水线有 1000 多个，新模块接入成本从周级降低到 15 分钟；随着基础设施和业务解耦，业务团队基础设施维护实现了零成本；流水线整体的稳定性从 85% 提升到 95%；代码从提交到部署完成 80 分位的时长从 30 多分钟缩短到 10 分钟以内。

通过引入分层的自动化测试体系，接口覆盖率达到 100%，全量分支覆盖率提升到 35%，因接口变更导致的线上问题降到了零。

通过建设高效、安全的持续发布，90 分位发布时长从 8 小时缩短到 0.5 小时，上线值班人耗也降低一半。

通过建设线上智能监控，监控用例超过 80% 为自动生成和覆盖，无须人工配置，问题的定位结论和辅助定位信息能在分钟级给出，整体问题召回率超过 90%。

通过自动化容量评估，实现了压测执行过程的无人值守，将模块的压测耗时由原来的 4 小时缩短到 30 分钟；通过容量评估结论配合容器水平伸缩（HPA）功能，我们对线上实例的部署个数进行了调整，在系统总吞吐容量不变的情况下，降低了约 40% 的资源使用率；基于调用链的结果智能分析能力，压测结果的性能瓶颈根因定位能随报告产生，缩短了人工定位的耗时。

通过建设混沌工程能力，实现了重点模块 100%覆盖，16 个核心故障场景线上例行化执行，并且通过不定期的红蓝攻防演练，发现 20 多个线上稳定性风险，线上服务的 SLA 保持在 99.99%以上。

13.2 腾讯会议后台研发效能提升之路

从字面上看，研发效能追求的是"效率"，但是脱离目标谈效率是没有意义的。从研发的角度看，软件的意义就是交付用户和客户的所需，从而产生价值。因此，研发效能就是更快地为软件的用户或客户交付价值。这里的价值包括以下几个方面。

（1）有效性：让业务交付的服务与客户的需求及市场更加匹配，即对不对的问题。

（2）质量：提升业务的安全性和可靠性、用户体验等，即好不好的问题。

（3）效率：提升研发运维和变更的效率，即快不快的问题。

2021 年，腾讯 CSIG 技术委员会成立了研发效能提升组，基于腾讯云的技术标准化，以 CODING 为底座，建设了统一的 DevOps 平台，集成从需求、代码、制品到云原生部署研发运维全生命周期的工具能力，基于工作流帮助业务实现研发运维过程的自动化，提升软件研发效率和质量。

下面介绍腾讯会议在研发效能项目中的实践经验，希望对同样走在研发效能提升道路上的你有所借鉴与帮助。

13.2.1 腾讯会议研发效能建设前概况

腾讯会议作为行业领先的云视频会议产品，为企业混合式办公、会议室协作，以及各类垂直场景提供高清流畅、便捷易用、安全可靠的连接模式，虽然经常被大家调侃为"只有三个按钮的 App"，但具有十分便捷的入会体验，且极大地提升了协作效率。

腾讯会议于 2019 年年底上线，面对疫情期间用户需求的爆发式增长，小步快跑，通过 App Store 可以看到腾讯会议的迭代频率：在刚上线的 100 天内，快速迭代了 20 多个版本，图 13.2.1 是腾讯会议的发展历程。

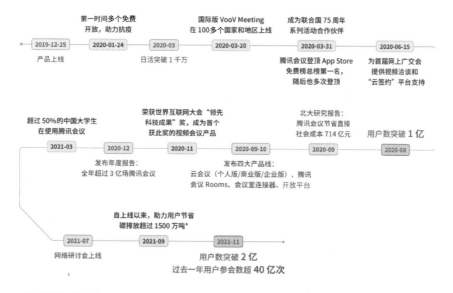

说明：*以生态环境部宣教中心和中华环保联合会绿色循环惠普专委会联合发布的《在线会议助力节能减排量化研究报告》结果为依据测算得出。

图 13.2.1　腾讯会议发展历程概览

随着产品的持续发展，腾讯会议在 2020 年下半年已经拥有了云会议、腾讯会议 Rooms、会议室连接器、开放平台 4 个产品线，随着团队规模和业务规模的扩大，团队协作的复杂性不断提高，导致研发效率降低。

如图 13.2.2 所示，2021 年年初研发效能专项建设前的数据显示，腾讯会议的团队规模与业务规模迅速扩大，但随着业务与协作复杂性的增加，研发效率却出现明显的下降，而导致研发效率下降的主要原因，相信也存在于大多数研发团队中。

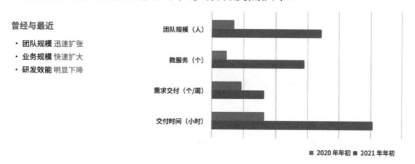

图 13.2.2　研效建设前的腾讯会议

腾讯会议的研发流程主要分为开发、测试、部署、运营 4 个部分，它们分别对应的领域存在以下问题。

● 开发域：技术栈不统一、流程化程度低、公共组件积累少。

- 测试域：环境单一、自动化程度低、测试工具不完善。
- 部署域：平台多、入口多、发布慢、回滚慢、没有门禁权限控制。
- 运营域：组件分散、定位时间长、自动化拨测覆盖率低。

生于云、长于云的腾讯会议，从规范和组件的建设开始，开启了研发效能提升之路。

13.2.2　腾讯会议研发效能改进历程

从 2020 年下半年开始，腾讯会议启动了基础建设与调研。2021 年，腾讯 CSIG 技术委员会研发效能提升组成立，腾讯会议作为第一批试点业务团队，正式启动了研发效能专项，目标是通过半年的专项共建提升团队的整体研发效能，图 13.2.3 是研发效能建设规划。

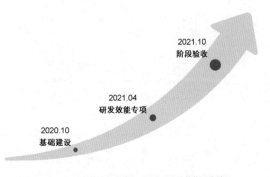

研发效能目标：通过半年的专项攻坚，提升团队的整体研发效能
合作部门：腾讯会议、云产品部、运营部、质量部

图 13.2.3　研发效能建设规划

腾讯会议研发效能体系建设分别从开发域、测试域、部署域、运营域 4 个方面输出解决方案，对存在的问题逐个击破。

1. 开发

开发域的研发效能建设主要分为两个方向：标准化建设和工具建设。

腾讯高级管理顾问乔梁说："一致性是效能提升的必经之路"。没有标准，散乱的微服务就如同一盘散沙，无法形成合力。这也是腾讯会议要从标准化建设入手建设研发效能体系的原因。

1）标准化建设

腾讯会议的标准化建设包括语言、框架和流水线。

（1）统一语言和框架

由于历史遗留等原因，腾讯会议存在技术栈不统一、缺乏统一规范的问题。

统一语言和框架可以大大减小开发差异和减少学习成本，也有利于团队内部研发进行组间流动和需求支持。从语言的角度看，没有任何一门语言能"一统天下"，但从腾讯会议的角度看，肯定有一门最适合腾讯会议目前现状的语言。

在研发效能建设专项成立后，腾讯会议对比了腾讯内部各业务的使用情况，分析了各门语言和框架在公共组件的适配程度，以及语言和社区的学习成本，最终选择公司内部主流的 Golang + tRPC 分别作为开发基础语言和框架。

这时，又面临一个困难：若统一语言，那么存量的业务模块怎么办？

对此，我们采用的策略主要有阻断新增、限时重构，减少支持的力度。最终，腾讯会议采用 Golang + tRPC 的覆盖率已超过 95%，完美地实现了语言与框架统一的目标。图 13.2.4 所示为统一语言与框架图。

图 13.2.4　统一语言与框架

（2）统一流水线

在研发效能建设前，腾讯会议项目下有一百多种风格的持续集成（CI）流水线。在研发配置流水线时，由于对流水线的设计在很大程度上靠"觉悟"，因此统一流水线的建设其实是统一研发流程的起点，因为这是提升代码质量的切入口。比如，如果某个第三方组件存在安全风险，则可以通过在流水线上增加 Hook 来添加相关的校验规则。

腾讯会议通过标准化接入、统一基线流水线配置模板等方式，让流水线逐渐统一，达到控制提交代码质量、流程和规范的效果。

我们基于研发现状梳理了各条流水线的工作流，如图 13.2.5 所示，按照研发过程流水线被拆分为 5 条：开发流水线→提测流水线→合流流水线→主干流水线→预发布流水线。

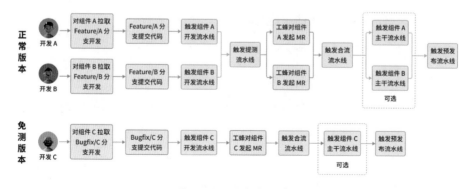

图 13.2.5　流水线工作流

- 开发流水线：通过提交代码触发，在个人开发环境下完成代码扫描、单元测试，以及单组件冒烟自动化。
- 提测流水线：通过扭转 TAPD 状态触发，在集成测试环境中完成产品 P0 用例自动化回归、开发自测，以及测试验证。
- 合流流水线：通过 MR 触发，在集成测试环境中实现产品 P0 用例的自动化回归、Code Review、自动打包。
- 主干流水线：通过定时或提交代码触发，从而实现单组件 P0 用例回归、自动打包。
- 预发布流水线：通过手动或者打标签触发，完成发布测试区、多产品 P0 用例自动化回归。

以开发工作流为例，统一流水线改造的内容，如图 13.2.6 所示。

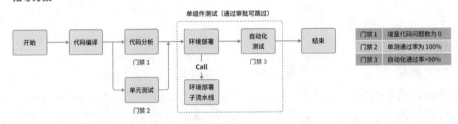

图 13.2.6　开发工作流统一流水线

（1）通过流水线模板创建开发流水线，确保执行的内容一致，也可以是一个代码库对应一条流水线。

（2）监视分支代码变更，有推送时自动触发。

（3）必要的门禁保障，如单元测试、代码分析等。

（4）环境部署建议通过子流水线来维护。

开发流水线实例，如图 13.2.7 所示。

2）工具建设

在工具建设方面，腾讯会议分别从服务脚手架、性能分析、接口即文档等方面进行了研发效能建设。

（1）服务脚手架

在进行研发效能建设前，团队研发人员经常反馈：项目从零开始搭建非常复杂，各个项目间的差异非常大，交接、维护成本高等。

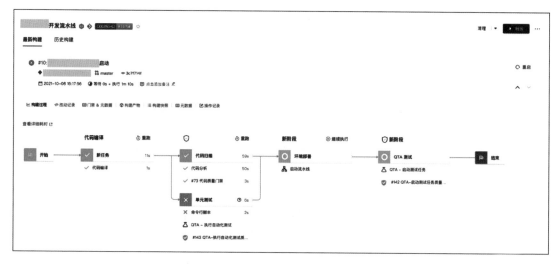

图 13.2.7　开发流水线实例

在研发效能建设开展后，我们通过服务脚手架建设解决上述问题，服务脚手架实例如图 13.2.8 所示。

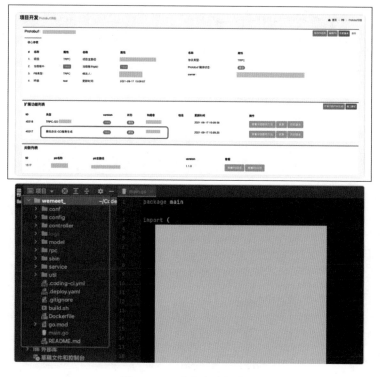

图 13.2.8　服务脚手架实例

首先通过 CODING 平台的服务接口功能编写 PB 文件，然后根据基础项目模板一键生成项目代码。新生成的项目能直接部署、运行，并符合开源治理规范，便于进行后续的自动化流程，如代码质量检查、镜像构建等。

（2）性能分析

在性能分析中，腾讯会议的自研工具——火焰图（图 13.2.9）可以与 CODING 应用管理无缝集成，做到一站式闭环。火焰图集成是 Golang 官方的性能调优利器，通过可视化能直观呈现 CPU 和内存等消耗情况，同时支持多维度在线性能分析，10 秒即可完成性能分析，对服务的关键指标和热点消耗做到一目了然。

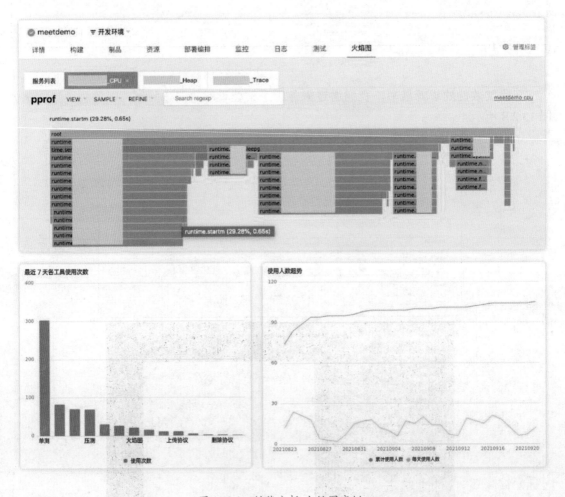

图 13.2.9　性能分析-火焰图实例

（3）接口即文档

随着业务规模的迅速扩大，文档问题一直为大家所诟病，特别是在接口对接、联调过程中，"口口相传"成为常态。

研发效能建设开展后，腾讯会议通过自研接口，即文档工具，无缝闭环嵌入 CODING 应用管理。通过规范接口定义和注释说明，使定义 PB、定义接口自动生成对应的接口文档，从而实现一站式的统一管理，摆脱了"口口相传"的困境，也降低了沟通的信息差与成本。接口文档前后对比如图 13.2.10 所示。

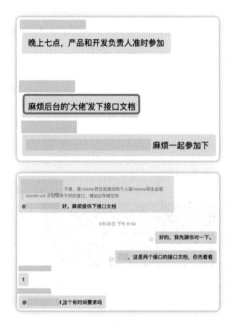

研发效能建设前　　　　　　　　　　　　研发效能建设后

图 13.2.10　接口文档前后对比

2. 测试

腾讯会议在测试域的研发效能建设主要从环境治理、快速更新、接口测试与压测三方面入手。

1）环境治理

环境治理分为环境构建和环境编排两部分。

（1）环境构建：在进行研效建设前，腾讯会议环境单一，"千人一面"。

腾讯会议后台日常并行的需求有 100 多个，但测试环境只有一套，这显然是不够的，并且环境冲突问题频繁出现，经常阻塞测试进度。如果直接采用横向扩展的方式，把一变成十，则维护十套测试环境的常态化对人力的投入非常大，而且治标不治本。因为各套环境的一致性无从保证，服务质量更无从说起。

在研发效能建设开展后，如何"一键快"速构建环境变成腾讯会议必须攻克的难题，环境治理就此诞生。

腾会议对测试环境的要求同需求的生命线持平，由需求而生，也由需求而止。

CODING 平台提供的环境管理能力，支持快速构建一套全新的、独立的 All in one 环境，构建时间一般在分钟级，最长不超过 20 分钟，并且互相隔离，保证互不干扰。另外，新环境的质量也有对应的度量指标，如在环境构建完成后，需要测试一遍全量的自动化用例，保证环境交付的质量，如图 13.2.11 所示。

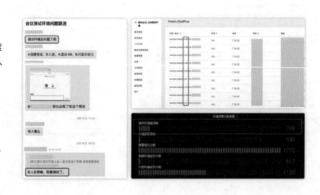

图 13.2.11　环境构建前后对比

（2）环境编排：环境编排是腾讯会议特有的，也是研发效能建设中重点克服的难题之一。

由于腾讯会议的服务都是基于镜像的模式，因此 100 多个服务就有 100 多个镜像，而每个镜像都单独部署，资源和成本的压力非常大，并且腾讯会议的私有化场景也是刚需。比如，某银行购买了一套腾讯会议产品，需要进行私有化部署，但是能提供的机器可能只有 2 台或 4 台。

如果没有动态编排环境的能力，则会频繁遇到资源严重不足的问题，故环境编排由此诞生。

腾讯会议的环境编排支持根据自身的需求动态编排模板，快速生成一套环境。在环境中，可以把全量的服务合并到一个镜像，也可以自由编排，把某些服务合并到一个镜像。多个镜像和服务可以灵活组合编排，并支持自动化构建和部署，如图 13.2.12 所示。

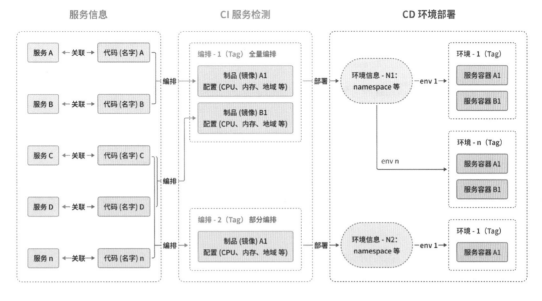

图 13.2.12　环境编排解决方案

2）快速更新

在腾讯会议的研发效能建设中，快速更新的诉求其实来源于开发层面：如果一个小变更的改动需要 5 秒钟，而发布需要 5 分钟，则显然是不能接受的，快速更新就此诞生。

在进行研发效能建设前，采用的是"编译+打包+冷更新"模式；在进行研发效能建设后，快速更新采用的是"编译+上传+热更新"模式。简单来说，使用了"一键式"自动化的 RZ 工具。以前更新一次需要 5 分钟，现在只要 30 秒，开发人员的幸福感有了明显的提升，快速更新解决方案图如图 13.2.13 所示。

3）接口测试与压测

在进行研发效能建设前，研发人员经常反馈：接口协议多，自测和 Mock 困难，并且测试工具不完善，测试左移也愈发成为讨论的话题之一。

在研发效能建设展开后，自研的接口测试与压测工具被无缝集成进入 CODING 平台，做到了测试与压测一站式闭环。同时，支持腾讯会议常用的多种传输协议，如 Oidb、tRPC、HTTP 等，支持自动关联服务接口并自动保存测试用例，如图 13.2.14 所示。

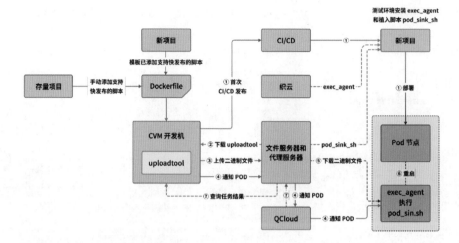

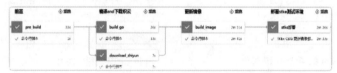

图 13.2.13   快速更新解决方案

图 13.2.14   接口测试与压测实例

3. 部署

腾讯会议的部署域研效建设主要从部署优化和部署编排两部分入手。

1）部署优化

（1）容器化：腾讯会议作为自研业务上云的首批业务，在整体架构上采用了容器化的云原生方案，真正做到弹性伸缩、自动扩容、异地容灾备份、服务化治理。在研发效能建设的过程中，腾讯会议全面使用腾讯云的云原生组件和能力，比如 TDSQL、对象存储、CDN 加速器、文件存储、日志监控、消息队列等。基于云原生模式，会议的开发、测试、部署、运营等四个域的研发效能全面得到提升，也让腾讯会议在快速成长时得以保持敏捷的迭代节奏。容器化历程如图 13.2.15 所示。

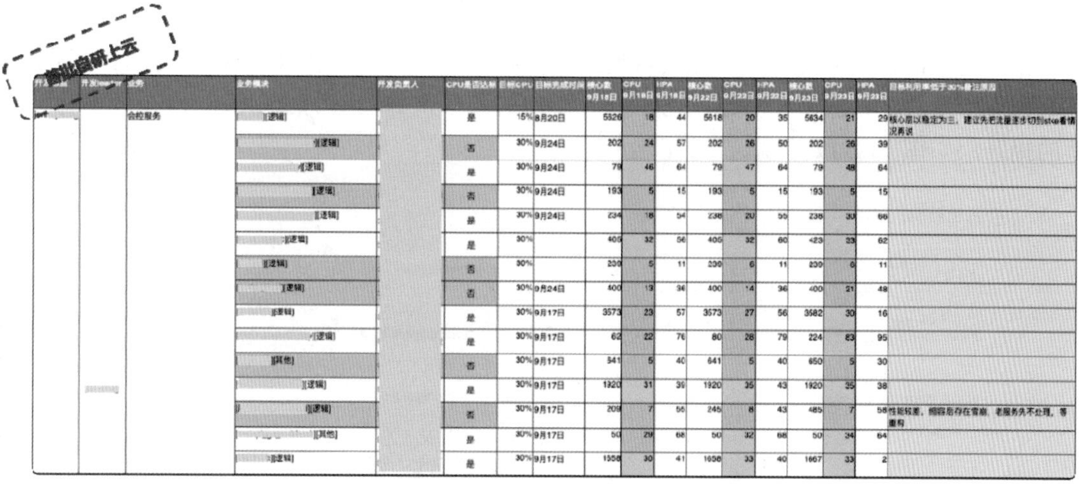

图 13.2.15 容器化历程

（2）发布提速：腾讯会议发布提速的诞生来源于一次次对故障的总结。

在研发效能建设前期，若要在生产环境里进行发布操作，需要十几分钟到一个多小时，回滚亦是如此，这就严重影响了研发效率和质量。

经过层层分析和总结容器发布时间的构成，腾讯会议在研发效能建设时把优雅终止时长、Pod 销毁时长、Pod 启动时长、就绪检测时长等每一环节都进行了逐一击破，如增加 StopSignal、优化轮询间隔、优化镜像大小等。针对一次发布操作，优化前一般需要 8 分钟，优化后只需 1.5 分钟，极大地提升了效率，发布提速解决方案如图 13.2.16 所示。

（3）镜像瘦身：镜像瘦身的目的也是提速。带宽不变，体积大小就是关键因素，镜像体积越大，发布时间就会越长。

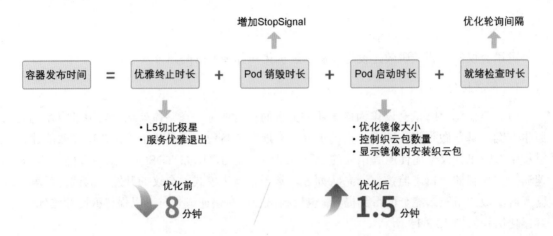

图 13.2.16　发布提速解决方案

　　在研发效能建设展开后，腾讯会议通过层层抽丝剥茧，努力达到瘦身等目标，如删除日常不需要的包、压缩镜像体积等，把原来近 4GB 的业务镜像缩小到 300MB，发布效率有了显著的提升，如图 13.2.17 所示。

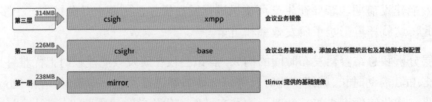

图 13.2.17　镜像瘦身前后对比

2）编排部署

在研发效能建设前，腾讯会议一次发布部署需要操作七八个平台，平台多且杂，自动化程度低，稍有疏忽可能就会变成一次发布故障。

在研发效能建设展开后，腾讯会议的持续部署（CD）全部被闭环在 CODING 平台。从持续集成（CI）到持续部署无缝对接，彻底改变了之前"盯点式"的发布困境。CODING 持续部署除了支持自定义部署编排，还提供变更体检功能，可以及时发现由发布操作引起的故障。编排部署实例如图 13.2.18 所示。

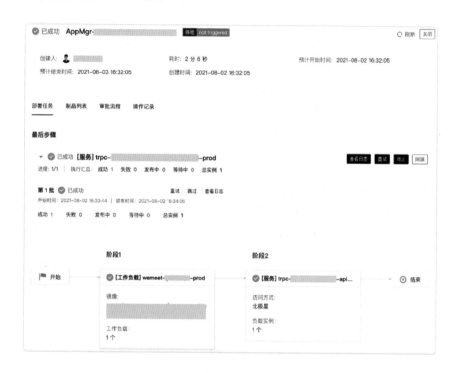

图 13.2.18　编排部署实例

4. 运营

腾讯会议的运营域研发效能建设主要体现在可观测性上，如日志、监控、调用链-链路追踪、自动拨测与压测。

1）统一日志

在研发效能建设前，腾讯会议后台使用的日志组件非常多，有 CLS、ULS、鹰眼等，缺乏统一的规范，研发人员根据各自的经验自由发挥，导致产生的问题非常多。比如，在出现问题排查时，发现日志丢失；有的服务一天打 100TB 的日志，造成极大的成本压力；缺乏统一的管理机制，研发人员感知不到问题。

在研发效能建设展开后，腾讯会议进行了统一日志建设，使用 CODING 平台可观测模块的日志功能，并基于 CLS 平台主动采集，对业务代码做到零侵入；制定相应的度量指标，每天定时统计各个服务前一天的日志量，让每个研发都能掌握服务日志的量化数据，更好地评估日志的有效产出，进行成本优化。

2）统一运维

作为统一运维的重要环节，不管是发现故障及时告警，还是定位排查问题，监控平台的搭建都是至关重要的。在研发效能建设前，腾讯会议后台使用的监控组件也非常多，有传统的 Monitor、停止维护的秒监控、007 和云监控等，研发人员根据自己的熟悉程度自由发挥，没有统一的管理入口和继承机制，导致产生一系列问题。例如，某个研发人员离职了，服务交接没有把监控的链接告知交接人，就永远找不到该监控；在使用的众多组件中，每新增一个指标都需要在平台上创建指标，缺乏维度功能，而且维度单一，只有单维度的上报，成本非常高。

在研发效能建设展开后，腾讯会议进行了统一监控建设，同时也对多个监控平台进行调研，最后选择了 CODING 应用管理上的监控功能。基于云监控平台，做到自定义指标、模调等多维上报，对业务细节一目了然；还有很多"一站式"的平台打通，如自动告警、变更体检等。统一监控实例如图 13.2.19 所示。

图 13.2.19　统一监控实例

3）调用链-链路跟踪

在研发效能建设前，当腾讯会议出现问题时，因为调用链模糊、缺乏统一的平台和工具，所以解决问题所需要的时间比较长。

在研发效能建设展开后，腾讯会议进行了统一调用链建设，选择了 CODING 可观测模块的追踪功能：基于云监控平台，对服务间的调用依赖关系和性能关键热点一目了然。腾讯会议整体的接入过程也非常简便，做到了代码低成本、零侵入。

4）拨测与压测

在研发效能建设前，研发人员经常反馈：自动化拨测覆盖率低，系统监控弱，故障发现不及时；缺乏系统压测，对当前的状况和瓶颈一无所知。

在研发效能建设展开后，腾讯会议进行了核心链路的统一梳理，做到分钟级自动化拨测，若出现不符合预期的情况，则会触发实时电话预警，拨测覆盖率提升至 95%；在系统压测方面积累了大量的测试用例，定期对系统进行压测与状况评估。同时，还在推进混沌工程的评估试点。自动化测试实例如图 13.2.20 所示。

图 13.2.20　自动化测试实例

13.2.3　腾讯会议研发效能建设总结与思考

1. 成果总结

腾讯会议研发效能成果如图 13.2.21 所示。

图 13.2.21　研发效能成果概览

总的来说，通过半年多的研发效能专项建设，腾讯会议达成了以下成果。

（1）完成了所有模块的"一站式"管理及语言和框架的统一。

腾讯会议所有的研发活动（包括代码、发布、监控、文档等）都集中在 CODING 平台上，框架和语言分别选用 tRPC 和 Golang。

（2）标准化研发规范，统一流水线。

腾讯会议将开发流水线分为开发流水线、提测流水线、合流流水线、主干流水线、发布流水线 5 类，让流水线逐渐统一。

（3）完成测试环境的自动化管理。

环境增加到 1940 多套，每个环境的构建在 15 分钟以内，环境更新仅需 30 秒，环境管理效果对比如图 13.2.22 所示。

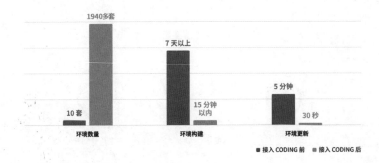

图 13.2.22　环境管理效果对比

（4）自动化拨测覆盖率提升到 95%。

（5）腾讯会议积极拥抱云原生，实现了所有模块容器化，并通过发布提速、镜像瘦身等措施，一次发布操作在 1.5 分钟内即可完成；业务镜像也大大缩小，效率得到提升。

（6）基础组件完成名字服务、配置、监控、日志系统的升级。

2. 经验总结

从对整个项目进行复盘的过程中，我们得到了以下经验。

1）流程建设

在流程建设方面，主要有内部推广和外部对接两个方面。

在内部推广时，CSIG 研发效能与腾讯会议形成接口人机制，并制定标准的对接流程：由架构组负责对外协调，组织内部接口人推广，接口人负责各个小组的实施落地。在外部对接时，制定了研发效能流程建设规范，每周组织例会沟通存在的问题与研发效能建设需求落地的进展情况。在风险控制方面，增加了各种机器人和监控，做到实施可观测；在度量方面，有多维度、可视化的度量指标，如发布频率、发布时长、发布前置时间等。图 13.2.23 所示是项目过程整体概览。

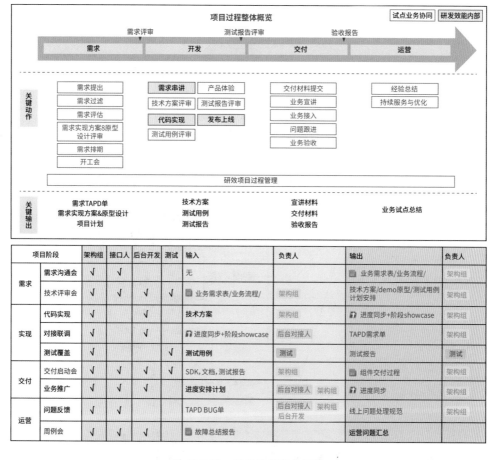

图 13.2.23 项目过程整体概览

2）质量保证

由于腾讯会议的研发效能建设需要引进 DevOps 平台，因此组件之间的协调和磨合是不可避免的。比如，在组件的引进中，质量如何度量？有哪些验收标准？需要输出哪些报告？在此过程中，腾讯会议也踩过不少"坑"，最终总结出一些引用的规范与考量要点。比如：

● 引进的功能是否符合腾讯会议的业务现状？
● 组件性能是否满足或对齐业界的标准？

- 组件容灾情况是否满足要求？
- 使用后，成本是否能接受？
- 引进后，对业务有何影响？是否符合预期？

图 13.2.24 所示为质量保证核心标准。

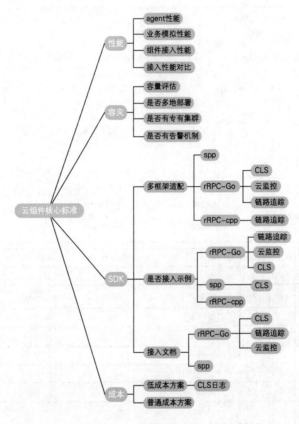

图 13.2.24　质量保证核心标准

当然，目前腾讯会议只是完成了阶段性目标，但对研发效能的追求是无止境的，且研发效能是随着项目的发展而持续迭代的。

我们针对接下来的研发效能建设也有一些新的设想，其中有的正在建设中，有的还在调研阶段，比如，测试左移、配置管理、秒级发布、变更体检、混沌工程等。随着腾讯会议规模的不断壮大，我们希望在研发效能方面做得更好，为业务的快速迭代提供支撑，也为更多需要进行研发效能提升的团队带来借鉴与参考。

13.3 微众银行研发效能建设实践

下面从微众银行在研发效能领域的发展路径、取得的成果、对未来的规划等方面,全面阐述研发效能领域的建设历程,希望为有意愿在该领域实践的个人和团队提供一些借鉴和参考。

微众银行在研发团队建立的初期,强调以科技发展为立足之本,通过科技赋能业务发展,践行普惠金融的理念。在行内支持发展科技团队的指导下,整个团队形成了对研发质量的高要求。微众银行在研发效能领域的建设,从关注研发质量、探讨研发质量、建设研发质量、促进研发质量的提升开始。

13.3.1 研发效能建设初期

研发效能最初涉及的内容相对单一,主要是从研发质量开始的。研发质量常见的槽点按研发顺序可以分为需求变更随意、严重压缩研发排期、开发自测少、测试阶段缺陷多、生产问题多等情况;在迭代开发过程中,经常采用的方法有小范围沟通问题、产品迭代总结会、测试报告反馈、生产严重问题复盘等。但通过以上操作,依然可以看到存在以下几种现象。

(1)需求问题、缺陷、生产问题并没有得到改善。

(2)产品经理、开发人员、测试人员、运维人员之间的关系紧张,经常互相推诿和争吵。

(3)类似的问题反复出现,并伴随着无法辩驳和改善的理由。

为了解决暴露出来的以上问题,也为了改善研发团队低质量、低效率的现象,经过和各个团队进行头脑风暴、务虚会议等形式的深入探讨,最终决定从研发效能的角度切入,成立研发效能团队。一方面,观察研发过程全生命周期,挖掘研发过程中的痛点并将痛点重点解决,以点带面推动研发效能的改进;另一方面,提高团队成员的研发效能意识和研发能力,达到高质量、高效率交付业务价值的目标。

13.3.2 研发效能度量平台

研发效能,以研发全生命周期数据为基础,以研发效能改进方向为目标,结合度量指标数据的呈现,推动研发效能领域的发展。而研发效能度量平台的建设,对研发数据的收集、分析、呈现等都有帮助。

1. 研发效能度量平台的目标

研发效能度量平台以自动获取研发过程相关数据为主,人工补充少量数据为辅,从行业数据、全行数据、部门数据、产品、迭代、个人等多个维度,结合横向和纵向对比等分析方法,反馈研发过程中相关的效能数据。

2. 研发效能度量平台的实现

搭建研发效能度量平台可以分别从基础服务、系统搭建、对外服务三个方面进行思考。

1）基础服务

研发数据分为三大类：第一类，微众银行统一使用的工具和平台，包括需求和缺陷管理的 DPMS、配置管理平台 CMDB、IT 服务管理系统 ITSM 等产生的数据，这类研发数据需要打通网络服务，通过备库的方式将数据归集到研发效能度量平台。第二类，各部门自建的平台、工具等产生的数据，可以通过共享和同步数据的方式将它们接入研发效能度量平台；借助于研发效能平台汇总和分析数据的优势，展示与研发相关的数据分析趋势和结果。第三类，其他与研发相关的数据，比如大数据测试脚本、开发自测工具、组件和插件等产生的数据，它们通过规范入库的方式沉淀下来，并接入研发效能平台。

同时，不同的服务平台分布在不同的网络环境。微众银行的网络环境分为测试环境、办公环境和生产环境，网络环境之间又有严格的数据隔离，很多数据无法做到实时互通。对无法实时同步的数据过滤敏感信息后，在每天晚上零点同步前一天的研发数据到影子库，研发效能度量平台连接影子库进行数据分析。

2）系统搭建

搭建研发效能度量平台是有成本的，以辅助研发效能数据分析为目标，尽可能将其建设成轻量、敏捷、耦合度低的平台。从功能设计上，研发效能度量平台架构设计模型可以分为数据源、度量指标、统计分析、配置层、展示层等，如图 13.3.1 所示。

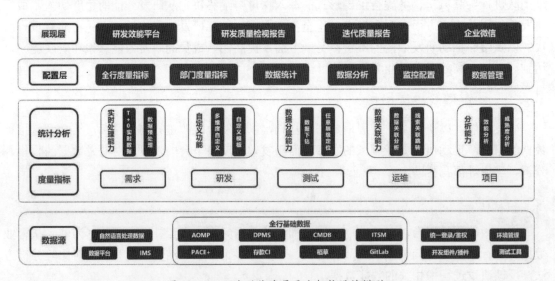

图 13.3.1　研发效能度量平台架构设计模型

研发效能度量平台，从数据源、度量方向、度量方法到**输出分析结论**，是一个逐渐迭代的过程。一方面要支持多维度的数据分析；另一方面要把已经形成**分析方法**、分析角度的数据，以固定模式应用到产品团队的日常迭代中，持续发挥作用。

3）数据和分析结果输出

根据研发阶段服务对象的不同，研发数据输出的形式也是**多种多样的**。首先是轻量级的通知，比如企业微信的消息通知。目前，应用的研发数据有**两类**：一类是服务于项目组晨会的数据。在项目组开晨会之前，会汇总每天的开发产能和测试产能等数据，并发送给项目组与晨会相关的所有人员，根据这些数据分配当天需要支持的**重点任务**（如要优先解决高优先级的 bug）。另一类是实时通知数据。例如，将研发过程中工具的**检查结果**、流水线执行结果、事件单提醒、跟踪事项反馈等，发给对应的研发团队和个人，**提醒关注**。

其次是邮件类的分析总结报告，如迭代版本的**研发质量报告**。在每一个迭代封版后，先自动整理与研发质量相关的数据并形成质量报告，然后根据度量基线反馈质量风险，提醒项目组关注质量风险，并指导项目组形成应对措施。

最后，根据产品研发团队的需要形成一定产品周期的**研发效能报告**，如整个产品研发的半年总结报告、年度总结报告等。从横向、纵向等多个角度，**同比**、**环比**相关研发数据，为产品研发过程的改进指引方向。

3. 研发效能度量平台发展规划

研发效能度量平台，是辅助研发效能建设的平台工具，**采用多样的分析方法**，分析研发效能的相关数据，起到持续跟踪数据、服务团队的作用。**根据研发团队的发展**，平台建设分为四个阶段：第一个阶段是设计平台框架、数据同步策略、**数据应用场景**等基础建设；第二个阶段是建设度量指标体系，全面、真实地反馈研发过程和结果，**实现度量指标的数字化**；第三个阶段是精细化研发数据度量体系，从单一度量指标数据分析过渡到研发数据的关联性分析、对比分析等；第四个阶段是建立分析、诊断、推荐于**一体的自动化平台**。

13.3.3　研发效能数据分析

研发效能数据分析，是随着研发效能目标的变化而变化的。比如，为了看清研发现状，需要从需求管理、开发过程、测试过程、运维过程、生产过程、**项目管理过程**等维度呈现相关数据，结合数据分析方法展示绝对值、趋势图、横比、环比等；为了解决某一类问题，需要结合直接因素分析和间接因素分析等方法，阐述问题产生的原因、引发的现象，得出可用于解决问题的方法；度量指标的内容和分析方法应结合团队的**实际发展进行**，只有在合适的时间选择合适的分析方法，才能对产品团队效能的改进起到**指导性**的作用。

按照度量指标维度，度量分为研发过程度量和研发结果度量；**按照度量指标类型**，分为趋势指标和绝对值指标；按照度量对象分为个人指标、产品指标和团队指标。这些度量指标和对象，都离不开度量分析方法。选择合适的度量分析方法，有助于度量数据的呈现和问题的反馈。

1. 常用分析角度

（1）对比：用户数据间的对比。比如，同类型的两个产品，在同一时间段内引发的生产问题数量对比。

（2）分布：同一数据分布在多个维度。比如，某产品在一个周期内的研发过程中的缺陷分布。

（3）构成：由静态数据和动态数据组成。比如，某产品在某个时间节点产生的研发过程数据和质量风险。

2. 常见分析方法

（1）漏斗法：反馈某一特征数据从起点到终点的转化率。典型场景为需求交付漏斗（图 13.3.2）。

注意：在需求交付漏斗计算公式中，计算的是需求数量，考虑到每个需求大小的差异，对应的折算方法和实际执行可能存在差异。

（2）分组分析法：根据数据分析对象的特征，按照一定的标志（指标），把数据分析对象划分为不同的部分和类型进行研究，以揭示其内在的联系和规律性；也可以用于从多个角度对同一对象进行分析，从不同角度阐述不同视角的问题。典型场景为缺陷分析（图 13.3.3）。

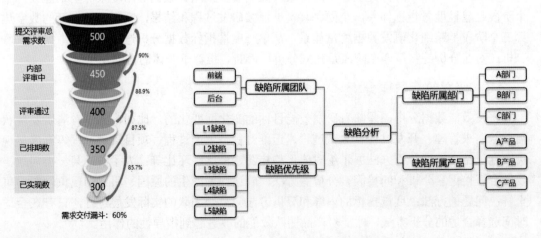

图 13.3.2 需求交付漏斗   图 13.3.3 缺陷分析

以优先级来看，高优先级的缺陷比低优先级的重视程度高、处理时效要求高。从所属团队来看，缺陷多的团队属于重点帮扶的对象；从所属部门来看，缺陷多的部门需要提高交付质量；从所属产品看，缺陷多的产品出现生产运营问题的概率大。具体从哪个角度分析现象，要依据当前团队的要求和需要说明的问题来决定，可以灵活应用。

（3）关联分析法：是指从大量数据中发现数据之间的关联性或相关性。典型场景为版本发布成功率。

因为发布版本的成功与否，对运维阶段的工作影响最大，所以度量版本发布成功率，是为了了解在一个周期内，发布失败次数多、比例高的产品或系统，并分析产生这种情况的原因，促进改进。但是因为影响发布版本动作的因素很多，常见的有数据库脚本错误、漏合并代码、发布模板参数配置错误、功能错误等，所以在度量发布成功率时，需要用到关联分析法，分析和发布版本有直接关联关系和间接关联关系的动作和行为，找到问题的原因并推动解决，避免重复犯错。

（4）单一指标分析法：根据数据类型，从平均值、最大值、最小值等角度，对单一指标进行分析，典型场景为缺陷密度。

通过观察某一产品在一段时间内缺陷密度的变化趋势，预判产品质量走势，以便选择合适时的机进行检视，发现需要改进的问题。常见的方法是将本部门所有同类产品在一段时间内的缺陷密度平均值作为基准线，并将低于基准线的产品作为重点分析对象，分析单一产品在这段时间内的最大值和最小值，观察缺陷密度趋势，判断风险。

（5）对比分析法：从横向和纵向的角度进行对比分析的方法。典型场景有整体交付吞吐率、缺陷及时解决率等（图 13.3.4 和图 13.3.5）。

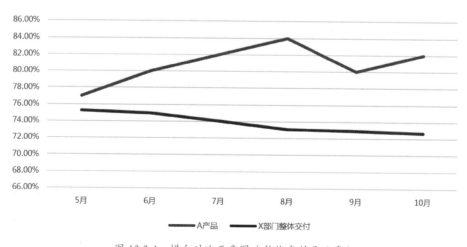

图 13.3.4　横向对比示意图（整体交付吞吐率）

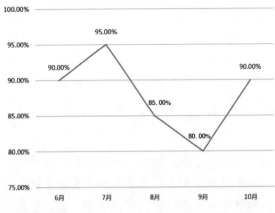

图 13.3.5　纵向对比示意图（缺陷及时解决率）

（6）综合分析法：针对某一类现象，从整体的角度结合各种分析方法，进行度量数据的综合分析。典型场景为产品健康度（表 13.3.1）。

表 13.3.1　产品健康度

产品研发效能度量		结果值	结果分值
需求分析	业务需求平均交付时长	33.01	4
	系统需求平均交付时长	26.84	3
	整体交付吞吐率	64.68%	4
	需求分析吞吐率	95.11%	4
	需求积压率	3.44%	4
	交付吞吐率	90.42%	3
	评审吞吐率	99.72%	5
	排期吞吐率	96.89%	4
	需求变更	0	5
开发测试过程	静态代码扫描 bug 数	3	4
	代码安全扫描	5	4
	一次冒烟通过率	100%	3
	SIT 缺陷密度	1.5	3
	缺陷及时解决	95.50%	4
	代码覆盖率	89%	4
	自动化覆盖率	93.44%	5
运维过程	一次发布成功	100%	5
	重推次数	0	5
	移交超时次数	5	1
	监控告警增长趋势	1.90%	3
生产过程	生产事件	0	5
	生产慢 SQL	0	5

有些单一度量场景很难靠单一角色彻底解决,如缺陷密度。在研发过程中,测试人员发现产品缺陷,但缺陷产生的原因有很多,如需求变更、插入的紧急需求、开发自测不充分、测试环境问题、测试数据问题等,还涉及不同的角色,改善难度大。因此,引入产品健康度,从产品的整体视角反馈研发过程,如果整体研发质量偏低,多个度量指标得分低的原因又是同一个,则大概率需要深入分析这个研发阶段发生的现象,多角色配合一起改进。

13.3.4　研发效能实践

1. 建立研发效能意识

首先,在管理层建立研发效能意识。整理目前团队中所有关于研发效能领域的研发数据,根据研发团队的关注点,通过数据反馈产品迭代过程中的真实感受和研发过程中的薄弱环节,和管理团队一起讨论解决问题的思路和方法,并辅助管理团队在整个项目组落地执行管理动作。

其次,在整个研发团队建立使用研发效能数据的习惯。从产品迭代版本开始,汇总和分析各类研发数据,并将这些数据有序地输出到项目组和个人。通过反馈研发效能相关数据的风险点,从协助解决相关问题的角度出发,帮助研发团队项目组寻求解决办法。

最后,通过研发效能文化的相关建设,树立榜样,建设最佳实践,提高整个团队的研发效能意识。

2. 研发效能领域专项

在研发效能度量反馈的质量、效率等数据中,挖掘整个团队的共性问题,结合团队经验及整个业界的最佳解决方案,推动团队从专项问题治理的角度形成服务于整个团队的、可沉淀、可推广的解决方案,辅助整个团队研发效能的落地执行。研发效能领域的专项,应该是在整个研发效能工作中需要长期坚持做的工作,同时也是体现研发效能工作价值的重要表现形式。微众银行在研发效能专项领域所做的事,分为以下几个方面。

1)研发流水线

建立研发流水线,是把研发流程中不同阶段的任务串联在一起,建立一个可重复、可靠的自动化过程。

根据研发过程的关键节点建立研发流水线(图 13.3.6),获得的收益主要有以下三个方面。

图 13.3.6　研发流水线

第一，全面了解研发过程。通过展示每一个研发阶段的完成情况，可以在一个页面上看到当前团队中所有的研发迭代进度；根据执行进度和计划，实施有效的研发管理和干预。

第二，研发过程分段管理。每一个研发阶段都可以在研发流水线上建立各自的标准、要求等，促进高质量地完成每一项研发工作。

第三，提高研发效率。在完成某一阶段的工作后，研发过程自动流转到下一个状态，减少研发过程中的沟通成本。

为了保障研发流水线的自动执行，需要做一些基础工作，比如规范管理测试环境、分离开发环境和测试环境，做好对应的代码和版本的权限控制。在运行研发流水线的过程中，当遇到流水线无法满足的情况时，需要重点协助解决，不要让研发流水线阻塞项目进度；在研发流水线固化到研发流程中后，要动态调整研发工具的各种检查，在研发的每个节点上做到自动化检查、自动化反馈结果、推荐解决办法，甚至自动修复。

2）质量门禁

根据团队对质量的要求，在研发过程和研发流水线上设置门禁阈值，超过阈值将提示门禁结果失败。

质量门禁一：本地代码检查。通过对开发 IDE 统一配置，集成静态代码检查工具，规范代码输出。集成的检查工具有 SonarLint 插件、SpotBugs、MyBatipse 插件等。本地代码检查以提醒为主，不阻断代码提交到仓库。

质量门禁二：DEV 环境和持续集成检查。在代码提交到 DEV 环境后，启动持续集成脚本进行构建、打包、部署、测试，异步反馈执行结果。持续集成过程中的检查，以提醒为主，不强制及时修复。

质量门禁三：测试准入门禁。开发人员在完成自测后进入流水线提交测试，即开始进行与质量相关工具的检查和测试。在每个检查点设置阈值，如达不到阈值，就及时反馈到项目组，对其进行高优先级解决。

质量门禁四：测试准出门禁。在完成测试工作后进行封版操作，启动对应的工具和脚本检查，做上线发布之前的最后一次检查，如满足准出标准，即可推送发布包到运维进行发布。如果有影响质量风险的检查项，则需要组织项目组相关人员明确解决和应对方案，评估风险。

设置质量门禁的目的是通过设置检查点，提高每个研发阶段的质量。一般检查工具在团队内的应用超过 50%，即可考虑设置为质量门禁的检查点。

基于对产品质量过程管理的要求，设置质量门禁比较容易理解，也较为容易在团队中达成共识。但运营质量门禁，让质量门禁发挥作用的难度比较大，建议分成以下五步，逐层推进落地。第一步，收集团队现有的研发过程检查工具、脚本等，了解相关使用场景和普及率（对缺少关键路径上的检查工具可以考虑投入建设）；第二步，选择在团队中普及率高、认同感强的检查工具，明确对各个产品的要求，在合适的节点上设置质量门禁；第三步，根据团队研发能力的提升，动态调整质量门禁的数量和阈值等；第四步，特殊的产品应适当配置特殊的处理流程，避免"一刀切"的门禁策略让团队成员产生抵触情绪；第五步，周期性地反馈质量门禁的运营情况，提炼设置质量门禁带来的价值，提高团队成员的认可度和接纳程度。

质量门禁的运营是一个动态调整的过程，目的是促进产品质量的提升，不是阻塞产品的研发流程。

3）慢 SQL 治理

在过往的研发过程中，多次出现因慢 SQL 而影响产品可用率的问题，并对这一问题做过多次复盘，但依然无法杜绝。通过和项目组讨论，以专项治理的方式彻底解决了慢 SQL 的问题。从慢 SQL 脚本的产生，到测试阶段、生产阶段的应用，解决慢 SQL 的问题可以分为以下四步。

第一步，从源头控制慢 SQL 脚本的输入。制定 SQL 语句书写规范，按照规范形成检查工具 DBCM，所有 SQL 脚本都从 DBCM 输入并进行 SQL 规范检查，确保输入的脚本符合要求。

第二步，通过对 SQL 脚本的静态检查（在提交 SQL 脚本后，当天执行脚本检查的定时任务），对没有 where 条件和索引等特征的脚本进行汇总、通知，要求相关人员检查确认，并根据风险等级设置关注度。

三个风险等级如下。

（1）重点关注：（单表 ‖ 多表查询出现全表扫描）读取行数 >10 万。

（2）关注：[（单表 ‖ 多表）查询出现全表扫描 ‖ 非唯一性索引]读取行数> 1 万。

（3）无须关注：唯一索引 ‖ 单表查询读取行数 < 1 万 ‖ 多表查询读取行数 < 1 千。

第三步，在测试阶段，每日对执行耗时较长的 SQL 脚本进行汇总和反馈，及时确认是否有风险和风险是否解决，并根据平均耗时指标设置关注度。

平均耗时指标如下。

重点关注：sqlRunUsedTimeAvg > 5000ms。

关注：5000ms > sqlRunUsedTimeAvg > 2000ms。

无须关注：2000ms > sqlRunUsedTimeAvg。

第四步，在生产、配置、监控脚本阶段，对每天执行的脚本进行监控检查，并反馈到产品团队，根据影响程度在产品迭代中进行解决。

根据以上四步，从源头、过程、结果监控和复盘的角度，对慢SQL进行综合治理，彻底解决了各个产品的慢SQL，降低了质量风险。

13.3.5　研发效能文化建设

1. 文化激励

（1）研发质量之星评选：为鼓励研发人员高质量、高效率地完成研发工作，树立研发工作的榜样，产生更多的最佳实践，赋能整个团队，我们从代码产出、代码质量、单事件的解决时效、自动化建设等方面，进行研发质量之星的评选，对优秀人员进行奖励。

评选的岗位按照团队分工分为规划岗、开发岗、测试岗、运维岗。规划岗重点关注需求及版本的管理；开发岗重点在有效代码行数、解决缺陷数、单测覆盖率、参与产品的开发、重点解决专项问题等方面进行评选；测试岗重点在贡献缺陷、自动化用例、自动化有效性、漏测率等方面进行评选；运维岗重点在主动发现问题、解决问题时效、优化监控告警等方面进行评选。

（2）评选周期：每季度评选一次。

研发质量之星的评选对整个团队成员有积极、正面的引导作用，鼓励大家在研发质量方面多探索、多尝试，为项目团队带来质量上的提升。另外，在团队内树立榜样和标杆，使其成为大家学习的榜样，同时建立榜样团队和个人的影响力，并引导他们持续进步。

2. 文化宣传

针对研发效能重点建设的专项治理、最佳实践案例等，通过文化宣传的方式，对其中的知识点、关注点、踩坑点等进行图文并茂的宣传，以促进大家对研发效能专项治理的理解、应用和推广，减少同类研发事件的重复发生。

宣传的方式可以多种多样，针对单个知识点，一般采用企业微信的服务号进行宣传推广；针对解决方案的专项事件，采用内部技术板块网页和邮件推广的方式进行详细解读；和团队文化相关的内容，可以采用文化墙的方式，吸引团队成员关注。

在宣传的时机上，可以制作海报墙、易拉宝等，多种渠道联合推广。

3. 跨团队协作

跨团队协作主要分成两类：一类是部门内部的跨职能团队协作，常见于横向服务团队，如项目管理团队、架构团队、研发效能团队等。伴随整个研发过程，研发效能领域的问题和各个角色都相关，鼓励横向团队的建设和成长，共同挖掘部门各个团队的共性问题和个性问题，协调团队成员对这些问题各个击破，并整理最佳实践案例且分享到各个团队；跨团队协作也是在为部门的产品架构、质量、效率、项目目标等保驾护航。

另一类是跨部门合作。研发效能领域的合作和共建需要各个研发团队参与进来，共同为公司的研发效能建设服务。同时，研发效能建设也需要各个部门的支持。作为研发团队，质量和效率是共同追求的目标，因此要在各自做好研发能力的建设基础上，互相借鉴最佳实践，鼓励交流和分享。

13.3.6　实施效果总结

通过对研发效能领域的建设，取得了比较好的收益，主要体现在以下三个方面。

1. 研发效能度量平台和度量指标

研发效能度量平台通过不断迭代和升级，已经从对开发测试等单一维度度量指标数据的反馈，成长为多维度、多视角、跨产品、跨团队的效能平台，成为研发团队日常开展工作的主要平台之一。

2. 对研发质量和效率的重视

需求交付效率、研发过程质量和生产运营质量成为研发团队关注的三大方向。围绕这三个方向，整个研发团队一起定义了研发效能领域的目标，并逐步推动实现。基于大家共同的目标，无论是在讨论需求，还是在解决研发问题方面，都比较容易达成共识。

3. 专项能力和最佳实践

针对研发效能建设过程中不断暴露出来的流程不完善、工具缺失、能力短板等问题，逐渐有人愿意牵头来解决，一方面，通过解决问题，提升了自己的能力，诞生了多个细分领域的专家和领军人物；另一方面，通过解决这些涉及范围广、关联角色多等特点的"顽疾"，打通了研发过程中的阻塞点，使研发过程更顺畅，产品质量越来越好，效率也越来越高。

随着专项问题被解决、专项能力被提炼出来，沉淀了多个细分领域的最佳实践案例。通过将这些案例中可复制、可借鉴的能力持续对内外输出，收获了非常好的影响力，也为应用最佳实践的团队带来了较好的收益。

研发效能建设并非一帆风顺，也同样经历了坎坷、跌宕起伏，如出现过把度量指标和 KPI

挂钩问题，也出现过质疑度量指标的合理性问题。经过对研发效能过程的打磨，研发效能的理念被大多数人员所接受。微众银行研发团队对高质量、高效率的追求一直不变，对研发团队能力不断提升的目标一直不变，相信其在研发效能领域的建设会越来越好。

13.4 宁波银行规模化敏捷试点案例

近几年，随着研发人员的迅速扩张，"人月神话"陷阱也越来越困扰着我们，简单地增加人员已不能带来满意的产出。研发过程中大量的效能损失，促使我们踏上研发效能提升之旅。研发效能平台、效能洞察度量平台、自动化测试平台等纷纷建立起来，迅速弥补了工具上的不足。但是在一体化的体系建设中，针对团队形形色色的实际情况，落地时往往存在一定的困难，离团队真正能用起来、用得好还隔着"最后一公里"。

因此，我们展开了产品级的规模化敏捷试点，在提升团队协作和研发能力的同时，将分支管理、环境管理、自动化测试等工程实践真正落地到团队中，打通"最后一公里"，全方面提升研发效能。

本次试点从客观数据上看，需求交付时效提升了 21%左右，当然其中也有一部分原因是用户故事拆分意识提升使需求颗粒度变小，但这个变化也是我们想看到的。

下面详细介绍本次规模化敏捷试点的相关内容。

13.4.1 选型

在试点团队选择方面，我们考虑到一些银行组织架构中常见的痛点（前后端系统团队分离、产研测三方人员分离、跨部门协作复杂、缺少唯一需求收口方等），选择了更适合做敏捷实践的产品团队入手。

该团队具有以下利于开展敏捷实践的特点：

（1）偏产品化管理，前后端都在同一个部门，部门外系统依赖性较小。

（2）规模适当，50 人左右，作为一个部落刚好合适。

（3）在研发团队中有一个专职的产品经理团队，承接转化来自业务部门的需求，承担需求收集、需求细化、需求文档撰写、需求优选、需求交付管理等工作，相对来说需求可控性高，产品人员参与意愿高。

（4）测试人员已进入研发团队进行合署办公。

13.4.2 诊断

虽然该团队已具备敏捷转型的一些有利条件，但团队尚未按敏捷开发的方式来运作，在整个研发过程中还存在不少阻碍高效交付的痛点和难点，主要表现在以下几点。

（1）组织架构：研发团队按职能划分，不能端到端交付用户需求，并且团队成员共享资源池模式；开发前后端分离，用户故事需要跨小队协作，并且多个开发团队共用一个测试团队，造成对测试人员的争抢等。

（2）过程管理：没有版本概念，按项目进行管理。具体表现在，团队成员所负责的项目周期经常不一致，短的一两天，长的几个月，这就导致同一时期团队成员只聚焦自己的项目进度，缺少统一的团队交付目标和沟通协作的动力，且并行开发的项目较多，导致单个项目交付周期长。在项目管理方面，由于缺少计划性和上线承诺，延期压力相对较小，一般项目在通过系统测试且质量达标后才确定上线时间，因此团队交付目标感不强。

（3）需求及排期管理：没有严格的排期规则，在排期时没有按研发团队容量来约束，存在较多的超量排期、倒排期、需求不明确、需求插队、需求变更等情况，成为影响研发效率的重要障碍之一。

（4）分支管理：由于没有版本概念，原 SIT 分支是一个长分支，所有未上线的代码都放在同一个 SIT 分支中，直到 UAT（User Acceptance Test，用户验收测试）环节，才会把能在最近一个窗口上线的项目代码合并到 UAT 分支上。没有做到配置管理中更优的分支管理策略——"版本晋级，一包到底"，影响测试质量。

（5）自动化测试：研发团队基本上没有推行自动化测试工作，版本手工回归的工作量大且风险后移。

13.4.3　开方

引入 Agilean 咨询公司的 Adapt 模型，导入产品部落制和版本火车机制，同时根据团队情况量身制定高度定制化的过程管理制度和工程实践方案，建立如需求准入、需求变更、分支策略、环境管理、自动化测试、测试数据镜像库等实践细则，手把手引导团队排除落地版本火车的各种障碍，赋能团队进行版本火车自运转与持续改进的能力。

（1）整个方案的组织架构和运作方式采用规模化敏捷的产品部落制模型，如图 2.6.7 所示。

产品部落制组织架构的目标是聚焦服务业务部门，避免需求研发工作跨部门甚至跨中心，减少沟通协作成本，提升需求交付时效，快速响应市场变化。

完成业务需求所需要的各种必要职能人员都会先被纳入部落中，再进行合理的分组和职责分工，主要包括部落长、架构师、产品经理、研发小队长、开发人员、测试人员、版本经理、配置管理员等，要保证部落中 80%以上的需求都可以在本部落消化，只有这样才能真正发挥部落的作用，部落组织架构如图 13.4.1 所示。

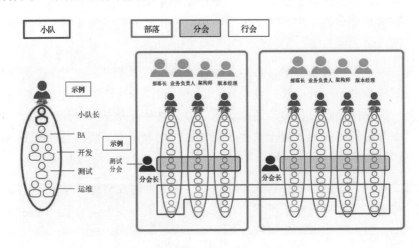

图 13.4.1   部落组织架构

纵向组织小队和部落面向价值交付，偏重于"用兵"，以价值交付和业绩提升为方向。

部落：相同业务领域所有小队的集合，面向具体业务稳定输出，人数一般小于 150 人。部落长对整体交付过程负责，常由具体业务领域负责人担任。

小队：业务端到端交付的最小单位，包含所需业务分析师、研发人员，人数一般约为 10 人。小队长常由开发负责人担任。

横向组织分会和行会面向能力提升，偏重于"养兵"，以专业化为方向。

分会：在同一个部落中的相同能力领域内拥有相似技能的人员。分会长负责发展员工、评定绩效等，常由职能团队负责人担任。

行会：跨部落的兴趣社区，定期进行知识、工具和实践经验的分享，设置协调员来组织。

（2）研发过程管理的方案以版本火车为模型。

版本火车的特点是准时发车、固定容量、按时到点。团队会在规定好的时间开展用户故事排期会，只有达到钻石级别（需求规格说明书已完成，需求澄清已完成，开发及测试人员已完成对应工作的估算）的用户故事才可以进入排期列表。排期工作，依据团队容量从优先级高的用户故事起依次放入版本中，直到本次版本火车的容量达到约定值（通常是团队容量的 80%）。在版本火车正式运行后，团队将结合每日站会、设计评审、用例评审、桌面检查等活动开展研发工作。到点时，尚未达到发车标准的用户故事将会下车，满足发车标准的用户故事则按时上线。产品部落运行的方式如图 2.6.8 所示。

13.4.4 治理

基于上述的试点方案，主要落地的相关实践如下。

1. 组织架构调整

将团队组成产品部落，根据业务领域划分出 5 个小队，每个小队在 10 人左右，都是跨职能端到端的，如图 13.4.2 所示。

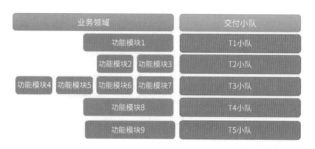

图 13.4.2 小队拆分

对产品部落和小队各类角色进行了清晰的职责定义，如图 13.4.3、表 13.4.1 和表 13.4.2 所示。

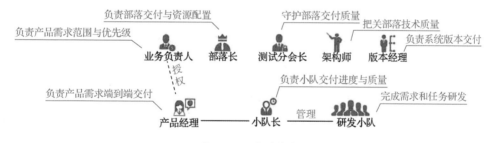

图 13.4.3 部落角色

表 13.4.1 部落角色职责说明

部落角色	职责	主导或参与的活动
业务负责人	负责明确本业务模块的需求业务目标和需求优先级。 • 当需求优先级和上线时间有冲突时，负责给出最终决策； • 参与评估业务需求的业务可行性	• 用户故事评审（重要或高复杂度） • 版本排期（对齐目标、解决冲突） • 部落月度回顾
部落长	负责将部落内的人员进行整合和配置，保证快速高质量交付，进行部落关键决策。 • 从业务方承接本部落的需求，负责建立业务需求与小队的连接； • 负责协调跨部落需求的优先级对齐工作； • 对部落交付时效、质量、人员进行管理	• 用户故事评审（重要或高复杂度） • 版本排期（对齐目标、解决冲突） • 版本管理（进度、质量） • 部落月度回顾

续表

部落角色	职责	主导或参与的活动
测试分会长	负责整个部落的交付质量追踪。 • 负责将测试人员分散，和开发人员一起混编成研发小队 • 负责组建部落级专项测试团队，进行测试框架、测试自动化、测试环境维护、性能测试等专项工作； • 负责赋能培训测试人员，提升整个部落的质能能力	• 用户故事准备（重要或高复杂度） • 测试案例评审（重要或高复杂度） • 版本质量分析与改进 • 部落月度回顾
架构师	负责本部落系统的长期质量守护。 • 负责对本部落的各个系统和技术路线进行长期规划与支持； • 负责明确各系统的职责，并在各系统负责人的设计决定达不成一致时进行仲裁	• 用户故事准备（技术评审与架构支持） • 部落月度回顾
版本经理	负责规范化系统版本的制备过程，并监控将系统版本部署到生产环境的全过程。 • 版本日历的发布与调整； • 协调跨小队的系统版本对齐工作； • 版本各节点的规范约束，封版与发布标准制定，版本复盘； • 版本规范优化，并按需开展宣贯工作	• 版本封版，发布 • 版本复盘 • 部落月度回顾

表 13.4.2   小队角色职责说明

小队角色	职责	主导或参与的活动
产品经理	根据产品目标明确本业务模块的业务目标和用户故事优先级。 • 准备高质量需求与研发小队进行版本排期； • 当用户故事优先级和上线时间有冲突时，负责给出最终决策； • 配合用户故事澄清，即时进行用户故事验收并反馈	• 用户故事准备（提出-编写-评审） • 版本排期与验收 • 部落月度回顾
小队长	负责组织研发小队交付用户故事，并管理小队研发容量、研发进度和研发质量。 • 参与评估用户故事的技术可行性，与系统负责人讨论和确认研发迭代的技术需求并估算； • 根据小队容量，与产品经理进行版本排期，跨小队、跨系统协同； • 负责迭代规划，确定各用户故事的提测时间及完成标准，并与团队达成一致； • 负责与小队成员澄清当前迭代的用户故事，针对队员拆分的个人任务进行评审； • 负责跟进版本进度、质量、风险情况，及时解决或上升风险	• 用户故事准备（澄清-评审） • 版本内容排期 • 迭代计划 • 每日站会 • 版本复盘 • 部落回顾会
小队成员	小队由产品经理、开发人员和测试人员混编而成。 • 小队一般不超过 12 个人； • 小队成员高质量及时完成研发迭代中负责的个人任务，随时暴露风险和问题	• 研发迭代

2. 版本火车规则设定

版本火车的节奏，如图 13.4.4 所示。

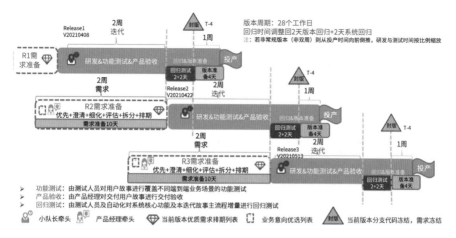

图 13.4.4　版本火车节奏

实际上，需求准备的两周可以不算在版本中，只要在需求钻石日，团队能保质保量给出需求待办列表即可。但是由于当前团队的需求阶段还没有这么顺利，会存在排期时需求不清晰、来不及澄清等情况，故版本火车中包含需求准备的两周，在传统公司中将该阶段明确出来还是很有必要的。

整个版本节奏为 2 周需求准备+2 周开发测试+2 天新增回归+2 天全量回归+4 天版本准备。

在此基础上，还要制定版本日历并针对部落成员透明，让大家清晰版本进度。由于宁波银行的上线窗口并不是完全固定的，因此为了兼容有依赖系统时要一起上线的情况，上线日期应保持与全行统一上线窗口一致，这导致每个版本都需要倒推版本日历。

常规的版本日历，如图 13.4.5 所示。

浅蓝色为两周的需求阶段，需要完成需求收集、澄清、估算及排期。在需求优选日，需要确定这个版本计划上线的需求，后续一周进行需求澄清和评估工作。在预排期日，要完成所有用户故事的澄清、评估及尽可能多的提测时间。在需求钻石日（排期日），完成所有用户故事的工作量评估，负责研发人员、测试人员及提测时间的确定，形成排期表。

淡紫色为此版本的纯研发时间段，此时测试人员一般在做上一个版本的回归测试及本版本的案例编写。

深紫色为研发+功能测试时间段。这段时间的倒数第二天截止提测，最后一天功能测试结束，缺陷清零。缺陷无法清零的需求需要下车，对此产品经理、研发人员和测试人员需要达成一致。如果出现分歧，则可以上升至由部落长、业务负责人、测试分会长三方共同决议。

常规版本日历

日	一	二	三	四	五	六	产品经理	研发与测试
七月								
六月　28	29（业务意向收集）	30	1	2	3		第一周	
4	5（需求优选日）	6	7	8	9（预排期日）	10	第二周	第一周
11	12（需求钻石日）	13（研发开始）	14	15	16	17	第三周	第二周
18	19（功能测试开始）	20	21	22	23（提测截止）	24		第三周
25	26（功能测试结束，缺陷清零）	27（新增回归开始）（代码冻结）	28	29（全量回归开始）	30（封版）	31		第四周
八月								
1	2	3	4	5（投产）	6	7		
8	9	10	11	12	13	14		
15	16	17	18	19	20	21		
22	23	24	25	26	27	28		
29	30	31						

一、需求准备（共10个工作日，跨三周）
1.产品经理要关注:
第一周-周二：业务意向收集
第二周-周一：需求优选日，需要列出需要排期的用户故事，并开始澄清、评估以及协调外部排期
第二周-周五：预排期日，完成所有用户故事的澄清与拆分
第三周-周一：需求钻石日，完成排期

二、研发与功能测试（共14个工作日，跨三周）
1.小队长要关注:
第一周-周五：预排期日，完成所有用户故事的工作量评估以及尽可能多的提测时间
第二周-周四：研发开始
第三周-周一：功能测试开始
第四周-周一：功能测试结束，缺陷清零，此时缺陷未清零，需要下车。回归开始之后，代码冻结，版本分支设为只读，通过专人审批后才能推送
2.测试要关注:
第四周-周一：功能测试结束，缺陷清零，此时缺陷未清零，需要下车
第四周-周二：依次开始新增功能回归与全量功能回归
第四周-周五：回归完成与封版

图 13.4.5　版本日历

橙色为回归时间段，是新增功能回归测试+全量主流程回归测试，一般为 4 天。前两天用于新增功能回归测试，后两天用于全量主流程回归测试。当某个版本开发时间特别长或者特别短时，回归时间可以等比例增减。回归完成的当天为封版日，也是投产日 T-4 天。

绿色为投产日，在排期过程中最先确定，这是根据宁波银行的投产日历确定的。

如果是非常规版本火车，则从投产日向前倒推，研发和回归测试时间等比例缩放。比如，当研发时间为三周时，版本回归测试时间由 2 天变为 3 天。

3. 质量左移

质量左移也是主要的实践内容之一，对于塑造团队纪律，提升研发质量有明显的帮助，主要分为桌面检查和需求准入两部分，把质量门禁进行了前移。

1）桌面检查

如图 13.4.6 所示，桌面检查主要为了提升开发人员自测的质量。业务和产品要参与桌面检查，相当于提前验收，这样可以尽早验证开发的功能与自己设想的是否一致，及早发现因理解错误而引起的开发了错误功能的情况，降低调整成本。

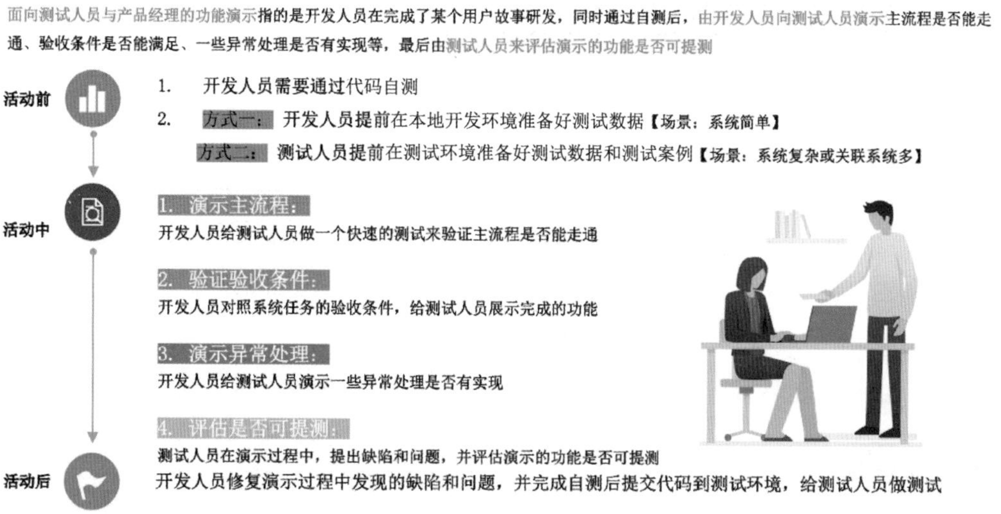

面向测试人员与产品经理的功能演示指的是开发人员在完成了某个用户故事研发，同时通过自测后，由开发人员向测试人员演示主流程是否能走通、验收条件是否能满足、一些异常处理是否有实现等，最后由测试人员来评估演示的功能是否可提测

活动前

1. 开发人员需要通过代码自测
2. **方式一：** 开发人员提前在本地开发环境准备好测试数据【场景：系统简单】

   方式二： 测试人员提前在测试环境准备好测试数据和测试案例【场景：系统复杂或关联系统多】

活动中

1. **演示主流程：**
   开发人员给测试人员做一个快速的测试来验证主流程是否能走通

2. **验证验收条件：**
   开发人员对照系统任务的验收条件，给测试人员展示完成的功能

3. **演示异常处理：**
   开发人员给测试人员演示一些异常处理是否有实现

4. **评估是否可提测：**
   测试人员在演示过程中，提出缺陷和问题，并评估演示的功能是否可提测

活动后

开发人员修复演示过程中发现的缺陷和问题，并完成自测后提交代码到测试环境，给测试人员做测试

图 13.4.6 桌面检查

后期，桌面检测的准时提交率、一次桌面检查通过率都会被纳入版本常规考核。

2）需求准入

需求准入的改进其实对研发管理的帮助很大，因为以前排期的概念不明确，即使有排期也往往流于形式，排进来的需求经常只有粗粒度的描述、澄清不清、插队情况严重，导致预估工作量不准确，在研发过程中挤占开发和测试的时间。

在这次实践中，明确了排期准入的标准：只有在需求钻石日前有完整需求文档、完成需求澄清、开发/测试人员接受且能给出较精确预估时间的需求才有资格进入排期。

另外，在排期结束后，每个需求都需要给出明确的提测时间。

4. 分支管理

具体的分支策略，如图 13.4.7 所示。

Px_Rx 是用户故事分支，由开发人员自行拉取。

Rx_时间是版本分支，因为最多会有两条版本分支，所以 R1 和 R2 轮换使用，分别对应专属环境，后缀时间为该版本的上线时间。

Dev 为历史遗留分支（不分版本时的混测 SIT 环境），由于大家表示在把握不准时，还是想在这个环境进行自测后再进版本分支，故将该分支保留下来。在本地自测效果可控的前提下，这个环境可以不用。

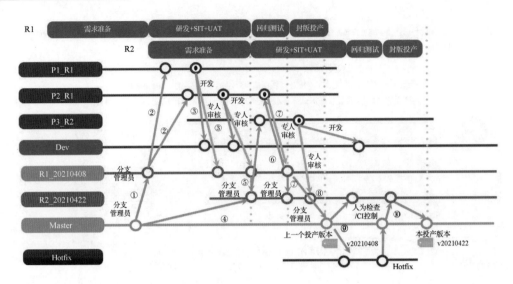

图 13.4.7   分支策略

试点之前：

在 UAT 阶段才拉版本分支，前期都是所有未上线代码混在一个分支中，影响测试质量。当在 UAT 阶段拉取版本分支时，容易发生代码冲突，常常一次合并要花上一两天，且容易出现代码合并遗漏等问题。

试点之后：

版本在开始前就拉取版本分支，测试内容为版本排期内容，可靠性更高。版本过程中按用户故事拉取开发分支。在用户故事通过桌面检查后，将开发分支合入版本分支。版本封版前，在特殊情况下可以让"用户故事下车"，进行代码回退。版本发布后，该版本分支合入 Master 分支，打版本标签，并广播至其他远程分支，合并和更新 Master 代码。制品包按版本进行晋级管理，代码管理有统一的提交规范，避免出现版本代码合并遗漏的问题。

5. 环境管理

具体的环境策略，如图 13.4.8 所示。

原来的 SIT 和 UAT 环境分离会产生一定的环境切换时间及造数成本。试点团队做了分支管理后，完全可以只用一套版本环境来完成 SIT 及 UAT 测试。

但是由于其他系统仍采用 SIT 和 UAT 两套测试环境，因此试点团队的环境合并策略需要考虑到该外部因素。最终，我们找到了一个解决方案，即由试点团队主动切换连接的外部环境，以满足不同阶段测试的要求，具体分支及环境策略如图 13.4.9 所示。

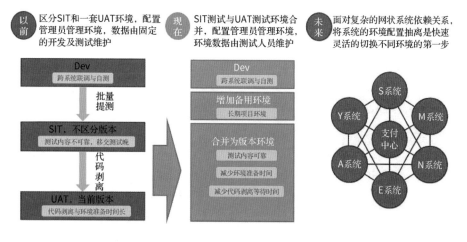

图 13.4.8 环境策略

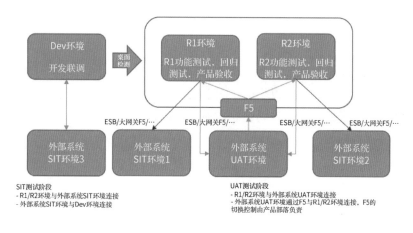

图 13.4.9 分支及环境策略

（1）Dev 联调环境：研发用户故事的跨系统联调环境对接外部的 SIT 环境，只有通过桌面检查的用户故事才可以合入 R 版本环境。

（2）R 版本环境连接外部环境：团队一般同时会存在两辆版本火车，即存在两个版本的代码，测试团队要测哪个版本，就需要将该版本环境与外部系统环境相连。为了提高切换效率，我们将环境配置的相关内容做了配置文件抽离，版本环境需要连接外部环境才可以修改配置文件或通过 ESB 配置修改环境地址。

（3）外部环境连接 R 版本环境：外部环境要想连接系统的稳定版本测试环境，只需要连接统一的 F5 地址即可。内部版本环境在切换时，需修改 F5 地址的映射关系，以确保外部环境连接至系统的稳定版本环境。

6.自动化测试

接口测试，如图 13.4.10 所示。

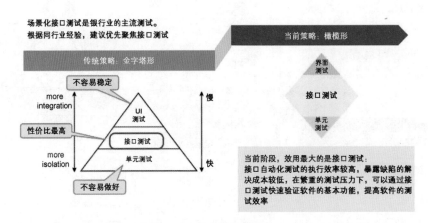

图 13.4.10　接口测试

当制定自动化测试策略时，也充分考虑了团队能力及性价比的因素。单元测试对团队的压力比较大，其成本比较高，难以推广；UI 测试适合前端界面多的产品，而本产品有较多的后端逻辑，经过综合考虑，接口自动化测试最为合适。

但是单接口测试往往也只能提升覆盖率，实际上难以替代人工测试，投入产出比较低。因此，我们最后决定从核心回归测试案例入手，以场景化接口自动化测试落地，切切实实减少人工回归测试工作量，如图 13.4.11 所示。

基于场景化，以关键词承上启下，分层设计案例

设计时从业务场景开始，实施时从单接口开始，业务关键词的抽象和封装起到承上启下的作用

1. 梳理业务场景	2. 定义业务关键词	3. 实现基于关键词的单接口测试
・产品和测试人员梳理了20多个核心场景，214个案例。 ・辅导测试教练完成1个核心场景的案例设计和穿刺，完成15个案例。	中文关键词容易理解，方便复用，可以组合成不同的业务场景。	・存量接口由测试部门试点项目人员完成，增加业务关键词。 ・新增接口由易收宝开发人员完成，自带业务关键词。

图 13.4.11　场景化接口测试

在本次试点中，产品经理、测试人员共梳理了 **214** 个案例，其中 **177** 个案例实现了场景自动化测试，其余不方便用自动化测试来执行的仍由测试人员手动执行，实际上替代了 **80%** 左右的人工回归工作量。尤其在回归阶段仍有代码变动的情况下，效益愈发明显。

13.4.5　持续

总的来说，本次试点无论从客观数据，还是管理者、参与人员的主观反馈来说都是不错的。同时，还有一项容易被忽略但是非常重要的工作需要被重视，那就是文化建设及人员培养。

试点工作最怕的就是遇到回退，外部教练一旦退场，没过多久团队就会被打回原形，试点工作前功尽弃。因此，为了让团队有自运行下去的能力，将试点度量指标运用到绩效参考中的同时，在整个试点过程中，我们持续进行了关键人员的相关能力培养和敏捷文化导入。

1. 产品经理能力培养

对产品经理进行了包括用户故事拆分、需求漏斗模型等能力的赋能。

产品经理需要具备持续管理需求流动的能力，利用 Adapt 体系中的需求漏斗模型合理管理需求流动，提升产品经理的需求孵化质量，避免研发需求断流，从全量承诺到价值优选，最大化利用资源，形成需求漏斗。

2. 明确小队长职责，对小队长全方面赋能

对小队长在需求管理、交付协同、数据分析、风险识别、进度同步、问题分析与处理能力等方面进行辅导，小队长的职责如图 13.4.12 所示。

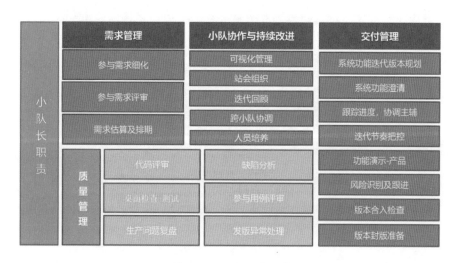

图 13.4.12　小队长职责

以上矩阵让小队长对交付管理有了意识与方法论的支撑，并在实践过程中进行亲身体验，边教边练，将敏捷文化植入思维模式中。

3. 敏捷文化建立

在整个实践过程中，不断组织敏捷实践专题培训及工作坊，加强文化宣导。

另外，组织了内部教练培养，包含基础考试与实践材料分享，考试通过后可以授予内部敏捷教练证书。通过证书激励敏捷实践的积极分子，加深团队敏捷文化。

总的来说，"授人以鱼，不如授人以渔"。唯有团队自身有了不断自我提升的意识，才能在一次次迭代中通过回顾去总结精华、排除糟粕，持续进化，走上良性自运行的敏捷之旅。

13.5 七场战役，细说长沙银行的数字化研发管理转型之路

近年来，数字化转型日益成为国内银行发展的战略方向，而研发管理数字化转型又是银行数字化转型的基础。只有建立了一个快速响应、质量稳健的科技交付底座，才能支撑数字化转型过程中对科技团队提出的海量、紧贴市场和客户需求的快速交付。与互联网公司相比，银行的业务复杂、系统间耦合度高、技术积累偏弱、人才资源相对不足，转型时遇到的阻力往往更大。破除障碍、快速成功的关键不是照搬别人的经验，而是因地制宜采用适合自己的方式，组织治理、流程体系、管理制度、软件工具、实地教辅、人员培养等多管齐下，在短时间内以最高效率进行转型。凝聚力来自"打胜仗"，转型成功的信心来自每个月在产能、交付速度、管理效率等方面的量化进步。

组织的数字化转型是一个持续提升、不断迭代的过程，长沙银行数字化转型过程可总结为"三个阶段、七场战役"，如图 13.5.1 所示。

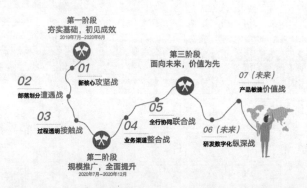

图 13.5.1 数字化研发管理转型"三个阶段、七场战役"

下面介绍长沙银行从 2019 年 7 月到 2020 年 12 月数字化研发管理转型的阶段性进展，在此时间段内进行了"两个阶段，五场战役"的数字化转型实践，在数字化研发管理之路上迈出了坚实的一步。在此期间，整个数字化研发管理体系高效运作，取得了研发交付时效提升30%，研发吞吐量提升 35%的阶段成果，如图 13.5.2 所示。

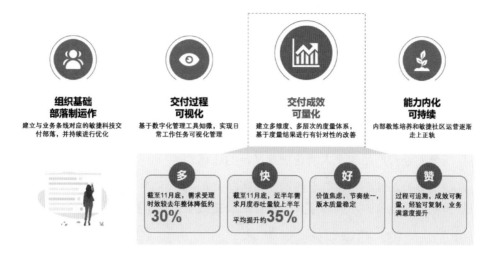

图 13.5.2　数字化研发管理转型阶段性进展

本文将对此阶段过程中的核心实践进行逐一解读，分享推进过程中的思考、经验和教训。

13.5.1　第一场战役：新核心攻坚战

1. 夯实信息化基础，打破核心系统性能瓶颈

众所周知，存款业务和贷款业务是银行最基础、最核心的两项主营业务，底层信息系统架构对这两项业务的支撑能力，直接影响全行的业务运营水平。在长沙银行数字化转型初期，第一步要走的攻坚战就是核心系统的改造，如图 13.5.3 所示。2018 年，长沙银行新核心项目成功上线，完成了新存款系统与老存款系统的业务更替，实现了交易与核算功能分离。

图 13.5.3　数字化转型基础

2019 年 3 月，长沙银行多个部门成立联合项目组，正式启动核算子系统迁移项目。

2. 打破核心系统性能瓶颈过程案例

对公信贷和零售信贷业务系统的核算功能与其他业务系统交互紧密，涉及系统多，系统

间关系复杂，迁移前后数据一致性对开发的要求高、工作量大，且对各系统间的协同开发有较高的要求。

面对诸多困难，交付团队迅速组成"研发+测试+业务"的跨职能小队，快速迭代反馈。灵活利用新核心项目建设时的经验，组织三轮次系统验证测试（SIT）、三轮次业务验证（UAT）和三轮次高强度、高质量的投产演练，采用时序图、上线指令发布等一系列项目工具。

2019 年 8 月，终于顺利完成了对公信贷系统流动资金贷款和固定资产贷款的迁移，以及零售业务系统个人经营产品和个人消费贷款产品的迁移。

核心系统切换为新核心系统且上线后，其稳定由 6～8 人的开发人员维护，消除了关联项目进度瓶颈和系统性能瓶颈，为后续长沙银行的敏捷数字化转型打下了坚实的基础。

13.5.2　第二场战役：部落划分遭遇战

在行员与外包人员的比例低和负责系统数量多的双重压力下，逐渐催生了恶性循环：银行方内部人员一人同时负责多个系统，每天忙于日常事务，缺少时间深入了解系统和业务，更没有时间学习；外包人员由于归属感差，流动性强，进取动力普遍不足。时间久了，研发对业务的响应周期变长，业务部门对科技的满意度下降，距离科技赋能业务的方向越来越远。

1. 部落制引入

1）部落结构划分，建立对齐业务部门的虚拟研发部落

传统城商行的研发团队普遍以系统为中心，一个团队负责多个系统，每个系统也有对应的归属业务部门。虽然系统也有业务属主的概念，但由团队负责系统会掺杂许多其他因素。

厂商因素：这几个系统是一个厂商开发的，要放在一起管理。

个人因素：这个人对这个系统最熟悉，更换团队后，系统要跟人走。

在这种情况下，业务部门和科技团队往往会形成一个多对多的对应关系：一个业务部门要面对好几个开发、测试和运维团队；一个研发团队也要平衡多个业务部门的需求，如图 13.5.4 所示。

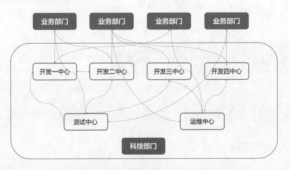

图 13.5.4　业务科技多对多的组织结构

传统城商行研发痛点和数字化管理方法，如图 13.5.5 所示。

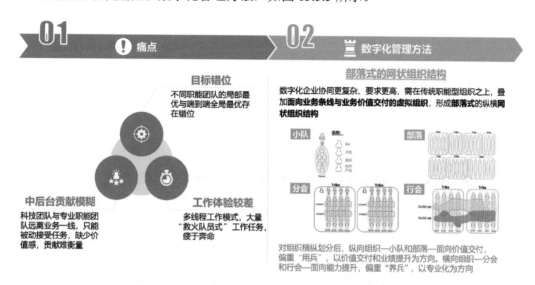

图 13.5.5　研发痛点和数字化管理方法

传统城商行研发组织的两大痛点如下。

（1）公地悲剧。所有业务部门都想争取尽量多的科技资源，以便更好地服务于自己的部门。只有业务部门与科技部门采取相同的价值标准和共同客观标识的需求优先级，科技资源才能尽可能地实现最优配置。

（2）科技行员逐渐丧失对系统的把控力。需求需要多系统跨团队协作，这让原本相对紧缺的科技行员每天的主要工作变成沟通协作。只有优化组织架构，让科技行员回到一线开发，才能加强对系统的把控力。

为了解决上述问题，长沙银行科技条线领导下定决心，在现有组织架构不变的前提下，强力推行面向业务的虚拟研发部落制架构，将千名科技人员（含合作厂商）划入六大部落，并设立部落长和小队长对需求交付端到端负责。敏捷部落 V1.0 总体架构，如图 13.5.6 所示。

部落划分过程中有一个强制要求：一个人只允许对应一个小队、一个部落，不允许跨部落和跨小队。

2）一人属一小队、一部落

这一要求对于原有组织就像被撕裂一样，导致强烈的反弹。但是，这个要求也避免了"和稀泥"的情况，充分把各种不合理的问题暴露出来。例如，只有某人熟悉二代支付系统，他需要进入公司部落，但这个系统其实属于运营条线等。

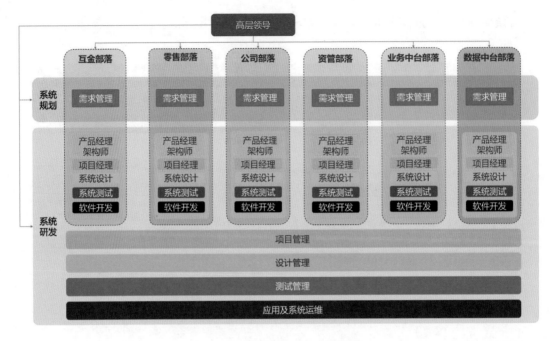

图 13.5.6　敏捷部落 V1.0 总体架构

长沙银行项目中心和 Agilean 顾问团队一起，本着一事一议的原则，做了大量的沟通、升级和决策工作，抽丝剥茧，逐步将每个人、每个系统都落入部落和小队。

在这一过程中需要注意的是，在不违背大原则的情况下，还是需要做一些必要的妥协，比如有些小队的规模可能由于行员人力不足等各种原因，突破了我们设置的小队人数上限；有些系统跟人走，因为短期知识转移比较困难。因此，权衡非常重要，不要因为得不到 100分的方案而裹足不前。能有一个 60 分的方案，就可以作为一个不断演进的基础，最重要的是行动起来。

3）虚拟部落制的优势

由于采用虚拟研发部落，因此我们可以快速动起来，不需要申请原有组织架构调整和岗位调整且不需要改变原有的汇报路线，反而可以按照部落机制，将最合适的人用在最合适的位置上。例如，我们请几位信息技术部和 IT 规划部的专家作为部落长，将需求分析人员、研发人员等纳入部落之内，大大缩短了沟通链路。每个研发人员同时具备两个属性：开发团队属性（分会）和部落小队属性，部落小队为纵向组织面向价值交付，偏重于"用兵"；分会行会为横向组织面向能力提升，偏重于"养兵"。

部落制在本质上是一种产权改革，即将 1000 多人的科技团队分成七大部落，每个部落不超过 150 人，符合"邓巴数原则"。

每个部落都会清晰、明确地支持一个业务部门或业务条战，部落有清晰的职责目标，可以明确用数字化的方式管理部落产出。

4）部落制对比资源池模式

行为心理学表明，合适的组织规模和明确的目标可以激发员工的责任感。在这一过程中，科技研发领导必须放弃心中的调配感。

在金融机构中，相当一部分领导很喜欢使用研发人力资源池模式，认为这样可以保持更高的灵活度和响应力。但频繁的工作切换不利于研发人员的知识沉淀与效率提升，也不利于业务研发协作，只能"头痛医头，脚痛医脚"。长此以往，最后的结果往往是"火越救越大"，所有人疲于奔命。因此，科技侧领导也需要不断调配资源，持续进行"危机管理"。部落制则恰恰相反，看似缺少灵活度，但实际上通过向下授权，构建部落生态的同时促进了效率提升和协作提效。

在部落机制建立后，每个业务部门都有唯一对接的需求受理部落，业务科技沟通线路变短，大幅缩短了需求澄清时效。另外，业务有了专属人力，业务优先级排序成为可能，这非常有利于组织集中力量重点突破。

2. 数字化研发人力资源管理

1）数字化人力盘点，人事合一

数字化转型是一项长期性、持续性的组织升级工程。未来的方向之一是推动业务与科技深度融合，打造内部的数字化生态，这也是我们下一个阶段的重要目标，即提升科技组织结构的数字化管理能力。

以前的人力资源管理方式很难对科技人员的能力和效能产出进行数字化评估，因此我们引入了更加灵活开放的数字化人才管理体系——人才地图，如图 13.5.7 所示。通过培训、辅导等一系列赋能手段，持续提升人员能力，再结合数字化工具，实现人才标签和人员效能评估的体系化，提升长沙银行的人才管理水平，最大化激发员工的创造性和能动性，让人力成本转化为银行的核心资产之一。

2）实践示例 1：人员行为数据分析

借助数字化管理工具，积累了大量的人员行为数据，比如小队成员"点亮"任务情况（点亮是指正在工作的任务）、任务状态更新；以及小队研发效能数据，比如版本排期需求完成率、版本内需求变更率、投入人天与月投产需求数等。通过分析人员行为数据的模式，展示实际的人员投入分布、产出、各阶段的交付前置时间，持续跟进改进过程的数据变化，最大化激发科技侧员工的创造性和能动性。

岗位标签管理 科技类工作需要更细化的、灵活可变的岗位标签体系，以支持实时人力盘点和人才画像

数字化效能评估 建立科技人员效能评估的数字化管理体系，有针对性地提升团队交付能力

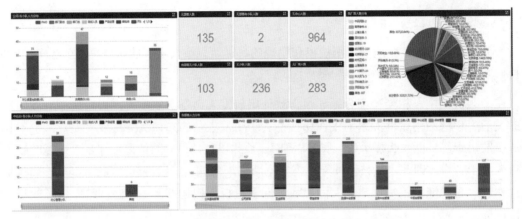

图 13.5.7　数字化人才管理体系——人才地图

3）实践示例 2：人力资源与科技对话

通过灵活的人力结构管理，建立数字化人才储备库：科技创新类的工作需要新的、更细化的、灵活可变的管理体系，以进行实时人力盘点和人才画像。打造一个优秀的交付团队，需要产品经理、研发人员、测试人员、架构师、数据分析师的协同。特别是建立纵横网状的部落制人力结构后，对人力资源管理的信息准确性、灵活性、时效性都提出了更高的要求，要想深度落实数字化转型，建立数字化人才地图尤为重要。

数字化人才地图建设，纵向深化，人才标签：建立专业的数字化人才管理体系，在组织中建立统一、正确的数字化管理理念，系统性建设核心数字化转型能力；提升数据梳理、分类、清洗、建模、分析和治理能力，建立人才体系标签，有计划、有组织地培养数字化专业人才，深耕专业领域，提高综合能力。

数字化人才地图建设，横向扩展，吸纳人才：数字化转型需要高度专业化的人才，对专职、专岗建立专业化人才画像，对外吸纳优秀人才是加快数字化转型的必要手段。

长沙银行通过人力标签体系实现了人员分布的实时人才地图。根据人力地图的信息，我们可以持续优化人才分布结构，进一步分析得出各个岗位在团队中的比例，为规划决策提供依据。比如，项目管理与研发岗位的比例为 1∶5，就要考虑管理成本是否过高。我们要持续优化组织结构，进行职责定义和能力建设。

13.5.3　第三场战役：过程透明接触战

部落和小队的划分为研发组织精细化管理搭好了"骨架"，但还需要明确研发组织里面流

动的"血液"，即工作内容是什么，这样才能对研发组织进行真正的精细化管理。

痛点：价值交付口径不统一，研发内容不透明。

在目前城商行的研发管理体系中，大多数都已经自建了用于业务和研发接口的需求管理平台，其负责接收需求，有的也用于外包管理、验收付款等。先进一些的城商行，已经开始尝试对研发过程进行管理，但是大多数的思路属于计划管控型，需要研发人员填写一堆信息，过程信息不完整就不允许需求上线，不填写不给上线。面对这种粗暴的研发流程管控，研发人员的真实反应往往是先绕开，然后在上线最后一天突击补充一堆信息，表面上满足了管理要求，其实只是浪费了时间，留下了一堆垃圾数据。

解决方案：建立需求管理体系，明确需求与任务层级划分口径，透明数字化交付管理全过程；建立研发效能度量体系，持续改进。

1. 建立统一的三层需求任务精细化管理体系，统一价值交付口径

为了解决上述痛点，让研发组织的精细化管理成为可能，首先需要从方法论上统一思想，统一度量衡，明确全行是如何把业务需求逐层分解到个人的。为此，我们建立了三层需求任务分解体系：业务需求—系统任务—个人任务，如图 13.5.8 所示。

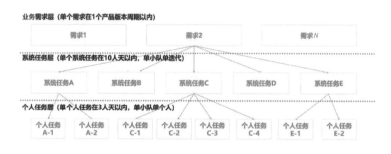

图 13.5.8　三层需求任务分解体系

三层需求任务分解体系有以下几个核心要求：

（1）需求面向业务侧，能单次上线交付，明确主办部落和小队。

（2）系统任务面向科技侧，对应一个系统，明确负责部落和小队。

（3）系统任务拆解到单系统、可测试、颗粒度要求在 10 人天以内。

（4）个人任务在长沙银行有较高的要求，要求拆到 1~2 人天，原因是希望任务能每天流动。

（1）和（2）相结合降低了估算的复杂度。（4）的目的是将系统任务分解到个人，解决多人协作过程中职责明确的问题，同时通过天数限制让个人任务每天流动。这样，当小队站会

同步时，每个人每天的工作都有目标、有进展，每个人对自己的目标负责。再结合（3），由个人任务关联到系统任务，再到需求，整体进展和各个系统进展就不再是"大概估计"。小队长根据成员报出的风险与进度反推到需求，都有明确的跟进处理事项与优先级，使决策更有依据，管理更加细致。

为了让组织接受三级体系，一开始并不需要对业务需求做太多变化和要求，只需要透明化需求研发全过程，让需求全生命周期管理变得透明，问题也将无处遁形。同时，业务和科技共同定义需求每个状态的完成标准，在统一的标准下，协作更顺畅，沟通也可以快速达成共识。业务可通过工具查看需求的实时进展和风险，也能知晓研发资源的投入情况，不用每天追问需求进度，科技团队也能够更加聚焦于手头任务的完成，提升研发质效。为了让组织接受三级体系，一开始并不需要对业务需求做太多变化，只需要对需求进行可视化管理，让需求全流程的计划和管理变得透明，业务和科技有明确的共同定义和每个状态的完成标准，沟通时可以快速达成共识，科技团队能够聚焦于手头任务的完成，并且对变化进行了快速响应。

长沙银行 2020 年交付业务需求约 3000 个，如果我们把业务研发组织想象成一个有机体，这个组织实际上有自己的行为习惯。虽然这个组织产生的需求看起来有大有小，但是从统计上看，这些需求规模大致还是均匀的，只不过由于马太效应，参与者只会记住极大需求和极小需求，从而加剧了对需求颗粒度不稳定的偏见。

导入三层体系的重点和难点：系统任务的拆分。和用户故事拆分类似，其需要有一定的专业技能和上下文背景。

需要注意的是，需求其实不存在唯一的拆分方式，只要拆出来的系统任务有办法验收就可以。拆分的核心目标是可以通过测试的系统任务数量来客观反映需求进展及小队产能。

长沙银行项目中心通过培训、工作坊、现场辅导等方式，先从标杆小队突破，然后以老带新，再推广到全员。经过 3 个月的时间，让全行接受了系统任务的拆分，同时这个习惯也需要后续不断的夯实和坚持。

三层需求任务分解体系就像"书同文、车同轨"一样，统一了不同层面的价值交付口径。另外，结合三层需求任务分解体系与敏捷迭代管理机制，将整个需求研发全过程牢牢地构建在数字化管理工具上，也透视了整个研发过程。在系统上也留下了相对真实的研发过程数据，为后续的研发效能管理打下了坚实的基础。

2. 透明数字化交付管理全过程

（1）在个人任务的基础上，推行工时管理机制。

个人任务是三层需求管理体系的源头，也是工时管理的基础，需要所有人坚持执行，不难想象其重要性和推广难度。在具体的实践中，我们通过两个举措大大降低了推行阻力。

一方面，在合作厂商工时结算过程中，明确要求工时要绑定到个人任务上，这就解决了合作厂商的执行力问题。

另一方面，长沙银行合作厂商有几十个，要求所有成员每天"点亮"自己的任务卡，系统会根据成员考勤数据与点亮的任务卡自动分配，产生工时。另外，定期统计合作厂商的任务工时分布并进行分析对比，及时捕获异常数据。

厂商管理数据指标参考如下。

① 合作厂商人数按归属系统分布：每个系统由一家厂商承接研发，每个人只能关联一个系统，通过管理工具可以观察每个系统合作厂商的资源分布情况

② 合作厂商月在场人数与工时数的对比：一人只属于一个部落、一个小队，通过人员报工可以分析各部落合作厂商的月度工时投入。

③ 各部落合作厂商人均工时数与人均代码行数：主要用于捕获异常行为，比如研发岗位工时数有 30 人天，代码行数只有 100 行不到。

④ 合作厂商闲置资源数：即当天没有"点亮"个人任务的合作厂商资源数，作为资源利用调整的参考。

（2）采用数字化站会建立数字化研发管理的"活水源头"。

① 迭代过程协同：进展与风险透明。长沙银行面向全员推行了电子看板站会。在站会上，每个人都需要讲解个人任务卡的进展和风险，并点亮自己工作的卡片。

实践示例：参加站会你获得了什么？

在长沙银行导入敏捷转型的前三个月，29 个小队都陆续开启了站会。我们都知道站会有三个标准问题：①我昨天完成了什么？②我今天计划完成什么？③有没有风险与阻碍？在推行了一段时间后，发现大家都开展得"很好"，就像机器似的开站会，例行问答，绝不超过 15 分钟。于是，我向几个小队长了解情况，了解他们在站会中获得了什么。答案基本一致，"我能知道我的团队昨天完成了什么，今天计划做什么"。然后我问"你知道当前版本的进展吗？有多少在正常研发？有多少可能延期？关联方有没有按预计的时间在配合联调？正在测试中的需求有多少缺陷，优先级清楚吗？"五连问把小队长问蒙了，回答当然都是不能。这一现象就是典型的"只见树木，不见森林"。后来 PMO（Project Management Office，项目管理办公室）把大家站会的"标准话术"做了修改，也是回答三个问题，具体如下。

- 研发进度：我正做 0403 版本中的 A 系统任务，昨天完成了技术方案设计，今天计划完成某接口的编写并与前端联调通过，预计 A 系统任务还需要 2 天研发自测完成。

- 测试进度：对于 0403 版本，我负责的 B 系统任务已提测 2 天，目前还有 2 个缺陷，预计今天上午修改完。
- 风险与阻碍：我负责的 A 系统任务自测需要协调某团队配合造数，昨天联系了对方还没有回复，需要持续跟进。

针对上述问题，结合个人任务的拆分为 1~2 人天的工作量。站会中，除了查看个人任务进展，还需要切换至系统任务与需求看板。交付的协同不仅是工作量可见，更是整体的交付进度可见、风险可见。短短的 15 分钟，小队成员都可以获取当前版本的整体进展与风险，这样才能真正达到站会快速对齐的目的，大家才会自主在站会前认真执行点亮动作。

通过简单的点亮工作，也就完成了个人工时记录，其他的汇总和统计工作都由系统自动完成。站会实践进一步减少了个人任务和卡片点亮的推广阻力。

每周四，在管理员会上先上传上周经过确认的考勤数据，然后系统会根据上周每天点亮的工作任务，自动将工作分钟数平均分配到工作任务上。如果研发人员觉得有必要，则可以手工调整工作任务的具体时间，但实际上很少有人这样做。

② 绝对精确的工时管理只是"一厢情愿"。

有些人员可能会觉得这样不够精确，希望每个人都可以准确记录、登记每个任务的实际工时分钟数。这实际上只是一种"一厢情愿"，实际情况是研发人员每周选一个任务，就填满了所有工时，其实连正确性都保证不了。目前，长沙银行推行的这种做法已经是经过多次实验之后，找到的可以被千人团队接受的且相对最准确的工时记录方式。

利用三层需求任务分解体系，再加上导入各项行之有效的敏捷实践，双管齐下，基本上可以将整个需求研发全过程牢牢地绑定在看板上。目前，长沙银行科技侧的需求管理以数字化的方式高效运行。每天通过数字化工具访问需求和任务达 9000 多次，在站会等敏捷活动期间，每分钟就有约 45 个需求和任务被访问。每周有 8500 个需求和任务的进展通过数字化工具进行更新，有近 100 个跨任务协作中的障碍被清除，在系统中留下的相对真实的研发过程数据、工时数据，为后续的研发效能数字化管理打下了坚实的基础。

（3）建立效能度量体系，高效协同，持续改进。

部落是研发组织最上层的组织单元。每个需求都需要明确主办部落，部落的主要职责就是快速高质量地交付需求。小队可以分成特性小队和系统小队两种。

- 特性小队：负责相对比较独立的系统，同时也可以端到端地交付需求，特性小队的职责也是快速高质量地交付需求。

- 系统小队：负责和其他系统关联度比较高的系统，他们不能完整地交付需求，只能交付系统任务，需要和其他小队，甚至其他部落一起协作，才能完整交付需求。因此，系统小队的职责就是快速高质量地交付系统任务。

根据上述原则，我们优化了部落级、小队级的研发效能度量体系。同时，为了保证数据的准确性，在需求准备阶段和研发阶段打通了相关的管理工具和研发流水线的节点，尽量减少手工操作，保障度量的有效性。部落与小队层级的度量覆盖了"多、快、好、赞"四个维度，具体内容如下。

① 产能多。

需求月度吞吐量：表示一个月内团队完成的需求个数，是最直观的研发产能度量指标，通常表述为"上个月完成了××个需求"。此项指标不仅可以观察团队的需求完成数，还可以作为月度需求排期的重要参考指标。

② 响应快。

Lead Time（前置时间）：业务感知效能的重要指示灯，是指从业务提出需求到最终发布上线的时间间隔（自然日），主要衡量研发团队需求交付的速度，反映了研发的快速响应能力。

需求分段前置时间：通过工具的分段统计能力展示需求在各阶段的耗时，如需求分析、设计、研发、测试、验收等各个状态的停留时长，如图 13.5.9 所示，通过需求分段前置时间可以分析耗时较长阶段的成因，并改进此阶段的流程，持续观察变化趋势。

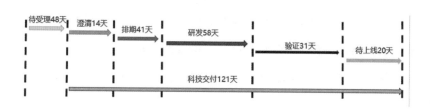

图 13.5.9 需求研发各阶段的耗时

③ 质量好。

生产事件：将生产事件分级分类，并通过分等级可视化看板进行管理，统计不同时间周期内，不同团队的生产事件，该指标主要检视生产环境的质量情况。

④ 业务赞。

业务满意度：按月度举行部落与业务的回顾会，收集业务满意度，产出阶段改进目标，双方持续改进。

效能分析不仅是识别问题的重要手段，也是促进团队建立成功信念、促使团队成员在工作中付出更大努力的有效手段。当设计效能度量体系时，需要避免落入研发度量的常见陷阱。

① 指标过多导致失焦。

② 指标无法拆分和下钻，容易"被平均"，产生误导。

③ 仅关注指标的绝对值，忽视了指标的变化趋势。

数字化转型是一项浩大的工程，研发过程可视化开启了长沙银行数字化转型的篇章，结合部落制运作的各项数据，实现了跨职能协同和团队的自组织可视化管理。利用工时数据与需求的依赖关系，为部落结构优化、减少跨部落需求，提供了高可用的数据，为后续深入融合奠定了数据基础。

13.5.4　第四场战役：业务渠道整合战

1. 部落结构优化，业务渠道精细化管理

痛点：之前运行的部落制是针对转型初期问题进行的设计，经过一年的推广运作，转型的主要痛点出现了变化，部落耦合度高和跨部落协同交付成为主要瓶颈。

以手机银行为例，我们发现手机银行开发工作在渠道研发团队，但实际上大量工作需要配合零售信贷业务研发团队开展，存在强耦合。针对这样典型的痛点，需要进一步优化部落和人员结构。例如，将手机银行从渠道研发团队剥离，前置给业务研发团队（如零贷），减少跨部落耦合与沟通成本，让业务与技术人员更为聚焦，进一步提升交付效率。团队剥离也缩减了渠道小队的规模，有利于加强精细化管理。

解决方案：业务渠道整合，部落结构优化，减少跨部落依赖。

前期积累的研发、工时等数据，为分析跨部落需求依赖情况、优化部落结构提供了客观的数据基础。提升部落制交付协同效率的主要策略：部落系统归属调整、系统平台化建设、明确跨部落协同机制等。结合长沙银行的实践，共分为以下四个步骤。

第一步：找到强耦合的系统与部落。

在三层需求体系的个人任务层，所有成员每天都对个人任务进行"点亮"报工。最终工时会通过个人任务关联到系统任务、需求、部落、小队、负责人、系统、厂商等。因此，我们可以获取到各个系统在某个周期内产生的工时情况，从而识别占用开发资源最多、跨部落协作最多的系统。

第二步：减少跨部落依赖，四种解耦策略。

由于银行业务种类众多，系统设置也相对复杂，各系统都有自己明确的业务定位。科技侧也综合考虑了系统复杂度、需求颗粒度、业务系统架构等因素进行解耦。

例如，统计各个系统的工时分布（表 13.5.1），分析各部落的需求依赖占比情况。

表 13.5.1 各个系统工时统计

系统名称	所属部落	4～6 月系统总工时	A 部落需求涉及该系统的工时汇总	B 部落需求涉及该系统的工时汇总	C 部落需求涉及该系统的工时汇总
系统 M	A 部落	6000	2800	1800	1400
系统 N	B 部落	4000	2600	1200	200
系统 L	C 部落	3700	300	200	3200

通过以上数据，我们在实践中采取了以下四种策略。

（1）平台与业务分离。系统 M 被许多部落的业务需求依赖，这种系统应该被抽象出平台层和业务层，平台层由一个部落负责，在平台层上可以搭载不同部落的不同业务，不同业务由不同部落负责。

（2）系统与归属调整。系统 N 属于 B 部落，但 A 部落的需求对此系统的依赖更大，建议调整系统划分，把系统的所属部落改成对系统依赖更大的部落 A。

（3）小队内嵌。系统 N 被调整所属部落到 A 部落后，B 部落仍有一部分的需求对系统产生依赖，建议在 B 部落增加一个小队负责系统 N，采用小队内嵌的形式，避免跨部落排期资源协调困难。在现实场景中，比如风控类系统和业务系统的划分，其对应关系非常明确，这时也可以考虑从风控系统划一个小队加入业务部落，支持需求交付，所有的风控开发团队最好属于一个实体部门，统一设计。

（4）跨部落需求协作。系统 L 属于 C 部落，其需求绝大多数来自 C 部落本身，整体交付可控。由于其他部落对系统 L 的依赖较少，无法用小队内嵌模式，因此必须明确跨部落协同模式。在长沙银行部落制运行的第一年中，所有小队的迭代被调整为同频交付，跨部落协同需要特别注意跨部落联合排期。当每个月的下旬做下个月的交付排期时，提前分析出跨部落的依赖需求进行联合排期。每个版本具有明确的排期时间点，若错过排期日，原则上只能等待下一次排期。

第三步：部落优化准备，工时反推部落应有人数。

通过各系统在一定周期内的工时以及周期内的工作时间，计算出所需的资源与岗位。比如，A 系统在 4～6 月共产生工时 3850 小时，4～6 月的常规工作日有 60 天，估算 A 系统需要 3850/60/8≈8 人。这个数据就可以作为团队人力资源划分与补充调整的依据。

第四步：部落优化方案——领域细分，与团队校准形成正式方案。

部落的优化以细分业务领域、对齐分管行领导、减少跨部落协作为目标。

首先，根据工时数据调整系统划分、小队人数，初步形成调整方案。

其次，与部门领导人对齐部落与业务领域细分是否符合业务发展方向，同时明确部落长与小队长人选。

再次，与具体部落对齐新的方案，客观上是否存在落地困难。对于现阶段确实不适合拆分或合并的地方进行相应的调整。

最后，进入实施阶段，开展相关的系统交接工作，提前通知到业务部门。

13.5.5　第五场战役，全行协同联合战

痛点：长沙银行根据银行业的特点，在针对优选后的需求计划上线时间做倒排期的过程中，常常遇到"一句话需求"、需求插队、需求并行过多且交付时间长、过程信息不对齐等问题，呈现研发忙不停、业务不满意、交付习惯性延期的状态。

解决方案：从全量承诺到价值优选，全行迭代同频，需求进行漏斗式管理，建立统一的数字心跳。

1. 全行协同，迭代同频

导入版本火车发布机制，业务和科技共同参与排期，建立统一的版本发布节奏，另外，设置专人维护系统版本的发布，这也成为此阶段的主要实践。根据小队容量进行需求优选与拆分，在完成版本排期后，研发小队基于流式提测的思路（错开时间提交功能测试，避免统一时间集中提测）进一步制定系统功能迭代计划。系统迭代周期一般为两周，迭代内对系统功能进行分步移测，提前暴露验收风险。

研发团队内部通过每日站会来对齐迭代进展与风险，并进行有效的提前反馈，适应变更。另外，通过数字化管理工具，以多维度度量研发产能，透明全流程管理问题，逐步让团队具备分析和改进问题的能力，从而加快交付前置时间。

2. 从全量承诺到价值优选，控制在制品，加速需求流动

值得注意的是，在小队排期完成后，如果按双周迭代的方式运行，则常常变成"小瀑布"，即迭代的第一周以研发为主，第二周用来测试和修复缺陷。为了避免这种情况，以流式提测的方式达到快速验证与交付的目的。我们建议"控制在制品（WIP）"，即同一时刻并行的需求数不能过多。这不仅有利于优先聚焦业务价值更高的需求，实现 MVP 交付原则，也有利于减少频繁任务切换带来的效率损失。瀑布模型和迭代模型的验收对比，如图 13.5.10 所示。

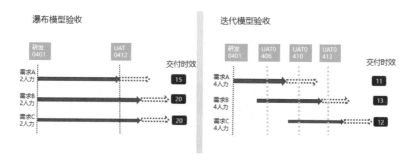

图 13.5.10　瀑布模型和迭代模型的验收对比

3. 引入需求漏斗模型，数字化管理需求各阶段流动情况

在探索适应我行现状的业务与科技融合的道路上，我们引入了需求漏斗模型进行需求流动管理。需求漏斗是根据团队需求吞吐量、各状态需求个数等真实数据生成的，用于反映团队需求管理状况的漏斗工具。

1）需求漏斗模型的应用场景

（1）需求状态多，看不清问题：利用漏斗模型将需求的状态进行分类，每一类对应到漏斗模型的一层，五层漏斗，五个视角：体现产品经理的创新能力（需求意向数）、产品经理的规划能力（编写评审中需求数）、通过研发初步评估的需求情况（待排期需求数）、研发团队的需求吞吐量（本月研发测试需求数）和需求吞吐量的波动情况（上月需求吞对量）。通过状态归类，可以将需求流动是否有阻塞、流动是否健康尽收眼底。

（2）研发前置难以推行：漏斗体现了需求加工的全过程，可以推进产品经理规划，让研发前置变得有效可行。首先从产品经理内部梳理需求，然后与研发沟通澄清，再到研发上线。需求打磨是否充分，可研发需求量是否充足——编写评审中的需求是一个显而易见的信号。

（3）产能分配混乱：根据待排期及之前的需求规划，需求漏斗为产能分配提供了数据参考。让团队从"靠嗓子喊"，谁的声音大就支持谁的混乱状况，转向以数据为支撑的产能预分配，让研发资源真正用在刀刃上。

（4）每件事情都很急，应急能力跟不上：帮助团队聚焦目标，让团队告别"哪件事都很急，总是迫在眉睫"的窘况，真正提升研发应急能力。让能规划的需求得到有效规划，需要紧急响应的事才可以得到快速响应，保持研发的稳（质量好）与快（响应变化）。

（5）产品经理又忙又乱：让前置需求规划得到充分澄清，减少研发过程中的低效沟通和无效的需求变更，使验收一次通过，研发质量与产能提升并存。释放产品经理的产能，以便投入更多的时间规划与编写需求，形成良性循环。

2）漏斗模型

需求漏斗模型定义，如图 13.5.11 所示。

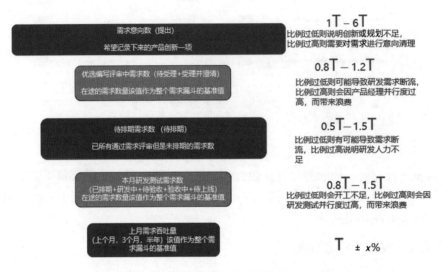

图 13.5.11　需求漏斗模型

（1）漏斗基数 T 值：代表部落近半年每月上线需求数的平均值，可以根据实际情况调整，取近一年或近 3 个月的需求数作为基准值。

（2）漏斗最高层"意向需求数"：在部落的所有主办需求中，需求状态是指刚提出待受理的阶段。此处为需求漏斗的第一层，建议范围是 1T～6T。基于产品管理的角度来说，对产品的需求规划为 1～6 个月是相对合理的。假设某部落的 T 值为 50，则意向需求数应在 50～300之间。若数量低于 50 则说明创新与规划不足，有可能造成漏斗第二层的断流。若高于 300 则需要对意向需求进行清理，因为要想适应快速变化的市场，若规划过于久远的需求，则不确定性更高，投入的资源可能会产生事倍功半的效果

（3）漏斗模型第二层"编写评审中需求数"：在部落所有的主办需求中，需求状态属于优选、编写中、评审中的需求数。此阶段为需求漏斗的第二层，建议范围是 0.8T—1.2T。其主要与科技交付节奏相吻合，若产品经理与部落按月进行排期，则提前准备好部落一个月能交付的需求量。将资源聚焦在这些需求的细化上，既能防止研发需求断流，又能有效地提升排期需求质量，为后续部落的快速交付打下基础。

（4）漏斗模型第三层"待排期需求数"：在部落所有的主办需求中，需求状态在待排期状态的需求总数。当前阶段为需求漏斗的第三层，要达到待排期的需求状态，一般要求需求所有的开发前准备工作（需求分析与澄清、验收条件确认，UI、UE 评审，系统任务拆分并估算，

并联关系排期等）都已完成。部落按月度进行需求排期，待排期需求数为 0.5T—1.5T。若需求已达排期标准，但在此阶段需求数常常超过 1.5T，则要考虑科技资源是否不足，并按需补充资源。若需求数过低则可能造成研发断流或排期需求质量差、交付时间长等。

（5）漏斗模型第四层"本月研发测试需求数"：是指在部落所有的主办需求中，已排期需求、研发中需求、测试与验收中需求的总数。此阶段为需求漏斗第四层，指部落已排期的"受理中"需求数，建议为 0.8T—1.5T。若需求数过低则可能资源利用不足，过高则会引起在制品数量过大。在制品数量过大容易造成协同排期困难、加大阻塞的可能性、需求流动缓慢、资源浪费等。

（6）漏斗模型最底层为"上月需求吞吐量"：是指在部落所有的主办需求中，上个月上线的需求计数，反映部落上个月的需求产出，计算部落需求交付月度偏差率。

13.5.6　五场战役的联合成果

1. 交付前置时间与吞吐量大幅提升

（1）科技交付前置时间缩短 35%。受新冠疫情影响，2020 年 2 月开始全员远程办公，出现了需求积压，业务交付前置时间最高达到 170 天。经过一段时间的存量需求梳理，到 7 月初，交付前置时间已逐步降低至 104 天，整体效率提升 35% 。

（2）科技交付效能月度需求吞吐量提升 30%。2019 年 9 月至 12 月，仅通过部落制的运行及可视化管理实践，每月需求吞吐量都以 15%左右的趋势递增。2020 年上半年，在疫情及各种节假日的影响下，科技侧上半年业务需求平均月吞吐量较去年第四季度月均值，产能提升约 30%。

通过五场战役的组合落地，长沙银行初步建立了科技敏捷机制，通过对整体机制进行建模，确保所有人员都能看到体系如何运作，以及与自己相关的待处理信息。

2. 数字的背后是建立机制，并持续演进

机制建立不是终点，更重要的是维护机制持续运行和不断优化演进，其中同步运行的数字化管理工具发挥了重要作用，让我们能够实时了解机制运行情况，并在过程中及时纠偏。截至目前，我们可以自信地说，转型已经取得了不错的效果。

（1）"业务—部落—小队"的端到端需求交付流程落地，大幅改善了科技人员身兼多职的问题。科技侧聚焦于优选和排期后的需求，流程中插队的情况也明显减少。

（2）业务需求有明确的优选机制，每个业务需求的责任指定都会细化到小队的主办负责人，确保过程可跟踪、可管理。

（3）从使用 Excel 到使用电子看板工具进行更为精细化的管理。得益于工具的强大特性，每个月在产能、交付速度、管理效率等方面都有看得见、可量化的进步，这也增强了我们的信心。

总结这段转型历程，下面 4 项举措发挥了重要作用。

（1）落地了合理设计的虚拟部落制，扭转了之前刚性的管理机制，形成了与数字化敏捷银行适配的网状柔性治理体系。

（2）建立了端到端价值交付管理体系，形成了高效的创意、执行、反馈、改进的闭环，在迭代中不断优化科技侧对业务侧的支持。

（3）导入了科技侧由基础到进阶的敏捷实践，使科技侧的管理和工程能力得到逐步提升。

（4）引入了数字化管理工具，打造量化统计和效能分析能力，为整套转型机制落地持续护航。

13.5.7　面向未来，第六、七场战役以价值为先

2021 年，长沙银行数字化转型已进入第三个阶段，包括研发数字化纵深战、产品敏捷价值战两场战役。从上述的实施来看，前两个阶段在需求的管理机制与流程工具上已奠定了一定的基础。下一个阶段将朝后面两场战役迈进，一方面加强 DevOps 建设，促进研发管理闭环，包括 DevOps 工具链、CI/CD 流水线、提升需求质量管理等。另一方面，促进产品价值闭环，以产品化促进长期主义发展，加强端到端业务价值交付。

随着我国金融体制改革的深入和社会经济发展对金融需求的推动，我国各个商业银行越来越注重产品的同质化问题，努力加强业务创新，积极探索新的服务方式，倡导新的服务理念。

因此，长沙银行也将顺应趋势，重点提升业务创新能力。未来数字化的方向之一，是建设 IT 与业务融合的端到端团队，推进专注产品创新型人才的养成。找准产品定位，针对各类普惠金融场景模式形成标准化的 IT 交付能力，迅速在不同金融场景的细分市场构建差异化竞争力，实现内部组织敏捷、业务流程敏捷、产品服务敏捷、人员敏捷的敏捷管理文化与生态。

这也对探索业务与 IT 融合道路上的管理协作模式提出了要求，需要推行一体化协作，在现有基础上做业务细分，如产品行会、风控行会、运营行会等，行会横跨所有部落形成矩阵式结构，成员下发到部落内部，分别组成产品经理与研发小队的端到端跨职能交付小队，实现端到端业务价值的快速交付。

13.5.8　结语

金融科技，简而言之，就是以业务驱动科技应用，以科技赋能业务发展，两者实现无缝融合，发挥乘数效应。在科技侧已经实现突破之后，我们将开始思考如何利用多类型的数字化渠道和手段，设计能够切中用户痛点的数字化产品，以无感知、不干扰的方式，提供让客户满意的服务。

更宏观地说，未来银行要向平台化、智能化、生态化的方向演进。虽然每家银行的情况不同，实现路径多样，但唯有实现行业的"数字孪生"，金融服务才能真正无处不在，银行机构才能在自我增长的第二曲线上，快速完成顺畅切换。

13.6　招商银行精益转型之路

下面首先展开招商银行（以下简称招行）精益管理体系的演进历程，接着阐述招行当前精益管理体系中的核心管理体系和工程体系，然后分享招行 DevOps 工具链的设计过程，最后进行 DevOps 流水线的建设过程案例分析。

13.6.1　精益管理体系演进历程

招行的精益管理体系在参考业界研发管理方法论的基础上，紧紧围绕重要战略，结合自身情况进行落地和规模化。回顾招行精益管理体系的演进历程，其主要分为四个阶段，而这四个阶段跟招行总体的业务发展战略也是相匹配的。

1. 第一阶段（2008—2013 年）："一体两翼"

关键词：迈向规范化、CMMI、提升软件开发过程成熟度。

面临的挑战：业务发展迅速，需求激增，市场竞争日益激烈，IT 规模激增，系统开发复杂度增加，软件质量问题凸显。

举措：在组织级层面，成立 EPG（Engineering Process Group，过程改进工作组），牵头进行软件总体过程的改进工作；组建 QA 队伍，推行和监督体系执行；引入 CMMI 模型，围绕软件产品生命周期，建立组织级覆盖需求、开发、测试、运维全生命周期的过程管理体系；建立过程资产库与协同工作和度量分析平台；每年生成改进专题和目标，调研问题、讨论方案、修订体系，形成持续的改进闭环。

2. 第二阶段（2014—2016 年）："轻型银行"

关键词：敏捷化、轻型化 、CMMI+看板+敏捷方法+DevOps

面临的挑战：互联网、云计算、大数据、人工智能等信息技术突飞猛进，管理模式日新月异；在全行新的战略引导下，创新的、价值不确定的需求涌现，快速响应和快速交付呼声高；IT 规模（人、系统等）逐年扩大，如何充分发挥资源效能，提高研发管理能力，发挥 IT 的核心作用，始终是挑战。

举措：持续提升 IT 管理规范化、轻型化、融合化。在确保现有 CMMI 过程管理体系稳健运行的基础上，学习、分析和研究精益交付的管理思想与具体实践，提高快速响应、持续交付、质量内建等工程管理能力。引入敏捷开发模式，在交互类属性比较强的系统进行试点探索；引入看板工具，提升基层自组织管理能力；引入持续集成、持续交付等多种 XP 实践和 DevOps 实践。探索研究精益开发模式，聚焦快速响应和持续交付。在这一阶段，关键是如何让 IT 自身能力和效率获得较大的提升，练好 IT 的内功。

3. 第三阶段（2017—2020 年）："Fintech 战略"

关键词：价值驱动的精益转型、CMMI+价值驱动的精益管理+精益之星平台。

面临的挑战：互联网公司以行业颠覆者的角色出现，金融"脱媒"的进程大大加速，业务与 IT 如何更好地协作？如何从价值导向出发，在保障质量的前提下快速响应市场的变化，高效地产出？

举措：在业务与 IT 紧密融合、业务片区划分更加清晰的背景下，从管控的工作方式转变为赋能的工作方式，坚持精益求精的原则，形成价值驱动的端到端的精益管理体系，构建业务 IT 统一的协同工作平台，助力招行数字化转型。这一阶段的核心，除了持续让 IT 提升能力，还需要"左移"或者"往前站"，因为 IT 人员不仅仅是接单干活的角色，还要思考业务价值，这就需要其与业务更好地探索、沟通、协作和共创。

4. 第四阶段（2021 年—至今）："3.0 模式"

关键词：大财富管理的业务模式、数字化的运营模式、开放融合的组织模式。

面临的挑战：公司对科技底层能力和客户体验的打磨要求越来越高，一线员工对科技获得感的要求提升，"开放融合""打破竖井、赋能减负"基层落地不足，对内需要提高协同意识，对外需要进一步开放构造生态圈。

举措：加快数字化、平台化和生态化转型。对齐业务战略和目标，打破组织壁垒，业务、开发、测试、运维、管理等高效协作、开放融合、责任共担，面向价值持续交付。以产品思维为导向，深化价值驱动的精益转型，继续强化转管控为赋能，加大力度推动"一个体系、一个平台"的建设，纵向狠抓精益实践落地的有效性，横向狠抓端到端的数字产品治理能力与价值创造，助力招行"3.0 模式"落地。

13.6.2　核心管理体系和工程体系

1. 价值驱动的精益管理框架

从企业级高度，拉通业务侧和交付侧，融合精益思想、敏捷开发、看板方法、DevOps 等方法与实践，建立招行"价值驱动的精益管理框架"，如图 13.6.1 所示。

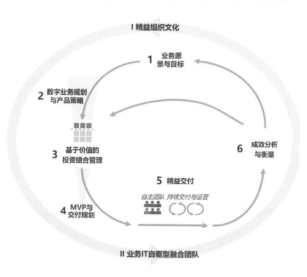

图 13.6.1　招行价值驱动的精益管理框架

（1）价值驱动：融合设计思维、组合管理、精益创业、敏捷开发、持续交付等思想，用于指导规模化组织如何进行价值驱动的数字化转型，这里的价值是业务价值。

（2）产品思维与结果导向：构建业务和 IT 数字产品治理机制闭环（滚动数字业务规划、基于价值的投资组合管理、成效指标体系、持续交付与持续运营、定期成效分析与衡量等，即图 13.6.1 中的 2～6 步）。

（3）主体：紧密协作、自驱型的业务与 IT 融合团队。

（4）终极目标：对齐业务发展战略，合理投入资源，快速交付高价值，实现业务目标即终极目标，即图中的第 1 步。

（5）精益交付：改变串行的"来料加工"模式，转为共同规划、聚焦高价值、高优先级的需求，快速响应，持续交付。

2. 精益管理体系

招行价值驱动的精益管理体系，如图 13.6.2 所示。

（1）统一方法论和精益管理的共识。招行融合了 CMMI、敏捷、看板、精益等方法论和框架，同时结合招行的实际场景和过去累积的经验，逐步发展出统一的基于价值驱动的精益管理框架方法论，这是精益管理体系的核心。

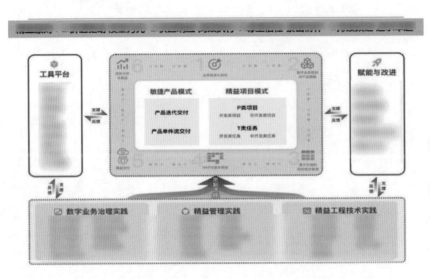

图 13.6.2　招行价值驱动的精益管理体系

（2）端到端统一的过程规范与定制选择相结合。金融行业是一个强监管的行业，其管理的规范要求是在组织级层面端到端的整体统一，同时也要提供定制化的能力。在整体统一方面，主要包含敏捷产品模式和精益项目模式；在定制化能力方面，提供了一系列实践，包括数字业务治理实践、精益管理实践和精益工程技术实践，供不同的团队根据自身的特点进行定制选择。具体的选择原则以交付模式为基础，从痛点出发，有针对性地提升改进。例如，采用敏捷产品模式交付的团队，其持续交付能力和工程实践的成熟度会比精益项目模式更高，因为该模式需要在更短的迭代周期内交付更高质量的产品。

（3）明确的角色职责和协同机制。在角色上，主要区分业务、项目经理、BA、开发、测试、运维等；在协同机制上，积极地向开放融合组织文化靠拢，通过看板、融合型任务团队等方式，做到信息透明，以促进流动。

（4）定制化的过程及赋能体系。为不同成熟度的团队提供可定制化的交付过程及赋能套餐，对于重点领域投入内部专家队伍，进行集中式的辅导提升。赋能形式包括在线课程、现场授课、刻意练习和实战演练；赋能套餐包括专项认证、关键角色赋能、过程管理赋能、工程技术赋能、数字产品能力赋能、EPG 咨询小分队赋能和"点单式"工程技术能力提升赋能。

（5）持续的过程审计及改进机制。延续 CMMI 时代打下的基础，持续关注过程的执行情况，及时纠偏，同时持续对流程、工具进行改进，迭代优化。

（6）开展精益社区与文化建设等。体系和工具的落地使用，离不开人的观念的转变。人的观念转变是最困难的，如何快速发现早期采纳者，更多地影响晚期采纳者，是体系落地永恒的话题。在试点初期，通过举办小规模演讲、工作坊、IT 技术开放日、与互联网企业的交流、参加业界技术大会等方式，识别和积累早期采纳者；通过对采纳者进行访谈、痛点分析，有针对性地开展赋能和辅导工作，积累实施经验，帮助他们取得阶段性的成功；总结实践过程中的经验和待改进的方法，并及时迭代改进，形成规模化的推广方案，影响更多的晚期采纳者。

3. DevOps 工具链建设

招行 DevOps 工具链产品架构图，如图 13.6.3 所示。

图 13.6.3　招行 DevOps 工具链产品架构图

（1）打破需求与交付的工具竖井，提供与精益管理体系相匹配的端到端的开放、透明、高效协同的工具平台生态。

（2）支持数字产品治理、精益交付、过程管理、度量分析；提供过程数字化、自动化、可视化、定制化的服务。

13.6.3　DevOps 工具链设计过程

1. 培育产品思维，划分业务领域，明确产品生命周期

为支撑精益管理体系的落地，招行从 2017 年开始，自主研发多个 DevOps 工具平台，包

括基于 Jira 的电子看板、基于 Docker 和 Kubernetes 的持续交付流水线平台,以及基于 Tableau 的度量分析平台等,经过 5 年多的努力,逐步形成了有招行特色的 DevOps 工具链。随着业务场景的逐渐丰富,涉及的工具链、交付团队越来越多,工具间的边界也逐步模糊起来,对于一些看似"有价值"的需求,A 产品希望做,B 产品也希望做;而另外一些看似"无价值"或者"不好实现"的需求,所有产品都不想做。随着时间的推移,不同产品之间出现了类似功能或相同的功能。

为了解决上述问题,招行 DevOps 工具链进行了一次业务架构蓝图的全面梳理。通过对齐组织战略目标和执行策略,在组织内形成统一共识的组织业务蓝图,如图 13.6.4 所示。

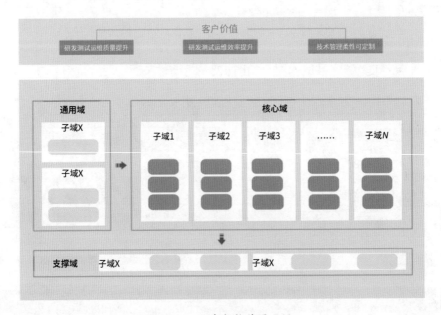

图 13.6.4　业务架构蓝图示例

业务架构包括三个核心要素:价值流(业务子域)、业务能力和核心信息(领域模型),通过厘清业务架构,牵引方案域软件总体架构响应业务外界变化,有机、持续地演进;通过定义产品的核心价值主张和边界,指导产品后续的迭代开发。

2. 分解组织愿景,规划年度目标和成效衡量指标

各个业务系统不但要根据组织的愿景分解目标,支持精益管理体系落地的 DevOps 工具链建设,同样也需要对齐招行的愿景。招行 2021 年的愿景是建立大财富管理的业务模式、数字化的运营模式和开放融合的组织模式。DevOps 工具链 2021 年确定了"通过一体化和智能化的手段,建设端到端的精益管理工具链平台,通过可定制化精益价值交付一站式解决方案,助力我行数字化转型"的愿景。同时,对愿景进行了进一步分解,设定了提升精益交付能力、

支撑数字产品治理机制落地、提升用户体验、支撑各级管理者需要、支持可定制和构建开放生态等目标，并针对每个目标制定了 1～3 个可量化的成效衡量指标。通过确定工具链建设的北极星指标和群星指标，有效地牵引工具链的各个产品在规划、设计和交付过程中时刻关注"价值"。

3. 根据成效衡量指标，产品制定投资组合，确定年度重点专题和特性

工具链的各个产品由于所处的生命周期不同，主要需求来源会有所不同，在迭代优先级排期方面也会有所不同。

对于探索期的产品，典型的场景是处于 MVP 验证阶段，用户量和功能相对比较少，主要依靠产品经理的规划确定资源投向及重点的需求。以招行的流水线建设为例，由于探索期的核心场景是验证以 Kubernetes 封装 Jenkins Master 和 Slave 的能力，同时验证 Linux、Windows、Mac 等编译环境的技术可行性，因此流水线的交付主要在技术研究和打通上。

对于成长期的产品，既要兼顾大规模推广的压力，快速响应用户的需求，又要保持产品的设计理念和整体功能规划，需要在两方面取得平衡。在具体实施层面，每个迭代规划 30% 以上的需求应该来自用户的反馈。以招行的流水线建设为例，在成长期需要思考如何让用户快速切换到新的平台上，有很多探索期没有验证到的点就会大规模涌现，此时需要及时响应用户的需求，解决用户的问题，为下一步大规模推广打下基础。

对于成熟期的产品，更多的是响应长尾需求，同时也要探索下一个"划时代"的功能。长尾需求也许只是集中在不超过 5% 的用户范围内，但是其负面反馈可能会有放大效应，需要特别关注。以招行的流水线建设为例，在成熟期，大部分用户使用得都比较流畅，但是仍存在一些运行较慢的流水线，因为各种原因不能得到很好的改进，也许这部分用户占整体比例不到 1%，但是其抱怨的声音会被放大，甚至会盖过沉默的大多数。

在企业内部建设工具链，不仅仅要关注每个产品所处的阶段，也要跟整个组织的成效衡量指标对齐，这样才能把有限的资源投入到符合组织战略的方向上。招行工具链的各个产品基于上述两个维度，会在年初规划全年的重点专题，并按照季度规划重点投入的特性，对每个季度滚动规划和回顾，确保资源投入有一定的方向性和计划性，同时也积极响应变化。以招行流水线为例，成效衡量指标会聚焦在 SLA、SLO 和流水线平均运行时长 P95（运行时长排在 95% 分位）的改进提升上。

4. 确定 MVP，做好迭代规划，确定做正确的事

招行将"专题+特性"作为表征需求的形式，通过专题分析支撑业务价值的实现，通过特性以小粒度的需求形式快速流动，产生小批量的交付规划。同时，在 PVR（定期价值回顾）

时对专题进行优先排序和调整，在交付规划时对特性优先级进行排序和调整，从而实现聚焦价值的交付。

"专题"分为解决方案类和零星优化类，解决方案类专题是一个业务或 IT 为了解决特定问题，达成既定目标设计的解决方案。实现一个专题的工作量较大，往往意味着需要一笔 IT 投资，且专题下所有的细粒度需求是紧密相关的。在工具链场景下，往往会涉及多个工具链的打通和交互。在专题分析过程中，一般会从客户/用户价值、企业价值和生态价值三个方面思考，同时也要跟组织级的成效指标进行关联；与此同时，会用到一些业界通用的做法和工具，如用户画像、干系人分析、用户地图、用户旅程地图、业务流程图、领域模型-服务边界等；在方案设计过程中，会充分考虑业务、技术、法律法规、质量安全、资源等方面的风险、问题、假设和依赖；对于比较大的专题，还会进行特性全景分析和规划。例如，招行的 IT 人员一方面每天都要使用电子看板开站会、进行任务分解和可视化工作等；另一方面，作为一名普通的员工，每天也要使用内部即时通信工具进行沟通交流，这两个工具有很多场景都有打通和数据交换的诉求。为了更好地提升工作体验，两个产品的产品经理根据用户的反馈，创建了一个电子看板与即时通信工具打通互联的"专题"，以专项提升用户体验。

"特性"就是对解决方案/需求的进一步拆解，以更小粒度的需求加快流动，并产生更小的发布版本计划。更小粒度的需求被定义为特性。特性是站在业务视角描述的一个完整、可独立发布的需求，通常解决用户某个场景的具体问题，同时可以支撑专题中某个价值指标的实现。通过识别优先级的特性可以形成 MVP。延续上文"专题"提到的例子，特别是 2022 年 3 月初，深圳大部分团队都要居家办公，每天如何通过即时通信工具的视频会议功能高效开站会，成为大家关心的话题，为此两个产品的产品经理提出了打通电子看板站会模式一键发起视频会议的"特性"，帮助发起者快速拉会并将看板资源池用户快速加入会议列表，大大提升远程开站会的效率。当然，这个特性要继续完善还有很多优化工作要做，但是通过识别一键创建新会议、允许发起者自由邀请资源池人员加入会议、通过即时通信软件发送消息给被邀请用户最重要的三个功能，就形成了 MVP，然后通过快速迭代和上线，快速验证想法和收集用户反馈。

"特性"在放入产品交付池之前，还要进行优先级排序，充分考虑价值（业务价值和商业收益等），同时兼顾考虑风险、实施成本和依赖关系。最终的优先级需要专题负责人、产品经理和 IT 团队共同协商确定。

5. 持续交付与运营，把事情做正确，多层的用户反馈体系

持续交付，相信读者都不会陌生，《持续交付》一书中介绍了很多具体的实践。聚焦到招行的大规模落地场景，持续交付可被简化为内部的三个级别，图 13.6.5 所示为招行的持续交付成熟度模型。

图 13.6.5　招行持续交付成熟度模型

（1）自动化编译：通过脚本或者特定编译工具实现源码下载、编译、打包、发布到制品库等操作，是持续交付的基本要求。目前，比较流行的编译框架包括 Maven、Gradle、Ant、Xcode、MSBuild 等。

（2）发布制品库：管理内部程序发布包的版本；管理编译过程中依赖的包，让源码的第三方类库集中管理，优化配置库存储结构和大小，缩短编译时间；作为开源软件的合法仓库，统一管理开源资产，控制风险。

（3）静态代码扫描：通过扫描了解代码资源组成、资源的质量属性（包括技术债务、重复率、圈复杂度）、匹配质量规则记录代码违规情况，整体评价和度量内在质量。目前，对于新增的严重阻断性静态扫描缺陷，必须修复后再允许通过；对于整体的技术债务，也必须处于 A 级水平。

（4）自动化部署：通过预先定义的部署流程，从制品库中自动获取发布包，按照预定义流程部署到目标环境，实现多环境重复、可靠地自动化持续部署和灰度发布。目前，除极个别应用使用自动化部署存在困难，需要特别审批进入白名单外，其他应用都必须使用自动化部署。

（5）单元测试及分层自动化测试：根据投入产出比和历史技术债务情况，参考测试橄榄球模型。首先全力实现自动化接口测试的高覆盖率，单元测试和界面自动化测试根据不同系统的情况，以及测试运行的时间进行分类。小型测试通常在 15 分钟内完成，通常在代码检入时自动触发，一般包括单元测试和冒烟测试；中型测试通常耗时 1~2 小时，一般包括功能测试、回归测试、联调测试等；大型测试通常每天晚上运行，一般包括持续压力测试、性能测试、端到端测试等。对于采用敏捷产品模式的迭代团队，其单元测试及分层自动化测试的成熟度会作为重要的参考指标。

（6）安全扫描及测试：随着 DevSecOps 的不断发展，招行的流水线也不断地扩展相关的功能，引入各类扫描工具，包括开源组件扫描、IAST（交互式应用程序安全测试）、DAST（动态应用程序安全测试）、SAST（静态应用程序安全测试）等。由于相关工具还在试点推广阶段，因此目前只是针对需要部署到互联网环境的应用有比较严格的要求。

在运营方面，由于流水线服务已经比较成熟，整体的功能比较完整和多元化，因此对于一些长尾的应用、特殊场景和新手用户，需要进一步做好服务和赋能。为此，流水线服务建立了多层的服务体系：第一层，通过智能日志分析和智能问答系统，帮助流水线运行失败的用户推荐修复措施和自愈措施。第二层，通过一级和二级值日生制度，在后台提供人工支持服务。为了观察智能日志或者自助修复功能的有效性，我们设立了失败流水线来电率的观察指标，即在每 100 次运行失败的流水线中，有多少次需要人工进行支持。虽然整体的来电率不超过 2%，但是如何及时有效地支持好这 2%的用户，也是要持续思考的问题。第三层，通过系统埋点和梳理各类运行指标监控系统，持续分析用户行为和识别改进点。

6. 上线后的成效分析和价值衡量

一般的成效分析会从组织效率/效能、资源成本节省、客户体验类、客户行为类、数据质量类、组合效能/效率、直接收益类、战略影响、产品数据等方面进行分析。DevOps 工具链不直接作为利润中心，缺少很多财务上的指标，那么如何进行成效分析和价值衡量呢？一方面会从用户最直观的感受出发思考，如用户满意度、流程耗时、停留耗时等；另一方面，也会从功能使用量、活跃用户数、推荐 NPS 数等方面进行思考。

在选定成效分析衡量指标后，还需要把相关的指标与专题、特性、交付的投入进行关联，通过定期的 PVR 会议进行回顾，以便通过后续的滚动规划进行决策，是继续投入还是终止投入。如果确信是一个有价值的功能，但是没有收到预期的效果，就要分析相关的运营、宣传工作是否到位。只有端到端地形成闭环，才能更好地促进工具链的建设工作。

以招行的流水线建设为例，2021 年 DevOps 工具链设定了缩短关键流程耗时 P95（95%分位）缩短 10%的目标。针对这个目标，流水线制定了缩短流水线运行时长 P95（95%分位）缩短 10%的目标。为了实现目标，流水线产品团队针对流水线平均运行时长排在 P95 分位的流水线进行了整体回顾，调研可能的原因，并有针对性地对工具、基础设施进行改进，同时将相关指标纳入日常监控大屏和每条流水线的度量页面，持续改进优化，提升用户满意度。

13.6.4　DevOps 流水线建设案例

下面以流水线为例，介绍具体的建设过程。

1. 流水线业务领域划分和价值主张

流水线业务领域描述：提供端到端的持续交付平台，实现编译构建、代码扫描、安全扫描、发布部署、执行测试、结果反馈的一键式自动化执行，帮助团队又快又好地交付软件产品。

产品包括流水线、代码扫描、制品库。

（1）流水线。价值主张：为开发人员和测试人员提供开箱即用、可弹性扩展、可灵活编排的，支持代码构建、安全质量扫描、发布部署、执行测试的一站式持续交付平台，帮助开发团队又快又好地交付软件产品。

（2）代码扫描。价值主张：通过代码扫描，提供代码质量、规模、重复率等数据，并提供开源组件的版本、风险、漏洞情况，帮助开发人员提升代码质量。

（3）制品库。价值主张：为开发、测试及运维人员提供二进制制品管理、依赖管理、镜像仓库、开源包管理等服务，与流水线集成，为持续交付提供支撑。

2. 流水线 2021 年度目标和成效衡量指标

根据 DevOps 工具链 2021 年度整体的目标，流水线业务领域制定了三大目标，并细化了相关的成效衡量指标。

（1）提升发布单元自动化测试覆盖率、增强 DevSecOps 能力。

（2）提升基础设施稳定性和保障能力，实现 SLA 达到几个 9。

（3）建设精益之星插件和模板市场，鼓励用户参与工具链建设，实现插件数量和模板都大于几个，初步搭建研发工具链生态。

3. 流水线 2021 年度重点专题目标和季度规划

为了更好地进行滚动规划，流水线业务领域在 2021 年年初通过工作坊的形式，对上下半年的重点专题进行了梳理，并根据远粗近细的方式，确定了每个季度重点的特性和功能。例如，上半年重点专题包括 DevSecOps 工具对接、流水线 SLA 水平提升、ChatOps、运营优化、构建加速；下半年重点专题包括 SLA 水平提升、构建加速、权限体系完善、建立生态等。在上述重点专题的指引下，流水线业务领域每季度进行一次滚动规划，确定每个季度的重要专题，并根据业务的发展和用户的反馈，动态调整相关特性的优先级。

4. 流水线持续交付与运营

流水线的交付团队遵循敏捷产品的运作模式（接近 SCRUM）进行运作，两周一个迭代，截至 2022 年 5 月已经累计超过 110 个迭代。在每个迭代前期有相关的需求分析会议和迭代准备会议（kickoff），每天有站会、开卡和结卡，每个迭代结束都有演示会（Showcase）和回顾会。工程实践遵循持续交付的核心实践，包括自动化编译、静态代码扫描、代码检视、自动化部署和分层自动化测试等。

5. 上线后的成效分析

流水线建立了比较完善的度量指标体系，整体上对发布单元成熟度、平均故障恢复时长

MTTR，以及平均构建时长进行了监控，并可以下钻到具体的开发室。同时，针对每个新开发的功能都关注使用的情况、日常支持维护的工单完成情况、愿景目标的达成情况，定期召开"读数会"，并在季度召开的规划会上呈现和分析相关指标，以指导后续的开发工作，让需求、交付、运营形成闭环。

6. 运行情况

经过近 5 年的建设，全行的流水线累计超过 14 万条，其中 2022 年上半年活跃流水线近 8 万条，工作日平均每日构建近 1.7 万次，峰值达 2 万次，流水线平均运行时长小于 10 分钟，2022 年上半年有效拦截"严重"和"阻断"级别的违规项超过 10 万个，有效拦截中高风险安全漏洞超过 20 万个。随着流水线的逐步完善，除了组织级提供的标准组件，各个研发中心和开发团队也根据自身的管理诉求，开发了各类定制化的流水线插件，目前通过流水线内部的插件市场共享，已经涵盖了 20 多个内部插件。

13.7　深圳某银行研发效能建设实践

随着企业数字化转型的浪潮越发汹涌，很多传统企业包括金融行业（如银行、保险、证券、基金等）在内的公司对于数字化的需求呈现爆发式增长。

数字化和智能化不断影响着人们的生活，银行业数字化改革变得刻不容缓。一方面，通过数字化改革，简化银行业务流程，优化客户体验；另一方面，不断降低银行卡管理、现金和流动性管理等业务方面的运营成本，提高业务敏捷性，打造智慧企业，实现风险管控。

13.7.1　选型

为了全面了解金融行业在研发效能领域的实践，下面的案例选择的是深圳某银行，通过对其在研发效能领域的痛点剖析和前景展望，阐述研发效能领域的现状及相关成果。近年来，该银行正在加大信息化建设步伐，决定引入项目管理与协同系统，作为总行及各个支行研发管理和协同管理的工具。

近年来，银行业一直秉承着"以客户为中心"的服务理念。在全球数字经济蓬勃发展中，客户对数字化服务的需求呈爆发式增长，持续推动数字化转型升级成为银行的必然选择。在此背景下，该行坚持科技创新"双轮驱动"，将大数据、云计算与银行业务深度融合，从手机银行 App 焕新升级、网点智能设备布局到实现线上/线下立体化服务触达，全力跑出金融服务"加速度"。在这个过程中，银行的研发任务不断增多，高效的数字化项目管理必不可少，那么该银行是如何实现数字化项目管理的呢？

13.7.2　诊断

从手机银行 App 的升级迭代，到网点智能设备、智能柜台的布局，无论是新产品的研发还是老产品的重构，都离不开研发团队的持续迭代研发。随着该银行经营规模的不断扩张，软件项目数量也不断扩大。在前期，他们使用的软件研发产品分别是 Visual Project 和"自研系统+Excel"管理模式。然而，这两款产品都只能满足部分管理需求，缺乏标准化统一流程，研发管理过程依然被横向切割，出现信息流转效率仍然偏低、管理信息不对等、管理过程不可视等问题，不久便被弃用了。

该行深度对比了多款国内外研发工具，希望找到一款能够将项目管理能力与工程管理打通，实现软件研发全过程管理的工具。因此，他们最终选择了 ONES，一款更匹配国内场景、配置更灵活的企业级研发管理工具。ONES 成立于 2015 年，业务涵盖从团队账号管理到多产品、多项目管理，再到团队知识库管理等，帮助企业实现一站式管理，打通团队间的数据连接，消除"信息孤岛"。

研发管理是一个长周期的过程，需要有广阔的视角及标准化的流程。在对该银行进行了全面的了解之后，ONES 明确了其项目管理的需求及痛点。

1）行业监管严格，研发流程混乱

由于银行研发系统规模庞大、复杂度高，且监管要求较多，因此该银行研发管理过程相对复杂、链条较长，项目开发过程需要各个部门和管理单位协同参与，容易导致管理流程被分割，以及信息分散、数据冗余和不一致的现象。同时，银行业项目管理平台大多采用传统管理模式，项目过程的可视化程度依然较低，无法为各级管理者提供更精准、更透明的决策信息。

银行业是一个强监管行业，无论是业务层面还是技术层面，都会受到银保监及行业内部的约束。针对多方监管，目前该银行采取的措施是将每一项需求都翻译成管理制度，研发团队需要在这些制度指引下展开工作，在这过程中如何将需求准确地落地为实践、真正高效地推进项目是比较困难的。

2）缺乏灵活配置场景

多年来，该银行采取"瀑布管理+敏捷研发"的研发管理模式，即"大瀑布、小敏捷"混合式研发管理。由于银行行业的特殊性，产品也会多种多样。如果产品边界是清晰的，有对标的功能，则我们建议使用敏捷管理，打通团队之间的部门墙，快速迭代，如手机银行 App 部门、网络金融部门等。相反，如果边界是模糊的，跨部门研发的产品又占据大多数，则我们建议选择瀑布式管理，如外部招采的项目。

3）需求来源复杂分散，难以统一管理

银行研发项目的开发过程主要包括三个管理对象，分别为需求管理、研发产品和开发活动，其中需求管理最为关键。在通常情况下，客户在看到最终产品以前，都无法对产品情况进行准确判断，往往会出现最终产品与期望值相差甚远的情况。导致此情况的原因有几个方面，如客户对需求的表述模糊、客户需求的多变性、需求来源的复杂性等。

要想解决上述问题，必须充分认识到银行研发项目中需求管理的重要性。在这种情况下，引入新型需求管理工具就很有必要，通过需求管理工具的有效性，以及研发项目开发过程中需求错误的大幅减少，实现大幅降低开发成本，并有效地缩短开发周期，推动项目成功。

在引入 ONES 之前，该行仅采用"需求审批系统"来进行需求收集，采用的是线下看板的方式。但由于没有专业的需求管理系统，在完成初步审批之后，难以对需求的规划、任务分配等进行统一管理，需求业务方和管理者也无法及时跟踪需求处理进度，查看具体项目和任务的执行情况。

4）进度监控困难，项目延期风险增大

由于银行不同团队使用不同的工具，平台化方案难以统一应用，团队数据分散，因此导致团队协作效率低，整体效能提升难。再加上银行研发团队规模不断壮大，成员的工时情况和效能情况缺乏科学的度量，很难实现活动的线上化和标准化，团队效能提升难。

13.7.3　开方

ONES 深耕金融行业，结合研发管理痛点和实际业务场景，推出专业的金融行业解决方案，高效服务客户。借助于 ONES Project 进行项目管理与协同：运行立项后的计划管理、迭代管理、里程碑管理、交付物管理；通过多套项目模板，应对不同的业务场景，同时适配信息化建设类的瀑布研发管理模式和产品优化类的敏捷迭代模式。

针对该银行的项目管理需求及痛点，ONES 从以下几个方面出发，为该银行提供了完整的解决方案。

1. 自定义工作流，提供标准化流程

1）打通全流程管理

银行科技部门的专业化分工较为细致，形成了多个能力单元，但如何有效协同各个能力单元、发挥整体效能为业务支撑服务、创造更大价值是当前面临的重大挑战。因此，只有推进研发一体化管理、梳理并优化全流程管理，才能打通组织和平台壁垒。

ONES 在服务该银行的过程中，首先为该银行厘清了完整的项目流程，使整个研发流程在同一个工具上跑通，团队成员不必穿梭在多个工具之间，降低了团队的合作成本，提高了团队协同效率，同时也打破了数据割裂的问题。

在具体实现上，ONES 通过强大灵活的 API 对接能力，将该银行内部的系统对接到 ONES 上，从而实现业务侧到研发侧全流程的打通。

2）自定义工作流，任务流转更透明

软件产品与硬件产品之间的相互适配导致缺陷频繁地被提出，而由于业务线之间的差异性，各个团队的审批流程也各有不同，再加上银行业的强监管属性，在需求审批及工作流转时无法建立统一的规范，因此大大降低了工作效率。

在 ONES Project 中，可以对工作流的过程及后置动作进行配置。首先，该银行可以通过"工作项状态"定制需求在不同状态阶段的流转步骤，并且为不同的项目定制不同的流转步骤，实现了不同项目之间需求审批流程的差异化。

ONES 支持对工作项进行自定义配置，在表格视图中，借助工作流设置"后置动作"中的更新属性功能，能够规定在触发指定动作后，自动更新工作项负责人，将任务流转给指定负责人；借助工作流设置"步骤属性"，可以填写需求状态流转时需提交的字段，研发人员只有提交相应交付物附件才可以流转到下一步。

同时，为保证需求的高质量交付，产品经理可以通过自定义工作流，设置需求和任务的流转规则，实现需求和任务的评审。当且仅当所有的子任务都评审通过后，其对应的需求才能流转到"已完成"状态，如图 13.7.1 所示。

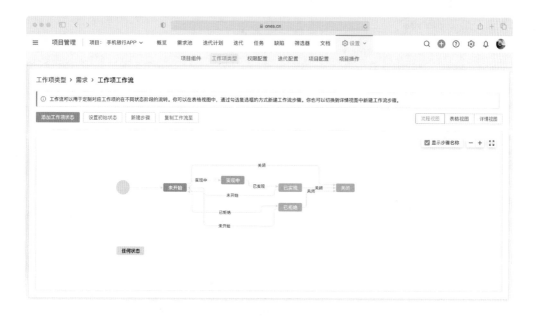

图 13.7.1　自定义工作流

2. 混合式研发管理，灵活配置不同场景

由于该银行使用的是"瀑布+敏捷"的混合式研发管理模式，因此要求工具能够具备灵活的产品配置能力，以满足不同团队的研发管理需求。

ONES 提供一站式敏捷研发管理，可以提高组织交付能力，小步快跑，快速迭代。同时，基于 PMBOK 项目管理理论，可以多层级规划和管理进度，ONES 也覆盖瀑布研发管理全流程。不仅如此，ONES 还支持通过自定义组件的配置，实现混合式的研发管理。

那么，该银行是如何实现多团队的混合式项目管理，保障各个团队间数据安全隔离的同时，实现不同模式的研发管理的呢？

1）团队权限灵活可控

基于 ONES 的灵活性，各地研发中心的研发工作被打通。但各地研发中心的项目情况存在差别，数据安全及成员信息安全是一个急需解决的问题。通过 ONES "团队权限"和"用户组"的配置功能，团队管理员为不同团队成员配置不同的权限，实现了团队之间的数据隔离，保障了团队和项目的数据安全，如图 13.7.2 所示。

图 13.7.2　灵活配置团队权限

除此之外，通过设置"成员邮箱可见性"和"获取成员方式"，使得成员邮箱以加密方式显示，有效地保护了团队成员的隐私安全，如图 13.7.3 所示。

图 13.7.3　权限设置保证信息安全

2）项目组件自由配置

ONES Project 的组件设置提供了强大的自定义引擎，分管不同产品线的成员可以根据项目特点自行配置。在"项目设置"中，管理人员可以根据具体需求轻松拖曳不同工作项组件至导航栏中，如在敏捷项目中可使用项目概览、需求、迭代计划、缺陷、筛选器、报表组件，在瀑布项目中可使用项目计划、里程碑、交付物、任务、文档、报表组件，如图 13.7.4 所示。

图 13.7.4　自定义组件满足不同业务场景需求

3）数据隔离，保障数据安全

为了对银行所有项目进行统一管理，该银行需要一款灵活的工具，以适用于各个不同的业务团队。但同时，由于各个子公司之间的业务又是相对独立的，因此不同团队间需要有严格的数据隔离，同一公司的不同团队也要有清晰的权限划分。

该银行通过 ONES Account 搭建了多团队的组织架构，每个团队都具备完整的产品矩阵，可建立自己的项目，实现了团队之间数据的隔离。在同一团队中，管理者也可以通过灵活的权限配置，为不同的部门或角色设置相应的权限，这在保证团队无缝协作的同时，也保障了团队的数据安全，如图 13.7.5 所示。

图 13.7.5　多团队管理

3. 需求统一汇总，管理科学、高效

由于业务方频繁变更需求，加之部分需求处理人员能力不足导致需求返工，不仅使迭代面临延期风险，也造成了成本叠加和资源浪费。该银行急需建立一套标准的需求管理流程。

1）需求管理高效

一方面，通过 ONES Project 筛选器记录和筛选需求变更次数与需求投入的整体资源（如成员工时、人力成本等），进行团队项目投入成本和资源预估，合理分配项目任务。另一方面，通过 ONES Project 项目设置，自定义不同种类的需求，将需求定义为不同的粒度，并分别由不同的人处理，弥补部分需求处理人员能力不足的问题。

由于银行业务繁多，在具体的项目研发中，该银行研发团队需要处理来自各项目负责人、银行客户、各分行行长及柜员等多个来源的复杂需求。总经理通过需求审批系统（ITIL）进行需求的初步审批，筛选出可落地、可执行的需求并汇总。通过 ONES 开放的 API 接口，可以实现与内部审批系统打通，将需求的审批结果同步到 ONES Project 的需求池中进行统一管理。首先根据审批系统中的字段自动抓取并填入"负责人""优先级"等关键信息；然后团队负责人通过 ONES Project 将需求拆分为具体的"子任务"或"子需求"，完善相关属性信息，分配任务负责人，并将需求规划至相应的迭代，如图 13.7.6 所示。

图 13.7.6　需求拆分

2）统一管理需求来源

ONES 一站式研发管理能力打通了"需求-研发-测试-交付"的研发全流程，产品间数据互通，将研发团队中的不同角色真正连接起来。

需求从被创建到验收上线，涉及需求提出方、产品经理、研发、测试等多个角色的协作。而对于银行而言，频繁的需求变更又进一步加大了需求管理和团队协作的难度。

针对需求来源的复杂性，ONES 可以通过添加"工作项属性"来配置工作项需要显示的字段。例如，该银行可以添加"需求来源"工作项属性，并在选项值中添加项目负责人、银行客户、各分行行长、柜员等；在提交需求时，需要填写该需求的来源，方便统一管理来源，如图 13.7.7 所示。

图 13.7.7   自定义工作项属性

4. 效能及时汇总，提高人效

由于研发团队规模庞大，成员的工作情况难以汇总，效能情况难以度量，导致项目管理者和团队成员无法及时查看工作情况，调整工作节奏。

只有提升银行团队的研发效能，才能持续为客户打造优质的服务体验。借助 ONES Project 的报表、仪表盘等功能，管理者能够分析团队效能，总结问题和经验，帮助团队持续改进。

1）进度实时追踪，保障交付

在项目落地过程中，原有的需求审批系统无法直接进行项目进度的跟踪，管理者无法及时了解项目进展情况，项目延期风险增加。而银行是关乎国计民生的重要行业，项目延期可能会导致银行各项业务都无法进行，极大地影响了用户体验。这就要求项目经理对项目的各环节都进行严格的审核把控，及时发现风险并应对，防止项目延期，保障项目成果的交付。

ONES Project 能够将当前的需求、任务、缺陷等信息透明化展示。每日站会上，业务需求方及管理者均可借助燃尽图、甘特图、敏捷看板等可视化图表实时跟踪项目进度，帮助团队及时发现和应对风险，保证项目高效执行，按时交付项目成果，如图 13.7.8 所示。

图 13.7.8　敏捷看板

2）定制仪表盘，可视化管理

ONES Project 提供了丰富的报表和仪表盘，团队成员可以在"我的工作台"通过自定义配置"仪表盘"，及时了解重点关注的项目及迭代情况，如需求状态的分布及工时情况等信息，把控工作进度，及时调整工作节奏，保障项目顺利实施。

PMO 通过配置"仪表盘"驾驶舱，能够将多个项目的数据报表以卡片的形式集中展示，多维度掌控项目工时和效能信息，根据银行相关研发任务的优先级和成员工时饱和度及时调整成员任务数量，提高人效，如图 13.7.9 所示。

除此之外，ONES 还提供了丰富的报表来汇总成员的工作情况和效能情况，团队管理员可以在项目设置中添加"报表"组件，通过新建"工时日志""工时总览"等工时报表来查看团队成员工时统计情况，通过添加"工作项属性滞留时长统计""工作项趋势统计"等通用报表，查看不同维度下工作项滞留周期分布情况，及时了解团队效能情况，并及时调整和改进，如图 13.7.10 所示。

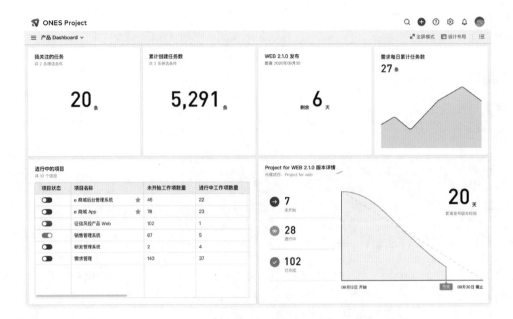

图 13.7.9   仪表盘

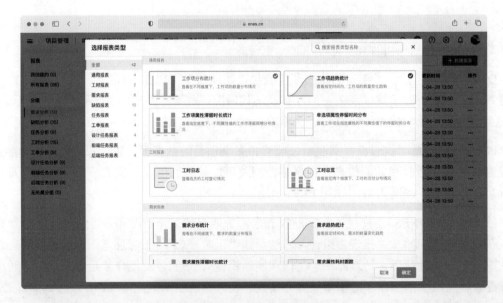

图 13.7.10   丰富的报表模板

3）项目支持模板化，可轻松复制

整合内部的项目管理流程并初始化到 ONES 系统中，以多套项目模板的方式来应对不同的业务场景，以便成员在新建项目时可复用公司标准的项目模板，实现规范化管理。内部项目主要分为两大类，一类是信息化建设类瀑布研发管理，另一类是产品优化类。

针对信息化建设类瀑布研发管理，前期会定义项目的关键里程碑、交付物，后期通过将需求纳入迭代，走敏捷开发的方式，实现"需求-任务-缺陷"的管理。测试人员通过 ONES TestCase 管理用例和测试计划；针对产品优化类的项目，单纯对需求进行管理，处理小的优化需求，发布时会将优化需求合并到大版本中一起发布。

在创建新项目时，ONES 还支持从已有项目进行复制，这不仅大大降低了团队管理员的配置成本，也能使新项目与旧项目保持同一流程标准，让团队工作流程更规范化，如图 13.7.11 所示。

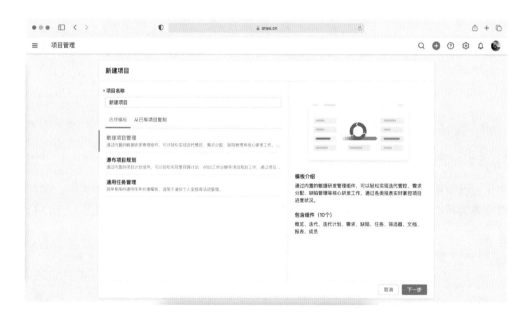

图 13.7.11　启用项目模板或从已有项目复制，轻松开启新项目

4）缺陷管理更高效

对于银行业来说，平衡好交付质量与效率，确保产品的可靠性至关重要。针对缺陷管理，ONES TestCase 通过覆盖完整的测试流程，总结各轮次的测试情况，分析测试数据，归纳测试工作中暴露的问题与遗留的风险。同时，如果测试计划未通过，则可一键提交缺陷并关联至相关迭代中，以便研发人员迅速定位及修复。在测试成功后，ONES TestCase 支持一键生成测试报告，总结测试用例结果分布、缺陷优先级分布情况等。如图 13.7.12 所示。

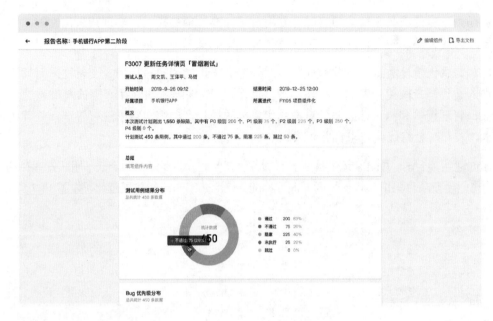

图 13.7.12　一键生成测试报告

5）知识库管理更便捷

知识管理赋能研发价值。在整个过程中，该银行运用 ONES Wiki 沉淀产品文档、技术文档，构建以业务为核心的知识管理体系，有效推进研发经验的快速拓展与复制，如图 13.7.13 所示。

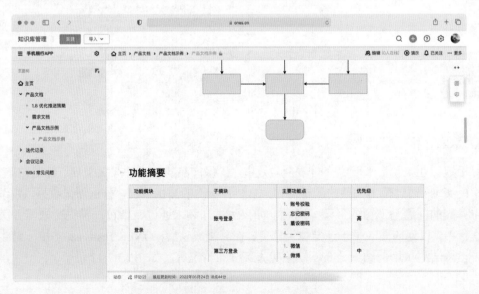

图 13.7.13　多人协作文档，沉淀团队知识库

13.7.4　结语

自实施 ONES 研发管理解决方案以来，该银行在流程标准化、需求管理、项目进度跟踪及团队效能方面有了显著的提升，垂直部门之间的协作也更加畅通，更快速地深入推进数字化转型与场景经营，朝着数字化智慧型银行不断迈进。

13.8　某大型保险集团：组织级效能团队+一线研发团队的研效协同改进实例

13.8.1　项目概述

1）项目背景

本案例来自某个大型保险金融服务集团，该集团旗下有多家子公司。

近年来，云原生、大数据、人工智能等前沿技术广泛运用于保险行业的产品创新、营销、管理等多个方面。该集团的研发规模迅速增加，当前代码库已达 10 000 多个，研发人员达 3000 多人。

2）项目目标

2020 年该集团提出，以业务为中心，以客户为导向，通过不断提升研发效能，实现快速、高质量、持续交付有效价值的闭环。

3）项目策略

为了在规模庞大、层级复杂的集团内保持研效实践思路统一，避免重复造轮子，该集团采取的策略如下。

- 在集团组织层面，统筹研发效能管理体系建设，向各个一线研发团队输出影响力。
- 在一线研发团队层面，与组织级团队密切配合，沉淀优秀解决方案，由试点带动全局，实现研发效率与质量的双提升。

本案例涵盖了该集团研发效能建设初期的几个关键实践。

- 组织结构调整：保障组织与一线研发团队的方向与步调一致。
- 试点调研：在一线研发团队深挖问题，在组织层面验证共性。

- 效能度量体系建设：改善研发过程及制品不透明的现状，推行全组织适用的量化管理体系，保障下限的执行。
- 探索改进实践：深度试点，在一线团队的真实实践中探索方向，通过系统性改进提升效能上限。

4）阶段性成果

经过谨慎调研、持续验证、稳步推进，该集团在效能建设初期已取得阶段性成果。

（1）建立起研发效能度量体系及改进策略，效能数据自动沉淀于数据平台，并向不同角色呈现场景化图表，实现了组织级的研效数字化治理。

（2）效率方面：团队反映协作程度提升；从数据上看，人均效率（代码当量）与需求准时上线率指标均呈现连续上升趋势，需求吞吐率趋于平稳，见图 13.8.1。

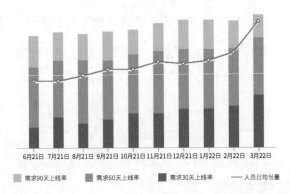

图 13.8.1　需求交付趋势分析（代码当量指标来自思码逸深度代码分析系统）

（3）质量方面：以改进部门为例，相比 2021 年的数据，一次冒烟通过率提升 9%，严重缺陷占比降低 33%，缺陷密度（加权缺陷总数/代码当量）降低 57%，如图 13.8.2 所示。

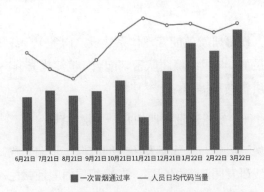

图 13.8.2　改进部门的质效趋势关联分析

13.8.2　效能痛点

在研发效能提升之前，主要存在如下痛点。

1）效率方面

- 研发人员的工作量难以被量化，管理缺乏数据抓手。
- 需求颗粒度不一，与需求相关的效率数据可信度偏低。
- 需求交付周期长，准时上线率偏低。

2）质量方面

（1）研发各环节均受交付时间挤压和成本压力，仅在最后测试环节进行质量控制，成本和压力巨大，留下质量隐患。

- 部分研发团队提测质量不稳定。
- 严重缺陷占比均值偏高。
- 需求实现部分细节不完善，影响用户满意度。
- 根据以往生产问题的根因分析，代码设计和版本发布类占比较大。

（2）各子公司质量管理建设进度不一，缺乏完善且统一的质量管理体系，包括角色配置、计划制订、监督和执行规范、考核评价机制等；尽管各子公司均有效能度量指标，但缺乏统一规范。

13.8.3　前期建设情况

在推行本轮改进之前，该保险集团的效能建设主要集中在工具链与测试环节度量两个方面。

在工具链方面，已通过"自建+引入"工具的形式，搭建起覆盖需求、设计、开发、测试、发布环节的全流程工具链。较高的工具化程度为效能数据的可得性与有效性提供了基础支撑。

在测试环节度量方面主要关注以下两方面。

（1）测试环节效率：任务关闭率、吞吐量、任务关闭时长、任务按期完成率。

（2）研发质量趋势，包括一次冒烟通过率、缺陷数量、缺陷严重等级分布。

在本轮改进推行一段时间后，虽然软件研发质量在一定程度上得以改善，但难以通过测试单一环节推动整体持续提升。为了强化研发过程质量，该集团开始推行测试左移，即测试人员由 QC 向 QA 转型，与研发团队配合建立贯穿全流程的质量管理基线。

为了在组织范围内统筹研发质量管理体系的建设，避免重复造轮子，该集团成立了直接隶属于集团的质量管理组。

同时，质量与效率密切相关：一方面，质量低下会导致研发团队忙于"救火"或因反复打回重做而降低效率；另一方面，质量提升也不能以降低效率为代价。因此，同样直接隶属于集团的效率管理组开始统筹研发效率的度量与改进工作。

质量管理组与效率管理组均属于组织级效能专项团队。

13.8.4　组织建设：双层结构，保障方向与步调一致

为了保障效能实践在日常研发中的落地，建立了"组织级+团队级"的双层结构，效率侧由"效率管理组+团队级研发效能负责人"共同负责，质量侧由"质量管理组（组织级 QA）+团队级 QA"共同负责。

下面以质量侧为例，介绍双层结构的分工：质量管理组承担调研、统筹、指导、支持的专家职责；团队级 QA 则承担在其团队落地质量体系、控制过程质量、持续改进实践的职责，如图 13.8.3 所示。

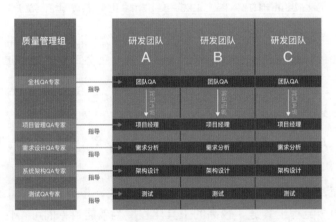

图 13.8.3　质量侧的双层结构示意图

两者协同，一方面效能专项团队能够保持相对客观中立的外部视角；另一方面可保障研发效能相关战略及时传达至各团队，由专人负责执行，各方目标拉齐，行动步调一致。

13.8.5　试点策略：点面结合，验证共性

经过调研，该集团采用了由试点起步、点面结合、逐步推进的效能建设策略。

1. 关键试点+普遍调研，定位问题

在试点方案的设计思路上，分为关键试点与普遍调研两类。

关键试点的作用是发现问题。组织级效能专项团队会与一线研发团队配合，深入访谈调研。经过讨论，根据以下条件选取关键试点样本。

（1）重点业务：试点团队本身处于战略地位或系统是集团范围内的核心系统，持续有业务需求进入，对效能要求较高。

（2）效率方面表现较优：在效率表现较优的团队进行度量试点，这类团队的心态一般更加开放，能对度量体系给出客观、建设性的反馈意见。

（3）质量方面有提升诉求：从数据分析中观察到近期呈下滑趋势或长期呈较大波动状态，经初步分析，研发过程存在一定的质量风险。

（4）主观意愿：团队本身重视，上级有意愿做量化管理。

普通调研的作用是验证问题是否具有普遍性。因此，在样本选取上尽量全面覆盖各类型团队和系统：建设类和维护类的不同阶段；敏捷、稳态的不同研发模式；大小版本、按需版本、紧急版本等不同发版类型。

2. 深入访谈调研，摸查效能现状

在关键试点中，通过以下方法进行深度调研。

（1）抽取规模大小不一的若干样本需求，查看研发全流程的关键活动和阶段性工作产品。以质量侧为例，工作产品包括需求沟通/拆解记录、业务/系统需求文档、设计文档、测试执行记录、生产问题、缺陷清单等各类输入/输出的文档。根据事先制定的检查项，摸排工作产品是否存在缺失，如表 13.8.1 所示。

表 13.8.1　以质量侧为例，各类工作产品

研发各环节工作产品		
阶段	主要查看项	主要查看点
需求	业务需求	分析业务需求完整性，评估业务需求质量
	系统需求	需求分析要素是否充分
设计	详细设计	详细设计的完整性及评审记录
开发	单元测试	单元测试密度、有效性、评审记录、执行记录
	集成测试	集成测试覆盖度
测试	测试方案/策略	与需求的一致性
	测试设计	测试案例的完整性，对需求、设计、策略的覆盖度，测试设计方法的合理应用
	测试准入	冒烟案例质量
	测试执行	案例选择策略和覆盖度、缺陷命中情况、缺陷严重程度和引入阶段分析
	UAT	UAT 反馈记录、需求变更情况和问题跟踪
发布	版本管理	版本管理策略
	上线及运维	发布说明、上线前演练、上线操作说明、运维手册、上线影响分析、生产问题分析

（2）对项目管理、需求、开发、测试、发布环节的相关成员进行访谈，围绕先前抽取的样本需求，让成员演示流程与要点工作，并邀请成员开放性地反馈研发质量方面的建议。

（3）针对性地观摩业务需求沟通、评审、流水线实操等研发关键活动。

基于以上调研动作，梳理试点团队的研发过程、业务方特征、团队工作习惯、人员结构等信息，总结各环节的优秀实践和改进机会，并与试点团队达成共识。

从试点团队收集信息后，分析哪些问题在多个试点频繁出现，并通过普遍调研验证这些问题是否存在共性。在调研报告中，以量化数据呈现问题现状，并给出问题详述与相应的优秀实践样例。

13.8.6 效能度量体系：由少到多逐步推进

1. 选取少数指标，满足共性需求

从试点和调研中收集高频且影响较大的关键问题后，组织级效能专项团队开始逐步建立效能度量体系，从少数几个指标起步，以量化数据反馈作为管理抓手，驱动改进。

1）效率方面

研发效率的不可见性与不可预测性是当前最基本的问题，这一问题直接导致了管理缺乏依据，难以开展。

由于各研发团队在需求环节的实践不一，难以将与需求相关的指标作为组织统一使用的效率指标。而代码行数等工作量传统指标又容易受到噪声影响，度量的有效性难以保证。

效率管理组经过调研，选用了思码逸的代码当量来度量开发者的编码工作量。相比代码行数等指标，代码当量能够有效统计代码所包含的逻辑工作量，排除代码风格、换行习惯、注释、格式化操作等因素干扰。

2）质量方面

质量保障全流程化是当前最关键的任务。为了配合测试左移实践，在既有指标的基础上，增添了缺陷密度指标，以带动团队在产量与质量之间取得适当平衡。

2. 专项推广，争取共识

让研发团队接纳度量不是易事。当度量体系中出现了陌生的概念时，更容易引起质疑。

为了争取各子公司研发团队对"代码当量"这类新指标的共识，组织级效能专项团队进行了专项推广。

第一步，向子公司核心骨干成员介绍效能度量理念、代码当量的原理与优势，获取反馈，

再由骨干成员进一步推广，同时设立专门的 Q&A 环节。

第二步，配合线上定期发布的产能数据及专题分析报告，进行线下调研；结合研发团队的实际情况，发现具体问题，并推动管理举措的改进。

第三步，总结推广过程中的实践经验，并进一步向各子公司推广和应用；同时，在全集团参与的"1024 程序员节"活动中，应用研发效率和质量多维度指标进行综合评价和分析；基于效能数据，邀请内外部专家共同探讨研发实践的改进措施。

通过由点及面的推广策略、开放交流的心态和积极的运营动作，逐步取得各研发团队的认同。

3. 设立组织级基线，保障下限执行

量化管理的主要目标是合理提升下限，减少由主观因素引起的低效能问题。该集团的量化管理实践是谨慎选取指标，合理设置基线，并纳入日常管理；各一线团队可以根据实际情况设置内部基线，内部基线的下限不应低于组织级下限。

在通过组织级基线保障执行的同时，给到研发团队灵活调整的空间，鼓励团队在保持积极心态的同时，尊重客观限制、循序渐进。

1）效率方面

在获得团队共识后，效率管理组选用代码当量作为工作量指标，并设置研发环节的效率基线。

集团内研发团队众多，他们的工作量受业务阶段、业务类型、岗位和需求数量周期性波动等复杂因素的影响，"一刀切式"地设置基线必然是不合理的。那么，如何在尊重研发团队情况多种多样这一客观事实的同时，向整个集团有效推广效率基线实践呢？

效率管理组分析了大量历史数据，并与一线研发团队充分沟通后，认为合理的做法是仅设置组织级下限，数值为当前人均代码当量的 30%。下限的设计是为了定位极端的零产和低产情况，以督促团队层面的改进，而不用于个人的绩效考核。

当某研发团队工作量低于基线的成员超过一定比例或团队工作量的趋势明显下滑时，则要求团队启动自查、说明原因。效率管理组的专家会与团队共同分析，探讨改进方案。

2）质量方面

基于先前调研发现的共性问题，结合指标认可度和工具支持的便利程度，质量管理组将缺陷密度设置为首个质量基线指标。

基线指标将被逐步纳入团队考核体系中，引导团队重视效率与质量，但不与个人绩效挂钩。

这里需要注的是，自上而下设置基线是一种管理手段，那么，其是否可以不断提高要求，直至实现效能提升呢？

答案是否定的。量化管理存在客观局限性。有相当一部分效能问题是由系统性的客观因素引起的，管理手段与制度无法解决这部分问题，只能通过工程实践的改进来解决。如果无限制地要求以主观能动性提升效能，即成为实质上的"内卷"，那么即便以开发者超负荷为代价取得了一时的提效成果，也不可持续。

4. 持续完善，反向推动工具与实践改进

1）效率方面

除了使用代码当量指标度量资源效率（价值产出方视角），效率管理组还关注面向业务的交付效率（价值接收方视角），包括需求30天上线率、按时交付率、需求交付周期等。

由于各研发团队在需求环节的实践不一，需求颗粒度的差异会影响数据的有效性，因此与需求相关的交付效率指标暂不设置基线要求，而由各团队根据实际情况提出目标值。效率管理组会定期观察目标达成情况和环比趋势，关注交付效率指标波动较大或趋势向下的团队。

同时，从组织层面对需求的颗粒度上限提出要求，并在工具中配置阈值，引导研发团队在需求分析、评审环节严格把关，将需求拆分为合理粒度。

2）质量方面

除在研发阶段的缺陷密度指标以外，质量管理组希望将质量度量拓展至全流程，逐步覆盖研发生命周期的不同阶段，并在以下四点指导思路下设计了质量管理基线全景图，如图13.8.4所示。

- 版本节奏化：结合"版本火车"机制，明确迭代中关键节点的活动完成时间，设置版本冻结点，利用封版后的时间进行投产就绪评审，严控时间节奏
- 设计标准化：定义不同类型的设计模板及内容要求，防止设计遗漏。
- 评审规范化：严格执行各阶段评审要求，做好预评审，保留评审记录，评审问题跟踪闭环，提高评审有效性。
- 测试全程化：测试左移，参与到研发各环节，从测试角度把控异常极端情况的处理和对逆向场景的考虑；测试右移，协助业务进行验收测试，验收问题跟踪闭环。

随着工具链自动化程度和团队对效能数据的认可度都进一步提高，质量管理组会把更多指标纳入基线，牵引研发团队从全流程视角关注质量保障。根据关键活动的度量要求形成工具支持需求，反向推动工具链持续改进。

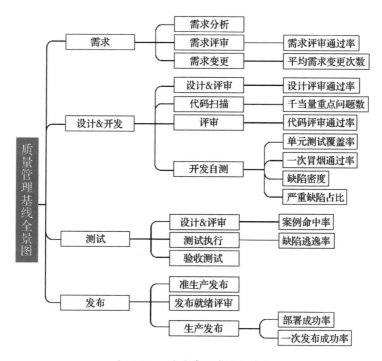

图 13.8.4　质量管理基线全景图

13.8.7　改进实践

1. 效率：多方向探索精细化管理

在效率方面，当前效率管理组的策略重点以守住基线、保障执行为主。除此之外，效率管理组也鼓励一线研发团队自发探索数据驱动的精细化管理。

在一线研发团队内部，由于数据可比性更高、上下文信息更完整，部分团队负责人正在尝试设立本团队阈值，对效率提出更高要求，并进行研效实践试点。实践包括以下几个方面。

（1）管理方面

● 鼓励产能较高的开发者：对于产能较高的开发者，在团队内进行正向宣导，分享代码和工作经验。

- 关注产能低的开发者：对于产能低的开发者，了解工作量、任务难度等实际情况，分析问题并有针对性的改进。

（2）工程方面

- 研发规范：当前选用的效能度量指标，从指标设计上对小步提交、代码回顾、代码复用等优秀实践更有利，团队内部顺势组织培训，推动研发规范落地。
- 产研协同：当上游需求不足导致研发环节工作量偏低时，研发人员主动沟通产品经理，挖掘产品/技术框架的可优化部分。

这些自发实践不仅能提升团队效率，而且培养了快速获取反馈、及时复盘、自驱改进的团队文化。

2. 质量：组织级与团队级深度共建

根据前文给出的筛选条件，质量管理组选择了多个规模数十人的研发团队进行试点。以下以某试点团队为例，介绍质量管理组与团队共建的质量实践。

2021 年度量数据显示，该试点团队的一次冒烟通过率持续走低，缺陷密度偏高。

在试点开始后，质量管理组以教练角色深入试点团队，合作开展为期三个迭代的改进实践。在此期间，质量管理组与团队保持高频沟通与交流。

1）对齐认知

在先前调研的基础上，对严重缺陷等概念的定义拉齐认知，由质量管理组明确改进目标。

2）有侧重地制定规范

根据业务阶段及特征的实际需要，质量管理组与团队共同从通用质量要求清单中选取重点，制定可落地的流程规范、文档模板、清单、版本节奏建议等规范性材料。

以需求文档为例，对于稳定性较高、运行时间较长、被其他多个系统依赖的核心系统，在需求分析和评审环节重点关注是否详尽描述变更对关联系统的影响、对历史数据的影响、异常情况处理逻辑、权限控制等。表 13.8.2 所示为需求检查项。

在研发过程中，研发人员主动对照材料进行自查，通过标准化减少对个人能力的依赖，降低实践落地的成本。

表 13.8.2　需求检查项

需求评审环节检查	
检查类	检查项
预审检查项	需求中是否有还未与业务方确定的内容
	涉及外围系统的需求，是否有外围系统一起做需求评审
	涉及外围系统的需求，是否明确外围系统部分的优先级
文档规范	业务背景/业务诉求是否描述清晰
	需求功能点清单是否有遗漏（业务流程图、功能流程图、功能清单有完整信息）
	需求中作业流程的变化，是否有新旧流程的对比
	异常情况处理逻辑是否明确
	附件部分是否统一罗列、无遗漏
	文档内容引用是否有明确的超链接
功能需求	新增的业务场景是否预估了业务规模
	业务规则是否有流程图，是否明确说明业务规则（输入判定、运算规则、判定条件等），针对不同规则的处理要求是否充分定义
	业务流程是否完整
	需求内的边界描述是否清晰、无歧义
	关键交互场景的交互逻辑是否清晰、完整、合理
	对于在途/历史数据的影响和处理方式是否明确
	下载功能是否明确文件名、失败处理逻辑、最大数据范围
	查询功能的权限控制是否清晰明确
	是否明确功能点的输入和输出数据，是否定义输入的数据格式
	是否定义功能点相关的接口，是否清晰描述接口要实现的功能，传递参数、接口方式、接口规格
界面需求	页面的新增/变化，是否有明确的新页面图样
	页面变化是否有新旧对比
	是否在页面图样上标注功能点

3）挖掘根因，针对性改进

质量管理组与研发团队一同参与迭代回顾复盘，追溯问题根因。相关成员需制定改进措施及类似问题的预防方案，质量管理组会协助复核方案。

例如，针对试点团队一次冒烟通过率下降、缺陷密度较高的问题，复盘发现开发团队提测质量波动较大，测试环节时间紧、压力大，提测质量低。针对这些问题，主要在以下两方面实施改进。

（1）代码评审：要求团队成员按照前一环节制定的评审模板及规范进行评审，评审任务明确分配至每一位开发人员。对于较复杂的需求、先前一次冒烟通过率较低的模块，会在验收后再次评审。硬性要求：在评审问题都得到解决后才能提测。

（2）开发自测：开发人员自测范围包含单元测试，以及由测试提供的冒烟用例，严格执行交叉测试与复核，推动测试左移。

研发团队和质量管理组会一同持续跟进改进措施的实施情况，直至相关质量指标趋于正常。

在三个迭代的试点周期内，质量管理组的参与程度会逐步降低。先试点结束后，质量管理组人员撤出，团队 QA 接管，主导质量实践持续推行。

根据试点情况来看，研发团队的意识显著提升，能够主动发现问题并积极改进：团队 QA 能够独立制定改进策略、梳理适用于本团队的指导性材料；开发人员主动参与质量内建，进行研发全流程的质量回溯。

4）通过实践不断沉淀方法论

在试点结束后，质量管理组会定期回访了解落地情况，一方面给出及时建议，另一方面通过案例不断发现问题、梳理改进方案，持续验证提升措施的有效性，积累优秀实践，为更大规模的效能建设做准备。

需要注意的是，所谓改进不能仅着眼于数据的上下波动，因为数据仅反映改进的效果，而不是改进的目的。

质量管理组参考 MARI 方法论，建立了常见问题分析与改进实践框架。

（1）借助度量发现问题后，对数据进行多视角的下钻分析与解读，定位关键的薄弱点。

（2）结合其他关联指标和调查方法，追问根因，定位效能瓶颈和优化机会。

（3）将这些洞见落地为明确、可执行、可验证的改进方案，规范研发过程，建立良好的研发文化。

（4）持续度量验证改进效果，灵活调整改进方案。

以下以研发过程中的三个常见问题为例，展示上述框架。

● 问题 1：研发的各环节之间，未能对齐需求相关信息。

根因：①需求文档内容过于简单，用户场景、业务流程、功能模块、异常处理等没有详细说明。②需求评审执行不到位，缺少记录，评审中发现的问题没有后续跟踪。③需求变更后未及时同步。

实践建议：①在需求分析环节基于 GWT（Given+When+Then）对业务场景提供清晰描述，包括正向流程和异常流程，明确验收规则。②增加预审环节，需求分析人员需提前思考，对照检查项准备各项说明，评审环节加强信息跟踪与确认。③加强需求文档规范性，如定期对缺陷进行复盘，若发现缺陷的根因是需求文档中的信息遗漏，则建议增加相应的需求检查项。④建立各环节信息同步渠道。

- 问题 2：负责关联系统的其他团队，未能对齐需求相关信息。

根因：①需求方案在设计时没有与关联系统团队充分沟通。②需求文档内容过于简单，当次变更对关联系统可能造成的影响没有详细说明。③评审环节缺少关联系统团队参与互评。

实践建议：①需求分析环节与关联系统团队充分沟通，共同确认各方职责、边界与协作方式。②需求评审环节需要明确说明是否影响其他系统，需求方案是否与关联方达成共识，系统间的调用关系是什么，哪个系统是主责系统、是否可独立上线，关联系统的相关排期和责任人。③如暂未达成共识，则需求分析成员要继续跟进，并由需求负责人或项目经理与关联系统团队协调，告知开发和测试人员联合推进。

- 问题 3：开发阶段自测不充分，导致过多 bug 流入测试环节。

根因：业务场景复杂，考虑不充分，导致实现与需求不符，自测覆盖度低。

实践建议：①加强全程沟通，测试左移，减少测试环节压力与后期问题修复成本。②在设计评审环节，开发与测试共同梳理并与需求进行确认，明确业务流程-功能设计-数据模型的对应关系，明确设计方案与需求的一致性。③在重点需求提测前由开发组织演示，由需求确认实现与需求的一致性。

根因：代码提测质量不高，自测不充分。

实践建议开发加强提测前的代码评审+静态代码扫描。要求开发自测覆盖冒烟测试用例。

质量管理组梳理了研发流程中各个环节的常见问题、根因分析与实践建议，并沉淀为组织的知识资产，在与一线研发团队的配合中持续迭代。

13.8.8 展望

该保险集团将在以下方面继续探索研发效能的持续提升。

（1）将研发效能度量范围拓展至软件研发全流程和更多岗位。

将产品、运维、数据等更多软件研发的相关岗位纳入效能度量体系，进一步提高研发流程透明度。

一方面，在全局视角下对各个单点的效能进行更深入的评估，避免局部最优对全局优化造成负面影响；另一方面，着眼于软件研发端到端的价值交付，避免"效率竖井"，使各产品、项目、团队的效能提升与组织级的业务价值、降本增效、客户满意度等业务成果关联起来，用精益思想驱动业务加速。

（2）优化研发效能数据模型，输出启发性的工程改进建议。

效能专项团队与一线研发团队继续紧密协作，持续沉淀优秀实践，充实研发效能知识体系，由此建立场景化的效能数据模型，不仅输出规范性的改进建议，也给出启发性的改进建议。

例如，从综合分析需求复杂度、变更影响规模、业务优先级等维度，辅助需求人员进行优先级排序，合理建议需求的拆分和排期，实现更高效的迭代开发。

（3）效率与质量管理组加强配合，针对研发团队特征，输出质效综合提升方案。

以更低成本、更高效率、过程可控、结果可度量为目标，以效能主线为基础，以交付巡检为过程，以数据度量为抓手，实施专项优化，打造研发效能管理的标杆生态。向研发团队输出符合其个性化需求的实践改进方案，围绕交付效率、交付质量和交付能力建设全方位的研发效能数字化之路。

13.9　东风集团：DevOps 赋能车企第二曲线持续增长
——嘉为蓝鲸助力东风集团搭建 DevOps 能力体系

东风汽车集团有限公司作为中国汽车行业三大集团之一，是中央直管的特大型汽车企业，现有总资产 5377 亿元，员工超 13 万名。主营业务涵盖全系列商用车、乘用车、新能源汽车、军车、关键汽车总成和零部件、汽车装备以及汽车相关业务；2021 年汽车销售量达 327.5 万辆，位居国内汽车行业前三位；销售收入超过 6000 亿元，位居世界 500 强第 85 位、中国制造业 500 强第 9 位。

东风集团根据汽车产业发展趋势和自身规模实力的定位，确立了"永续发展的百年东风，面向世界的国际化东风，在开放中自主发展的东风"的企业愿景，并相应提出了"打造国内最强、国际一流的汽车制造商；创造国际居前、中国领先的盈利率；实现可持续成长，为股东、客户、员工和社会长期创造价值"的事业梦想。

下面介绍具体的实施过程，信息化十年战略暨十三五规划——"数字化东风 135"如图 13.9.1 所示。

图 13.9.1 信息化十年战略暨十三五规划——"数字化东风 135"

愿景和梦想的实现，离不开信息化的强有力支撑。东风集团为此携手嘉为蓝鲸全方位打造 DevOps 能力体系，以数字化技术全面驱动业务和组织转型，提升数字化业务的研发效能、业务质量和运维稳定，大力推进数字化转型。

东风集团作为传统制造企业向 DevOps 转型的典型代表之一，与普通互联网企业敏捷转型相比，具有更大的挑战性和约束性。一方面，囿于已经成型的巨大企业规模，在企业基因上就注定会遇到组织改革、技术革新和思维转变上的极强阻力；另一方面，由于传统大型企业本身对流程和规范有着严格的管控要求，如何更好地保留研发过程中相对稳定的非敏捷性，成为 DevOps 改革的必答题。因此，在 DevOps 能力体系建设上，东风集团更注重研发管控能力的提升，尽可能减少因业务规模膨胀对研发效能和技术架构造成的伤害。

在此背景下，东风集团携手腾讯和嘉为蓝鲸进行了多个 DevOps 项目试点，取得了研发效能与管控能力的双重提升。以其中的智能助手项目为例：通过自动化工程能力，实现了 100 多个流水线的配置与 3000 多次应用发布自动化，极大地降低了原有自动化工程能力不足给数字业务带来的交付风险；以"工程能力+人工管控"的形式，建立了以需求管理、质量管控和度量分析为核心的 DevOps 工程能力和一系列 DevOps 组织规章制度，实现对研发全生命周期的企业级管控，已成功完成了 16 轮产品迭代。

13.9.1 万事俱备，只欠东风：DevOps 建设前状况

随着东风集团数字化转型工作的持续开展，新能源汽车、网联汽车、出行服务、工业互联网、集团共享服务等数字业务领域已经得到充分的开展和逐步的落地，但相较于传统应用

开发，新型数字业务研发工作存在较大跨度的变化，逐渐形成四个明显的信息化难关，如图 13.9.2 所示。

（1）复杂异构的技术体系：智慧汽车和智慧出行等创新数字业务，使得东风集团从原来单一的制造业逐步向服务业领域迈进，客户群体及业务类型猛增。复杂化的业务类型需要多样化的技术平台来应对，进一步加剧了技术架构的异构化和研发组织的多元化，东风集团急需为日益庞大的业务系统构建快速标准、高度可靠、持续发展的管理平台。

图 13.9.2　三大建设目标与四大信息化难关

（2）愈发频繁的业务变更：海量的客户群体带来了海量的需求，东风集团想要做到快速迎合市场，就必须积极响应客户需求。目前，东风集团在数字业务领域的发展趋势已经出现了从月级到天级的变更交付提升，同时匹配大量高频、崭新的业务需求上线。

（3）精细化不足的交付管理：随着东风集团数字业务的快速增长，研发规模逐渐熵增，需要尽快对与业务交付相关的组织、工具、流程、产物等维度进行管理优化，降低业务膨胀为技术架构和研发效能带来的伤害阈值，才能为业务交付保质、保量。

（4）百倍增长的运维需求：与往年相比，新型数字业务领域在未来预计会产生 100 倍的接入量，总体业务规模增加上千倍。这背后需要上百倍的算力、存储及带宽能力扩充进行支持，带来了平台规模快速增长及越来越高的业务可靠性的需求。

13.9.2　东风浩荡，万象更新：DevOps 建设过程

东风集团属于非常典型的大型传统制造企业，近年来，因应自身数字化的转型加速和外部疫情的影响加深，逐步加大了对新能源汽车线上营销、网联汽车、出行服务、工业互联网、集团共享服务等数字业务的研发投入，积极拥抱敏捷业务模式，谋求企业发展的第二曲线，对数字化转型始终抱以开放的姿态和积极的态度。

1. 第一次变革：供与需的矛盾

"任何顾客都可以选择他所中意的任何颜色的汽车，只要它是黑色的。"这是第一次汽车工业革命当中非常出名的一句话，当重新回顾东风的第一次 DevOps 改革时，发现同样的观念和现象也曾短暂出现过。

东风曾在非常早期的时候，尝试过直接参考大型互联网企业先进的 DevOps 转型经验，

从 0 开始自建 DevOps 工具链和进行 DevOps 改革。完全基于互联网敏捷管理模式，非常快速
地搭建了一整套的工具合集、业务流程和组织分工，希望能通过自上而下、由内而外的推广，
实现全业务的改革转型，如图 13.9.3 所示。

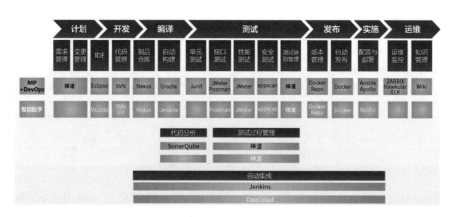

图 13.9.3　东风集团早期的 DevOps 改革尝试

　　虽然，这次尝试为之后的改革带来了宝贵经验和思考启发，但就最终实施效果而言，确
实未达到项目预期。其原因主要有以下四点。

　　一是资源不足。东风集团的数字业务在整体战略上就具有局限性和约束性。东风集团或
者说普遍的传统企业的 IT 资源与业务体量的比例及总体 IT 资源的投入，相对于自出生起就
将 IT 业务与主营业务强绑定的互联网企业而言，注定是偏低的。尽管从全社会出发，数字化
线上业务是大势所趋，但就当前资产价格偏高的汽车业务而言，只要买车还不能做到像在线
上商城购买生鲜一样决策简单，以及线下渠道仍旧是营收的主体来源，那么 IT 研发改革就会
围绕线下渠道业务和线下客户体验而展开，企业数字化转型也是为了保障线下工作更有序地
开展和更快速发展。因此，完全的经验照搬并不可取，汽车行业和互联网行业在企业基因上
存在巨大差异，在业务模式上迥然不同，这造成了在改革价值取向上的严重分歧。传统企业
的研发和运营体系改革，必须在尊重自身实际业务情况的前提下实现。

　　二是成本过高。既要保证现有庞大数字业务量的稳定运行，还要对 IT 研发模式进行自驱
式改革，工具链的完整搭建和后期维护都需要较高成本，需要东风集团先对现有 IT 体系进行
大量的人才补充和技术投入，对于一家传统企业而言，这显然代价过高，并不实际。

　　三是局限性过大。对于大型传统企业内部而言，业务稳定总是第一要义。在过往的 IT 研
运业务中，强管控总是优先于高效能的，这也是瀑布研发模式在今天仍然作为传统行业主流
模式的重要原因。只靠自己驱动的改革，难以从根本上撼动长久以来已经固化的思维模式、
业务流程和组织体系。

四是风险过大。集团内部缺乏精通 DevOps 转型的专家团队，难以把控整体的改革方向和具体实施成效。在如何平衡管控和能效，或者更现实地说，在如何协调集团内各部门的立场和利益的重要问题上，并未通过早期的改革尝试获得满意答卷。

正如"只有黑色的汽车"并不符合现有的市场需求，"互联网企业普遍适用的 DevOps 模式"也不符合东风的业务需求，东风要走入 DevOps 转型的正轨，还需要重新根据自身业务实际进行调整。但这次的尝试只是开始，东风集团并未因此停下数字化转型的脚步。此时的东风集团已经深刻认识到，要想真正迈向 DevOps 转型，这场改革的"东风"还需要刮得再猛烈些。

2. 第二次变革：尊重多样业务

1）建设目标

东风集团根据以往的改革经验，深知全集团的 DevOps 转型难以一蹴而就。在本期 DevOps 建设中，东风集团通过先行建立起符合社会发展进程、良性健康的 DevOps 建设目标，再有针对性地引入必要的工程支持和专家指导，最后采取试点项目推广的方式以点带面带动集团整体改革，从而有效帮助和推动 IT 组织逐步实现敏捷转型。

在"十三五"两化融合的思想指导下，东风集团确立了对 DevOps 建设的四大目标，驱动 DevOps 能力体系的全面改革，如图 13.9.4 所示。

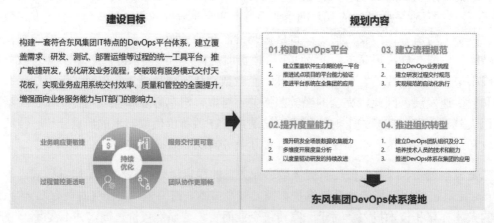

图 13.9.4　DevOps 落地总体规划

（1）技术上，为东风集团数字业务的开发、管理、实施和运营打造一体化平台，提供需求、开发、测试、部署各环节所使用的全部能力及工具，用于管控软件研发的全生命周期。

（2）数据上，实现东风集团数字业务研发全过程的数据统一录入、分析及展示。通过

DevOps 平台沉淀研发过程中的所有数据，提升研发全场景的数据收集能力和数据可视化能力，以度量驱动研发业务的持续改进。

（3）业务流程上，建设统一的项目管理、需求、研发、测试、运维流程及规范，辅助东风集团企业级大规模研发团队进行多产品线、多产研项目的协同管理和交付管控，引入质量管理工具来保障 DevSecOps 过程，实现质量防控和人工审核结合。

（4）组织结构上，通过试点项目推广和有效团队赋能等手段，帮助东风集团 IT 组织转换研发运维模式及研发运维思想，提升产品、开发、测试及运维人员的全方位技能和能力，打造 IT 组织的持续反馈、持续集成和持续交付能力。

2）建设之路

为了能更顺利、更全面地推动 DevOps 转型，东风集团与腾讯和嘉为蓝鲸达成战略合作，希望通过两者多年来在 DevOps 垂直领域深耕的充足的技术能力和丰富的实施经验，为东风集团数字业务的未来发展态势提前搭建好 DevOps 能力体系。在东风集团 DevOps 建设目标的指导下，嘉为蓝鲸进一步将 DevOps 能力体系建设具体到工具平台、人才赋能、组织改革、流程规范等精细化维度，逐步推进 DevOps 在东风集团的落地，具体改革演进 DevOps 建设路径如图 13.9.5 所示。

图 13.9.5　DevOps 建设之路

第一步：以集团统一管控为前提，为东风集团构建企业级的 DevOps 工具平台、实践流程和业务规范。具体体现在，先引入具备"需求→开发→测试→部署→运营"端到端的全链路工程能力的一体化平台，保障好项目、需求、过程和交付的强管控。在此基础上，进一步完善对 DevOps 流程规范的建设和管理，实现"工程卡控+人工管控"的双重管理模式融合，保障流程的可复制和可复用。

第二步：将架构演进、敏捷研发、持续集成、持续交付等 DevOps 先进理念引入东风集团，通过专业团队帮助东风集团构建体系化的 DevOps 知识体系，在全集团内实行组织赋能和试点选拔。

第三步：逐步推进试点项目成功落地，在项目中进一步落实组织赋能、流程执行和平台使用。

第四步：通过成功项目的经验积累和能力提升，实现全集团推广的战略任务，为东风集团强化研发管理、规范研发过程、提升研发效率和降低研发成本，增强东风集团的整体业务创新能力。

3）走进试点项目

前面介绍了东风集团基于企业战略发展对 DevOps 思考的逐步递进，相信读者已经对传统汽车企业进行 DevOps 改革的价值取向和演进过程有了一次全新的认知，但或许还没有具体的概念和深刻的感受。下面我们通过本次改革过程中的一个试点项目，一起走进东风集团 DevOps 的改革。

（1）认识"智能助手"。"智能助手"是东风集团"十三五"两化建设当中的一项重要业务尝试，通过在云端打通客户从上车前、行车时到下车后的场景，形成人—车—家的全场景无缝体验，融合智慧汽车和智慧出行的理念，实现真正"以人为中心"的服务随行，让东风集团在汽车新四化进程中提前拿到"5G 汽车生态圈"的入场券，也标志着东风集团正式从全球汽车制造业的"追随者阵容"迈入"引领者阵容"。

选择"智能助手"作为试点项目之一，一方面是由于其业务的先进性更需要敏捷转型来加快应用交付，快速验证业务价值；另一方面，也是因为其原有的业务研发模式在东风集团内部非常典型：完全的传统瀑布研发模式，产品规划统一由集团负责，而研发工作则由服务商承接，在交付敏捷性上天然存在组织上的隔断。因此，对于相同运作模式下的其他研发团队，"智能助手"的转型过程和改革成果具有相当大的参考价值。

（2）改革核心点。"智能助手"项目由集团负责产品规划，由服务商承接研发工作，这一组织管理模式当前不可更改。因此，根据东风集团的实际业务情况，可以将本期 DevOps 转型项目的改革核心点高度概括为加强集团对服务商的管理，保障需求和交付的一致性，让研发业务不偏离正轨；提升服务商的交付效率，更好、更快地完成业务交付。

在与东风集团明确了本期 DevOps 改革需要为实际业务带来的核心价值后，嘉为蓝鲸进一步为其梳理和归纳了当前"智能助手"产研项目中存在的问题，具体如下。

① VSM 价值流不可视，研发过程不可控。

- 需求难以统管，集团无法保障业务需求与交付价值的一致性。
- 质量难以卡控，集团无法保证服务商研发过程的合规可控。
- 度量难以实现，集团无法及时发现研发瓶颈与交付风险。

② 工程能力自动化弱，交付过程不顺畅。

- 工具链条零散，项目团队各端业务流和数据流割裂。
- 自动化程度低，项目团队的持续集成、持续部署和应用发布纯靠手工。
- 资产复用困难，项目团队存在重复建设工作，耗时耗力。

在明确了真正的业务需求和当前存在的问题后，再来思考如何推进项目 DevOps 转型时，试点项目的改革方向和改进策略就不会再局限于照搬互联网模式，而是可走出真正属于东风自己的道路。

（3）针对性改革。针对"智能助手"在集团管理流程和产研工作流程中存在的问题，嘉为蓝鲸专家团队经过深刻研究和反复探索，为其打造了当前最可行的 DevOps 转型路径。

① 产研流程重塑，拉齐（集团）管控与（项目）能效的共识。

根据"智能助手"的实际业务情况，嘉为蓝鲸为其量身定制"需求稳态，交付敏态"的研运模式。即在本期内先不改变集团以项目制管理研发工作的模式，整体业务需求仍旧由 SOW（工作说明书）进行定义，大体上的业务需求源头呈稳态，在此基础上，将原有瀑布式的产研流程进行重塑和优化，如图 13.9.6 所示。

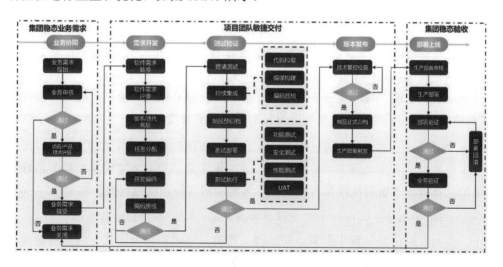

图 13.9.6　产研过程重塑

a. 项目管理：SOW 定义清晰后，集团先将具有稳态的业务需求进行线上化管理，统一录入线上需求池，然后根据项目团队的实际产研分工，进行研发任务的分派。

b. 团队协同：通过敏捷协同工具将版本管理、迭代规划、需求管理、任务分派等工作进行统一线上化管理，形成完整的产研工作流。通过统一 DevOps 平台帮助项目团队将业务需求精细化，进一步转化为高效协同的研发工作流，辅助迭代管理常态化的同时，保障集团对可信追溯与安全审计的管理需求。

c. 敏捷交付：将项目团队原有的瀑布交付模式改为敏捷迭代交付模式，通过专家指导辅助，实现小步快跑的交付模式，帮助集团快速检验业务方向的正确性。

d. 工程自动化：针对项目团队开发、测试和运维的自动化能力进行端到端强化，将代码管理、代码检查、编译构建、制品管理、单元测试、部署发布等重复度高的研发步骤实现自动化执行，提升项目团队的应用迭代效率和价值交付能力。

e. 合规检验：通过以上步骤，初步达成集团管理流程和项目研发流程的高度融合，实现业务流和信息流的高效流转。在此基础上，增加集团对项目研发工作流的管控，即通过质量门禁能力，从集团管理维度对项目团队的不合规代码和不安全操作进行有效拦截。

f. 资产复用：通过研发商店的生态圈，将过往项目团队合格的研发工作流和研发工作原子能力形成可复用型资产，减少项目团队每次迭代的重复建设工作。

g. 度量分析：通过将以上管理流和工作流全部部署在嘉为蓝鲸 DevOps 平台上，透过一体化平台实现项目团队研运数据流的完整收集和统一分析，再通过研发运维大屏为集团管理可视化地展示项目进度和成果。

② 以精益生产为核心的管理模式。

由集团管理层推动的 DevOps 改革，大幅提升了"智能助手"服务商对研发管理的意识和积极性，尽管相比互联网企业的 DevOps 产研模式，东风集团和服务商（项目团队）之间依然多了一道组织上的"隔断"，暂时还不能一举打破，但在围绕精益生产进行管理转型的问题上，"智能助手"仍然根据当前业务情况交出了不错的答卷。

a. 业务需求价值评审：通过嘉为蓝鲸专家团队对集团和项目团队的精益生产导入，帮助集团改变了原有的业务需求评审和管理标准，同时集团意识到业务需求不是越多越好，只有具备价值的业务需求才值得持续投入研发，价值越高的业务需求越需要加快交付。

b. VSM 价值流搭建：通过将集团的需求管理和项目研发全过程管理集中到 DevOps 一体化平台上，及时发现研发过程中的卡点和浪费。同时，通过将项目团队交付过程敏捷化，快速将交付价值交由集团进行验证，减少了资源浪费。

c. 内建质量机制：在集团明确定义代码的准入和准出规则后，通过质量门禁的工程能力，在项目团队交付前就能有效拦截不合格代码和不合规操作。

③ 以价值交付为核心的研发流程。

a. 研发全过程管理：将原有散落的工具链替换成嘉为蓝鲸 DevOps 平台，整合研发全过程，保障从需求到交付的一致性。

b. 自动化能力提升：将原来自动化能力低下的开源工具更换为性能更佳的商用流水线（嘉为蓝鲸 CCI 持续集成），轻松完成持续集成与持续部署，提升价值交付效能。

c. 兼顾效率和管理的开发分支管理：将原有繁重的 GitFlow 分支管理模型替换为 AoneFlow 模型。每当有新研发需求时，从当前主干分支拉取一个特性分支，多个特性分支可同步开发，在到达发布节点时再根据不同的环境合并不同的分支。此模型能让版本管理更轻松，让持续集成更高效，兼顾了管控与能效。

（4）改革的成效。经过为期一年的 DevOps 建设项目推进，嘉为蓝鲸助力东风集团逐步实现了多个试点项目的 DevOps 转型，项目范围从提升集团内部管理数字化的 MOCS 驾驶舱（管理运营控制平台），一直到拓宽数字业务领域的岚图（新能源汽车）数字营销系统，围绕业务价值提升由内及外地推动东风集团进行全面的数字化转型。

下面以"智能助手"试点项目为例。

① 建设可视化 VSM 价值流，研发过程可管控。

a. 业务需求和开发需求实现统一管理，保障业务需求与交付价值的一致性，如图 13.9.7 所示。

图 13.9.7　智能助手需求管理

b. 内置质量卡控机制，保障服务商研发过程的合规可控，图 13.9.8 所示为"智能助手"质量红线。

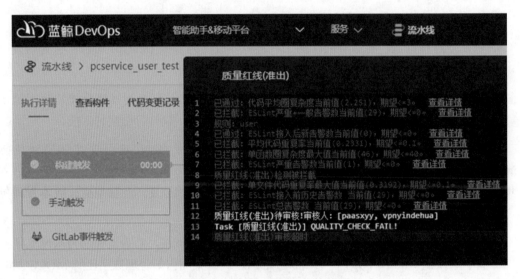

图 13.9.8　智能助手质量红线

c. 统一收集数据进行多维分析，及时发现研发瓶颈与交付风险，图 13.9.9 为度量分析大屏。

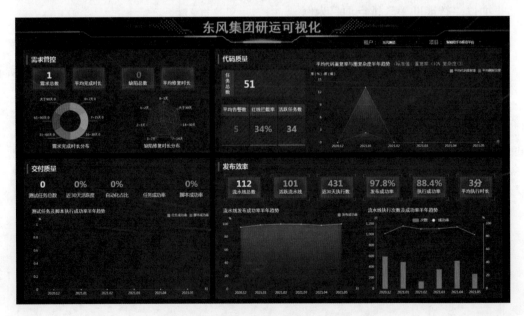

图 13.9.9　智能助手度量分析大屏

② 增强自动化工程能力，优化应用交付过程。

a. 将工具链统一置换成嘉为蓝鲸 DevOps 平台，打通项目团队内端到端业务流和数据流，图 13.9.10 为 DevOps 一体化平台。

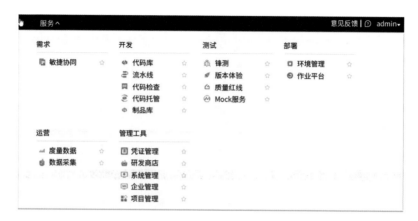

图 13.9.10　DevOps 一体化平台

b.提升自动化工程能力，自动驱动编译构建、代码扫描、制品晋级、开发测试环节部署等无须人工管控的环节。智能助手已成功实现了 100 多个流水线的配置与 3000 多次应用发布自动化（图 13.9.11），独立实现了 16 轮产品迭代（图 13.9.12）。

图 13.9.11　智能助手自动化能力建设

c. 提升资产沉淀和复用，减少项目团队的重复建设工作，提升精益生产能力。通过引入已内置数百款插件的研发商店，再基于插件形式接入流水线中，或直接复用流水线模板，支持东风快速将已有能力应用到实际生产中，减少重复建设对研发资源的浪费；同时，研发商店支持东风自主扩展原子能力，支撑东风个性化研发场景需求，推动建立企业级研发共享生态，如图 13.9.13 所示。

迭代	状态	关联版本	工作项完成量 ∨	开始日期	结束日期	目标	操作
智能助手三期迭…	已完成		26/26	2021-03-19	2021-04-01	智能助手三期迭…	…
智能助手三期迭…	已完成		6/6	2021-03-05	2021-03-18	智能助手三期迭…	…
智能助手三期迭…	已完成		35/35	2021-03-05	2021-03-18	智能助手三期迭…	…
智能助手三期迭…	已完成		13/13	2021-02-05	2021-03-04	智能助手三期迭…	…
智能助手三期迭…	已完成		23/23	2021-02-05	2021-03-04	智能助手三期迭…	…
智能助手三期迭…	已完成		14/14	2021-01-29	2021-02-04	智能助手三期迭…	…
智能助手三期迭…	已完成		18/18	2021-01-06	2021-01-27	智能助手三期迭…	…
智能助手二期迭…	已完成		24/24	2020-12-11	2021-01-05	智能助手二期迭…	…
智能助手二期迭…	已完成		22/22	2020-11-06	2020-12-10	智能助手二期迭…	…

图 13.9.12　智能助手产品迭代情况

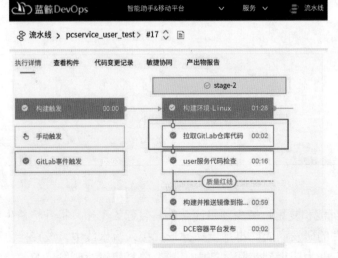

图 13.9.13　智能助手对原子能力的快速复用

3. 第三次变革：精益引导发展

经过前两次的变革，DevOps 的"种子"已经逐步在东风集团内"生根发芽"，但是考虑到集团和服务商之间仍然存在组织隔断，导致整体生产过程仍未全面实现精益，若要做到完全的 DevOps 转型，未来还需要更进一步的组织改革。未来东风集团仍旧以精益管理作为 IT 研发改革的核心理念，永不止步。相信在不久的将来，东风集团将迎来第三次 DevOps 变革优化，以更坚定的 IT 研发转型引导企业数字化转型。

13.9.3　东风化雨，润泽四方：DevOps 建设后成果

通过为东风集团量身定做的 DevOps 能力体系搭建的方案设计和落地实施，初步建立起基于 DevOps 的数字业务交付体系，完美地响应了东风集团设立的四个 DevOps 建设目标需求，如图 13.9.14 所示。

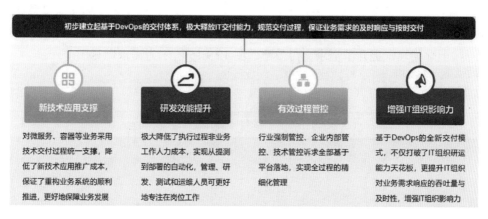

图 13.9.14　DevOps 为东风集团带来的改变

（1）技术上，引入了蓝鲸 PaaS 平台和嘉为蓝鲸 DevOps 平台，基于国产自研体系实现了对研发运维全链路的支撑和管控，保障了业务的及时交付和顺利发展。

（2）数据上，通过一体化平台和研发可视化大屏等工艺的建设，实现了东风集团数字业务交付全过程的数据统一录入、分析及展示，帮助东风集团持续提升研发效能。

（3）业务流程上，通过"工程能力+人工管控"的组合建设，一方面为东风集团建设了敏捷协同、持续集成、代码检查、制品管理、测试管理等工程能力，从技术上实现了从业务需求到软件交付全研发流程的统一管理；另一方面为东风集团建立了 DevOps 研发工作的标准规范及操作指南，从制度上助力东风集团规范众多软件研发服务商，实现了企业级多产研项目的交付管控。

（4）组织结构上，通过集团信息部与嘉为蓝鲸联合的宣传推广、培训赋能和试点项目等

组织建设，为需求、开发、测试和运维各端进行 DevOps 赋能和敏捷转型，为数字业务交付降本增效，提升了 IT 组织在集团中的影响力。

1. 研运效能的整体提升

蓝鲸 PaaS 平台和嘉为蓝鲸 DevOps 平台在东风集团的成功落地，标志着东风集团的项目管理、敏捷协同、代码管理、自动化流水线、编译构建、制品管理、代码扫描、质量红线、测试管理、度量数据、持续部署等数字业务研发运维全场景实现了工程能力上的全面覆盖和数据贯通。通过本次 DevOps 建设，实现了东风集团所有推广项目的研运效能提升和管控优化。

（1）需求管控场景：基于敏捷协同工程能力，根据不同项目需求可使用传统瀑布式和敏捷研发等不同研发模型。多数项目（如智能助手）成功实现了敏捷项目管理，采用敏捷协同工具进行 Sprint 迭代开发，大幅提升了需求交付效能；部分项目虽然受限于管理需要，最终回归了瀑布模式，但也吸纳了敏捷实践经验，围绕提升业务价值进行了过程优化，实现了需求的统一线上化管理，提升了需求交付效率。图 13.9.15 所示为需求燃尽图。

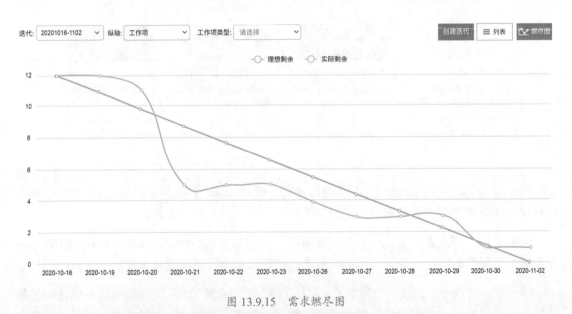

图 13.9.15　需求燃尽图

（2）质量管控场景：基于蓝鲸代码库完成统一的规范托管（图 13.9.16），同时使用代码检查、质量红线进行质量管控，采用增量扫描的功能控制代码的告警、圈复杂度、重复率等，并对项目中重要的微服务、应用工程代码进行扫描质量管控，增量的代码质量抵达标准要求，整体代码质量提高了 30%，如图 13.9.17 所示。

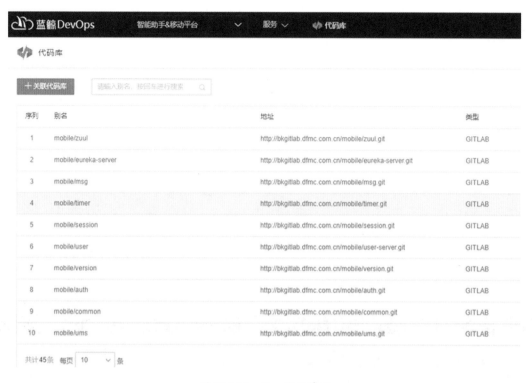

图 13.9.16　统一代码管理

图 13.9.17　质量红线拦截不合格代码

（3）应用发布场景：基于自动化工程能力实现了持续集成、持续部署和自动化发布，从手工发布逐渐转向半自动化，再由半自动化转向全自动化，发布效率整体提升了 70%，如图 13.9.18 所示。

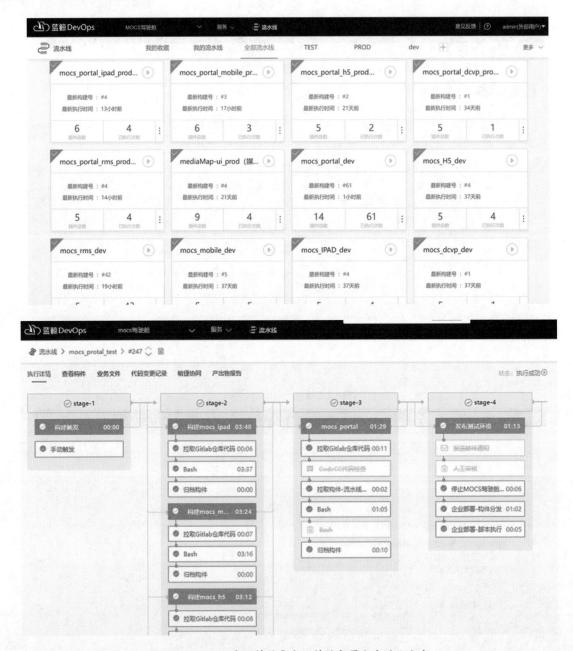

图 13.9.18　CCI 实现持续集成、持续部署和自动化发布

（4）度量分析场景：通过一体化平台，实现研运全场景数据的统一收集和多维分析，基于度量工程能力建设起了公司级、项目级可视化大屏和各类度量模型，统筹分析数字研发项目研运近况，帮助 IT 管理层及时发现瓶颈，定制改进策略，如图 13.9.19 所示。

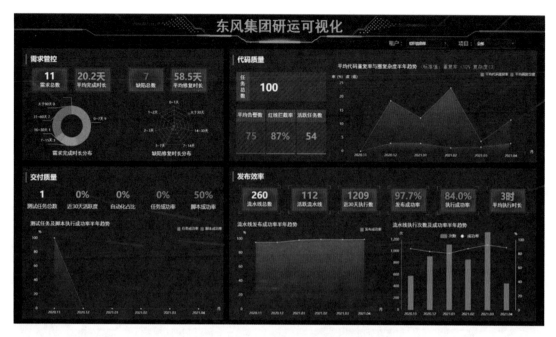

图 13.9.19　研运可视化大屏

2. 流程规范的严格执行

结合数字业务研发现状与 DevOps 建设目标，东风集团建立了从项目管理、需求管理、开发管理、测试管理到发布管理的全系列 DevOps 标准规范，并辅之以对应的操作指南，帮助研发各端进行管理细化和能力提升，如图 13.9.20 所示；同时，在多个项目试点实施过程中进行了宣导推广和修订优化，保障制定的标准规范在实际 DevOps 研发过程中具有实用性和指导性，DevOps 研发流程如图 13.9.21 所示。

东风集团坚信通过流程可以为数字业务交付的每一环节保驾护航，而通过专业工具和专家指导去守护流程习惯，则可以让产研团队专注在实现更重要的产品价值上。经过 DevOps 平台的引入和敏捷教练的辅助，逐步让敏捷流程成为东风集团的组织习惯，从而让产研团队专注在更重要的业务快速响应、产品价值持续交付、业务持续运营上来。

（1）需求梳理：对需求进行澄清，梳理里程碑、用户故事、优先程度、发布计划、验收条件等。

（2）迭代启动：规划迭代 DoD、确定迭代范围和目标、评估工作量、识别交付风险和明确限制等。

（3）每日站会：情况同步、工作任务、暴露风险、处理建议、所需支持、风险决策和责任跟进等。

（4）迭代验收：迭代结束即开始、迭代 Demo 展示、迭代评审和经验总结等。

（5）回顾辅导：针对本次迭代进行全方位复盘，包括完成情况、协同情况、风险情况、知识累积等。

图 13.9.20 DevOps 管理标准规范与 DevOps 平台操作指南

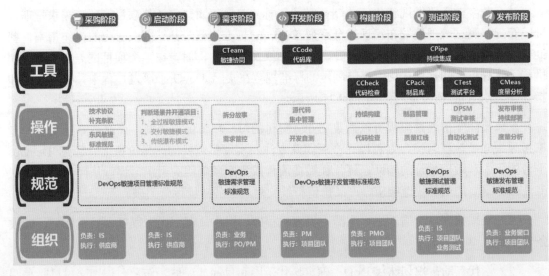

图 13.9.21 DevOps 研发流程

3. 组织体系的赋能优化

在东风集团 DevOps 实际建设过程中，为了减轻敏捷转型过程中组织和人员所受到的压力和阻力，东风集团信息部携手嘉为蓝鲸联合打造了一整套从 DevOps 理念导入、基础培训、贴身辅导、能力考核到持续优化的培训课程，帮助研发组织进行知识培训、工作宣导、能力提升和试点推行，并最终脱离外部顾问实现独立敏捷迭代的开展，如图 13.9.22 所示。

通过持续的DevOps理念导入和培训赋能，提升东风集团对组织敏捷的理念认知，树立统一的DevOps研发运维一体化思维与研发各端的DevOps执行能力

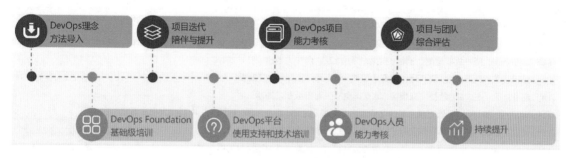

图 13.9.22　DevOps 组织赋能培训大纲

13.9.4　结语

当前，第四次汽车产业大变革已经在全球范围内拉开帷幕，如何在改革过程中率先实现数字化转型，将软件研发业界先进的 DevOps 理念应用到国内汽车行业数字化和信息化建设上，将决定中国汽车企业可否乘数字化东风之势，在国际汽车产业的前列中站稳脚步。伴随着蓝鲸 PaaS 平台和嘉为蓝鲸 DevOps 平台在东风公司的应用落地，大幅提升了企业业务的敏捷迭代能力，夯实了新型数字业务基础设施，高效赋能东风数字化转型。

未来，东风集团仍将持续加速推进自主创新，加强核心业务战略发展，加快形成全新产业生态、产业模式及新的经济增长点，带领中国汽车领航国际！

参 考 文 献

[1]   Adzic, Gojko. Impact Mapping: Making a Big Impact with Software Products and Projects. Provoking Thoughts，2012.

[2]   Ash Maurya. 精益创业实战（第 2 版）. 张玳译. 北京：人民邮电出版社，2021.

[3]   阿利斯泰尔·克罗尔. 精益数据分析. 韩知白，王鹤达译. 北京：人民邮电出版社，2015.

[4]   Kenneth S. Rubin. Scrum 精髓：敏捷转型指南. 姜信宝，米全喜，左洪斌译. 北京：清华大学出版社，2014.

[5]   Ivar Jacobson，Ian Spence，Kurt Bittner. Use-Case 2. 0 The Definitive Guide，2011.

[6]   理查德·克纳斯特，迪恩·莱芬韦尔. SAFe 5.0 精粹：面向业务的规模化敏捷框架. 李建昊，等译. 北京：电子工业出版社，2021.

[7]   Gojko Adzic. 实例化需求：团队如何交付正确的软件. 张昌贵，张博超，石永超译. 北京：人民邮电出版社，2012.

[8]   Jeff Patton. 用户故事地图. 李涛，向振东译. 北京：清华大学出版社，2016.

[9]   帕特里克·兰西奥尼. 团队协作的五大障碍. 华颖译. 北京：中信出版社，2013.

[10]   赵卫，王立杰. 京东敏捷实践指南. 北京：电子工业出版社，2020.

[11]   大卫·J. 安德森. 看板方法：科技企业渐进变革成功之道. 章显洲译. 武汉：华中科技大学出版社，2014.

[12]   何勉. 精益产品开发：原则、方法与实施. 北京：清华大学出版社，2017.

[13]   马修·斯凯尔顿，曼纽尔·派斯. 高效能团队模式：支持软件快速交付的组织架构. 石雪峰，董越，雷涛译. 北京：电子工业出版社，2021.

[14]   Detlev 等. 软件业的成功奥秘：全球 100 家软件公司的管理之道. 逸庐，博政译. 上海：上海远东出版社，2001.

[15]   茹炳晟. 测试工程师全栈技术进阶与实践. 北京：人民邮电出版社. 2019.

[16]   京东研发-虚拟平台. 京东质量团队转型实践从测试到测试开发的蜕变. 北京：人民邮电出版社. 2018.

[17]   弗雷德里克·泰勒. 科学管理原理. 马风才译. 北京：机械工业出版社,2013.

[18]   玛丽帕克·福列特. 福列特论管理. 吴晓波，郭京京，詹也译. 北京：机械工业出版社，2013.

[19]   埃里克·施密特. 重新定义公司. 靳婷婷，陈序，何晔译. 北京：中信出版社，2015.

[20]   Melvin E. Conway. How do committes invent?Datamation，1968，4：28-31.

[21]   Caitlin Sadowski, Kathryn T. Stolee, Sebastian G. Elbaum. How developers search for code: a case study. ESEC/FSE 2015.

[22]   Writing good CL descriptions.Google Engineering Practices Documentation.

[23]   魏昭，梁广泰，王千祥，等. 一种代码处理方法、装置、设备及介质[P]. CN202010118173. 9. 2020. 02. 25.

[24]   Bo Shen, Wei Zhang, Christian Kästner, Haiyan Zhao, Zhao Wei, Guangtai Liang, Zhi Jin. SmartCommit: a graph-based interactive assistant for activity-oriented commits. ESEC/FSE 2021.

[25]   魏昭，梁广泰，李琳，等. 一种软件代码的多变更版本合并方法及装置[P]. CN111221566A. 2020. 06. 02.

[26]   梁广泰，魏昭，李琳，等. 一种代码冲突消解系统、方法、装置、设备及介质[P]. CN111176983A. 2020. 05. 19.